氧化石墨烯基本原理与应用

[俄罗斯] 艾拉特·M. 迪米夫（Ayrat M. Dimiev）
[瑞典] 齐格弗里德·艾格勒（Siegfried Eigler） 主编
张强强　何平鸽　俞祎康　杨凯淳　译

机 械 工 业 出 版 社

本书系统地介绍了氧化石墨烯自19世纪起的历史发展沿革，不仅涵盖了氧化石墨烯合成过程机理、结构模型、成分组成、化学性质、能谱表征结果以及功能化修饰等相关内容，同时也介绍了氧化石墨烯在电子传感器件、能源收集存储、薄膜宏观体、复合材料、生物医学、化学催化以及工业化生产方面应用的最新研究进展。本书内容全面详尽，内容深度和机理解释客观，是一本学习氧化石墨烯基本原理与相关应用研究的经典著作。

本书很适合石墨烯功能材料领域化学、材料、物理、生物等学科师生以及研究者参阅。

北京市版权局著作权合同登记 图字：01－2017－2498号。

图书在版编目（CIP）数据

氧化石墨烯基本原理与应用/（俄罗斯）艾拉特·M. 迪米夫（Ayrat M. Dimiev），（瑞典）齐格弗里德·艾格勒（Siegfried Eigler）主编；张强强等译. —北京：机械工业出版社，2018. 8

书名原文：Graphene Oxide：Fundamentals and Applications

ISBN 978-7-111-60623-9

Ⅰ. ①氧…　Ⅱ. ①艾…②齐…③张…　Ⅲ. ①石墨－纳米材料－研究
Ⅳ. ①TB383

中国版本图书馆CIP数据核字（2018）第179757号

机械工业出版社（北京市百万庄大街22号　邮政编码100037）
策划编辑：顾　谦　责任编辑：闾洪庆
责任校对：王明欣　封面设计：马精明
责任印制：张　博
三河市国英印务有限公司印刷
2018年9月第1版第1次印刷
169mm×239mm · 26印张 · 526千字
标准书号：ISBN 978-7-111-60623-9
定价：119.00元

凡购本书，如有缺页、倒页、脱页，由本社发行部调换

电话服务	网络服务
服务咨询热线：010－88361066	机 工 官 网：www. cmpbook. com
读者购书热线：010－68326294	机 工 官 博：weibo. com/cmp1952
010－88379203	金 书 网：www. golden－book. com
封面无防伪标均为盗版	教育服务网：www. cmpedu. com

译者序

高新科技是推动经济发展和产业升级转化的重要动能，以石墨烯为代表的新型材料被列为未来重点发展的领域之一。作为一种革命性的新型碳纳米材料，石墨烯受到了国家、地方政府以及各界科技人士的广泛关注，国家“十三五”规划也将其列为重点发展的战略前沿之一。在石墨烯材料研究领域，我国目前已成为国际上发展规模最大的几个国家之一，其中发表论文和专利申请数量位居前列。但是，完整追溯所有本领域最近发表的英文文章，即使是业内专家人员也都是比较困难的。而对于国内非专业人员，通常是没办法去逐一阅读这些浩瀚如海的外文出版物。本书译者经过大量查阅石墨烯和氧化石墨烯相关文献资料，发现国内除了中科院刘云圻院士等编著的《石墨烯：从基础到应用》、南开大学陈永胜教授等编著的《石墨烯：新型二维纳米材料》以及清华大学朱宏伟教授等编著的《石墨烯——结构、制备方法与性能表征》等介绍石墨烯相关内容的中文著作之外，几乎没有具体工作来系统化所有发表的氧化石墨烯基础与应用相关的研究成果，为本领域感兴趣的专业研究者和非专业读者提供参考。因此，为指导我国石墨烯资源优化整合和相关发展政策制定，快速推进产业升级和成果转化，抢占石墨烯相关新型高性能功能材料研究领域的前沿制高点，开展石墨烯新材料外文专著资料编译工作将具有重要的意义。经 Ayrat M. Dimiev 博士和 Siegfried Eigler 博士许可，得到 Wiley 出版社授权同意，将本书的中文翻译版权授权给机械工业出版社。本书是政府产业发展政策研究制定者、科研人员、企业管理者等了解氧化石墨烯基础知识与相关应用研究的重要著作之一。

本书由俄罗斯喀山联邦大学碳纳米结构实验室 Ayrat M. Dimiev 博士以及瑞典查尔姆斯理工大学化学和化工学院 Siegfried Eigler 博士主编，2017 年由 Wiley 出版社出版。本书系统地介绍了氧化石墨烯自 19 世纪起的历史发展沿革，不仅涵盖了氧化石墨烯合成过程机理、结构模型、成分组成、化学性质、能谱表征结果以及功能化修饰等相关内容，同时也介绍了氧化石墨烯在电子传感器件、能源收集存储、薄膜宏观体、复合材料、生物医学、化学催化以及工业化生产方面应用的最新研究进展。本书内容全面详尽，内容深度和机理解释客观，是一本学习氧化石墨烯基本原理与相关应用研究的经典著作，很适合石墨烯功能材料领域化学、材料、物理、生物等学科师生以及研究者参阅。

本书的文前部分、术语、第 1 ~6 章翻译，以及本书译稿汇总和校对由张强强完成，第7～9章由何平鸽翻译，第10、11章由杨凯淳翻译，第12、13章由俞祎康翻译。

本书在翻译过程中，得到了机械工业出版社、翻译小组成员、研究团队成员的支持和协助，以及“兰州大学‘一带一路’专项项目资助”（Supported by Belt and Road Special Project of Lanzhou University）（项目编号：20181dbrhq001），一并表示感谢。

此外，本书的翻译受限于时间和译者自身能力，存在诸多的不足，敬请读者不吝批评指正。

张强强

2018年5月于兰州大学

原书序

本书展示了有关氧化石墨烯研究的最新综述，氧化石墨烯是通过剥离石墨氧化物得到的单片层物质的术语。

虽然氧化石墨是在19世纪50年代首次合成的，但它仅仅在过去10年重新引起了人们的浓厚兴趣，因为它通过在水中相对简单的剥离提供了一种材料产物，即单层功能化石墨烯。石墨烯的功能化由羟基和环氧基等组成，由术语“氧化石墨烯”表示的单层物质因此具有亲水性，使得它们在诸如水一类的溶剂中形成稳定的分散液。这使得化学改性石墨烯（特定类型）的稳定分散液可以容易地被制备，然后以有趣的方式来使用。

幸运的是，可以通过过去10年的“早期贡献”给予帮助，包括氧化石墨烯的使用或通过其改性来制备导电聚合物复合材料、由片堆叠组成的薄“纸状”材料以及超级电容器的电极。现在看到关于氧化石墨烯及其衍生物的化学和性质的基本方面，以及应用或潜在应用的相关大量文献的增长令人欣慰。氧化石墨烯及其相关产物或衍生物材料已被证明具有很高的通用性，并已应用于广泛的研究中。

本书很好地涵盖了基本原理和应用两方面内容，有益于了解石墨烯氧化物和相关材料，因此也为思考新的可能性提供了基础。

推测未来可能是有意义的，我在这里只简单地做一些推测。对于氧化石墨烯，以及通常化学改性的石墨烯，存在许多令人兴奋的可能性。随着对官能团的具体位置和分布的更精确控制得以实现，并且在需要时从“石墨烯晶格”有目的地除去碳原子，包括更好的传感器和材料例如复合材料和过滤器等更广泛的应用将出现。还有通过热力学控制折叠或“褶皱”这种吸引人的可能性，以及巧妙设计官能团被“放置”的位置和它们如何相互作用：片内“固定”某些形貌，或者可能是片层间，也可能是与它们周围的环境（这可能是一种折叠，但不限于特定类型的折叠）。

Rodney S. Ruoff
多维碳材料 IBS 中心
韩国蔚山国家科学技术研究院
2016 年 3 月

原书前言

氧化石墨烯（GO）已成为近10年来研究最广泛的材料之一。它促进了化学/物理和材料科学领域的大规模跨学科研究。由于其独特的性能，GO已成功通过多种应用测试。这一富有成果的研究领域已经产生了大量的出版物。一些综述文章总结了最新进展。然而截至目前，将所有已发表的研究进行系统化，并且帮助对这一领域感兴趣的非专家读者方面只做了少量工作。本书旨在完成这项任务，每章的内容和本书总体上都是从基础到复杂，以经典科学领域中典型的类别呈现。这使得本书与众不同，有别于其他文献。

今天，即使是专家也很难跟踪该领域最近的所有出版物。对于非专业人员，通常是不可能去浏览这些浩瀚如海的出版物。由于现代GO领域普遍存在混淆，使得这一任务进一步复杂化。这种混淆主要源于基本概念的滥用，以及对GO化学结构的过度简化和误解。很难确定可信赖的高质量出版物，这些出版物正确使用基本化学术语，并正确解释实验数据。识别出正确采用基本化学术语，以及正确解释实验数据的可信的高质量论文是非常困难的。在本书中，打算基于可信赖的出版物表示GO真实的化学结构，并正确使用主要的基本概念，因为它们至今已被确定。

自2004年石墨烯时代开始以来，GO与石墨烯密切相关。那时，GO主要被认为是石墨烯的前驱体。术语“化学转化的石墨烯”（CCG）被引入用于还原的氧化石墨烯（RGO），以突出RGO具有石墨烯相似的性质。在文献中滥用术语“石墨烯”被错误地用来代替RGO，会造成非专家读者之间的重大混淆。本书的目标是通过在石墨烯和RGO之间划清界限，并通过展示它们的相似之处，以及它们的不同之处来帮助读者区分两者。更多的混淆源自于术语RGO被错误地用于通过热处理GO得到的材料。本书强调这两种材料是截然不同的，为后者引入术语“热处理氧化石墨烯”（tpGO）。

由于RGO的电学特性低于真实石墨烯的电学特性，GO通常被认为是石墨烯的“弟弟”，或者是低等级的石墨烯。直到2011年左右，这个观点才占据主导地位。后来证明，从基础科学的角度和实际应用来看，GO本身都是一种独特而有价值的材料。GO超越石墨烯的主要优点是其在水中和几种有机溶剂中的溶解性和可加工性好。GO的另一个好处是它具有多种化学改性功能，可以改变其性能。与石墨烯相比，以t为单位进行大规模生产的能力使得GO特别适用于应用。在本书中将展示GO的所有优点和独特之处。

本书分为两部分：第1部分重点介绍GO的基础知识；第2部分介绍GO的应用。

第1部分以GO的研究开始，它有一个非常漫长的历史。它并不是以2006年GO还原的研究工作开始，因为可以通过查看该时期某些出版物的引用指数来思考。整个20世纪在GO化学特性方面进行了非常严肃和深入的研究。与一些现代出版物相比，这些研究中大部分都是以最好的老派传统进行的，在很多方面具有优势。科学思维的基本原理、研究的方法论以及重要的报告数据的可信度都处于现代GO领域相当罕见的水平。在设计自己的实验之前，通过研究那些早期的作品，可以很容易地避免对实验结果的误解。由于早期研究的重要性以及试图使这两个时代之间的联系成为可能，以20世纪所开展的GO研究的历史回顾作为本书开始（第1章）。这一章是由本领域长期开展研究的专家，即著名的Lerf－Klinowski结构模型建立者之一的Anton Lerf教授编写。

在现代文献中，GO的结构极其简单。这导致误解涉及GO的化学反应。第2章由Ayrat M. Dimiev撰写，旨在阐明GO结构的某些方面。在典型的教科书形式中，GO的形成机理、在水溶液处理过程中的转变以及GO的精细化学结构在方法学上都有描述。就其固有的化学性质如水溶液的酸度来讨论GO的结构。

用于GO表征的方法在第3章中以教程方式给予了综述。这一章对进入该领域的研究人员特别重要，强调了不同方法的优缺点，讨论了几种不同方法有助于理解GO结构的例子。这一章由Siegfried Eigler和Ayrat M. Dimiev共同编写。

在水溶液中，GO剥离为单层片材并形成胶体溶液。从水溶液中，GO薄片可以转移到低分子量醇的相中；酒精的溶液和水溶液一样稳定不沉淀。在一定浓度下，GO溶液形成液晶。第4章由CristinaVallés综述了GO溶液的流变学。这一章将讨论GO的胶体化学、表面科学、流变学和液体化学。

由于其电子排布配置，GO具有许多显著的光学特性。与原始石墨烯相反，GO在紫外、可见和近红外区域显示出光致发光，这取决于其结构。这个发光的起源和其他相关问题在第5章中由Anton V. Naumov讨论。

GO的化学特性是最大、最难和最有争议的话题。在Siegfried Eigler和Ayrat M. Dimiev撰写的第6章中，讨论了以下主题。首先回顾GO的热稳定性和化学稳定性，然后介绍湿化学非共价功能化方案。接下来讨论的GO的共价功能化是一个非常有争议的话题。当众所周知的有机化学原理应用于GO时，通过分析经过修饰的GO产物，来证明成功完成反应仍然具有挑战性。本书为一些选定实例的实验结果，提供了另一种解释来证明这一挑战。接下来，总结了化学还原方法，特别强调将真正的化学还原与所谓的“热还原”区分开来。在讨论GO化学性质时，与典型的GO平行，讨论了氧化功能化石墨烯（oxo－G_1）的这些性质，这是一种具有非常低结构缺陷密度的GO。这进一步阐明了GO化学中缺陷的作用。最后，介绍了oxo－G_1的其他性质。oxo－G_1可作为一种化合物，在设计和合成功能材料与器件方面能够控制化学特性。

第2部分对使用还原和非还原形式的GO的应用分别做了综述。还原形式的GO在导电性能需要的地方是非常重要的。这些应用利用RGO和tpGO的类石墨烯特性。

由于其二维特性，根据定义，真正的石墨烯不可用于批量生产。它作为一种基底支撑的材料，只有通过微机械剥离石墨，或者通过在活性催化金属表面化学气相沉积生长来获得。由于前者中存在许多缺陷或散射中心，因此RGO和tpGO的电导率比实际石墨烯低3或4个数量级。尽管如此，在需要大量石墨烯的应用中，GO衍生物是唯一的选择。目前，使用RGO和tpGO进行的研究中，约90%在标题和摘要中都使用了术语“石墨烯”。本书强调，GO衍生物，而不是真正的石墨烯，用于第7章和第8章中综述的应用。

场效应晶体管和传感器是利用GO独特电子特性的两个最有前景的应用。由于它的电学和力学性质、良好的载流子迁移率，以及可见范围透光性，RGO也被认为是制造具有许多应用的透明导电膜的最佳候选者之一。第7章由Samuele Porro和Ignazio Roppolo撰写，总结了GO在上述领域应用的巨大潜力。

tpGO的导电性和高比表面积为其与先进能源系统的整合做出了巨大推动。在第8章中，讨论了将GO集成到两类主要的能量存储系统——锂离子电池和超级电容器中。对于可以实现最佳性能的重要物化性质，以及用于获得这些独特益处的合成方法，给予特别的关注来理解和强调。本章由斯诺迪系统有限公司的首席技术官Cary Michael Hayner撰写，该公司是一家初创公司，开发基于GO新型电极材料的新一代锂离子电池。

由于GO薄片的二维特性及其在水中的溶解性，GO可以通过简单的滴铸或过滤构筑成薄膜。如此形成的GO膜对水分子表现出无阻碍的渗透性，对其他分子和原子是绝对不可渗透的。GO和RGO在选择性膜中的应用在第9章中由Ho Bum Park、Hee Wook Yoon和Young Hoon Cho综述。

由于GO在水和有机溶剂中的可加工性，GO已经被尝试作为一种组分应用到许多复合材料中。将GO掺入聚合物会改变导电性和导热性、降低渗透性并改善力学性能。第10章由Mohsen Moazzami Gudarzi、Seyed Hamed Aboutalebi和Farhad Sharif介绍了这一主题。

GO的生物医学应用和毒性研究对于GO在实际应用中的使用至关重要。其他材料，如碳纳米管，被怀疑是有毒或致癌的。因此，目前在分析GO的医学特性和生物医学应用方面取得的进展由Larisa Kovbasyuk和Andriy Mokhir在第11章中介绍。

GO及其衍生物具有独特的性质，使它们成为氧化反应、Friedel-Crafts和Michael加成、聚合反应、氧还原反应和光催化作用的催化剂。这种性质由Ioannis V. Pavlidis在第12章中给予综述。

GO的大规模生产仍然是它商业化的关键。GO在商业上可行的最关键因素是其成本效益。这不是一个简单的任务，因为GO生产涉及产生大量酸性废物和冗长的纯化程序。商业GO生产面临的挑战将在第13章由Sean E. Lowe和Yu Lin Zhong讨论。

本书由各领域的专业人士编写，旨在为更广阔的群体提供帮助，包括拓宽其研究领域的专家。

Ayrat M. Dimiev
俄罗斯
Siegfried Eigler
瑞典

本书主编

Ayrat M. Dimiev 博士

先进碳纳米结构实验室，喀山联邦大学，喀山，俄罗斯

Ayrat M. Dimiev 在位于俄罗斯喀山市的喀山联邦大学获得物理化学专业博士学位。在喀山农业大学任职助理教授三年后，他移居到美国教授国际高中毕业考试化学课程。在 2018 年，他加入莱斯大学 James M. Tour 教授课题组，在这里他开始在碳领域的研究。他的探究涵盖领域有碳纳米管剪开、碳基介电复合材料、石墨插层化合物以及氧化石墨烯化学特性等。他在相关领域最终的贡献是揭示了石墨插层混合物中阶段转化机理，以及发展了氧化石墨烯的动力学结构模型。2013 年，Dimiev 博士接受来自 AZ 电子材料（现在是美国 EMD 功能材料有限公司，是德国达姆施塔特市 Merck KGaA 企业的业务）的个人邀请，去帮助发展他们新启动的碳项目。在美国 EMD 功能材料有限公司期间，他将自己领域里的专长用于建立和商业化由氧化石墨烯和其他碳纳米结构组成的新产品。2016 年 5 月，Dimiev 博士作为喀山联邦大学先进碳纳米结构实验室的负责人回到他在喀山的母校。Dimiev 博士在碳领域发表了 18 篇论文，引用累计超过 2000 次，同时他拥有 5 项最新发明专利应用。

Siegfried Eigler 博士

化学和化工学院，查尔姆斯理工大学，哥德堡，瑞典

Siegfried Eigler 于 2016 年在 Friedrich - Alexander 大学 Norbert Jux 教授指导下获得有机化学专业博士学位。随后，他在日本 DIC 有限公司分部 DIC - 柏林股份有限公司开展工业研究。相关研究集中在导电高分子和新型半导体单体上。2009 年，他开始关于氧化石墨烯合成和应用的研究工作。两年后，他成为 Friedrich - Alexander 大学讲师和研究助理。在那里，他开展关于氧化石墨烯

合成的深入研究，并且他通过控制合成方法实现了避免碳晶格缺陷。基于这个发现，他可以研究氧化石墨烯可控的化学特性，并且合成了几种新的石墨烯衍生物和复合材料。目前，他的研究集中在石墨烯化学特性的先进控制上。Eigler 博士已发表 27 篇碳研究相关的文章，并且申请湿化学合成石墨烯相关专利一项，该专利技术可以实现缺点密度控制。他接受了瑞典哥德堡市查尔姆斯理工大学提供的职位，在 2016 年开始成为副教授。

本书参编

Seyed Hamed Aboutalebi 凝聚态国家重点实验室，基础科学研究所（IPM），德黑兰，伊朗

Young Hoon Cho 能源工程学院，汉阳大学，首尔，韩国

Mohsen Moazzami Gudarzi 无机和分析化学学院，日内瓦大学，日内瓦，瑞士

Cary Michael Hayner 首席技术官，斯诺迪系统有限公司，芝加哥，伊利诺伊州，美国

Larisa Kovbasyuk 化学与药学学院，无机化学 II，Friedrich - Alexander 大学，埃尔朗根，德国

Anton Lerf 瓦尔特 - 巴法力亚科学院迈斯纳研究所，加尔兴，德国

Sean E. Lowe 材料科学与工程学院，莫纳什大学，克莱顿，澳大利亚

Andriy Mokhir 化学与药学学院，无机化学 II，Friedrich - Alexander 大学，埃尔朗根，德国

Anton V. Naumov 物理与天文学学院，得克萨斯基督大学，沃思堡市，美国

Ho Bum Park 能源工程学院，汉阳大学，首尔，韩国

Ioannis V. Pavlidis 生物化学学院，卡塞尔大学，卡塞尔，德国

Samuele Porro 应用科学与技术学院，都灵理工大学，都灵，意大利

Ignazio Roppolo 太空人类机器人中心，意大利理工学院，都灵，意大利

Farhad Sharif 高分子工程与色彩技术学院，阿米尔卡比尔理工大学，德黑兰，伊朗

Cristina Vallés 材料学院，曼彻斯特大学，曼彻斯特，英国

Hee Wook Yoon 能源工程学院，汉阳大学，首尔，韩国

Yu Lin Zhong 材料科学与工程学院，莫纳什大学，克莱顿，澳大利亚

目　　录

第1部分　基本原理

第2部分　应用

第 1 部分　基本原理

第1章 氧化石墨烯的沿革——从起源到石墨烯热潮

Anton Lerf

1.1 引言

有关氧化石墨烯（Graphene Oxide，GO）的形成，第一次出现在1855年Brodie发表在法国《化学年鉴》（Annales de Chimie）的短文中[1]。其他的制备方法——石墨和氯酸钾在发烟硝酸中反应，现在被称为“Brodie方法”——和一个详细的有关新的混合物的成分和化学性质描述的文章在1859年发表在《伦敦皇家学会哲学会刊》（Philosophical Transactions of the Royal Society of London）上[2]。一年之后，这篇文章以法文和德文两种译文发表[3,4]。所有这些文章的题目没有给出任何关于一种新型的碳化合物的字眼线索。其英文的题目是《石墨的原子量》（On the atomic weight of graphite)”。这种新的化合物在第一次发表的文章中被命名为“石墨氧化物（Oxyde de Graphite)”，而在以后发表的文章中被称为“石墨酸（Graphitic Acid)”。值得一提的是，Brodie自己并没有引用自己在这种新的石墨化合物上的第一篇文章。

Brodie在他发表的文章中的科学研究的真正目标是采用化学的方法区别具有各异性质但均叫作石墨的不同形式的碳材料。在第二篇文章描述的那些反应过程中，同样存在采用浓硝酸和浓硫酸的混合物处理石墨的过程，形成了石墨硫酸盐的插层化合物。这类石墨插层化合物1840年第一次被Schafhäutl所描述[5](pp. 155-157)，但是它却被隐藏在另外两篇几乎相互孤立地来说明铁-碳钢的文章中。这也许就是为什么Brodie没有意识到这个数据且没有引用它的原因。另一方面，第一篇文章的内容在《伦敦和爱丁堡哲学杂志》（London and Edinburgh Philosophical Magazine）上报道之前就已经被展示了。在1859年发表的文章中，Schafhäutl[6](pp. 300-301)抱怨说没有人注意到他的相关结果。

因为这些学者们的好奇，有关GO起源故事的背景环境已经被详尽地做了总结。1865年Gottschalk[7]重复并证实了Brodie的实验结果。在他发表的文章中“石墨酸（Graphitic Acid)”一词首次出现在《对于石墨酸认识的贡献》“Contributions to the knowledge of graphitic acid”中。尽管Brodie已经描述了通过早期氧化反应得到的不同的石墨形式具有不同特性，但GO得到更多的关注仅仅始于1870年Berthelot[8]发表的文章，Brodie所报道的制备GO的过程作为一种方法区别不同形式的石墨碳。

1898 年 Staudenmaier[9] 详尽讨论了 19 世纪末之前存在的各种制备方法的问题和缺点。他同样也描述了他在寻找更方便和更小危险制备方法方面的试验，并报道了一种目前以他的名字命名的新方法。

至关重要的是 1919 年 Kohlschütter 和 Haenni 发表的论文[10]。它标志着基于经典的化学分析和详细的化学反应描述手段对 GO 经典研究的结束。另一反面，它详尽地综述和评价了所有前期的关于 GO 制备发表的文章。基于结晶的考虑，重现 Brodie[2] 和 Weinschenk[11] 的结果，作者们认为石墨烯和 GO 相近的结构关联可以作为两者拓扑关系的证据。这篇文章显示了关于 GO 形成、热分解、化学还原以及化学产物相关的新数据。而且，在这篇文章中，作者们放弃了他们先前关于 GO 仅仅是一氧化碳和二氧化碳在石墨表面吸附物的悲观看法。

关于 GO 研究的新时代始于 1928 年，Hofmann[12] 与 1930 年 Hofmann 和 Frenzel[13] 第一次将粉末 X 射线衍射（XRD）应用在氧化石墨烯（GO）上。基于这些研究和化学的认识，Hofmann 和他部门的研究者们给出了第一个 GO 的结构模型，用于寻求普遍的认可。这个研究时期始于 1928 年，持续贯穿到 1930 年和 1934 年的第一个结构模型被 Thiele[14] 和 Hofmann 等人[15] 给出，最后结束于 1969 年新的结构模型被 Scholz 和 Boehm[16] 发展建立。在这个过程中，GO 的结构模型多次被修正，这主要是因为 Hofmann 和 Thiele 之间的分歧争论，同时也是因为新的光谱方法的应用，使得关于官能团在 GO 化学特性上扮演重要作用的假设得以证明。

GO 发展的第三个活跃期始于 1989 ~ 1991 年 Mermoux 等人发表的第一篇关于 ^{13}C魔角旋转核磁共振（MAS NMR）的文章[17,18]。在相应的延续工作中[18]，作者们对 Scholz 和 Boehm[16] 的结构模型提出了质疑，并且确信 Ruess[19] 发展的模型是和他们的实验数据最吻合的一种。随后这种解释再次受到质疑[20]。在一定修正基础上，该解释关于 60ppm 信号来源于环氧官能团支持了 Hofmann 等人提出的第一种结构模型[15]。这种模型已经被多种研究证实[21]，但是现在又被一种双成分模型质疑[22]。

GO 直到石墨烯被 Geim 和 Novoselov 发现[24]，一直是在实验室探索研究[23]。在石墨烯被发展后不久，简单的还原 GO 的方法被认为是一种得到石墨烯片廉价的手段。这种观点引起了 GO 方面的大肆宣传，并持续到了现在。从历史的视角回顾很多当代文章，一个不能回避的现象就是很多研究组掉入了一个陷阱，那就是之前的科学家们已经学会了去绕行。而且，反之亦然，从实际的观点阅读前期发表的文章，会发现很多有意思的因素，即以前详细的描述，后来被认为却不重要，以至于后来被彻底遗忘，但是现在却可以基于最近的研究进展被重新评价。

本章的主要目的是概述与 GO 相关研究的因素的故事脉络，这对于理解 GO 的独特性是很重要的。相关的主题包括 GO 的制备与提纯、结构模型的发展、稳定性和分解问题、增大到胶体、GO 酸性、插层不同化学物质的能力。自从石墨烯被发现开始，这些相关的因素已经被提上日程，而且其他来自于邻近研究领域的进展也引起关注。本章内容很大程度上被限制于对 GO 发展历史的回顾。

1.2 氧化石墨烯制备

1.2.1 改进和简化氧化石墨烯制备的试验

1855 年 Brodie 在他的文章中通过加入浓硫酸和氯酸钾的混合物实现了对石墨的氧化处理[1]。随后用水的处理过程导致固体物的分离和体积上的增大。对干燥产物的煅烧导致石墨受到了硫酸盐和氯酸盐的污染。在这篇短文的结尾，Brodie 提到硝酸和重铬酸盐作为二选一的氧化剂。

在 1859 年发表的文章中，Brodie 第一次描述了采用浓硝酸和浓硫酸混合物处理石墨。得到的产物在现阶段可以被认为是硫酸的石墨插层物，这个结论可以通过所描述样品的性质得到，特别是剥离现象（被 Schafhäutl[5,6] 更早观测到）。此后，Brodie 强调用氯酸钾和重铬酸钾代替硝酸可生成呈亮黄色或者棕色的不同产物，同时容易分解成一种石墨相似的材料。

在这篇文章中给出的有关新的插层混合物的制备过程已经被用于现在的制备，并且被命名为“Brodie 方法”[2]：

这种制备工艺的详细过程如下：一份石墨均匀地与 3 倍质量的氯酸钾混合，然后将该混合物转移到曲颈瓶中。足够量的最强的发烟硝酸被加入来补充整体的液体。曲颈瓶随后被置于水浴中，并且维持在 60℃三天或四天，直到黄色的挥发物停止出现。然后，这种物质被倒入大量的水中，被洗涤至无盐和酸性状态。得到的产物在水浴中被干燥，然后用同样分量的硝酸和氯酸盐重复氧化过程，直到没有进一步的变化被观察到：这个阶段一般在第四次氧化后达到。最后，得到的物质先在真空被干燥，然后在 100℃处理。将该物质与氧化混合物放置在暴露于阳光下的长颈烧瓶中，可以对该过程实施有益的改进。在这些情况下，改变发生得更快，同时不需要加热过程。

在这段结尾关于阳光有利于 GO 形成的注释，听起来非常的有趣，但是现在看来却已经有些被忽视。

从那个时候，很多实验尝试用危险性小和更加便捷的氧化剂代替经常使用的氧化剂（发烟硝酸、浓硫酸和氯酸钾）。Staudenmaier[9] 与 Kohlschütter 和 Haenni[10] 明确地提到氯酸盐和浓硫酸反应生成二氧化氯（ClO_2）的危险反应，它在温度高于 45℃时发生爆炸分解。难道这就是为什么 Brodie 没有在他的第二篇文章中提到这个过程的原因吗?

Luzi[25] 和后来的 Charpy[26] 在硫酸中加入高锰酸钾（$KMnO_4$）和铬酸（$HCrO_4$），两者均提到了分解石墨的趋势（见 1.1.2 节）。Kohlschütter 和 Haenni[10] 报道了采用过硫酸、卡罗酸和臭氧的失败的氧化实验。Boehm 等人[27]

研究了硝酸高铈、硫酸高钴、次氯酸钠、过硫酸铵和四氧化锇。Hofmann 和 Frenzel[13] 以及后来的 Boehm 等人[27] 通过石墨、发烟硝酸和浓硫酸悬浮液与气相二氧化氯反应得到 GO。Boehm 等人[27] 通过石墨和浓硫酸悬浮液与七氧化二锰氧化反应也得到 GO，同样可以通过石墨和发烟硝酸悬浮液与氧气/臭氧混合物反应得到。

尽管做出了这些努力，但是现在仅仅有两个进一步发展的方法是重要的，那就是 Staudenmaier[9] 以及 Hummers 和 Offeman[28] 分别发展的工艺。

Staudenmaier[9] 使用（和 Luzi[25] 做法一样）剥离石墨，将其加入混合后冷却至室温的浓硝酸和浓硫酸的混合液中。他明确提出，越快加入氯酸钾，氧化将越快发生，但是由于温度增加导致更强烈的氯酸盐分解，需要加入更多的氯酸钾。鉴于每次他最多使用 25g 石墨，他从来没有观察到爆炸发生。经过洗涤和干燥得到的绿色产物随后通过与高锰酸钾和稀硫酸混合物反应转化成黄色产物。有趣的是，Staudenmaier 评价了 Luzi 使用的工艺，但是没有提到 Luzi 的实验和高锰酸钾反应。

Kohlschütter 和 Haenni[10]、Hofmann 和 Frenzel[13] 以及 Hamdi[29] 曾使用了“Staudenmaier 方法”，但是经过了如下的一些改进。取代剥离石墨，他们使用了石墨粉，因此反应可以持续更长的时间。为了得到合理的氧化程度，至少需要 3 个氧化循环。与高锰酸钾溶液的氧化被取消的原因没有被明确给出。Hofmann 和 Frenzel[13] 以及 Hamdi[29] 同样发现了该工艺过程的危险性。

Hummers 和 Offeman[28] 第一次成功地应用高锰酸钾作为氧化剂制备 GO：粉状的鳞片石墨和固体硝酸钠分散在浓硫酸中，然后高锰酸钾按照一定比例加入混合液，因此温度可以被控制在 20℃ 以下。然后，混合液的温度被升到 35℃，且维持在该温度持续 30min。随后，糊状的分散液加入水稀释，导致温度上升到 95℃。15min 以后，混合液被更多的水稀释，而且残余的高锰酸钾用双氧水还原。

Boehm 和 Scholz[30] 第一次讨论了三种制备 GO 方法的不足和优点。（这篇重要的文章几乎没有受到关注，在 50 年里仅仅 11 次被引用。）以下这些重要的结论应该被提到：

通过“Brodie 的方法”得到的 GO 具有最高的纯度和稳定性（见 1. 4. 1 节）。

通过“Staudenmaier 方法”和“Hummers - Offeman 方法”制备的 GO 的纯化过程更加繁琐复杂；特别地，Hummers - Offeman 方法制备的样品含有大量的硫黄，可能以磺酸或者硫酸酯类形式与碳原子相连。

采用氯酸钠代替氯酸钾阻止了具有不溶性且难以被水洗掉的高氯酸钾的形成。

由于分解的原因，容许在氧化反应结束后将样品倒入水中会引起温度上升的警示被提到。

不同样品的化学成分表现出了很大的不一样，但是存在一个氧化程度的趋势：C/O 比按以下顺序减少 Brodie > Staudenmaier > Hummers - Offeman。

从早期 GO 研究开始，工艺流程主要的步骤已经被建立。这是一个繁琐复杂的过程，该过程可以使得样品长期暴露在光下或者在水中出现改变。该工艺流程往往以酸的稀释开始。第一步，建议将反应混合物倒入过量的水中保持温度尽可能低。因为 GO 的颗粒很小，沉淀过程需要一段时间完成。在洗涤过程中，沉淀物的体积显著增加，且沉淀需要的时间变得更长。为了缩短工艺时间，经过加入稀盐酸的多次稀释/沉淀过程后，GO 被沉淀。得到沉淀物可以通过过滤或者离心与溶剂分离。在净化阶段，透析或者电渗析也已经被使用。

一种很奇怪的纯化方法被 Thiele 所推荐[14]：他通过重复用浓硝酸煮沸来去除氧化混合物（$KClO_3/H_2SO_4/HNO_3$）；相关的浓硝酸然后通过用醋酸/乙酸酐洗涤去除，且最后用乙醇或者乙醚处理。

得到干燥的 GO 同样也是一个很麻烦的工艺。几乎不能完全去除溶剂水。在室温真空和五氧化二磷存在状态不出现分解的最小含水量（5% ~ 10%）可以被达到。一个可以选择的方法就是冷冻干燥[30]。

除了这些化学的制备方法，也可以通过电化学氧化的方法得到氧化石墨。Thiele[31]在 1934 年第一次展示了该方法。他使用了一个非常高的电流密度，且首先在浓硫酸中得到蓝相，这是一个硫酸插层混合物，然后得到所谓的预氧化、氧化石墨和可能的腐殖酸。后来，Boehm 等人[27]以及 Besenhard 和 Fritz[32]在 70% 高氯酸中的控制条件下得到 GO。然而，相应的氧化程度被认为低于通过化学氧化制备的 GO 样品。在使用浓硫酸的例子中，除了第一阶段产物相 $C_{24}(HSO_4)(H_2SO_4)_2$，存在一个 GO 形成和氧气演化两相叠加的阶段。这个范围的反应过程很大程度依赖于电流密度，说明该过程的发展要比石墨硫酸盐插层的形成慢好多[33]。

1.2.2 石墨的过氧化

通过在硫酸中煮沸处理石墨仅仅会损失很少一部分的碳变成二氧化碳[7,34]，但是加入诸如硝酸或者重铬酸钾等氧化剂后煮沸混合物会损失大多数的碳[7]。Schafhäutl 甚至观测到重复在硫酸中煮沸处理一块石墨，并且加入硝酸会导致石墨持续损失，以至于最后全部消失[6]。

Gottschalk[7]展示了在 Brodie 制备方法反应过程中，越多的氧化/分解循环被实施，通过热解 GO（由“Brodie 方法”制备）得到的类石墨碳反应越迅速：在第三次氧化后，仅仅发现了 GO 的痕迹。在每一个氧化循环中石墨的数量会减少，而且在第四个氧化步骤石墨将会完全消失。

Charpy[26]后来展示原始的石墨可以在硫酸中被重铬酸盐或者高锰酸钾转化成 GO，但是这些反应很容易导致过氧化：可以在室温没有石墨损失的情况下得到 GO。在 45℃ 和高锰酸钾反应，一小部分石墨会丢失，然而在 100℃ 已经有 50% 石墨被氧化成二氧化碳。

在使用改进的“Staudenmaier 方法”制备 GO 的实验中，Kohlschütter 和 Haenni[10]描述了所得到的 GO 的量随着每一个氧化步减少（第一个氧化步有 95% 的 GO

产出，且在第五次重复氧化后仅仅有 54% 产出），直到一无所获。所得到 GO 的量也会随着石墨或者氧化石墨和氧化介质接触的时间而减少。

Hofmann 和 Frenzel[13] 发现所得到 GO 的 C/O 比随着石墨晶粒变小而降低（由此含氧量增加）。Luzi[25] 给出了非常有趣的结果。他阐释除了不可溶解的 GO，即使在氯酸盐/硝酸的混合物中一些可溶解的副产物被形成，特别是苯六甲酸。这些副产物的量随着氧化步的持续而增加。依据 Thiele[14] 的实验结果，达到 50% 的苯六甲酸在采用 Staudenmaier 方法制备 GO 的过程形成。为了避免这种情况，氯酸盐的用量应该较小，添加助剂的时间间隔更长，而且反应温度应该控制在 20℃ 以下。Thiele[14] 也阐述了 GO 可以被转化为胡敏酸。在后来的文章中，Thiele[35] 提到在特殊的情况下，通过使用碱性的氧化剂，胡敏酸可以作为石墨全部氧化到二氧化碳的过渡阶段被获取。在同一篇文章中[35]，他阐释胡敏酸在 GO 水性悬浮液被置于空气中时形成。

Ruess[19] 评论了通过减小起始石墨颗粒尺寸来形成苯六甲酸或者破坏石墨结构这个递增趋势。这个趋势得到我本人经历的证实。当采用优化的反应条件，利用结晶形石墨（颗粒尺寸 50μm）到粒径小于 100μm 石墨粉（未发表结构）获得 GO，我们通过 Hummers – Offeman 方法得到了大多数的苯六甲酸。而且为了避免胡敏酸发生沉淀，Hummers 和 Offeman[28] 甚至推荐在他们的工艺流程中过滤仍然处于热状态的混合物。在他们制备 GO 的过程中，Hummers 和 Offeman 使用了粒径 325 目（44μm）的粉体鳞片石墨。

在这些 GO 早期研究结果的基础上，我认为 Rourke 等人[22] 并没有真正地展示一种新的结构模型。但是却探索了 GO 和胡敏酸形成之间的过渡阶段。

1.2.3　形成机理——首次近似

早在 1919 年，Kohlschütter 和 Haenni[10](p. 125) 就认识到硝酸在打开石墨内部帮助氧化剂进入且在 GO 形成中不用作为氧化剂方面具有重要的作用。

1930 年，Hofmann 和 Frenzel[13] 首次采用 XRD 展示了当石墨和硫酸与硝酸混合反应时，GO 层间距从 3.4Å 增加到 8Å（$1Å = 0.1nm = 10^{-10}m$）。因此，他们确认了 Kohlschütter 和 Haenni[10] 对于硝酸支持打开石墨层间距的建议。得到的该产物第一次被 Schafhäutl[5,6] 和 Brodie[2-4] 描述为“蓝相”，并且被确认为是一种石墨硫酸盐[36]。因为该物质对水高度敏感，这种第一阶段纯的含有最大量硫酸的混合物（每层间的插层物）$C_{24}^{+}(HSO_4)^{-1}(H_2SO_4)_2$ 可以通过石墨在浓硫酸中的化学或者电化学氧化获得[36,37]。在含有硝酸的硫酸化学氧化中（20% 含水量），硝酸的氧化还原反应电势仅仅允许制备第二阶段的插层混合物。在浓硝酸中（66% 质量分数），仅有一个更高阶段的混合物得到[36]。只有少量的高锰酸钾的添加才能实现第一阶段混合物的形成[38]。

Thiele[39]以及 Rüdorff 和 Hofmann[36]提到诸如氯酸钾或高锰酸钾或三氧化铬之类的其他氧化剂可以代替硝酸盐在形成石墨盐过程中的作用。然而，他们并没有给出详细的解释。1992 年 Avdeev 等人[40]就合理选择容许石墨硫酸盐形成的氧化剂给出了一个物理化学的原理。对于 $KMnO_4/H_2SO_4/C$ 系统的一个详细的研究只在 2005 年被 Sorokina 等人[41]做了探索。他们展示了石墨硫酸盐只有在 MnO_4^-∶C 摩尔比≤ 1∶1[41]时形成。三氧化铬/硫酸石墨盐的形成甚至更加复杂[42]。

因此，Brodie[1-4]、Gottschalk[7]、Charpy[26]、Luzi[25] 以及 Kohlschütter 和 Haenni[10]的不幸经历就不是那么奇怪了（见 1.2.1 节）。对于 GO 形成的氧化剂必须同样扮演石墨盐形成的氧化剂，从这些经历可以总结这似乎是不幸的。在那种情况中，层间距的打开和氧化到 GO 是同时开始的，由此导致了过氧化。因此 Kohlschütter 和 Haenni[10](p. 126)的最初步骤听起来和现在更加接近。

“只有当所有的物质从内部同步开始氧化，且同步发生石墨酸的形成。如果氧化剂从（石墨）外面发生作用，因为对于少量石墨作用的时间太长，且当反应仅能逐层进行时，氧化作用生成最简单的产物……”

为了找到让氧化剂进入石墨层间的最佳方法，并且得到胶体状态的少层 GO，就必须保证得到纯的第一阶段插层混合物。这与 Boehm[27]等人认为制备高质量氧化石墨时硫酸中的水含量应该不超过 15% 的观点很一致。但是，因为间层现象，理想的插层反应结束时刻很难被确认。考虑现在制备 GO 的方法，我认为对于最优的 GO 形成的插层过程的重要性很多时候是被忽视的，并且添加氧化剂之前的时间对于优化插层过程太过于短暂。

如果石墨层间可以无阻碍地让氧化剂进入，将会存在两个问题：氧化剂是什么？它们是如何进入石墨层间？通常假设二氧化氯和七氧化二锰在浓硝酸和浓硫酸的混合物中由氯酸钾和高锰酸钾这两个活性剂形成。对于高锰酸钾在浓硫酸中的情况，反应的物质也可以说是 MnO_3^+ 阳离子[43]。然而，这种阳离子进入两层正电荷约束的层间是很难想象的事。为了能够进入石墨层间，氯酸钾和高锰酸钾必须代替硫酸分子，与 HSO_4^- 一起在层间形成一种致密排列的插层混合物前驱体。这种交换过程必须通过抵抗过量硫酸对石墨盐的包围。因此，一价的氯酸盐和高锰酸根与 HSO_4^- 离子的交换在 GO 形成过程中是很重要的一步，这似乎对我来说更可信（在石墨盐中离子交换的可能性被 Boehm 等人曾经提到[27]，而且 Rüdorff 和 Hofmann[36]对此给予了说明）。两种离子在一定程度上可能出现，因为硫酸、氯酸和高锰酸钾的 pK_a 值几乎在同一样数量级（H_2SO_4/HSO_4^-，−3；$HMnO_4/MnO_4^-$，−2.25；$HClO_3/ClO_3$，−2.7；前提是这些数值在 pH 值不是真正有效的情况下具有任意的意义）。然而，存在一个很重要的问题，那就是高锰酸钾和氯酸钾在有机混合物中起不一样的作用；但是在 GO 形成的这个事情上，两者必须起相似的作用。

1.3　重要含氧官能团的发现以及相关结构模型的发展

1.3.1　石墨氧化物成分解析

贯穿整个 GO 研究的历史，其碳和氢含量组成由燃烧分析来确定。100% 不同是由于氧造成的。为了得到 C/O 比，只有 Thiele[14] 开展过 GO 的还原反应来确定整个还原过程所需还原剂的用量。然而，那个时候有个统一认识，即彻底的还原即使在强还原条件下也不能实现（例如温度达到 800℃）。为了得到正确的 C/O 比，必须要对燃烧后剩下的灰做校正。就确定正确的 C/O 比这一个严肃的问题，是在没有退化风险情况下仔细干燥后在样品中剩下的结合水含量。Boehm 和 Scholz[30] 推荐使用含水量在 10%~17% 的样品分析，因为这与 GO 在实验室正常水分蒸发气压状态的含水量相对应，因此样品的质量不会在称量中有太大改变。

对于采用“Brodie 方法”制备的样品，碳和氢的含量在整个 GO 研究过程相当一致。Brodie 报道了碳含量为 60%~61%，且氢含量为 1.75%~1.91%，Gottschalk[7] 也报道了相似的结果，但是质疑是否这些数值代表了干燥的结束。然而，尽管存在一些离散性，Boehm 和 Scholz[30] 确认了 Brodie[2] 的结果。

对于他们通过改进的“Staudenmaier 方法”制备的 GO，Kohlschütter 和 Haenni[10] 在第一次氧化后发现了 59% 的碳含量和 1.91% 的氢含量。该碳含量随着氧化/纯化循环降低到 55%。这种显著的改变到现在没有被报道过。Boehm 和 Scholz[30] 报道了碳含量值在 56%~58% 的平均值为 57%。

Hummers 和 Offeman[28] 报道了他们的产品的碳含量为 47%，且用“Staudenmaier 方法”制备的样品的碳含量为 52%。这些数值是发表文章中发现的最低值。Boehm 和 Scholz[30] 发现 Hummers - Offeman 方法制备的 GO 样品的碳含量分布在 56%~63.7%。

Boehm 和 Scholz[30] 阐述在分析结果中不同的样品一直存在较大的离散性，但是他们确认氧化程度存在一个趋势：Brodie 方法制备样品的 C/O 比最高（C/O = 3.5），Hummers - Offeman 方法制备样品略次之（C/O = 3.3），Staudenmaier 方法最低（C/O = 2.9）。相比较，Thiele[14] 认为（没有提供实验证明）氧化循环次数和制备方法对分析结果没有明显的影响。另一方面，他给出采用“Staudenmaier 方法”制备的样品 C: H: O 比值为 2: 1: 1。这个结果对应于所有的芳香烃双键全部被氧化。

综述 Boehm 和 Scholz[30] 文章中的所有分析数据，以及从 Brodie 开始所有科学家在 GO 研究上的分析工作，我总结认为低于 55% 碳含量（对应于 C/O 比小于 2.5）说明了 GO 过氧化，并且碳含量高于 63%（C/O 比高于 3.3）是由初期在

100℃附近干燥引起的分解导致的。

1.3.2 1930～2006年结构模型的创造

基于分析结果特别是非常高的氢含量，1930年Thiele提出氧原子以OH官能团的形式与碳网相连[14]。因为碳原子形成了一种蜂窝状的排布，他给出了一个总分子式：$C_6O_3H_3$。为了和他给出的总分子式相一致，Thiele不得不假设OH官能团在碳原子层两侧以共价键形式每隔一个碳原子连接，且它们之间以C－C共价键连接。这种结构模型的简图如图1.1所示。Thiele考虑了GO转化为胡敏酸作为一种附加线索显示OH官能团在GO中出现的可能性。

在Thiele之后将近60年，在没有任何参考Thiele的文章情况下，Nakajima等人[44,45]展示了一种非常相似的GO结构模型（见图1.1右图）。Nakajima等人提出了一个略微不同的总分子式($C_8(OH)_4$)代替($C_6(OH)_3$)，且他们的模型基于XRD结果与那些碳氟化物具有相同成分的相似性。这些模型没有一个引起研究者们的关注。

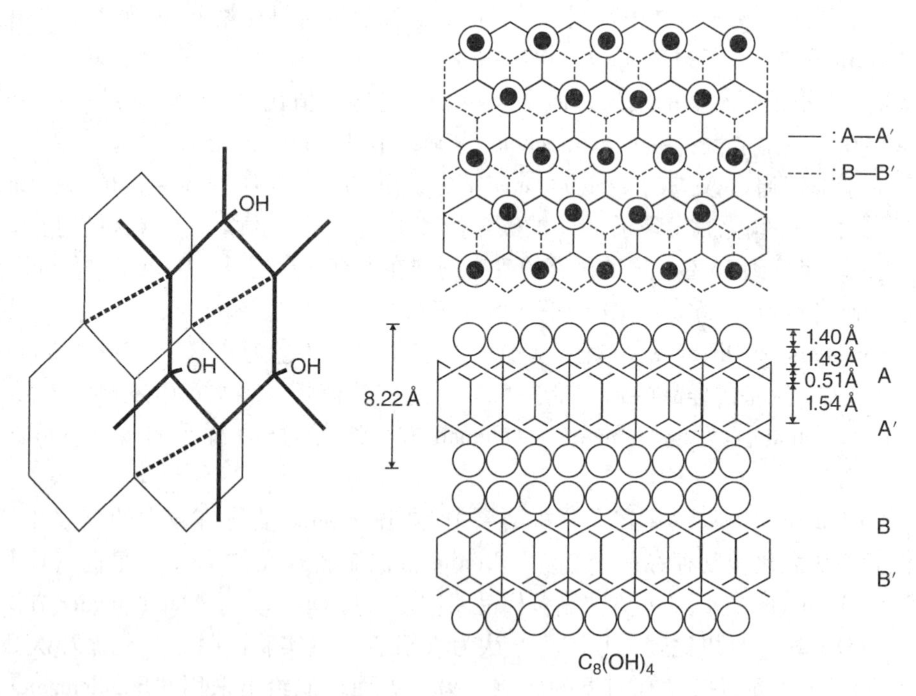

图1.1 Thiele[14]（左图）和Nakajima等人[44,45]（右图）的结构模型

一个关于GO供选择的结构模型被Hofmann等人在1934年给出[15]。该模型构造的出发点基于如下考虑。最大限度，每个碳六元环上所有的3个双键可以被3个氧原子分别连接两个相邻的碳原子的方式取代（形成环氧官能团）。因为很多时候发现C/O比为3，一些碳原子双键必须被剩下来未氧化。通过碘化氢处理从一些环

氧乙烷混合物中将氧原子去除而恢复碳原子的双键的过程，Hofmann 等人[15]看到了 GO 失去氧原子类似的情况。这种类推被认为是一种环氧官能团在 GO 中存在的线索。从 GO 的燃烧热与石墨相当相似这一事实，Hofmann 等人[15]总结出氧原子和 GO 的碳原子层微弱地连接在一起。一个额外的证明被作者通过 GO 的第一单晶 XRD 分析来展示。

对于反射强度的计算，考虑了 4 种不同的氧原子分布（见图 1.2 上图，a～d）。在附加假设每 3 个碳原子层在同一位置情况下，观测强度很好地和模型 a 的计算强度相吻合，而且氧原子在统计上分布在可能的位置之间。这种排布仅仅在碳网如石墨保持平展情况下是可能的。作者没有发现任何证据说明 OH 官能团是以共价键形式与碳网相连接。他们将氢原子单独地归结于残余的结合水，并没有具体化这种键合状态的本质[15]。

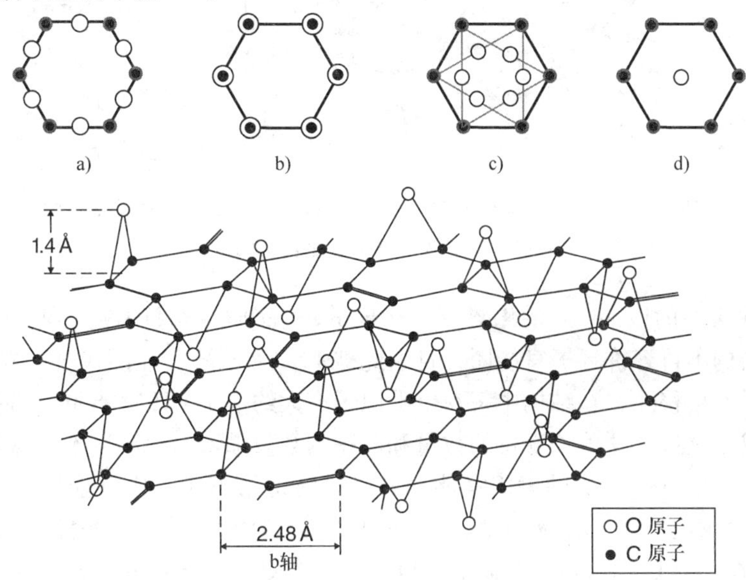

图 1.2　Hofmann 等人的结构模型[15]

这种在 Thiele 的样品中氢原子不同寻常的高含量，可以被解释为 Thiele 在他的制备工艺中使用的有机溶剂的残余导致（醋酸、乙酸酐和乙醚）（在 1.2.1 节被描述）。在随后发表的文章中，Hofmann 和 König[46]曾致力于用小的部分去叠加成 Thiele 的形式，该种尝试后来也被丢弃。这个结论也被 Ruess[47]开展的 Thiele 的一个很彻底提纯方法的探究所证实。在他的实验中，Ruess 观测到了乙酰基从乙酸酐到 OH 官能团以共价键的方式连接的一些证据（见 1.4.6 节）。

1937 年 Hofmann 和 König[46]的文章中有一个很有意思的改变。他们确认 Thiele[35]认定的阳离子在微量的基本介质中的交换能力，且得出在 GO 中羧基的含量将不足以揭示其酸性的结论。因此，OH 官能团像那些胡敏酸一样可能填充间隙。此外，他们建议 OH 官能团可能通过环氧官能团的水解形成。

1947 年 Ruess 在他的文章中[19]指出，GO 不会像有机环氧化合物一样反应，且不会和氨、溴化氢或碘化氢发生典型的开环反应来形成邻近的羟基胺或者卤代氢氧化物。他同样质疑了羟基官能团可以被环氧基水解得到的观点。基于这些化学的争论、OH 与碳网的共价键以及重新评估 Hofmann[15]的结果以及他本人的 XRD 数据，Ruess[19]展示了一种新的结构模型。他声称获得了在观测和计算最吻合的结构参数，如图 1.3 所示。

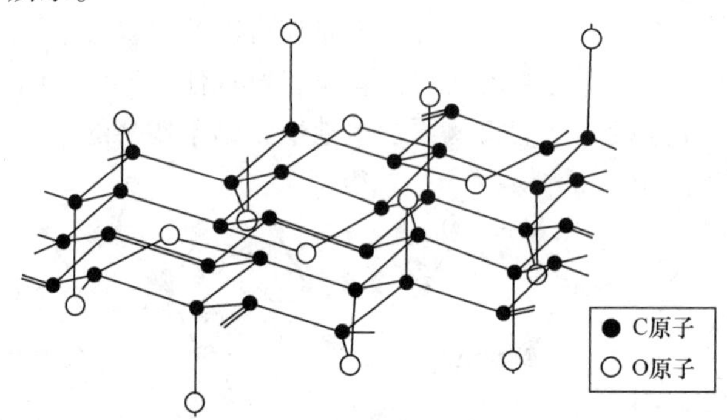

图 1.3　依据 Ruess 的 GO 结构模型[19]。然而这幅图从参考文献［48］中取得，因为它清晰地展示了未氧化剩余的双键

在一种典型的以 sp^3 – 杂化碳原子构成的环烷分布形式中碳网现在是波纹形的。这种结构不再容许环氧官能团，且因此被 1，3 – 乙醚官能团代替。根据 Ruess 判断氢原子不可移除，在结构中每 6 个碳原子有大约一个 OH 官能团。那些剩余的氧原子形成乙醚桥。这些乙醚桥的数量和双键的数量随着氧化程度不一样而不同。

然而，一个单一形成的 OH 官能团——特别是第三个 OH 官能团——很难和 GO 羧基官能团多样性反应相兼容（见 1.4.5 节）[16,46,48,49]。因此，Clauss 等人[48]认为在一个 C – C 双键（烯醇）相邻的一个 OH 官能团可能更加有酸性。然而，在那种情况下，C – C 键必须已经断开，而且图 1.4（左图）所示分布可能在 GO 中出现。

从烯醇到酮基官能团的转变可以解释 GO 由亮色变为暗色。然而，这一互变现象可能没有清晰地被作者们在红外谱中建立。Clauss 等人[48]与更早的 Hadži 和 Novak[50]通过红外谱清楚地确认了羟基和羧基的存在，但是没有对 1，3 – 乙醚官能团给出指示。区分这些醚类的试验也没有获得成功[16,48]。Hadži 和 Novak 将波数在 $980cm^{-1}$的弱信号作为环氧官能团存在的标识。在后来的文章中，Scholz 和 Boehm[16]将位于 $1720cm^{-1}$的信号认为是羧基，这种基团在碱性溶液中经历酮及烯醇互变异构或形成偕二醇。另外在 $1620cm^{-1}$的振动模态被解释源自于一个广义的醌型系统的羧基官能团。这个认识是图 1.4（右图）所示的 Scholz 和 Boehm[16]新的结构模型的基础。值得注意的是，这个认知后来显示是不正确的[51]。我认为 Szabó

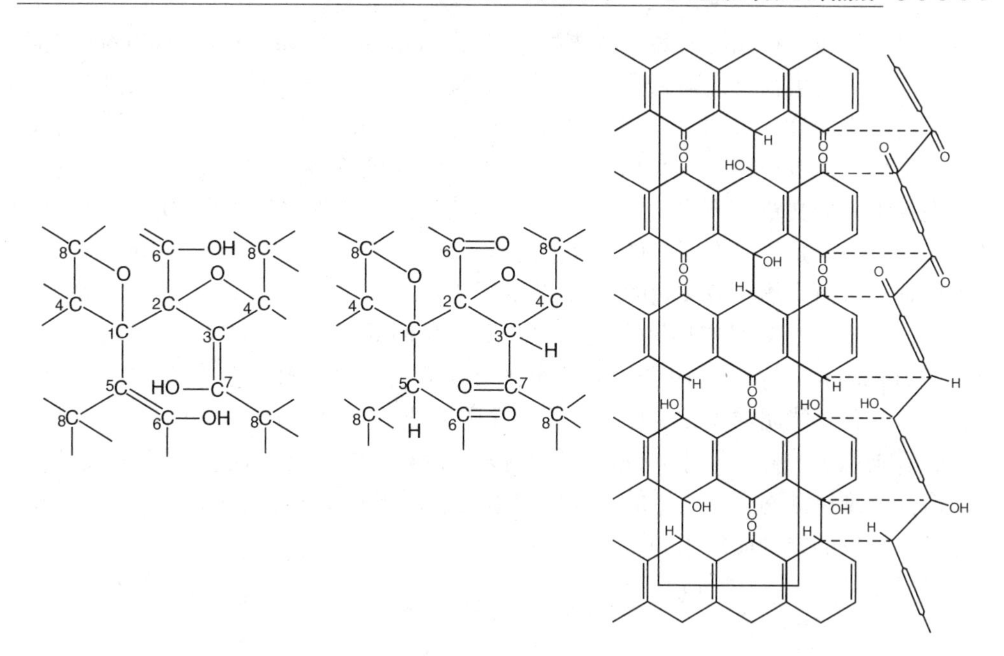

图 1.4　Clauss 等人[48]的在氧化石墨中可能的酮 - 烯醇互变异构（左图），Scholz 和 Boehm[16]的新结构模型（右图）

等人[51]发表的模型结合了 Scholz 和 Boehm[16]（断裂 C - C 键，醌官能团）以及 Ruess[19]（1，3 - 乙醚）两方面的结构单元。

1962 年，Aragon de la Cruz 和 Cowley[52]在他们的电子衍射图中发现了斑点的强度分布与 C - C 双键上的环氧基团以及碳原子上部随机分布的 OH 官能团相一致，与改进的 Hofmann 模型相吻合。然而，作者们承认这个解释具有一定的不确定性。而且，Scholz 和 Boehm[16]阐述在相邻的碳原子层上位于彼此上方的羧基官能团，被发现的确具有相似的电子密度分布。当原子层由小面积在所有的 3 个α 方向取向构筑起来，上述的电子密度分布也可以产生[16]。

综合这个时代研究的结果，让人失望的是很多现代方法的应用不允许 GO 的结构被清晰地描述出来。对于 XRD 而言，这主要是由于一个事实，即 GO 可以被观测到的信息只有 001 面的反射以及非常少 *hk*0 面的反射，但是没有 *hkl* 面的反射。

对于 GO 研究的新时代始于 MAS NMR 提供的可能性。NMR 主要监测第一球面坐标的电子结构，且导致对晶体中的长程有序性的敏感性较低。因此，这是研究无定形材料的理想方法。第一个关于 GO 研究的 NMR 实验被 Mermoux 等人在 1989 年和 1991 年发表[17,18]。^{13}C 的 NMR 谱显示只有 3 个主导信号，如图 1.6a 所示，对应的化学位移分别为 60ppm、70ppm 和约 130ppm。制备的氧化石墨的这 3 个信号被认为分别对应于乙醚官能团、乙醇官能团以及芳香的或者共轭的双键。因此，Mermoux 等人[18]排除了 Thiele[14]、Nakajima 等人[44,45]以及 Scholz 和 Boehm[16]提出的结构模型。然而，在他们的第一篇文章中[17]，Mermoux 和 Chabre 认为 60ppm 的信号是对应环氧衍生物，在随后的文章中[18]，他们没有区分环氧（1，2 - 乙醚）和 1，3 - 乙醚官能团，并且认为他们的谱证实了 Hofmann 等人[15]和 Ruess[19]的模型。在最后，作者选择了一种 Ruess 类型的模型，但是命名 1，3 - 乙醚为环氧官能团。在接下来的文章中[53,54]，作者的位置不清晰。一方面他们指出 60ppm 峰对应环氧衍生物，但是另一方面，他们仅仅是基于 Ruess 的模型争论，尽管 Ruess[19]清晰地阐述环氧衍生物和波纹状的 sp^3 杂化碳层不相容。

对于 60ppm 信号对应环氧官能团的认识在我们的研究中意味着回到经过一定修正的 Hofmann 结构模型上[20,55]。部分的环氧官能团必须被第三个 OH 官能团代替，且这两种官能团或多或少地随机分布在碳网两侧。因为 130ppm 的信号可以归结于芳香碳原子，各种尺寸的芳香环碎片被分在含氧的区域。这些芳香环的区域和环氧官能团维持碳网几乎是平的；一些偏差可能源于负载 OH 官能团的 sp^3 - 杂化碳原子。导致的结构简略图如图 1.5 所示。

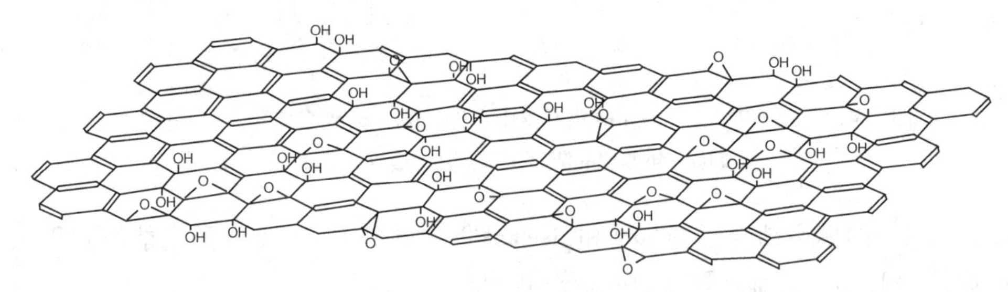

图 1.5　制备的 GO 的 Lerf - Klinowski 结构模型[55]

坦率地讲，应该意识到基于 NMR 谱解释可能不是故事的结束。我们不能区分是否是孤立或者共轭的 C - C 双键贡献了 130ppm 的信号。此外，NMR 是一个局部探头，且因此我们不知道这个信号是由孤立的芳香环还是多环的阵列造成，就像我们在模型简略图中所展示的那样。由此，依据 Clar 的芳香性概念，NMR 结果也可以和芳香环的一种分布相一致（如参考文献［56］的图 1 所示）。在 60ppm 和 70ppm 的信号部分相互重叠。一个去卷积分析显示 4 个信号可能被实验特征峰所掩盖。仔细检查 NMR 采集数据（例如参考文献［57］），可以发现结构特征与讨论的具有几乎相似的化学位移的结构模型可能相一致，例如烯丙醇。然而，清楚的是，在原始的 GO 中几乎很少有证据显示烯醇或者苯酚官能团存在。

1.3.3　形成机理的考虑——第二次近似

如 1.2.3 节讨论，硫酸和/或硝酸插层进入石墨是 GO 形成的第一步[10,13,16]。最近，Dimiev 和 Tour[58]通过现代科技方法（XRD，拉曼光谱）很好地确认 Brodie[2]、Gottschalk[7]、Staudenmaier[9]、Luzi[25]、Kohlschütter 和 Haenni[10]以及

Hofmann 和 Frenzel[13]在早期 GO 研究中所描述的关于 GO 形成过程观测到的所有现象，这其中仅仅只是提到了最重要的研究者们。

因为在整个插层石墨颗粒过程中，很难保证纯的第一阶段产物，这不可能排除存在第二阶段生成物的多层集合体。在那种情况中，氧化过程可能仅仅在任何第二夹层通道中发生，根据 Thiele 的模型将会导致一些集聚情况。真实的布置必须不遵循 Thiele 模型的理想且非规则排列，但是可能在相邻的碳原子层存在一些碳原子的共价键连接（负载 OH 基团）。除了 OH 基团，可能也存在环氧或者其他官能团。

Hofmann 等人[15]、Boehm 等人[16,48]以及 Dimiev 和 Tour[58]避免讨论氧化石墨的分子机制。这是可以理解的，因为不存在具有大的多环芳香烃（PAH）的小分子重量模型系统，在其上无氢碳原子的反应特性可以被探究。因此，对于 GO 形成机制的考虑必须从小分子重量 PAH 的反应特性认识开始。

假设环氧衍生物作为一个重要的 GO 结构单元，面临的一个事实是氯酸根和高锰酸钾都没有将 PAH 氧化成环氧衍生物[59]。高锰酸根离子和孤立的双键反应生成顺式 - 二醇[59,60]。这类反应只可能发生在石墨层的外围碳原子上，且随后从二醇到酮基的反应可能随着 C - C 键的断裂而发生。孤立的双键是否会经历同样的反应不得而知。关于二醇形成提出的机理，仅有高锰酸盐在中性或者碱性溶液中的氧化被实验所证实[60]。然而，根据对剪开碳纳米管所开展过的讨论，不能完全地排除这种二醇 - 酮基反应也可以在浓硫酸中发生[61]。

在 PAH 的破坏性反应中，在去掉一个质子、形成一个碳阳离子以及还原高锰酸根为五价锰状态的情况下，高锰酸根离子通过一个氧化性离子连接到碳原子上去[62]。在反应的最后，锰被释放出来且醌类被形成。这种过程只有在外围的碳原子或者石墨层的缺陷位置才可能再次发生。那些缺陷可能作为整个原子层后续氧化反应的核心。这类反应的产物可以与 Scholz 和 Boehm[16]以及 Szabó 等人[51]的结构模型相一致。然而，根据 NMR 谱，醌类是原始 GO 上最少量的物质（我猜测小于10%）。

如果有人假设顺式 - 二醇形成，然而没有机理解释 Ruess 假设它们转化为 1，3 - 乙醚[19]。通过浓硫酸水取水到环氧官能团也可能被质疑。这些反应是否能在 GO 层间发生也不清楚。甚至更加不清楚的是这些官能团如何能通过其他的氧化剂二氧化氯（或者氯酸根，氯酸?）形成。它们的氧化强度过于强导致小分子量物质被彻底地消除。此外，当氧化剂从石墨盐晶体外面向里面扩散，可以期望的是氧化反应在进入的位置发生。副产品的移动和碳表面不同的化学属性可能会阻碍氧化向晶体中心的发展过程。

因此，考虑两种氧化剂通用的机理似乎是必要的。如果对氯酸和高锰酸根离子交换过程比氧释放更快，氧化过程可能从石墨盐晶体内部开始。如果释放的样是 $^1O_2$态且环己二烯单元由于石墨中的 π - 电子系统受扰动而存在（正电子空穴或者碳正离子），它可能被作为过氧化氢官能团连接到石墨层上，这能在热作用下类似于参考文献［63］讨论的反应重新排布为双环氧化合物。从这些氧化的核心开始，新的位置可以为继续反应被创造。环氧衍生物可能被水解为羟基官能团。应该回忆起 Boehm 曾假设浓硫酸中一些残留的水分对于 GO 的形成是必需的[27]。

但是，应该记住这些考虑从 PAH 的溶液化学推测得到，且这些反应是否能用同样的方式在层间通道的约束空间中以及在具有正电荷石墨面插层的阳离子插层创造的静电场发生，是不清楚的。此外，在石墨晶体周围存在一种同样出现在夹层间隙的高质子溶剂。

1.4 氧化石墨烯性质

1.4.1 热降解和它的产物

在 19 世纪 50 年代，Brodie[2] 描述 GO 在加热过程中剧烈分解。为了更好地控制该过程，他在纯的石脑油中开展分解反应。在温度处于 100 ~ 200℃ 范围，相当大量的水分和 CO_2 被释放。在该溶剂中 240℃ 数小时热处理 GO 后得到的黑色残余物仍然含有一些氧成分，且 Brodie 认为它的组成为 $C_{22}H_2O_4$。通过在液氮中加热 GO 样品，更多的 CO_2 和 CO 被释放出来，但是甚至将样品加热到红色后一些氧和氢依然残留在样品中。

Kohlschütter 和 Haenni[10] 以及其他之前的研究者（例如 Gottschalk[7]、Berthelot[8] 和 Staudenmaier[9]）确认了 Brodie 的观测，且阐述了黑色的分解产物的形成与石墨酸和起始石墨材料的形成紧密相关，分解残余物的量随着氧化和倾析周期循环越频繁变得越多[10]。Kohlschütter 和 Haenni[10] 也发现材料加热得越慢，爆燃过程的温度越低。在压力作用下的分解导致一种具有更高密度的更像石墨的混合物。当样品在浓硫酸中被加热，残余物再次分解为石墨样的材料，但是不会爆燃。Hofmann 通过 XRD 研究发现（这是 1928 年第一次在 GO 研究中使用 XRD），在压力作用下或者硫酸中得到的分解产物比常压下得到烟灰状分解产物具有更高的结晶度[12]。

Hofmann 等人[15] 后来强调没有氧在气态的分解产物中被监测到，且总结到释放的氧与碳在晶体边缘发生反应，形成 CO_2 和 CO。后来 Boer 等人[64] 报道他们发现大量的氧，这是因为在 GO 中出现所提到的过氧化物的分解。这一争议的结果没有被 Boehm 和合作者证实[16,65]。Boehm 和 Scholz[66] 另外展示 GO 的燃爆点按 $GO_{Brodie} > GO_{Staudenmaier} > GO_{Hummers-Offeman}$ 的顺序减小。Hummers – Offeman 的样品的低分解温度是由残余的高锰酸根离子催化导致的。这个结论基于浸泡在 $FeCl_3$ 水溶液中的 GO 在火中发生爆炸这个观测现象。一般来讲，任何杂质会导致燃爆点的降低[66]。

Hofmann 等人[15] 发现 GO 的层间距在分解过程中几乎持续变小。在温度略微高于燃爆温度（320℃），层间距接近4.05Å，且在加热到850℃，层间距变为3.38Å时，几乎和石墨的层间距一致。这只能被解释为气态分解产物几乎随机地离开层间空隙，且完全空的以及局部含氧的层间空隙存在一个几乎随机的层间作用。

GO的分解可以在70℃发生[66]。GO非常缓慢地分解且伴随CO_2和CO释放可以在50℃时被观测到[67]。Hofmann和Holst[49]展示当样品被加热时，在130℃其离子交换能力不可逆地降低。

据我所知，Matuyama在1954年第一次开展了热失重和差热分析（TG－DTA）测试[68]。他选择$42℃h^{-1}$的升温速率避免燃爆发生。重量损失在低于50℃轻微地开始且在约100℃达到平稳。这种质量损失主要是由于脱水导致。最显著的质量损失发生在150～200℃范围且达到40%左右。直至温度达到300℃，质量损失平稳地降低。Martín－Rodríguez和Valerga－Jiménez[69]将TG－DTA分析拓展到800℃且通过气相色谱分析确定了逸出的气体。他们确认了前面研究的结果。结合逸出气体的质谱分析，在一个最近关于GO热分析的TG－DTA研究中，新的（迄今为止未知的）摩尔数为43、46、59和60的气相成分被检测到[70]。除了CO_2和CO作为分解产物，Hofmann等人提到了“碳状的含氧混合物”的释放。

1.4.2 化学还原反应

此外，Brodie[2]第一次描述采用诸如硫化钾或硫化铵、氯化亚铜或二氯化锡的还原剂处理GO，导致一种和石墨外观相似的黑色残余物生成。然而，他没能纯化得到的固体残余物，因此，进一步的研究被放弃。Gottschalk[7]、Staudenmaier[9]以及Kohlschütter和Haenni[10]使用氯化亚铜和硫化亚铁确认石墨状外观的还原产物。这些作者也阐述还原产物能被再次转化为GO。

Thiele就GO能被定量地还原为石墨的结论[14]没有被Hofmann等人[15]证实。他们发现可以被去除的氧的含量依赖于使用的还原剂：对于氯化亚铁，约68%的氧可以被移除；对于水溶性介质中的水合肼，82%的氧被移除；对于水中H_2S，91%的氧被移除。在后来的研究中，Hofmann和Frenzel假设硫取代氧形成环氧化合物的硫类似物，该物质在室温条件已经分解[71]。Lerf等人用对环氧基敏感的硫脲试剂处理GO，然而因为开始测试之后样品在旋转器中爆炸，他们没能获得NMR谱结果。只在最近，2003年Bourlinos等人[72]引入新的还原剂：$NaBH_4$和对苯二酚。因为得到的石墨显示更好的结晶度，后者特别地令人感兴趣。

当GO被肼还原，尽管3.5Å的层间距仅仅略微比石墨的大，Thiele[73]第一次提到固体残余物含有大量的水（$>30\%$）[46]。大部分的水能通过在样品上施加机械压力被去除。更多的水能通过将样品加热到110℃去除，且去除所有的水需要温度升到350℃。Hofmann和König[46]以如下的方式解释这个奇怪的现象：因为肼的水溶剂是碱性的，GO分散成少许单层石墨组成的糊状物，这些糊状物通过还原反应进一步被分离开；还原后薄片随机地沉积成致密的毡状物，在其中水分被封闭在中空的孔隙中。在加热过程中水分的丢失还是一个持续的过程且伴随着 $00l$ Bragg 峰谱线宽度的减小，表明石墨层在结晶 c 轴方向的取向性增加。Thiele 报道对应的比电导率和石墨在同一个数量级[35]。

尽管 Hofmann 等人[15]认为用碘化氢对分子环氧化合物脱氧形成双键，可作为 GO 脱氧的一种模型，Ruess[19]与后来的 Scholz 和 Boehm[16]提出碘化氢没有和 GO 中的环氧衍生物或者 1，3－乙醚发生反应。然而，De Boer 和 van Doorn[74]观察到 GO 和碘化钠的还原反应，并且将释放的一定量的碘归结于氢过氧化物的还原和参与到酮－烯醇平衡的酮基官能团。

通过 ^{13}C NMR 光谱显示碘离子处理相当程度地影响 GO（见图 1.6）。依照 Hofmann 等人[15]的建议，Lerf 等人[20]假设碘离子可能导致环氧选择性的提取。然而，对应环氧衍生物（60ppm）峰的强度和 70ppm 信号强度同步降低（见图 1.6a）。同步地，新的特征在 NMR 谱中出现：一个在约 110ppm 的峰和另一个在约 160ppm 的峰。这些同步出现的信号被解释为是在 GO 中酚类的形成。

当 GO 在 100℃真空下处理时，环氧和 OH 官能团完全消失，以及仍然较高比例的酚类信号被观测到。OH 官能团的转移只能在氧去除和一些 C－C 单键断裂后，电子系统被彻底地重组的情况下发生。在极端情况下，只有酚类基团和重现排布的 π 电子系统被留下来（见图 1.6c）。

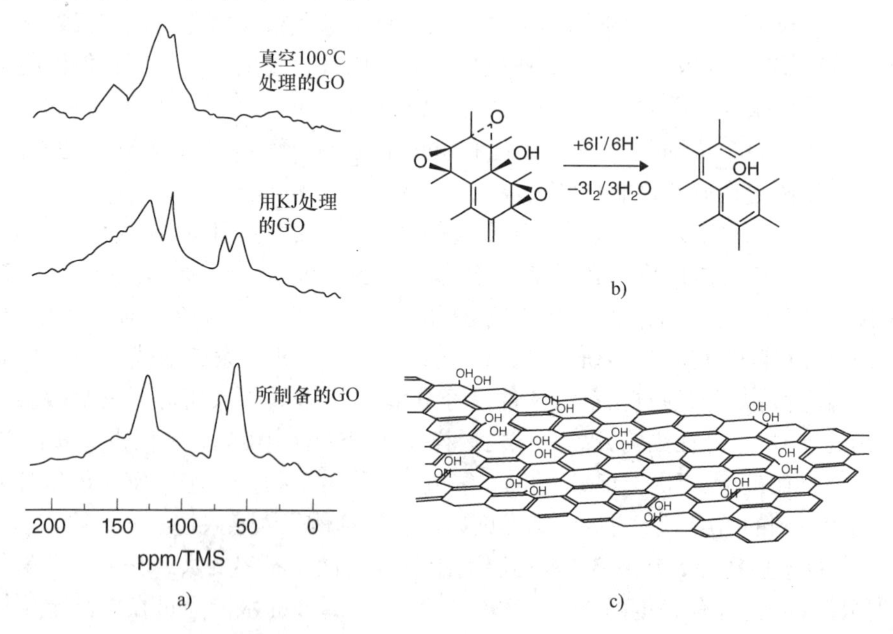

图 1.6　a）被热处理和碘化钾处理的 GO 的 ^{13}C MAS NMR 谱[20,55]。b）氧气释放后双键系统提议的重新排布[20,55]。c）完全移除环氧官能团就只含有酚类和双键的改进 GO 结构[55]

由于提议的化学转化，这些结果说明了 Hofmann 等人[15] 与 Lerf 和 Klinowski[20,55] 的结构模型与 Scholz 和 Boehm[16] 以 Szabó 等人[51] 略微改进的模型之间的关系。Scholz 和 Boehm 的模型现在可以被认为是，Thiele 关于氧能够进入碳网是 GO 转化为胡敏酸的第一步[14,35] 这个建议的证明。Pallmann[75] 和 Hamdi[29] 对比了胶体的分散物、GO 的离子交换能力和酸度、胡敏酸以及木质素的不同形式，并且发现木质素在胡敏酸和 GO 之间作为中间过渡态。

1.4.3　与酸和碱的反应

GO 具有很稳定的抗酸能力，至少抵御氧化性的酸。在 Thiele 的清洁过程中，他采用沸腾浓硫酸处理 GO，没有证据说明破坏发生[14]。为了保持样品明亮的颜色，一些作者在水性 GO 溶液中加二氧化氯或者硝酸[7,9,30,48]。

碱性的/碱土金属 - 碱性的氢氧化物水溶液可以和 GO 以不同的方式发生作用：

• 稀 NaOH 溶液酸对沉淀的 GO 的重新分散具有很重要的作用或者造成 GO 渗透溶胀。

• 碱性的和碱土金属醋酸盐溶液使氧化石墨烯去除质子化，导致 GO - 碱性的盐（见 1.4.5 节），这些中和反应似乎可逆。

• OH^- 离子能引起 GO 或多或少可逆地改变。

GO 悬浮液在稀的碱性溶液（ <0.1M）中几分钟之内变黑，但是甚至当样品在室温下暴露在溶液中一天时间，NMR 谱没有显示显著的改变（未发表的结构）。相比较，Dimiev 等人[76] 发现乙醇和环氧衍生物峰值强度显著地降低，但是在能谱中没有其他显著的改变。当一个 GO - 乙醇化合物样品被 1M 氢氧化钠溶液在 70℃ 处理 3h，相应的 NMR 谱看起来和图 1.6a 所示的热处理样品的 NMR 谱相似[20]。唯一的不同是强信号重叠在一个最大大约 130ppm 的宽背景上，也许说明样品的变化比热处理样品的情况更加严重。通过 18M 氢氧化钠溶液在 80℃ 处理 GO，Fan 等人[77] 观察到和我们相似的谱，相关的样品我们通过在 100℃ 真空下处理得到。

因此，我认为 Fan 等人发现一种“碱 - 辅助的热分解”过程。最近，Dimiev 等人[76] 提出在 GO 结构中由 OH^- 离子的亲核攻击引发的化学重排。该机理第一次解释了在碱性溶液中 GO 缓慢分解过程中 CO_2 的释放。这也是一个解释 GO 在热燃爆过程中没有氧释放以及在 50℃ 热分解中 CO_2 释放的模型，如果有人假设强结合水也许在去质子化之后能作为亲核试剂。在那种情况下，在水中浸泡或者被暴露到阳光下面造成 GO 变化[35] 可能具有相同的机理。作为可以俘获释放的 CO_2 形成不溶的 $BaCO_3$ 的 Ba 盐的使用可能提升分解速率[35,49]。

碘化物的反应[20] 导致和热分解十分相似的产品，但是它作为一种氧化剂。因此，提出的问题是如何能与 Dimiev 等人[76] 的反应流程结合在一起。

1.4.4　“渗透膨胀”：水合作用和胶体形成

GO 的吸湿性能被 Brodie[2] 先前做了描述。Gottschalk[7] 提到“结合水”不经意间出现。Kohlschütter 和 Haenni [10] 提到干燥的 GO 暴露在空气中质量增加，以及那些获得的水轻度加热就可以被容易地移除。他们也提到水可以在真空或者保持样品在浓硫酸上被释放，但是长时间很难保持水分不再变化。

Hofmann 和 Frenzel[13] 通过粉末 XRD 发现，在 GO 中存在的水分支撑打开氧化石墨层。含水量为95%的样品显示层间距为11.3Å；空气中晾干的含有约15%水分的样品层间距为7.84Å；且深度干燥的含有 7%~8% 水分的样品层间距为 6.4Å。水分的吸收和释放是一个可逆的过程。从约 6.4Å 的层间膨胀，作者假设当 GO 浸泡在水中时，两层水被插入到单层 GO 之间。因为 *hk*0 方向反射不被吸收水分改变，作者称这种现象为“一维的膨胀”。

Hofmann 等人[15] 第一次阐明空气中水蒸发压力与吸收分布的比例以及水合产物层间距之间的相关性。这种相关性后来被 Derksen 和 Katz [78] 以及 Ruess [19] 所证实。Derksen 和 Katz [78] 以及 Hofmann 等人[15] 发现，和其他所知道的水分吸收过程一样，水分吸收等值线显示了一个 S 形的曲线。在完全水合 GO 中最大层间距在 80℃从 11.3Å 减小到 9.95Å[78]。他们也发现，和 Hofmann 等人一样，层间距几乎线性地随着水合过程中吸收水分的量增大。这个影响后来多次被证实[79,80]。这只能按照随机的层间作用来解释[15,81,82]。Hofmann 等人[15] 提到部分分解的 C/O 比达到 5 的 GO 样品没有失去它们在水中的膨胀特性。

根据后来的作者所述[15]，在碱性的氨水中摇晃完全水合的 GO 导致 GO 完全分层。Derksen 和 Katz[78] 给出 GO 的层间是 pH 值的函数。他们显示层间距随着质子浓度从 10.7Å 增加到 11.4Å，且在 pH 值 13 对应的层间距为 12.5Å。在 $6 < \text{pH}$ 值 < 13 范围内，因为 GO 胶体态分散物，没有给出层间距的结果。Clauss 等人[48] 显示在 0.05M 和 0.03M 氢氧化钠溶液中层间距从 11.3Å 增加到 12.5Å。在 0.02M 氢氧化钠溶液中，GO 胶体分散液不连续地发生。作者也提到在和蒙脱土相同的层电荷密度（每 100Å 1~2 个钠离子）情况下发生分解[48,83]。

自从 GO 被 Brodie 发现，尽管膨胀特性在 GO 加工过程被熟知，Kohlschütter 和 Haenni [10] 第一次描述这个过程为 GO 胶体分散物（“Kolloidisierung”），且提到和强酸发生沉淀。Theile 那时是第一个描述 GO 胶体性质的人[84]，例如胶体离子在电泳实验中向阳极移动，以及依据 Hardy - Schulze 原理在一系列絮凝剂 $H < K < Ca < Al < Ce$ 的絮状物的增加趋势。

Hofmann 等人使用 GO 胶体分散物制备膜并测试它们的性能[85,86]。这些膜能透过阳离子和水但不能透过氧气和氮气。因为严重的膨胀导致的不稳定性使得它们应用困难。这些“膜”的分形维数（单层或者多层集合体）通过光散射确定为 2.5。这被解释为 GO 层的褶皱原因[87,88]。其他研究者反驳这个结果并且将分形维数值更正为 2.15，说明了平展的单层 GO[89]。

Boehm 等人[90,91] 通过肼或者热处理还原分散的 GO（Thiele 提到了这个可能性[84]），成功地制备了超薄石墨薄片。他们发现少层和达到四层的集合体。在悬浮液中还原的样品通过亚甲基法被确定具有比表面积约为 $800m^2g^{-1}$，而当采用 BET 方法时只有约 $100m^2g^{-1}$。因此，Boehm 等人第一次制备石墨烯层。在新的时代，Stankovich 等人[92]简单地使用这个方法制备石墨烯。他们也显示肼攻击环氧官能团且将它们转化为氮类化合物（氮杂环丙烷），然后分离出氮。

GO 的胶体分散液被 Matsuo 等人通过用高分子使 GO 絮凝[93,94]，制备 GO - 聚环氧乙烷纳米复合材料。后来，其他纳米材料的合成被报道，例如聚醋酸乙烯酯、聚丙烯酰胺、聚（乙烯醇）[95-97]。几乎在同一个时期，Kotov 等人[98]描述使用 GO 胶体分散液逐层沉积制备高度组织 GO - 高分子纳米复合材料。只有很少的一些研究小组使用了这一精致的方法[99-101]。

1.4.5　氧化石墨烯的酸性

又一次，Brodie[2]在 1859 年以及 Gottschalk[7]在 1865 年通过与石蕊试剂反应描述了 GO 的酸性。Thiele 在 1937 年首次开始深入研究氧化石墨的酸性[35]。他发现氯化钠水溶液在 GO 浸泡进去后变成强酸性。Thiele 通过质子从 GO 的释放并同步伴随钠离子的吸收形成石墨酸钠盐解释这一观察现象。在氢氧化钠溶液中，Thiele 确认了可逆的钠吸收达到 800mval/100g GO（mval 和 mmol 相同）。

几乎同时，Hofmann 和 König [46]发现从增加浓度的醋酸钠溶液的阳离子交换能力接近一个极限，约 150mval/100g GO。最明显的对酸性的解释是 GO 片外边缘存在 COOH 官能团。关于这种酸性基团可能的数量粗略估计应该导致量级为 1mval/100g GO 的钠吸收。如图 1.7 所示，当内部孔洞外边缘也全部被 COOH 官能

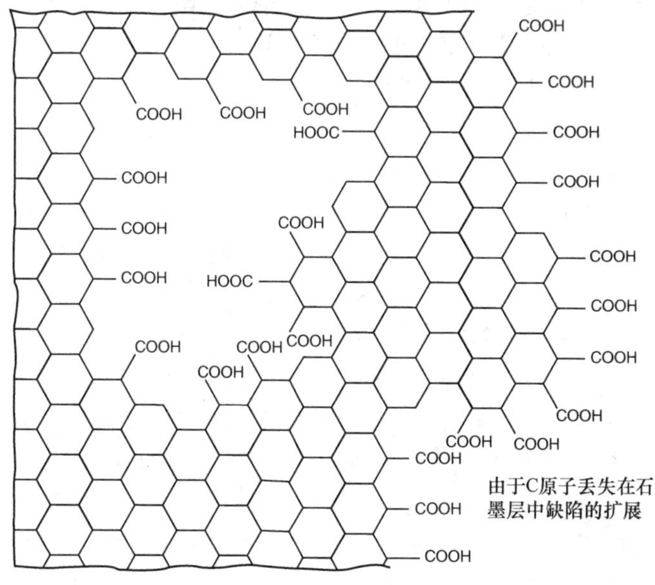

图 1.7　有缺陷的石墨层[46]

团覆盖时，在彻底的氧化过程中部分石墨层破坏的假设可能导致 COOH 官能团数量显著增加。甚至在这种情况下，阳离子的高交换能力不能被解释。因此，Hofmann 和 König 总结认为，除了羧基，一些酸性的 OH 基团必须在 GO 中出现。

Hofmann 和 Holst[49]后来观测到醋酸钠和醋酸钙决定的阳离子交换能力，在 27～184mval/100g GO范围中依赖于氧化程度具有明显的区别。具有更高 C/O 比的 GO 显示更低的交换能力值，但是没有系统的相关性。当实验用氢氧化钠开展时，GO 的交换能力会高得多。极限值在 500～600 mval/100g GO 范围内离散且依赖于使用的 GO 样品，该结论和 Thiele 的数据相当吻合[35]。

为了更深刻地洞悉 GO 的酸性，Hofmann 和 Holst[49]开展了甲基化反应。与甲醇和盐酸的甲基化反应说明对羧基的敏感性，然而重氮甲烷与包括羧基 OH 和酚类 OH 基团反应。与 GO 预处理无关（湿的，在 100℃、130℃和 180℃干燥的），只有约 30mval CH_3O/100g GO 在第一次反应被得到。因此，用这种方法只有边缘的羧基被甲基化。在乙醚中用重氮甲烷在 100℃ 干燥的 GO 的甲基化生成约 500mval CH_3O/100g GO，该结果和钠离子交换能力数值相当吻合。这个数值对于 180℃干燥的 GO 显著地减小。Ruess[19]通过乙酸酐和少许的硫酸在封闭的安瓶中 70℃处理 GO，开展乙酰化反应将羧基和酸的 OH 基团转化为乙酸酯。在 GO 中连接到 OH 基团的乙酸的量和前面一样，在 500～600mval/100g GO 范围内。当它在二氧己环溶液中开展乙酰化反应时，插入醋酸盐的量是 800mval/100g GO，这是 Thiele[35]发现的阳离子交换能力（CEC）的最高值。因为二氧六环被共插层且支撑层间膨胀为 9～10Å，Ruess 通过反应剂到酸性部位增强的扩散解释这两种方法的区别。因为在约束的层间间隙扩散延迟，他暗示没有额外溶剂的乙酰化反应以及乙醚中和重氮甲烷的甲基化反应没有被完成，在这些情况中层间膨胀量只有 3～4Å。

Pallmann[75]和 Hamdi[29]验证了 Hofmann 和 Holst[49]确认的交换能力的数值。Pallmann 以及 Hamdi 对比了 GO 和胡敏酸、木质素和氧化木质素的阳离子交换能力，而且发现了 GO 的 C/O 比和阳离子交换能力间的相关性：随着碳含量更高而变小。Hofmann 和 Holst[49]的部分破坏的样品与这个相关性很好地吻合。

Hamdi[29]也开展了第一个滴定实验监测上清液对应每克 GO 使用的 NaOH 的 mval 用量的 pH 值变化（见图 1.8 左图）。该滴定曲线显示两个很明显的转折点。如果它们不仅仅是实验测试样品，pH 值在 0.5 的一个样品对应甲基化或者酯化中能用 NaOH 去质子化的 OH 基团数量。另一个转折点的 pH 值和苯酚的 pK_a值具有相同数量级。可以用醋酸盐溶液（约 100mval/100g GO）实现的最大程度的去质子化在 pH 值曲线中没有留下线索。在最近发表的滴定实验中[76,102,103]，其中一个[103]似乎和之前 Hamdi[29]的数据相一致，然而另外两个显示随着 NaOH 量的增加 pH 值无特征地持续增加。所有的 4 个滴定曲线在 pH 值约为 4 时开始。

当假设所有的被化学分析（包括不能被提取的水中的氢，其含量为 7%～8%）确定的氢作为 OH 基团和碳网结合时，可以交换的质子数量粗略地是期望值的一

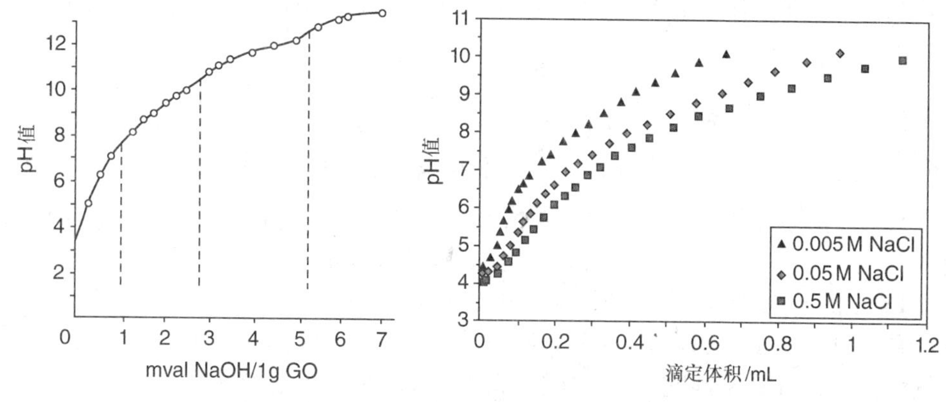

图 1.8　Hamdi[29]（左图）和 Szabó 等人[102]（右图）的滴定曲线

半。当仔细干燥的 GO 样品被乙醇钠处理时，对这些不能被高浓度 NaOH 交换的 OH 基团也进行去质子处理是可能的[16,48]。

Scholz 和 Boehm[16] 采集所有的关于 3 种 GO（Brodie、Staudenmaier 和 Hummers - Offeman）去质子化实验（滴定）可得到的信息，显示它们之间没有明显的区别。可得到的数据的离散型可能归结于 GO 的性质（颗粒尺寸、氧化程度和分解程度）、平衡时间、采用的去质子化方法以及研究者的技巧。Thiele、Hofmann 和 Boehm 交换实验的结果显示存在 4 种不同酸性的 OH 基团：

- 乙醇钠去质子化的 OH
  pK_a值 14 ~ 17　　三级醇（sp^3C）
- 氢氧化钠去质子化的 OH
  pK_a值：10 ~ 12　　烯醇、邻二醇
  pK_a值：7 ~ 9　　酚类
- 醋酸钠去质子化的 OH
  pK_a值：<8　　羧基、酚类、水（?）

对于 pH 值 <12，这种分类似乎与 Hamdi 以及最近 Konkena 和 Vasudevan[103] 滴定实验的转折点相当一致。Szabó 等人[102] 发现的滴定曲线被溶液条件显著地影响：当弱官能团持续地参加离子交换过程时，增加 pH 值和离子强度可以促进酸性表面位点分解，且电解液对表面电荷提供了有效的屏蔽。酸性和表面电荷特征被发现也依赖于氧化程度。因此，他们的研究指出，诸如酸、碱和盐添加物影响表面电荷特性，这个特性反过来可能反应它们的水性分散液的胶体稳定性。

此外，随之而来的问题是，对于 GO 在层间约束的通道中是否真的可能定义离散的 pK_a值，在这种通道中一个增加的电场通过 OH 基团的去质子化被创建，而且 GO 层伴随的充电部分地被阳离子的吸收所屏蔽。此外，Mermoux 等人[18] 和 He 等人[104] 的 NMR 实验显示，OH 基团和结合水分子的质子与邻近的氧原子及其连接

的碳原子之间存在强范德华相互作用。这可能提高它们的酸性以至于它们也能参与到去质子化反应中去。

1.4.6 插层和功能化反应

1962 年，Slabaugh 和 Seiler[105] 首次将氨气插层到 GO 中。他们在 -45 ~ -25℃温度范围开展反应，并且发现超乎寻常的氨气吸收量约为 170mg/g GO，该过程对应 Cluass 等人[48] 确定的所有 OH 基团。后来，Seredych 和 Bandosz 发现“Brodie 方法”制备的 GO 的氨气吸收量约为 18mg/g GO。这些作者通过羧基中和反应和层间的弱酸性 OH 基团解释该吸收情况[106]。$GO_{Hummers-Offeman}$甚至吸收更多的氨气，这是因为硫酸基团共价键方式和 GO 相连形成硫酸铵（第一次被 Boehm 和 Scholz[30] 且后来被 Titelman 等人[107] 提出），而且通过 GO 中出现的超氧负离子自由基作用与 GO 分离[108]。

尽管 Kohlschütter 和 Haenni[10] 以及早期的作者们讨论了 GO 的可溶性和难溶性，Hofmann 等人[15] 第一次描述 GO 在膨胀方面与溶剂的反应。Kohlschütter 和 Haenni 提到 GO 在醇类、乙醚、苯、甲苯、二甲苯、丙酮、二硫化碳和氯仿中的难溶性。Hofmann 等人[15] 阐述 GO 在很多极性溶剂中膨胀，例如乙醇、醋酸、丙酮和浓硝酸，但是他们没有给出层间距。Derksen 和 Katz[78] 第一次给出 GO 在乙醇中膨胀的层间距为 9.3Å。这些作者也展示出水中的添加物乙醇或者丹宁酸使得充分含水的 GO 层间距减小。

Ruess[19] 发现二氧六环是唯一导致 GO 混合物出现一定排列的膨胀剂，该现象通过达到 6 个 00*l* 反射面（通常只有一个或者两个 00*l* 反射面被观测到）的出现被证实。因此，他使用这种插层混合物去改进他的结构分析。

接着 MacEwan 的研究项目第一次应用蒙脱土和多水高岭土[111]，Cano - Ruiz 和 MacEwan[109,110] 第一次研究了大量的有机混合物的“层间吸附物”。他们展示非极性分子，如链烷烃、多环芳香烃、CS_2或者长链醇类不能被层间空隙吸收。对于其他各类分子，插入层间通道尚不确定。如果由此推算的膨胀量≤3Å，在层间空隙中有机分子吸收是非常不可思议的，因为它提供的膨胀量至少要 3.5Å，这是对于有机分子最小可能的间距。对于各类脂肪族醇、乙二醇、甘油、其他二醇、酚类、脂族和芳香族胺、脂族和芳香族硝基化合物所发现的层膨胀量是 4 ~ 5Å。苯胺、吡啶、长链脂肪醇和胺被描述具有明显更高的层膨胀量。对于其他分子的吸收优先选择胺类插层，因为它们通过特别的如氨和层间空隙的 OH 基团一样的酸碱反应形成铵正离子。这种影响导致比醇类更高的氨吸收。最近，Bourlinos 等人展示了胺类在 GO 中被插入，但不是铵正离子[72]。他们也说明叔胺很难被插入 GO 中[72]。

随后的文章致力于长链烷基醇和胺类（达到 16 个碳原子）的吸收[112,113]。这些混合物在被 MacEwan[111] 和 Jordan[114,115] 在 1948 ~ 1959 年发现后得到了持续的关注，这是因为在层间空隙的烷类混合物像膜状分布。Krüger - Grasser 继续了这个工作，但是在她的研究中使用了负载钠的 GO，由此她将 GO 转化为蒙脱土状的系统[116]。对应地，她发现更大的层间距（达到 5.0Å）并且也可以插入长链烷基醇。此外，醇类和胺类的混合物曾被插入。该系统容许从它们的混合物中选择性吸收亲水性溶剂[117]。Matsuo 等人[118]使用 GO 的钠盐插入季铵盐表面活性剂$[R_3NC_nH_{2n+1}]^+$（$R = CH_3$，C_2H_5；$n = 12$，14，16）和$[C_{16}H_{33}NC_5H_5]^+$。在后来的文章中，他们对多环芳香烃的选择性吸附使用这些活性剂（例如参考文献［119，120］）。

由于 GO 层间的活性氧原子，有机溶剂的吸附（插层）可以伴随着一些活性物质吸入的反应。这种功能化的第一个例子通过两个非常活跃的有机物实现——二氮甲烷和乙酸酐——两者与 OH 基反应分别形成甲醚和乙酸酯[19,47,49]。两个反应被用作确定 GO 上的酸性位点（见 1.4.5 节）。Aragón de la Cruz 和 MacEwan [113]以及后来的 Krüger - Grasser [116]将长链烷类混合物插入这些功能化的 GO 中。然而，相应的功能化导致这些长链烷类混合物吸收量的降低。

后来，这些功能化过程通过具体的反应被用作确定 GO 上的官能团[20,55,104,121]。但是对于乙酰化、乙基化以及与异氰酸酯的反应，具体的功能化能通过 NMR 确定，大多是其他研究的试剂没有导致 NMR 谱可以探测到的变化。在所有的研究中，大约在 110ppm 的一个新峰被认为指示着酚类的形成。除了环氧基团开环反应，质子化/去质子化反应以及水的添加量或者 Dimiev 等人[76]提出的那些 OH 基团也可能诱导在缺陷附近形成酚类。

Bourlinos 等人[72]认为环氧基团和共价键上的亲核攻击是 GO 吸收初始的脂肪胺的主要机理。该结论主要从热乙醇或者 NaOH 水溶处理胺类 - GO 复合物没有导致层间距显著减小这一观测得到。

Bourlinos 等人[72]和 Matsuo 等人[121]能甲烷硅基化 GO 上的 OH 基团而形成 C - O - Si键。该产物在温度达到 300℃时是稳定的。自从那时开始，GO 的功能化变成了一个新的研究领域。

1.4.7　官能团以及它们对氧化石墨烯形成和破坏的反应与关系

GO 热分解特性是活性含氧官能团的一个标志。Ruess 的 1，3 - 乙醚不具有 1，2 - 乙醚一样的活性。过氧化氢基团可能甚至更具有活性，但是对于过氧化氢在 GO 中存在证据不足。硫化氢、硫脲以及可能的电负离子的反应似乎都表示环氧官能团的存在。

Ruess 关于典型的亲核加成反应在 GO 中不会发生的证据不是一个反对环氧基团的可信证据。在环氧基上亲核的开环反应以亲核试剂从环氧基的氧的相反位点加成开始。但是碳网的两个位置被或多或少致密排布的氧原子层覆盖，且被负极化。因此亲核试剂到碳原子的途径被限制在氧原子覆盖层中的缺陷上。这可能严重地迟缓反应。

而且的确大量的代替物通过在环氧基团氧的对面的位阻效应阻止任何亲核反应[122]。

通过质子转移到环氧基团的氧并伴随着羟基以共价键连接到碳正离子，在层间空隙的水合氢离子可以诱导环氧基团的开环反应[59,60,123]。被质子触发的亲电子反应也可以导致环氧基团转化为苯酚，至少为低分子量的多环芳香烃。在 GO 中苯酚的转化可能支持 C－C 键断裂，该过程似乎是不可能的，但它可以在碳网的缺陷位点发生。质子也可能诱发氧在碳表面的移动，这是 GO 化学特性另一个有趣的方面[59]。也许亲电子反应可能在 GO 中比亲核反应更加重要。

1.5 总结

回顾大约 150 年发表的文章，去查询科学研究模式和发表文章写作风格是怎样改变的、哪些被后人所引用的、哪些被有意识或者无意识遗漏的以及哪些因为后期不能被理解而忽略的是有趣的。这些主题对于社会科学研究可能是一个有趣的案例。我很愿意就这一研究只给出一点点评论。

GO 化学性能的认知到 1919 年得到了快速的发展，且被 Kohlschütter 和 Haenni [10]极好地做了评论。这篇代表性的文章和前面发表的所有论文几乎没有图片。相应的实验条件没有独立地给予描述。所做的操作被集合到所做观测的每一个精确且详细的描述中。实验关注与其他化学物质、温度或者真空中的反应特性。相应的观测主要是定性的性质。和有机化学中一样，分析结果局限于通过燃烧分析确定 C/H 含量。采用的步骤是标准方法且没有进一步的描述。

值得一提的是 Thiele [14,31,35,39]和 Hofmann [12,13,15,46,49]之间的分歧争论。Thiele 首次对 GO 中的官能团做出描述并且展示了第一个结构模型。他第一次开展了离子交换反应、硫酸的电化学插层和电化学法制备 GO，并且讨论了与胡敏酸的关系。Hofmann 在 1934 年给出了另外一个可选择的结构模型且用轻微的贬义的评议评价了 Thiele 的模型。在 1937 年，在 Thiele 的文章发表不久之后，他展示了 Thiele 关于离子交换数据的证明并且承认在 GO 中除了环氧官能团之外还有 OH 基团存在。他从来没有纠正过他的结构模型。关于它的修正由他的年轻合作者们给出，先是 Ruess [19]后来是 Boehm [16,27,30,48]，这可能是因为他的科研兴趣转移到了黏土矿物方面。查看这些发表文章的风格是很有趣的。Thiele 以前期的研究者的方式发表文章；他的论文是叙事性的且很多重要的实验细节没有被报道；例外的情况是他的还原和离子交换实验。相比之下，Hofmann 更加现代；尽管他也在很大部分的文章中采用叙事体，但是他在剩余部分文章中给出了实验的细节；你也可以在他的物理化学影响的争论中发现这个特点。

在 GO 的研究上得到了一些其他研究领域的激发：XRD 的发明、胶体化学、离子交互工艺以及固体科学（例如 GO 与胡敏酸的关系）。一个重要的因素是膨胀现象。在 20 世纪 20 年代高分子化学被建立且发现特别是生物高分子具有显著的膨胀特性，该现象采用 XRD 给予了研究[78]。该研究启发了 Hofmann 和他的合作者相应的工作。在至少他的一篇文章中他称独立的氧化石墨层为“高分子”。因为这些高分子是层状材料，膨胀仅能在一维方向上发生。该一维膨胀也被 Hofmann 几乎同时在低带电黏土矿物上发现。

有关 GO 的研究在很长一段时间是固体化学家的专长。最重要的工作由法国和德国的研究者所做。因此，很多关于 GO 重要的文章使用德文撰写。这对该领域今天评估前期工作的价值是一个问题。

2015 年，人们可以从科学活动的角度来讲述下列关于 GO 自 1855 年到 2005 年超过 150 年的时间的情况：GO 是一种相对稳定的非化学计量的固体碳混合物，它的结构没有被完全地建立起来。在过氧化和自我破坏之间存在一个难以确定的中间状态。虽然可以获得所有的信息，但是没有人在 1970 年得到这个结论。只有仔细调整了制备方法、从石墨的选择开始（结晶度、粉末、颗粒尺寸）、使用的酸的水含量控制、温度和时间管理、工艺过程中阳光的隔离以及干燥条件，才可以得到具有可重复性能的 GO。Boehm 和 Scholz[30]的那篇几乎被人忽视的文章对于反应条件的选择是一个有用的指导。残余含水量大约在 8% 的 GO 样品应该具有的 C/O 比为 3 ± 0.3，并且在 NMR 谱中应该只有位于约 60ppm、约 70ppm 以及约 130ppm 的 3 个峰。

对比近期关于 GO 的研究和历史材料，让我想起了一个老同事说的一句话：“你可以在 20 年内重复做相同的事，并且没有人会认同它”。我也觉得我应该提到英国数学家和哲学家 A. N. Whitehead 的一句话，他在他最著名的著作《过程与现实》（Process and Reality）的一个脚注中写道：“所有哲学的概念对于柏拉图来说只是脚注。”因此，在某个意义上说，从 2005 年起在 GO 研究领域活跃的研究者仅仅是对 Kohlschütter、Hofmann 和 Boehm 开创性的工作所做的注脚，同时我承认我本人的工作也不值得一提。我意识到，当我写我们自己的文章时，我也忽略了以前工作中很多有趣的因素。恐怕这个是很正常的，因为你只有在一个你进入的新领域具有自己的实验经历时，才能认识和理解发表的文章中重要的细节。

参考文献

[1] Brodie, M.B.C., Note sur un nouveau procédé pour la purification et la désagrégation du graphite. *Ann. Chim. Phys.* **1855**, *45*, 351–352.

[2] Brodie, B.C., On the atomic weight of graphite. *Phil. Trans. R. Soc. Lond.* **1859**, *149*, 249–259.

[3] Brodie, B.C., Sur le poids atomique du graphite. *Ann. Chim. Phys.* **1860**, *59*, 466–472.

[4] Brodie, B.C., Über das Atomgewicht des Graphits. *Ann. Chem. Pharm.* **1860**, *114*, 6–24.

[5] Schafhäutl, C., Über die Verbindungen des Kohlenstoffs mit Silizium, Eisen und anderen Metallen, welche die verschiedenen Gattungen von Roheisen, Stahl und Schmiedeeisen bilden. *J. Prakt. Chem.* **1840**, *21* (1), 129–157.

[6] Schafhäutl, C., Über weißes und graues Roheisen, Graphitbildung u.s.w. *J. Prakt. Chem.* **1859**, *76* (1), 257–310.
[7] Gottschalk, F., Beiträge zur Kenntnis der Graphitsäure. *J. Prakt. Chem.* **1865**, *95* (1), 321–350.
[8] Berthelot, M., Recherches sur les états du carbone. *Ann. Chim. Phys.* **1870**, *19*, 392–417.
[9] Staudenmaier, L., Verfahren zur Darstellung von Graphitsäure. *Ber. Dtsch. Chem. Ges.* **1898**, *31* (2), 1481–1487.
[10] Kohlschütter, V.; Haenni, P., Zur Kenntnis des graphitischen Kohlenstoffs und der Graphitsäure. *Z. Anorg. Chem.* **1919**, *105* (1), 121–144.
[11] Weinschenk, E., Über den Graphitkohlenstoff und die gegenseitigen Beziehungen zwischen Graphit, Graphitit und Graphitoxid. *Z. Kristallogr.* **1897**, *28* (3), 291–304.
[12] Hofmann, U., Über Graphitsäure und die bei ihrer Zersetzung entstehenden Kohlenstoffarten. *Ber. Dtsch. Chem. Ges.* **1928**, *61* (2), 435–441.
[13] Hofmann, U.; Frenzel, A., Quellung von Graphit und die Bildung von Graphitsäure. *Ber. Dtsch. Chem. Ges.* **1930**, *63* (5), 1248–1262.
[14] Thiele, H., Graphit und Graphitsäure. *Z. Anorg. Allg. Chem.* **1930**, *190* (1), 145–160.
[15] Hofmann, U.; Frenzel, A.; Csalán, E., Die Konstitution der Graphitsäure und ihre Reaktionen. *Liebigs Ann. Chem.* **1934**, *510* (1), 1–41.
[16] Scholz, W.; Boehm, H.P., Betrachtungen zur Struktur des Graphitoxids. *Z. Anorg. Allg. Chem.* **1969**, *369* (3–6), 327–340.
[17] Mermoux, M.; Chabre, Y., Formation of graphite oxide. *Synth. Met.* **1989**, *34*, 157–162.
[18] Mermoux, M.; Chabre, Y.; Rousseau, A., FTIR and ^{13}C NMR study of graphite oxide. *Carbon* **1991**, *29* (3), 469–474.
[19] Ruess, G., Über das Graphitoxyhydroxyd (Graphitoxyd). *Monatsh. Chem.* **1947**, *76* (3), 381–417.
[20] Lerf, A.; He, H.; Forster, M.; Klinowski, J., Structure of graphite oxide revisited. *J. Phys. Chem. B* **1998**, *102* (23), 4477–4482.
[21] Dreyer, D.R.; Park, S.; Bielawski, C.W.; Ruoff, R.S., The chemistry of graphene oxide. *Chem. Soc. Rev.* **2010**, *39* (1), 228–240.
[22] Rourke, J.P.; Pandey, P.A.; Moore, J.J.; *et al.*, The real graphene oxide revealed: stripping the oxidative debris from graphene-like sheets. *Angew. Chem. Int. Ed.* **2011**, *50* (14), 3173–3177.
[23] Boehm, H.P., Graphene – how a laboratory curiosity suddenly became extremely interesting. *Angew. Chem. Int. Ed.* **2010**, *49* (49), 9332–9335.
[24] Geim, A.K.; Novoselov, K.S., The rise of graphene. *Nature Mater.* **2007**, *6* (3), 183–191.
[25] Luzi, W., Beiträge zur Kenntnis des Graphitkohlenstoffs. *Z. Naturwiss.* **1891**, *64*, 224–269.
[26] Charpy, G., Sur la formation de l'oxyde graphitique et la définition du graphite. *C. R. Hebd. Séances Acad. Sci.* **1909**, *148*, 920–923.
[27] Boehm, H.P.; Eckel, M.; Scholz, W., Über den Bildungsmechanismus des Graphitoxids. *Z. Anorg. Allg. Chem.* **1967**, *353* (5–6), 236–242.
[28] Hummers, W.S.; Offeman, R.E., Preparation of graphite oxide. *J. Amer. Chem. Soc.* **1958**, *80* (6), 1339–1339.
[29] Hamdi, H., Zur Kenntnis der kolloidchemischen Eigenschaften des Humus. Dispersoidchemische Beobachtungen an Graphitoxid. *Kolloid Beihefte* **1942**, *54*, 554–643.
[30] Boehm, H.P.; Scholz, W., Vergleich der Darstellungsverfahren für Graphitoxyd. *Liebigs Ann. Chem.* **1966**, *691* (1), 1–8.
[31] Thiele, H., Die Quellung des Graphit an der Anode und die mechanische Zerstörung von Kohleanoden. *Z. Elektrochem.* **1934**, *40* (1), 26–33.
[32] Besenhard, J.O.; Fritz, H.P., Uber die Reversibilität der elektrochemischen Graphitoxydation in Säuren. *Z. Anorg. Allg. Chem.* **1975**, *416* (2), 106–116.
[33] Besenhard, J.O.; Wudy, E.; Möhwald, H.; *et al.*, Anodic oxidation of graphite in H_2SO_4: dilatometry–in-situ X-ray diffraction–impedance spectroscopy. *Synth. Met.* **1983**, *7* (3–4), 185–192.
[34] Marchand, R.F., Über die Einwirkung der Schwefelsäure auf die Holzkohle. *J. Prakt. Chem.* **1845**, *35* (1), 228–231.
[35] Thiele, H., Über Salzbildung und Basenaustausch der Graphitsäure. *Kolloid-Z.* **1937**, *80* (1), 1–20.
[36] Rüdorff, W.; Hofmann, U., Über Graphitsalze. *Z. Anorg. Allg. Chem.* **1938**, *238* (1), 1–50.

[37] Inagaki, M.; Iwashita, N.; Kouno, E., Potential change with intercalation of sulfuric acid into graphite by chemical oxidation. *Carbon* **1990**, *28* (1), 49–55.
[38] Sorokina, N.E.; Shornikova, O.N.; Avdeev, V.V., Stability limits of graphite intercalation compounds in the systems graphite–$HNO_3(H_2SO_4)$–H_2O–$KMnO_4$. *Inorg. Mater.* **2007**, *43* (8), 822–826.
[39] Thiele, H., Über die Quellung von Graphit. *Z. Anorg. Allg. Chem.* **1932**, *206* (4), 407–415.
[40] Avdeev, V.V.; Monyakina, L.A.; Nikol'skaya, I.V.; *et al.*, The choice of oxidizers for graphite hydrogensulfate chemical synthesis. *Carbon* **1992**, *30* (6), 819–823.
[41] Sorokina, N.E.; Khahkov, M.A.; Avdeev, V.V.; Nikol'skaya, I.V., Reaction of graphite with sulfuric acid in the presence of $KMnO_4$. *Russ. J. Gen. Chem.* **2005**, *75* (2), 162–168.
[42] Skorwroński, J.M., Distribution of intercalates in CrO_3–H_2SO_4–graphite and CrO_3–$HClO_4$–graphite bi-intercalation compounds. *Synth. Met.* **1998**, *95* (2), 135–142.
[43] Royer, D.J., Evidence for the existence of the permanganyl ion in sulfuric acid solutions of potassium permanganate. *J. Inorg. Nucl. Chem.* **1961**, *17* (1–2), 159–167.
[44] Nakajima, T.; Mabuchi, A.; Hagiwara, R., A new structural model of graphite oxide. *Carbon* **1988**, *26* (3), 357–361.
[45] Nakajima, T.; Matsuo, Y., Formation process and structure of graphite oxide. *Carbon* **1994**, *32* (3), 469–475.
[46] Hofmann, U.; König, E., Untersuchungen über Graphitoxyd. *Z. Anorg. Allg. Chem.* **1937**, *234* (4), 311–336.
[47] Ruess, G., Zur Formel des Graphitoxyds. *Kolloid-Z.* **1945**, *110* (1), 17–26.
[48] Clauss, A.; Plass, R.; Boehm, H.P.; Hofmann, U:, Untersuchungen zur Struktur des Graphitoxyds. *Z. Anorg. Allg. Chem.* **1957**, *291* (5–6), 205–220.
[49] Hofmann, U.; Holst, R., Über die Säurenatur und die Methylierung von Graphitoxid. *Ber. Dtsch. Chem. Ges.* **1939**, *72* (4), 754-771.
[50] Hadži, D.; Novak, A., Infrared spectra of graphitic oxide. *Trans. Faraday Soc.* **1955**, *51*, 1614–1620.
[51] Szabó, T.; Berkesi,O.; Forgó, P.; *et al.*, Evolution of surface functional groups in a series of progressively oxidized graphite oxides. *Chem. Mater.* **2006**, *18* (11), 2740–2749.
[52] Aragón de la Cruz, F.; Cowley, J.M., Structure of graphitic oxide. *Nature* **1962**, *196* (4853), 468–469.
[53] Blumenfeld, A.L.; Muradyan, V.E.; Shumilova, B.; *et al.*, Investigation of graphite oxide by means of ^{13}C NMR and ^{1}H spin lattice relaxation. *Mater. Sci. Forum* **1992**, *91–93*, 613–617.
[54] Hontoria-Lucas, C.; Lopez-Peinado, A.J.; Lopez-Gonzalez, J.deD.; *et al.*, Study of oxygen containing groups in a series of graphite oxides: physical and chemical characterization. *Carbon* **1995**, *33* (11), 1585–1592.
[55] He, H.; Klinowski, J.; Forster, M.; Lerf, A., A new structural model for graphite oxide. *Chem. Phys. Lett.* **1998**, *287* (1–2), 53–56.
[56] Fujii, S.; Enoki, T., Clar's aromatic sextet and π-electron distribution in nanographene. *Angew. Chem.* **2012**, *124* (29), 7348–7353.
[57] Kalinowski, H.O.; Berger, S.; Braun, S., *^{13}C NMR-Spektroskopie*, Georg Thieme, Stuttgart, **1983**.
[58] Dimiev, A.M.; Tour, J.M., Mechanism of graphene oxide formation. *ACS Nano* **2014**, *8* (3), 3060–3068.
[59] Boyd, D.R.; Jerina, D.M., Arene oxides-oxepins. In *The Chemistry of Heterocyclic Compounds*, ed. A. Hassner, vol. *42*, pp. 197–282. John Wiley & Sons, Inc., New York, **1985**.
[60] Fatiadi, A.J., The classical permanganate ion: still a novel oxidant in organic chemistry. *Synthesis* **1987**, *1987* (2), 85–127.
[61] Kosynkin, D.V.; Higginbotham, A.L.; Sinitskii, A.; *et al.*, Longitudinal unzipping of carbon nanotubes to form graphene nanoribbons. *Nature* **2009**, *458* (7240), 872–877.
[62] Forsey, S.P.; Thomson, N.R.; Barker, J.M., Oxidation kinetics of polycyclic aromatic hydrocarbons by permanganate. *Chemosphere* **2010**, *79* (6), 628–636.
[63] Foster, C.H.; Berchtold, G.A., Addition of singlet oxygen to arene oxides. *J. Org. Chem.* **1975**, *40* (25), 3743–3746.

[64] De Boer, J.H.; van Doorn, A.B.C., Graphitic oxide III. The thermal decomposition of graphitic oxide. *Proc. K. Ned. Akad. Wetensch. B* **1958**, *61*, 17–21.
[65] Scholz, W.; Boehm, H.P., Die thermische Zersetzung von Graphitoxyd. *Naturwissenschaften* **1964**, *51* (7), 160.
[66] Boehm, H.P.; Scholz, W., Der "Verpuffungspunkt" des Graphitoxyds. *Z. Anorg. Allg. Chem.* **1965**, *335* (1–2), 74–79.
[67] Scholz, W.; Boehm, H.P., Die Ursache der Dunkelfärbung des hellen Graphitoxids. *Z. Anorg. Allg. Chem.* **1964**, *331* (3–4), 129–132.
[68] Matuyama, E., Pyrolysis of graphitic acid. *J. Phys. Chem.* **1954**, *58* (3), 215–219.
[69] Martín-Rodríguez, A.; Valerga-Jiménez, P., Thermal decomposition of the graphite oxidation products. *Thermochim. Acta* **1984**, *78* (1–3), 113–122.
[70] Barroso-Bujans, F.; Alegría, A.; Colmenero, J., Kinetic study of the graphite oxide reduction: combined structural and gravimetric experiments under isothermal and nonisothermal conditions. *J. Phys. Chem. C* **2010**, *114* (49), 21645–21651.
[71] Hofmann, U.; Frenzel, A., Die Reduktion von Graphitoxyd mit Schwefelwasserstoff. *Kolloid-Z.* **1934**, *68* (2), 149–151.
[72] Bourlinos, A.B.; Gournis, D.; Petridis, D.; *et al.*, Graphite oxide: chemical reduction to graphite and surface modification with primary aliphatic amines and amino acids. *Langmuir* **2003**, *19* (15), 6050–6055.
[73] Thiele, H., Über die Quellung von Graphit. *Z. Anorg. Allg. Chem.* **1932**, *206* (4), 407–415.
[74] De Boer, J.H.; van Doorn, A.B.C., Graphitic oxide IV. Some chemical properties. *Proc. K. Ned. Akad. Wetensch. B* **1958**, *61* (3), 160–169.
[75] Pallmann, H., Dispersoidchemische Probleme in der Humusforschung. *Kolloid-Z.* **1942**, *101* (1), 72–81.
[76] Dimiev, A.M; Alemany, L.B.; Tour, J.M., Graphene oxide. Origin of acidity, its instability in water, and a new dynamic structural model. *ACS Nano* **2013**, *7* (1), 576–588.
[77] Fan, X.; Peng, W.; Li, Y.; *et al.*, Deoxygenation of exfoliated graphite oxide under alkaline conditions: a green route to graphene preparation. *Adv. Mater.* **2008**, *20* (23), 4490–4493.
[78] Derksen, J.C.; Katz, J.R., Untersuchung über die intramicellare Quellung der Graphitsäure. *Rec. Trav. Chim.* **1934**, *53* (7), 652–669.
[79] Lerf, A.; Buchsteiner, A.; Pieper, J.; *et al.*, Hydration behavior and dynamics of water molecules in graphite oxide. *J. Phys. Chem. Solids* **2006**, *67* (5–6), 1106–1110.
[80] Barroso-Bujans, F.; Cerveny, S.; Alegría, A.; Colmenero, J., Sorption and desorption behavior of water and organic solvents from graphite oxide. *Carbon* **2010**, *48* (11), 3277–3286.
[81] Hendricks, S.B.; Jefferson M.E., Structures of kaolin and talc-pyrophylite hydrates and their bearing on water sorption of the clays. *Amer. Miner.* **1938**, *23* (12), 863–875.
[82] Hofmann, U.; Hausdorf, A., Kristallstruktur und innerkristalline Quellung von Montmorillonit. *Z. Kristallogr. Mineral. Petrogr. A* **1942**, *104* (1–6), 265–293.
[83] Weiss, A., Die innerkristalline Quellung als allgemeines Modell für Quellungsvorgänge. *Ber. Dtsch. Chem. Ges.* **1958**, *91* (3), 487–502.
[84] Thiele, H., Die Mizellarstruktur der Graphitsäure. *Kolloid-Z.* **1931**, *56* (2), 129–138.
[85] Clauss, A.; Hofmann, U.; Weiss, A., Membranpoteniale an Graphitoxydfolien. *Z. Elektrochem.* **1957**, *61* (10), 1284–1290.
[86] Boehm, H.P.; Clauss, A.; Hofmann, U., Graphite oxide and its membrane properties. *J. Chim. Phys.* **1961**, *58* (12) 141–147.
[87] Hwa, T.; Kokufuta, E; Tanaka, T., Conformation of graphite oxide membranes in solution. *Phys. Rev. A* **1991**, *44* (4), R2235–R2238.
[88] Wen, X.; Garland, C.; Hwa, T.; *et al.*, Crumpled and collapsed conformations in graphite oxide membranes. *Nature* **1992**, *355* (6359), 426–428.
[89] Spector, M.S.; Naranjo, E.; Chirovolu, S.; Zasadzinski, J.A., Conformation of tethered membrane: crumpling in graphite oxide? *Phys. Rev. Lett.* **1994**, *73* (21), 2867–2870.
[90] Boehm, H.P.; Clauss, A.; Fischer, G.O.; Hofmann, U., Dünnste Kohlenstoff-Folien. *Z. Naturforsch. B* **1962**, *17* (b), 150–153.

[91] Boehm, H.P.; Clauss, A.; Fischer, G.O.; Hofmann, U., Surface properties of extremely thin graphite lamellae. In *Carbon: Proceedings of the Fifth Conference*, vol. *1*, pp. 73–80. Pergamon Press, Oxford, **1962**.
[92] Stankovich, S.; Dikin, D.A.; Piner, R.D.; *et al.*, Synthesis of graphene-based nanosheets via chemical reduction of exfoliated graphite oxide. *Carbon* **2007**, *45* (7), 1558–1565.
[93] Matsuo, Y.; Tahara, K.; Sugie, Y., Synthesis of poly(ethylene oxide)-intercalated graphite oxide. *Carbon* **1996**, *34* (5), 672–674.
[94] Matsuo, Y.; Tahara, K.; Sugie, Y., Structure and thermal properties of poly(ethylene oxide)-intercalated graphite oxide. *Carbon* **1997**, *35* (1), 113–120.
[95] Liu, P.; Gong, K.; Xiao, P.; Xiao, M., Preparation and characterization of poly(vinyl acetate)-intercalated graphite oxide nanocomposite. *J. Mater. Chem.* **2000**, *10* (4), 933–935.
[96] Xu, J.; Hu, Y.; Song, L.; *et al.*, Preparation and characterization of polyacrylamide intercalated graphite oxide. *Mater. Res. Bull.* **2001**, *36* (10), 1833–1836.
[97] Xu, J.; Hu, Y.; Song, L.; *et al.*, Preparation and characterization of poly(vinyl alcohol)/graphite oxide nanocomposite. *Carbon* **2002**, *40* (3), 445–467.
[98] Kotov, N.A.; Dékány, I.; Fendler, J.H., Ultrathin graphite oxide–polyelectrolyte composites prepared by self-assembly: transitions between conductive and non-conductive states. *Adv. Mater.* **1996**, *8* (8), 637–641.
[99] Cassagneau, T.; Fendler, J.H., High density rechargeable lithium-ion batteries self-assembled from graphite oxide nanoplatelets and polyelectrolytes. *Adv. Mater.* **1998**, *10* (11), 877–881.
[100] Kovtyukhova, N.I.; Ollivier, P.J.; Martin, B.R.; *et al.*, Layer-by-layer assembly of ultrathin composite films from micron-sized graphite oxide sheets and polycations. *Chem. Mater.* **1999**, *11* (3), 771–778.
[101] Cassagneau, T.; Fendler, J.H., Preparation and layer-by-layer self-assembly of silver nanoparticles capped by graphite oxide nanosheets. *J. Phys. Chem. B* **1999**, *103* (11), 1789–1793.
[102] Szabó, T.; Tombácz, E.; Illés, E; Dékány, I., Enhanced acidity and pH-dependent surface charge characterization of successively oxidized graphite oxides. *Carbon* **2006**, *44* (3), 537–545.
[103] Konkena, B.; Vasudevan, S., Understanding aqueous dispersibilty of graphene oxide and reduced graphene oxide through pK_a measurements. *J. Phys. Chem. Lett.* **2012**, *3* (7), 867–872.
[104] He, H.; Riedl, T.; Lerf, A.; Klinowski, J., Solid-state NMR studies of the structure of graphite oxide. *J. Phys. Chem.* **1996**, *100* (51), 19954–19958.
[105] Slabaugh, W.H.; Seiler, B.C., Interactions of ammonia with graphite oxide. *J. Phys. Chem.* **1962**, *66* (3), 396–401.
[106] Seredych, M.; Bandosz, T.J., Removal of ammonia by graphite oxide via its intercalation and reactive adsorption. *Carbon* **2007**, *45* (10), 2130–2132.
[107] Titelman, G.I.; Gelman, V.; Bron, S; *et al.*, Characteristics and microstructure of aqueous colloidal dispersions of graphite oxide. *Carbon* **2005**, *43* (3), 641–649.
[108] Petit, C.; Seredych, M.; Bandosz, T.J., Revisiting the chemistry of graphite oxides and its effect on ammonia adsorption. *J. Mater. Chem.* **2009**, *19* (48), 9176–9185.
[109] Cano-Ruiz, J.; MacEwan, D.M.C., Interlamellar sorption complexes of graphitic acid with organic substances. *Nature* **1955**, *176* (4495), 1222–1223.
[110] Cano-Ruiz, J.; MacEwan, D.M.C., Interlamellar organic complexes of graphitic acid. A preliminary study. In *Proceedings of the Third International Symposium on the Reactivity of Solids*, Madrid, **1956**, pp. 227–242.
[111] MacEwan, D.M.C., Complexes of clays with organic compounds. I. Complex formation between montmorillonite and halloysite and certain organic liquids. *Trans. Faraday Soc.* **1948**, *44*, 349–367.
[112] Aragón, F.; Cano-Ruiz, J.; MacEwan, D.M.C., β-type interlamellar sorption complexes. *Nature* **1959**, *183* (4663), 740–741.
[113] Aragón, F.; MacEwan, D.M.C., Sorption of organic molecules by graphitic acid and methylated graphitic acid: a preliminary study. *Kolloid-Z.* **1965**, *203* (1), 36–42.
[114] Jordan, J.W., Organophilic bentonites. I. Swelling in organic liquids. *J. Phys. Chem.* **1949**, *53* (2), 294–306.
[115] Jordan, J.W.; Hook, B.J.; Finlayson, C.M., Organophilic bentonites. II. Organic liquid gels. *J. Phys. Chem.* **1950**, *54* (8), 1196–1208.

[116] Krüger-Grasser, R., Interkalatkomplexe von Graphitoxiden. Ph.D. thesis, Munich, 1980.
[117] Dékány, I.; Krüger-Grasser, R.; Weiss, A., Selective liquid sorption properties of hydrophobized graphite oxide nanostructures. *Colloid Polym. Sci.* **1998**, *276* (7), 570–576.
[118] Matsuo, Y.; Niwa, T.; Sugie, Y., Preparation and characterization of cationic surfactant-intercalated graphite oxide. *Carbon* **1999**, *37* (6), 897–901.
[119] Matsuo, Y.; Hatase, K.; Sugie, Y., Selective intercalation or aromatic molecules into alkyltrimethylammonium ion-intercalated graphite oxide. *Chem. Lett.* **1999**, *28* (10), 1109–1110.
[120] Matsuo, Y.; Watanabe, K.; Fukutsua, T.; Sugie, Y., Characterization of n-hexadecylalkylamine-intercalated graphite oxides as sorbents. *Carbon* **2003**, *41* (8), 1545–1550.
[121] Matsuo, Y.; Fukunaga, T.; Fukutsua, T.; Sugie, Y., Silylation of graphite oxide. *Carbon* **2004**, *42* (10), 2117–2119.
[122] Thiergardt, R.; Rihst, G.; Hugt, P.; Peter, H.H., Cladospirone bisepoxide: definite structure assignment including absolute configuration and selective chemical transformation. *Tetrahedron* **1995**, *51* (3), 733–742.
[123] Bruice, T.C.; Bruice, P.Y., Solution chemistry of arene oxides. *Acc. Chem. Res.* **1976**, *9*, 378–384.

第2章　氧化石墨烯的形成机理和化学结构

Ayrat M. Dimiev

2.1　引言

自从将近160年以前第一次被合成开始，GO（Graphene Oxide，氧化石墨烯）吸引了化学研究者们浓厚的兴趣。尽管几代化学家努力提出一个合适的结构模型，但是这种神奇材料精确的化学结构截至目前依然不清楚。GO形成的机理甚至很少得到研究且缺乏理解。因为读者们也已经从前面章节学习到，整个20世纪就GO化学特性方面已经开展了非常认真的研究。很遗憾，今天很大一部分这些早期的研究已经被遗忘，因为他们是用德文和法文所撰写的。依照作者的观点，相比一些现在发表的文章，这些早期以那些最好的老派的传统开展的研究具有很多优点。那些科学思考的本质、研究的方法论以及重要的是报告数据的可信度处于当代GO研究领域很少能达到的水平上。先进设备的不足作为主要的因素，限制了过去的研究者得到那些我们今天可以实现的结论。另外的因素是在该领域，实验数据这些年已经被积累起来。今天，通过阅读和重新评价之前发表的研究结果，如第1章中Anton Lerf使用的方法那样，人们可以容易地建立一套GO结构的理论。同时，应该承认因为一些原因，先前的研究他们关于GO化学特性的观点存在错误。即使最近被广泛接受的Lerf本人的模型也具有一些缺点，而且不能解释所有实验的观测。

起始于2004年Novoselov和Geim的工作，“石墨烯时代”引起了新一轮对氧化石墨的兴趣，首先是它作为一种有潜力的石墨烯前驱体，其次是它本身作为一种独特且有趣的材料。然而，相比于20世纪，很大部分现代GO相关的研究是应用研究：GO已经被测试了大量潜在的应用。这种材料基础层面受到的关注更少。在现代应用驱动的研究中，基础科学被认为是一种奢望，且仅仅是少数可以担负这种奢望的爱好者的领域。因此，今天人们可以发现GO相关的论文质量持续降低，这是由于对基础研究重要性低估所造成的。人们不应该忘记基础研究对于成功的应用是至关重要的。理解GO的形成机理对于发展低成本制备方法，以及生产具有目标属性的产品具有重要的意义，同时理解真实的化学结构对于开发有意义的功能化工艺是很重要的。

在本章中，关于GO形成的最新观点和化学结构将被描述。但是，本章不是一篇综述文章，我们没有追求参考所有相关的文献。对那些在更广范围发表的文献感兴趣的人，我们推荐Loh等人[1]、Chua和Pumera[2]、Dreyer等人[3]以及Eigler

和 Hirsch[4]的优秀综述文章。在本章中，我们只选择讨论那些对主题有直接作用的文章。以典型的教科书形式，我们以方法论描述 GO 形成的机理。在很大部分，本章是基于作者本人的实验研究，且反映作者本人在该主题上的观点。公开问题被明确地指出。

2.2 结构的基本概念

GO 是一种一些含氧官能团引入石墨烯骨架母体的二维材料。这些氧原子以共价键形式和碳原子连接，将这些碳原子由石墨烯本体中的 sp^2 - 杂化态转化为 sp^3 - 杂化态。在典型的 GO 中，与氧原子相连的碳原子数量超过了那些完整的 sp^2 - 杂化碳原子的数量。这使得 GO 和原来的石墨烯本体有很大的差别。一方面来说，这些含氧官能团可以被看作引入原本理想的石墨烯平面的缺陷。这些缺陷将导电的石墨烯转化为绝缘体。另一方面，含氧官能团给 GO 提供了很多石墨烯本体所不具有的独特性能。这些性能中的其中一个就是亲水性，例如在水和一些低分子量醇类中被溶解且形成稳定胶体溶液的能力。另一个优点是打开了决定独特的光学和电子性能的可调控能带。

含氧官能团在碳网两侧修饰。从这个角度看，每个单层的 GO 可以被认为是一个三原子层 2D 材料，在这种材料上碳原子层被加在两层氧原子层之间。这个简化的模型不是严格的正确，因为氧原子不是完全地覆盖在碳网上。在一定程度上 C/O 比是有差别的，且对于充分氧化的 GO 样品 C/O 比接近 2∶1。在无氧的区域，即石墨的或者石墨烯的域，对应的 GO 片只有一层原子厚。因此，更加准确的表述是每层 GO 是单原子层厚，所含有的含氧官能团在特殊的位置向平面外延伸。原子力显微镜（AFM）不能从石墨区域表征氧化区域，而且仅仅提供 GO 片的平均厚度。报道过的片厚从 0.8Å 到 1.2Å 不同。为了对比，单层完美石墨烯在基底上测得的厚度为 0.5 ~ 0.6Å。

尽管 GO 是单原子层厚，但是片层的侧向尺寸从数百纳米到数十甚至数百微米不同。对于这个真正的 2D 形式，GO 只能在溶液中存在（见图 2.1a），在其中 GO 完全地剥离成单层片，或被置于基底之上（见图 2.1b）。在这两种情况下，GO 片在完全不一样的环境中。在溶液中，GO 片完全被溶剂分子所包围（水或者醇类）。当在基底之上，GO 片的一面与基底接触而另一面与空气接触。很可能，水分子依然强吸附在 GO 两侧表面，甚至当它在基底表面上时。值得一提的是，在水性溶液中，GO 片在与水的界面上随着双带电层呈负电性。GO 也可在氧化石墨后在没有层离步骤的情况得到。这种物质在 c 轴方向具有疏松有序的结构，组成它的 GO 层之间的重复层间距为 6 ~ 9Å，且依赖于吸收的水分量大小。尽管片间具有微弱的相互作用，当其在水中溶解后，GO 片容易地彼此分开形成单层 GO 片的胶体溶液（见图 2.1a）。从这些角度看，氧化石墨固体可以被简单地看作单层 GO 片的堆积物。从另一方面看，我们必须强调 GO 精确的化学结构决定于材料的形式和所处的环境。一定程度上，在水溶液中 GO 片悬浮液的官能团的属性（见图 2.1a）与置于基底上同样的 GO 片（见图 2.1b），或者在固体氧化石墨中被相邻片夹持的 GO 片是不同的。这是为什么 GO 精确的化学结构仍然没有被完全理解的其中一个原因。

a)　　b)

图 2.1　GO 真正的单层 2D 结构。a）GO 水溶液照片；溶液颜色可能从黄色到棕色变化。b）GO 片在 Si/SiO_2 晶片上的扫面电子显微图。层数可以通过不透光程度区分。所有该图上的 GO 片是单层的。在 GO 片折叠或者重叠区域图像显示暗色，产生双层结构

2.3　制备方法

GO 由石墨通过强氧化剂在浓酸介质中的氧化作用制备产生。依据还原剂和酸性介质的选择，今天人们可以区分三种主要的 GO 制备方法：Brodie 方法[5]、Staudenmaier 方法[6] 以及 Hummers 方法[7]。Brodie 方法在发烟硝酸介质中使用氯酸钾作为氧化剂。因为在一个容器中用一步反应不彻底，该方法效果不显著。在第一阶段反应的部分氧化产物需要被分离、纯化以及多次经历新的氧化过程，直至获得充分氧化的产物。Staudenmaier 方法在浓硝酸和浓硫酸的混合物中加入氯酸钾。这里方法在意思上来讲是和 Brodie 方法相似的，它需要多份氯酸钾在氧化过程中加入到混合反应物中。这个过程是必要的，因为在酸性介质中很长时间维持氧化剂高浓度是很困难的。那些加入的氯酸钾组分很快在一次反应中分解掉，这和目标反应是同步的，例如氧化石墨。Hummers 方法使用高锰酸钾在浓硫酸介质中作为氧化剂。

Hummers 和 Offeman 声称他们的反应在 2h 内完成，因为该方法相比 Brodie 和 Staudenmaier 的方法更加有效。的确，这种方法相比前两种效率更高，但是这个事实只是对 Hummers 和 Offeman 使用的小颗粒尺寸粉状石墨原材料才成立。当大颗粒尺寸石墨使用完全一样的 Hummers 方法氧化时，得到一种不完全氧化的石墨 - GO 混合物。

正如有人可能已经从前面的章节了解到，对于所谓的 Hummers 方法这个荣誉实际上应该授予 Charpy [8]，他在 Hummers 和 Offeman 发表报告的 50 年前就已经成功地使用了高锰酸钾和硫酸的混合物。在本章中，无论什么时候涉及高锰酸钾和硫酸的结合，我们都将使用"Charpy - Hummers 方法"一词。我们将严格地对 Hummers 和 Offeman 描述的过程使用"Hummers 方法"一词[7]。

用这三种方法制备的 GO 在化学组成上有轻微的差别[9-11]。Charpy - Hummers 方法制备的样品通常氧化程度更高，而 Brodie 法制备的样品氧化程度相比较低。这通常是由于 Hummers 法中使用的高锰酸钾比氯酸钾有更强的氧化性这个事实。然而，实际情况和样品所表现的是不一样的。GO 的氧化程度不仅仅决定于氧化剂的性质，而且更重要地依赖于用于氧化反应的氧化剂用量（石墨对氧化剂的比例）。具有不同的氧化程度的 GO 都可以通过改变氧化剂用量和容许反应的时间来用三种方法制备。在此，我们必须区分氧化剂（如用于氧化反应的化合物）和氧化物（例如那些与石墨烯相互作用将其转化为 GO 的实际物质）。对全部这三种氧化过程，那些真实的氧化剂的性能仍然尚未可知，主要是因为针对这个主题的研究缺乏。今天，人们只能讲述用于氧化反应的有关化合物或者混合物所起的作用。

在这三种方法中，由于更短的时间和相对容易制备 GO，Charpy - Hummers 方法是现在使用最广泛的方法之一。同时，该方法避免了处理 Brodie 和 Staudenmaier 方法形成的大量硝酸和氯气的有毒烟雾。Charpy - Hummers 方法具有两个主要的改进[12,13]，他们几乎和最初的 Hummers 方法一样用得频繁[7]。Kovtyukhova 改进[12]包括所谓的预氧化阶段，在该阶段石墨被暴露在过硫酸钾、五氧化二磷和硫酸中。尽管这个阶段叫作"预氧化"，但它的真正作用是插层 - 辅助的石墨膨胀。这种膨胀为氧化剂在高锰酸钾氧化阶段进入石墨层间提供了更好的通道。结果将是形成更高的氧化程度。Marcano 等人[13]提议的改进措施包括使用更多的氧化剂（是最初的 Hummers 方法的两倍），且在硫酸介质中加入磷酸。使用更多的氧化剂导致 GO 产物更高的氧化程度，而加入磷酸正如作者声明的那样，支持 GO 更少的结构破坏。

一个完全新的 GO 的制备方法最近由 Peng 等人[14]给出。这个方法使用铁酸钾作为氧化剂，以及浓高氯酸作为酸性介质。在几十年处理相同的氧化剂和相同的酸之后，这个新反应物的组合是非常令人耳目一新的，而且整个制备过程是非常简单的。作者声称相比前面所熟知的方法具有更高的反应效率，而且是一个环保的技术，因为没有锰元素在废液中出现。除了该方法能对企业规模化生产 GO 具有很大吸引力这个现实，这个发现一般来说还为理解GO形成机理提供了额外的实验数据。在不久的将来，人们可以期望在方法效率上来自更多研究者的反馈。

考虑到产品成本，氧化过程本身不是GO制备过程中最重要的一步。瓶颈是氧化阶段接下来的纯化步骤。所制备的GO的纯化在水中采用漫长的洗涤过程。经过每一次洗涤，GO产物剥离成单层片，且形成十分稳定和大量的胶体溶液，或者更高浓度的凝胶。这个纯净过程增加了额外的困难。另一个选择是，透析可以被用作纯化。然而，这个方法甚至比多重洗涤-分离循环过程花费更多的时间，而且只对少量的氧化石墨是可用的。

2.4　形成机理

2.4.1　理论研究和系统复杂性

尽管最近在GO化学特性和结构理解方面取得了一定进展，但是它的形成机理得到了极少的关注。直到最近，在这个领域很多报道的研究是理论性的[15-18]，且集中在将氧原子引入石墨烯晶格形成C-O共价键的表现方面。回到2006年，通过使用密度函数理论，Li等人[15]提出了一个机理来解释在GO上观察到的裂纹线和裂缝，作者展示了由六角形环对面位置上的环氧基协调排列产生的应变可以引发GO上的裂缝形成。Sun等人[16]得到了相同的结论，说明石墨烯的氧化伴随着石墨烯片的切割。这个过程被氧的扩散所限制，且被含氧官能团诱导的局部应力所驱动。作者说明已形成的环氧基和它们的扩散在延伸的线性缺陷的成核与生长，以及随后石墨烯的切割中起着核心的作用。Shao等人[17]提出氧化过程从石墨烯上存在的缺陷或者GO片的边缘开始。酚类基团首先在边缘和缺陷上形成，然后扩展到面内。在下一个步骤，酚类基团转变为环氧基或者酮基衍生物。重要的是，Shao等人进一步阐述C-C键的断裂，或者甚至碳原子丢失形成点缺陷。值得注意的是，Shao等人提出的机理引入最初形成的酚类基团，这是和Li等人以及Sun等人提出的机理截然不同的，在他们提出的机理中环氧基是最初功能化的。

截至目前发表的理论研究考虑了石墨烯和氧化剂两者作为和周围没有相互作用的自由支撑物。但是实际上，GO是从块状石墨制备得到的，在其中各石墨烯层是紧密排布和堆积的。为了剥离石墨烯层，氧化剂需要首先渗透这些层状结构。如下所示，当氧化剂和石墨烯发生作用时，后者是和硫酸紧密接触的。这些还没在理论研究中被考虑。这甚至对于很多最近的工作也是对的，例如Boukhalov[18]的工作。作为相比前面工作的一个优点，Boukhalov说明单层GO与石墨的氧化具有明显的不同。这是一个具有重要意义的进步，使得研究的系统相比前面的论文更接近真实情况。令人遗憾的是，在他的研究中选择的立足点与真实的实验条件有非常大的不同。由此，该研究是基于在Brodie方法中水分子先渗入石墨层间通道，然后协助氧化发生这个假设之上的。这个结论实际上是误导人的。事实上，在所有已知的工作中，石墨烯首先是在无水条件下被氧化，然后再将氧化石墨暴露在水中。

尽管理论研究证明有助于理解 GO 的结构和它的热分解，关于 GO 的形成机理，他们距离真实的体系还比较远。由于真实体系的复杂性，在真正复杂的反应条件可以用可靠的方式被建立模型之前，在理论研究方面还有很长的路要走。当前，很多实验结果有助于理解这种复杂现象。随着实验数据的渐渐积累，整个 GO 形成的画面变得清晰。

2.4.2　第一步：阶段 1 H_2SO_4 - GIC 的形成

反应机理上的工作应该最终揭示图 2.2 所示的黑框中的内容。

因为 Charpy - Hummers 方法以及它的改进今天被广泛用于 GO 生产，我们将集中讨论这种方法，然后将我们的讨论推广到其他制备方法。在我们最近的实验研究中，我们试图反映石墨和氧化介质之间真实反应条件的复杂性[19]。在块体石墨转化为 GO 的过程中，我们挑选出三个独立的步骤。相关反应可以在任何步骤被停止，而且相应的中间产物可以在适当的条件下被分离、标注和存储。第一步是将石墨转化为硫酸 - 石墨插层混合物（H_2SO_4 - GIC），该物质可以被认为是第一步的中间产物。第二步是将 GIC 转为氧化形式的石墨，该种产物被定义为“初始氧化石墨（PGO）”，是第二步的中间产物。第三步是通过初始氧化石墨与水反应将其转化为 GO。

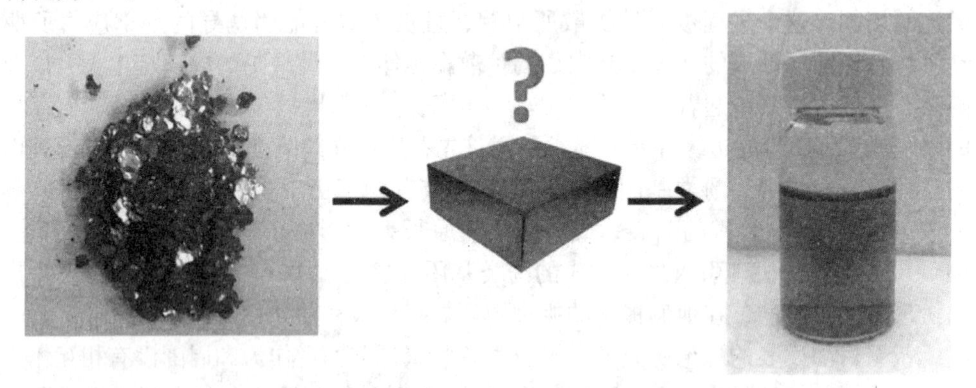

图 2.2　黑色盒子是块状石墨转化为 GO。该转化过程的研究者必须揭示和完全描述所有的步骤以及导致这种转化的潜在机制

在第一步，H_2SO_4 - GIC 的形成随着石墨暴露在水性氧化介质时立即开始，而且在几分钟之内便结束。石墨鳞片出现深蓝色的特征标志着 GIC 的形成。该插层混合物的本质是阶段 1 的 GIC，在其中每一层石墨烯和一层插层物相间隔。在 GO 生产过程中形成的 GIC 中间产物的特征和那些通过不同的电化学或者化学方法制备的 H_2SO_4 - GIC 相同[20-24]。阶段 1 H_2SO_4 - GIC 的化学计量可以表示为$C_{(21-28)}{}^{+}$ ·

HSO_4^- · 2.5H_2SO_4[20,23]。阶段1 H_2SO_4 - GIC中的层间通道紧密地被H_2SO_4分子和HSO_4^-离子所包围，该过程没有形成任何有序的结构[20,23]。在第二步，GIC转化为PGO的过程相当缓慢；根据石墨原料该过程花费几小时或者甚至几天。因此，阶段1的GIC可以被认为是真实的能被分离和表征的中间产物。氧化酸性介质插层石墨形成阶段1的GIC的能力是石墨成功氧化的第一必要条件。该现象在所有已知的GO制备方法中都发生。所有氧化剂的综合使用，例如氯酸钾/硝酸、氯酸钾/硫酸、高锰酸钾/硫酸以及新的高铁酸钾/氯酸，有助于各自阶段1的GIC形成。插层增加了石墨中石墨烯层间距离，使得氧化剂可进入层间通道。尽管插层现象也被过去的科学家所熟知，但在新的石墨烯时代，这一步在GO形成过程中的重要性经常被忽略，而且很多研究者甚至没有考虑该步骤的重要性，反而讨论反应的条件。

2.4.3 第二步：阶段1 H_2SO_4 - GIC转化为PGO

在第二步，阶段1 H_2SO_4 - GIC转化为PGO是最有趣的阶段。该过程涉及氧化剂插入先前占有的石墨空隙。采用拉曼光谱对于该转化过程详细的研究揭开了该变化的面纱。图2.3a所示为在阶段1 GIC转化为PGO的过程中部分氧化的石墨鳞片。

由阶段1 GIC向PGO的转化显然具有清晰的边缘到中心的扩展现象。从鳞片中心的蓝色区域采集的能谱（见图2.3b）显示只存在阶段1 GIC。沿着亮黄珍珠色区域边界的拉曼光谱（见图2.3c）确认只存在GO。从蓝色和黄色区域之间的暗色边缘区域（见图2.3d）采集的能谱是上面讨论的两个谱的简单叠加。因此，在边界上，存在两种物质的混合物：阶段1 GIC和GO。没有检测到阶段2 GIC、更高阶段产物或者纯的石墨曾经存在的迹象。这种观测结果说明PGO由阶段1 GIC直接形成，在石墨结构中并没有任何的重新排列。

在Hummers法中氧化剂的真正本质和使用氯酸钾的方法一样让人难以理解。不仅作用于石墨烯层的具体氧化剂的属性是不可知的，而且甚至高锰酸钾/硫酸溶液自身的属性没被系统地研究过。一些研究者认为还原剂是七氧化二锰[25]。的确，绿色的七氧化二锰可以从相似颜色的高锰酸钾/硫酸溶液中分离出来[26]。然而这些结果也表明，在浓硫酸介质中，Mn（Ⅶ）以平面高锰酰阳离子的形式存在，它可能和MnO_3HSO_4形式存在的氢硫酸根离子紧密相关[27,28]。作者认为，很可能真实的氧化剂是MnO_3^+阳离子而不是Mn_2O_7分子。

为了在石墨烯层间扩散，氧化剂需要代替存在的插层分子或者插入它们之间。清晰的边缘到中心的正面反应传播标志着氧化剂扩散进入石墨层间通道的速率必须低于化学反应自身的速率。一旦氧化剂在石墨烯层间扩散，它必定迅速地和附近的碳原子发生反应。否则，GO将逐渐地在整体鳞片周围形成。因此，PGO形成的第二步是扩散控制，在其中氧化剂代替酸性插层物。这是整个GO形成过程中效率的瓶颈阶段。这个结论解释了为什么小颗粒尺寸石墨比大颗粒尺寸石墨反应更

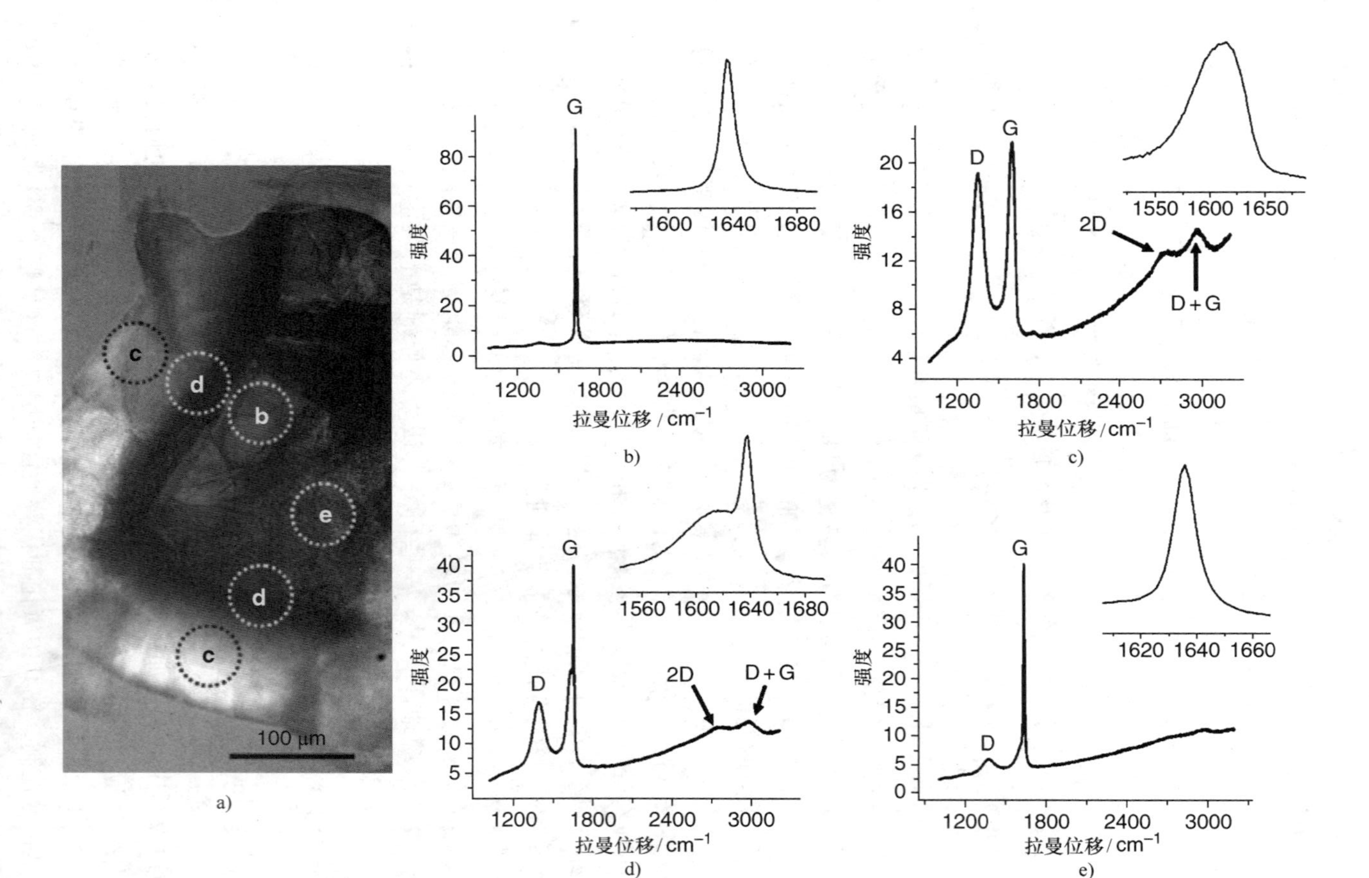

图 2.3　从阶段 1 GIC 转化到 PGO 过程中的石墨片。a）石墨片采集显示点的图示；标记为“b”“c”“d”和“e”的圆圈表示片的表面四个能谱采集的典型区域。b）～e）从相应的标记为“a”的点采集的典型拉曼谱。插图表示在 G 带局域 x 轴拉伸。在片的中间蓝色区域采集的能谱（b 和 e）显示只存在阶段 1 GIC。在石墨片边缘亮黄色区域（c）采集的能谱代表 GO。在蓝色和黄色区域暗色边界区域（d）采集的能谱说明两种物质的存在：阶段 1 GIC 和 PGO。514nm 激光用作激发

快：越小的石墨鳞片和颗粒的扩散路径越短。该结论也解释了为什么当大颗粒尺寸石墨根据精确的 Hummers 方法用 2h 反应时间限制被氧化时，由于完全没有足够的时间让氧化剂在石墨烯层间渗透，只有部分氧化的 GO 产物（GO 壳和石墨核）被得到。

要注意的是，这种关于 GO 形成的解释与 GO 中存在的两种不同类型的域不一致（见 2.6 节）。如果反应过程确实被扩散所限制，关于石墨的域如何在氧化剂缓慢持续的正面扩散进入阶段 1GIC 通道过程中继续存在是不清楚的。因此，可能的原因是仍然存在额外未知的因素控制这个反应过程。

2.4.4　PGO 结构

上述给出和讨论的拉曼数据受到激光斑点尺寸和探测表面深度限制。与拉曼光谱不一样，X 射线衍射提供关于块状质量的信息，而且显示样品中所有的物象。在这个实验中，4 重量当量数高锰酸钾缓缓地加入石墨/硫酸悬浮液中，在每重量当量数高锰酸钾消耗完全后，对应的样品采用 XRD 分析。四个样品分别被标记为“转化形式”1~4（TF－1、－2、－3 和－4）。这些样品被隔绝湿气防止它们的独特结构分解。

在第一份重量当量高锰酸钾加入后，从 20min 反应混合物采集的石墨样品显示了关于阶段 1 H_2SO_4－GIC 的典型衍射图案（见图 2.4）。2θ 角在 22.3°的 002 反射线连同 33.7°和 45.2°的 003 和 004 信号可以明确地被认为对应于层间距（d_i）为 7.98Å 的阶段 1 H_2SO_4－GIC。阶段 1 GIC 是唯一在该样品中出现的物相。在第一次添加的高锰酸钾组分被消耗后（TF－1），阶段 1 GIC 的信号虽然不强，但依然可以观测到。2θ 角在 15°~28°宽带标志无定形物相成分的形成。而且 2θ 衍射角在 21.6°、11.4°以及 11.7°出现新的弱信号峰（见图 2.4a、b）。

在第二份重量当量高锰酸钾添加并消耗后（TF－2），与阶段 1 GIC 相关的信号没有再出现。这个结果与图 2.3a 上均匀的蓝色区域没有再在石墨鳞片中通过光学显微镜观测到这个事实相一致。在 2θ 为 9.7°（9.12Å）新的强信号在第三份重量当量的高锰酸钾（TF－3）添加和消耗后的样品中被观测到。这个信号在 TF－4 中变得更强（见图 2.4c）。这个信号与 PGO 的形成有关联。

这种制备好的样品沿着 c 轴高度有序，具有重复的层间距为 9.12Å，且对应的 2θ 角为 9.7°。1.14Å 的层间距增加相比阶段 1 GIC（d_i=7.98Å）是可能的，这是由于除存在的硫酸分子之外，氧原子在氧化的域内插入导致的。如果没有暴露在大量的水中，这个结构相对稳定且能存在数个月没有可见变化。由此，PGO 可以被认为是在 GO 制备过程中的第二中间产物。

有趣的是，PGO 形成阶段和独特的 PGO 结构不只是特定于 Charpy－Hummers 方法。回到 1989 年，一种绿色的具有和 PGO 十分相似结构的中间产物被 Mermoux 和 Chabre[29] 采用 Brodie 方法在氧化石墨的过程中所描述。大于 8Å 的重复层间距

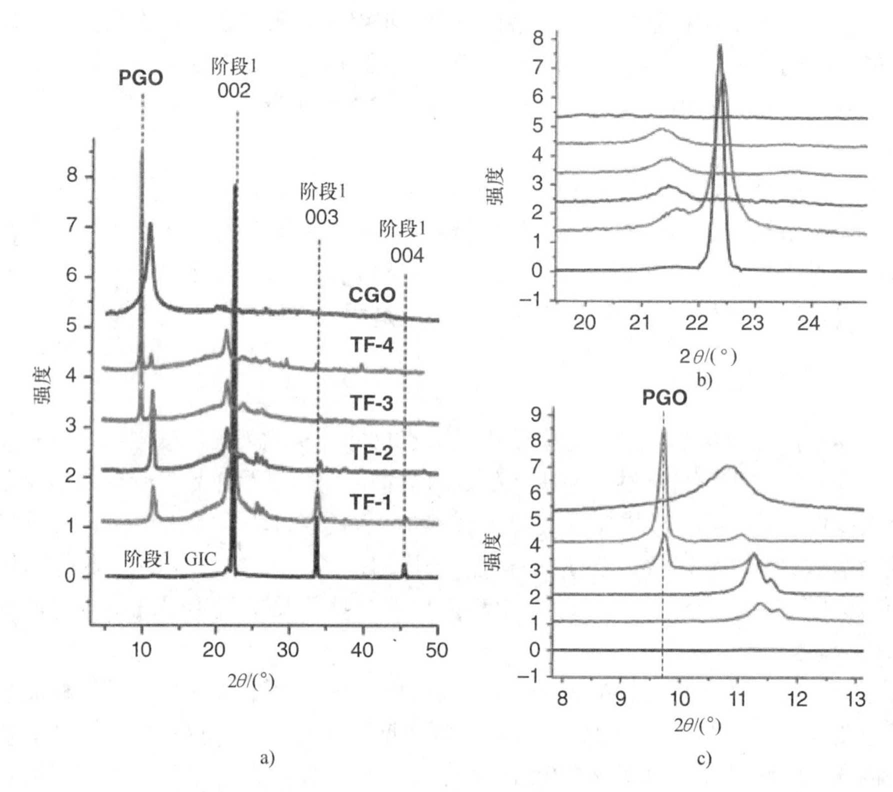

图 2.4　X 射线衍射数据。a）对阶段 1 GIC、GGO 以及四种转化形式的 X 射线衍射图谱。标记“TF－1”～“TF－4”分别代表由假设 1、2、3 和 4 重量当量 $KMnO_4$ 得到的四种持续的转化形式。b）、c）图 a 20°～24°和 8°～13°衍射角区间 x 轴的放大图

在那个产物中被报道。不幸的是，Mermoux 和 Chabre 错失了第一中间产物阶段 1 HNO_3－GIC。他们只是没有在氯酸钾加入石墨－ HNO_3混合物后立即开展石墨样品的 XRD 研究。然而，大量的研究显示重复间距为 7.84Å 的阶段 1 HNO_3－GIC，在石墨暴露在浓硝酸和诸如高锰酸钾与氯酸钾之类的强化剂混合物时形成[30]。有趣地，相比阶段 1 HNO_3－GIC 7.84Å 重复间距，Mermoux 和 Chabre 的 PGO 的重复间距只增加 0.16Å。如何导致这样的在氧化中重复间距不明显增加是不清楚的。与其相关的可能有 Brodie 的 GO 的氧化程度低，以及 HNO_3分子的平面几何结构，这将容许含氧官能团更好的适应，以及由此导致在 Mermoux 和 Chabre 的 PGO 的层间通道比我们的 PGO 更加致密的排布。

没有文章报道通过 Staudenmaier 方法氧化石墨过程中 PGO 形成。这种方法和 Charpy－Hummers 方法在酸性介质中发生反应方面是相似的。这是为什么我们有很大的信心可以假设和其他两种方法一样，反应过程通过同样的三步执行的原因。因此，上述描述的 GO 形成机理，涉及阶段－1 GIC 和 PGO 两种中间产物的结构，对于三种 GO 在酸性介质中的制备方法是一个普适的途径。

2.4.5 第三步：PGO 的剥离

GO 形成的第三步，例如 PGO 转化为 GO，是通过将 PGO 在淬火和洗涤过程中与水接触来实现的。该过程涉及 *c* 轴层间记录的丢失和 PGO 剥离成单原子层片。很多合成标准指出在水溶液中分散已制备的 PGO 需要超声处理。实际上，超声仅仅对原始的 Brodie 和 Hummers 方法用大颗粒尺寸石墨制备的没有完全氧化的 GO 样品是需要的。很多研究者根本没有提供充足的时间让氧化剂在阶段 1 GIC 的石墨烯层间扩散，且随后仅仅得到部分氧化的 GO。当所制备的 GO 充分地被氧化，它通过在水中简单的搅拌自然地剥离为单层片。

图 2.5 总结且示意性地表述块状石墨转化为 GO 过程的三个步骤。

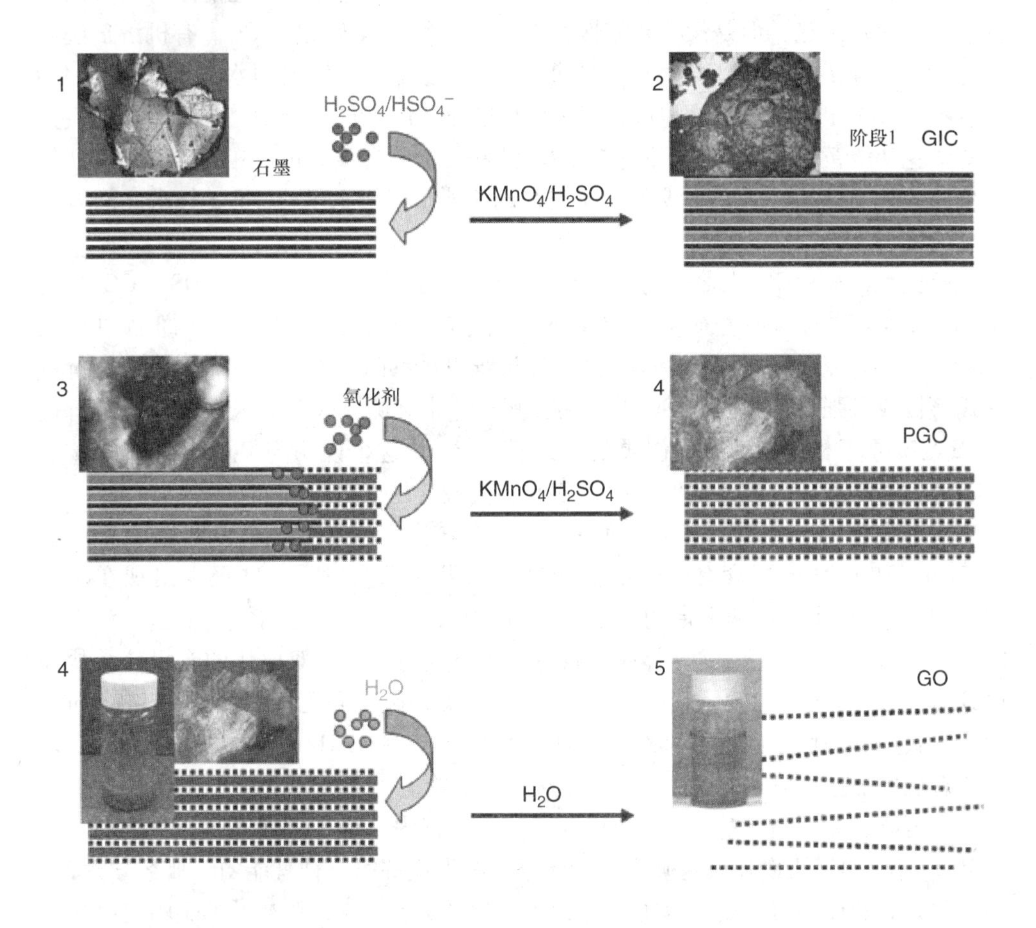

图 2.5 对应样品显微图外观的块状石墨转化为 GO 的示意图。三个步骤显示两种中间产物（阶段 1 GIC 和 PGO）和最终 GO 产物的形成。黑实线代表石墨烯层；黑点线代表单层 GO；宽蓝线表示 H_2SO_4/HSO_4^- 插层物；宽紫线表示 H_2SO_4/HSO_4^- 插层物和还原形式氧化剂的混合物

2.5 与水接触时 PGO 化学结构的转变

c 轴层间记录的丢失和 PGO 剥离成单原子层片不是 PGO 和水接触时唯一发生的变化过程。PGO 的化学组分也经历非常显著的变化。所制备的 PGO 具有亮黄色，甚至在当反应已经被水淬火且 PGO 鳞片部分地被剥离时。在长时间与水接触的洗涤过程中，当溶液变得越来越中性，亮黄色渐渐地变暗且转化为棕色。我们简单地认为氧化石墨和水之间的化学反应肯定在可观测到的现象背后[31]。为了研究所制备的 PGO 的化学结构，不仅需要让它远离硫酸，而且也应避免和水接触。为了这个目的，我们开展了一系列实验[31]，其中所制备的 PGO 用非水性能溶解硫酸的有机溶剂淬火且洗涤，但是没有亲核性，以阻止 PGO 化学转化为 GO。有机溶剂洗涤纯化的 GO 样品（OS－GO）与那些通过 33% 盐酸洗涤以及用水洗涤得到的 GO（传统的 GO）进行比较。用有机溶剂淬火和洗涤产生的产物具有非常浅的颜色，这些颜色从淡黄色到亮黄色不同。盐酸－洗涤的 GO 是浅棕色。相对于传统 GO 呈暗色，这种 OS－GO 呈原始浅色，证明在基于水的纯化过程中 PGO 与水之间有化学反应发生。

相比水，通过 X 射线光电子能谱（XPS）数据，所有测试的 OS－GO 含有 1.2%～6.0% 的硫。一些研究者在更早期报道了甚至在水洗的 GO 样品中存在 0.5%～2% 的硫。甚至用大量的水洗，硫很难以被移除，说明含硫杂质是以共价键形式连接或者强物理吸附到 GO 上。为了解释这个观测，Petit 等人说明硫以共价键 C－S 与碳原子相连，而且以砜类的形式存在[32]。这个说明与 Boehm 和 Scholz 更早期表述的观点相一致，他们说明了磺或者硫酸盐的存在[9]。

所有浅色 OS－GO 样品的傅里叶变换红外（FTIR）谱（见图 2.6）在 $1417cm^{-1}$ 和 $1221cm^{-1}$ 含有两个增强的带，如果这真会发生，这很少出现在水洗 GO 样品的能谱中。这两个带的强度随着 GO 中的硫含量而增加。这个趋势和用于 GO 纯化溶剂的亲核性相反。所有可能的含硫混合物，只有双取代的有机硫酸盐在 $1417cm^{-1}$ 和 $1221cm^{-1}$ 显示出吸收峰[33,34]。砜类、硫酸和无机硫酸盐在 $1417cm^{-1}$ 没有吸收峰。因此，砜类被排除，而且在 $1417cm^{-1}$ 和 $1221cm^{-1}$ 的带被认为是双取代的有机硫酸盐中 S＝O 键的对称和非对称伸缩峰。

很可能，有机硫酸盐在 GO 形成的第二步过程中产生，例如在阶段 1 GIC 转化为 PGO 时。如果假设环氧基确实是氧化过程中形成的第一种官能团，那么方案 2.1 和方案 2.2 的反应机理是可以想象得到的。根据方案 2.1，在初始 GO 层间出现的硫酸或者氢磷酸根离子和新形成环氧基发生作用（1）。反应机理是典型的开环反应。对应的中间产物是单硫酸酯（2）。单硫酸酯可以和相邻的环氧基发生反应且转化为环硫酸酯（3）。

在 GO 形成的第三步过程中（PGO 和水接触），可逆的反应发生：环硫酸酯水解形成叔醇（方案2.2）。环硫酸酯水解作用的第一步发生C-O键断裂且导致单硫酸酯形成（4）[35]。第二步（单硫酸酯水解）主要发生S-O键断裂且导致1，2-二醇形成（5）。

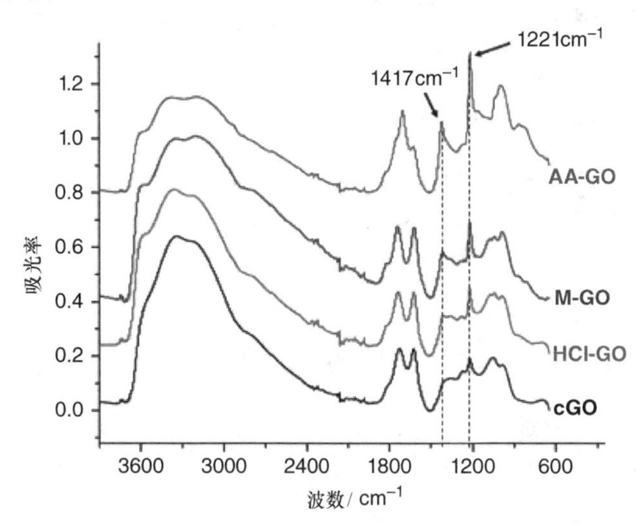

图2.6 四种不同GO样品的FTIR能谱。这些样品通过醋酸（AA-GO）、甲醇（M-GO）、33%盐酸（HCl-GO）和水（cGO）纯化所合成的PGO样品得到。位于$1417cm^{-1}$和$1221cm^{-1}$的吸收带对应共价硫酸盐中S=O键的对称和不对称振动。这两个带的强度随着GO中硫的含量增加，且随着用于纯化溶剂的水溶液/亲核性的增加而减小

在酸性环境下低硫酸水解比例解释了，即使采用水洗，为什么难以从GO样品中移除含硫副产品。硫酸自身可以很容易地通过较少的几次水洗被移除，但是有机硫酸盐只有通过水解作用被移除，这个过程在酸性条件下速率是慢的，因此去除更多的这些组成成分需要更长的反应时间。

在我们的工作之后不久，Eigler等人阐述即使在水洗涤的GO中共价的硫酸盐可能存在的质量比达到5%，例如每20个碳原子对应一个硫酸盐基团[36]。然而截至目前，这是唯一阐述在水洗涤GO中有如此高硫含量的工作。在我们个人的实验中，适度水洗GO样品中硫的含量为1.5%~2.5%。在深度水洗的样品中，硫含量通常小于1%。因此，认为共价结合的硫酸盐的含量很大程度上依赖于纯化过程，这是合理的。

关于PGO的化学组分，显示是和典型的水洗GO有很大的不同[31]。在PGO中主要的官能团是环氧基。它们的含量实质上超过了叔醇的含量。反过来，叔醇的含量只是轻微地超过有机硫酸盐的含量。这些观测到的结果说明第一种在石墨氧化过程中于GO上形成的官能团确实是环氧基，它通过和硫酸反应转化为有机硫酸盐，而且和水反应生成叔醇。

和2.4节中描述的GO形成的前两步不同，当第三步真实的结束时，该步在信

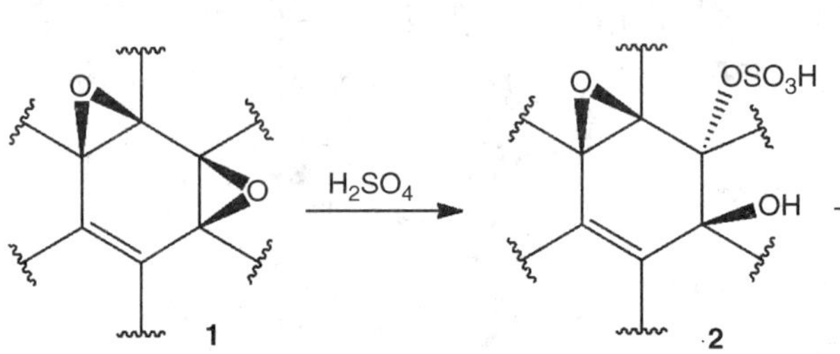

方案 2.1　在第一阶段形成的硫酸酯（2）是中间产物。硫酸酯可以和相邻的环氧基发生作用，生成 1，2－环硫酸酯（3）。1，3－环硫酸酯（没有显示）也可以通过反应形成。值得注意的是，对每一个硫酸酯形成一个羟基，且对每个环硫酸酯形成两个羟基

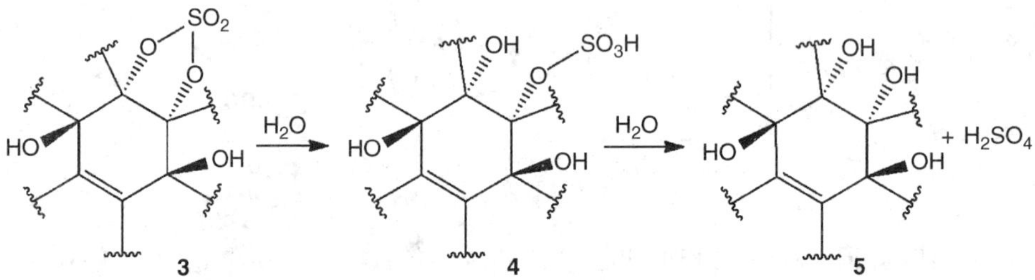

方案 2.2　环硫酸酯（3）水解以两步发生。第一步以 C－O 键断裂发生且导致单硫酸酯（4）形成。第二步（单硫酸酯水解反应）使得 1，2－二元醇（5）形成

号上没有明显的指示。GO 分散液的颜色渐渐地发生变化，洗涤水的 pH 值变化同样如此。在 PGO 和水接触一段时间后，该过程可以被认为不仅仅是 GO 形成的一步（剥离和纯化），而且是所制备 GO 与水的一个化学反应。在这两个过程之间没有明确的边界线：一方面洗涤－剥离且另一方面官能团化学修饰。GO 和水的反应将在 2.6 节中和第 6 章中给予更加详细的介绍，来描述 GO 的化学性质。

2.6　化学结构和酸性的起源

2.6.1　结构模型和真实的结构

不考虑有机硫酸盐，现在我们来讨论单层 GO 精确的化学结构。在第 1 章中，Anton Lerf 讨论了 1939～2006 年几十年历史上提出的所有结构模型。为了我们进一步的讨论，有两个模型是非常重要的：1998 年提出的现代著名的 Lerf－Klinowski（LK）模型[37]以及 2006 年提出的 Szabó－Dékány（SD）模型[38]。在 Anton Lerf 详细地评论更早以前模型的同时，他谦虚地简述了自己发展的模型。对于 SD 模型，Anton Lerf 在第 1 章中写了单独的一句话：

我认为Szabó等人发表的模型结合Scholz和Boehm（断裂的C－C键，醌基团）与Ruess（1，3－乙醚）双方的结构要素。

这对于理解该模型的重要性是不充分的。LK和SD两个模型相比它们前面的模型更加先进，且更加准确地反映了真实的GO结构。因为这两个模型在理解GO结构中的重要性，我们以评述LK和SD模型开始我们的讨论。的确，SD模型进一步发展了更早以前Clauss[39]提出的模型，而且进一步被Scholz和Boehm[40]所改进。

就其本身而言，它继承并进一步发展了一代又一代化学家的研究，这些人曾经试图提出一个化学计量的且有序排布的GO结构。相比SD模型，LK模型拒绝任何有序的结构，而且提出一种官能团不规则杂乱的排布形式。从这个角度看，LK模型在GO研究中是一个革命性的突破；令人惊奇地，这和真实的情况非常接近。

LK模型（见图2.7）总结GO平面由两类不同的随机分布的域组成：sp^2－杂化碳原子形成的纯石墨烯区域和氧化且由此sp^3－杂化碳原子形成的区域。GO的氧化域含有环氧基和羟基（叔醇）官能团。GO鳞片边缘被羧基和羟基修饰。

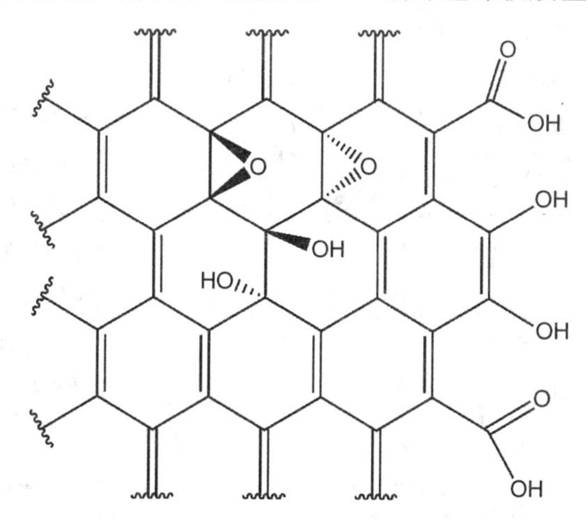

图2.7　Lerf－Klinowski GO结构模型的简化图。GO片在面内含有环氧基和叔醇；边缘以羧基和羟基终止

SD模型（见图2.8）表示GO作为一种周期性的芳香族和非芳香族（环己烷）的带状结构。被认为出现在面内（环己烷）的含氧官能团是羟基和四元环1，3－乙醚。SD模型认为酮基和醌类在C－C键断裂的地方形成。这个关于C－C键断裂的观点第一次被Clauss[39]提出并且后来得到Scholz和Boehm[40]的支持。

可以发现LK和SD模型本质上是不一样的。这个事实说明在SD模型被提出的时间（2006年），关于GO结构理解的情况距离达成统一认识还很远。由于一些原因，SD模型没有得到和LK模型一样多的认识。如下所示，在SD模型中提出的观

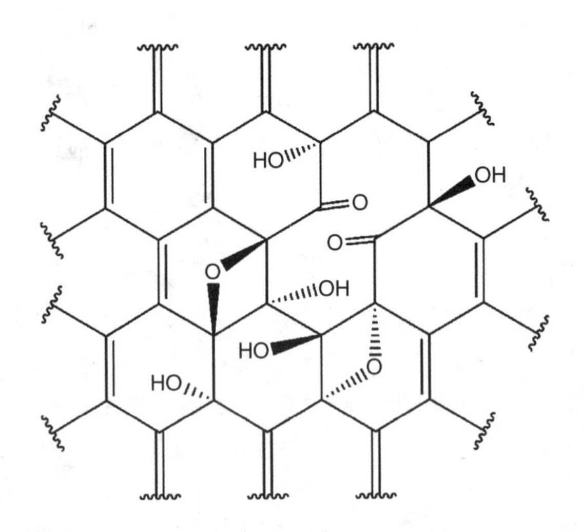

图 2.8　Szabó - Dékány GO 结构模型的简化图。GO 片在面内含有叔醇和 1，3 - 乙醚；在 C - C 键断裂位点形成酮基

点以及其更早期模型值得更多的关注。

理解真正的 GO 结构方面的主要突破出现在 2010 年的两个研究结果中，报道了 GO 和还原 GO 在原子水平分辨率的高分率透射电镜（HRTEM）照片[41,42]。虽然 Gomez - Navarro 等人[41]的工作只是说明了还原 GO 的照片，但是 Erickson 等人[42]阐述了还原 GO 和 GO 两者的结构。这些图片确认了 GO 结构存在两种不同类型的区域，正如 Lerf 等人曾假设的那样。两种不同类型的区域在 GO 的 HRTEM 照片上可以清晰地观测到（见图 2.9），唯一的区别是这些域尺寸大于 Lerf 等人预测的结果。如 HRTEM 照片证实的那样（见图 2.9b），氧化的域形成了一个连续的网络，而石墨的域则形成了孤立的岛。除了完美的石墨烯域和氧化的域，如 LK 模型预测那样，在 GO 鳞片上观测到了纳米尺度的孔，这是一个新的发现。然而，这些孔是否存在于 GO 平面上或者是否是由电子束产生的，是不清楚的。

不幸的是，人们不能声明这两项已发表的 HRTEM 研究已经完全地解决了 GO 结构的奥秘。尽管 GO 的晶格在原子尺度被观测到，但一个更加精确的化学结构仍然没有被得到。含氧官能团的化学名称没能从提供的 HRTEM 照片中被确定。记住已确认存在的两类域，今天，“GO 的化学结构”一词表示氧化域的精细化学结构，该区域组成了整个 GO 片的 2/3。对于理解 GO 化学特性最重要的是两类域之间的界面，以及大量的孔洞周边的结构。

另外一个问题是给出的 HRTEM 照片是否代表了真实的氧化水平以及普遍的 GO 结构。人们可以很容易地看出 Erickson 等人[42]（见图 2.9）给出的还原 GO 要比 Gomez - Navarro 等人[41]给出的结果更加杂乱。对于后者，大约 60% 碳平面是完整的石墨烯，且另外 20% 是略微无序的石墨烯（见图 3.25），但是前者中石墨烯的面积组成不足 50%。很显然，这两项研究针对两种很不一样的 GO 样品。所给出的 HRTEM 照片只是特殊 GO 片上少数特殊位置的屏幕快照。这些照片在统计上甚至对于给出的整批 GO 产品，不足以说明一种相似的结构。一般来讲，它们确实不足以说明 GO 作为一种物质的结构。今天，我们知道存在片到片在氧化水平上的显著差异，甚至是在同一批制备的 GO 样品中[19,43]。因此，所观测到的结构不能满

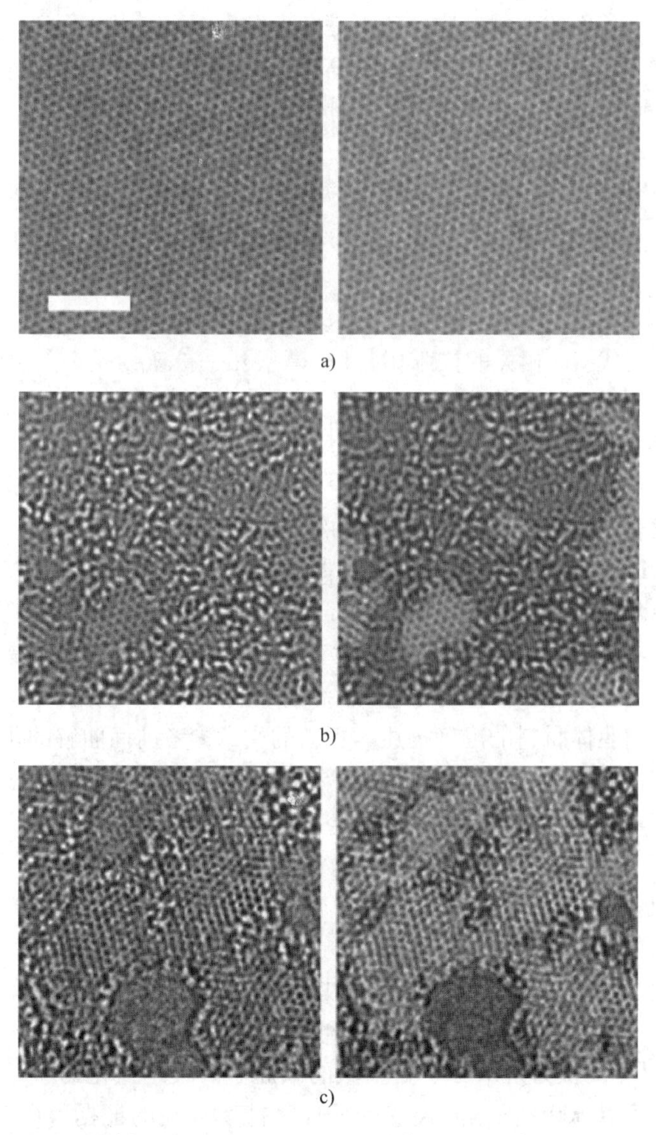

图 2.9　a）石墨烯、b）GO 以及 c）RGO 的像差校正透射电子显微镜图片。标记为 2nm 的标尺适用于所有的照片。右图是和左图一样的照片，在照片上不同的区域是用颜色标记的：石墨域是黄绿色，孔洞是蓝色，氧化域是红紫色

怀信心地推广到所有的 GO 上。不同 GO 样品额外的 HRTEM 研究对于更好地理解 GO 的结构是非常需要的。

两种域存在的确认更进一步地提升了 LK 模型的知名度。两种域结构的改进自动地拓展到整体模型，包括官能团的化学名称。同时，其他模型的重要性被降低。作为科学上经常发生的现象，关注一个单一观点并且忽略其他可选择的观点可能在科学发展中起到负面的作用。这恰巧正是今天发生在 GO 相关研究中的事。有人应该记得 Lerf 等人[37]发表的文章是从 1939 年开始在 GO 结构研究过程中的很多工作之一。正如 Lerf 本人在第 1 章中描述的那样：

因此……从 2005 年起在 GO 研究领域活跃的研究者仅仅是对 Kohlschütter、Hofmann 和 Boehm 开创性工作所做的注脚，同时我承认我本人的工作也不值得一提。

然而，在现代 GO 相关的文献中，LK 模型几乎被认为是一个公理。同时，一些在早期模型中提出的有价值的观点仍然在很大程度上被遗忘。

GO 结构的误解导致了对 GO 所涉及反应本质理解上的困惑。这种困惑不幸的是只在最近几年中有所增加。尽管存在早期的高质量论文（见第 1 章），而且在过去的几年间发表了一些重要的关于 GO 的结构研究，它们只是被一小部分专家所欣赏。反过来，LK 模型被严重地简单化和曲解。关于“环氧基和羟基存在于 GO 的面内，以及羧基在鳞片边缘点缀”的阐述，几乎是今天每篇 GO 相关文章中的陈词滥调。很多参考 LK 模型的研究者甚至没有真正读过这篇文章，但是却相信大众化的表述。由于主要关注 GO 的最终应用，例如器件、膜、水凝胶等，作者并没有提供他们使用的前驱体材料的准确描述。更新的文章参考前面曲解的化学结构，而且这种连锁反应持续增加。结果，当前关于 GO 的文献已经被过于简化误导的解释所主导。那些文章创造了一个事实，使非专业读者在认识真实的 GO 结构上感到困惑。

在本章中，我们将强调一些关于 GO 化学特性的实验结构，这些与广泛被接受的 GO 结构方面的简化观点不一致。

让我们通过评价 GO 的 ^{13}C 固体核磁共振（SSNMR）谱开始我们的讨论，该结果提供了关于官能团存在最可信的数据（见图 2. 10）。怀着 100% 的信心，位于 134ppm 的信号可以认为是来源于石墨域的碳原子。关于氧化的域，截至目前，没有毫无争议的可以 100% 的信心接受的任何官能团存在的证据。很大程度上确定，人们能接受的主要官能团存在于 GO 面内：叔醇和环氧基。位于 60ppm 和 70ppm 的信号很可能分别源于环氧基和叔醇。然而，60ppm 的信号也可能源于 1，3 - 乙醚。环氧基具体的反应（开环反应）对于 GO 从来没有清楚地说明过。

然而，NMR 谱的弱信号的归属甚至是不直观的。位于 101ppm 的峰可能来自于

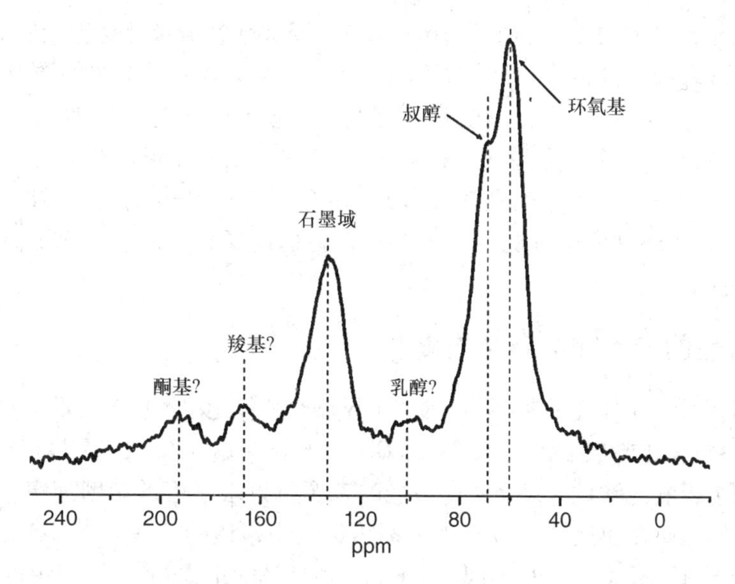

图 2.10　GO 典型的直接脉冲^{13}C SSNMR 谱。该谱从作者本人的研究文件中获得。在 60ppm、70ppm 和 134ppm 的信号分别对应石墨域的环氧基、叔醇和芳香碳。在 101ppm、167ppm 和 193ppm 的信号分别对应乳醇/胞二醇、羧基和酮基

和两个氧原子以单键相连的 sp^3 – 杂化碳原子。Gao 等人认为这个峰归属于五元和六元环乳醇的碳原子[44]。或者，Dimiev 等人认为该峰属于二元醇的碳原子[31]。没有任何一个归属在化学上或者使用额外的表征方法被确认。当 Gao 等人将乳醇置于 GO 片边缘时，Dimiev 等人将二元醇置于 C – C 键断裂的位置点。

在 167ppm 和 193ppm 处较小的峰，归属于含有羧基的官能团，来源于数量很少的碳原子。同时，这些官能团对于理解 GO 的化学属性和结构具有非常重要的作用。让我们更加仔细地审视这些少量的含氧官能团。我们将以最具有争议的官能团开始：根据 LK 模型，羧基位于 GO 片的边缘。

值得注意的是，Lerf 等人[37]在他们最著名的工作中没有提供任何实验证据说明羧基的存在，相关结论基于前期发表的红外（IR）数据而得出，它只是推测一种官能团可能作为鳞片边界结束。由于某些原因，Lerf 等人的这个建议后来被解释为 LK 模型重要组成部分。今天，尽管缺乏坚实的实验证据，在 GO 上羧基的存在是一个共识，而且实验数据经常从羧基参与反应的角度给予解释。这特别对于 GO 和胺类化合物的反应是正确的。通常作为酰胺键形成的解释很可能是带负电荷的 GO 和带正电荷的铵基之间的静电作用。这类反应在第 6 章中被讨论。

在这里，我们提供一些论据显示 GO 结构中存在大量羧基缺乏坚实的证据。首先，光谱数据不确定或者与羧基相悖。GO FTIR 谱中约为 1730cm^{-1} 的吸收峰被 Lerf 等人解释为羧基的 C = O 键伸缩，这对于任何的羧基都适用，包括酮基和内酯类。更重要的是，GO ^{13}C SSNMR 谱不含有位于约为 180ppm 的信号，这里是典型

的羧基碳信号出现的地方。两个为 167ppm 和 193ppm 的信号都与理论值 180ppm 距离 13ppm。193ppm 的信号很可能源于酮基：α-或者 β-不饱和的酮基被预测在 190ppm 具有一个信号。随后，羧基可能与 167ppm 信号有关。然而，什么导致 13ppm 的移动？截至目前这些问题仍然没有定论。唯一说明羧基的光谱方法是 X 射线光电子衍射谱（XPS）（见 3.1 节）。在 C 1s XPS 谱中位于约 289eV 的突起（见图 3.11 和图 3.12）很可能源于羧基。存在的问题是羧基在 GO 平面上真实的含量和位置是什么？

2.6.2 酸性的来源和动态结构模型

为了回答 GO 结构相关的问题，人们不仅需要解释光谱数据（这些数据可以用不同的方式解释），还要从结构的角度解释 GO 的化学性质。GO 的一个最重要且独特的性质是它的水溶液的酸性。理解 GO 酸性的来源可以很显著地帮助理解它的化学结构。这是我们在研究使用的以及在连续两篇论文中报道的方法[31,45]。取决于浓度，GO 溶液的 pH 值从 2.0 到 4.0 不同。由该 pH 值计算的正式 pK_a 值为 3.93 ~ 3.96，说明 GO 比通常所知的分子中含有一个官能团的羧酸具有更强的酸性[45]。当 GO 片在它们分散水溶液中被分离出来，对应的水没有任何酸性的特征。这意味着水合氢离子和 GO 片紧密相连，且在 GO/水界面处不存在反离子扩散层的边界。在溶液中没有负电荷平衡水合氢离子的正电荷，它们只和充有负电荷的 GO 平面有关。

GO 显示了相当高的阳离子交换能力（CEC），这是一个被熟知了几十年的性质。在以前研究的基础上，100g GO 含有 500 ~ 800mmol 可以参与碱性物质进行阳离子交换反应的活性酸性位点[45,46]。这个过程将每 6 ~ 8 个碳原子近似转化为一个酸性位点。LK 和 SD 两种模型不能导致 GO 这么高的酸性，这两种模型没有说明任何可以导致如此高的 CEC 的官能团。GO 显示的酸性和 Lerf 关于羧基位于鳞片边缘的建议引导很多现代的研究者将两者联系起来，且总结认为羧基对 GO 的 CEC 负所有责任。的确，对于阳离子交换反应的经典描述涉及羧基转化为羧化物。然而正如 LK 模型说的那样，少量的羧酸基团位于 GO 片边缘可以导致如此高的 CEC 是不可能的。甚至在孔洞的边缘不能修饰如此多的羧基。尽管这个事实早在 1909 年第一次被 Hofmann 和 König 注意到[47]，但在现代文献中很大程度上被忽略。羧酸仍然被认为是导致酸性性质的主要基团。

简单的几何考虑表明，或多或少稳定的二维结构每六个碳原子含有一个羧基很难想象。因此，GO 平面（或者任何）上羧基的数量应当是很小的，且普通的羧基不能作为造成 GO 酸性性质的基团。从我们 2012 年的研究中，我们分离出 GO 酸性的两个源头[45]。低的 pK_a 值和大约 1/3 CEC 归结于有机硫酸盐，且其他 2/3 的 CEC 源自于含氧官能团，或者更准确地来自于含氧官能团在碱性条件下开展的反应。注意到有机硫酸盐只出现在硫酸介质制备的 GO 中。同时，不管制备方法如何，酸性是针对所有 GO 样品具有的性质。因此，酸性主要的导致因素是含氧官能团。考虑到 CEC 的大小，这些是主要的功能，例如位于面内的基团。试图解释 GO 酸性的唯一结构模型是早在 1957 年 Clauss 给出的模型[39]。Clauss 认为在 C－C 键断裂点出现酸性的烯醇基团。值得注意的是，Clauss 根据烯醇互变异构性从酮基推论出烯醇基团，然而从来没有证据支持这个论述。有趣的是，在当代，没有尝试从结构角度来解释酸性。很少一些酸性相关的研究和一些结构相关的研究被独立开展。我们可能是从 Clauss 后第一个尝试将这两个因素结合起来的人[31,45]。

特别是在中等碱性条件下，在水性溶液中发现 GO 恒定地产生氢离子[45]。这被认为是水性溶液的逐渐酸化。因此，在人为开展的滴定中，在每一份新的 NaOH 加入后，且达到相应的更高值，溶液的 pH 值开始向下移动，且即使另外一份 NaOH 没有加入，这种移动仍然在继续。对比直接滴定曲线结束点，GO 溶液的这种被 NaOH 加入激发的酸化是为什么逆滴定（见图 2. 11）在更低的 pH 值开始的原因。这个滴定反应的动力学（见图 2. 11d）是普通化学反应的一个典型。该过程在起初的 60min 是强烈的。相应的 pH 值几乎在很短几小时后稳定，然而酸化过程在几天中缓慢地进行。这个观测结果说明水合氢离子是在普通化学反应过程中产生的。

直接滴定曲线是无特征的（见图 1. 8）。该观测与 Boehm 滴定方案的立足点相矛盾[48]（详见 1. 4. 5 节）。该方案建立在具有不同的 pK_a 值的官能团应该被不同强度的碱渐渐地中和这一假设基础上，这不可以避免导致在滴定曲线上出现拐点。有尝试通过很多不同的酸性基团 pK_a 值的重叠解释拐点的不存在[32,49]。这就是酸性相关的研究和现存的结构模型出现冲突的地方。根据 LK 模型，在 GO 中唯一具有酸性的官能团是羧基，而且如上所示，它们在 GO 中的含量是非常低的。其他唯一具有酸性的官能团就是酚类。其他类型具有酸性的官能团根本不存在。如有人假设羧基和酚类两种官能团的确存在，那么直接滴定曲线应该含有两个明显的拐点。为了解决在实验事实和现存结构模型之间的这一明显矛盾，我们认为酸性基团不会预先在 GO 中存在，但是可通过和碱的相互作用产生。

这就认为在水溶液中，特别是在碱性条件，邻二醇经历一系列不可逆的转换生成氢离子。所提议的反应机理如方案 2. 3 所示。

水与 GO 的反应以一个水分子对叔醇的亲核攻击开始，且以 C－C 键的断裂和边界上酮基和烯醇的形成结束。所提议的反应机理是基于叔醇的假酸性，那会使得它们易于被水分子亲核攻击。反过来，由于在石墨域很大面积上负电荷的离域，醇类基团的酸性由共轭碱的稳定来负责。GO 离域和积累负电荷的能力是这个反应必要的条件和驱动力。

另外一个必要条件是水性溶液。只有当这个电荷被反离子的正电荷所中和时，GO 片才能在负电荷状态存在，并在 GO/水界面处伴随着一个带电双层形成。这只有在水溶液中才是可能的。当 GO 和碱发生反应时，作用物质是一种比水分子更强的亲核试剂，例如氢氧根离子。这使得更多的叔醇易于亲核攻击。金属阳离子不和

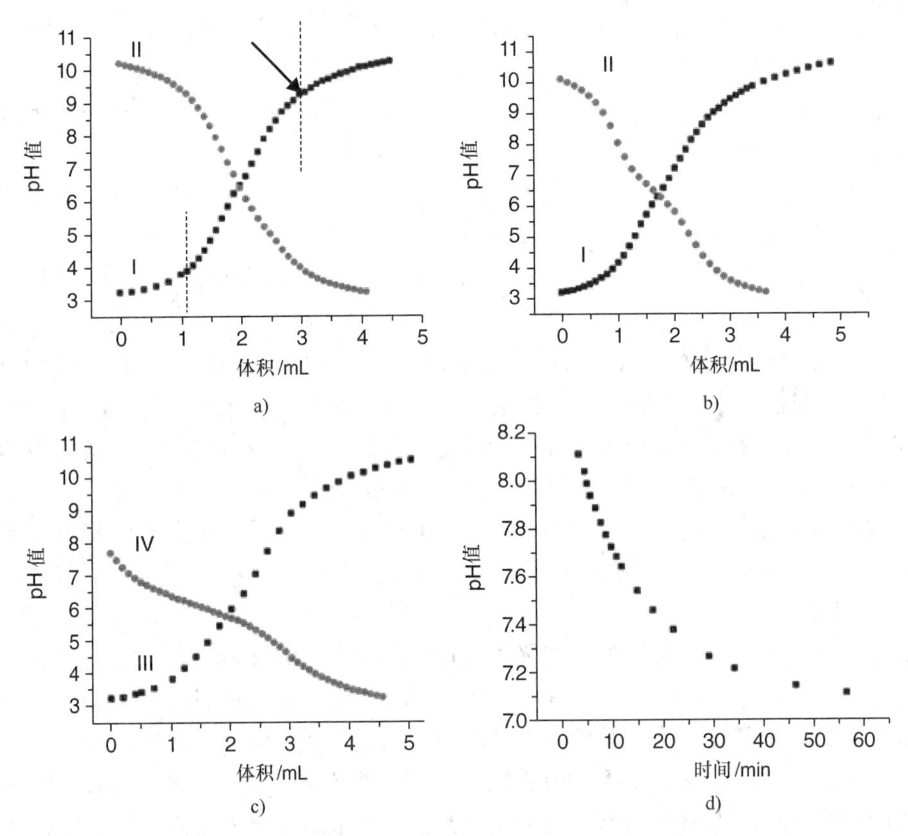

图 2.11　GO 溶液的酸性。a）～c）正向（黑方块）和逆向（红圆圈）滴定曲线。在正向滴定中，GO 溶液（1mg/mL）用 0.100M NaOH 滴定；在逆向滴定中，GO 的共轭碱用 0.100M HCl 滴定。a）逆向滴定在正向滴定结束后立即开展。逆向滴定曲线几乎在同样的 pH 值开始。b）逆向滴定在正向滴定 6h 后开展。c）溶液在正向滴定（III）后 60℃加热 15h，而且在开展逆向滴定之前（IV）。逆向滴定在极低的 pH 值开始。d）在滴加了 0.100M NaOH 后 GO 溶液 pH 值随着时间的改变。零时刻对应 NaOH 的滴加。pH 值在滴加 NaOH 后起初的 3min 47s 中的增加没有在图中显示。所有的实验在氮气下开展

羧基直接形成键，如上讨论，GO 不能含有如此多的羧基。相反，金属阳离子被静电吸引在带负电荷的 GO 平面上。它们在 GO/水界面处的带电双层中部分地或者完全地取代水合氢离子。这是对于 GO 和碱反应时高 CEC 值的解释。

酮基和烯醇的形成只需要相邻碳原子的三个 C－C 键中的一个断裂，这使得一个虚拟的含有烯醇的结构更强，且因此相比含有羧基的结构更加现实。烯醇基团自身不是强酸性的。然而，在 GO 平面上，烯醇基团的酸性随着和两种不同物质的共轭而增加。①和酮基共轭，烯醇形成所谓的插烯酸，该种酸具有和常规羧基一样的酸性。②和烯醇的共轭可以扩展整个石墨域，如方案 2.3 所示结构（7）。这对烯醇阴离子提供了极高的稳定性，由此使得 GO 具有高的酸性。

方案 2.3　GO 酸性的起源。结构（6）是含有邻二醇的 GO 碎片。将要断裂的 C－C 键如红色所示。水分子与羧基上的氢原子的亲核作用导致 C－C 键断裂和边界上酮基和烯醇的形成（7）。该反应产生了一个水合氢离子，这解释了 GO 水溶液的酸化。所形成的烯醇的氢原子是强酸性的，这个烯醇可以进一步电离，使得 GO 溶液的酸性更强。

基于酸性相关的研究，我们提出了一个 GO 的新结构模型，该模型作为“动态结构模型”（DSM）被提及[45]。该模型说明在水溶液中 GO 和水频繁地相互作用。对于这个反应，叔醇通过产生水合氢离子缓慢地转变为烯醇和酮基。当这个模型的重要性被方案 2.3 所展示时，相应代表性的 GO 结构如图 2.12 所示。DSM 与 LK 和 SD 两个模型十分不同。尽管它接受叔醇和环氧基团作为 GO 平面内的主要官能团，但是它拒绝羧基作为或多或少富含的物质。同时，DSM 说明烯醇和酮基在大量的 C－C 键断裂点上的存在。从这个角度看，这个模型采纳了 Clauss 提出的观点，而且结合了更多最近的观点到 SD 模型中。然而，我们对于烯醇形成的解释不同于 Clauss 提出的烯醇互变异构性。我们的模型直接从叔醇得到烯醇。

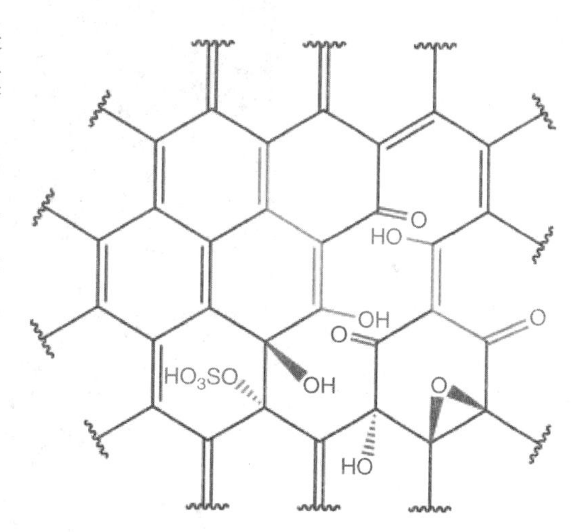

图 2.12　Dimiev 等人的 GO 动态结构模型的简图。碳骨架显示为黑色。中性含氧官能团显示为蓝色。具有酸性的官能团显示为红色和紫色。显示为红色的烯醇基团的酸性是由于和石墨域的共轭。显示为紫色的烯醇基团的酸性是由于和酮基共轭形成的插烯酸。有机硫酸化合物一直和至少一个叔醇毗邻。有机硫酸化合物的密度取决于水洗过程；对于彻底洗涤的 GO 样品，每 90 个碳原子大约有一个有机硫酸化合物

图 2.12 说明了一个 DSM 的简化版本，它只反映了 GO 面内的结构。要注意的是，大量的 C－C 键断裂点没有被 DSM 认为是边界，它们是面内的结构特征。HR-TEM 照片提供了我们模型的间接证明。图 2.13 清晰地展示了在 C－C 键断裂位置的许多点。同时，一个碳原子似乎丢失了。

现在，让我们关注 GO 平面中大量的孔洞边缘的化学结构。图 2.14 显示了

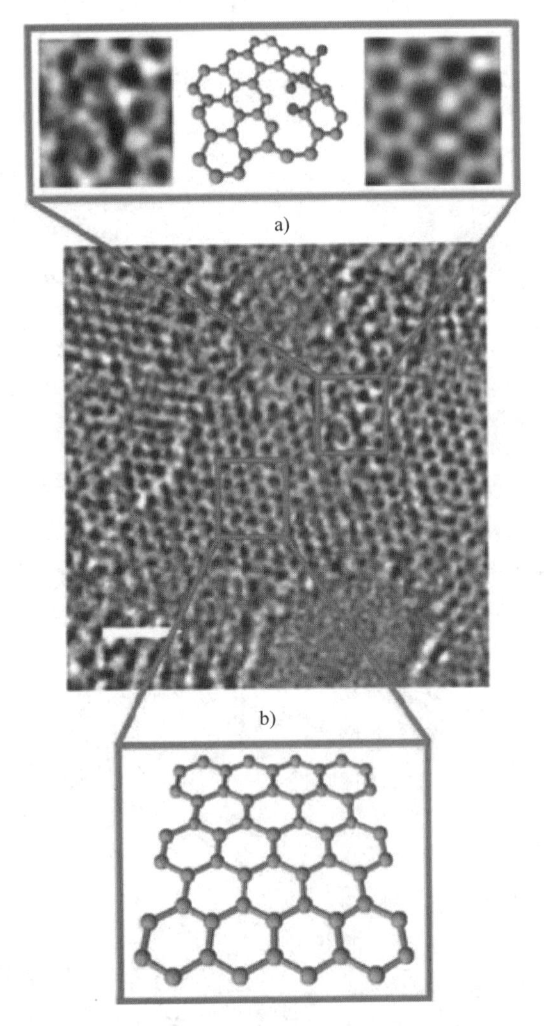

图 2.13　GO 的 HRTEM 照片。a）氧化域的放大图：左侧是真实的结构，右侧是模拟模型。b）完整的石墨域的放大图。氧化域含有 C – C 键断裂的多个点位

Dimiev – Tour（DT）结构模型的完整版本，描述了模型提出的所有功能。GO 碎片含有位于石墨域（右下角）和氧化域（左上角）边界上的孔洞。这些在面内的主要官能团是环氧基和叔醇，和 LK 模型一致。然而，平面内同时也含有大量的C – C 键断裂点，如在 1 和 2 一样，酮基和烯醇位于最新形成的边缘上。

在水溶液中，酮基经历进一步的转化。其中最有可能的一类转化是水解作用和转变为如 2 和 3 一样的二元醇[31]。该二元醇在水溶液中是稳定的，特别是当羧基或者双键出现在二元醇碳原子的 a 位置时，而且应变有利于 sp^3 杂化[50,51]，如二元醇 3 所示。存在另外一类可能的转化，在那种情况中二元醇能进一步转变为诸如 2 的半缩醛。二元醇和半缩醛含有一个与两个氧原子相连的 sp^3 碳原子，这可能与

GO 的^{13}C SSNMR 谱中的 101ppm 信号有关。这个 DT 结构模型是 GO 酸性的原因。由于大石墨域上的共轭，或由于插烯酸和酮基联合形成，在 C-C 键断裂点上形成的如 1 的烯醇是强酸性的。对于大量的如 4、5 和 6 一样位于孔洞边缘的插烯酸也是如此。因此，动态结构模型在逻辑上和以最小争议的方式解释很多 GO 已知的结构，包括最重要的一个：水溶液的酸性。这个模型描述了水溶液中 GO 的结构。我们认为在水溶液中 GO 精确的化学结构和干燥状态的不一样。值得注意的是，烯醇的存在没有被固体状态氧化石墨样品的^{13}C SSNMR 光谱所证实。可能的是烯醇只存在于水溶液中，且当 GO 溶液被干燥时，转化为其他的基团，例如酮基，且氧化石墨以固体块状物形式获取。

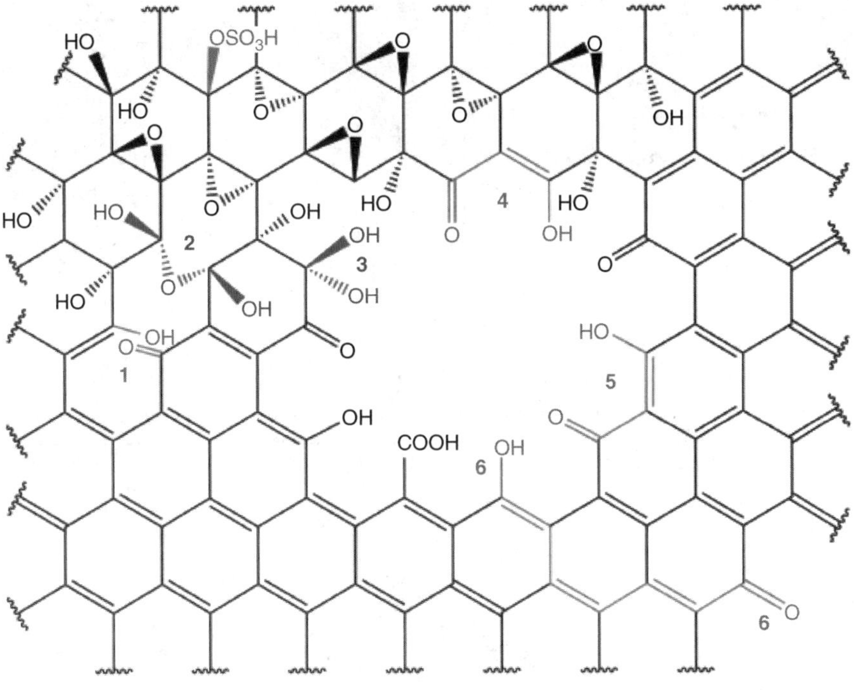

图 2.14　Dimiev-Tour GO 结构模型（DT 模型）的完整图，标记所有提出过的官能团。一个 GO 碎片含有一个位于石墨烯域（右下角）和氧化域（左上角）边界的孔洞。不同的结构特征被不同的数字和颜色标记。1 在 C-C 键断裂点位上形成的酮基和烯醇基团。2 通过水合作用，酮基可以转化为二元醇，并且进一步转化为半缩醛。3 这里二元醇对于酮基是在 *a* 位置；这有利于二元醇在水溶液中的稳定性。4~6 存在插烯羧酸。在羧酸 4 中的共轭被两个氧原子限制。插烯酸 5 和 6 的共轭延伸到整个石墨域；酸 5 和 6 是比酸 4 更强的酸。有机硫酸在硫酸介质制备的 GO 样品中出现

对于动态结构模型额外的支持，来源于 Kumar 等人最近的一篇报道[52]。它表示，当 GO 被升温水热处理时，合成的亚稳态 GO 转化为一种不同的、相对更加稳

定的状态（见图 2. 15）。这个新的准稳态具有相当不同的环氧官能团空间分布，而且由此显示出不同的光学和电学性质。就我们关注的主题而言，这个工作说明了含氧官能团在 GO 平面上的移动性，以及当 GO 在水溶液中时它们相互转化的能力。这个过程在更高的温度会加强，这会有助于克服活化能垒。

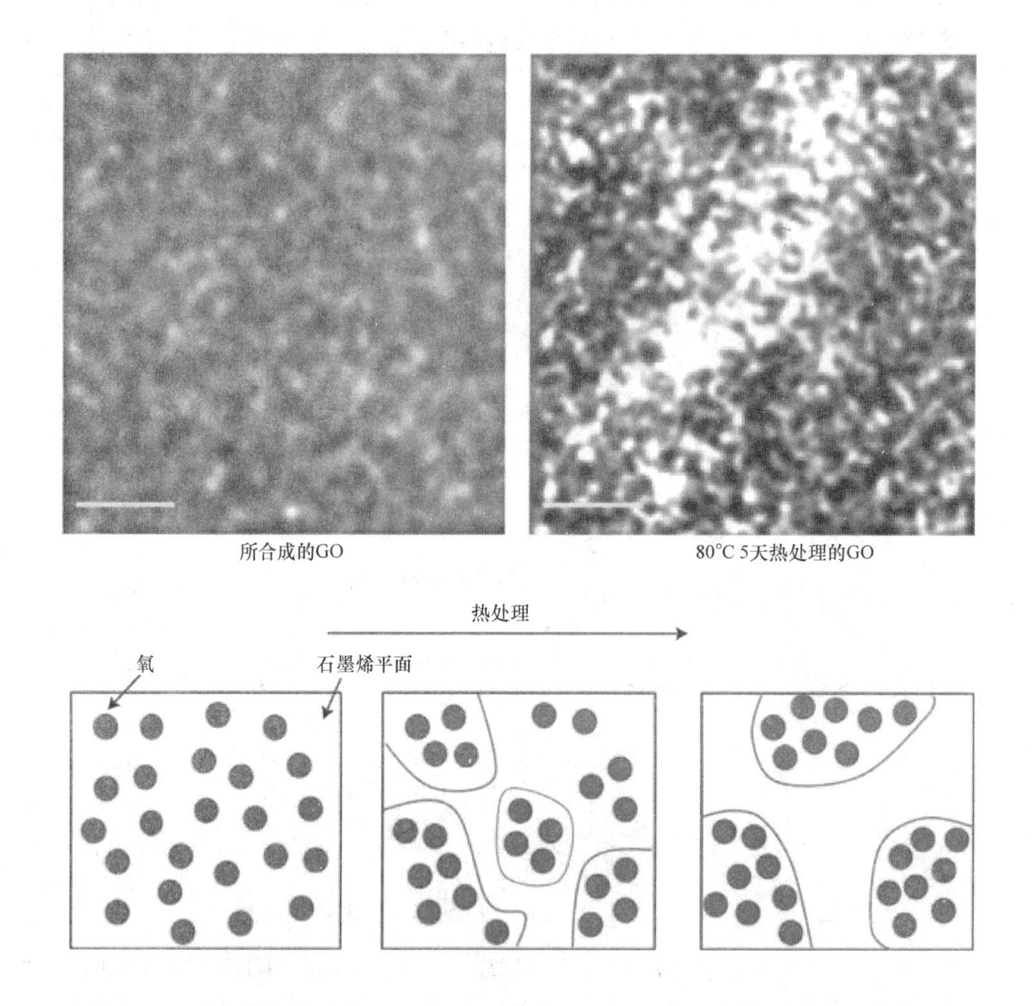

图 2. 15　根据水溶液中的水热处理（在作者的术语中为“回火”）所合成亚稳态 GO 转化为不同形式。上面的两张图是合成 GO 薄膜（左侧）和水热处理 GO 薄膜（右侧）的俄歇电子光谱（AES）氧分布图。白色斑点显示氧富集区域，黑色斑点显示氧不足区域。相应标尺是 2μm。下面的图是解释所提出的相分离过程的示意图。所制备的 GO 显示出含氧官能团均匀的分布。通过氧原子在诸如高温等外界刺激影响下在石墨平面内扩散，这种亚稳态 GO 分裂成不一样的氧化和非氧化区域的潜力

2.7　缺陷密度和含氧功能化石墨烯

让我们最后讨论 GO 平面上孔洞和 C－C 键断裂点的来源和密度。这样的缺陷的形成基于氧的二价特性。当石墨烯被诸如氟这样单价元素功能化时，只会形成单独的 C－F 键，没有永久的缺陷被引入。在肼还原氟化石墨烯后，原来的石墨烯平面可以几乎被完全恢复[53]。和氟不一样，二价氧趋向和碳原子形成双键。在具有碳 +1 价正规的氧化态的环氧基和乙醇形成后，氧趋向于推动进一步的反应形成具有 +2 价正规的氧化态的酮基，以及具有 +2 价正规的氧化态的羧基。在极端情况下，具有碳 +4 价正规的氧化态的 CO_2 形成。为了形成 C＝O 键，C－C键需要断开，这是 GO 中缺陷的起源。

据报道 CO_2 在 GO 产生过程中已经形成[8,31]。CO_2的形成例如碳的移除显示孔洞的形成。缺陷在 GO 产生的多个步骤被引入。因此，CO_2气体明显的演化在 GO 生成的第二步被监测到，例如阶段 1 GIC 转化为 PGO[31]。额外的缺陷在 GO 生成的第三步被引入，例如根据方案 2.3 所示机理用水洗涤所制备的 PGO[45]。如果有人想得到没有缺陷的 GO，这就是为什么需要以这种方式开展氧化反应，该方法容许单价的功能形成，但是避免二价的羧基形成。

2.7.1　通过 Charpy－Hummers 方法含氧功能化石墨烯

早在 1909 年 Charpy[8] 阐述了随着石墨氧化物的温度升高，碳的损失会增加：在室温下碳发现几乎没有损失，在 45℃会损失一小部分石墨，而且在 100℃已经有 50% 的石墨被氧化为 CO_2。这个观测到的情况就普通化学而言有一个简单的解释：在更高的温度，对于很多的反应达到了活化能垒，且氧实现了它的全部潜能。在越低的温度，氧化剂被限制形成环氧基和乙醇，且碳网是被保护的。通过在温度低于 10℃继续反应，Eigler 等人[43] 得到最小破坏的 GO，具有几乎完美的 C 原子 σ 骨架。为了强调蜂巢晶格的完整性，这个 GO 可以被命名为“含氧功能化石墨烯”（oxo－G_1）。对 oxo－G_1发展的反应序列如图 2.16 所示。温度必须低于 10℃来避免过氧化，这是很重要的，特别是在水溶液后处理过程中。

氧化石墨到 oxo－G_1剥离过程在水中通过摇晃、搅拌或者超声分散进行。碳晶格保持几乎完整，而且拉曼光谱显示选择的最好质量的化学还原 GO 片的缺陷密度低至 0.01%（见图 2.16a）。可以估计 oxo－G_1的每两个碳原子是 sp^3 杂化且官能团位于两侧面内。从分析可能得出结论认为 oxo－G_1 边缘的功能化起次要的作用，且 oxo－G_1 因此是一种适合湿化学合成石墨烯的前驱体。此外，GO 可控的化学性质可以被精心设计。

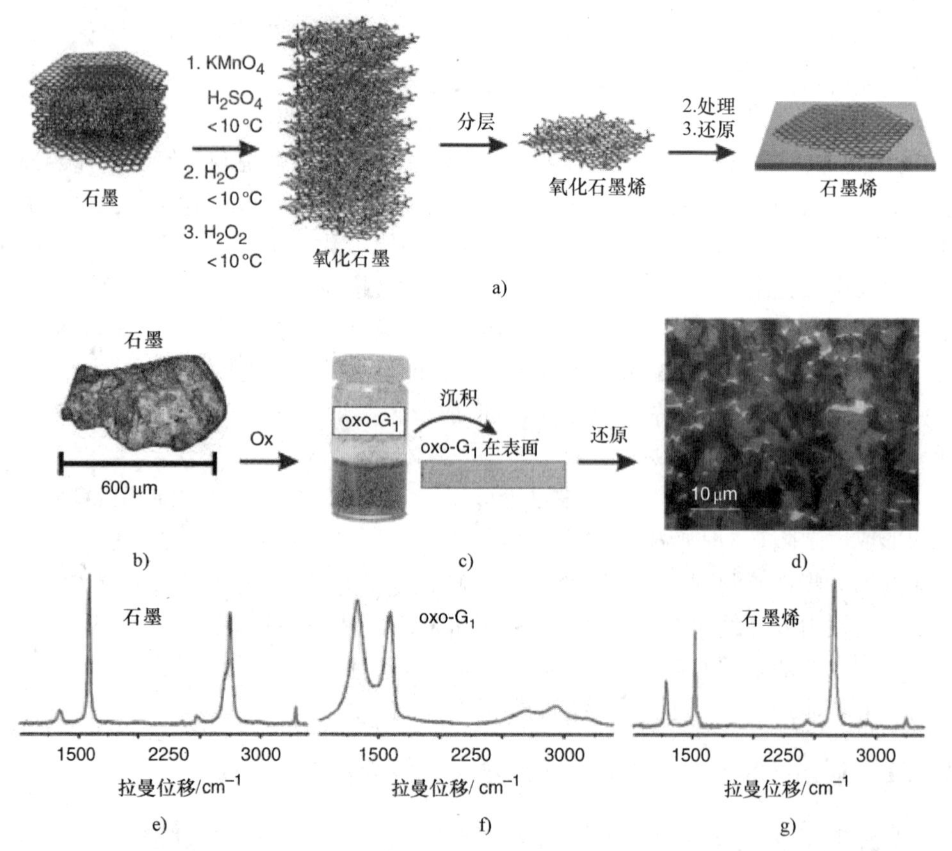

图 2.16　a）由石墨在硫酸中用高锰酸钾作为氧化剂合成的具有完美的碳骨架 GO（含氧功能化石墨烯，oxo－G_1）。b）天然石墨烯的反射光显微镜照片（GO 片尺寸 600μm）。c）0.1mg/mL oxo－G_1水溶液。d）在 SiO_2/Si 上的石墨烯的扫描电子显微镜照片。e）石墨、f）oxo－G_1和 g）通过化学还原从 oxo－G_1获得的 GO 片的拉曼谱

分散在水中的 oxo－G_1片通过 Langmuir－Blodgett 方法沉积在 Si/SiO_2上，随后被氢碘酸和三氟乙酸蒸气化学还原。湿化学合成石墨烯如石墨烯一样的特性，在高达 1.4T 的磁场、温度 1.4K 下通过磁致电阻和霍尔效应测试被确定。具有密度为 $n = 1.6\times10^{12}\ cm^{-2}$的类空穴载流子被发现，这是剥离石墨烯的一个典型的数值。这些载流子归结于湿化学合成过程，该过程所测得的迁移率数值超过 $1000cm^2\ V^{-1}\ s^{-1}$。此外，Shubnikov－de Haas（SdH）振荡第一次在化学合成的石墨烯中被观测到（见图 2.16b）。Landau 水平指数分析确定了 SdH 振荡的存在，而且如 SdH 振荡那样，它们线性依赖于反向磁场。由于线性密度状态，振荡频率对于载流子密度的曲线说明了一种线性依赖关系。这个观测只是适用于 2D 石墨烯（见图 2－16c）。

然而，统计拉曼光谱说明所制备 oxo－G_1的异构特性：不同的鳞片显示不一样的氧化程度（见图 2.17）。这些 I_D/I_G为 4 的鳞片的电子输运性质也被做了研究

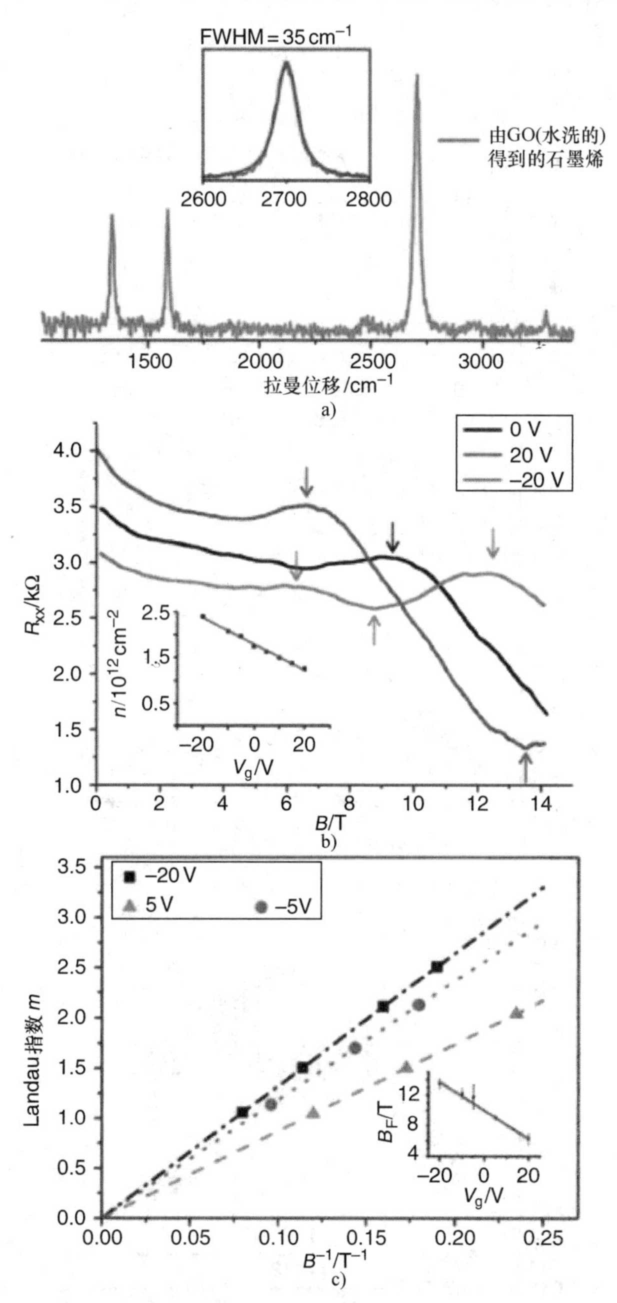

图2.17　由 oxo – G_1 通过湿化学法制备的石墨烯。a）用于 b）和 c）测量的 GO 片的拉曼谱（$\Gamma_{2D}=35cm^{-1}$）。b）具有可见的 Shubnikov – de Haas 振荡的在不同栅电压的四电极电阻 R_{xx}（最大值和最小值用箭头标记）。振动频率随着载流子密度不同。插图：载流子密度线性依赖于栅电压 V_G。红线代表 $\alpha=-3\times10^{10}\ cm^{-2}$ 的拟合关系 $n\propto\alpha V_G$。c）对于典型的栅电压 Shubnikov – de Haas 振荡的 Landau 水平指数分析。对于单栅电压的 Landau 水平指数线性依赖于逆向磁场。插图：振荡频率 B_F 也显示对于外电场的线性依赖关系。这是纯 2D 材料的一个重要标志

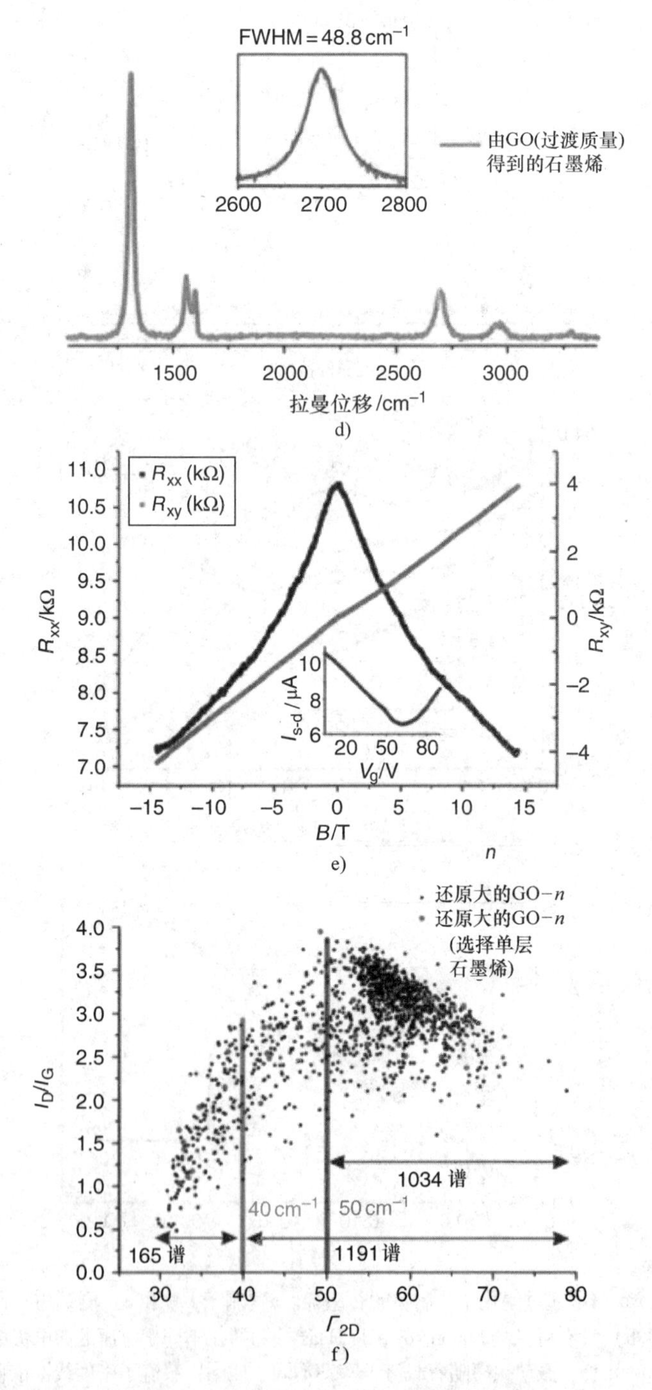

图2.17　（续）d）石墨烯的拉曼谱（$I_D/I_G=4.0$）。e）在d）中所表征样品的磁输运测量。f）GO片膜的单个谱的统计拉曼分析

（见图 2.17d ~ f）。$2.16 \times 10^{12} cm^{-2}$载流子密度和 $270 cm^2 V^{-1} s^{-1}$的迁移率通过磁输运测量所确定。薄层电阻 R_{xx}被局部化的峰值所主导，且场效应测量确定了空穴的迁移率为 $250 cm^2 V^{-1} s^{-1}$以及电子迁移为 $200 cm^2 V^{-1} s^{-1}$。正如对石墨烯样品预期的一样，双极性场效应被观测到（见图 2.17e）。

oxo - G_1是在石墨烯平面内开展进一步功能化反应的一个合适的基础，而在 GO 片边缘的官能团（几微米）和缺陷起较小的作用。此外，在典型的还原 GO 上观测到的性能极限不再是 oxo - G_1得到的石墨烯的限制，例如载流子迁移率说明的那样，该数值可以超过 $1000 cm^2 V^{-1} s^{-1}$。

2.7.2　从石墨硫酸含氧功能化石墨烯

如 2.4 节的讨论，阶段 1 H_2SO_4 - GIC 或者石墨硫酸是 GO 产生过程中的第一中间产物。Eigler 等人最近表明[54]，通过用水淬火处理，石墨硫酸可以转化为含氧功能化的材料，如图 2.18a 所示。得到的含氧功能化石墨烯的单层特征和氧化的特性通过原子力显微镜和拉曼光谱所确定（见图 2.18b）。高度功能化从拉曼光谱显示是很明显的：宽的 D、G 和 2D 峰与典型的 GO 相似。

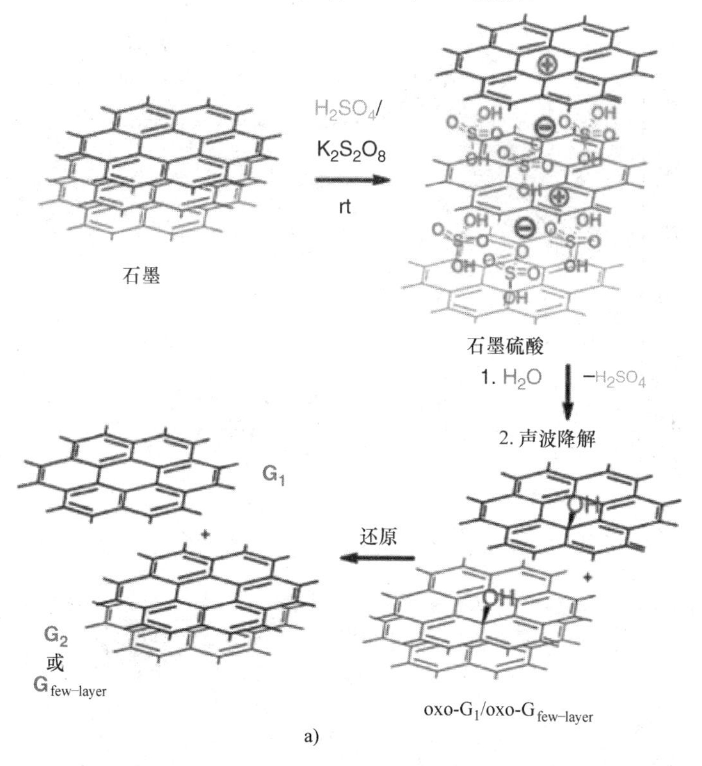

图 2.18　从石墨硫酸含氧功能化石墨烯

a）从石墨硫酸合成石墨烯和少层石墨烯，随后和水反应生成含氧功能化石墨烯和还原后的石墨烯。

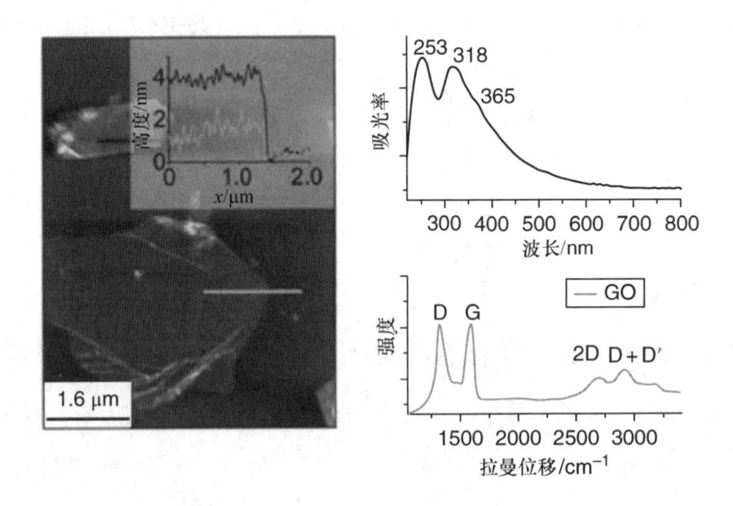

b)

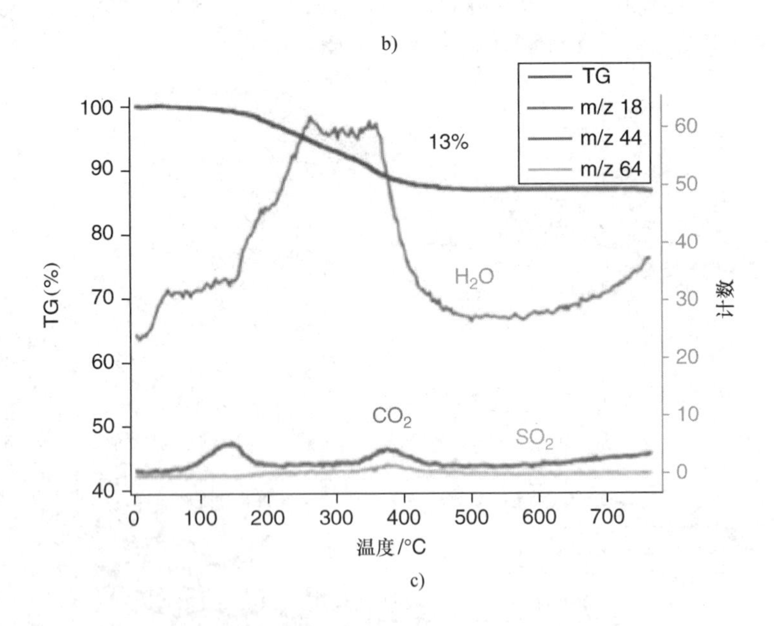

c)

图 2.18 从石墨硫酸含氧功能化石墨烯（续）

b）含氧功能化石墨烯的原子力显微镜照片、紫外可见光谱以及拉曼光谱。

c）含氧功能化石墨烯结合质谱分析的热重分析。

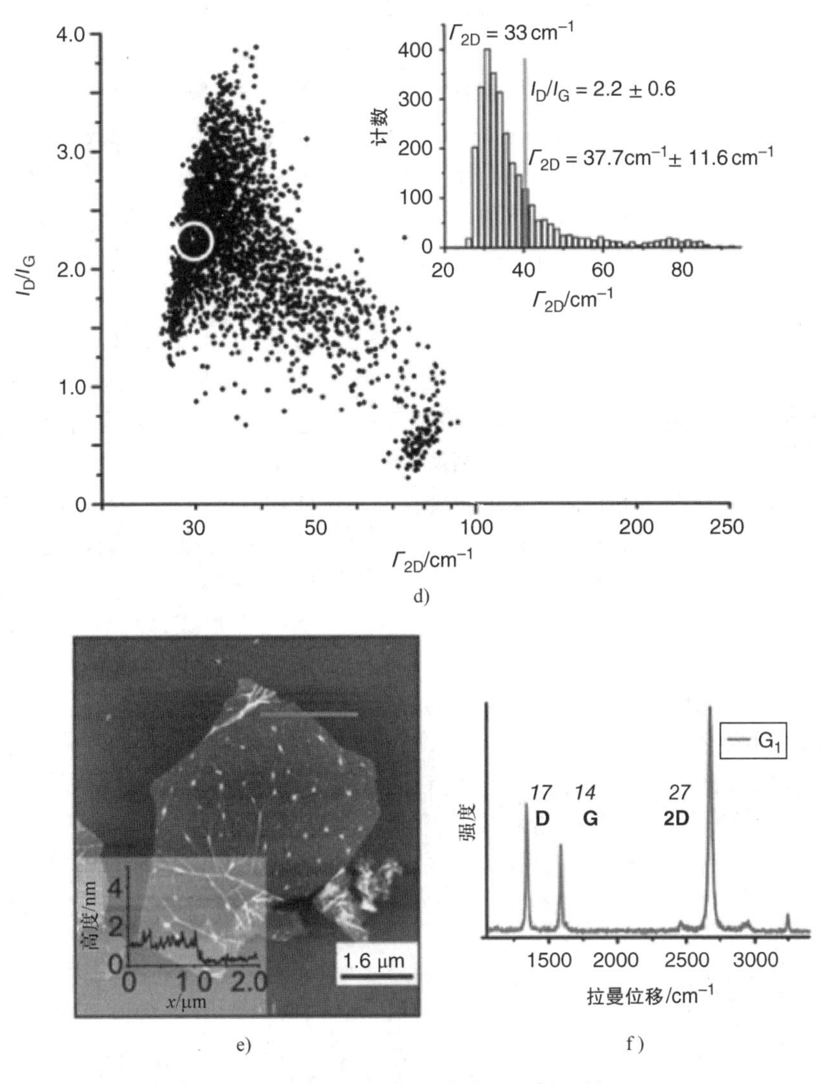

图2.18 从石墨硫酸含氧功能化石墨烯（续）

d）GO片膜的统计拉曼分析。插图：Γ_{2D}直方图。e）由 $G_1-(OH)_{4\%}$ 得到的石墨烯的原子力显微镜照片。f）由 $G_1-(OH)_{4\%}$ 得到的还原后石墨烯的拉曼谱，Γ_D、Γ_G和Γ_{2D}通过斜体数字给出

这类 oxo－G_1显示大约4%功能化程度，其可以被标记为 $G_1-(OH)_{4\%}$。单独的直径为几微米的 $G_1-(OH)_{4\%}$ 鳞片通过原子力显微镜被确定（见图2.18b）。在 Si/SiO_2基底上的GO片通过氢碘酸和三氟乙酸蒸气还原后得到，这是一个定量的从碳晶格上移除含氧官能团的方法（见1.4.6节）。拉曼分析揭示得到的石墨烯具有大约0.04%的残余缺陷密度（见图2.18d）。因此，在 oxo－G_1中缺陷密度假设只有0.04%（$^{0.04\%}G_1-(OH)_{4\%}$）。如此低的平均缺陷密度，在用 Charpy－Hummers 法制备的

oxo－G_1通过湿化学法得到的石墨烯没有被报道过（见2.7.1节）。

通过这种方法形成的oxo－G_1和我们早前的研究具有明显的差别[23]：我们没有观测到在使用相同系统时石墨在插层－脱嵌循环过程中充分氧化，石墨氧化程度非常低。对于这个差异的原因还尚不完全清楚。可能的解释是阶段1 H_2SO_4－GIC外部只有一个或者少数层石墨烯在用水淬火时被氧化。而内部石墨烯层很可能维持为氧化状态。在淬火时，石墨硫酸快速地脱嵌[24]，石墨通道闭合，且水分子不能进入内部石墨烯层。和内层不一样，外层石墨烯和水相接触且仍然在带电（插层的）状态，这导致C－O共价键的形成。

该氧化在GO形成的机理上释放出了新的信息。很明显，用这个方法，oxo－G_1形成的机理和2.4节中讨论的是不一样的。这里，如PGO形成的第二步完全消失，因为在浓过硫酸－硫酸系统中没有发生氧化反应，用于制备阶段1 H_2SO_4－GIC。没有和$KMnO_4$－H_2SO_4体系相似的从边缘到中心的氧化反应传播。氧化反应只有在淬火时发生。由此，存在的可能性是C－O键直接通过带电的石墨烯与水接触形成的。然而，很可能的氧化剂在这里是通过水稀释过硫酸－硫酸混合物形成的一些物质。过硫酸－硫酸体系的电化学势比$KMnO_4$－H_2SO_4体系的低。因此，对于前者，氧不能达到它的全部电化学势，C－O键不能形成，且氧化反应在C－O键形成的阶段停止。

随着石墨烯的含氧功能化衍生物的合成和碳骨架中缺陷的最小化，第一步朝着oxo－G_1的可控化学特性已实现。然而，因为它的不均匀性，oxo－G_1的碳晶格可靠的表征是必要的。oxo－G_1化学特性将在第6章给予更加详细的评论。

总结本节，我们需要强调最低限度破坏的含氧功能化石墨烯是Siegfried Eigler最近介绍的一种新材料。由于更高的缺陷密度，典型的GO是十分不一样的。如上所示，且将另外在第6章阐述，这些缺陷是GO独特而丰富的化学特性的原因。

2.8 应对两组分结构模型的挑战

当讨论GO结构时，由于它在科学界的巨大影响，不能回避讨论所谓的两组分GO结构模型。根据这个Rourke等人2011年提出的模型[55]，GO由两部分组成：①轻微氧化、结构完整、石墨烯状片；②小多环有机分子，承载大多数的含氧官能团。这些小分子被吸附在石墨烯片表面。当所制备GO（aGO）分散液用强碱加热时，例如NaOH，这些小分子可以从aGO中分离出来，留下干净的“碱洗GO”（bwGO）。在本节，Rourke等人建议的原始的术语被保留[55]。随后，这些小分子通过早期碳纳米管相关研究的分类被命名为“氧化碎片”（OD）[56－58]。由于富含含氧基团，OD是导致完整的aGO大多数累积紫外－可见光（UV－vis）吸收、红外吸收以及光致发光的原因。反过来，bwGO含有更少的含氧基团，且对于上述提到的整体性能有极少的贡献。图2.19显示了这个与模型开发者见到的一样的概念。

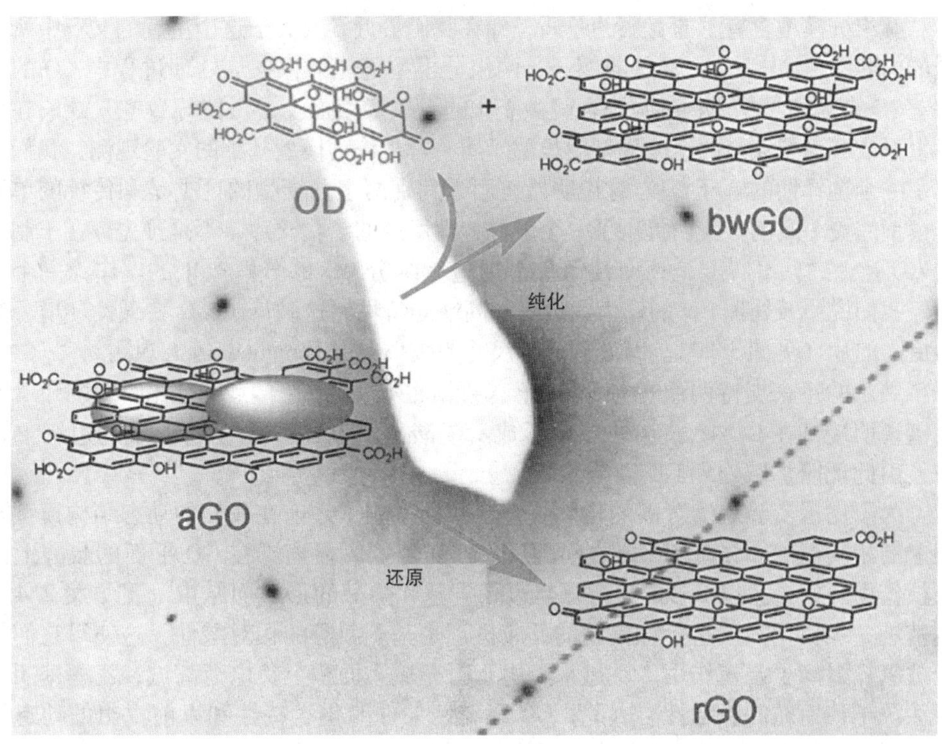

图 2.19　两组分 GO 结构模型的简图表示，如模型开发者所展示的那样。据说在 aGO 样品中预先存在的 OD 是一种物理吸附在轻微氧化的 bwGO 上的氧富集的复杂多环分子。OD 经过热碱溶液处理和 bwGO 分离

在最初报道随后的几年，Rourke 的团队进一步发展了这个模型，确认且细化了早期提出的模型[59,60]。目前，关于两组分模型的最初报告已经积累了 150 次引用，且几个研究小组参考这个模型解释他们的发现[61-65]。该模型被用于描述诸如 GO 表面吸附特性[60,61]、荧光特性[59,63,65]和电化学特性[64]。在最近的 GO 相关的综述文章中，该模型被作为既定的事实讨论[3]。因此，这个模型从一个团队提出的假设演化为理论，该理论在整个 GO 领域产生了显著的影响。这个模型真正的支持者的数量可能甚至比发表的研究数量更多。在作者与该领域工作的研究者非正式的通信中，他们中的一些人承认他们不能完全排除它。这个模型的吸引力在于它明显的简化性。这从侧面说明现代研究群体喜欢简单的解决方案。两组分模型的影响是如此强大，以至于一些研究者急于拟合他们的实验观测到模型框架中，容易牺牲不仅是科学的基础理论，而且有时候甚至是常识。由此，Guo 等人[65]说明原本黑色的 bwGO 出现亮黄色，因为 OD 在它的表面上具有“强物理吸附”。当 OD 脱附时，bwGO 真实的黑色被恢复。此外，Rodriguez-Pastor 等人[66]总结认为石墨的氧化反应用这样的方法开展以至于一些石墨烯层仍然几乎完整无损（bwGO），而其他被完全破坏成小的 OD 状碎片。

本质上，两组分模型修正了几代化学家发展的关于 GO 结构的所有观点。仔细来

看，两组分模型含有不能克服的矛盾，即在我们最近发表关于这个主题的文章中所讨论的内容[67]。作为一个额外的例子，两组分模型不能解释在热处理过程中 GO 的分解。OD 会如何，据说物理吸附在轻微氧化的石墨烯表面上，可能导致空穴缺陷在后者上形成？为了克服两组分模型明显的矛盾，对于作为模型基础的实验观测，我们提出了一个选择性的解释[67]。这说明所有用于判别两组分模型的证据是和传统的单组分模型完美一致的。我们提供了一个解释，即所谓的氧化碎片，不是预先存在于制备的 GO 片上的，事实上是在碱性条件下通过单组分 GO 的分解产生的。作为一个论据，我们说明碱处理 GO 的锯齿状边缘和高缺陷特性，这确认了 GO 在碱性环境分解为更小的片（见图 3.20）。碱处理后片尺寸的减小也被 Taniguchi 等人观测到[68]。

展示的用来支持两组分模型的光谱数据也被重新做了测量[67]。FTIR 和 XPS 能谱说明羧基在 GO 接触碱处理后形成。羧酸离子基团只能在新形成的边缘上存在，由此证明了碱处理 GO 高缺陷特征。

为了揭示实验观测背面的化学特性，我们采用了之前在我们的动态结构模型基础上的相同想法。强碱和 GO 之间的反应伴随着氢氧根离子在 GO 平面的叔醇上的亲核作用开始，且以 C－C 键断开与边缘酮基和烯醇的形成而结束（见方案 2.4）。酮基进一步转化为羧基。该提议的反应机理是基于叔醇的相对酸性，这使得它们易于被氢氧根离子亲核作用。反过来，由于石墨域大面积上负电荷离域，乙醇基团的酸性源于共轭碱的稳定性。因此，GO 在碱性条件的化学特性和以前提出的动态结构模型很好地吻合。GO 和强碱之间的相互作用可以被认为是，甚至在中性水溶液中进行反应的更深度的传播。

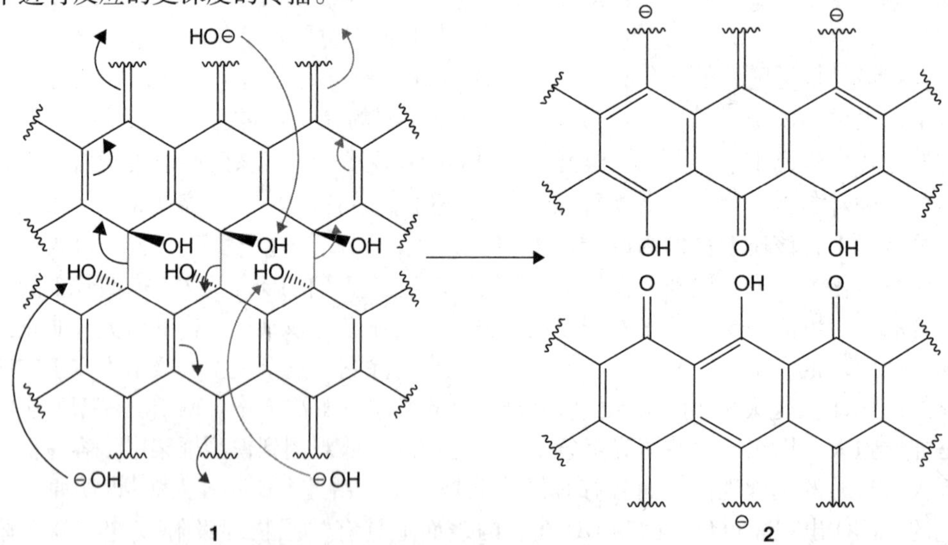

方案 2.4　GO 在碱性溶液中通过 C－C 键断裂分解。结构（1）是含有三个邻二醇的 GO 碎片。C－C 键如红色所示出现断裂。结构（2）在三个 C－C 键断裂后出现相同的 GO 碎片。通过氢氧根离子作用在叔醇上引起的三种不同的转化，由三个独立的不同颜色所示的弯曲箭头集表示

图 2.20 以示意图说明在碱处理过程中 GO 片的分解，以及 OD 的形成。GO 的碎片（1）表示了一种典型的 GO，绘图和通过 HRTEM 采集的真实 GO 结构相一致[42]。GO 的氧化区域（黄色显示）形成一个连续的网络，而完整的石墨域（显示蓝色）形成孤岛。此外，GO 含有白色所示的结构缺陷，例如孔洞。在碱处理过程中，大量额外的缺陷在 GO 平面（2）上形成。这些缺陷中的一部分是 C－C 键断裂的简单点，在这里碳原子仍然在 GO 平面上。其他的缺陷是通过小的碳碎片移除形成的微孔。这些小的缺陷不能被扫描电子显微镜（SEM）和透射电子显微镜（TEM）探测到，而 GO 片保持单片，如 GO 碎片所示（2）。然而，这些缺陷作为未来分解的隐蔽路径。它们在超声或持续的碱处理过程中变得明显，导致这些 GO 片分解成为更小的片（3）。氧化域的化学结构在碱处理过程中发生变化，这种变化表现为颜色由黄色到橘色的渐变。

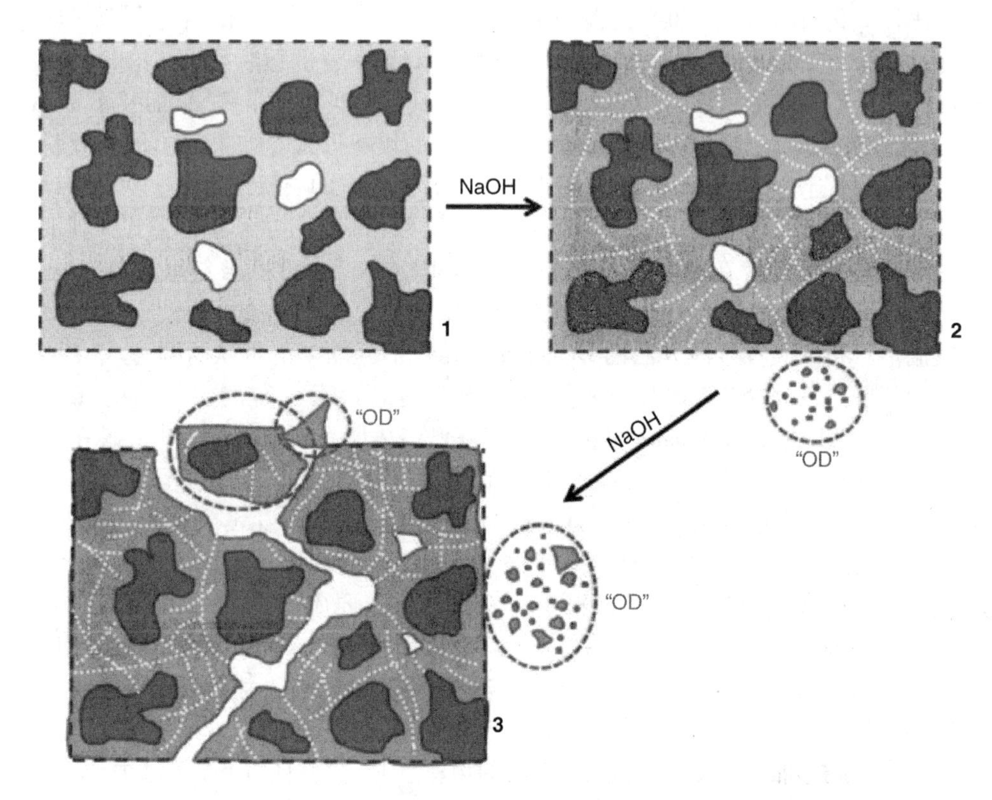

图 2.20　GO 在碱性溶液中逐渐分解的示意图。结构 1 是所制备的普通 GO 碎片。蓝色区域表示完整的石墨域。连续的黄色网络表示氧化域。白色的岛表示孔洞。结构 2 和 3 表示 GO 分解的持续阶段。虚线表示在 GO 上由于反应造成的 C－C 键断裂所形成的不可见的切割。在红色破折线中的小橘色形状代表在碱处理过程中从各自的 GO 平面移除的碳碎片。这些移除的碳碎片的尺寸从亚纳米到几纳米不等

对于两组分模型的全部疑虑可能根植于 Rourke 团队在后处理过程中的一些实验错误，以及对 OD 产生的确认（详见参考文献[67]）。Rourke 团队所报道的高的产出（25% ~41%）还没有被其他的研究团队重现出来[65,67]。为了说明真相，有人不能完全排除一些少量的 OD 的确是在石墨氧化过程中所形成的。另外，这些 OD 甚至可能被物理吸附在 GO 片表面，且可能进一步在碱处理过程中脱附。然而，这些 OD 的含量由于太少而不能被认为是 GO 的组分。由此，没有强有力的证据说明 OD 的存在。为了总结本节，依据单组分动态结构模型，所有放在两组分模型基础的观测可以用最小争议的方式被解释。

2.9 块状氧化石墨的结构

固体氧化石墨是通过堆叠之前剥离的单层 GO 片形成的产物。由于单层 GO 片 2D 的特性，它们的块状堆积物例如氧化石墨具有纸一样的层状结构。这种物质在 c 轴方向具有一种疏松有序的结构，在构成的 GO 层间具有一个重复间距为 6 ~9Å。

由于它的 2D 特性，GO 可以得到很多不同的块状形式。如果简单地从凝胶或者水溶性浆料干燥，它形成暗棕色无形的材料，由于它的层状结构，这种材料难以切割和研磨。然而，通过一个智能设计，有人可以将其塑性成不同的形式，其中的每一个都具有很多潜在的用途。如果从溶液中挤出，它可以被纺成纤维（见图 2.21a）。纤维横截面的 SEM 照片（见图 2.21b、c）说明有序的层状结构。由溶液通过滴落涂布法或者过滤方法的 GO 自沉积导致十分均匀的纸状材料形成（见图 2.21d）。膜边缘的 SEM 图片显示了这些膜明显的致密分布的层状结构（见图 2.21e、f）。Clauss 和 Hofmann 早在 1956 年就已经表明，所制备的 GO 薄膜在一定的厚度时表现出对水分子的渗透性，同时它们保持对其他分子甚至原子绝对的不可渗透性[69]。在现代石墨烯时代，GO 膜的相同研究[70]值得发表在期刊《Science》上。在热处理后，GO 对于几种物质变得可渗透。它们说明对不同气体的选择性，因此在气体分离方面具有重要的潜力。GO 的这一重要应用在第 9 章中被 Ho Bum Park 和他的同事给予了更详尽的综述。当 GO 溶液通过冷冻干燥，大量海绵状材料可以被得到（见图 2.21g）。这些也叫作气凝胶或者水凝胶的材料可以在需要高比面积的任何领域找到应用：超级电容器、吸附材料和其他更多。

所有上述提到的 GO 块状形式具有独特的物理性质，这些性质只是无法在本章中综述。不同形式的氧化石墨的一些性质将在后面章节被综述。在本节，我们只是简单的谈及纸状固体氧化石墨（见图 2.21d）被一些物质插层的能力，因为这在结构角度是有趣的。

所有固体氧化石墨样品含有插层的水。水的含量取决于相对湿度，以及从仔细干燥的样品的 6% ~8% 到高潮湿环境的 20% ~25% 不同。水是否可以被认为是一种插层剂是一个开放的问题。在块状氧化石墨中层间距不是一个固定的值，但是依赖于插层水分的量，例如依赖于湿度。干燥的氧化石墨的层间距大约是 5.3Å，该层间距随着水分吸收渐渐地增加到 9Å。这说明水分没有在 GO 层间形成有序的结构，但只是填充了大量的孔洞。随着更多的水分子进入，该结构发生持续的改变。有趣的是，这种情况对于除了水的其他插层剂是不一样的，或多或少离散的层间距曾被报道。

具有除了水的其他插层剂的氧化石墨的一些插层化合物截至目前已经被报道过。这些报道的插层剂包括二氧化碳[71]、乙醇[72]以及有机胺[73,74]。我们将讨论它们中的一些。

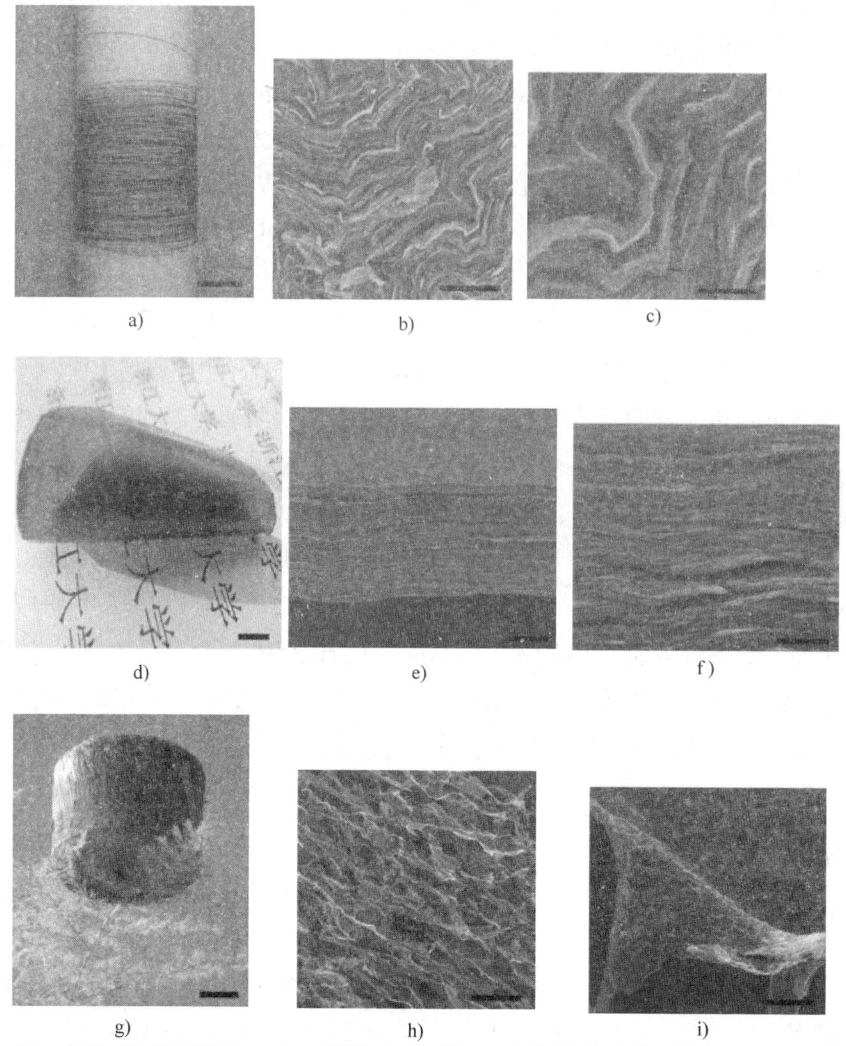

图 2.21　各类 GO 的宏观体。a）直径为 10μm 的 14m 长湿纺的连续纤维，b、c）纤维在横截面上的 SEM 照片。d）通过过滤方法制备的纸状薄膜，e、f）膜边缘的 SEM 图片。g）密度为 $2mg/cm^3$ 超轻质量 GO 气凝胶，h、i）气凝胶 SEM 图片显示疏松的形貌。标尺：3cm（a）、1μm（b）、500nm（c）、1cm（d）、3μm（e）、400nm（f）、2cm（g）、30μm（h）和 2μm（i）

Talyzin 等人[72]说明通过将干燥的 GO 样品浸入乙醇液体中，起初的乙醇可以被插层进入氧化石墨。在插层的氧化石墨中所报道的层间距为在甲醇中 8.85Å、在乙醇中 9.23Å 以及在丙醇中 9.50Å。相比干燥的氧化石墨层间距增加了 2.2 ~ 2.6Å，这对应于插入一单层乙醇分子。插层样品在高压力压缩作用下导致结构额外的变化（见图 2.22）。对于 GO – 甲醇样品，一个明显的相变在 0.37GPa 发生。除了前面的相，出现了一种层间距约为 11.4Å 新的相。在 0.37GPa 和 0.43GPa 采集的图案显示高压和低压相的共存，而 0.68GPa 以及更高压力时低压相消失。这个异常的现象解释为由额外的甲醇插入氧化石墨层间导致。非常相似的相变也在高于 0.59GPa 的 GO – 乙醇体系被观测到。然而，GO – 乙醇的高压相不能在纯态被获得。对于 GO – 甲醇体系，泄压导致逆向的台阶状转化恢复为低压相，但是低于 GO – 乙醇体系，发现高压相甚至在完全泄压后并没有发生改变。在常压下，高压 GO – 乙醇相的层间距达到 13.4Å，该数值比它在压缩过程中出现这个相时的层间距值大约高出 1Å。

Bourlinos 等人[73]报道了用四种不同的脂肪烷基胺（$C_nH_{2n}NH_2$，其中 $n = 2$、4、8、12）在水醇溶液中插层的 GO。在所有四种工况中，相比原始 GO，d_{001} 值存在一个系统的增量，说明脂肪烷基胺插入了氧化石墨层间通道。和乙醇不一样，有机胺可以和 GO 发生化学作用。Bourlinos 等人认为实验观测结果是由胺基在 GO 环氧基上的亲核取代反应导致的。然而，考虑到水溶液介质以及相关的发展[75]，这个现象也可以由带负电荷的 GO 层和带正电的氨基之间的静电作用给予解释。

Matsuo 等人[74]在少量的乙烷存在的情况下简单地通过研磨棒研磨 GO 和 n – 烷基胺混合物，开展四种不同的 n – 烷基胺（$C_nH_{2n}NH_2$，简称为 C_n，$n = 4$、8、12）插层。基于所制备插层混合物元素分析，Matsuo 等人声称水从 GO 中被移除，而且一定量的乙烷随着烷基胺共同插层 GO。对于 C_{16}，在所得到的插层产物中 C_{16}/GO 比是 0.93 ~ 1.66。C_{16}/GO 样品分别具有两种不同的层间距（I_c）为 2.73 ~ 3.03nm 和 4.80 ~ 5.08nm，在其中烷基胺分子具有单层和双层交错相间的排布取向（见图 2.23）。有趣的是，对于短链烷基胺，C_n/GO 比随着链长的减小而降低。具有更短的烷基链长的样品层间距是非常小的，2.48nm 和 0.90nm 分别对应 $(C_8)_{1.55}$GO 和 $(C_4)_{0.43}$GO。这些 I_c 值和那些 Bourlinos 等人[73]报道的结果是相似的，然而对于长链烷基胺 C_{12}/GO 和 C_{16}/GO，它们的 I_c 值比 Bourlinos 等人报道的相关值大。这被解释为烷基胺和乙醇之间插层 GO 竞争的结果，因此降低 Bourlinos 等人工作中的插层程度。这个观测说明插层进入 GO 伴随抑或是由 GO 和插层剂间的化学相互作用所造成，但是不只是和 GIC 情况中一样让石墨烯层带电。

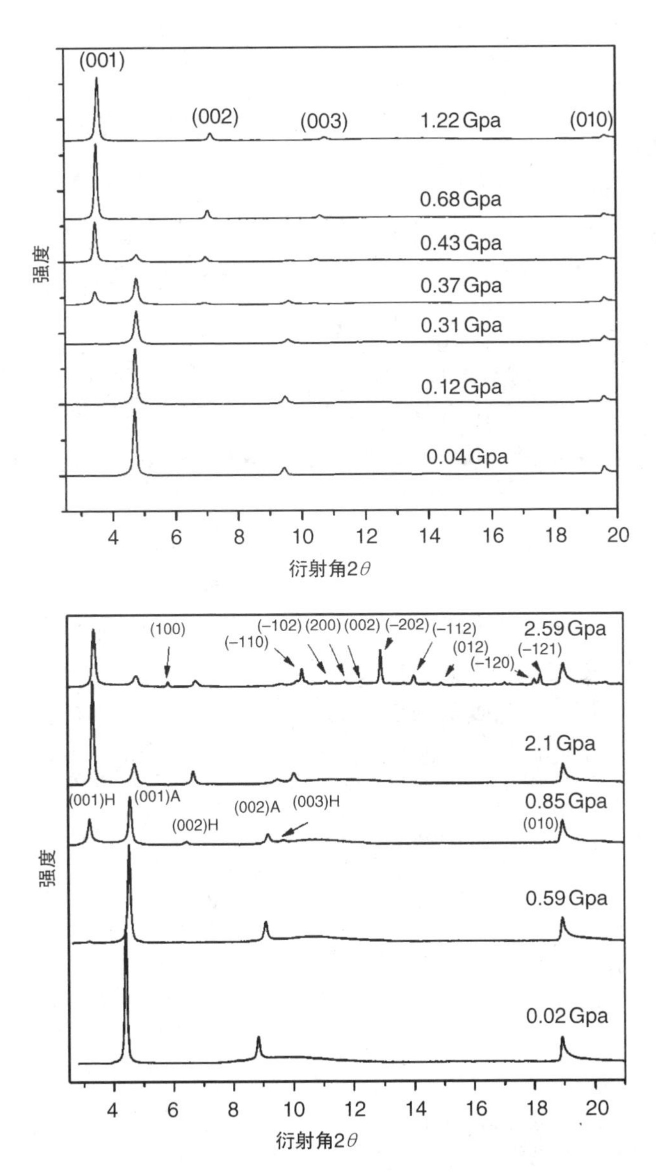

图 2. 22　在压缩 GO－甲醇样品（上图）和 GO－乙醇样品（下图）时采集的 XRD 图案（λ = 0. 7092Å）。对于 GO－乙醇相的指标在 0. 85GPa 的图案上给出：A 表示常压相；H 表示高压相。一个固体乙醇相在 2. 59GPa 图案上被 a = 7. 543Å、b = 4. 738Å、c = 7. 1904Å 和 β = 114. 48°的一个 $P2_1/c$ 结构所表示，与文献结构相吻合

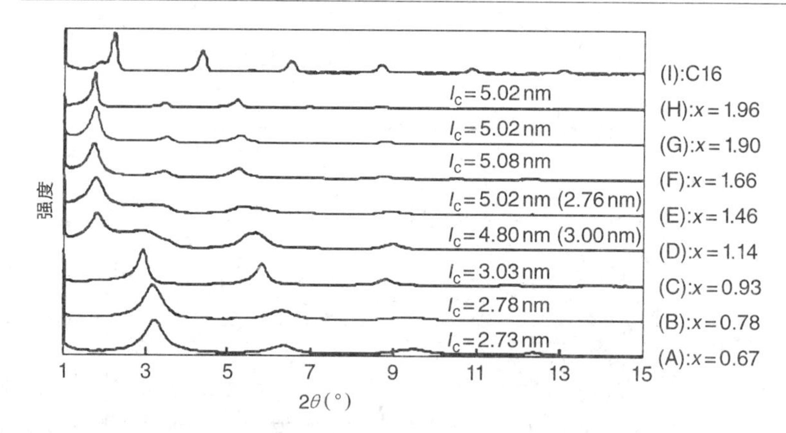

图 2.23　十六烷基胺 - GO 插层混合物（C_{16}/GO）在不同的 C_{16} 含量下 X 射线衍射图案，和 C_{16} 衍射图案一起。圆括号中的数值是少数相的层间距。在 $2\theta = 1.98°$、$2.24°$、$4.40°$、$6.62°$、$8.80°$、$10.96°$ 和 $13.2°$ 的衍射峰是由于没有处理 C_{16} 相

2.10　总结

和 GO 形成相关的根本问题以及 GO 的精确化学结构尚无定论。关于形成机理，将来研究的主要途径应该揭示真实氧化剂的特性。真实的氧化剂可能对所有已知的制备方法是一样的。当真实的氧化剂被确定，理论研究可能有助于描述氧化反应在形成 C - O 键方面的作用。然而，例如硫酸插层剂造成石墨烯带正电状态，这些真实实验条件应该被纳入考虑。关于所制备 GO 精确的化学结构，应该发展对于官能团相互转化的条件的理解。尽管所制备 GO 的制备方法和氧化程度有所差异，但是对所有的 GO 样品存在一些相同的主要官能团，只是具有轻微的差别。这通过从不同 GO 样品上获得的非常相似的 ^{13}C SSNMR、FTIR 和 XPS 谱给予确定。似乎很可能存在普适的反应机理来解释主要官能团的形成和它们之间的相互转化。这些机理应该被解释且在将来完全理解，为可控的 GO 制备和功能化铺平道路。

参考文献

[1] Loh, K.P.; Bao, Q.; Eda, G.; Chhowalla, M., Graphene oxide as a chemically tunable platform for optical applications. *Nature Chem.* **2010**, *2* (12), 1015–1024.
[2] Chua, C.K.; Pumera, M., Chemical reduction of graphene oxide: a synthetic chemistry viewpoint. *Chem. Soc. Rev.* **2014**, *43* (1), 291–312.
[3] Dreyer, D.R.; Todd, A.D.; Bielawski, C.W., Harnessing the chemistry of graphene oxide. *Chem. Soc. Rev.* **2014**, *43* (15), 5288–5301.
[4] Eigler, S.; Hirsch, A., Chemistry with graphene and graphene oxide – challenges for synthetic chemists. *Angew. Chem. Int. Ed.* **2014**, *53* (30), 7720–7738.
[5] Brodie, B., Note sur un nouveau procédé pour la purification et la désagrégation du graphite. *Ann. Chim. Phys.* **1855**, *45*, 351–353.

[6] Staudenmaier, L., Verfahren zur Darstellung der Graphitsäure. *Ber. Dtsch. Chem. Ges.* **1898**, *31* (2), 1481–1487.
[7] Hummers, W.S.; Offeman, R.E., Preparation of graphitic oxide. *J. Am. Chem. Soc.* **1958**, *80* (6), 1339.
[8] Charpy, G., Sur la formation de l'oxyde graphitique et la définition du graphite. *C. R. Hebd. Séances Acad. Sci.* **1909**, *148* (5), 920–923.
[9] Boehm, H.-P.; Scholz, W., Vergleich der Darstellungsverfahren für Graphitoxyd. *Liebigs Ann. Chem.* **1966**, *691* (1), 1–8.
[10] Poh, H.L.; Sanek, F.; Ambrosi, A.; *et al.*, Graphenes prepared by Staudenmaier, Hofmann and Hummers methods with consequent thermal exfoliation exhibit very different electrochemical properties. *Nanoscale* **2012**, *4* (11), 3515–3522.
[11] You, S.; Luzan, S.M.; Szabó, T.; Talyzin, A.V., Effect of synthesis method on solvation and exfoliation of graphite oxide. *Carbon* **2013**, *52*, 171–180.
[12] Kovtyukhova, N.I.; Ollivier, P.J.; Martin, B.R.; *et al.*, Layer-by-layer assembly of ultrathin composite films from micron-sized graphite oxide sheets and polycations. *Chem. Mater.* **1999**, *11* (3), 771–778.
[13] Marcano, D.C.; Kosynkin, D.V.; Berlin, J.M.; *et al.*, Improved synthesis of graphene oxide. *ACS Nano* **2010**, *4* (8), 4806–4814.
[14] Peng, L.; Xu, Z.; Liu, Z.; *et al.*, An iron-based green approach to 1-h production of single-layer graphene oxide. *Nature Commun.* **2015**, *6*, 5716–5724.
[15] Li, J.-L.; Kudin, K.N.; McAllister, M.J.; *et al.*, Oxygen-driven unzipping of graphitic materials. *Phys. Rev. Lett.* **2006**, *96* (17), 176101–176104.
[16] Sun, T.; Fabris, S., Mechanisms for oxidative unzipping and cutting of graphene. *Nano Lett.* **2012**, *12* (1), 17–21.
[17] Shao, G.; Lu, Y.; Wu, F.; *et al.*, Graphene oxide: the mechanism of oxidation and exfoliation. *J. Mater. Sci.* **2012**, *47* (10), 4400–4409.
[18] Boukhalov, D.W., Oxidation of graphite surface: the role of water. *J. Phys. Chem. C* **2014**, *118* (47), 27594–27598.
[19] Dimiev, A.M.; Tour, J.M., Mechanism of graphene oxide formation. *ACS Nano* **2014**, *8* (3), 3060–3068.
[20] Eklund, P.C.; Olk, C.H.; Holler, F.G.; *et al.*, Raman scattering study of the staging kinetics in the *c*-face skin of pyrolytic graphite-H_2SO_4. *J. Mater. Res.* **1986**, *1* (2), 361–367.
[21] Yosida, Y.; Tanuma, S., *In situ* observation of X-ray diffraction in a synthesis of H_2SO_4-GICS. *Synth. Met.* **1989**, *34* (1–3), 341–346.
[22] Inagaki, M.; Iwashita, N.; Kouno, E., Potential change with intercalation of sulfuric acid into graphite by chemical oxidation. *Carbon* **1990**, *28*, 49–55.
[23] Dimiev, A.M.; Bachilo, S.M.; Saito, R.; Tour, J.M., Reversible formation of ammonium persulfate/sulfuric acid graphite intercalation compounds and their peculiar Raman spectra. *ACS Nano* **2012**, *6* (9), 7842–7849.
[24] Dimiev, A.M.; Cierotti. G.; Behabtu, N.; *et al.*, Direct, real time monitoring of stage transitions in graphite intercalation compounds. *ACS Nano* **2013**, *7* (3), 2773–2780.
[25] Dreyer, D.R.; Park, S.; Bielawski, W.; Ruoff, R.S., The chemistry of graphene oxide. *Chem. Soc. Rev.* **2010**, *39* (1), 228–240.
[26] Glemser, O.; Schröder, H., Über Manganoxyde. II. Zur Kenntnis des Mangan(VII)-oxyds. *Z. Anorg. Allg. Chem.* **1953**, *271* (5–6), 293–304.
[27] Royer, D.J., Evidence for the existence of the permanganyl ion in sulfuric acid solutions of potassium permanganate. *J. Inorg. Nucl. Chem.* **1961**, *17* (1–2), 159–167.
[28] Dzhabiev, T.S.; Denisov, N.N.; Moiseev, D.N.; Shilov, A.E., Formation of ozone during the reduction of potassium permanganate in sulfuric acid solutions. *Russ. J. Phys. Chem.* **2005**, *79*, 1755–1760.
[29] Mermoux, M.; Chabre, Y., Formation of graphite oxide. *Synth. Met.* **1989**, *34* (1–3), 157–162.
[30] Sorokina, N.E.; Shornikova, O.N.; Avdeev, V.V., Stability limits of graphite intercalation compounds in the systems graphite–$HNO_3(H_2SO_4)$–H_2O–$KMnO_4$. *Inorg. Mater.* **2007**, *43* (8), 822–826.
[31] Dimiev, A.; Kosynkin, D.V.; Alemany, L.B.; *et al.*, Pristine graphite oxide. *J. Am. Chem. Soc.* **2012**, *134* (5), 2815–2822.

[32] Petit, C.; Seredych, M.; Bandosz, T.J., Revisiting the chemistry of graphite oxides and its effect on ammonia adsorption. *J. Mater. Chem.* **2009**, *19* (48), 9176–9185.
[33] Grasselli, J.G., *Atlas of Spectral Data and Physical Constants for Organic Compounds*. CRC Press, Cleveland, OH, **1973**.
[34] Kharasch, N. *Organic Sulfur Compounds*. Pergamon Press, New York, **1961**.
[35] Brimacombe, J.S., Foster, A.B., Hancock, E.B., *et al.*, Acidic and basic hydrolysis of some diol cyclic sulphates and related compounds. *J. Chem. Soc.* **1960**, 201–211.
[36] Eigler, S.; Dotzer, C.; Hof, F.; *et al.*, Sulfur species in graphene oxide. *Chem.: Eur. J.* **2013**, *19* (29), 9490–9496.
[37] Lerf, A.; He, H.; Forster, M.; Klinowski, J., Structure of graphite oxide revisited. *J. Phys. Chem. B* **1998**, *102* (23), 4477–4482.
[38] Szabó, T.; Berkesi, O.; Forgó, P.; *et al.*, Evolution of surface functional groups in a series of progressively oxidized graphite oxides. *Chem. Mater*. **2006**, *18* (11), 2740–2749.
[39] Clauss, A.; Plass, R.; Boehm, H.P.; Hofmann, U., Untersuchungen zur Struktur des Graphitoxyds. *Z. Anorg. Allg. Chem.* **1957**, *291* (5–6), 205–220.
[40] Scholz, W.; Boehm, H.P., Betrachtungen zur Struktur des Graphitoxids. *Z. Anorg. Allg. Chem.* **1969**, *369* (3–6), 327–340.
[41] Gomez-Navarro, C.; Meyer, J.C.; Sundaram, R.S.; *et al.*, Atomic structure of reduced graphene oxide. *Nano Lett.* **2010**, *10* (4), 1144–1148.
[42] Erickson, K.; Erni, R.; Lee, Z.; *et al.*, Determination of the local chemical structure of graphene oxide and reduced graphene oxide. *Adv. Mater.* **2010**, *22* (40), 4467–4472.
[43] Eigler, S.; Enzelberger-Heim, M.; Grimm, S.; *et al.*, Wet chemical synthesis of graphene. *Adv. Mater.* **2013**, *25* (26), 3583–3587.
[44] Gao, W.; Alemany, L.B.; Ci, L.; Ajayan, P., New insights into the structure and reduction of graphite oxide. *Nature Chem.* **2009**, *1* (5), 403–408.
[45] Dimiev, A.; Alemany, L.; Tour, J.M., Graphene oxide. Origin of acidity and dynamic structural model. *ACS Nano* **2012**, *7* (1), 576–588.
[46] Hofmann, U.; Holst, R., Über die Säurenatur und die Methylierung von Graphitoxyd. *Ber. Dtsch. Chem. Ges.* **1939**, *72* (4), 754–771.
[47] Hofmann, V.U.; König, E., Untersuchungen über Graphitoxyd. *Z. Anorg. Allg. Chem.* **1937**, *234* (4), 311–336.
[48] Boehm, H.P.; Heck, W.; Sappok, R.; Diehl, E., Surface oxides of carbon. *Angew. Chem. Int. Ed.* **1964**, *3* (10), 669–677.
[49] Szabó, T.; Tombacz, E.; Illes, E.; Dékány, I., Enhanced acidity and pH-dependent surface charge characterization of successfully oxidized graphite oxides. *Carbon* **2006**, *44*, 537–545.
[50] Shapiro, Y.M., Gem-polyols – a unique class of compound. *Russ. Chem. Rev.* **1991**, *60* (9), 1035–1049.
[51] Krois, D.; Langer, E.; Lehner, H., Selective conformational changes of cyclic systems – XII. Enhanced reactivity of ten membered ring ketones due to transannular steric compression: hydrates and hemiketals from oxo-[2,2]metacyclophanes. *Tetrahedron* **1980**, *36* (10), 1345–1351.
[52] Kumar, P.V.; Bardhan, N.M.; Tongay, S.; *et al.*, Scalable enhancement of graphene oxide properties by thermally driven phase transformation. *Nature Chem.* **2013**, *6* (2), 151–158.
[53] Robinson, J.T.; Burgess, J.S.; Junkermeier, C.E.; *et al.*, Properties of fluorinated graphene films. *Nano Lett.* **2010**, *10* (8), 3001–3005.
[54] Eigler, S., Graphite sulphate – a precursor to graphene. *Chem. Commun.* **2015**, *51* (15), 3162–3165.
[55] Rourke, J.P.; Pandey, P.A.; Moore, J.J.; *et al.*, The real graphene oxide revealed: stripping the oxidative debris from graphene-like sheets. *Angew. Chem. Int. Ed.* **2011**, *50* (14), 3173–3177.
[56] Salzmann, C.G.; Llewellyn, S.A.; Tobias, G.; *et al.*, The role of carboxylated carbonaceous fragments in the functionalization and spectroscopy of a single-walled carbon-nanotube material. *Adv. Mater.* **2007**, *19* (6), 883–887.
[57] Verdejo, R.; Lamoniere, S.; Cottam, B.; *et al.*, Removal of oxidation debris from multi-walled carbon nanotubes. *Chem. Commun.* **2007**, *2007* (5), 513–515.
[58] Fogden, S.; Verdejo, R.; Cottam, B.; Shaffer, M., Purification of single walled carbon nanotubes: the problem with oxidation debris. *Chem. Phys. Lett.* **2008**, *460* (1–3), 162–167.

[59] Thomas, H.R.; Vallés, C.; Young, R.J.; *et al.*, Identifying the fluorescence of graphene oxide. *J. Mater. Chem. C* **2013**, *1* (2), 338–342.
[60] Thomas, H.R.; Day, S.P.; Woodruff, W.E.; *et al.*, Deoxygenation of graphene oxide: reduction or cleaning? *Chem. Mater.* **2013**, *25*, 3580–3588.
[61] Faria, A.F.; Martinez, D.S.T.; Moraes, A.C.M.; *et al.*, Unveiling the role of oxidation debris on the surface chemistry of graphene through the anchoring of Ag nanoparticles. *Chem. Mater.* **2012**, *24* (21), 4080–4087.
[62] Coluci, V.R.; Martinez, D.S.T.; Honorio, J.G.; *et al.*, Noncovalent interaction with graphene oxide: the crucial role of oxidative debris. *J. Phys. Chem. C* **2014**, *118* (4), 2187–2193.
[63] Hu, C.; Liu, Y.; Yang, Y.; *et al.*, One-step preparation of nitrogen-doped graphene quantum dots from oxidized debris of graphene oxide. *J. Mater. Chem. B* **2013**, *1* (1), 39–42.
[64] Bonnani, A.; Ambrosi, A.; Chua, C.K.; Pumera, M., Oxidation debris in graphene oxide is responsible for its inherent electroactivity. *ACS Nano* **2014**, *8* (5), 4197–4204.
[65] Guo, Z.; Wang, S.; Wang, G.; *et al.*, Effect of oxidation debris on spectroscopic and macroscopic properties of graphene oxide. *Carbon* **2014**, *76*, 203–211.
[66] Rodriguez-Pastor, I.; Ramos-Fernandez, C.; Varela-Rizo, H.; *et al.*, Towards the understanding of the graphene oxide structure: how to control the formation of humic- and fulvic-like oxidized debries. *Carbon* **2015**, *84*, 299–309.
[67] Dimiev A.M.; Polson, T.A., Contesting the two-component structural model of graphene oxide and reexaminig the chemistry of graphene oxide in basic media. *Carbon* **2015**, *93*, 445–455.
[68] Taniguchi, T.; Kurihara, S.; Tateishi, H.; *et al.*, pH-driven, reversible epoxy ring opening/closing in graphene oxide. *Carbon* **2015**, *84*, 560–566.
[69] Clauss, A.; Hofmann, U., Graphitoxyd-Membranen zur Messung des Wasserdampf-Partialdruckes. *Angew. Chem.* **1956**, *68* (16), 522.
[70] Nair, R.R.; Wu, H.A.; Jayram, P.N.; *et al.*, Unimpeded permeation of water through helium-leak-tight graphene-based membranes. *Science* **2012**, *335* (6067), 442–444.
[71] Eigler, S.; Dotzer, C.; Hirsch, A.; *et al.*, Formation and decomposition of CO_2-intercalated graphite oxide. *Chem. Mater.* **2012**, *24* (7), 1276–1282.
[72] Talyzin, A.V.; Sundqvist, B.; Szabó, T.; *et al.*, Pressure-induced insertion of liquid alcohols into graphite oxide structure. *J. Am. Chem. Soc.* **2009**, *131* (51), 18445–18449.
[73] Bourlinos, B.; Gournis, D.; Petridis, D.; *et al.*, Graphite oxide: chemical reduction to graphite and surface modification with primary aliphatic amines and amino acids. *Langmuir* **2003**, *19* (15), 6050–6055.
[74] Matsuo, Y.; Miyabe, T.; Fukutsuka, T.; Sugie, Y., Preparation and characterization of alkylamine-intercalated graphite oxides. *Carbon* **2007**, *45*, 1005–1012.
[75] Feicht, P.; Kunz, D.A.; Lerf, A.; Breu, J., Facile and scalable one-step production of organically modified graphene oxide by a two-phase extraction. *Carbon* **2014**, *80*, 229–234.

第3章 表征技术

Siegfried Eigler，Ayrat M. Dimiev

3.1 氧化石墨烯核磁共振谱

3.1.1 固态核磁共振谱

核磁共振（NMR）谱革新了确定有机化合物结构的方法，是除了X射线晶体结构分析和质谱分析之外，现在通常表征生物分子和有机化合物所选择的方法。由于分子质量高，信号的噪声比和化合物的溶解度都可能降低。典型的直径为5μm的石墨片的分子量量级为10^{10}g/mol。因此，这种分子更可能是物质而不是分子。然而，NMR测量也可以在固体中进行，并且固态核磁共振（SSNMR）谱在近年来发展和提升为一个可靠的方法。对于有机分子来说，SSNMR记录得到的线形比NMR记录得到的线形更宽，因此不能确定耦合常数。尽管如此，使用SSNMR还是可以获得很多关于官能团类型的信息。关于SSNMR和其他基本信息的综述由Kolodziejski和Klinowski所提供[1]。

在氧化石墨烯（GO）中，C原子在结构上占据主要位置，因此SSNMR谱主要集中于分析GO上的^{13}C原子。不幸的是，^{12}C原子核没有自旋态，因此核磁共振检测无结果，然而^{13}C原子的自旋和^{1}H一样为1/2，因此适用于NMR谱。因为在天然碳原子中只有1.1%的^{13}C可以利用，且其磁矩只有^{1}H原子的1/4左右，^{13}C的NMR存在其他的问题。由于这些事实，记录有机化合物中^{13}C原子的NMR谱比记录^{1}H原子的谱需要更长的测量时间。因此，记录固态物质中^{13}C原子的NMR谱是非常耗费时间的工作，例如GO。此外，在直接记录^{13}C原子的NMR谱时，材料的各向异性和结构的不均匀会导致线变宽。同时，^{13}C原子和^{1}H原子的耦合甚至可能会导致更宽的线产生。但是，已经发展了新的特殊技术实现短的测量时间和强的信号。

^{13}C原子谱通常与解耦的^{1}H原子核谱相结合，这可能是由第二次脉冲激发^{1}H原子核。另一种结合的技术是魔角自旋（MAS）。由于偶极子和四极相互作用以及原子核的各向异性，通常观测到的谱线是加宽的，这是因为固体中的物质不会和溶液中分子一样运动，由于溶液中存在布朗运动，它的各向异性减弱。关于外部磁场通过在魔角54.74°处旋转探针至70kHz，化学位移的偶极子相互作用和各向异性可以从本质上减小。这种MAS技术可以显著地减小所观测到的线宽，使记录可靠的

SSNMR 谱成为可能。通常可以观测到附加的自旋边带，但它们可以通过改变自旋频率来识别，如果在很高的自旋频率上记录谱，就不会观察到额外的自旋边带。然而，直接激发和记录^{13}C原子谱的实验被称为 Bloch 衰变（BD）实验，且需要很长的测量时间。此外，对于^{13}C原子的 SSNMR 谱，自旋晶格弛豫时间在几十秒量级，且需要数千次的扫描来降低信噪比。

交叉极化（CP）是一种可以快速测量^{13}C原子的 SSNMR 谱的方法（见图3.1），它是基于异核偶极相互作用。CP 的另一个好处是它对原子间距离和分子迁移率或所涉及官能团的敏感性。因此，CP 是一种提供有关结构测定的动力学和连接性的额外信息的方法。尽管 CP 是一种强大的技术，但是其参数的优化是必要的，并且接触时间必须被优化。此外，偶极失相是一种简化 NMR 谱的新方法。源于和^{1}H直接键合的^{13}C信号可以被识别并且从谱上移除，同时提供额外的信息。该技术也可以应用于其他元素，例如^{15}N。

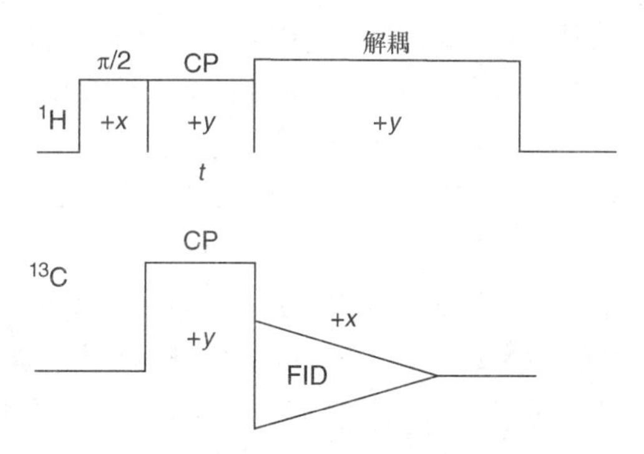

图3.1 一个^{1}H核和^{13}C核之间基本的交叉极化（CP）脉冲序列的例子。首先，在磁场中施加脉冲来极化样品。接下来，通过沿着旋转坐标系的x'轴脉冲（$\pi/2$）激发^{1}H核。然后，伴随着另一个沿着y'轴的脉冲作用在^{13}C核，^{1}H核的自旋被另一个沿着y'轴三维脉冲锁定。CP 在那段时间发生，该时间段被称为接触时间。接下来，作用在^{13}C核上的无线电频率被关闭来记录^{13}C核的自由感应衰变（FID）

SSNMR 谱已经发展成为适合材料科学的化学表征技术。然而，这种技术还没有作为一种普遍的表征及时被使用起来。相关原因是分析时需要大量的样品，而且这在很多年前是真实的。但是，现在可能只需要 10~20mg 的样品，且测量只需要几小时。但是，这种技术通常需要专业人员来操作，因为脉冲序列需要优化以获得可靠的结果，而且测量仍然需要比有机溶解分子更长的时间，这些分子可以通过常规测试在几分钟内被表征。

3.1.2 氧化石墨烯的核磁共振谱

如第2章所概述，石墨的氧化产物是氧化石墨。氧化石墨的分层产生了单层的 GO。然后，GO 的重新堆叠物产生随机堆积的氧化石墨。氧化石墨和重新堆叠 GO

这两种材料在化学上是相同的，因此通过 SSNMR 的结构分析可以用在氧化石墨或重新堆叠 GO 这两种材料上。所以，在没有区分 GO 或者氧化石墨的情况下，GO 作为一个缩写形式在本节中使用。SSNMR 表征和 SSNMR 谱中获得的信息在接下来被总结。从 SSNMR 中获得的信息导致了 GO 的结构模型。SSNMR 分析的 GO 样品通常都是在硫酸中被高锰酸钾氧化的。因此，其他工艺制备的 GO 样品的化学结构可能会有所不同。然而，Mermoux 等人[2]提到，Staudenmaier 或者 Hummers - Offeman 法制备的 GO 具有相同的 SSNMR 谱。Mermoux 等人在 1991 年发表了一篇^{13}C原子 SSNMR 详尽的研究报告[2]。他们的主要结果被总结如下。

如图 3.2a 所示，使用 CP MAS 条件在^{13}C原子的SSNMR谱中观测到三个峰值。在最初发表的文章中，这些峰被标记为 α 共振位于 60.2ppm，β 位于 71.2ppm，γ 位于 132ppm。α 峰和 β 峰的偶极移相特征时间短于 γ 峰（见图 3.2b）。这个观测结果是脂肪碳所具有的。此外，γ 峰的自旋边带是芳香碳的典型特征。这些观察使得峰值对应于乙醚（60.2ppm）、羟基（71.2ppm）和 sp^2碳（132ppm）。图 3.2a 中较低的^{13}C SSNMR 谱是^{1}H 解耦的，并且允许对官能团的相对数量进行量化。这些结果也和化学分析有关，并确定了 $C_8(O)_{1.7}(OH)_{1.7}$的分子式。有趣的是醚和羟基的比例是 1。这一比例也在轻微氧化的样品中被保持。此外，羧基不能检测到，得出的结论是其含量低于能够被检测到的最小值。从移相实验中得出的结论是，H 原子与 sp^2碳原子之间的距离过大，以至于对 sp^2碳在 132ppm 峰值强度没有显著的影响，所以烯醇基和 keto - enol 异构化被排除。此外，移相实验表明，α 峰和 β 峰具有相似的偶极弛豫时间，这表明 H 原子与乙醚氧和羟基具有相等的距离。因此，在较短范围内，说明官能团具有一定序列，且叔醇的酸性增加被提出。关于结构，作者[2]写道：

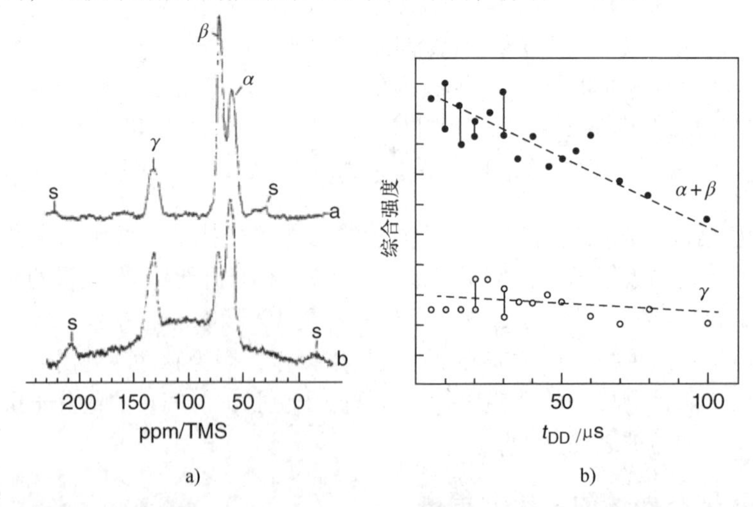

图 3.2　a）氧化石墨的 CP MAS ^{13}C SSNMR 谱（上）；在 MAS 条件下测量的质子 - 解耦的^{13}C SSNMR 谱（下）。b）从几微秒到 100μs 的可变偶极移相时间范围内 α、β 和 γ 线的综合强度变化

在这种结构中，两种 C－O 键的位置，以及羟基中的氢和环氧树脂基团中的氧之间的氢键，可以解释 GO 的酸性性质。

然而，这篇文章中解释的模型展示了 1，3－醚类，而且 1，3－醚类自那以后已经成为一个多年争议的话题。

几年后，Anton Lerf、Jacek Klinowski 和同事 Heyong He 以及 Michael Forster 再次研究了 GO 的结构[3]。他们在早期发表的文章中对氧化石墨结构做了深入的研究[4-6]。这里对 SSNMR 数据的结果和解释进行总结。他们的氧化石墨由 Hummers 和 Offeman 介绍的方法合成，且所制备的氧化石墨进一步用稀盐酸清洗以及随后经透析提纯。

在上述研究中，所制备的 GO 样品的^{13}C原子的 NMR 谱始终显示 3 个峰，其分别位于 60ppm、70ppm 和 130ppm（见图 3.3）。这些峰对应 1，2－醚（环氧基团）、叔醇基团和 sp^2 碳。关于环氧基团的认定进一步通过对反应产物的分析获得支持。特别地，对 KI 和 GO 的反应进行了分析。众所周知，I 是由 HI 和 GO 反应得到的。

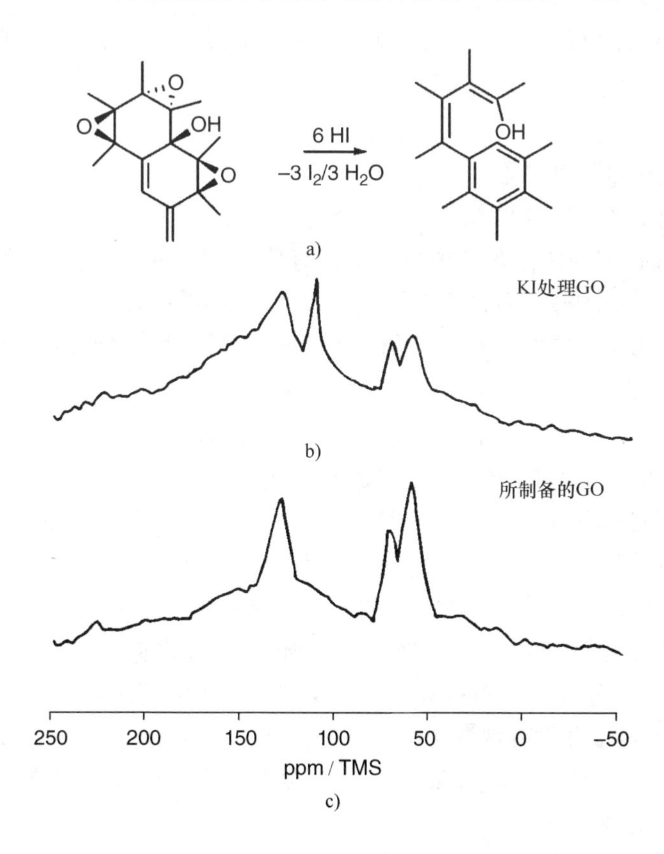

图 3.3 a）GO 和 HI 反应脱氧的建议图示，生成 I 和水，并形成苯酚的 sp^2 碳原子。b）用 KI 处理的氧化石墨和 c）所制备 GO 样品的^{13}C 的 MAS SSNMR 谱

然而，HI 的反应速率要慢得多，在 60ppm 和 70ppm 降低的峰值强度被观测到。此外，还产生了位于 110ppm 的峰。这些结果表明 GO 脱氧形成另一种羟基，该基团具有和苯酚或芳香醇相似的化学位移。

所观察到的脱氧反应表明环氧基团是主要的结构单元，因为 1，3 - 醚应在碘化处理后保持稳定。此外，在大约 90ppm 处没有检测到信号，因此排除 C - OOH 基团作为主要组分的可能。同时，还分析了 GO 的热分解过程，位于 110ppm 的峰被认为对应苯酚的 sp^2 碳（见图 3.3）。此外，GO 被几种化学物质所处理。在此，只有与乙醇盐的反应被提及。反应产物中含有不能通过洗涤去除的乙烷基团，表明乙醇通过与环氧基团的反应形成化学键。

其次，进一步研究了水的作用。偶极移相 CP 谱证明所有碳都是第四纪碳。短接触时间 CP 谱显示，质子与环氧基团和羟基中的碳原子非常接近。然而，偶极移相的延迟时间大于 100μs 的实验表明，质子与羟基中的碳原子更接近，与环氧基团中的碳原子距离更远。

在 ^1H 的 MAS NMR 谱（见图 3.4）中，两个峰分别位于 6.6ppm 和 5.4ppm。因为水含量太高不能看到叔醇。因此，两种类型的水可以被区分。在 20 ~ 140℃ 之间，6.6ppm 峰的峰值不断减小，而在 5.4ppm 处的峰保持稳定。因此，两种类型的水被分为自由水和强吸附水。

2009 年还研究了 GO 的结构，图 3.5[7] 中描述了 ^{13}C 的 SSNMR 谱。得到了较好分离的 ^{13}C 的 SSNMR 谱，谱中显示不仅有位于 61ppm（环氧）、70ppm（羟基）和 133ppm（sp^2）的峰，而且还在 101ppm、167ppm 和 191ppm 出现了峰。后三种信号分别被认为对应乳醇、羧基和酮。101ppm 信号的另一种解释是可能为酮基的水合物（二元醇）[7]。

正如本节前面所述，自然产生的碳中 ^{13}C 所占的百分比为 1.1%，要获得低的信噪比所需要的测量时间较长。因此，^{13}C 标记的石墨由 ^{13}C 标记的甲烷生长在镍上[9]。碳原子的标记使得关联谱（^{13}C - ^{13}C）被记录下来，测量时间比传统的样本快了 160000 倍。谱中发现的主要峰值在 60ppm、70ppm 和 129ppm 处，这些在早期出版刊物上已经被确认。此外，还发现了交叉峰值，证实了 sp^2 C 和 ^{13}C 之间的连接性，也就是 sp^2 C 和环氧化合物 ^{13}C 之间的连接。因此可得 sp^2 碳与 sp^3 碳的距离很近。在 60 ~ 70ppm 到 101ppm 之间也发现了信号的交叉峰，但是在 169ppm 和 191ppm 的小信号中并没有观察到交叉峰的存在。这一观察结果表明，这些碳原子与大多数 sp^2 碳原子是横向分离的。这是推测，但这些信号可能与氧化碎片有关，这还需要进一步调查。

在另一项关于 ^{13}C 标记的石墨氧化物的研究中，通过使用二维（2D）相关

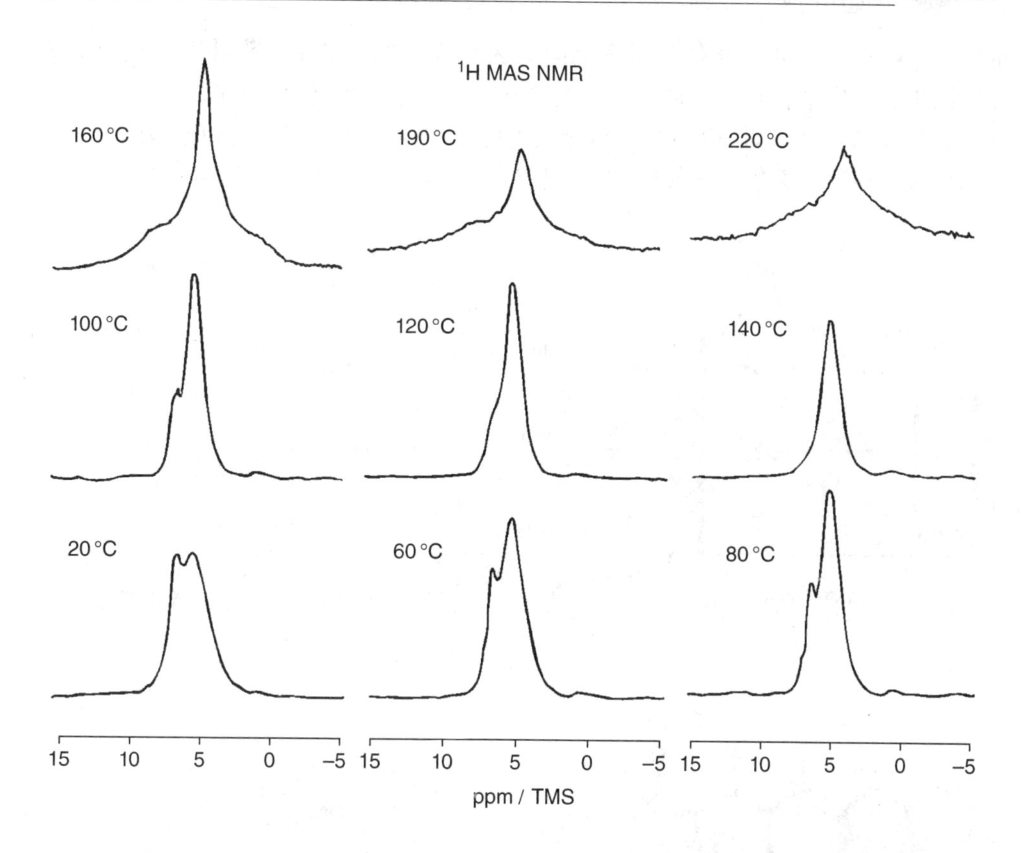

图 3.4 在 20～220℃的温度范围内，氧化石墨不同热处理的^{1}H MAS 的核磁共振谱，以减少出水量

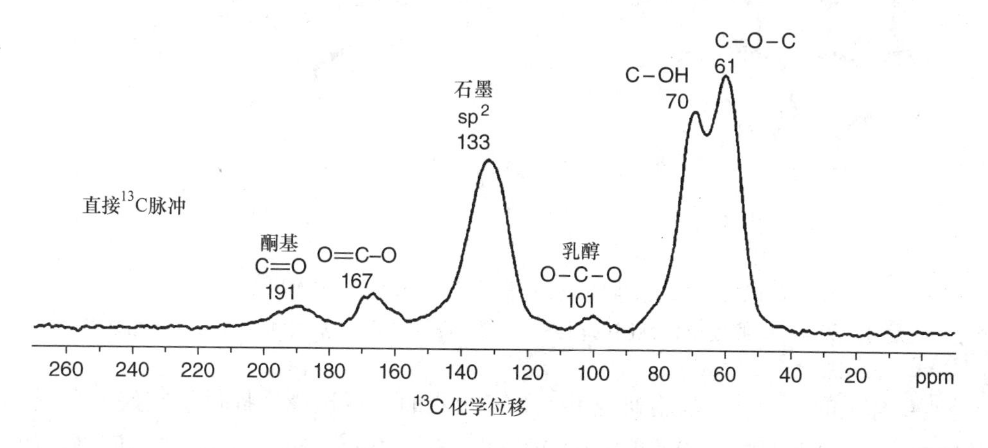

图 3.5 GO 中^{13}C 原子的直接脉冲 SSNMR 谱中化学信号的位移分别为 61ppm、70ppm、101ppm、133ppm、167ppm 和 191ppm。较小的几个数值对应酮、羧基和乳醇。位于 101ppm 的信号对应二元醇（水合物）和苯酚类基团。然而，酮和羧基可能不会直接与 sp^{2}碳结合，这表明它们不是主要结构的一部分[8]

的^{13}C SSNMR 谱[8]进一步研究了官能团的区域选择性。采用从头计算方法也对关联谱结果进行模拟，并对两种不同类型的官能团排布进行建模。如图 3.6 所示，一种具有环氧基和羟基的与 C-C 双键相共轭的结构与具有 1，3-醚和羟基的芳香结构相比较。模型结果以及与实验结果的比较有力地支持了第一种模型。

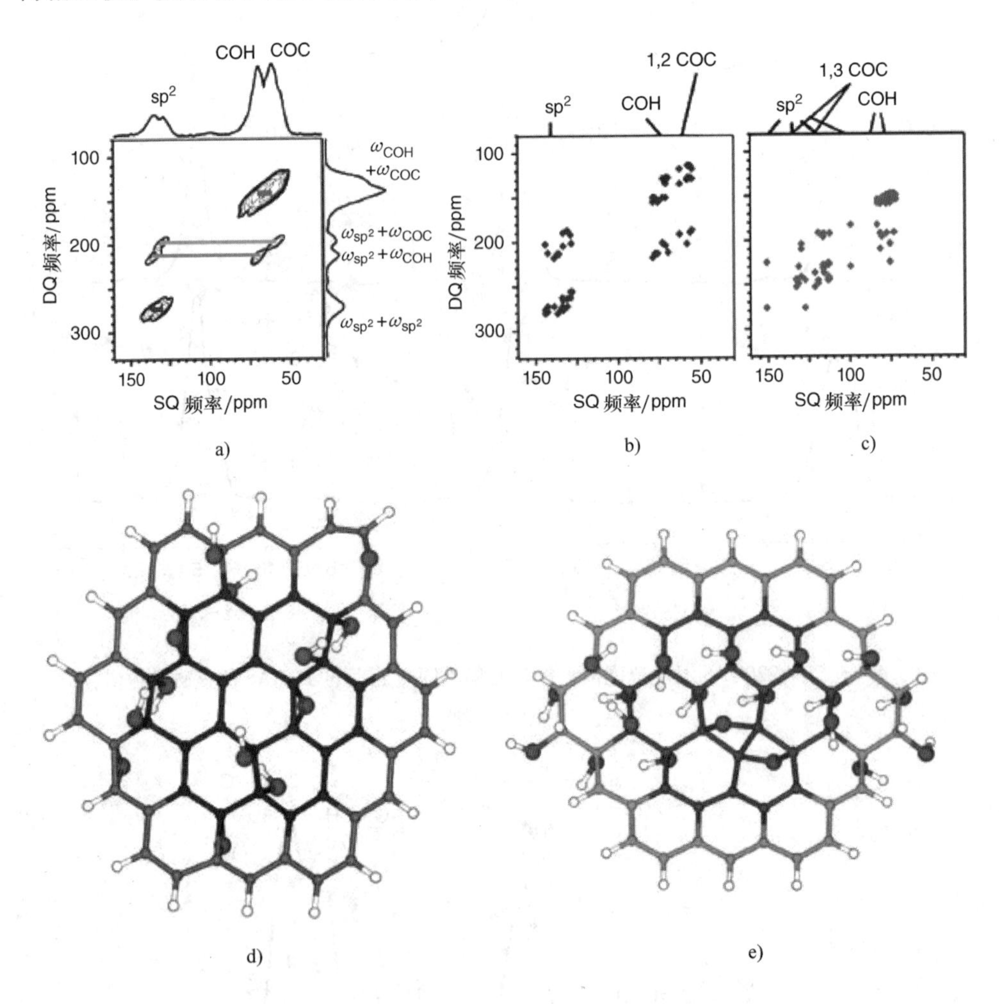

图 3.6　a) ^{13}C 标记的 GO 的二维^{13}C 双量子/单量子相关的 SSNMR 谱，b) 和 c) 分别是 d) 和 e) 中假设结构预测的相关谱。结果表明，环氧基团和羟基与双键相邻

^{13}C 标记的方式进一步为研究 GO 中官能团的区域选择性提供了较好的方式。特殊的^{13}C 二维关联技术能够识别官能团的网络，如 $sp^2-sp^2-sp^2$ 的排布网络。如图 3.7 所示，还可以看到其他结构的图案，而 sp^2 区域则被环氧基或羧基结束。另一环氧基或羟基基团与环氧基团和羟基基团分别相近。此外，还发现了羟基-环氧基-环氧基和羟基-羟基-环氧基的结构排布。这些结果的建模如图 3.6 所示，并

表明共轭 C－C 双键与官能团很接近。

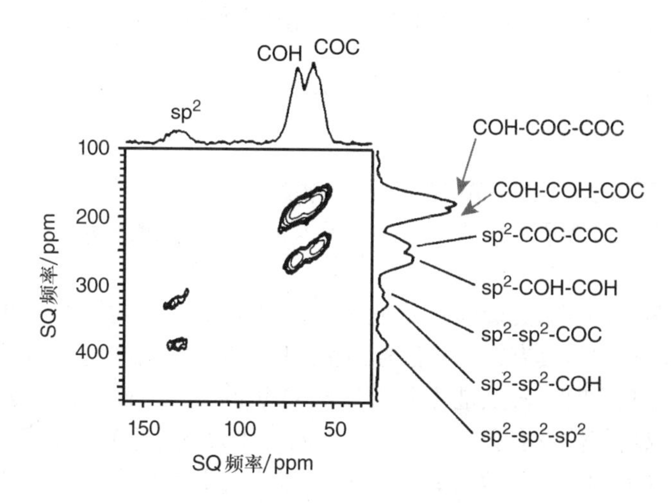

图 3.7　GO 的 ^{13}C 的特殊谱可以识别官能团结构和确定它们的区域选择性。因此，主要的结构排布是羟基－环氧基－环氧基和羟基－羟基－环氧基，其次是 sp^2－环氧基－环氧基和 sp^2－羟基－羟基。因此，我们发现了 sp^2－sp^2－环氧基、sp^2－sp^2－羟基和 sp^2－sp^2－sp^2 型结构序列

不幸的是，^{13}C 标记的石墨氧化物的合成仍然难以成功。因此，这里提出的研究方式是唯一可行的。值得注意的是，在所有 GO 试样上的这些实验结果的推广需要谨慎进行。在这些研究中，被氧化的石墨是通过化学气相沉积（CVD）在研究实验室的镍基板上专门生长的。在整个氧化过程中，石墨仍然附着在镍基板上；在洗涤过程中，基质最终溶解在稀酸中。由于与镍盐的相互作用，使得得到的 GO 与典型的 GO 在本质上区别很大。缺陷的作用不能被确定，以及芳香结构的尺寸也不能被确定。此外，官能团的稳定性和化学结构随时间的变化尚没有给出。不同程度的氧化和过氧化可以使我们进一步了解 GO 化学结构的多样性。那将对 ^{13}C SSNMR 谱进行 GO 衍生物分析是很有帮助的。一个优点是能够获得有关这些衍生物的区域选择性的信息，从而发展出一种更受控制的化学特性。虽然有人认为，GO 边缘以苯酚类官能团、羧酸或酮基结束，但目前仍没有决定性证据能够证明。

3.1.3　讨论

多年来积累的实验数据表明，SSNMR 谱是一种可靠的工具，可以用来确定 GO 和可能的 GO 衍生物的结构。由于 GO 的结构取决于制备条件，今后将更多地应用 SSNMR 进行研究。可以预期的是，系统的研究将会对反应的结果有更深入的了解。因此，可以优化反应条件分别功能化石墨烯和 GO 的碳骨架。特别是，SSNMR 谱有潜力成为一个标准表征工具，以证明未来化学转化的成功，因为它已经用于有机

分子化合物的表征了。这使得详细解读结构和功能关系成为可能，特别是结合其他技术分析。因此，与化学结构相关的精确应用的发展将成为可能。

3.2 红外谱

正如3.1节所述，^{13}C SSNMR 谱是第一种能让研究人员确定 GO 官能团化学特性的方法。以^{13}C SSNMR 数据为基础，研究人员高可靠性地确定了 GO 平面上环氧基团和叔醇的存在。

虽然^{13}C SSNMR 谱毫无疑问是最先进且最有用的表征方法，但它也有一定的局限性。它最大的缺点是具有很长的信号累积时间。即使使用先进的仪器，收集足够强烈的信号也要几小时，甚至是几天。^{13}C SSNMR 的另一个缺点是它只能探测碳原子，因此它会忽略其他没有和碳网结合的物质。作为下一个缺点，若铁磁和（或）顺磁性元素（如 Fe 和 Mn）在样品中存在，即使是少量存在，那么将不能收集到核磁共振谱。因此，该方法不能用于测试很多 GO 复合材料。

由上述这些原因可知，简单、快速和稳健的分析方法对于常规的 GO，特别是复合材料都是非常重要的。在本节和下一节中，我们将回顾另外两种被广泛应用于 GO 表征的方法：傅里叶变换红外谱（FTIR）和 X 射线光电子能谱（XPS）。与预期相反，我们不会在拉曼谱这一节回顾 FTIR，GO 中单化学键的振动并不具有拉曼效应。GO 的拉曼谱对石墨烯晶格平面内声子引起的振动敏感，而对于单键引起的振动并不敏感。这将在3.4节中对其进行论述。

FTIR 可能是最快的、最有用的石墨烯表征方法。FTIR 谱的主要缺点是它不允许在指纹区域内明确地指派吸收带，只有少量的吸收波段可以高度确信它们的归属。FTIR 的另一个缺点是它几乎是完全定性的。虽然不同样品的数据可以进行比较，但从红外（IR）谱中不能得到可靠的定量数据。同时，甚至在某些方面 FTIR 要优于^{13}C SSNMR。如下所示，作者的个人经验表明，FTIR 能够提供非常有价值的信息，而^{13}C SSNMR 在这方面表现不足。

红外谱的原理众所周知，因此这里不需要大篇幅介绍。红外谱的工作原理是基于化学键连接的原子能吸收 4000 ~ 400cm^{-1} 频率区域的电磁辐射。作为一个负载众多官能团的平面，GO 具有非常丰富和复杂的红外谱。理论上，所有已知的 FTIR 采样技术均可用于 GO 的分析。然而，两种最常见的采样技术是 KBr 压片的传输模式和衰减全反射（ATR）。在传统的传输模式下，固体 GO 与 KBr 被压成片，测量通过片的辐射。事实上，包括最近的一些出版刊物表明，传输配置是用来获取光谱的。值得注意的是，为了便于与 KBr 混合，将片状 GO 研磨成细粉的做法较为困难。考虑到 GO 样品的均匀、层状以及纸片状的特性，ATR 取样技术可能是从样品中获得 FTIR 谱最方便的方法了。这种情况下，只需要将软纸压在晶体表面即可，穿透深度约为 2mm，为整个样品提供足够的信息。通过 ATR 配置，整个分析过程，包括样品制备等，只需要几分钟。最重要的是采样技术不会影响 GO 谱。

我们在这里开始讨论时提醒读者，那就是当前的 FTIR 谱通常被误读。尽管存在这些高质量的研究，提出了正确的和完善的解读，但是它们只被一小部分专家所认可，仍然在很大程度上被更多的研究者所忽略。大多数现代出版的刊物中引用的是以前被错误解读的数据，因此误解遗传了下来。具有讽刺意味的是，今天人们很少能找到正确解读 FTIR 的出版刊物。下面我们展示 FTIR 谱的正确解释，并说明最典型的误解。

一个典型的 FTIR 谱（见图 3.8）可以随意分成三个特征区域：①在 3600 ~ 2400cm^{-1}的一个非常强的宽吸收带；②在 1723 ~ 1619cm^{-1}之间有两个很容易分辨的吸收带；③一串重叠信号指纹区。位于 3600 ~ 2400cm^{-1}的吸收带源于 O - H 键的拉伸模态。理论上，这种吸收可能来源于两种不同的物质：叔醇，它是 GO 平面的组成部分；融入到 GO 结构中的水分子。事实上，这个吸收带主要来源于水分子，醇中羟基的贡献很少。氘水的实验证明了这一点（见图 3.9）[10-12]。在这些实验中，正常干燥的 GO 在 P_2O_5的高真空条件下首先被干燥，物理吸附的水分子被去除。然后无水 GO 在 D_2O 蒸汽中达到平衡态。这一过程使 D_2O 分子快速加入到无水 GO 中去，使得 D_2O - GO 形成。值得注意的是，这个过程只能用 D_2O 取代可移动的水分子，而非羟基中的 H 原子。氘化后，3600 ~ 2400cm^{-1}吸收带转移到了 2700 ~ 1900cm^{-1}频率区域。该结果和频率位移因子 1.373 完全一致，这取决于 H 和 D 同位素的质量差异。然而，3600 ~ 2400cm^{-1}处的吸收带没有完全消除。这个区域的剩余吸收可能来自于叔醇中的羟基或者是 GO 中强吸附的水分子，而且这种水分子在干燥过程并不能去除。关于 D_2O - GO 在 3600 ~ 2400cm^{-1}处出现剩余吸收带的原因，目前答案仍未可知。

在光谱 1723 ~ 1619cm^{-1}之间的两个吸收带是 GO FTIR 谱的特征峰。这两个波段在所有样本的报告中都出现了，且由于附近没有其他波段，所以很容易辨别。这些频带的准确位置因为研究工作的不同而略有差异。第一个峰值的位置据报道是 1719 ~ 1734cm^{-1}。第二个峰从 1615cm^{-1}到 1626cm^{-1}不等。这一差异最有可能与使用仪器有关，而与样本特性无关。1723cm^{-1}的峰值已经明确地分配给了羰基的拉伸模态。通常，按照 Lerf - Klinowski 的结构模型，它对应于羰基。然而，它可以来自任何形式的羰基，包括酮和醛。在任何情况下，都有一个共识，即该波段来自于 C = O 键的拉伸模态。关于 1619cm^{-1}带的归属大家莫衷一是。这个吸收带是现代文献中最常被误解的吸收带。在最近的与 GO 有关的刊物中，它被分配给了各种不同的物质，其中最常见的观点认为其对应 C = C 键的拉伸模态。事实上，这种吸收带来源于吸附在 GO 结构表面的水分子的弯曲模态。这在上文所述的氘水实验中已经得到了明确的说明。在 D_2O - GO 的 FTIR 谱中，1619cm^{-1}带并没有出现，基于 H/D 质量比，出现与频移因子 1.373 相一致的以 1200cm^{-1}为中心的新波段。

由于来自不同官能团的多个波段重叠，所以从指纹区域区分这些波段是很困难

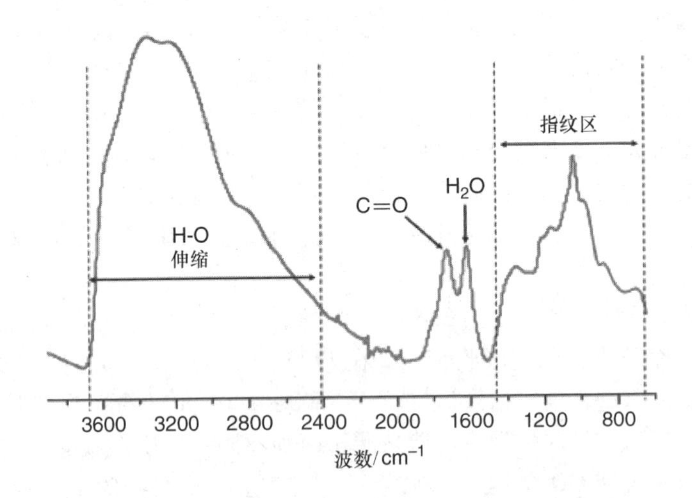

图 3.8　一个典型的 FTIR 谱可以分成三个特征区域：①在 3600 ~ 2400cm^{-1}的一个强宽吸收带；②在 1723 ~ 1619cm^{-1}之间有两个很有辨识度的吸收带；③一串重叠信号指纹区

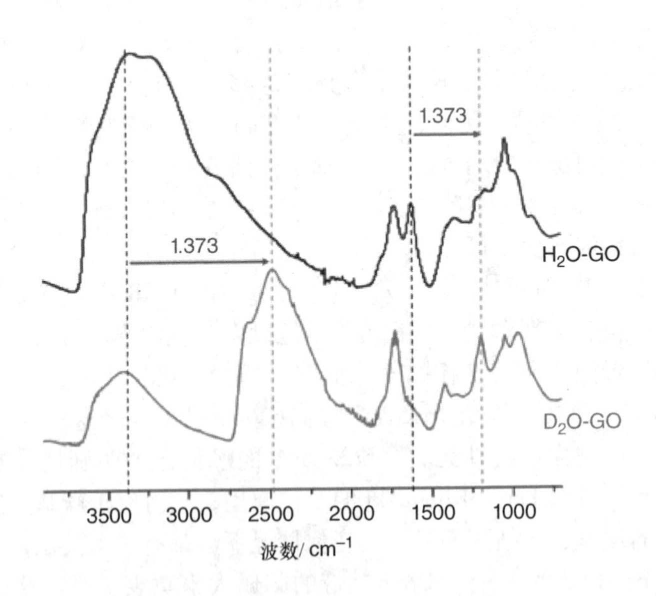

图 3.9　这是D_2O - GO 和H_2O - GO 的 FTIR 谱。在用D_2O 分子取代H_2O 后，与水分子相关的吸收带缩减。该位移与 H 和 D 同位素的质量差产生的频移因子 1.373 相一致

的。与上面所讨论的两个波段相比，指纹区域中其他波段的位置及强度因研究工作的差异而不同。因此，在我们的研究中[12,13]，指纹区域中最强烈的波段在 1039cm^{-1}处。在别的研究工作中[14,15]也出现了相似的情况。在其他的研究工作

中[10,16-18]，指纹区域中最强烈的波段在 1051~1060cm^{-1}处。很难将如此大的差异归因于仪器，这种差异可能与 GO 结构的差异有关。有趣的是，这种差异与 GO 的前期制备方法无关。这个频带通常被分配给环氧环。然而，环氧环应该吸收的是 1250cm^{-1}，而不是 1040~1060cm^{-1}。因此，这个波段的分配仍然是具有争议的。指纹区域其他强吸收波段为 1368cm^{-1}和 1420cm^{-1}。这些吸收带被分配给第三 C-OH 基团的弯曲模态[10,11]，以及分别对应羟基、环氧化物或硫酸盐基团杂原子的氢键中 O-H 的变形模态。然而，所有这些结论都是推测性的，因为它们从未被类似于氘水实验所证实。

在我们的实验[13]中，用“原始石墨氧化物”的样品进行的实验证明了指纹区吸附带的唯一可靠分配。我们发现，有机溶剂（与常用水相比）纯化的石墨氧化物样品在 1221cm^{-1}和 1420cm^{-1}上呈现两个强吸收带（见图 2.6）。这两个波段在 HCl 清洗过的样品的实验结果中明显减弱，在水清洗过的样品的实验结果中基本检测不到。信号的强度与用于纯化的溶剂的亲核性成反比，与样品中硫含量成正比。这两个带对应有机硫酸盐中 S=O 的对称和不对称拉伸模态，例如叔醇的硫酸酯类。这个结果让我们排除了砜的存在，该种物质之前被认为存在于 GO 平面上[15]。因此，FTIR 是一种用于在 GO 平面上找出新的官能团的工具。这可能是由于红外谱对 S=O 拉伸振动的高敏感性。即使 GO 中共价硫化物的含量较低，相关信号的强度也会很高。值得注意的是，其他分析方法包括^{13}C SSNMR，无法区分共价硫化物和其他官能团。因此，这说明某些方面 FTIR 谱比 NMR 谱更加优越。

3.3 X 射线光电子能谱

X 射线光电子能谱（XPS）是一种独特的、功能强大的方法，一定程度上它比 FTIR 更有优势，甚至可以与 NMR 相比拟。它具有提供样品的基本信息和定量化两个优点。此外，XPS 不仅能揭示其组成元素的成分，还可以显示 GO 平面上不同含氧官能团所占的百分比。XPS 的主要缺点是仪器的成本：它是昂贵的，但并不总是可用。XPS 的另一个缺点是它仅限于表面分析。然而，对具有层状结构的 GO，XPS 可以提供整个样品的可靠数据。考虑到许多仪器工作时，GO 需要在衬底表面上作为胶片取样，所以 XPS 的后一个缺陷可以被认为是优点而不是缺点。

XPS 是一种表面化学分析技术。XPS 是通过 X 射线光束辐照样品，并测量样品在受到辐照时释放的电子的数量和动能而获得的。该方法基于能量守恒定律。

$$E_{ph} = E_{kin} + \varphi + E_{bind} \tag{3.1}$$

式中，E_{ph} 是 X 射线入射光子的能量，E_{kin} 是样品释放电子的能量，φ 是函数，E_{bind} 是结合能（电离能）。因此，该方法确定的结合能如下所示：

$$E_{bind} = E_{ph} - E_{kin} - \varphi \tag{3.2}$$

根据被测试的样品，电子从样品顶部 3~7nm 处收集。XPS 是一种非常敏感的确定样品中元素的实体和数量的工具。现代仪器的大多数元素的检测范围都在千分之一范围内。检测杂原子的能力使得 XPS 成为一种检测功能化 GO 样品和多组分 GO 复合材料性质十分强大的工具。XPS 会通过运行一个筛选频谱的程序来确定被检测样品中的所有元素。XPS 也被称为化学分析的电子能谱（ESCA）。值得强调的是，XPS 方法也提供了每种元素的化学或电子状态。关于 GO，XPS 不仅提供了元素内容，还提供了官能团的性质和相对含量。这一信息是通过运行所谓的具有较低的入射辐射强度的特殊元素光谱获得，对应不同的组成元素，这些较低的入射辐射强度能够更好地分辨信号。对于 GO 来说，从 C 1s 谱中获得的最有价值的信息是它揭示了样品中碳原子不同的状态。

让我们先回顾一下石墨前驱体的 C 1s XPS，然后将其与 GO 谱进行比较。石墨的 C 1s 谱（见图 3. 10）由一个以 284. 8eV 为中心的不对称单峰组成。这种不对称是由于在 285. 6eV 存在较小的分量，这源于石墨上存在的缺陷，例如完美石墨表面上的 sp^2 结构遭到的破坏[18,19]。在 291. 4eV 处三维低强度峰值是由于 $\pi \rightarrow \pi^*$ 交互作用。这个小峰是任何高质量的未扰动的 sp^2 石墨材料的标志。它存在于高质量的石墨和高质量的碳纳米管（CNT）的光谱中。一般来说，它不存在于明显受损的材料的光谱中，例如乱层石墨、功能化石墨烯、石墨烯纳米带和 GO。

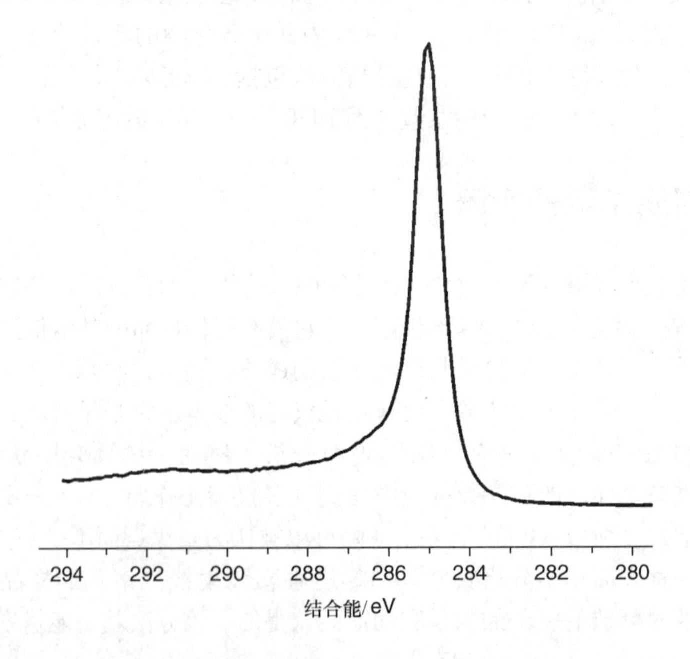

图 3. 10　石墨的 C 1s XPS。光谱由一个集中在 284. 8eV 的非对称峰和一个由 $\pi \rightarrow \pi^*$ 交互作用产生的位于 291. 4eV 的低强度峰组成

GO 样品的 C 1s 谱（见图 3. 11）通常由三个明显的分量组成。位于 284. 5eV

的峰源于石墨域的碳原子。即使碳原子不是完美的石墨，只要它不与氧原子以化学键相连，它也会在这个区域产生一个信号。该谱是以286.5eV为中心的峰主导。这个峰通常归因于环氧化合物和叔醇中的碳原子，这完全符合模型中小分子化合物数据库中的信息。积分谱中包含一个位于289.2eV的平台，它的出现通常归因于羧酸基团。仍然存在一个尚未解决的问题，即酮基的信号应该出现在哪里？一些研究人员将酮基的信号与环氧基和醇的信号一起放在了286.5~287.5eV区间，另一些研究人员则将其与羧基的信号一起放在了288.5~289.2eV区间。酮基中碳原子信号的实际位置可能介于两者之间。大部分已知化合物的XPS数据库中将酮中碳原子的信号放在287.7~288.1eV之间（见例如http://www.lasurface.com/database/liaisonxps.php）[20,21]。已知的羧基和酯基碳O-C=O的数据库中将其放在288.6~289.2eV之间。因而，酮在光谱的右边桥接醇和环氧基的信号，而羧基则位于光谱的左边。值得注意的是，图3.11中粉色线条表示的峰位于288.2eV；如果根据已知化合物的数据，它既不是酮也不是羧基引起的。最有可能的是，这个峰源自于羧基和酮的信号峰值重叠。由于GO中酮和羧基是否存在以及其含量原则上仍然难以确定，所以几乎没有办法通过XPS来明确它们。

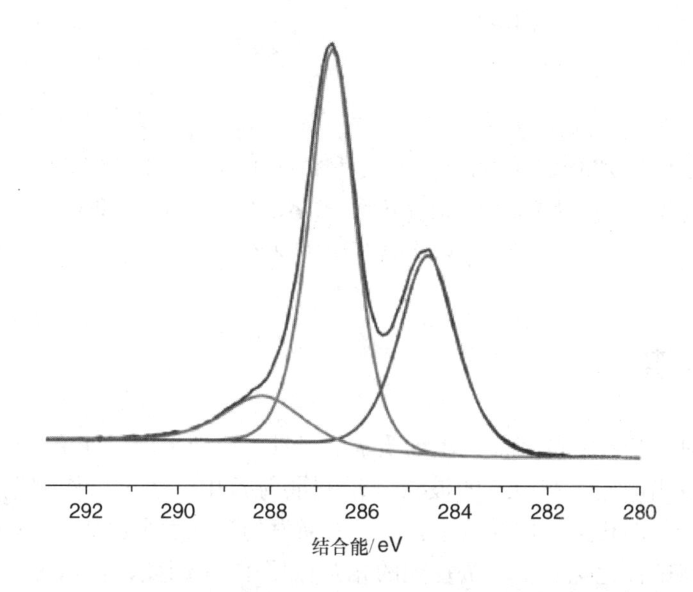

图3.11 GO的C 1s谱。黑色线条是实验数据所画出的实验光谱。积分谱可以分解为三个主要部分：284.8eV（蓝线）、286.5eV（红线）和以289.2eV（粉色线）为中心的平台

在文献中，人们可以找到很多方法来分解C 1s的积分谱。其中一些分解方法

试图从 C－O－C 基团中分离出 C－OH 中释放的碳，以及从 O－C＝O 基团中分离出 C＝O 基团释放的碳[22,23]。虽然这些分解可能确实是正确的，但是它们是高度推测的（见图 3.12）。能够分解积分谱可能的方法有无限多个。问题是得出的数据有多少的可信度。但有一个可以肯定的是，C 1s XPS 可以很好地显示出 GO 和 RGO 的整体氧化水平。因此，XPS 可能是所有光谱法中最有效和最精确的方法。该方法具有定量检测杂原子的能力，是一种表征 GO 及其复合材料的强有力工具。

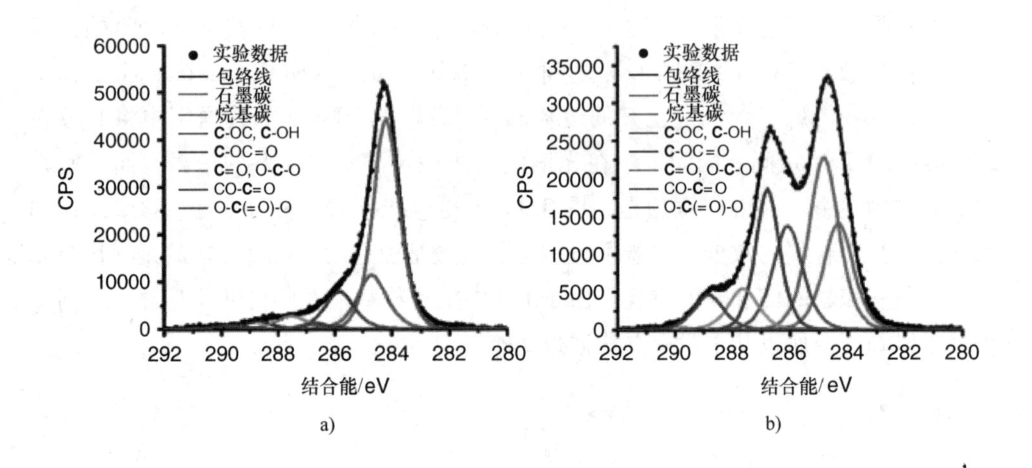

图 3.12　包括所有理论成分在内的两个碳基材料的 C 1s XPS 积分谱的分解。a）无氧碳的含量为 79%。b）无氧碳的含量为 49%。作者解开了 C－O－C 和 C－OH 成分，以及石墨碳和烷基碳

3.4　拉曼谱

拉曼谱是一种成熟的表征石墨烯质量的工具，原理是用一种单色镭射器激发样品并测定其发出的光。在激发的波长（瑞利散射）中，还可以检测到其他频率的光。物质和光子的相互作用导致了材料特有激发的波长发生偏移。拉曼谱技术基于分子或者材料的极化电子密度激发光的相互作用[24]，因此，像水等极性溶剂或极性杂质基本上不会干扰拉曼过程。所以，拉曼谱是一种适用于区别测定 GO（含有合理量的水）、RGO 和石墨烯的表征方法。

3.4.1　概述

石墨烯的拉曼谱是非常容易理解的，根据拉曼谱的无损性，其很容易用于表征

生产过程和研究中石墨烯的质量[25]。扫描拉曼显微镜（SRM）可以以接近衍射极限的高局部分辨率操作[26]。事实上，分别使用蓝色和绿色激光可以达到约250～300nm的分辨率。针尖增强拉曼谱（TERS）也可以作为进一步提高分辨率的手段[27]，但在接触模式下操作的原子力显微镜（AFM）的针尖必须与拉曼谱仪耦合才能获得纳米尺度的分辨率。尽管TERS变得越来越有吸引力，但它仍不是一种常规的方法。

在本节中，将总体叙述拉曼谱，特别是针对石墨烯。然后描述和讨论不同类型的GO和RGO的拉曼谱。尽管由标准方法制备的GO和RGO的拉曼谱几乎不变，但由于碳晶格内多方面的缺陷，仍会获得RGO的各种不同的拉曼谱，除非通过合成方式可以避免晶格的缺陷。拉曼谱也可用于表征RGO的碳骨架，并且也可以量化RGO碳骨架内的缺陷密度，特别是在约0.01%～3%缺陷密度的范围内，甚至可能对GO本身碳骨架内的缺陷密度做出定论，从而讨论了石墨烯和GO中的“缺陷”并描述一些开放性问题。

3.4.2 分子的拉曼谱

拉曼谱是一种广泛应用于表征分子的技术[24]，该方法与红外谱是互补的，其关键的区别在于选择规则和激发过程。这里不做深入探讨，拉曼活性振动可能存在于非极性和易于极化的化学键中。红外激活模式对于极性键是活跃的，如羰基C=O键或O－H键，因此，极化水显示出强烈的红外波段，而极化水的拉曼是不强烈的。例如C=C键和芳香基是拉曼活性键。分子激发的拉曼过程可以是共振或非共振性的（见图3.13）。共振的激发需要适当的激发波长才能达到真正的激发态。如果是非共振的激发，则能量需要达到虚拟态。如果与激发频率相同的频率被发射，则会观测到瑞利线。然而，散射光和分子振动或声子的相互作用导致激发态的偏移。跃迁的能量可以是较低能量（斯托克斯散射）或较高能量（反斯托克斯散射）。在大多数情况下，物质处于基态，再跃迁到激发虚态，通常理解为是光和分子振动的相互作用导致斯托克斯散射。相反，反斯托克斯偏移主要发生在较低的能量强度，并且往往研究较少。

3.4.3 石墨烯、GO和RGO的拉曼谱

2006年，拉曼谱应用于石墨烯的测定[28]，此外，还测定了少量石墨烯、RGO和石墨，并观察到明显的谱差异[29]。拉曼谱适用于所有类型的碳同素异形体，如石墨烯、富勒烯、碳纳米管、石墨、金刚石或无定形碳以及聚共轭分子[30]。对于石墨烯，拉曼的激发过程总是谐振的。石墨烯是一种零带隙半导体。尽管其没有带隙，但是使用普遍可用的激光的共振激发过程中都存在能量跃迁的状态，如532nm、514nm、473nm、453nm或405nm，以及紫外（UV）激光[31]。拉曼谱技术可以检测到多余的或意想不到的反应产物，如共轭分子，以及结构的缺陷或官能

团，这使其成为一种强有力的表征工具[32]。在过去几年中，关于拉曼过程的知识及其解释已经发生了很大的变化。因此，它可能测定应力和应变、掺杂物、边界的性质以及其他很多事情。我们在这里只主要讨论与GO研究相关的主要特征，集中解释与单层相关的拉曼谱。为了解释这几层的光谱，我们参考了参考文献[33－36]。

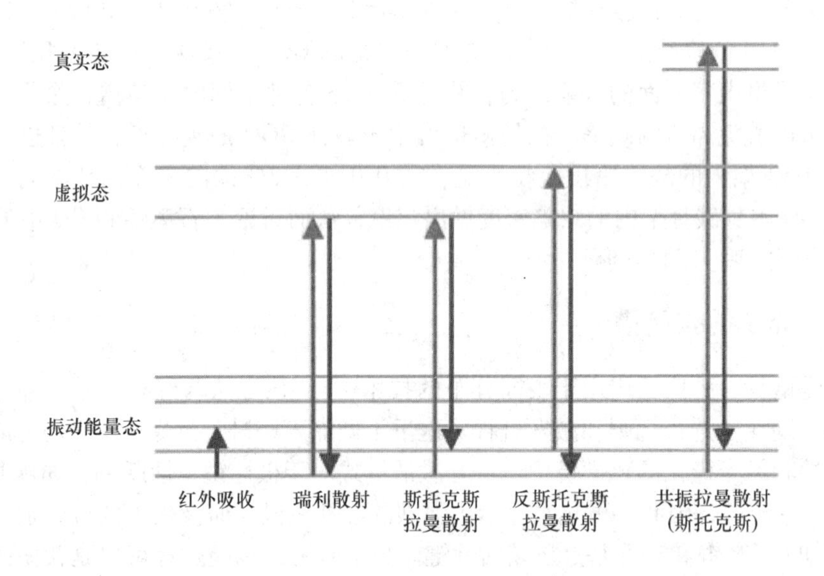

图3.13　相比于红外激发的拉曼过程的示意图。除了瑞利散射外，斯托克斯位移和反斯托克斯位移都可以在拉曼谱中观测到。分子的振动激发可以在虚态或激发态发生，这就是所谓的共振拉曼谱

电子结构是解释石墨烯拉曼谱的基础，如图3.14a所示[37]。石墨烯的电子布里渊区如图3.14c所示，第一声子布里渊区标记为红色菱形。狄拉克锥说明电子色散。声子波矢将电子状态连接到不同谷并标记为红色。拉曼谱在拉曼位移约$1580cm^{-1}$（G峰）和$2700cm^{-1}$（2D峰）处显示两个主峰。约$1580cm^{-1}$处的G峰是允许的Γ点处声子发射，并且对应于Γ点处的高频E_{2g}声子。图3.14d（黑色）描述了石墨烯在与拉曼散射相关的能量和频率范围内的面内声子光学色散。如图3.14b所示，有多个激励选项可导致G峰，但是，掺杂可以消除一种选项。在约$1340cm^{-1}$处的D峰是缺陷激发的峰，而在约$2700cm^{-1}$处的2D峰暗示非缺陷引起的拉曼活性。对于2D峰，由于具有相反波矢的两个声子的动量守恒，要求结构无缺陷性。图3.14b说明了一种激发过程的可能性。$1340cm^{-1}$处缺陷激发的D峰是由六元环的呼吸模式所导致，它起源于布里渊区角点K处的TO声子（见图

3.14d)。D 峰因声子和电子的相互作用而具有色散特性，实际上峰值位置在大约 $1310cm^{-1}$（红色激光激发）~ $1400cm^{-1}$（紫外激光激发）激发波长之间变化。关于在石墨烯、G_2或石墨的拉曼谱中观察到的峰起源的更多细节在参考文献[33–37]中给出。

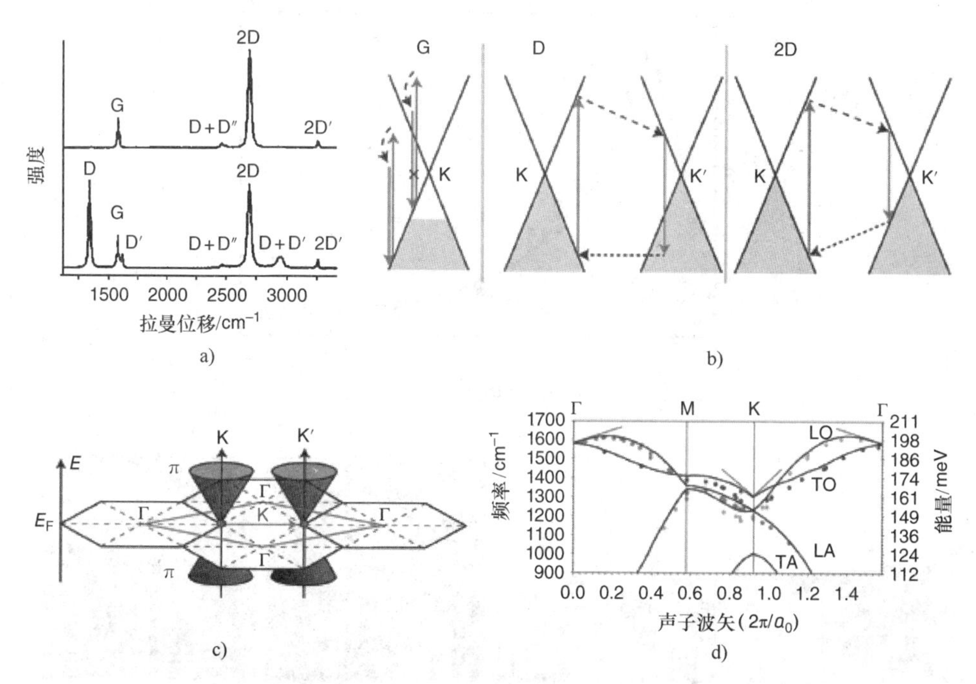

图 3.14 a）石墨烯（顶部）和有缺陷石墨烯（底部）的拉曼谱，主峰标记为 D、G 和 2D。b）对应 G、D 和 2D 峰的拉曼过程中的入射和反射示意图。c）石墨烯的电子布里渊区和红色标记的第一声子布里渊区；狄拉克锥显示的是电子的色散；红色表示连接的不同谷的电子状态的声子波矢。d）黑色曲线代表石墨烯在 900 ~ $1700cm^{-1}$ 频率范围内的面内声子模式的色散，其频率范围的确定与石墨烯的拉曼散射和对拉曼谱的理解相关

3.4.4 石墨烯的缺陷

石墨烯中的主峰是 D、G 和 2D 峰。如图 3.16a 所示，石墨烯的拉曼谱随着缺陷的引入而改变其形状，D 峰的强度随着引入的缺陷而变化[38]。这些缺陷可以是诸如碳骨架内无序的结构性质，例如碳晶格原子的错位（六元环除外）或原子失去或甚至是原子被取代。D 峰的另一个可能的演变是由于晶格的 sp^2碳原子的化学功能化。随着添加物的引入，形成了 sp^3碳原子，导致拉曼谱的演变与图 3.16a 中的描述类似。所以，很难区分这些缺陷的类型[26,32,39]。

尽管如此，即使不能通过拉曼谱确定缺陷的类型，但可以根据原始材料来估计 D 峰的来源。用 Ar^+ 离子轰击天然无缺陷的石墨烯样品将导致碳晶格的重新排

列[38]。化学反应中产生的添加和碳晶格的过氧化导致的空位都会引起 D 峰的改变[26,39,40]。务必记住的是，如与 G 峰具有相同强度的 D 峰，并不一定意味着实现了高度的氧化功能化或者引入了大量的缺陷[31,38]。如图 3.15a 所示，D 峰和 G 峰

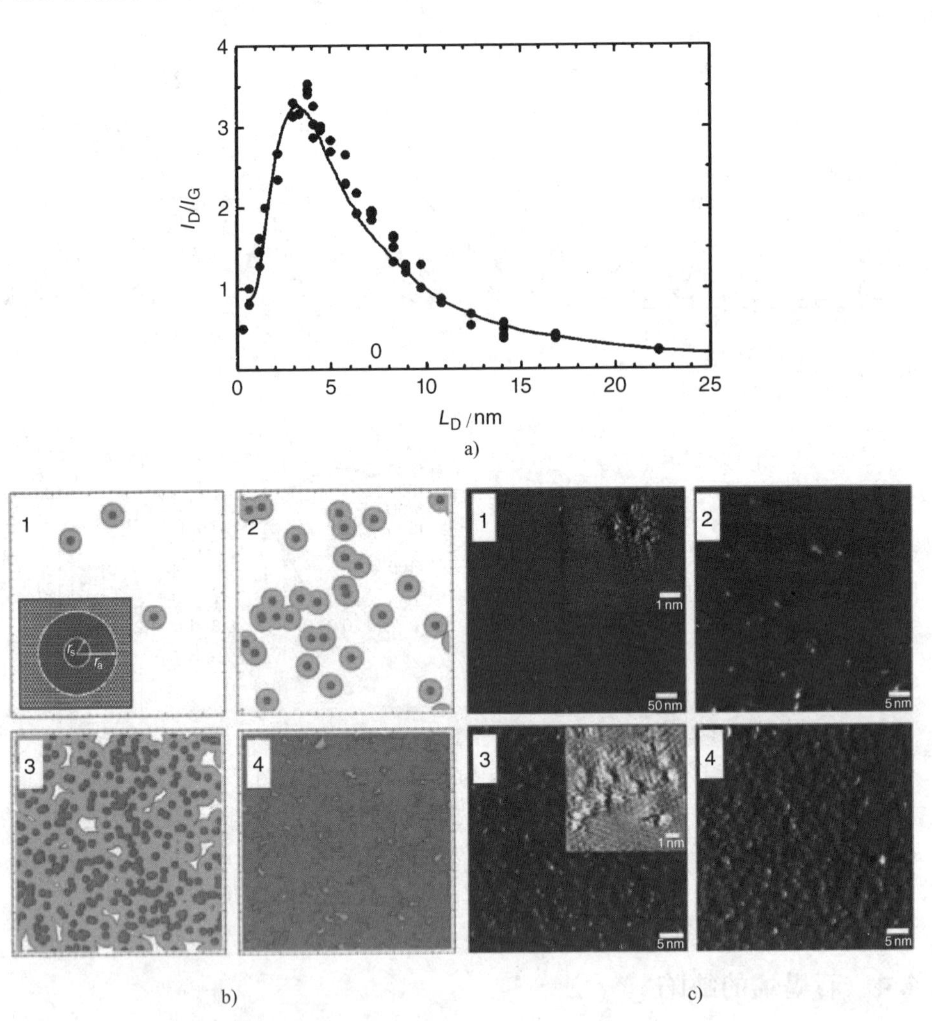

图 3.15　a）不同石墨烯样品的 I_D/I_G 数据值作为各缺陷平均距离 L_D 的函数，缺陷由 Ar^+ 离子的轰击产生，I_D/I_G 比值显示为 L_D 的函数。b）显示的是半径为 r_a 的激发区域（绿色）和半径为 r_s 的结构无序区域（红色），其缺陷密度从图 1 至图 4 逐渐增加（如图 c 所述）。c）显示的是经 90eV Ar^+ 离子轰击的块状高定向热解石墨（HOPG）样品的表面 STM 图像，在图 b 所示图像的基础上，离子剂量在每 cm^2 10^{11}（1）、10^{12}（2）、10^{13}（3）和 10^{14}（4）个 Ar^+ 离子之间变化，有缺陷的结构在图 1 和图 3 的插图中显示

的强度比（I_D/I_G）遵循一个关系。当I_D/I_G比为2时，可能意味着与缺陷L_D = 2nm的高度缺陷或者L_D = 6nm的低度缺陷程度有关。然而，通过比较峰的半峰全宽（FWHM）Γ，可以很容易区分这两个值。所以一般情况而言，尖峰与较低度缺陷有关，而宽峰与较高度缺陷相关。

图3.16a的拉曼谱实例显示了D、G和2D主峰[31]。与这些谱相关的L_D值位于2~24nm之间。当L_D = 24nm时，I_D/I_G比为0.2；当L_D = 5nm时，其I_D/I_G比值

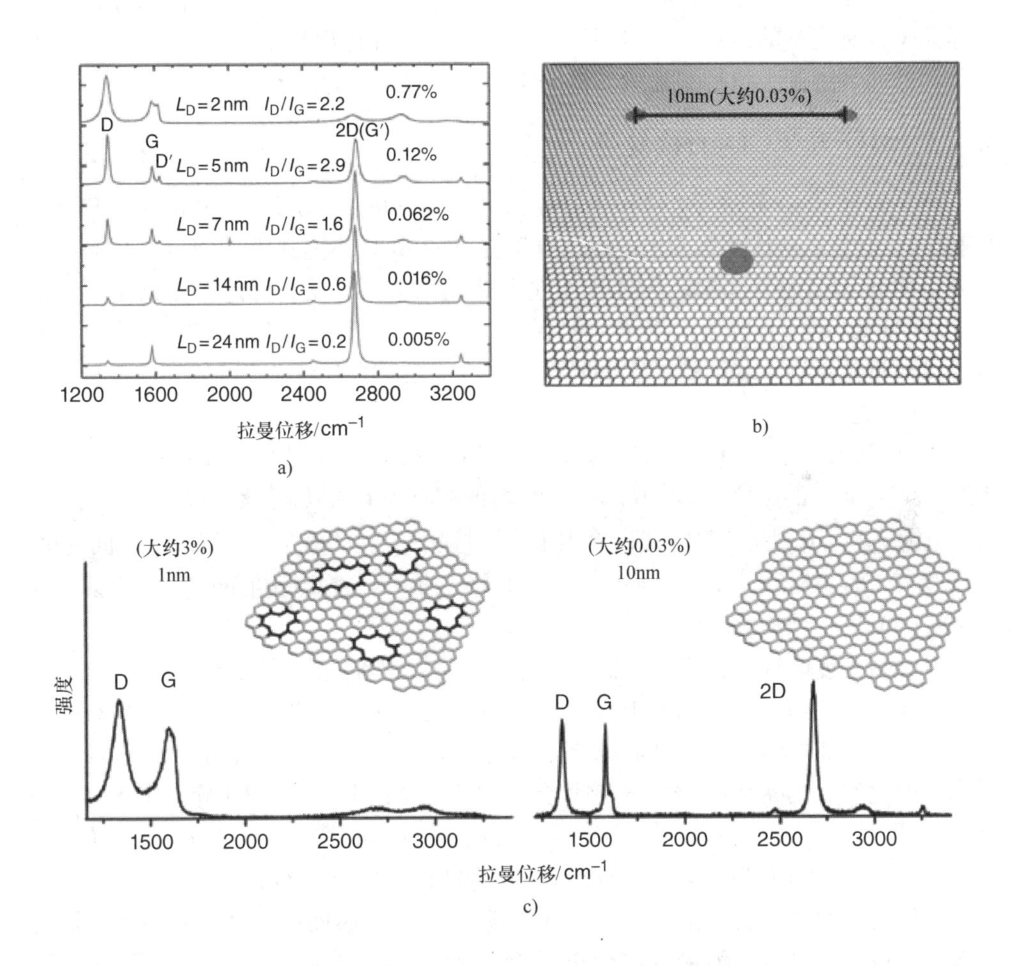

图3.16 a）根据图3.15中所描述和说明的关系，石墨烯的拉曼谱具有0.005%～0.77%之间的可变缺陷量，其I_D/I_G比值随着缺陷密度的增加而增加，并且在约0.3%处I_D/I_G比值再次降低。相比之下，Γ_D、Γ_G和Γ_{2D}峰随着缺陷密度的增加而增加。b）石墨烯的碳骨架的图解，其中带有标记为红色圆圈的符号象征着缺陷，此时L_D = 10nm，预期的I_D/I_G比值为1。c）缺陷密度约为3%（左）和0.03%（右）的RGO的拉曼谱的图例

增加至2.9。当 L_D =5nm 时，可以估测在缺陷之间的区域内大约存在800个C原子。从石墨烯晶格衍生而来，一个碳原子填充0.026195nm^2的面积，因此在缺陷之间的区域面积可以由$(L_D)^2 \times (3)^{1/2}/2$ 公式计算[26]。

图3.16b中石墨烯结构的图示显示了三个红色圆圈，标记了缺陷可能出现的位置[41]。当 L_D =10nm 时，缺陷的密度约0.03%，并且在该区域内有3300个C原子。图3.16c中的拉曼谱（右图）显示了 I_D/I_G = 1 的相应图，D峰的分辨率比较好，但比图3.16c左图的光谱窄得多。这样的宽峰对应于约3%的缺陷密度，由此推断几乎没有完整的蜂窝状晶格留下。从而也可以计算出缺陷区域内约有33个C原子，然而，由于大量的缺陷，晶格可能会是高度无序的。

3.4.5 GO和RGO的拉曼谱

为了解释RGO（和石墨烯）的拉曼谱，需要分析D、G和2D峰精确的FWHM Γ值[39]。但是，应该明确指出的是，这里提到的RGO不是典型的通过常规制备方法获得的RGO，因为这样制备的RGO通常带有太多的缺陷，因此拉曼谱是不太敏感的。GO和RGO的典型拉曼谱如图3.18所示。然而，缺陷少于约1%的RGO，是可以通过拉曼谱来表征的，这个解释与用离子处理的石墨烯获得的光谱相符，见3.4.4节所述。

对典型拉曼D、G和2D峰的分析是表征RGO和确定其缺陷密度的基础。图3.17描述了一组RGO的拉曼谱。其D、G和2D峰的FWHM Γ值以斜体数字标示。在 I_D/I_G 比值范围从1上升到约4并再次下降到约2的过程中，Γ_D 的值在21~57cm^{-1}之间变化。当Γ_D值在12~51cm^{-1}之间时，则Γ_{2D}值为31~107cm^{-1}。通过上述的计算关系估算出缺陷密度在0.03%~1%之间。

对于高密度的缺陷，峰的Γ值会变宽；但是，很难做出可靠的相关性。例如有约5%的缺陷密度的RGO与有10%甚至40%缺陷密度的RGO相比，将会拥有相同的光谱特性。如之前所述，化学功能化也可以有缺陷，从而出现可见的D峰。若是将功能化程度提高到>3%时，预计会出现非常宽的D、G和2D峰。图3.18a中显示了两个不同的强GO层的拉曼谱，当Γ_D = 81cm^{-1}、Γ_G = 61cm^{-1}和Γ_{2D} = 209cm^{-1}时，特征峰都相当宽，氧化程度大约只有40%（黑线）。

这种类型的含氧功能化石墨烯（GO）源自一种石墨插层化合物石墨硫酸盐的淬水，该过程可以将石墨烯分层为单层[42]。图3.18a（绿色）也显示了一个GO谱，其中约40%的碳原子是通过常规的GO[43]氧化物功能化成为sp^3碳原子。与具有4%功能化的GO相比，其值 Γ_D =120cm^{-1}、Γ_G =78cm^{-1}和 Γ_{2D} =273cm^{-1}，宽出大约30%~40%。然而，到目前为止，对于超过3%的功能化程度与GO的功能化程度之间没有可靠的相关性。总之，GO通常作为具有合理附加结构缺陷量的石墨烯含氧功能化的衍生物（功能化程度约为40%~50%），它的拉曼谱只能用来验证GO以及和未氧化的石墨区分开。然而，GO的功能化程度是不能通过拉曼谱来

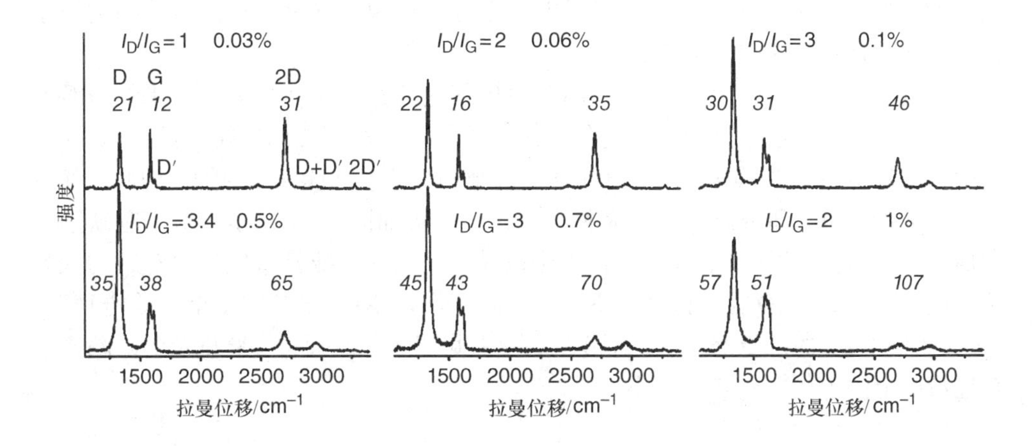

图 3.17 具有可变缺陷量的特殊制备的 RGO 的拉曼谱，对于 D、G 和 2D 主峰，Γ 值以斜体数字表示。对于已显示的光谱，可以估计缺陷密度在 0.03% ~1% 之间

确定的。

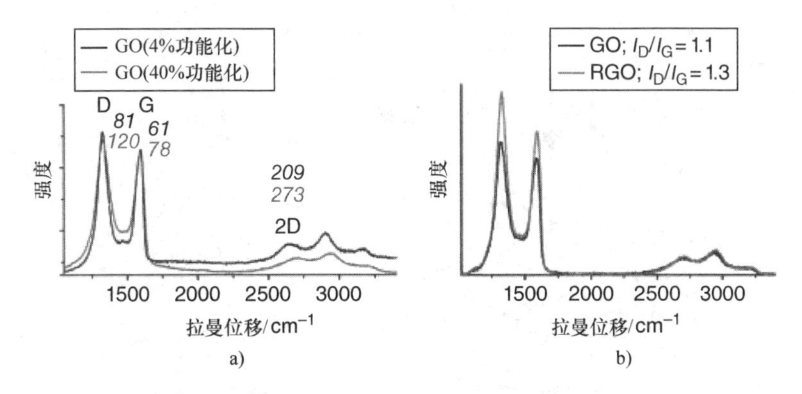

图 3.18 a）功能化程度分别为 4% 和 40% 左右的 GO 的拉曼谱（Γ 值以斜体数字表示）；光谱与功能化程度之间的显著差异尚未可靠确立。b）根据标准方法[43]制备的典型的 GO 和 RGO 的光谱，在第 2 章中有概述。虽然去除了其含氧官能团，但仍有超过 3% 的永久性结构缺陷会导致线变宽和 D 峰的出现，从而导致光谱特征几乎不变。与图 3.16a 中石墨烯的缺陷密度分别为 0.77% 和 0.12% 时所示一样，I_D/I_G 比值只是略有增加，这与质量的最小增加量有关

GO 和 RGO 的拉曼谱的另一个问题是化学还原过程中光谱的变化。尽管 GO 中的 D 峰主要归因于化学功能化和 sp^3 碳原子的增加，但 RGO 中的 D 峰偏离是因为碳骨架内的结构缺陷。官能团可以从 π 键表面和结构缺陷中去除，其中的结构缺陷主要是碳骨架（五元或七元环）的空位或是结构的重新排列导致的[40]。如图

3.18b 所示，尽管 GO 和 RGO 的拉曼谱看起来非常相似。在此例中，I_D/I_G 比值只是略微增加；然而，RGO 结构却与石墨烯完美结构相差甚远，且结构缺陷主导了化学结构，估计的缺陷密度约为 3%。

最近的调查显示，GO 转化为 RGO 的化学还原过程可生成不同质量的 RGO。甚至石墨烯也可以通过其他方法制备，并获得相同质量和相同的拉曼谱[44]。如上所述，石墨烯中的 D 峰可以归因于 GO 中的结构缺陷或功能性添加物。因此，通过去除添加物，可以研究碳骨架的完整性，这个过程如图 3.19 所示。对于有缺陷的常规的 GO，还原除去其官能团。但由于拉曼谱对散射是非常敏感的，对结构缺陷的密度大于3%的 GO 拉曼谱几乎不变。因此，除非 GO 的缺陷密度至少低到1% ~ 3%，否则 RGO 的拉曼谱几乎是不变的，这些可以看作是通过实验确定的缺陷密度合理量的上限[39,44]。

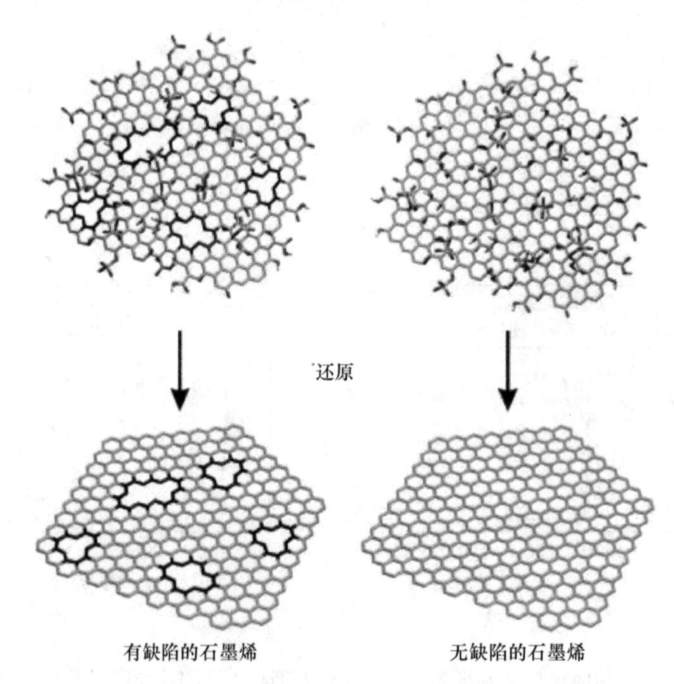

图 3.19　GO 的化学结构示意图；（左图）大于 3% 的可能性会出现结构缺陷（如缺位）的 GO，将其化学还原后，可通过拉曼谱探测缺陷。为了提高清晰度，可忽略官能团内的缺陷。（右图）显示了 GO 完整的碳骨架，可化学还原成无缺陷的石墨烯（RGO 无缺陷）

3.4.6　统计拉曼显微镜（SRM）

GO 是石墨烯的可加工衍生物。然而，由于常规制备的 GO 具有超过 3% 的缺陷，并且拉曼谱对该尺度上缺陷密度的变化不敏感，所以 GO 关于结构缺陷的质量难以确定。但可以做到合成具有较少结构缺陷的 GO，并将具有氧功能化的添加物用化学方法结合在石墨烯的表面上。在化学还原且由此去除官能团后，就可以探测 RGO 的质量。其 D、G 和 2D 峰可以通过洛伦兹函数来拟合，并且可以确定峰的强度和 Γ 值等参数[39]。

现代扫描拉曼谱仪配有显微镜和电动 $x-y$ 台，其电动台可以在精确到微米尺度甚至更低的精度下移动。现代扫描拉曼谱仪可以记录拉曼谱和 $x-y$ 坐标，并且可以通过该方法扫描大面积的 RGO 膜。利用这些数据集，可以统计分析出 RGO 的质量。图 3.20a 所示I_G值的柱状图，表明 I_G值主要决定于聚焦激光束探测到的碳原子。利用此原理可以区分出基底、薄片边缘、RGO 和少量层数的RGO。由I_G与Γ_G

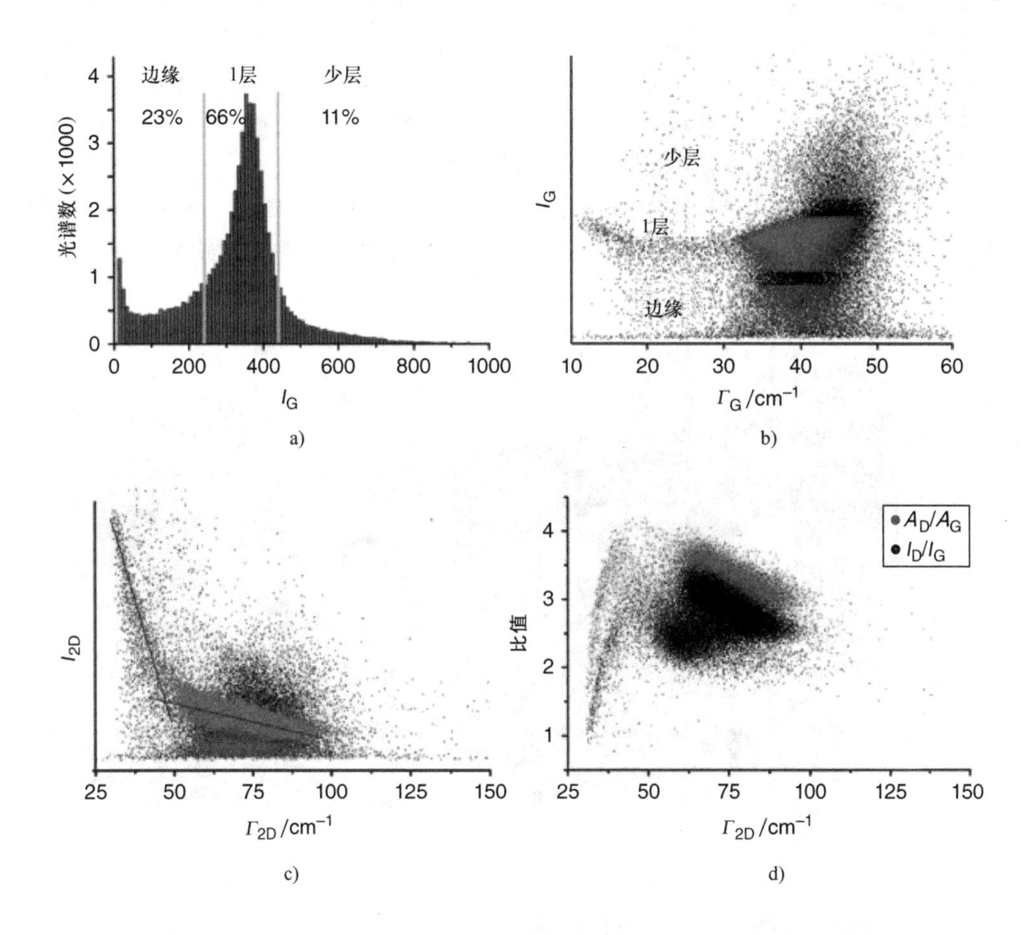

图 3.20 a）RGO、薄层 RGO 以及 RGO 的薄片边缘的I_G值的柱状图和区别。b）从约 6×10^4 个 RGO 拉曼谱的数据中提取的I_G与Γ_G关系图，RGO 谱的最高质量由小的Γ_G值表示。c）I_{2D}与Γ_{2D}的关系图；薄片边缘（红色）、单层石墨烯（绿色）和少量石墨烯（蓝色）。d）I_D/I_G和 A_D/A_G与Γ_{2D}的关系图，其对应 RGO 的质量

的关系曲线，可以确定与单层 RGO 有关的I_G值。低于 $30cm^{-1}$的Γ_G值只能从单层的且缺陷密度小于约 0.3% 的 RGO 中获得（见图 3.20b）。此外，Γ_{2D}值对 RGO 的质量和低于 $30\ cm^{-1}$的单层 RGO 的I_G值是敏感的；且对于缺陷密度小于 0.3% 的 RGO，Γ_{2D}值低于 $50cm^{-1}$（见图 3.20c）。I_D/I_G和 A_D/A_G与 Γ_{2D}的关系图可以预知 RGO 的质量（见图 3.20d），利用I_D/I_G与 A_D/A_G的比较可以定性地获得相同的结果。但由于强度是更容易确定的，因此I_D/I_G更常用。

还可以将 SRM 的结果与其他显微技术进一步联系起来，如原子力显微镜[39]。例如可以通过其他技术探测相同的位置，来印证 SRM 测定的光谱特征。由于石墨烯和 RGO 的质量在给定的样品中通常是不均匀的，因此仅测量一个单点光谱是不足的。因此，引入了 SRM，这样就可以使用统计方法来确定完整样本的质量。如上所述，记录 $x-y$ 位置和相应的拉曼谱，光谱特征也可从拉曼谱中提取。利用这些数据，可以构建 RGO 薄膜的图谱来显示光谱特征。在图 3.21a 中，显示了从扫描的 RGO 薄膜获得的结果。RGO 的单层颜色为绿色；$\Gamma_{2D}<45cm^{-1}$的 RGO 薄膜的颜色为橙色。这些薄膜是与 $L_D>3nm$ 有关的 RGO 薄片，且它们的缺陷密度小于约 0.3%。

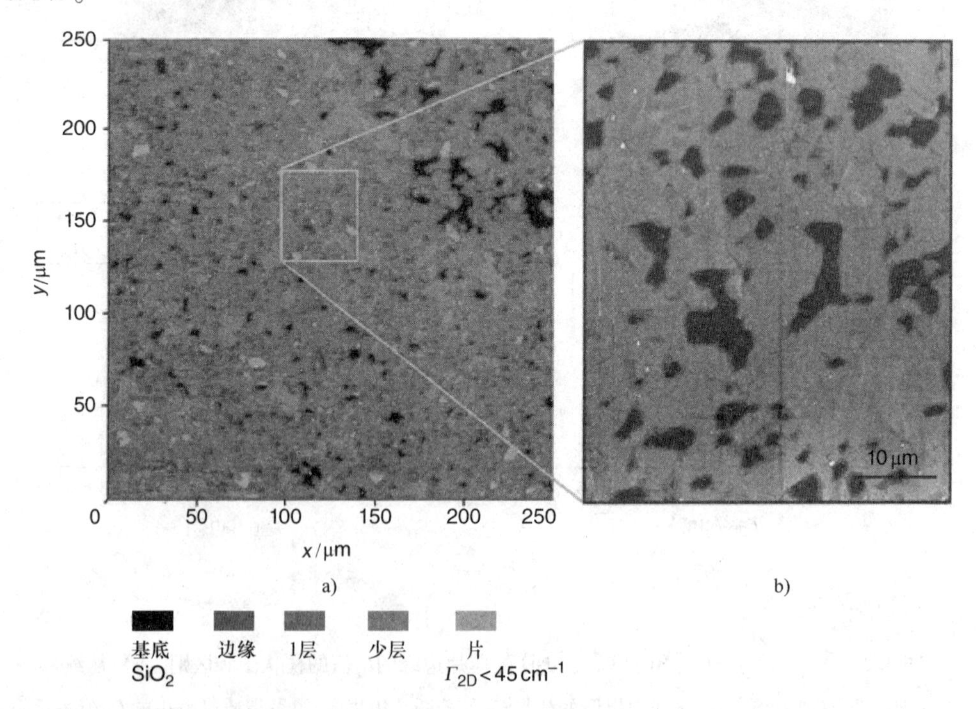

图 3.21　a）$250\times250\mu m^2$ RGO 的 SRM 图像。I_G值根据I_G进行颜色编码，单层 RGO 以绿色显示。b）表示图 a 灰色标记区域的放大图，片层厚度的拉曼信息被表示为相应重叠的 AFM 图像

3.4.7 展望

拉曼谱是表征石墨烯以及少层石墨烯最主要的技术。RGO和石墨烯之间的表征界限开始消失。但是，拉曼谱只是用于表征GO的其中一种手段。虽然GO蜂窝晶格的完整性可以定量确定，但对于诸如D峰等光谱特征的来源还是存在多种可能。因此，必须研究其他的分析技术来彻底分析GO。最近的一个研究是关于RGO薄膜质量的统计分析。相关质量是可以通过SRM进行可视化和量化，这是一个能提供整个样本信息的工具。目前，只是用于测量GO本身，还不能确定由含氧官能团高度氧化碳晶格形成的结构缺陷的密度。目前，RGO样品主要还是使用D、G和2D峰来表征，但对于其他峰，如D峰或多种峰组合，其位置可能意味着更多的信息，需要继续研究。近期突破的有关缺陷尺寸与拉曼谱之间关系的研究，在不久的将来，此类研究只是一个例子而已[45]。关于可变密度缺陷的单层GO的Γ值的可靠性是另一个需要进行的研究领域。可以推测，GO、RGO和石墨烯的拉曼谱在未来仍是一个令人兴奋的热点。

3.5 显微镜方法

每个GO片都是二维的纳米粒。因此，GO片可以通过显微镜技术进行分析和表征。与分析块状样品的光谱学方法不同，显微镜提供了有关单个薄片形貌的完整数据。大部分GO片层由于太小而不能在光学显微镜中很好地分辨。但电子显微镜技术产生的图像可以揭示GO片层的所有结构特征。因此，显微镜方法是GO表征的一个非常重要组成部分。

在本节中，我们将简要回顾一下关于GO研究最常用的四种主要方法：扫描电子显微镜（SEM）、透射电子显微镜（TEM）、原子力显微镜（AFM）和高分辨率透射电子显微镜（HRTEM）。虽然SEM可广泛用于常规分析，但其余三种，特别是HRTEM，则主要用于特定的研究。这与两个因素有关：成本/可用性以及获取相应图像所需的时间。

3.5.1 扫描电子显微镜

SEM图像是通过检测和收集入射样品电子束激发的二次电子生成的。SEM可能是分析GO样品最稳健的显微方法，它可以在同一图像上快速扫描包含数十甚至数百个不同GO片样品的大表面区域。在500～100000的放大倍数下也可以获得高质量的GO图像。当GO薄片沉积在基底上（通常是涂有SiO_2的硅晶片）时，SEM提供了关于片层大小分布、碳层数量、碳层形态等完整信息（见图3.22）。原则上，当GO制备达到工业规模时，因为SEM的简单性和稳健性，甚至可以作为常规的质量控制方法。SEM是用于研究GO的双组分结构模型的主要仪器手段（见图

3.23）[46]。

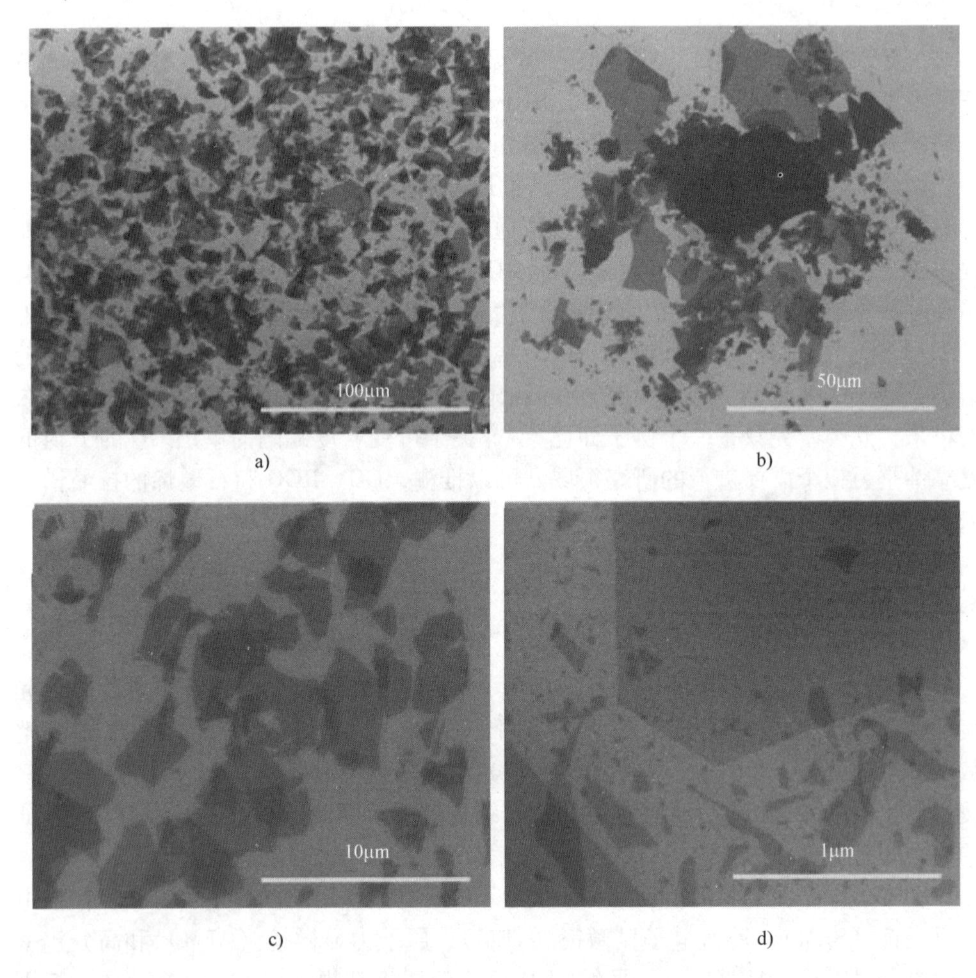

a) b) c) d)

图3.22 Si/SiO_2晶片上不同GO样品的SEM图像；图像是以不同的放大倍数获取的。
a）图像表明，SEM可以在屏幕上同时成像数百个200μm×200μm尺寸大小的薄片。
b）典型的单层GO片；很容易观测片的尺寸、边缘粗糙度和其他形貌特征；在浅灰色区域，片层具有单层碳；双层和三层薄片折叠或重叠的区域则很容易通过片层的透明度来识别。
c）图像显示了不同形态的GO片层；多层片层显示为黑色，不透明的区域。d）平滑直边的GO片层；边缘相交120°

3.5.2 原子力显微镜

原子力显微镜的原理是通过连接到悬臂上的探针尖端持续扫描样品表面，而悬臂在x和y方向上移动并掠过样品表面。当尖端进入样品表面附近时，尖端和样品之间的力会导致悬臂偏转。通常情况下，使用从悬臂顶部表面反射到光敏二极管上

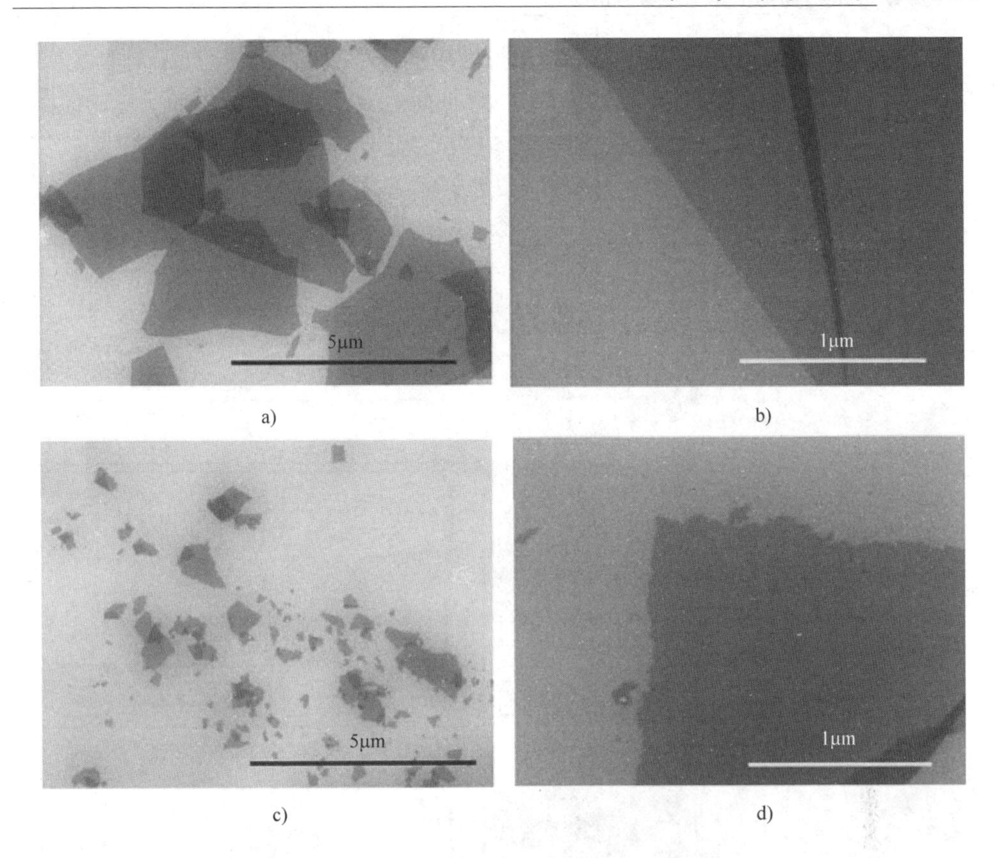

图3.23 显示基础处理对薄片形态的影响的GO片层SEM图像。a，b）保持着完整性并具有光滑边缘的典型GO片层。c，d）通过基础处理和连续超声20s处理获得的有损GO片层；这些片层表现为更小的尺寸和锯齿状的边缘

的激光点来测量偏转。原子力显微镜图像通过从尖端/悬臂获得的色彩映射信号形成，可以作为尖端 $x-y$ 位移的函数。AFM的横向分辨率与尖端曲率直径有关，目前该直径约为10nm，在 z 方向上，分辨率则为纳米级。

关于石墨烯和GO的相关研究，通常都使用AFM来获得片层的厚度。当在基材表面上时，单层GO薄片的厚度通常在0.8～1.2nm间隔内，这些值要比X射线衍射方法获得的0.6～0.9nm平均距离稍微高些。与SEM不同，AFM图像的采集需要几分钟到几十分钟的时间，而且目前大多数AFM都需要冗长而复杂的对准过程。

与SEM不同，AFM不能沿着基板快速移动以找到所需目标。尽管如此，AFM仍是获得薄片精确厚度的唯一方法。因此，AFM与SEM的结合使用可以辨别从多层GO样品中去除的单层GO（见图3.24）[46]。图3.24表明，当GO少于三层时，可以从SEM图像中薄片的透明度获得GO的层数。除了传统的高度（用于获得薄片厚度）和相位模式外，现代AFM仪器带有附加的功能，例如粘附性、表面电

位、导电性等。GO 片上氧化区域和石墨烯区域的尺寸大约为 2 ~4nm，这要比尖端直径小。这就是为什么 AFM 无法解决在 GO 平面上氧化区域和石墨烯区域的原因。

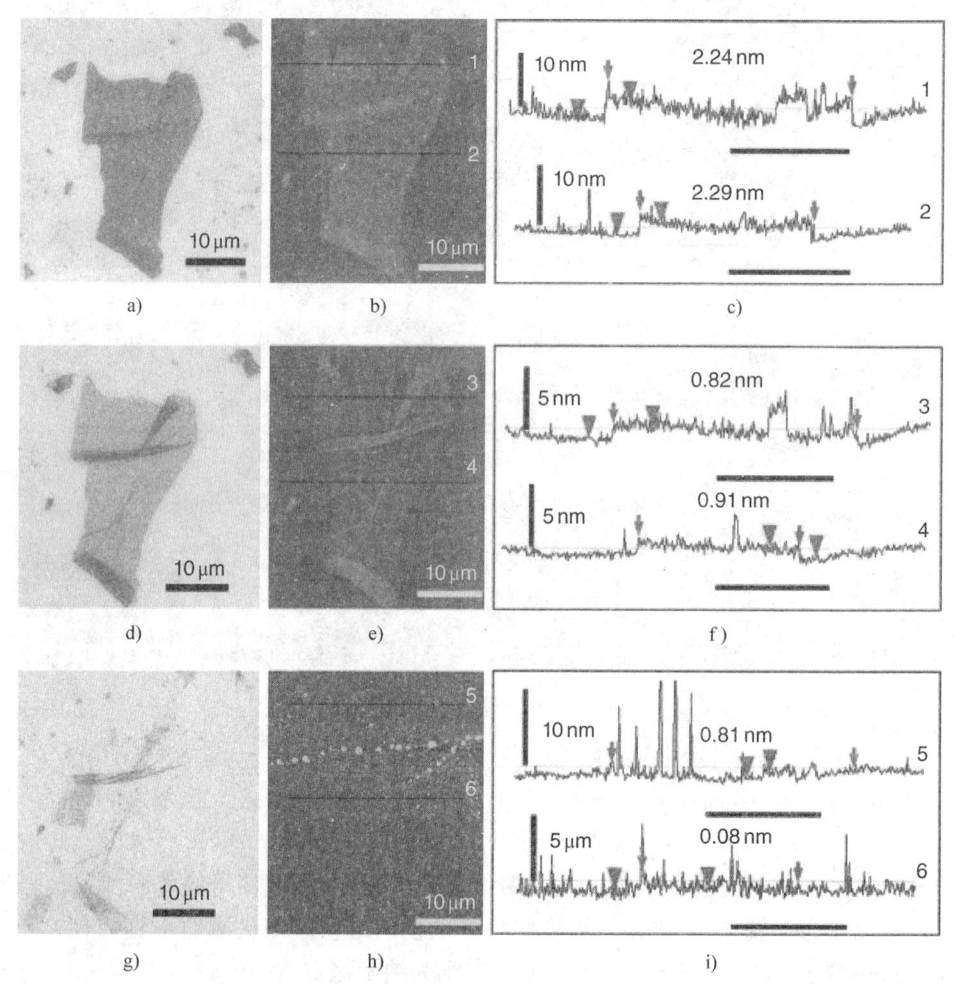

图 3.24　a，d，g）SEM 图像和 b，e，h）GO 片的相应 AFM 图像。c，f，i）对应于各个 b、e、h）图像的高度轮廓；图像显示的是从原始双层薄片上去除的单个 GO 片[47]

3.5.3　透射电子显微镜

TEM 的原理是基于探测通过片层样品的电子实现。因为该方法可以容易地将薄片悬浮在 TEM 栅格上来制备样品，所以对于石墨烯和 GO 等二维材料来说，TEM 是一种非常方便的手段。

然而，TEM 用于 GO 的相关研究还是相对有限的。这是因为 TEM 中的观测区域相对较小，一次只能观测一张片层。与 SEM 可以同时成像大量薄片相比，这是一个缺点，但对于比较目的和统计分析是有利的。TEM 可能对于研究纳米复合材料（如用纳米粒子浸渍的GO）是有利的。因为单层GO在电子束中是完全透明的，因此可以获得GO背景和纳米粒子之间良好的对比度，以图3.25为例。

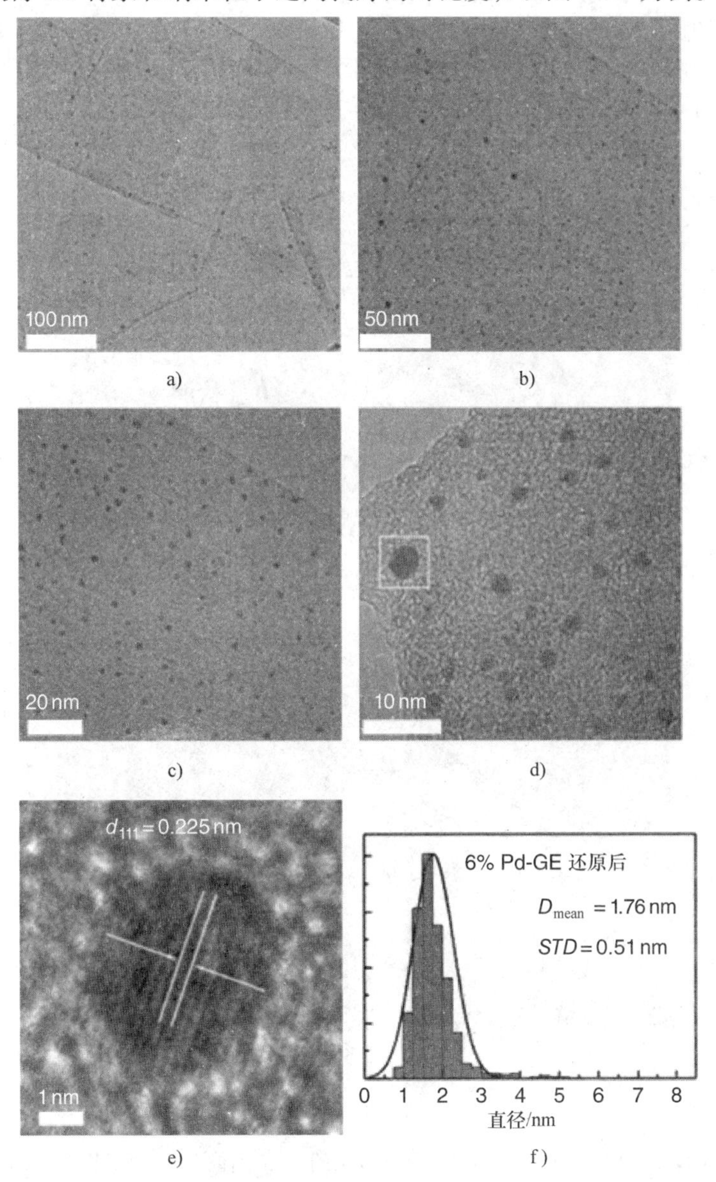

图3.25 GO－Pd纳米颗粒（NP）复合材料的TEM图像。a～d）小黑点是Pd NP。e）Pd NP的晶体结构的HRTEM图像。f）粒度分布的柱状图[48]

3.5.4 高分辨率透射电子显微镜

与常规TEM相比，高分辨率透射电子显微镜（HRTEM）方法可以显著提高放大倍数，为研究提供了许多可能性。HRTEM 能精确观测到单个原子或原子组的分辨率水平，这提供了对理解 GO 结构有价值的许多细节。Gómez - Navarro 等人[49]在 2010 年报道了 RGO 的第一个像差校正 HRTEM 图像（在氢气等离子体下还原）（见图 3. 26 和图 3. 27）。报道的图像有助于了解 GO 的实际化学结构。下面我们简要讨论一下与第 2 章讨论的 GO 的精细化学结构有关的图像。

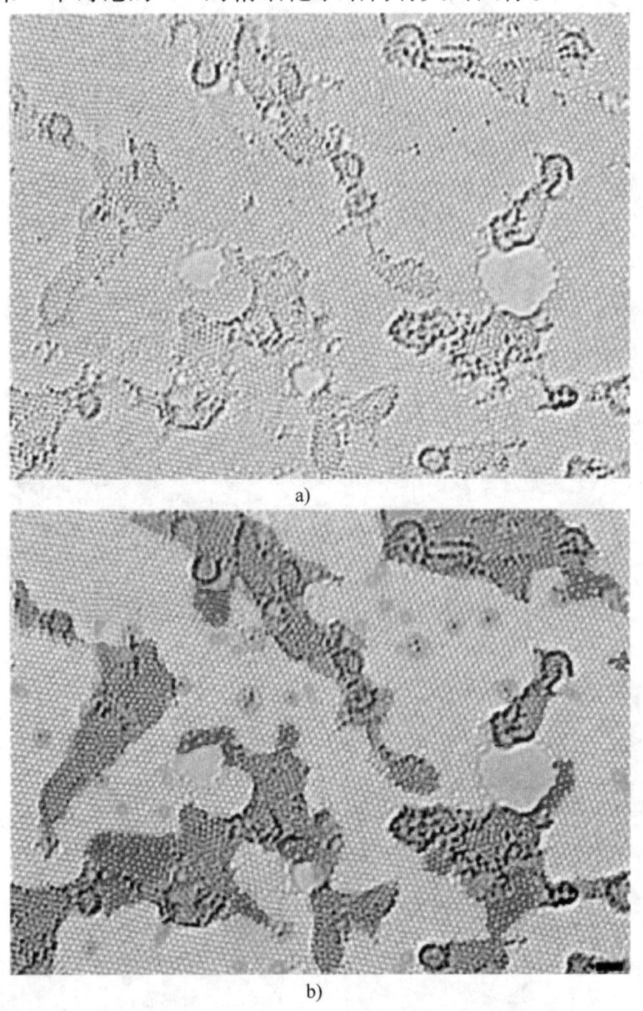

图 3. 26　单层 RGO 像差校正后的原子分辨级别的 TEM 图像。a）原始图像，b）为了突出显示不同特征的相同图像的颜色编码，无缺陷的结晶石墨烯域以原始浅灰色显示；有缺陷的区域是深灰色阴影；蓝色区域是无序的单层碳网或是扩展的拓扑缺陷，被确定为氧化还原过程的残余物；红色区域突出显示独立的原子或替代物；绿色区域表示孤立的拓扑缺陷，即单键旋转或位错核心；孔和边缘重建部分以黄色着色。比例尺为 1nm

显然，碳层的最大部分包含清晰的晶体石墨烯域，其中六角形晶格清晰可见（图 3. 26 中的浅灰色）。可见的良好结晶区域的平均尺寸为 3 ~ 6nm，统计数据显示它们覆盖 RGO 平面的约 60%，在石墨区域内有可见的点缺陷。除了石墨区域外，还可以观察到大量拓扑学上有缺陷的区域，它们表现为准无定形单层碳结构（在图 3.26b 中标为蓝色）。这些扩展的缺陷在有限的纳米尺寸区域内包含大量碳五边形、七边形和旋转六边形。尽管如此，这些区域中的所有碳原子与其他周围三个碳原子以 sp^2 杂化的结构结合。扩展的拓扑缺陷覆盖了表面的约 5%，并且具有直径为 1 ~2nm 的典型尺寸。

令人惊讶的是，石墨烯平面尽管存在如此大量的拓扑缺陷，但仍保持着大片径排列。即使在拓扑缺陷的颜色编码区域内，该片径排列也会有部分保留。缺陷区域以黑色曲线为边界，这些很可能是 C－C 键断裂点（见图 3.27d）；黑线的边缘具有较高密度的白色簇，推测是剩余的氧原子。因此，C－C 键断裂点由含氧官能团终止。

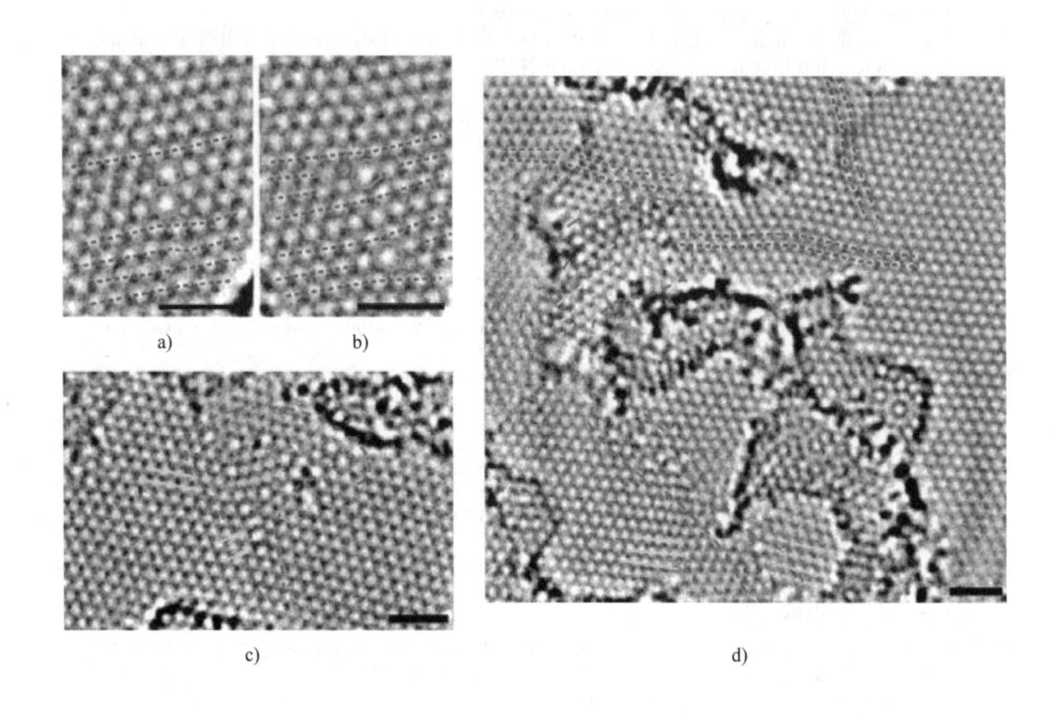

图 3.27　a，b）两个不同时间（间隔 2min）观察到的五边形－七边形偶极子 TEM 图像；两个断层之间的距离增加了，表明碳格栅的可移动性以及显著量的应变可导致分离。c，d）蓝色虚线表示其他缺陷簇；黄色虚线表示六边形晶格旋转至主要方向的区域（黄色实线是为了区分）；红色虚线表示六边形晶格中的扭曲。图 c 中黄色箭头表示强拉伸的碳多边形。所有比例尺都是 1nm

值得注意的是，将这项研究中分析的 RGO 样本与 Erickson 等人[50]在相似研究中的样品（见图 2.9）相比较，其明显具有更少的缺陷。因此，需要更多的 HR-TEM 研究来获得更多关于 GO 和 RGO 的实际结构信息。

参考文献

[1] Kolodziejski, W.; Klinowski, J., Kinetics of cross-polarization in solid-state NMR: a guide for chemists. *Chem. Rev.* **2002**, *102* (3), 613–628.
[2] Mermoux, M.; Chabre, Y.; Rousseau, A., FTIR and ^{13}C NMR study of graphite oxide. *Carbon* **1991**, *29* (3), 469–474.
[3] Lerf, A.; He, H.; Forster, M.; Klinowski, J., Structure of graphite oxide revisited. *J. Phys. Chem. B* **1998**, *102* (23), 4477–4482.
[4] He, H.; Riedl, T.; Lerf, A.; Klinowski, J., Solid-state NMR studies of the structure of graphite oxide. *J. Phys. Chem.* **1996**, *100*, 19954–19958.
[5] Lerf, A.; Heb, H.; Riedl, T.; *et al.*, ^{13}C and ^{1}H MAS NMR studies of graphite oxide and its chemically modified derivatives. *Solid State Ionics* **1997**, *101–103* (2), 857–862.
[6] He, H.; Klinowski, J.; Forster, M.; Lerf, A., A new structural model for graphite oxide. *Chem. Phys. Lett.* **1998**, *287*, 53–56.
[7] Gao, W.; Alemany, L.B.; Ci, L.; Ajayan, P.M., New insights into the structure and reduction of graphite oxide. *Nature Chem.* **2009**, *1* (5), 403–408.
[8] Casabianca, L.B.; Shaibat, M.A.; Cai, W.W.; *et al.*, NMR-based structural modeling of graphite oxide using multidimensional ^{13}C solid-state NMR and ab initio chemical shift calculations. *J. Am. Chem. Soc.* **2010**, *132* (16), 5672–5676.
[9] Cai, W.; Piner, R.D.; Stadermann, F.J.; *et al.*, Synthesis and solid-state NMR structural characterization of ^{13}C-labeled graphite oxide. *Science* **2008**, *321* (5897), 1815–1817.
[10] Szabó, T.; Berkesi, O.; Dékány, I., DRIFT study of deuterium-exchanged graphite oxide. *Carbon* **2005**, *43* (15), 3186–3189.
[11] Szabó, T.; Berkesi, O.; Forgó, P.; *et al.*, Evolution of surface functional groups in a series of progressively oxidized graphite oxides. *Chem. Mater.* **2006**, *18*, 2740–2749.
[12] Dimiev, A.M.; Alemany, L.B.; Tour, J.M., Graphene oxide. Origin of acidity, its instability in water, and a new dynamic structural model. *ACS Nano* **2013**, *7* (1), 576–588.
[13] Dimiev, A.; Kosynkin, D.V.; Alemany, L.B.; *et al.*, Pristine graphite oxide. *J. Am. Chem. Soc.* **2012**, *134* (5), 2815–2822.
[14] Pendolino, F.; Parisini, E.; Lo Russo, S., Time-dependent structure and solubilization kinetics of graphene oxide in methanol and water dispersions. *J. Phys. Chem. C* **2014**, *118* (48), 28162–28169.
[15] Seredych, M.; Bandosz, T.J., Combined role of water and surface chemistry in reactive adsorption of ammonia on graphite oxides. *Langmuir* **2010**, *26* (8), 5491–5498.
[16] Eigler, S.; Dotzer, C.; Hof, F.; *et al.*, Sulfur species in graphene oxide. *Chem. Eur. J.* **2013**, *19* (29), 9490–9496.
[17] Hontoria-Lucas, C.; López-Peinando, A.J.; López-González, J.D.D.; *et al.*, Study of oxygen-containing groups in a series of graphite oxides: physical and chemical characterization. *Carbon* **1995**, *33* (11), 1585–1592.
[18] Ambrosi, A.; Chua, C.K.; Bonanni, A.; Pumera, M., Lithium aluminum hydride as reducing agent for chemically reduced graphene oxides. *Chem. Mater.* **2012**, *24* (12), 2292–2298.
[19] Yang, D.Q.; Sacher, E., s–p hybridization in highly oriented pyrolytic graphite and its change on surface modification, as studied by X-ray photoelectron and Raman spectroscopies. *Surf. Sci.* **2002**, *504*, 125–137.
[20] Briggs, D., in *Handbook of X-ray Photoelectron Spectroscopy*, vol. *3*, eds C.D. Wagner, W.M. Riggs, L.E. Davis, J.F. Moulder and G.E. Muilenberg. Perkin-Elmer Corp., Eden Prairie, MN, **1979**.
[21] Hofflund, G.B., Spectroscopic techniques: X-ray photoelectron spectroscopy (XPS), Auger electron spectroscopy (AES) and ion scattering spectroscopy (ISS). In *Handbook of Surface and Interface Analysis*. Marcel Dekker, New York, **1998**.
[22] Chiu, P.L.; Mastrogiovanni, D.D.; Wei, D.; *et al.*, Microwave- and nitronium ion-enabled rapid and direct production of highly conductive low-oxygen graphene. *J. Am. Chem. Soc.* **2012**, *134* (13), 5850–5856.
[23] Ganguly, A.; Sharma, S.; Papakonstantinou, P.; Hamilton, J., Probing the thermal deoxygenation of graphene oxide using high-resolution in situ X-ray-based spectroscopies. *J. Phys.*

Chem. C **2011**, *115* (34), 17009–17019.
[24] Banwell, C.N.; McCash, E.M., *Fundamentals of Molecular Spectroscopy*. McGraw-Hill, London, **1983**.
[25] Bae, S.; Kim, H.; Lee, Y.; *et al.*, Roll-to-roll production of 30-inch graphene films for transparent electrodes. *Nature Nanotechnol.* **2010**, *5* (8), 574–578.
[26] Englert, J.M.; Vecera, P.; Knirsch, K.C.; *et al.*, Scanning-Raman-microscopy for the statistical analysis of covalently functionalized graphene. *ACS Nano* **2013**, *7* (6), 5472–5482.
[27] Stadler, J.; Schmid, T.; Zenobi, R., Nanoscale chemical imaging of single-layer graphene. *ACS Nano* **2011**, *5* (10), 8442–8448.
[28] Ferrari, A.C.; Meyer, J.C.; Scardaci, V.; *et al.*, Raman spectrum of graphene and graphene layers. *Phys. Rev. Lett.* **2006**, *97* (18), 187401.
[29] Graf, D.; Molitor, F.; Ensslin, K.; *et al.*, Spatially resolved Raman spectroscopy of single- and few-layer graphene. *Nano Lett.* **2007**, *7* (2), 238–242.
[30] Hoffmann, G.G.; de With, G.; Loos, J., Micro-Raman and tip-enhanced Raman spectroscopy of carbon allotropes. *Macromol. Symp.* **2008**, *265* (1), 1–11.
[31] Cançado, L.G.; Jorio, A.; Ferreira, E.H.M.; *et al.*, Quantifying defects in graphene via Raman spectroscopy at different excitation energies. *Nano Lett.* **2011**, *11* (8), 3190–3196.
[32] Koehler, F.M.; Jacobsen, A.; Ensslin, K.; *et al.*, Selective chemical modification of graphene surfaces: distinction between single- and bilayer graphene. *Small* **2010**, *6* (10), 1125–1130.
[33] Ni, Z.H.; Yu, T.; Lu, Y.H.; *et al.*, Uniaxial strain on graphene: Raman spectroscopy study and band-gap opening. *ACS Nano* **2008**, *2* (11), 2301–2305.
[34] Wang, Y.Y.; Ni, Z.H.; Yu, T.; *et al.*, Raman studies of monolayer graphene: the substrate effect. *J. Phys. Chem. C* **2008**, *112* (29), 10637–10640.
[35] Das, A.; Pisana, S.; Chakraborty, B.; *et al.*, Monitoring dopants by Raman scattering in an electrochemically top-gated graphene transistor. *Nature Nanotechnol.* **2008**, *3* (4), 210–215.
[36] Casiraghi, C.; Hartschuh, A.; Qian, H.; *et al.*, Raman spectroscopy of graphene edges. *Nano Lett.* **2009**, *9* (4), 1433–1441.
[37] Ferrari, A.C.; Basko, D.M., Raman spectroscopy as a versatile tool for studying the properties of graphene. *Nature Nanotechnol.* **2013**, *8* (4), 235–246.
[38] Lucchese, M.M.; Stavale, F.; Ferreira, E.H.M.; *et al.*, Quantifying ion-induced defects and Raman relaxation length in graphene. *Carbon* **2010**, *48* (5), 1592–1597.
[39] Eigler, S.; Hof, F.; Enzelberger-Heim, M.; *et al.*, Statistical-Raman-microscopy and atomic-force-microscopy on heterogeneous graphene obtained after reduction of graphene oxide. *J. Phys. Chem. C* **2014**, *118* (14), 7698–7704.
[40] Eigler, S., Mechanistic insights into the reduction of graphene oxide addressing its surfaces. *Phys. Chem. Chem. Phys.* **2014**, *16* (37), 19832–19835.
[41] Eigler, S.; Hirsch, A., Chemistry with graphene and graphene oxide – challenges for synthetic chemists. *Angew. Chem. Int. Ed.* **2014**, *53* (30), 7720–7738.
[42] Eigler, S., Graphite sulphate – a precursor to graphene. *Chem. Commun.* **2015**, *51* (15), 3162–3165.
[43] Eigler, S.; Dotzer, C.; Hirsch, A., Visualization of defect densities in reduced graphene oxide. *Carbon* **2012**, *50* (10), 3666–3673.
[44] Eigler, S.; Enzelberger-Heim, M.; Grimm, S.; *et al.*, Wet chemical synthesis of graphene. *Adv. Mater.* **2013**, *25* (26), 3583–3587.
[45] Pollard, A.J.; Brennan, B.; Stec, H.; *et al.*, Quantitative characterization of defect size in graphene using Raman spectroscopy. *Appl. Phys. Lett.* **2014**, *105* (25), 253107.
[46] Dimiev, A.M.; Polson, T.A., Contesting the two-component structural model of graphene oxide and reexamining the chemistry of graphene oxide in basic media. *Carbon* **2015**, *93*, 544–554.
[47] Dimiev, A.; Kosynkin, D.V.; Sinitskii, A.; *et al.*, Layer-by-layer removal of graphene for device patterning. *Science* **2011**, *331* (6021), 1168–1172.
[48] Li, Y.; Yu, Y.; Wang, J.-G.; *et al.*, CO oxidation over graphene supported palladium catalyst. *Appl. Catal. B: Environm.* **2012**, *125*, 189–196.
[49] Gómez-Navarro, C.; Meyer, J.C.; Sundaram, R.S.; *et al.*, Atomic structure of reduced graphene oxide. *Nano Lett.* **2010**, *10* (4), 1144–1148.
[50] Erickson, K.; Erni, R.; Lee, Z.; *et al.*, Determination of the local chemical structure of graphene oxide and reduced graphene oxide. *Adv. Mater.* **2010**, *22* (40), 4467–4472.

第4章 氧化石墨烯分散体的流变性

Cristina Vallés

4.1 氧化石墨烯分散体的液晶特性

4.1.1 液晶和 Onsager 理论

液态各向异性分子或颗粒（如液体介质）已经被证实，在介观层面上具有高度可控的结构成型能力，该种特性被称为液晶相。液体介质中的各向异性颗粒的含量越多，相关颗粒的自旋限制就越强。当这种限制增强到颗粒很难自旋时，这些颗粒将趋于自组织，形成有序取向结构[1]，该种物质结构被称作胶体液晶。胶体液晶因其可制备从分子层面到更高尺度上高度有序取向的结构[2]，在制作显示器元件等需要有序组织材料的领域具有十分重要的意义[2-5]，引起了广泛的兴趣和关注。

20 世纪 40 年代，Lars Onsager 预测称，一维棒状液晶颗粒和二维片状液晶颗粒（硬片）的胶体中，当液晶颗粒浓度上升到某临界浓度时，可使得该体系由无序的各向同性相转变为取向有序的向列相[6]。当棒状或片状液晶颗粒浓度较低时，液晶颗粒之间相互作用将十分微弱而可以发生自由旋转。随着浓度的上升，由于自由体积的排除，液晶颗粒的自由旋转会受到越来越多的限制，这样就使得棒状和片状液晶颗粒被迫取向自组织成为一种向列状态[1,6-8]。对于 2D 片状材料的该过程如图 4.1 所示。

Onsager 的理论还预测了液态介质中，杆状或片状颗粒的胶体分散体从各向同性到向列相阶段的临界浓度，在其中两个阶段共存（称为双相）。这种临界浓度很大程度上取决于杆（长度/直径）或片（直径/厚度）的宽高比[6-11]。

4.1.2 向列相碳纳米材料

特别地，大量的一维和二维各向异性纳米颗粒在高浓度状态的易溶液晶相（向列相）的形成被观测到，包括金属纳米棒[13]、黏土[14]、蛋白质纤维[15]、碳纳米棒（CNT）[16,17]、无机纳米布[18]和石墨烯[7-10,19,20]，并形成高度有序的（整齐的）结构。因表现出多功能碳基材料的高效合成途径，这些高度有序的碳质中间态相引起了广泛研究兴趣[21-26]。

在这些碳的纳米材料中，相对于其他碳纳米材料，氧化石墨烯（GO）尤其备

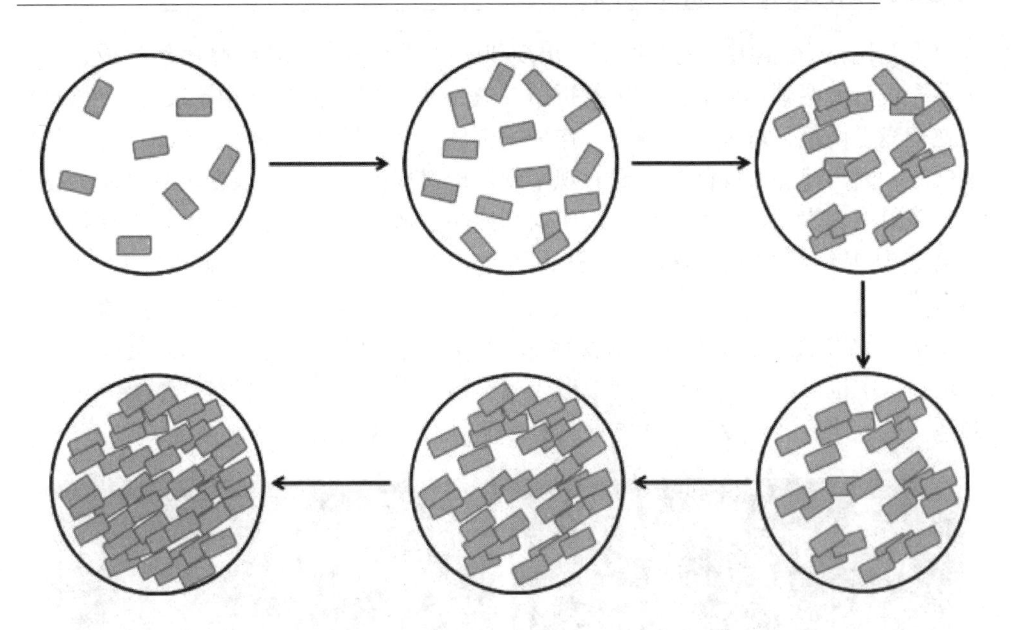

图4.1 液体介质中各向异性片状颗粒随着浓度升高形成高度有序取向2D结构的示意图。各向异性颗粒的含量越多，其自旋限制越强。自旋受到限制后，颗粒将趋于自组织，形成有序取向结构，被称作胶状液晶

受关注，因为它具有一些很重要的优点。GO是大量生产石墨烯基材料良好的前驱体。在水[7-10,19,20]或有机溶剂[27-29]中剥落成超薄片状的GO是一种高度氧化的片层材料。GO薄片因其片层表面具有大量结构缺陷和含氧官能团而不具有导电性。但是，GO可以通过化学还原[30]和高温退火处理[31]，或者通过一种简单的洗涤方式移除接枝在石墨烯片表面的氧化碎片[32]恢复成高导电性的石墨烯。另外，GO薄片具有极大的宽高比，一片GO的厚度仅为一个原子层，其侧向尺寸是其厚度的数万倍[7,8,33]，这一性质对于形成高度有序液晶至关重要。研究报道的GO宽高比可高达10000，这个数值高于之前有关CNT的研究[21,23]，使得GO材料在制备向列相液晶和高度有序取向的碳结构方面具有比CNT更好的前景。

利用分散体制备液晶相对各向异性胶粒构成的高浓度胶体的稳定性具有极高要求[10,34]。GO因其带负电荷（高度氧化的石墨烯薄片），在水中可以达到非常好的胶体稳定性，这一现象可以用Derjaguin、Landau、Verwey和Overbeek（DLVO）经典理论来解释[34,35]。由于存在表面带负电的GO薄片，使得带负电胶粒之间产生了强大的斥力，这就避免了胶粒通过强π-π键结合和范德华力作用聚集。近期，研究人员在GO分散体和还原GO分散体中发现了溶致液晶相[7-10,20]。与此同时，Jalili等人[28]和Xu等人[29]报道了GO在有机溶剂分散体中形成向列液晶相，仅需很低的GO临界浓度（约0.1wt.%）就可以将各向同性状态转变为向列相状态。与Onsager的预测相一致，这种转换的实现大大取决于石墨烯薄片的宽高比（直径

与厚度之比）。在偏振光的照射下，出现双折射现象表明溶致液晶已经形成，这意味着光线沿着两个不同方向产生了折射（是由液晶相的各向异性导致的），该现象可在偏光显微镜下可轻易观测到。作为一个例子，如图 4.2 所示，在 GO 薄片浓度很低时，因为薄片取向随机，没有观察到双折射现象。当 GO 浓度足够高时，在偏振光照射下观察到双折射现象，表明向列液晶相形成。这一结果意味着有序排列石墨烯基宏观结构的设计和制备成为可能，例如有序排列纤维和片层复合材料[7-10,20,36-40]。

优异的力学性能（强度和刚度）、高度功能化和超大宽高比，以及近期发现的既可在水中也可在某些有机溶剂中形成完美的有序取向液晶相的能力，赋予 GO 在制造高度有序、高强度和高导电性材料方面具有广阔前景[33,41]。

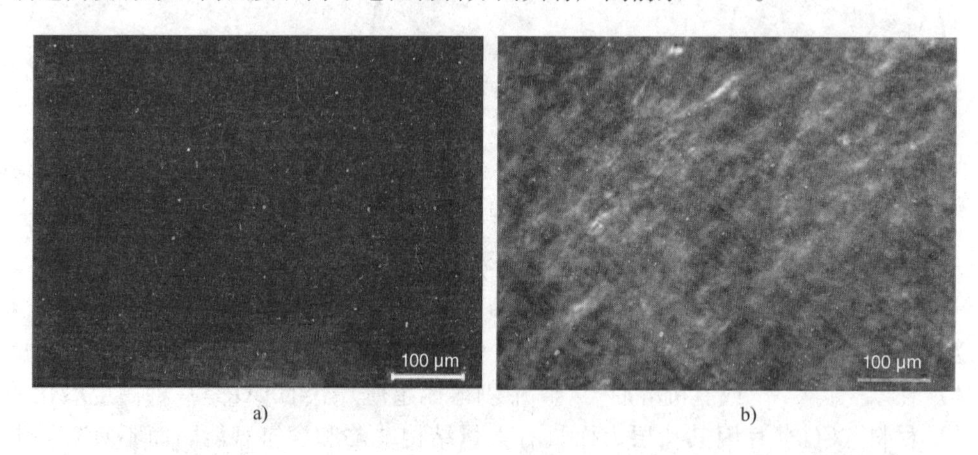

a)　　　　b)

图 4.2　a）极稀 GO 薄片随机取向时的偏光显微镜照片，b）当 GO 薄片浓度升高而形成液晶相时的偏光显微镜照片。可以看出，胶粒浓度高时具有较高的自组织性，可以形成向列液晶相，从而在偏振光下产生双折射现象

4.2　GO 液晶水系分散体的流变特性

为了理解 GO 材料在形成石墨烯基高度有序结构并开发其工业应用的可能，评价其流变特性是十分必要的。因其十分重要的意义，近期有团队研究并报道了 GO 分散体在高浓度和低浓度下的流变特性[12,42,43]。这些研究可作为模型体系来理解和预测石墨烯的流变特性以及更复杂体系的形成（石墨烯和其他溶剂或者聚合物体之间不同而且更加复杂的相互作用）。为了发展 GO 分散体的不同制备工艺流程，对理解 GO 分散体如何被处理是至关重要的。用水作分散剂的优点在于，水是一种牛顿流体，这使得石墨烯成为唯一变量，排除了其他额外成分的影响，并且 GO 水分散体在高浓度时具有极好的稳定性。

下面将通过动态剪切试验和均匀剪切试验来描述 GO 分散体的流变特性。流变学研究材料在外部变形时的特性。通过研究 GO 分散体在动态剪切和均匀剪切状态下的特性表现（如滑移变形）可以得到有关其结构的重要信息。图 4. 3 描述了为研究 GO 分散体的结构而施加的动态剪切和均匀剪切变形。

4. 2. 1 动态剪切特性

典型的动态剪切试验如图 4. 3a 所示，包括在样品上施加一个增加的应变（或应力），同时保持角频率 ω 不变。由此试验可以得出储能模量（G'）和损耗模量（G''）随着应变或应力增长的变化。由于 G' 和 G'' 分别体现了材料的弹性和黏性，所以由动态剪切试验可以得到 GO 体系的黏弹性表现。

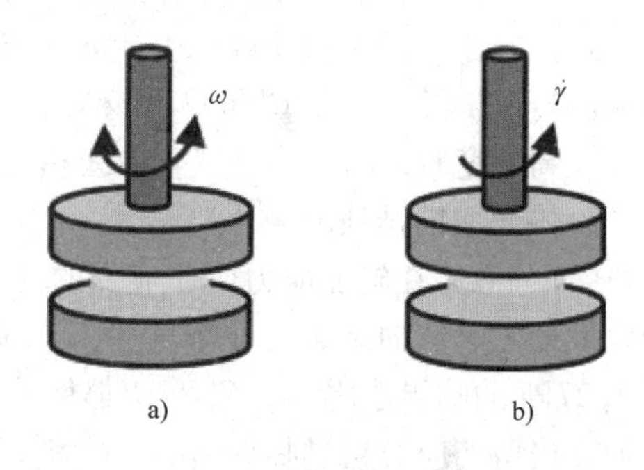

图 4. 3 a）动态剪切和 b）均匀剪切测量过程中样品的变形（滑移变形）

研究发现 GO 水分散体表现为典型的粒子空间填充网络。图 4. 4 是一个典型的动态剪切扫描试验，是通过调节 GO 分散体的浓度从 0. 1vol. % 到 0. 8vol. %，保持恒定角频率为 1rad/s，增加应变振幅得到的。由于它们之间存在的静电相互作用，GO 薄片在分散介质中形成了一种弹性网络，该网络在特定的应变下表现出黏弹性。在线性黏弹性范围内，储能模量 G' 和损耗模量 G'' 独立于施加的应变，并且 G' 值略高于 G''（见图 4. 4）。

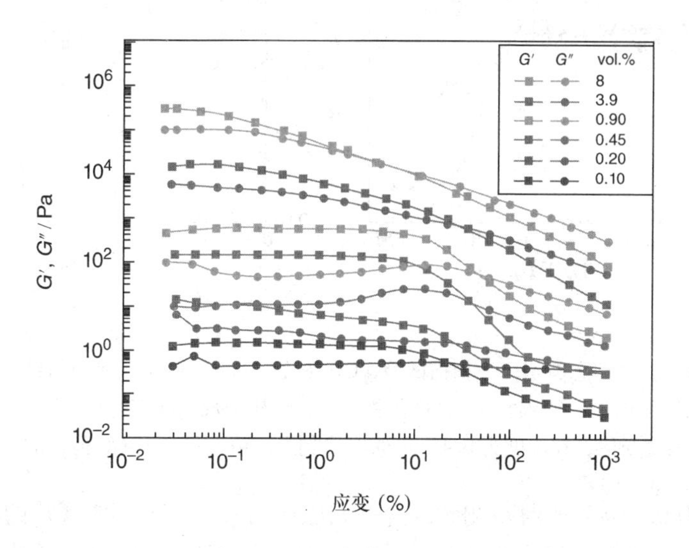

图 4. 4 不同浓度 GO 的典型动态应变扫描实验，该实验选择恒定角频率（1rad/s ）并增大应变幅度[42]。可以看出在临界应变之前线性黏弹性的存在（G' 和 G'' 独立于施加的应变，且 $G' > G''$）强烈依赖于浓度。在临界应变之上，试样表现出液态特征

应变增加到一定程度时，线性黏弹性阶段将终止，GO 薄片网络被破坏，G'和G''变化曲线相交并对应变高度敏感（随着应变增加急剧减小）。在这一特定应变下，GO 分散体失去了黏弹性特性，表现出由固体状态向液体状态的转变。如图 4.4 所示，临界应变的差异从 0.1% 到 10% 阶段主要取决于 GO 薄片的浓度[42]。固－液转换阶段出现在G'和G''相交时，并且趋于在应变和 GO 浓度更高的区域出现。在高浓度时，两个模量变化曲线相交时对应的应变比预期低，这是由于样品形成了胶体（取向排列的薄片）。

GO 分散体在施加应力而非应变的动态剪切试验（应力扫描方法，见图 4.5a）中也发现了类似的结果。在浓度为 1.2vol.% 的 GO 液晶分散体中，在剪切应力达到 1.27Pa 的临界值之前，G'和G''都保持恒定[43]。和超过临界应变发生的现象相类似，当剪切应力超过临界值时，G'和G''将明显依赖于应力。由于黏弹性 GO 网络的破裂，G'将随着剪切应力的增加而降低，并逐渐和G''相交，样品逐渐远离固体状态而进入液体状态阶段。与临界应变类似，临界应力也与 GO 浓度具有很强的相关性。图 4.5b 显示了不同 GO 浓度下的临界应力。可以看出，随着浓度增长，屈服应力首先移向高值（浓度为 0.33vol.%），然后在浓度为 0.45vol.% 时减小，最终又移向高值[43]。

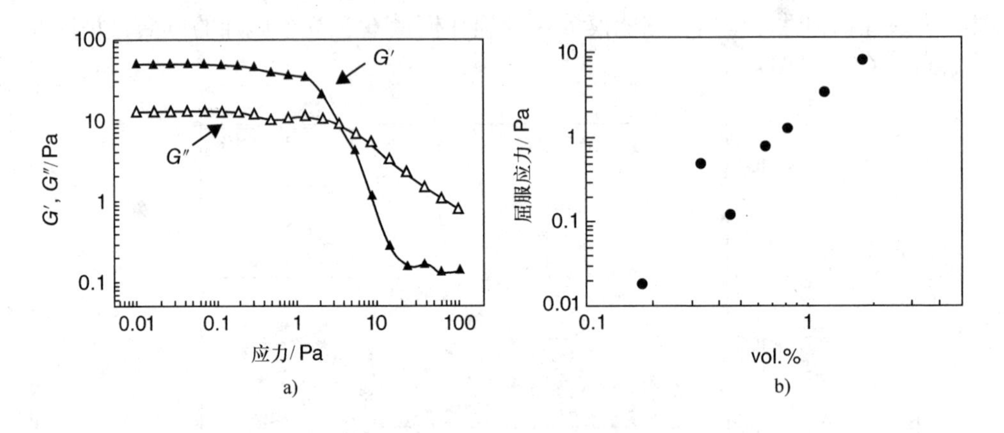

图 4.5　a）典型动态剪切应力扫描试验，GO 浓度为 0.83vol.%，受到临界应力之前，GO 分散体表现出线性黏弹性，两种模量相交时，试样表现出液态特征。b）屈服应力随 GO 浓度变化，在浓度为 0.45vol.% 时取到最小值，代表着 GO 薄片的取向

在浓度为 0.45vol.% 时观测到的这一屈服应力最小值与 GO 薄片的取向或者排列相一致，显著地减小了它们之间的关联作用。不同浓度 GO 的屈服应力差异与先前报道的碟状合成锂皂石胶体和浓缩屈服应力流体相似[44]。在恒定应变状态下进行动态频率扫描线性黏弹性阶段的 GO 分散体，可以反映出有关其结构的信息。这时 GO 分散体的弹性网络还没有破裂，因此可以在剪切频率升高时观测到G'和G''

的变化。图4.6给出了不同浓度GO分散体的典型动态频率扫描实验。在线性黏弹性阶段，GO水分散体动态频率扫描实验曲线与浓度显著相关：

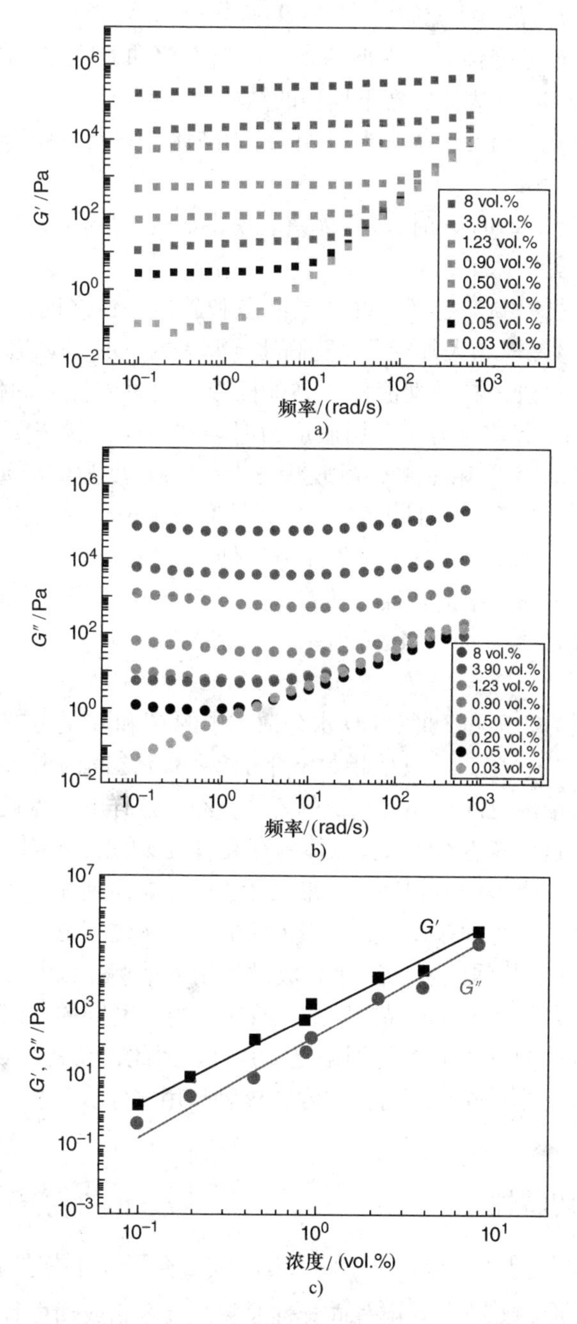

图4.6　在线性黏弹性范围内（在0.1%的恒定应变幅度下）对水性GO分散体进行动态频率扫描。随着频率的增加，a）G'和b）G''的变化随GO浓度不同表现出不同特点。c）线性黏弹性范围内，在0.1rad/s的恒定剪切频率下，模量G'和G''的值是浓度的函数

1）对于浓度很低的 GO（约 0.03vol.%），因分散体中的粒子间没有相互作用而表现为典型的流体特性。可以发现两种模量随着剪切频率升高而升高。

2）对于浓度中等的 GO（0.03~1.2vol.%），可以发现其具有介于流体状态和凝胶状态之间的一种流变性质。在低剪切速率时，G'和 G''与剪切速率无关，并且 G'大于 G''，这符合 GO 在固体状态下典型的结构弹性性能。在高剪切速率下，G'和 G''变得和剪切速率显著相关，这意味着 GO 结构破坏，进入一种具有液态性能的阶段。

3）当浓度高于 1.2vol.%时，GO 体系表现出显著的胶体频谱，G'和 G''在全部施加频率范围内与剪切速率无关。

有些情况下，可以额外定义一种介于液态和胶体特性之间的黏弹性软固态特性。最近有研究表明，“超大片径”（宽高比 =45000）GO 的动态剪切特性根据浓度不同可分为四个阶段：黏弹性液体、黏弹性液体向黏弹性软固体转变的中间状态、黏弹性软固态（剪切应力小于屈服应力时表现为固体状态，剪切应力大于屈服应力时可轻易流动[45]）和黏弹性凝胶状态[12]。在浓度为 0.83vol.%的超大片径（宽高比 =45000）GO 薄片中可以观察到黏弹性凝胶现象，这只比在更小片径（宽高比 =800）、浓度为 12vol.%的 GO 薄片中稍低。与宽高比无关，GO 分散体独特地表现出一种类似阈渗网络的特性，随着低频下 G'和 G''的值与浓度（c）相关，且其关系服从幂律分布[42]，如图 4.6c 所示。

$$G',G''(\mathrm{Pa}) = x \times c(\mathrm{vol.\%})^{y} \tag{4.1}$$

当指数 y 分别为 2.7 和 3 时，GO 水分散体中的 G'和 G''的分布具有很高的拟合质量（$R^2>0.90$）[42]。通过在其他指数 y 介于 2~3.5 之间的阈渗网络的实验，可以发现两种模量和浓度之间存在着相似的幂律分布，这样的特点通常是由无序三维网络带来的结果。这意味着 GO 水分散体中存在着类似的三维网络（如液晶凝胶）。

层间的两种不同类型的力相互作用形成了 GO 液晶向列相：由于 GO 表面上带负电性的官能团产生的片间排斥力，以及 GO 上石墨域之间的 π－π 作用和范德华力导致的吸引力。GO 片间的静态排斥和成键作用的平衡，以及二维 GO 薄片大的宽高比和高柔性，是形成 GO 液晶凝胶或三维 GO 凝胶网络的原因。增加层间的成键作用力（例如减小排斥力）使得网络更加强健。因此，在高的 GO 浓度，吸引力的强度由于小的层间排斥作用而占据主导，该种作用将导致强相互连接的 GO 胶状物相的形成。

4.2.2 均匀剪切特性

一个典型的均匀剪切实验（见图 4.3b）包括在样品上施加恒定的剪切速率（$\dot{\gamma}$），同时监测黏度的变化。在由各向异性胶粒、聚合物或蠕虫状胶束组成的体系中，施加外部剪切可以引发一些分子的排列和取向。均匀状态的剪切流动曲线可以帮助我们理解 GO 薄片在液态媒介中的分散体是如何排列和取向排列的。图 4.7 给出了GO分散体的典型均匀剪切特性。在均匀剪切下，GO分散体随着浓度不同表现出了牛顿或非牛顿流体特点。在低浓度状态下（约0.08vol.%），无论高频还是低频剪切GO分散体的剪切黏度都表现为牛顿流体特点。随着浓度的升高，样品出现了典型的剪切变稀现象（随着剪切速率升高，剪切黏度出现陡降），这与GO薄片取向成为向列相有关系[43]。

通过研究发现（均匀剪切）实验中研究流动特性所用的黏度和施加的剪切速率近似符合如下幂律分布（幂律剪切变稀特性）[43]：

$$\eta \approx k\dot{\gamma}^{x-1} \tag{4.2}$$

式中，η表示黏度，k为常数，$\dot{\gamma}$为剪切速率，x是幂律分布指数[47]。当$x=1$时，表示该流体为牛顿流体；$x<1$时，该流体属于剪切变稀流体。研究发现，对低浓度的GO（0.08vol.%），x取0.9[43]时，该模型与预期的GO薄片各向同性分散体所表现出的牛顿流体特性吻合较好。对更高的浓度（1.8vol.%），幂律指数取0.29，可使其与典型的弱凝胶或浓缩分散体所得值相符。

高浓度GO随着剪切速率升高而表现出典型的变稀特性，可用简单的Carreau方程来描述[43,48,49]。

或者如图4.7所示，一些作者考虑从图像的两个不同的阶段来描述GO水分散体随着剪切速率变化的均匀剪切特性。

第一个阶段在低剪切速率时，分散体具有显著的剪切变稀特性（如剪切速率升高时黏度剧烈降低，然而剪切应力几乎保持不变）。

第二个阶段在高剪切速率时，随着剪切速率升高，黏度几乎保持不变（但剪切应力升高）。

这两个阶段中存在一种伪屈服应力。这种伪屈服应力可以用Péclet数（Pe）来表示，Pe给出了粒子布朗运动的相对时间尺度和粒子的流体动力。如果我们将GO薄片近似看作硬质圆盘，Pe可用下式定义[46]：

$$\mathrm{Pe}=\frac{\text{布朗运动时间尺度}}{\text{对流运动时间尺度}}=\frac{\dot{\gamma}}{D_{\mathrm{r}}}=\dot{\gamma}\frac{32\eta_{\mathrm{s}}b^3}{3kT} \tag{4.3}$$

式中，D_{r}为旋转布朗扩散系数，k为玻尔兹曼常数，T为绝对温度，b为圆盘半径，η_{s}为溶剂黏度[46,50]。

在这种体系中，布朗力（使薄片相互吸引）和流体动力（使薄片相互分离）相互对立。在第一阶段（在达到屈服应力之前出现变稀现象），当布朗运动克服了流体动力，即$\mathrm{Pe}<0.3$时，GO网络受到剪切发生重组。在第二阶段（在高剪切速率下，达到屈服应力之后黏度保持不变且剪切应力不断增加），因流体动力克服了布朗运动，GO网络受到破坏。在第二阶段，剪切应力可用$n\sim 1$的幂律分布来描述。这两个阶段之间的转换发生在某一依赖于GO浓度的Pe特定值（$\geqslant 0.3$），并且这种转换的发生表明了胶粒上的流体动力开始克服布朗运动作用。在高浓度的GO（$\geqslant$ 1.2vol.%）中，第一阶段会延伸至剪切速率非常高的区域，而且分散体

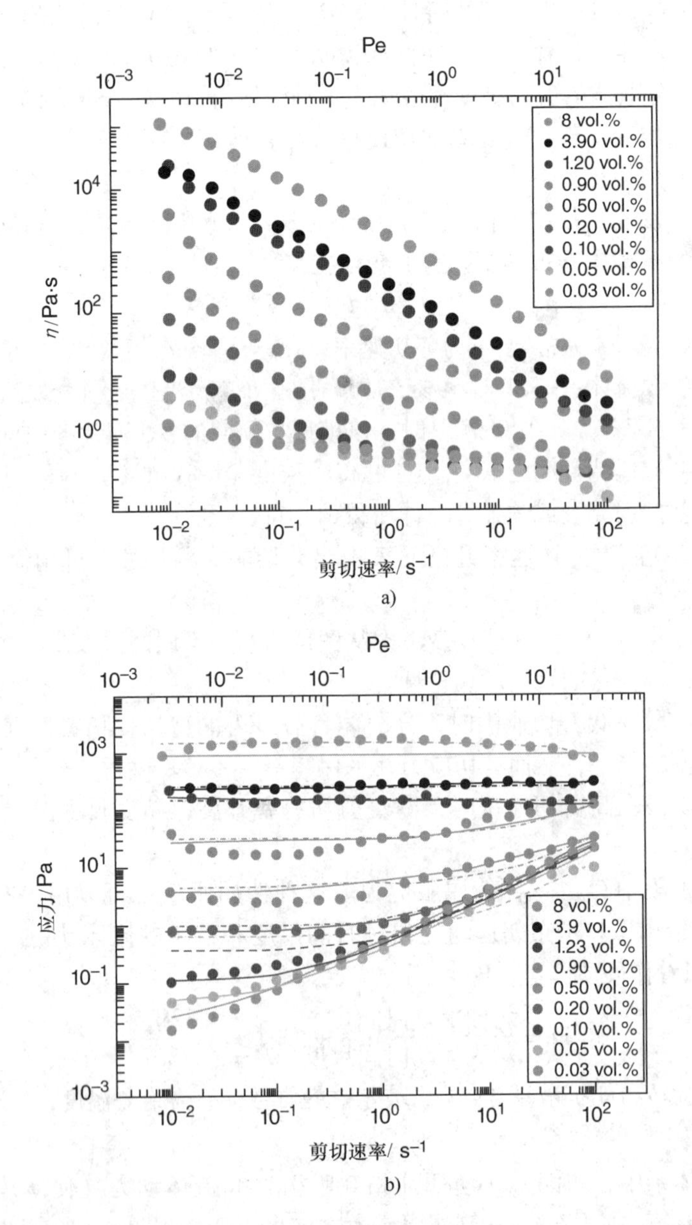

图4.7 a）不同浓度GO分散体的均匀剪切速率流动特性，在不同的浓度下表现出牛顿或非牛顿性质。b）均匀剪切流动数据符合式（4.4）定义的Bingham模型（虚线）或式（4.5）定义的Herschel－Bulkley模型（实线），因为两种模型都包含屈服应力

不会进入第二阶段，这意味着凝胶（向列相）已经形成。

Bingham 和 Herschel－Bulkley 模型在膏体、浆体、悬浮液的工业领域得到了广泛的使用[51]，并且由于包含了屈服应力，这两种模型与GO水分散体的均匀剪切流动数据符合较好。Bingham模型中流体剪切应力低于屈服应力时，其应变为零，然而当剪切应力超过屈服应力后，流体表现为牛顿流体特点（见式（4.4））；Herschel - Bulkley模型是一种具有附加屈服应力的Ostwald - de Waele（或幂律）模型（见式（4.5））：

$$\text{Bingham 模型}\qquad \tau = \tau_y + \eta_\infty \dot{\gamma} \tag{4.4}$$

$$\text{Herschel - Bulkley 模型}\qquad \tau = \tau_y + K \dot{\gamma}^n \tag{4.5}$$

式中，τ 为剪切应力，η_∞ 为无限剪切速率时的黏度，n 和 K 是常数，τ_y 表示屈服应力。

尽管这两种模型在GO浓度小于12vol.%时与实验数据拟合得很好，但对使样品形成一种凝胶且不进入黏性流区域的更高浓度，这两种模型对实验数据的拟合趋于无效。

高浓度GO分散体的流变性能与絮凝网络的流变性能十分相似。目前看来，分散体处于静置状态时，GO薄片会因静电力作用形成一种空间填充网络。在剪切应变率很低（Pe < <1）时，大多数GO薄片保持完好（处于线性黏弹性阶段）。在临界应变之上（线性黏弹性阶段之后），GO网络的结构受到破坏，这导致了黏性和两种模量随着剪切速率增加发生陡降。体系的微观结构如图4.8所示。有的作者通过Barnes提出的絮凝网络在剪切作用下受到破坏形成絮状物[52]，且絮状物的尺寸随着剪切速率升高而减小。体系中的布朗运动（形成絮状物）与剪切力（分散絮状物）共同存在、相互竞争。体系中絮状物的尺寸明显取决于布朗运动和剪切力的竞争，这一现象可由Pe给出，并且如之前提到的，最终在每种施加的剪切速率下形成尺寸均衡的絮状物。

在高剪切速率下观测到剪切应力的增长也可以用这一理论来解释。随着剪切速率升高，现有的絮状物逐渐裂解成为更小的絮状物，这些更小的絮状物在更低的剪切应力下即可流动，因此即使剪切速率在增长，剪切应力实际上也得以维持稳定（见图4.7b）。渐渐地，（当剪切速率足够高时）絮状物裂解为完全分散的GO，这就造成了在高剪切速率下测得的剪切应力增长。

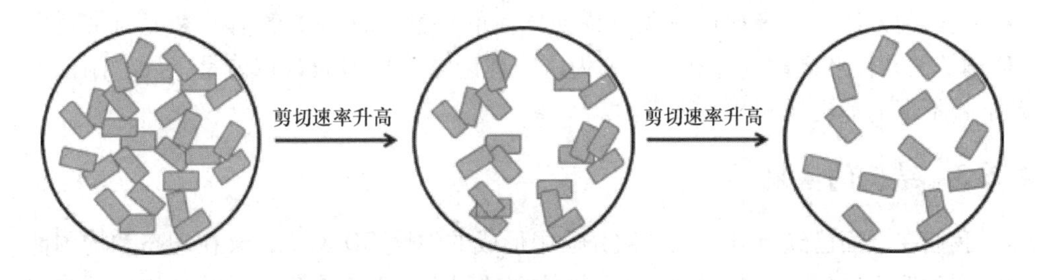

图4.8　线性黏弹性范围中GO薄片的弹性网络示意图，这种网络通过施加逐渐增加的剪切速率而分解成絮状物。随着剪切速率的增加，形成的絮凝物尺寸减小

图4.9给出了不同浓度GO的黏度差异。从图中可以看出，这一差异的分布是

非单调的，因为液晶分散体的黏度不仅取决于GO的浓度，还取决于粒子的排列。在低浓度的GO（约0.08vol.%）中，存在着一种各向同性物相。所以黏度随着浓度增长，当浓度达到临界体积分数（约0.33%）时，黏度也达到最大。在最大值之后，随着浓度继续增长，黏度将出现减小，这是因为体系中形成了低黏度的向列相液晶。当黏度达到最小值时，全部的向列相基本形成。达到最小值之后，黏度值又开始增加。

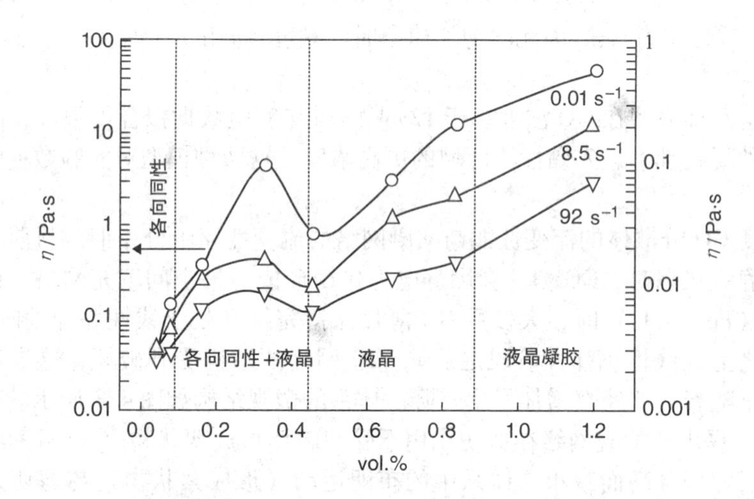

图4.9　GO分散体的剪切黏度随浓度的变化表明它们之间存在非单调关系，体现了各向同性相变的发生

由各向同性到向列相的转换过程发生在均匀剪切作用下，并且这一转变发生在GO组分达到0.33%这一关键浓度，该浓度值与多分散无限薄片（0.25%）的预测值十分接近[11]，从而形成一种典型的胶质各向同性-向列相的转变。

值得注意的是，在非常低浓度的GO（粒子间没有相互作用）中测得的黏度值通常高于根据Einstein-Stokes方程[53,54]和稀薄球体的经典Brenner预测[55]所得的值，这两种方法都用来描述或预测稀薄球体的特性。这些被低估的黏度与带负电GO薄片的柔性和高宽高比有关，因为这些理论经典模型假设球体是坚硬、刚性的粒子，不带电荷也没有相互吸引力。

4.2.3　结构的恢复

我们在上面已经看到，在分散介质中形成的弹性GO网络，会在动态和均匀剪切状态下发生破裂。因此评估GO分散体在破裂后，能否恢复其初始结构以及确定恢复时间十分重要。我们将分散体称为“剪切稀化”还是“触变性”，取决于结构是即时还是在一段时间后恢复。

GO结构的恢复可以通过在GO分散体上进行一系列动态应变扫描并改变扫描

之间的静置时间来评估。为了评估均匀剪切扫描后结构的恢复情况，在分散体受到剪切之后，施加动态应力以追踪结构的恢复。必须选择足够高的动态应力，以便实际上可以测量恢复情况，但不必太高以免实际上阻碍了完全恢复。

GO 分散体具有“触变性”，因为它们可以在动态应变或均匀剪切速率扫描下破碎后，静置一段时间从而恢复其原始结构。

通过应用动态应变扫描将 GO 网络破碎之后，G' 和 G'' 模量通常需要 30 ~ 60min 才能恢复其初始值。我们假设模量值的恢复作为薄片网络结构恢复的证据。由于结构的恢复不依赖于分散体的浓度，因此预计不同浓度的 GO 具有类似的恢复过程。在某些情况下，结构的恢复可能并不完全，这表明已经恢复的结构比初始结构具有更高的结构黏性（稍高的 G'' 值）[42]。

与动态应变扫描造成的损伤相比，通过施加均匀的剪切速率进行扫描，样品的结构分解更加严重。通过均匀剪切 GO 分散体，结构破坏严重，这通过 G' 和 G'' 模量值的显著下降来显示。虽然结构在静置时恢复，但恢复过程不是线性的。最初，两个模量随着时间增加非常缓慢，随后陡峭增加，达到约 6h 后接近初始值的数值，但它们实际上从未达到初始数值。这意味着即使非常接近初始结构，GO 分散体在均匀剪切之后也不会完全恢复。

LC – GO 分散体表现出的触变流体特征，这是由于弹性 GO 薄片网络相互连接的破坏，随后是介质中 GO 薄片的增强取向排列。

4.2.4　调整 GO 分散体的流变性以实现可控制备

在本章中我们已经看到，GO 分散体的流变特性显著地依赖于浓度，这意味着可以通过调整 GO 颗粒的浓度实现调控。建立流变特性和 GO 浓度之间的相关性，是使用各种制造技术的重点，这将使我们能够通过各种工业技术处理和制造宏观 GO 结构。

根据 GO 浓度区分具有不同流变现象的几个区域，其中使用不同的加工技术处理分散体，如图 4.10 所示。

虽然在每个浓度下，GO 分散体被认为是完全各向同性的，并且仅显示液体状特性（仅黏性相），但对于“超大片径”GO 薄片的水性分散体，最近发现了相当多的弹性组分，即使在极低浓度范围（0.25mg/mL），这使得它们即使在非常低的浓度下（高宽高比的结果）也有像黏弹性液体一样特性。在这些超大片径 GO 分散体中从固态到液态性状（屈服应力）的转变发生在非常低的临界浓度下（比胶体悬浮液的理论值大约低三个数量级）[12]，这是由于一个非常大的宽高比（约 45000）。除了黏性组分外，在这样低的载荷下还存在重要的弹性组分，能够以极低的浓度进行高度可控的电喷雾和喷涂。这使得制造超透明 GO 薄膜成为可能，而不会发生当喷射不含弹性组分的黏性流体时发现的典型干扰。超大片径 GO 分散体的喷涂涂层在电子、油漆、微胶囊化、电乳化、精细粉末生产以及微纳米薄膜沉积等广泛的工业生产中具有巨大潜力[56]。

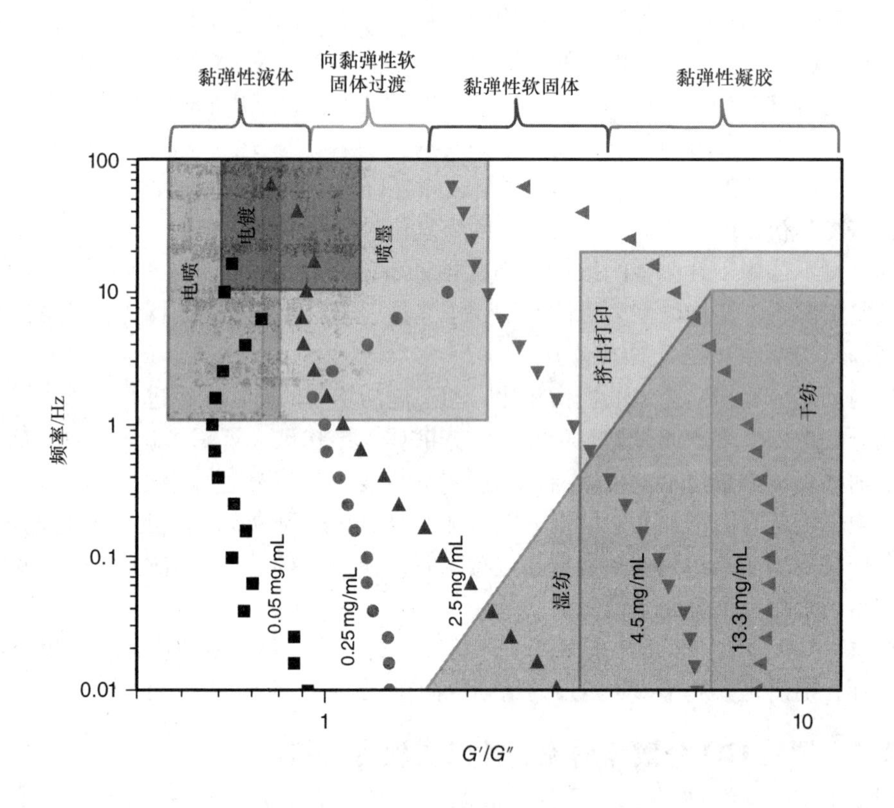

图 4.10　不同浓度下 GO 分散体的弹性模量和储能模量（G'/G''）随频率的变化，给出不同工业制备的加工技术所适合的 GO 分散体。例如，当黏性组分（G''）占优势时，适合高剪切速率的制备方法，如在基底上喷射的方法；而当弹性组分（G'）占优势时，挤出打印和纤维纺丝是适宜的制造方法

在 0.25～0.75mg/mL 的 GO 浓度下，GO 分散体表现出双相特性，其中各向同性相和向列相共存。在这个浓度范围内，因为“长程”重排列倾向于非常缓慢地发生，所以 GO 分散体在长时间尺度上表现为类黏弹性的软固体（$G'>G''$）。然而，在中等时间尺度下，发现了一个占主导地位的黏性特性（液态特性）（$G''>G'$），因为“短程”重排列发生得很快。这些 GO 分散体的流体性质因此是理想的喷墨印刷材料。(良好的油墨配方，必须快速恢复原始黏度，同时在印刷后长时间保存形状和结构[57])。这对于用纯 GO 分散体配制稳定的油墨是非常重要的，不需要粘合剂或添加剂来赋予喷墨印刷所需的主要弹性组分。最近研究表明，GO 可以成功地印刷，没有任何堵塞问题，这是由于 GO 薄片具有高度柔韧性[12]，这使得电极材料的制造成为可能，例如有机场效应晶体管（OFET）。

在较高浓度下，浓度在 0.75～2.5mg/mL 范围内，GO 分散体形成单相向列型液晶。尽管浓度很低，但是在具有主要弹性部分的分散介质中形成 GO 片状物网络

（如固态特性）。在浓度为2.5mg/mL时，GO分散体变得与细胞分散液、软玻璃材料（SGM）、液晶或弱凝胶[58-60]非常相似，但与聚合物网络的特性略有不同（纯粹的弹性聚合物网络中，G'图像即使在低频下也表现出频率无关的平台[59,61]，而在细胞分散液的典型特性，G'会随着频率缓慢增加[58]）。这种基于浓度的流变特性为GO分散体的加工提供了可能，使其可用于加工弱凝胶的制备，比如湿纺[62-66]。

随着浓度增加到4.5mg/mL，黏性部分（G''）仅在非常短的时间尺度内占主导地位。随着浓度的增加，GO片网络变得越来越坚固，呈现凝胶状特性（即黏弹性凝胶），弹性部分（G'）越来越占优势。因此，两个模量（$G'=G''$）之间的交叉转变在更短的时间尺度内，并且最终，当GO的浓度高达13.35mg/mL时，G'和G''在任何频率下都不会交叉，这表明样品已经表现为凝胶状特性。这些黏弹性液晶凝胶表现出非常高的弹性模量（350~490Pa），显著高于在类似浓度下单壁CNT悬浮液计算得到的弹性模量（约60Pa）[67]。黏弹性液晶凝胶将LC网络的典型各向异性与网络结构的典型特殊均匀性结合起来。GO分散体的这种高浓度范围使得一些工业过程如凝胶挤出印刷和GO分散体的干法旋涂可以首次使用。

GO分散体的流变特性（黏弹性特性）与其他黏弹性材料（如聚合物）中通常观察到的不同。无论从基础研究还是推广应用的角度都非常有趣，为大范围的加工制备技术提供了潜在可能。

4.2.5　具有极大Kerr系数的电光开关

自组装特性使得材料转化为高度有序的结构，结合GO材料的优异性能（还原后的力学、热学和电学），使GO（和还原的石墨烯氧化物）成为工业应用中非常有前景的材料[41,68]。为了最大限度地开发石墨烯基材料的应用，对GO-LC的可控排列提出了强烈的需求[19,23,69-71]。

LC流体的液体性质允许通过施加电场来控制它们的摩尔孔隙（颗粒）的排列[72,73]。尽管已经证明，一般地，电场可以对LC的取向产生诱导，但是对低浓度的GO，GO-LC的微观序列和宏观排列只能通过施加低电场（约5V/mm，比分子LC转换所需的电场低了三个数量级）。因此只能在低浓度向列相、双相和各向同性相中观察到诱导的GO-LC切换[74]。在不同的条件下（更高的电场和更高的GO浓度），电场的施加只会导致电泳漂移、GO的还原和水的电解[9]，但对GO的取向诱导没有作用。如图4.11所示，这种选择性诱导的GO-LC转换可以通过在偏振光下观察到的诱导双折射来证明。

GO对高电场内在的选择性灵敏度一定与黏性流变性相关，这与聚合物液晶中所发生的情况类似[9,23]。尽管移除电场常导致LC（包括LC-GO）的向列排列消失，但在电场被移除之后仍然存在一些弱的向列排序。对弱外场的敏感性随着浓度的增加而完全消失（如减少片间距离）。

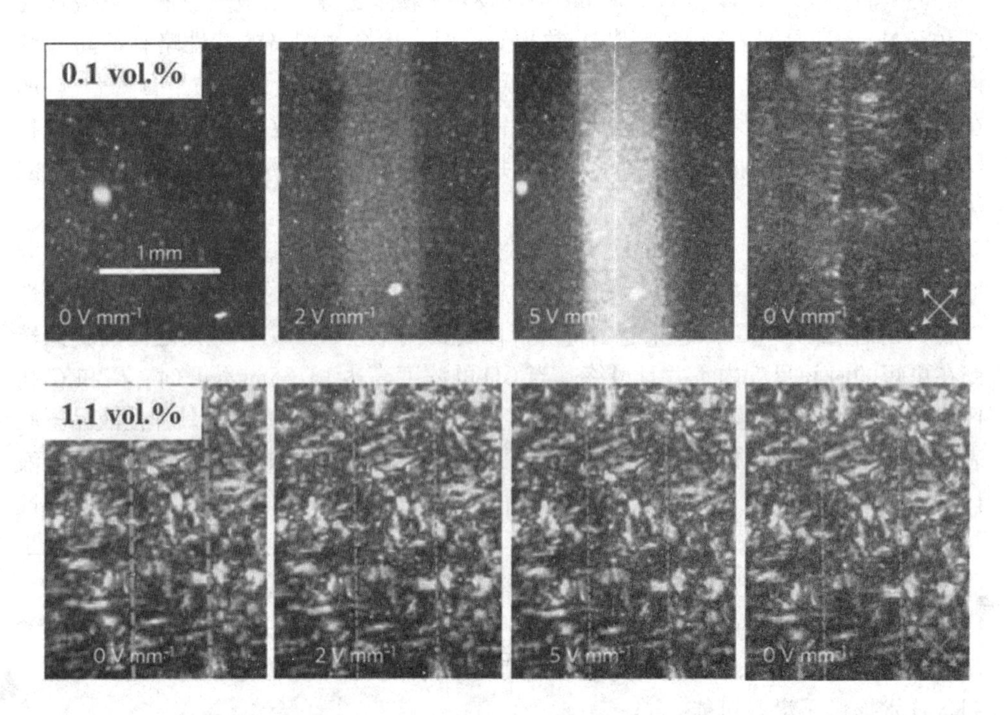

图 4.11 通过施加 10Hz 的电场，在浓度为 0.1vol.% 和 1.1vol.% 的 GO 水分散体上产生的场致双折射实验，仅 0.1vol.% 的分散体表现出双折射的现象。当电场消失时，双折射也随即消失[74]

GO 是一种 Kerr 材料，因其具有响应施加电场而改变其折射率的能力，最近研究已经确定了 GO－LC 的最大 Kerr 系数（用于量化任何材料的 Kerr 效应）约为 1.8×10^{-5} mV^{-2}[74]，远远大于其他已知体系（例如硝基苯和 2D 水铝石片悬浮液的 Kerr 系数分别为 $10^{-12}mV^{-2}$ 和 $10^{-9}mV^{-2}$[75]）。

薄片之间的相互作用导致向列顺序（与 Onsager 排除体积效应有关，4.1 节中对此进行了描述），也对 GO 材料对外电场的选择性灵敏度及其极大的 Kerr 系数有一定贡献。当薄片之间的距离减小时，GO 片之间的 π－π 键和范德华力占主导地位[76]，这就增加了摩擦效应，消除了 GO 对外电场的极高灵敏度，并且避免了 Kerr 效应。

通过添加盐（例如 NaCl），GO 分散体的 Kerr 效应可以减弱甚至完全避免（GO 对外电场的减敏现象），原因是其增加了电解质的导电性并增强了薄片之间的相互作用。

最近，电光器件的性能显示出 GO 材料中，发现的极大 Kerr 系数具有重要意义[74]。类似于包括蓝相液晶显示器（LCD）在内的 LCD 中已知常用的叉指式电极，最近有研究通过两个简单的线型电极实现了简单的 GO 电光器件。施加电场的同时，在衬底上的两个电极之间缓慢蒸发浓度为 0.056vol.% 的各向同性 GO 分散体，成功制备了大范围电排列的高度浓缩向列相 GO。一旦水被完全干燥，即使电场被关闭后，在衬底上获得的均匀 GO－LC 排列也保持不变。另外，通过改变施加电场的方向，场致 GO 的控制器可轻易旋转。已经有研究发现这些 GO 电光器件性能很好，表现出可与典型向列型液晶器件相媲美的光开关性能。由 GO 分散体制作的这些电光器件的性能表明，通过设计适当的电场和控制 GO 浓度可以容易地实现 GO－LC 的排列。

4.3　与其他体系的比较

4.3.1　与含水聚合物基质体系比较

通过向聚合物基质中添加纳米颗粒（例如石墨烯材料），就形成了颗粒石墨烯－聚合物体系。理解 GO 薄片水分散体这一模型体系的流变特性（前文所描述的），对理解和预测更复杂的体系诸如石墨烯－聚合物复合体的流变特性和加工性能非常重要。该模型体系使我们能够理解纳米颗粒的掺入，实际上是如何影响聚合物流变和加工性能的。颗粒悬浮液的流变特性对颗粒的结构、颗粒尺寸、形状和表面修饰十分敏感。与非相互作用体系或强颗粒－颗粒吸引作用相比，流变特性随着适宜的颗粒－基质的相互作用而显著改变。将 GO 薄片掺入到聚合物熔体或任何其他液相时，预计将会发生流变特性的变化。范德华力和薄片之间的 $\pi-\pi$ 相互作用倾向于形成附聚物，这就增加了分散介质的黏度。薄片分散良好的体系其流变特性与薄片形成附聚物的体系流变特性非常不同。因此，颗粒－颗粒和颗粒－基质相互作用（例如表面化学）在颗粒－聚合物体系的流变特性中起着重要作用。

图 4.12 显示了 GO－PMMA（聚甲基丙烯酸甲酯）熔体作为代表性 GO－聚合物体系的典型流变特性。图 4.12a、b 表示动态剪切下具有不同 GO 含量的 GO－PMMA 熔体的典型流变特性。当 GO 薄片掺入聚合物基体中时，G'和 G''模量随着 GO 含量的增加而逐渐增加（见图 4.12a、b），这意味着可以通过添加 GO 来强化聚合物熔体。随着 GO 含量的增加，GO 中阈渗颗粒网络逐渐形成。通过寻找 G'在低频率时的平台段（其中 G'与频率无关），得到在低频率下弹性 GO 网络存在的证明。

图 4.12c 表示随剪切速率增加（由均匀剪切实验确定），GO－PMMA 复合材料在不同 GO 含量下的黏度变化。随着 GO 含量增加，主体聚合物基质黏度值的增加再次表明聚合物得到了增强。典型地，GO－聚合物复合材料的黏度最初呈现牛顿平台，其中它们与所施加的剪切速率无关，这与 GO 薄片形成的颗粒网络基质相符合。在牛顿平台之后发现剪切变稀区域（黏度随剪切速率的增加而迅速下降），表明这一网络受到破坏。

将 GO 薄片掺入聚合物基体中，导致在基体中形成 GO 薄片网络相互连接，其

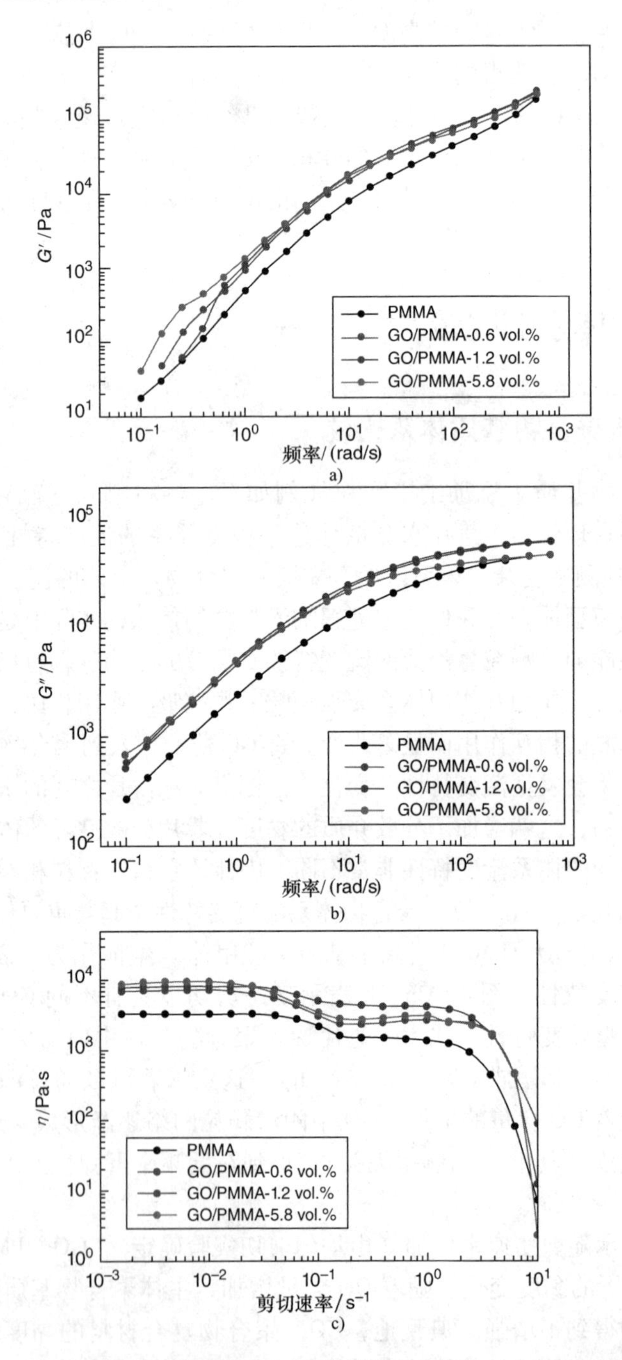

图 4.12　具有不同 GO 含量的 GO/PMMA 熔体的流变特性（在聚合物熔融温度下，即 230℃下进行）。a）G'和 b）G''随频率（1% 恒定应变幅度下的动态频率性能）的相关性，结果显示，随着 GO 含量增加，GO 阈渗网络在基体中逐渐形成。c）黏度随剪切速率的增加而变化（均匀剪切特性），表现出初始牛顿平台段，其对应于基体中 GO 薄片颗粒网络的存在，接着是剪切稀化区域，这意味着 GO 网络受到破坏

在静止和低剪切速率下保持完整。GO薄片在聚合物基体中的存在增加了主体聚合物的黏度（且黏度随着GO含量的增加而增加），提供了更类似于固体的性质。我们将石墨烯-聚合物体系中长程连通性的形成作为阈渗值，对应于它们的最佳（流变学、力学或电学）性质。在这种石墨烯-PMMA体系中，GO含量的阈渗值约为1.2vol.%[42]。

石墨烯-聚合物体系中的黏度和流变阈渗值，显著依赖于基体中薄片的分散以及石墨烯和聚合物（石墨烯/聚合物界面）之间的相互作用。因此，可以通过修饰石墨烯和聚合物之间的相互作用，即调节薄片的表面化学性质或聚合物的性质，从而调整任何石墨烯-聚合物体系的黏度和阈渗值。例如，由于GO薄片和聚合物基体之间的匹配极性，以及GO薄片在基体中的分散质量，石墨烯薄片表面处的氧含量对PMMA复合材料的流变特性有显著的影响。具有更高C/O比的石墨烯薄片在PMMA中能够更均匀地分散，这对聚合物的黏弹性性能提供了更有效影响（即更低的流变阈渗值和更高的储能模量以及黏度）[77]。

作为修饰石墨烯或GO薄片的表面化学性质的替代方法，石墨烯-聚合物体系的流变特性也可以通过选择不同的基质（具有不同的相互作用）来调节。例如，与GO-PMMA系统（约1.2vol.%）相比，对于化学还原的GO-PP（聚丙烯）复合材料，已经有研究发现其在较低浓度（石墨烯浓度为0.2~0.4vol.%）下发生较大的黏度增加，以及从液体状到固体状性质转变的现象[78]。GO或石墨烯材料与聚合物之间不同程度的相互作用，决定了其具有不同的流变特性。

因此，通过控制GO薄片和聚合物之间的相互作用程度，就可以轻易调节絮凝网络的形成、流变强度以及黏度，这对于实际应用具有重要意义。

4.3.2 GO和氧化碳纳米管水分散体的比较：维度的作用

石墨烯材料常常与其“兄弟”碳纳米管（CNT）相比较，因为它们在形态、组成、反应、特殊性质和应用等方面呈现出许多相似性。当研究GO薄片水分散体的流变特性时，将其与氧化CNT的水分散体进行比较似乎是理所应当的。已经有团队对氧化CNT在浓缩状态下的水分散体的流变特性进行了研究[79]。

通过在浓酸中回流，使CNT表面成功氧化，从而导致其聚集体分散成单独的管，并显著改善其在水、其他极性分散介质以及聚合物中的分散性[80]。典型地，GO薄片中的氧含量（约33at.%）稍高于CNT表面的含氧量（<20at.%）。由于两种碳纳米材料上的活化（氧化）官能团之间存在静电相互作用，所以GO和氧化CNT的水分散体都非常稳定。此外，GO和氧化CNT在尺寸方面也具有可比性，其中CNT的长度与GO薄片的直径相似。因此，就流变特性而言，氧化CNT的水分散体可以简单地与GO水分散体进行比较。

实际上，在这两个体系的流变特性之间可以发现许多相似之处。首先，GO和CNT分散体都充当了可逆的浓缩絮状物网络，并表现出弹性（线性黏弹性阶段，其中G'和G''独立于所施加的应变或应力，并且黏度与施加的剪切速率无关），直至临界应变（或应力）。在此之后，G'和G''变得对应变（或应力）高度敏感，黏度变得与剪切有很强依赖性。GO分散体在线性黏弹性阶段内的G'与G''和黏度的数值，稍高于具有相似浓度的氧化 CNT 分散体的数值（根据报道，在浓度为 8vol. % 的 GO 和浓度为 9. 2vol. % 的 CNT 水分散体中，G' 与 G'' 约为 10^5 Pa 以及 η 约为 10^6 Pa）。

动态剪切条件下，GO 在线性黏弹性阶段的应变延伸比 CNT 高出一个数量级（GO 应变高达 10%，CNT 应变为 1%）。类似地，与相似浓度的 CNT 相比，GO 从固体状到液体状的性质转变发生在更高的应变下。此外，GO 从液态性质向强凝胶状态的转化（体现在线性黏弹性阶段进行的动态频率扫描）所需浓度低于 CNT 的（GO 为 1. 2vol. %，CNT 为 4vol. %）。为了破坏在水分散体中形成的 GO 网络结构，就需要具有比浓度相似的氧化 CNT 更高的应变（或应力）。在这两个体系中观察到的动态剪切流变特性的这些微小差异，完全可以用它们的电荷浓度来解释。在动态剪切条件下，相似浓度的 GO 薄片与 CNT 相比具有更高的氧含量（CNT < 20%，GO 约为 33%），这必然会提供不同程度的颗粒间相互作用，也是造成这两种体系略微不同的原因。所以，这两个体系的性质具有可比性。

在具有相同剪切速率的均匀剪切以及相似浓度条件下，GO 的平均絮体尺寸小于 CNT 的平均絮体尺寸，从 GO 的 Pe（Pe < 1）比 CNT 的 Pe（Pe 约为 1 ~ 10）低很多这一事实中，发现的表观屈服应力可以证实上述现象。与将 CNT 絮凝物还原成独立管所需的剪切速率相比，将 GO 絮凝物减少到最初颗粒（即完全分散的薄片）需要的剪切速率比较低。尽管两者的长度具有可比性，但一维管倾向于保持纠缠网达到更高的剪切速率，而二维薄片更容易彼此分散。类似地，尽管两种体系都是触变性的，但是一维 CNT 棒和二维 GO 薄片之间的不同维度（和宽高比）是造成剪切后 CNT 网络相对于 GO 网络的结构恢复稍快的原因。

4.4 总结和展望

液体介质中具有高宽高比的各向异性分子或颗粒，能够在介观尺度上形成高度有序的结构，称为液晶（LC）相。由于排除自由体积，各向异性颗粒（即棒状或片状颗粒）的浓度增加限制了颗粒的自由旋转。正如 Onsager 的理论预测的那样，棒状或片状颗粒被迫自我取向和排列，形成高度有序的结构。从各向同性到向列相两相共存（双相）的转变存在一临界浓度，而临界浓度很大程度上取决于颗粒的宽高比。因其在制造显示设备领域具有广阔的前景，从分子级别到更高级别制造高度有序液晶结构的工艺技术吸引了广泛的兴趣和关注。

最近的研究发现，因 GO 材料在水和有机溶剂中形成液晶相的能力，产生了完美排列的结构，再结合其优异的力学性能（刚性和强度）、富含官能团和超高宽高比，使 GO 在用于制造高度有序、坚固且导电性好的石墨烯基结构方面极具前景。研究 GO 分散体的流变特性对了解 GO 分散体的制备工艺具有重要意义，从而得到不同加工技术开发制备方案，了解和预测石墨烯材料的流变特性，以及形成更复杂的系统（石墨烯与溶剂或聚合物基体之间相互作用的复杂系统）。

GO 分散体的流变（黏弹性）特性与其他黏弹性材料（如聚合物）的性质往往不同，这意味着，GO 是一种新型软材料。从 2D 材料的基础研究以及应用研究（大规模制备技术）的角度来看，这是非常有趣的。

在本章中，我们已经看到 GO 水分散体表现出粒子具有典型的空间填充网络特性。由于 GO 薄片之间存在静电相互作用，分散介质中形成了一种弹性 GO 网络，这种网络直至临界应变都在动态剪切下表现出黏弹性行为。在此线性黏弹性阶段内，储能模量（G'）和损耗模量（G''）与施加的应变无关，并且 G'大于 G''。临界应变意味着弹性 GO 网络分解，因此，GO 网络由固体状性质向液体状性质转变，其中 G'和 G''相交并随着应变增加而开始迅速下降。当 G'和 G''交叉时，样品进入液体状阶段，随着 GO 浓度升高，这一转变倾向于发生在较高的应变，除非样品在很高的浓度下形成凝胶（取向，排列的薄片）。

在均匀剪切流动下，根据浓度不同，GO 分散体呈现牛顿或非牛顿特性。通常，在非常低的浓度下，GO 分散体的剪切黏度表现为牛顿特性，而在较高浓度下，它们表现出典型的剪切变稀现象（即黏度随剪切速率增加而迅速下降），这通常与部分 GO 薄片取向形成向列相有关。然而，对于超大片径的 GO 薄片，由于高宽高比（约 45000），在非常低的 GO 含量下，有研究发现了弹性组分，表明流变特性与颗粒的宽高比显著相关。

在 GO 中存在两种不同类型的力相互竞争，从而形成了 GO 液晶的向列相，包括由于表面上存在负电荷官能团（氧化官能团）而产生的片 - 片间的排斥力，以及通过 GO 上的石墨化区域之间 π - π 吸引力以及范德华力的相互作用。二维 GO 片之间两种相互作用的平衡、它们的大宽高比以及高柔韧性的结合，是形成 GO 液晶凝胶或三维 GO 凝胶网络的重要原因。在高浓度下，由于较小的片间距离，粘合力增加，导致 GO 形成了更强的网络（具有更强连接的 GO 凝胶状相）。

GO 分散体的流变特性对浓度具有强烈的依赖性，因此可以通过调节 GO 颗粒的浓度来调节和控制其流变特性。根据 GO 含量不同，可将其分为许多流变特性不同的区域。在这每一个区域中，GO 分散体应使用不同的加工技术，例如喷涂、喷墨印刷、湿法纺丝、凝胶挤出印刷或干法纺丝，这对工业应用具有重要意义。

另外，可以使用外部刺激来控制 GO - LC 的排列。对片间相互作用非常弱（如非常低浓度的 GO）的液晶（LC），其微观序列和宏观排列可以通过施加低电场（5V/mm，比通常分子 LC 转换所需的电场弱三个数量级）来控制。向列相 GO 对外部刺激的敏感响应以及 GO 中发现的极大的 Kerr 系数为最大限度地利用石墨烯材料，如制造电光器件，提供了可能。

本章还将 GO 水分散体的流变特性与其他体系，例如更复杂的石墨烯 - 聚合物体系和氧化 CNT 的水分散体进行了比较。

参考文献

[1] Hurt, R.H.; Chen, Z.Y., Liquid crystals and carbon materials. *Phys. Today* **2000**, *53* (3), 39–44.
[2] Bisoyi, H.K.; Kumar, S., Liquid-crystal nanoscience: an emerging avenue of soft self-assembly. *Chem. Soc. Rev.* **2011**, *40* (1), 306–319.
[3] Lagerwall, J.P.F.; Scalia, G., A new era for liquid crystal research: applications of liquid crystals in soft matter nano-, bio- and microtechnology. *Curr. Appl. Phys.* **2012**, *12* (6), 1387–1412.
[4] Kaafarani, B.R., Discotic liquid crystals for opto-electronic applications. *Chem. Mater.* **2011**, *23* (3), 378–396.
[5] Yan, J.; Rao, L.; Jiao, M.; *et al.*, Polymer-stabilized optically isotropic liquid crystals for next-generation display and photonics applications. *J. Mater. Chem.* **2011**, *21* (22), 7870–7877.

[6] Onsager, L., The effects of shape on the interaction of colloidal particles. *Ann. NY Acad. Sci.* **1949**, *51* (4), 627–659.

[7] Aboutalebi, S.H.; Gudarzi, M.M.; Zheng, Q.B.; Kim, J.K., Spontaneous formation of liquid crystals in ultralarge graphene oxide dispersions. *Adv. Funct. Mater.* **2011**, *21* (15), 2978–2988.

[8] Dan, B.; Behabtu, N.; Martinez, A.; *et al.*, Liquid crystals of aqueous, giant graphene oxide flakes. *Soft Matter* **2011**, *7* (23), 11154–11159.

[9] Kim, J.E.; Han, T.H.; Lee, S.H.; *et al.*, Graphene oxide liquid crystals. *Angew. Chem. Int. Ed.* **2011**, *50* (13), 3043–3047.

[10] Xu, Z.; Gao, C., Aqueous liquid crystals of graphene oxide. *ACS Nano* **2011**, *5* (4), 2908–2915.

[11] Bates, M.A.; Frenkel, D., Nematic–isotropic transition in polydisperse systems of infinitely thin hard platelets. *J. Chem. Phys.* **1999**, *110* (13), 6553–6559.

[12] Naficy, S.; Jalili, R.; Aboutalebi, S.H.; *et al.*, Graphene oxide dispersions: tuning rheology to enable fabrication. *Mater. Horiz.* **2014**, *1* (6), 326–331.

[13] Li, L.S.; Walda, J.; Manna, L.; Alivisatos, A.P., Semiconductor nanorod liquid crystals. *Nano Lett.* **2002**, *2* (6), 557–560.

[14] Van Der Kooij, F.M.; Lekkerkerker, H.N.W., Formation of nematic liquid crystals in suspensions of hard colloidal platelets. *J. Phys. Chem. B* **1998**, *102* (40), 7829–7832.

[15] Jung, J.M.; Mezzenga, R., Liquid crystalline phase behavior of protein fibers in water: experiments versus theory. *Langmuir* **2010**, *26* (1), 504–514.

[16] Davis, V.A.; Parra-Vasquez, A.N.G.; Green, M.J.; *et al.*, True solutions of single-walled carbon nanotubes for assembly into macroscopic materials. *Nature Nanotechnol.* **2009**, *4* (12), 830–834.

[17] Behabtu, N.; Young, C.C.; Tsentalovich, D.E.; *et al.*, Strong, light, multifunctional fibers of carbon nanotubes with ultrahigh conductivity. *Science* **2013**, *339* (6116), 182–186.

[18] Miyamoto, N.; Nakato, T., Liquid crystalline nanosheet colloids with controlled particle size obtained by exfoliating single crystal of layered niobate $K_4Nb_6O_{17}$. *J. Phys. Chem. B* **2004**, *108* (20), 6152–6159.

[19] Behabtu, N.; Lomeda, J.R.; Green, M.J.; *et al.*, Spontaneous high-concentration dispersions and liquid crystals of graphene. *Nature Nanotechnol.* **2010**, *5* (6), 406–411.

[20] Guo, F.; Kim, F.; Han, T.H.; *et al.*, Hydration-responsive folding and unfolding in graphene oxide liquid crystal phases. *ACS Nano* **2011**, *5* (10), 8019–8025.

[21] Zhang, S.; Kumar, S., Carbon nanotubes as liquid crystals. *Small* **2008**, *4* (9), 1270–1283.

[22] Ko, H.; Tsukruk, V.V., Liquid-crystalline processing of highly oriented carbon nanotube arrays for thin-film transistors. *Nano Lett.* **2006**, *6* (7), 1443–1448.

[23] Zakri, C.; Blanc, C.; Grelet, E.; *et al.*, Liquid crystals of carbon nanotubes and graphene. *Phil. Trans. R. Soc. A* **2013**, *371* (1988), 20120499.

[24] Zakri, C., Carbon nanotubes and liquid crystalline phases. *Liq. Cryst. Today* **2007**, *16* (1), 1–11.

[25] Lee, S.H.; Lee, D.H.; Lee, W.J.; Kim, S.O., Tailored assembly of carbon nanotubes and graphene. *Adv. Funct. Mater.* **2011**, *21* (8), 1338–1354.

[26] Maiti, U.N.; Lee, W.J.; Lee, J.M.; *et al.*, Chemically modified/doped carbon nanotubes & graphene for optimized nanostructures & nanodevices. *Adv. Mater.* **2014**, *26* (1), 40–67.

[27] Gudarzi, M.M.; Moghadam, M.H.M.; Sharif, F., Spontaneous exfoliation of graphite oxide in polar aprotic solvents as the route to produce graphene oxide–organic solvents liquid crystals. *Carbon* **2013**, *64*, 403–415.

[28] Jalili, R.; Aboutalebi, S.H.; Esrafilzadeh, D.; *et al.*, Organic solvent-based graphene oxide liquid crystals: a facile route toward the next generation of self-assembled layer-by-layer multifunctional 3D architectures. *ACS Nano* **2013**, *7* (5), 3981–3990.

[29] Xu, Z.; Liu, Z.; Sun, H.; Gao, C., Highly electrically conductive Ag-doped graphene fibers as stretchable conductors. *Adv. Mater.* **2013**, *25* (23), 3249–3253.

[30] Stankovich, S.; Dikin, D.A.; Dommett, G.H.B.; *et al.*, Graphene-based composite materials. *Nature* **2006**, *442* (7100), 282–286.

[31] Steurer, P.; Wissert, R.; Thomann, R.; Mülhaupt, R., Functionalized graphenes and thermoplastic nanocomposites based upon expanded graphite oxide. *Macromol. Rapid Commun.* **2009**, *30* (4–5), 316–327.

[32] Rourke, J.P.; Pandey, P.A.; Moore, J.J.; *et al.*, The real graphene oxide revealed: stripping the oxidative debris from the graphene-like sheets. *Angew. Chem. Int. Ed.* **2011**, *50* (14), 3173–3177.

[33] Dimiev, A.; Kosynkin, D.V.; Alemany, L.B.; *et al.*, Pristine graphite oxide. *J. Am. Chem. Soc.* **2012**, *134* (5), 2815–2822.
[34] Li, D.; Müller, M.B.; Gilje, S.; *et al.*, Processable aqueous dispersions of graphene nanosheets. *Nature Nanotechnol.* **2008**, *3* (2), 101–105.
[35] Cote, L.J.; Kim, F.; Huang, J., Langmuir–Blodgett assembly of graphite oxide single layers. *J. Am. Chem. Soc.* **2009**, *131* (3), 1043–1049.
[36] Xu, Z.; Gao, C., Graphene chiral liquid crystals and macroscopic assembled fibres. *Nature Commun.* **2011**, *2* (1) 571.
[37] Hu, X.; Xu, Z.; Gao, C., Multifunctional, supramolecular, continuous artificial nacre fibres. *Sci. Rep.* **2012**, *2*, 767.
[38] Cong, H.P.; Ren, X.C.; Wang, P.; Yu, S.H., Wet-spinning assembly of continuous, neat, and macroscopic graphene fibers. *Sci. Rep.* **2012**, *2*, 613.
[39] Xu, Z.; Sun, H.; Zhao, X.; Gao, C., Ultrastrong fibers assembled from giant graphene oxide sheets. *Adv. Mater.* **2013**, *25* (2), 188–193.
[40] Yousefi, N.; Gudarzi, M.M.; Zheng, Q.; *et al.*, Self-alignment and high electrical conductivity of ultralarge graphene oxide-polyurethane nanocomposites. *J. Mater. Chem.* **2012**, *22* (25), 12709–12717.
[41] Dreyer, D.R.; Park, S.; Bielawski, C.W.; Ruoff, R.S., The chemistry of graphene oxide. *Chem. Soc. Rev.* **2010**, *39* (1), 228–240.
[42] Vallés, C.; Young, R.J.; Lomax, D.J.; Kinloch, I.A., The rheological behaviour of concentrated dispersions of graphene oxide. *J. Mater. Sci.* **2014**, *49* (18), 6311–6320.
[43] Kumar, P.; Maiti, U.N.; Lee, K.E.; Kim, S.O., Rheological properties of graphene oxide liquid crystal. *Carbon* **2014**, *80*, 453–461.
[44] King Jr, H.E.; Milner, S.T.; Lin, M.Y.; *et al.*, Structure and rheology of organoclay suspensions. *Phys. Rev. E* **2007**, *75* (2) 021403.
[45] Seth, J.R.; Mohan, L.; Locatelli-Champagne, C.; *et al.*, A micromechanical model to predict the flow of soft particle glasses. *Nature Mater.* **2011**, *10* (11), 838–843.
[46] Macosko, C.W., *Rheology: Principles, Measurements and Applications.* Wiley-VCH, Weinheim, **1994**.
[47] Bird, R.B.; Armstrong, R.C.; Hassager, O., *Dynamics of Polymeric Liquids*, vol. *1*, *Fluid Mechanics*. John Wiley & Sons, Inc., New York, **1987**.
[48] Douglas, J.F., 'Shift' in polymer blend phase-separation temperature in shear flow. *Macromolecules* **1992**, *25* (5), 1468–1474.
[49] Tanner, R.I., *Engineering Rheology*. Oxford University Press, New York, **2000**.
[50] Russel, W.B.; Saville, D.A.; Schowalter, W.R., *Colloidal Dispersions.* Cambridge University Press, Cambridge, **1991**.
[51] Lapasin, R.; Pricl, S., *Rheology of Industrial Polysaccharides: Theory and Applications.* Chapman & Hall, London, **1995**.
[52] Barnes, H.A., Thixotropy – a review. *J. Non-Newtonian Fluid Mech.* **1997**, *70* (1–2), 1–33.
[53] Einstein, A., Eine neue Bestimmung der Moleküldimensionen. *Ann. Phys.* **1906**, *19*, 289–306.
[54] Einstein, A., Berichtigung zu meiner Arbeit: "Eine neue Bestimmung der Moleküldimensionen". *Ann. Phys.* **1911**, *34*, 591–592.
[55] Brenner, H., Rheology of a dilute suspension of dipolar spherical particles in an external field. *J. Colloid Interface Sci.* **1970**, *32*, 141–158.
[56] Jaworek, A.; Sobczyk, A.T., Electrospraying route to nanotechnology: an overview. *J. Electrostat.* **2008**, *66* (3–4), 197–219.
[57] Derby, B., Inkjet printing of functional and structural materials: fluid property requirements, feature stability, and resolution. *Annu. Rev. Mater. Res.* **2010**, *40*, 395–414.
[58] Chen, D.T.N.; Wen, Q.; Janmey, P.A.; *et al.*, Rheology of soft materials. *Annu. Rev. Condens. Matter Phys.* **2010**, *1*, 301–322.
[59] Sollich, P.; Lequeux, F.; Hébraud, P.; Gates, M.E., Rheology of soft glassy materials. *Phys. Rev. Lett.* **1997**, *78* (10), 2020–2023.
[60] Kroon, M.; Vos, W.L.; Wegdam, G.H., Structure and formation of a gel of colloidal disks. *Int. J. Thermophys.* **1998**, *19* (3), 887–894.

[61] Ovarlez, G.; Barral, Q.; Coussot, P., Three-dimensional jamming and flows of soft glassy materials. *Nature Mater*. **2010**, *9* (2), 115–119.
[62] Jalili, R.; Aboutalebi, S.H.; Esrafilzadeh, D.; *et al.*, Scalable one-step wet-spinning of graphene fibers and yarns from liquid crystalline dispersions of graphene oxide: towards multifunctional textiles. *Adv. Funct. Mater.* **2013**, *23* (43), 5345–5354.
[63] Jalili, R.; Razal, J.M.; Wallace, G.G., Exploiting high quality PEDOT:PSS–SWNT composite formulations for wet-spinning multifunctional fibers. *J. Mater. Chem.* **2012**, *22* (48), 25174–25182.
[64] Jalili, R.; Razal, J.M.; Innis, P.C.; Wallace, G.G., One-step wet-spinning process of poly(3,4-ethylenedioxythiophene):poly(styrenesulfonate) fibers and the origin of higher electrical conductivity. *Adv. Funct. Mater.* **2011**, *21* (17), 3363–3370.
[65] Jalili, R.; Razal, J.M.; Wallace, G.G., Wet-spinning of PEDOT:PSS/functionalized-SWNTs composite: a facile route toward production of strong and highly conducting multifunctional fibers. *Sci. Rep.* **2013**, *3*, 3438.
[66] Esrafilzadeh, D.; Razal, J.M.; Moulton, S.E.; *et al.*, Multifunctional conducting fibres with electrically controlled release of ciprofloxacin. *J. Control. Release* **2013**, *169* (3), 313–320.
[67] Hough, L.A.; Islam, M.F.; Janmey, P.A.; Yodh, A.G., Viscoelasticity of single wall carbon nanotube suspensions. *Phys. Rev. Lett.* **2004**, *93* (16), 168102.
[68] Williams, G.; Seger, B.; Kamat, P.V., TiO_2–graphene nanocomposites. UV-assisted photocatalytic reduction of graphene oxide. *ACS Nano* **2008**, *2* (7), 1487–1491.
[69] Hernandez, Y.; Nicolosi, V.; Lotya, M.; *et al.*, High-yield production of graphene by liquid-phase exfoliation of graphite. *Nature Nanotechnol.* **2008**, *3* (9), 563–568.
[70] Eda, G.; Fanchini, G.; Chhowalla, M., Large-area ultrathin films of reduced graphene oxide as a transparent and flexible electronic material. *Nature Nanotechnol.* **2008**, *3* (5), 270–274.
[71] Loh, K.P.; Bao, Q.; Eda, G.; Chhowalla, M., Graphene oxide as a chemically tunable platform for optical applications. *Nature Chem.* **2010**, *2* (12), 1015–1024.
[72] Hisakado, Y.; Kikuchi, H.; Nagamura, T.; Kajiyama, T., Large electro-optic Kerr effect in polymer-stabilized liquid-crystalline blue phases. *Adv. Mater.* **2005**, *17* (1), 96–98.
[73] Demus, D.; Goodby, J.; Gray, G.W.; Spiess, H.-W.; Vill, V., *Handbook of Liquid Crystals*, vol. *1*, *Fundamentals*. Wiley-VCH, Weinheim, **1998**.
[74] Shen, T.-Z.; Hong, S.-H.; Song, J.-K., Electro-optical switching of graphene oxide liquid crystals with an extremely large Kerr coefficient. *Nature Mater*. **2014**, *13* (4), 394–399.
[75] Jiménez, M.L.; Fornasari, L.; Mantegazza, F.; *et al.*, Electric birefringence of dispersions of platelets. *Langmuir* **2012**, *28* (1), 251–258.
[76] Dimiev, A.M.; Alemany, L.B.; Tour, J.M., Graphene oxide. Origin of acidity, its instability in water, and a new dynamic structural model. *ACS Nano* **2013**, *7* (1), 576–588.
[77] Zhang, H.B.; Zheng, W.G.; Yan, Q.; *et al.*, The effect of surface chemistry of graphene on rheological and electrical properties of polymethylmethacrylate composites. *Carbon* **2012**, *50* (14), 5117–5125.
[78] El Achaby, M.; Arrakhiz, F.E.; Vaudreuil, S.; *et al.*, Mechanical, thermal, and rheological properties of graphene-based polypropylene nanocomposites prepared by melt mixing. *Polym. Compos.* **2012**, *33* (5), 733–744.
[79] Kinloch, I.A.; Roberts, S.A.; Windle, A.H., A rheological study of concentrated aqueous nanotube dispersions. *Polymer* **2002**, *43* (26), 7483–7491.
[80] Esumi, K.; Ishigami, M.; Nakajima, A.; *et al.*, Chemical treatment of carbon nanotubes. *Carbon* **1996**, *34* (2), 279–281.

第5章　氧化石墨烯的光学性质

Anton V. Naumov

5.1　引言

自从石墨烯的发现获得诺贝尔奖后[1]，石墨烯成为了光学、电子学、材料科学和生物技术等领域的科学研究前沿课题。石墨烯优异的电学性能和光学性能使其在触摸屏、液晶显示器（LCD）、发光二极管等领域具有良好的应用前景[2]。在这些应用中，石墨烯因其对可见光97.7%的透光度[3]，有望作为透明电导电极。石墨烯的其他光学性质，包括随层数变化的拉曼谱[4]、红外跃迁[5]以及光学的声子-电子耦合[6]，使其在电子学中具有应用潜力。然而，以上提及的多数应用中，尽管在光学和电子器件中使用石墨烯优点很大，但其只能作为被动的非发射单元，因为它的结构限制：石墨烯在电学上是零带隙半导体二维对称材料，当电子激发至高能级时，将无辐射跃迁回到基态。

为了获取石墨烯可探测到的发射，应打开足够大的光学带隙。原则上，由于量子限制，可以通过减少石墨烯的维数打开带隙。因此，像石墨烯纳米带和量子点这类低维结构预期可以表现光发射特性。最近，通过电化学剥离[7]、石墨烯片的水热分离[8]、碳纤维的酸性处理[9]和微波加热[10]等方法制备了许多这样的荧光结构。然而，在生产中粒度和复杂度的限制，经常阻碍这些新型纳米结构在大规模光电学方面的潜在应用。因此，有必要大规模制备更适用的具有一系列具体光学性能的石墨烯基结构。功能化的石墨烯，特别是氧化石墨烯（GO）这一种它的更常见形式，似乎更适合这个角色。

由于接枝含氧官能团使GO功能化，导致在原子价和导电带间形成间隙，使其根据衍生化程度转变为半导体甚至绝缘体[11-13]。这种可变性赋予了GO显著的优点，因为可以根据其具体的微电子应用，通过附加的功能化或还原反应脱氧处理来调控结构[11-12]。用石墨可以简单且经济有效地可控制备出大尺寸GO[14,15]，使其成为现代光电学一个具有吸引力的候选材料。GO的带隙的修饰引起它的吸收、光致发光和拉曼谱等光学性质的改变。

5.2　吸收特性

GO吸收谱是由紫外光（UV）电子跃迁决定的，它们的尾部延伸到可见光区域。在所有GO样品中最显著的吸收特性是与芳香烃C=C键相同的π→π*电子跃迁。碳的p轨道可以在平面内（见图5.1a）或平面外（见图5.1b）结合成键和反键组合。这引起比π*轨道能量低的π轨道可以和π*轨道光子诱导跃迁。对于GO，这个跃迁主导吸收谱，且通常发生在230nm附近[16-20]。

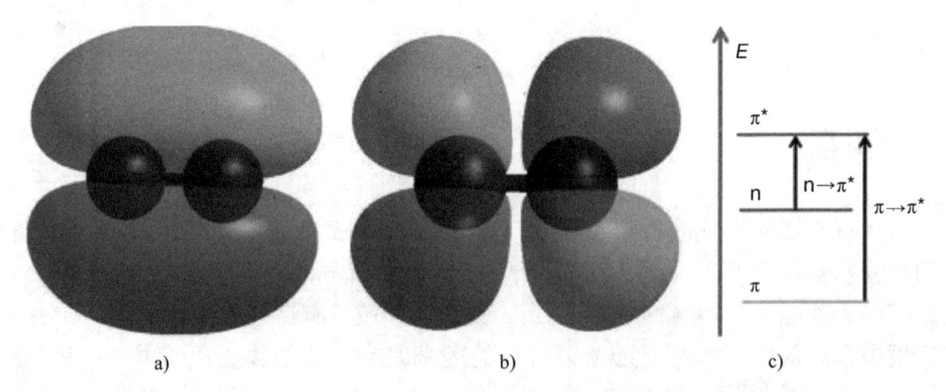

图5.1 a）C=C键的π轨道。b）C=C键的π*轨道。
c）π、π*、n轨道和它们之间跃迁的能量图

除了π→π*的跃迁外，由于含氧官能团[16-20]的C=O键n→π*跃迁，通过改进的Hummers法[14]制备的GO的典型吸收光谱在约300nm存在一个吸收平台（见图5.2）。这种跃迁通过光子吸收，将n轨道未成键孤对电子激发至反键π*轨道。在能量尺度，因为π与π*间的无成键轨道（见图5.1c），n→π*跃迁具有更低的能力，且从π→π*吸收特性产生了一些红移。两个特征峰值强度的比值是由于n→π*跃迁相比π→π*具有更小的摩尔吸光率[21]。

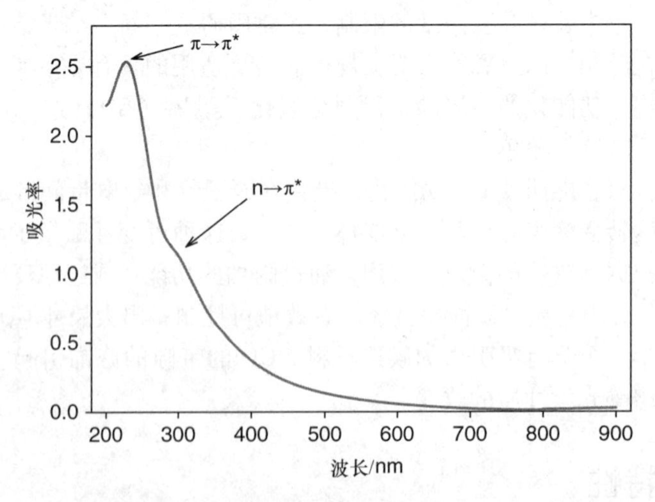

图5.2 改进的Hummers法制备的GO吸收谱

因此，在约 300nm 处的吸收谱源于 GO 中存在的羟基基团。这个结果也可以由 X 射线光电子能谱（XPS）结果所证明，根据相关结构，在各种各样的 GO 样品中有四种主要的含氧官能团出现。这些主要的接枝基团有羟基（-OH）和环氧基团，以及少量的羰基（C=O）和羧基（COOH）[16,18,22,23]。在 GO 中存在的这些官能团，也可以利用傅里叶变换红外谱（FTIR）予以证明[23]（见图 5.3）。与羟基、环氧和羧基团相关的振动信息在低于 $1500cm^{-1}$ 的范围出现，而在超过 $1500cm^{-1}$ 位于约 $1700cm^{-1}$ 处可检测到羰基团的 C=O 伸缩键[19,24,25]。

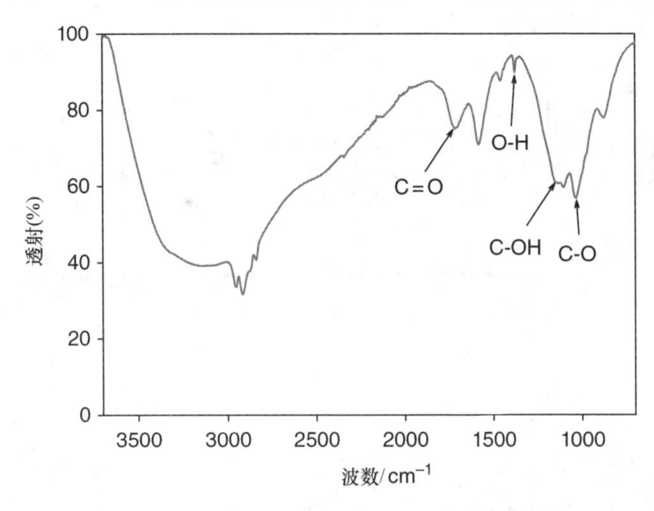

图 5.3　改进 Hummers 法制备的 GO 的红外（IR）谱。标记点为对应的官能团振动带

一些研究发现，在氙灯照射下可控还原后，GO 含有的大量羰基团[26]几乎全部消失。GO 成分的此类改变可用吸收谱来检测。例如，在酸性介质中经过脱水干燥后化学还原的 GO 片层，在约 300nm 处对应 C=O 上的 $n \rightarrow \pi^*$ 跃迁的吸收特征逐渐变小[27]。紧接着光谱变化，导致在可见光范围的吸收加强。主要的吸收峰的强度表现出非单调的变化。这是由于两个同时发挥影响作用的过程所导致，即含氧量的减少，使得在 300nm 处的吸收特性被抑制；而 sp^2 杂化碳网络的恢复，导致在可见光范围内吸收谱变宽，以及 $\pi \rightarrow \pi^*$ 吸收峰强度的增加。用 KOH[23] 或肼[28,29] 对 GO 进行还原处理的不同方法，也导致在 300nm 处的吸收特征消失，以及吸收谱扩宽至可见光范围，并且该过程伴随着含氧官能团脱氧丢失。通过臭氧诱导将还原氧化石墨烯（RGO）转化为 GO，这样的可逆过程产生了完全相反的变化：吸收谱的蓝移，以及在氧化时可见光范围吸收背景明显的恢复（见图 5.4a）。这说明 sp^2 石墨化结构减少，形成氧化的 sp^3 区域使其在可见光范围内具有高的吸收。光谱的这种变化说明，可见光吸收特性可以作为表征技术，预测 GO 中由于氧化还原导致的含氧官能团含量的变化。

和氧化或还原不同，周围介质 pH 值的变化，似乎只对 GO 的紫外-可见光吸

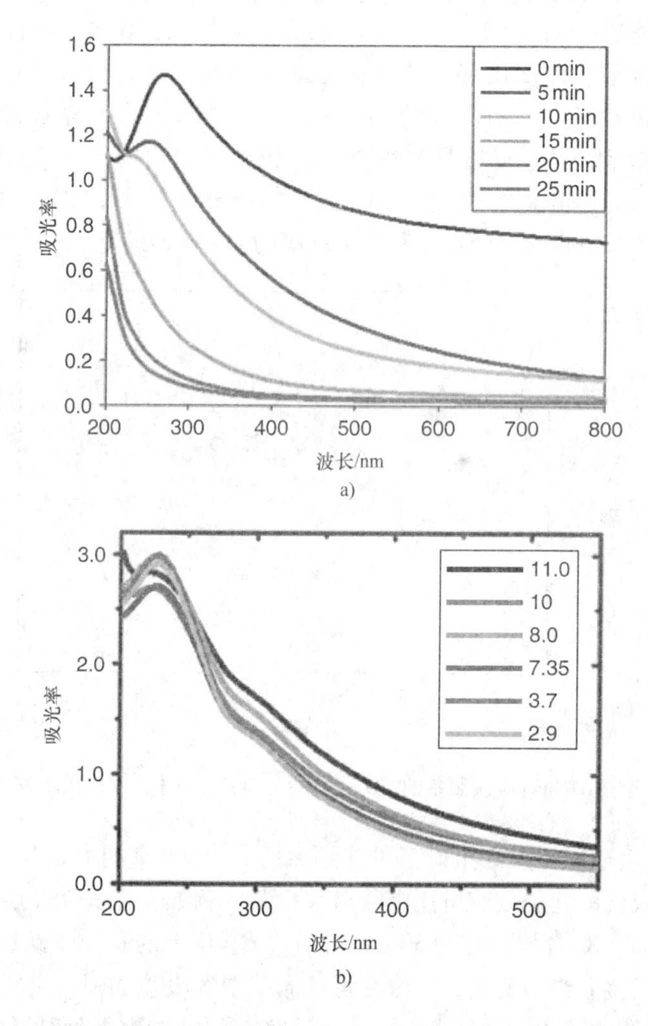

图 5.4　a）臭氧处理 0～25min 的 RGO 吸收谱。b）不同 pH 值的 GO 吸收谱[24]

收谱有轻微的影响，这并没有影响到峰值的绝对强度[17,24]或其位置。这意味着，即使 pH 值的变化可能会引起含氧添加物的质子化/去质子化[24]，但是官能团仍然保持完整。在烷基胺[30]的官能团的钝化作用下，观察到峰位或吸收特征的损失没有变化。此外，由于含氧官能团修饰但是保留存在，它们变得更加明显。

尽管在不同 pH 值介质（见图 5.4b）下紫外－可见光吸收没有明显的变化，红外吸收表明官能团的质子化作用/去质子化作用的实质变化，导致不同的振动转换[23]。图 5.5 为 GO 在酸性和碱性条件下的红外谱，跃迁能差异显著，也表明官能团在酸性或者碱性环境的氧化态电位的不同。也可以发现在官能团烷基胺钝化下的红外谱的变化[30]。因此，红外吸收谱可以作为一个 GO 官能团修饰的指示器。

除了以上所述的单光子吸收谱，GO的超快泵浦－探测谱表明，对于具有更大sp^3域的更强功能化GO材料，在高激发强度可能发生双光子吸收[31]。这个效应是由于sp^3域存在一个更大的适合双光子吸收的带隙。相比之下，在GO中具有小的带隙的sp^2域预计只有一个单光子吸收。因此，通过控制GO的氧化/还原反应程度，改变sp^2和sp^3域的比例，可以调节它的非线性光学性质，这种特性对于二次谐波产生的应用来说是非常理想的。

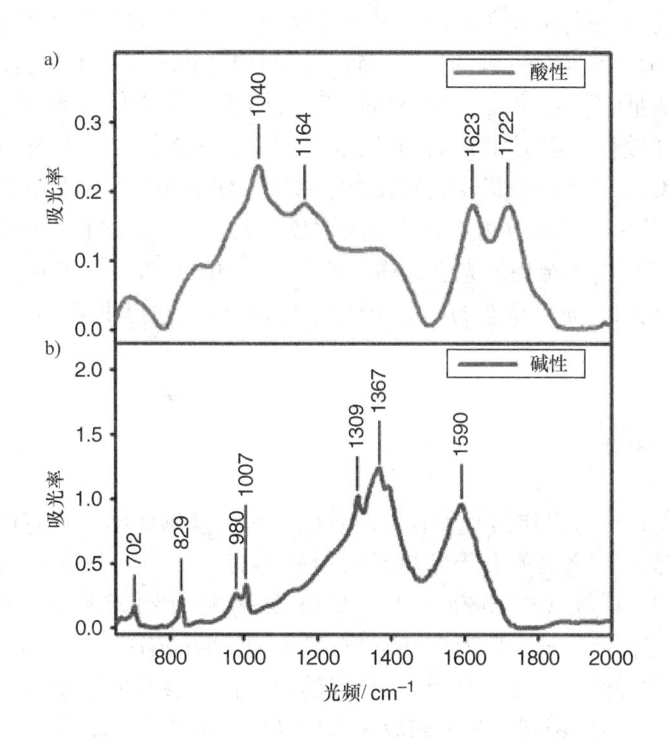

图5.5 从a）酸性和b）碱性水溶液中分离出来的GO固体样品的衰减全反射傅里叶变换红外谱（ATR－FTIR）。主峰及归属：a）$1040cm^{-1}$（C－O伸缩），$1164cm^{-1}$（C－OH伸缩），$1623cm^{-1}$（吸收水和未氧化石墨域的骨架振动），$1722cm^{-1}$（C＝O伸缩）；b）$829cm^{-1}$（C－H面外摇摆），$980cm^{-1}$（可能为环氧伸缩），$1007cm^{-1}$（C－H面内弯曲振动），$1309cm^{-1}$（C－O伸缩），$1367cm^{-1}$（COO－对称伸缩），$1590cm^{-1}$（COO－不对称伸缩）

氧化/还原处理改变sp^2/sp^3结构可能足以引起实质性的变化，这将反映在瞬态吸收中[32,33]。用泵浦－探测透射谱所涉及的实验证明了这一点：泵浦光束被用来激发电子，改变了电子排布的状态，并通过探测光束进行了进一步的监测。

在泵浦过程后通过探测光束的吸收或穿透，这样的光谱实验可以研究激发的电荷载体的弛豫动力学。可以观察到经还原处理，瞬态吸收会有很大变化：对于RGO，光诱导电荷载体的弛豫速率会显著加快[32,33]。为了恰当描述这个效果，利用飞秒光谱实验在400nm处激发GO和RGO来研究瞬态吸收谱[32]。在670nm记录的瞬态衰减动力学与恢复电荷的弛豫速率满足指数规律。由于电子-声子相互作用导致的弛豫，RGO的动力学90%由快分量（0.26ps和2.5ps）主导。这样的快速弛豫机制也体现在原始的光激发石墨烯中，使RGO载流子动力学与石墨烯的相似[34]。与电子陷阱相关的>400ps的慢分量对RGO弛豫动力学贡献仅为4%，这表明RGO的缺陷和电荷陷阱水平较低。在GO的弛豫时间中，>400ps的分量占据更多的贡献，这表明与氧相关的陷阱和缺陷控制了GO中的弛豫动力学。这种行为与之前对碳纳米管酸净化处理的研究一致，证明羧基和环氧基团会起到电子陷阱的作用[35]。超快泵浦-探测实验在790nm[33]表明了一个相似关系：与RGO相比，GO的衰减速度较慢，但对于它们两者只有快速衰变分量（低于5ps）被检测到。由于相对于RGO，GO由于其较低的载流子密度，使这些分量与带间载流子-载流子散射和载流子-声子散射相关联的时间常数更大。因此，这种超快泵浦-探测吸收实验适用于GO电子结构的光学采样，证明GO中的光激载流子的弛豫比RGO或者石墨烯慢。它们补充了稳态的可见光和红外吸收谱，它提供了GO结构和它的官能团的表征。

5.3 拉曼散射

GO的拉曼谱也可以作为一种有效的表征方法，来阐释结构特定的振动声子模式。石墨和例如GO之类的石墨基材料的拉曼谱有几个不同的特征峰，包括D峰（约1385cm^{-1}）、G峰（约1580cm^{-1}）、G′峰或2D峰（约2700cm^{-1}）[19,32,36-39]。D带源于一种包括声子的二阶效应和sp^{2}石墨化结构的缺陷；因此，它常是由于sp^{2}碳材料的无序性导致。G带来自于E_{2g}模式的单个声子参与的石墨材料的一阶拉曼散射，相关模式涉及sp^{2}碳上的平面内光学振动的双重简并。G′带，通常被称为2D带，它源于具有相反的动量声子参与的双声子过程，且明显地（反向）取决于石墨烯层的数量。

比如D′、D+G、D+D′、G+D′、2D′等其他的少量不突出峰在某些情况下[40]也可以被检测到；然而，由于G峰描述了sp^{2}石墨化结构，且D峰与结构缺陷有关，在当前的讨论中我们主要关注G峰和D峰。因此，它们的强度比值I_D/I_G可以很好地衡量sp^{2}碳晶格中的相对缺陷含量。GO中的这些峰（见图5.6）与石墨和石墨烯有些不同：GO中的D带广泛而强烈，而G带受到一定程度的抑制，大大扩展[41]，有时微移到更高的频率[27,42]。这一跃迁可能与掺杂效应[43]有关，且与所合成的GO中观察到的G带移动行为相一致[44,45]。另一种解释是基于理论计算[41]，表明在GO中单键和双键的交替模式，会导致拉曼G带的蓝移，与这些双键相对应。

GO的I_D/I_G比值大于石墨烯或石墨，其中的D峰通常不能从背景中区分出来，

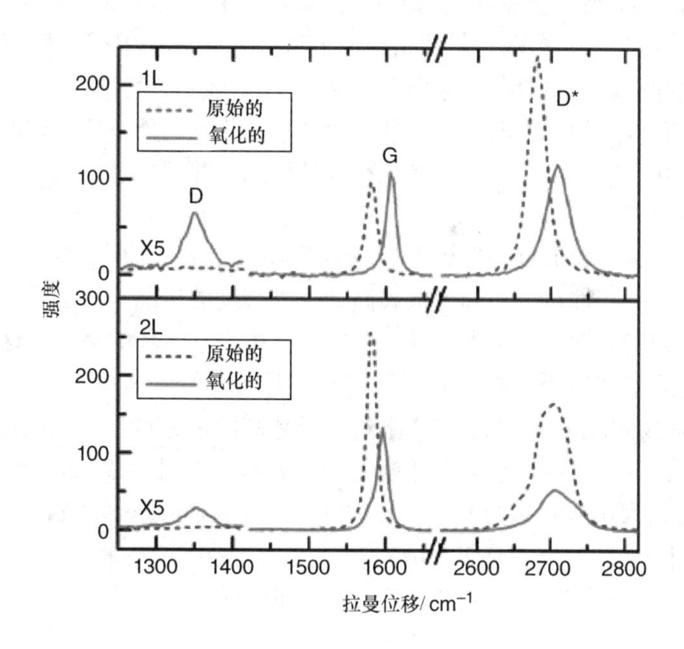

图5.6　单层（上图）和双层（下图）石墨烯/GO的拉曼谱

I_D/I_G比近似为0.01。为了使用这个比值定量评价无序程度，考虑这两个缺陷情况[47]至关重要。由于石墨烯晶格中的无序度在低缺陷密度下开始增加，I_D/I_G比值起初也会增加。随着缺陷密度的进一步增加，最终导致碳晶格的损失。当材料开始变成无定形碳时，由于所有拉曼峰的非线性衰减，I_D/I_G比值开始下降[47]。在低缺陷密度状况，I_D/I_G比可以用一个与两个相邻缺陷之间的距离（L_a）相关的经验公式来近似计算：

$$\frac{I_D}{I_G}=\frac{C(\lambda)}{L_a^2} \tag{5.1}$$

式中，λ为拉曼激发波长，$C(\lambda)$为一个经验参数：当激发波长$\lambda=514\text{nm}$时$C(\lambda)=102\text{nm}^2$[47]。对于GO，$L_a$决定环绕石墨域含氧官能团的尺寸。对于边缘的缺陷，式（5.1）的另一个形式，即Tuinstra－Koenig关系[48]更合适描述：

$$\frac{I_D}{I_G}=\frac{C(\lambda)}{L_a} \tag{5.2}$$

式中，$C(\lambda)=(2.4\times10^{-10}\text{nm}^{-3})\times\lambda^4$[49]，$\lambda$为拉曼激发波长。与低缺陷密度相反的是，在高缺陷密度状况，I_D/I_G比直接取决于石墨簇的尺寸[50,51]：

$$\frac{I_D}{I_G}=C'(\lambda)L_a \tag{5.3}$$

式中，$C'(514\text{nm})=0.55\text{nm}^{-2}$[50,51]。因此，拉曼峰强度的比值可以估计GO的缺

陷密度，以及被 sp^3 杂化功能点位包围的 sp^2 杂化石墨碳簇的尺度大小 L_a。

考虑到 I_D/I_G 比值对含氧官能团密度的依赖性，我们期望拉曼谱随着石墨烯氧化态而显著变化。可以在单层或多层石墨基底[46]的氧化刻蚀实验中观察到：I_D/I_G 比值随着氧化程度增加，表明石墨碳域尺寸减小。除此之外，拉曼谱的蓝移如上所述被观察和量化。这一变化表现为氧化程度的增加，并可通过氧化刻蚀实验中的电子转移掺杂来解释[46]。通过氧等离子体处理的较强氧化作用[52]，导致了 I_D/I_G 比值的非单调变化，该数值首先经历了显著的下降，然后在约 0.7 趋于平稳，甚至出现稍微增加。这一特性可以解释为低和高的缺陷密度的情况。由于明显的氧化，在一定时间石墨结构的缺陷数量会达到一个数值，由于六元环的降解，这个数值点拉曼谱 D 峰的强度开始降低。根据式（5.3），在这样高缺陷密度下，I_D/I_G 比值会随着石墨簇的减小而降低。结合 I_D/I_G 比对于低和高缺陷密度区域 sp^2 杂化域的大小依赖，为观测到的现象提供了一个适当的理论解释，并且可以估计在氧化过程中，石墨化区域的 L_a 大小下降到约 1nm。其他研究报道由 Hummers 法制备的 GO 薄膜和 GO 块状样品中 sp^2 域的尺寸是 2.5 ~ 6nm。

GO 的还原一直表明 G 峰的红移[55,56]与之前氧化获得的掺杂导致的蓝移一致。然而，对于不同工况中不同还原过程和终点，I_D/I_G 比值有着不同的变化。一些关于 GO 化学还原的研究表明 I_D/I_G 比值没有变化[53,54]，证明即使通过还原移除了含氧官能团，这些在官能团位置上遗留的缺陷未被复原。其他研究表明，I_D/I_G 比值的减少，说明还原会除去缺陷[57-59]。也有研究观测到 I_D/I_G 比值增加的情况[60-62]。这可能是由于将更多的无序引入到一个系统中，并且由于小的 sp^2 域的随机成核而增加 D 带的强度。此外，还观察到在化学还原过程中，I_D/I_G 比值的非单调趋势：起初 I_D/I_G 比值降低，然后增加[63]。这是由于 sp^2 区域在初始还原后的扩大，导致了 I_D/I_G 比值的下降，然后是 sp^3 簇内较小的 sp^2 区域的随机形成，增加了晶格中的无序度和 I_D/I_G 比值。几个还原/氧化组合处理也可以得到这样不单调的特性[64,65]。除了氧化还原反应，GO 的化学修饰同样影响着拉曼谱。蒽基对于 GO 的功能化处理导致了 G 峰的红移，可能说明电子掺杂的改变，以及 I_D/I_G 比的增加表明额外的无序性[66]。因此，GO 的拉曼谱可以提供晶格无序性的信息、sp^2 碳杂化域的尺寸以及化学添加剂在氧化、还原或功能化过程中的电子掺杂。

5.4 光致发光

由于 GO 功能化导致带隙被打开，GO 有望在光学带隙光致发光。Hummers[14] 在 1958 年首先研究了石墨氧化材料的带隙；然而 Brodie[67] 更早在 19 世纪中叶就开始研究通过石墨化学氧化反应得到相似材料的光学性能。目前，由于 GO 在光电子领域的大量潜在应用，其光学性质，包括光致发光，已被积极研究。首先，许多研究组发现 GO 水溶液的两个不同类型的发射。用离心法纯化了少层 GO[28]，观察到蓝色（350～450nm）的光致发光。这一发射是 GO 中由氧化诱导的 sp^3结构所形成的微观 sp^2 石墨化区域内的电子－空穴重组所引起的。同时，许多研究组[24,52,68,69]报道了经化学氧化的 GO 上一个绿色到红外光谱区（500～800nm）发射。这样的发射（见图 5.7）预计来自于局部电子结构、周围的官能团[24,52]，排斥的 sp^3碳硬壁屏障包围的 sp^2 碳区域，或键变化引起的谷间散射效应。Eda 等人[28]认为 GO 红光谱发射区是由多层石墨烯薄片层间弛豫过程的红移导致的。

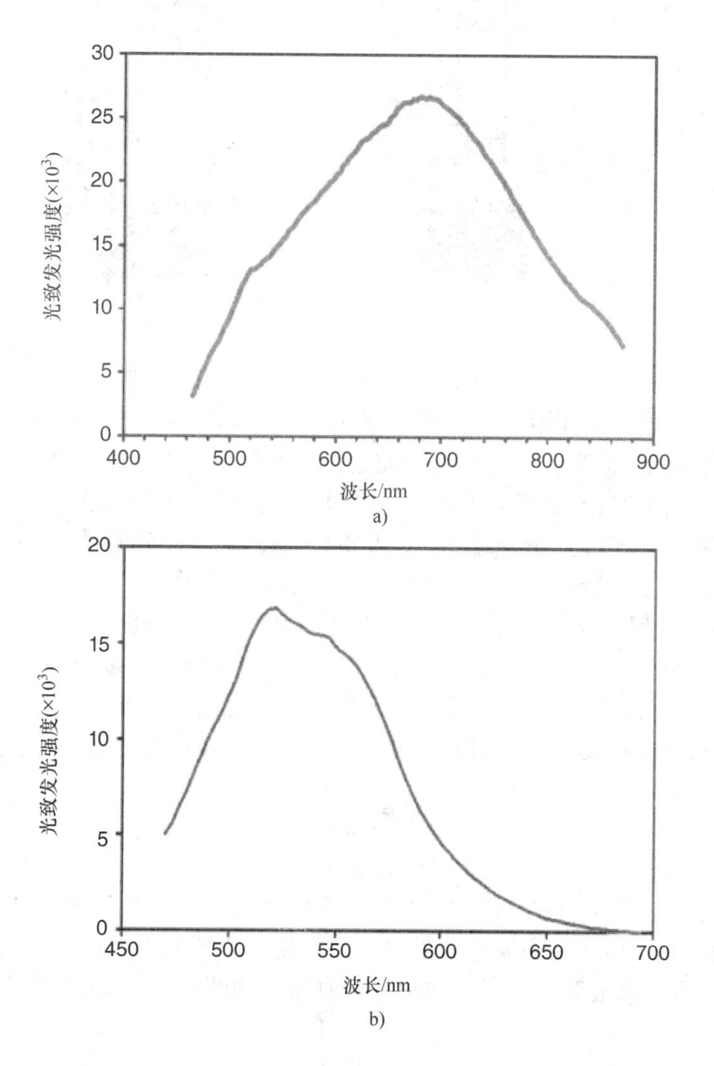

图 5.7　a）由石墨用改进 Hummers 法所制备 GO 的光致发光谱[14,70]，440nm 激发。b）由 RGO 经可控氧化法所制备 GO 的光致发光，440nm 激发

这些最初的工作进一步被一系列的预测和光致发光的起源实验研究继续推进。为了探究发射机理，需要考虑大量的因素。光致发光本身可以设想为，由于功能化而在石墨烯上打开的带隙的激发/发射过程。图5.8a描述了上述过程。

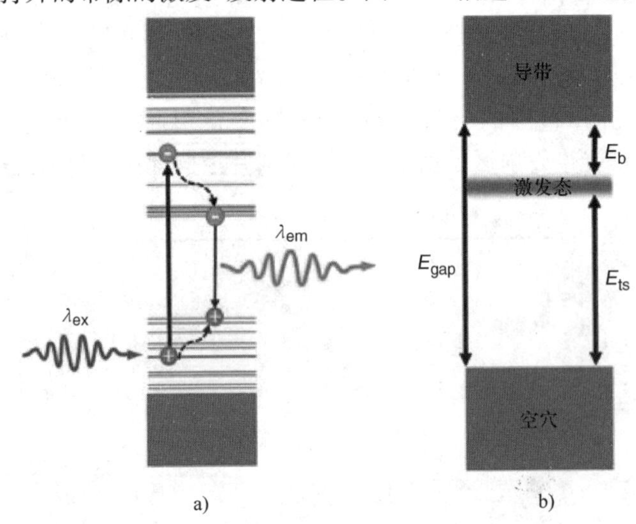

图5.8 a）带隙光致发光示意图。b）考虑激子效应的电子跃迁简化示意图，其中 E_{gap} 为单电子带隙能量，E_b 为激子的结合能，E_{ts} 为第一容许光学跃迁能量

由于入射光子的吸收，电子在带隙上跃迁到更高的轨道，后面留下一个带正电荷的空穴。这样通过光子吸收产生的一个电子-空穴对称为激子。激子的产生接着是电子到最低未被占据分子轨道（LUMO），以及空穴到最大被占据分子轨道（HOMO）的非辐射衰减。这个过程可由电子的辐射复合进一步推断出。因此，光子发射的能量低于激发光的能量。这一过程的效率用荧光量子产率来描述，表示为被吸收光子和发射光子的比率。量子产率通常在100%以下（对于GO只有0.02%~0.5%）[20,23]，这是由于电子-空穴复合通过许多非辐射路径，包括电荷缺陷/陷阱或声子辅助弛豫。因此，量子产率可以用衰变率的比率表示为

$$Q = \frac{k_r}{k_r + k_{nr}} \tag{5.4}$$

式中，k_r为辐射衰变率，k_{nr}为无辐射衰变率。在这种情况下，荧光量子产率实际上是辐射发射率与激发态的总数的比值（即发射光子数与激发态中光子总数的比值）。因此，一个电子在激发态（荧光生命周期）中所花费的时间，对于这样一个荧光过程，将是总辐射（辐射+非辐射）衰减率的倒数：

$$\tau = \frac{1}{k_r + k_{nr}} \tag{5.5}$$

常规荧光分子的荧光寿命通常在纳秒级；然而，对于纳米材料皮秒级的寿命不常见[71]。不同的研究[16,17,28,72]表明，GO荧光寿命在几皮秒到纳秒。Chen等人[20]报道蓝光和红光发射特征不同的荧光寿命 τ，红光为皮秒级，而蓝光为纳秒

级。

有几个表示GO光致发光的模型。Eda等人[28]对 $\pi \to \pi^*$ 带隙光致发光机理的设想，将GO被氧化的 sp^3 区分离成更小和更大的石墨化 sp^2 碳簇。由于四周的 sp^3 杂化原子势垒墙的作用，使这些簇被强有力地约束住。因为在石墨烯中电子是无质量的粒子，这种限制应引起能量的量子化，因此，带隙能级近似于：

$$E_{gap} \approx \frac{v_F h}{2d} \approx \frac{2eVnm}{d} \tag{5.6}$$

式中，v_F 为电子的费米速度，d 为限制 sp^2 域的直径。在他们的工作中，Eda等[28]假设光致发光过程发生在小的 sp^2 碳簇中，在3.2eV的能级有较大的带隙，并根据密度泛函理论（DFT）的计算，该 sp^2 碳簇中大约包含12个芳香环。这些簇周围是 sp^3 氧化碳，以及少量具有更小带隙的更大 sp^2 簇。GO发射模型得到了之前的理论预测支持，即在功能化碳材料上的光致发光的理论预测[73,74]，这些材料中发射源自于 sp^2 石墨化域的带隙。取决于功能化程度，通过紧密结合分子动力学模拟计算出的带隙值由0.3eV到2.7eV不等。利用DFT方法[75]可以对GO带隙进一步计算。尽管没有考虑周围 sp^3 位点电子的贡献，这个严谨的方法在能级0.3～4eV产生了 $\pi \to \pi^*$ 带隙。这些结果得到了另一个模型[76]的支持，该模型解释了官能团的影响，并且表明，由于这些特殊的排列方式，从GO中石墨化碳的局部条纹到锯齿状边缘，可以产生高达4eV的带隙。然而，即使是这样的计算，也只能提供一般的估计，因为它们只局限于环氧基和羟基官能团。

与Eda等人[28]预测的截然相反，通过高分辨率透射电子显微镜（HRTEM）估计的GO片层中石墨 sp^2 域的尺寸有些较大，数量级达到1～2nm[77]。这将对应于一个较小的带隙，以及由此在光谱的绿色、红色（见图5.7）或甚至近红外（NIR）部分出现一个红移发射。采用理论建模的方法，在GO的水溶液中观察到这种NIR发射[78]。在这种情况下，GO结构由直径为几纳米的 sp^2 碳的圆形岛表示，该区域被作为势垒的 sp^3 功能化区域所包围。利用基于第一性原理DFT的GW近似法和Bethe－Salpeter方法，计算出的该石墨烯纳米圆盘的单电子带隙随着纳米圆盘尺寸的增大而减小。然而，与之前提到的工作不同的是，光致发光的原因是电子带隙的发射，Kozawa等人[78]提出的理论也考虑到了激子的结合能。与碳纳米管中激子相关的荧光发射相似，GO的发射能量小于和激子结合能相等的带隙大小（见图5.8b）[79]：

$$E_{ts} = E^{GW} - E_b \tag{5.7}$$

式中，E^{GW} 为由GW方法计算的单电子带隙，E_b 为激子结合能，E_{ts} 为光跃迁能（发射能量）[78]。与模型一致，更早预测的功能化石墨烯的激子结合能将构成大部分的带隙（达到40%）[80]。和碳纳米管中激子结合能依赖于直径相似，石墨烯纳米盘的激子结合能随着尺寸增大而降低[78]（见图5.9a）。对于发射能量（E_{ts}）的进一步计算表明，其对纳米盘直径的依赖性相反，导致近似 $1/D$ 线性规律（见图5.9b）。这些结果证明，GO光致发光发射能量与 sp^2 石墨域尺寸有关，强调GO中激子效应的重要性。

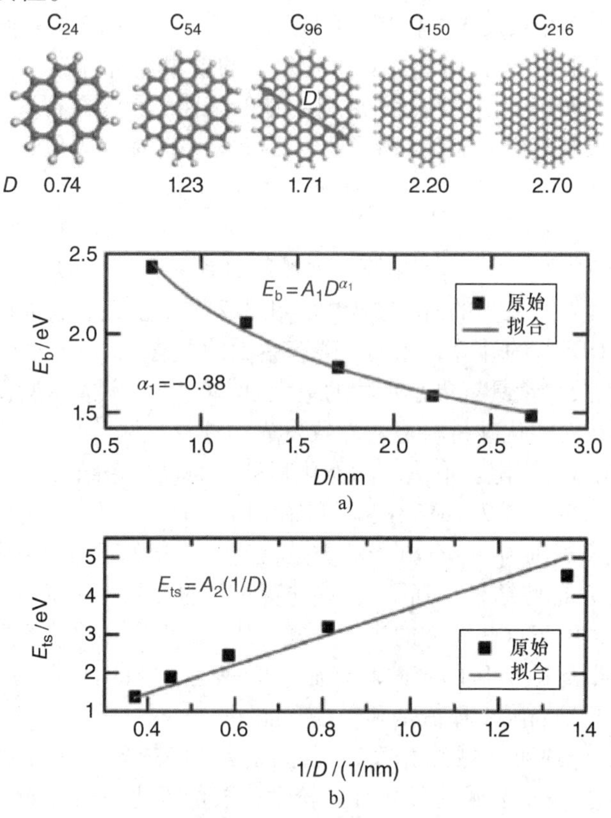

图 5.9　石墨烯纳米盘的结构模型和特有的光学性质。a）石墨烯纳米盘尺寸与激子结合能（E_b）的关系。b）尺寸倒数（$1/D$）与跃迁能（E_{ts}）的关系

在 GO 的制备基础上，人们可以预期分布范围很广的石墨化的 sp^2 区域。这在一定程度上证实了在许多研究中所观察到的发射谱的变化[16,72,78]依赖于激发波长的变化（见图 5.10a）。当激发共振时，特定尺寸的石墨区域将负责光致发光发射。然而，当激发被改变时，例如，对于红色，较大的 sp^2 区域会出现共振，并呈现红移的发射。如图 5.9b 所示，由于宽的发射谱，尽管如此，很有可能光致发光由石墨烯纳米圆盘的不同尺寸产生，从而产生更宽的发射能量分布状态。这说明通过不同大小的相邻纳米圆盘之间的能量传递方式实现仅仅单一的激发是可能的。利用光致发光衰变寿命与发射能量的反比关系，提出了 sp^2 石墨区之间的这类能量传递[78]。在低能量的情况下，低能量的发射可以显示出最长的衰减时间，表明了能量在具有低跃迁能量的大型纳米圆盘上的增强特征。这可以用级联能量从更小的纳米圆盘能量转移到大直径的小圆盘来解释。因此，在将激发电子的能量最小化的过程中，激发可以从具有大带隙的小纳米圆盘转移到具有低能量状态的更大的纳米圆盘上，在那里发射将会发生。

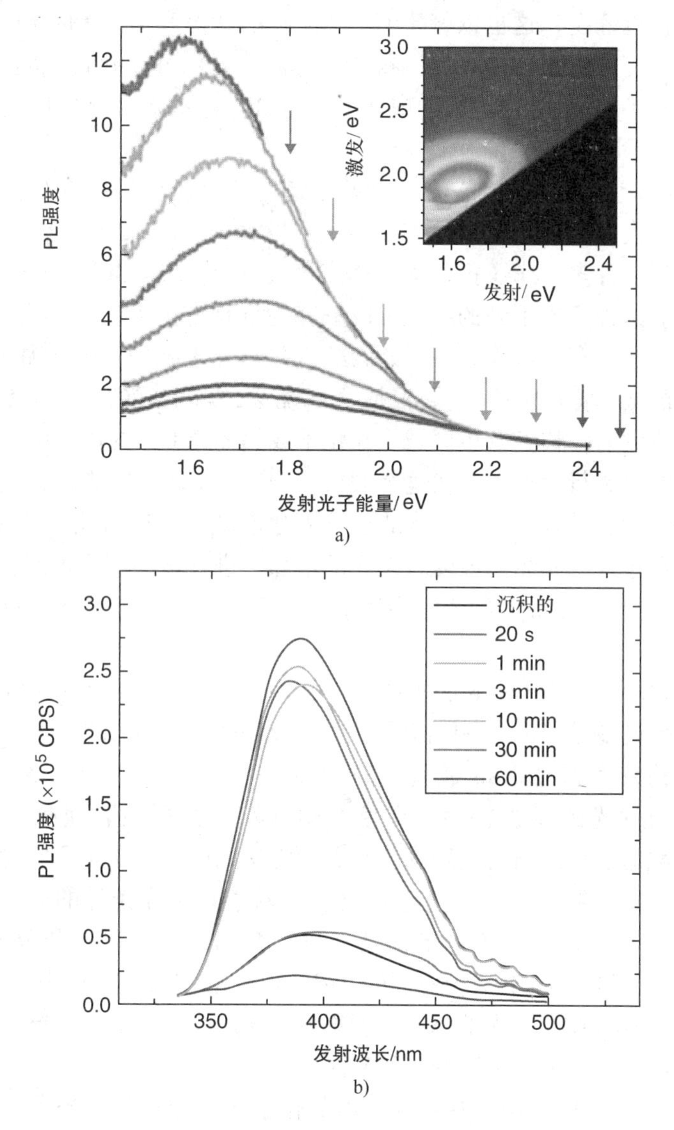

图 5.10　a）箭头为 GO 水溶液 PL 谱 1.8 ~2.5eV 的激发能。插图：GO 光致发光强度图。b）随着肼还原时间 GO 的光致发光改变

这个弛豫过程涉及多个能量转移步骤，因此在较长时间内产生较少能量的发射[78]。这也表明，由于纳米圆盘之间的能量转移，光致发光在红色或 NIR 中更有可能被观察到。

因此，光致发光峰的位置可以由两个贡献因子的组合来描述：特定尺寸的 sp^2 石墨化区域的相对丰度和能量转移到较大尺寸区域的效率。第一个是受氧化程度的控制，可能是功能化过程的类型。第二个影响能量传递的因素，部分是由于 sp^3 域

中石墨区域的接近程度，这也依赖于GO功能化的状态和sp^2簇的分布。然而，这些因素对氧化程度的依赖性是很难预测的：更强的氧化可能导致石墨的面积减小，或者可能导致较小的sp^2域的消失，或两者的组合。这些效应可以通过额外的氧化或还原来进行实验研究。

许多课题组[18,26,28,56,63,68,81]已经开始了还原实验研究。尽管有些研究得到的结果互相矛盾，大多数认为经还原GO的光致发光强度降低（见图5.10b）。除了发射强度的降低，许多工作还报告了蓝移[18,82]，这与还原GO[75]时带隙收缩的理论预测相矛盾。这种意想不到的特性可以解释为，具有更大的光学带隙的sp^2小岛在还原作用下形成：有人认为，一开始的减少并不会导致GO中sp^2簇尺寸的增加，而是刺激较小的sp^2域的成核[26]。根据这一说法，新生成的sp^2域具有更大的带宽，这确实会将发射转移到蓝色区域。在化学或热还原GO的过程中，观测到的发射强度的微小非单调行为可以证实这个假设[28, 56]：在这些实验中，光致发光在起初经历了增加之后，随着GO进一步的还原而逐渐减少。这可能说明新的sp^2区域的形成，导致在过程的初始阶段光致发光的增加。进一步的还原可能会导致光致发光特性猝灭，因为sp^2区域间的阈渗导致了激子迁移的增加，最终导致了那些非辐射重组位点[28]。

GO光学性质也表现出对还原过程的依赖。热还原GO导致的光致发光没有化学还原那么突然的变化[81]，并且似乎产生了较少的蓝移光致发光[22]，可能是由于较弱的激子约束（更大的sp^2簇）。在稳态氙灯辐照（500W）下逐步还原[26]展现出了GO复杂的光致发光特性：红色的初始发射特征显著地减少，同时在约450nm处同时增加了更清晰的发射峰。作者们将这归因于GO光致发光特性的二重性。研究表明，GO的红色主要发射特性源自于功能化无序诱导的局域态中的光学跃迁，该局域态位于$\pi\rightarrow\pi^*$带隙的深处（见图5.11a）。之前有研究发现[28]，由于还原产生的蓝光区特征归因于在最初GO还原时出现的限制sp^2域的发射（见图5.11b）。这些发现证明了在蓝光区GO发射基于sp^2簇的模型，并提出了针对红光区通常观测到的GO光致发光的另一种解释。

在GO光致发光谱[63]中，观察到轻微的化学还原导致红移现象。这一发现与其他人所观察到的还原导致的蓝移相矛盾[18,81]，并建议在轻微的还原开始时，可能会发生GO中sp^2区域的一些增加。然而，基于实验证据，这类增长被认为受到2nm的域尺寸的限制，在此之后，新的sp^2域将会发生成核现象[63]。在更大的还原条件下，如前所述[28]，由于sp^2区域还原促进的阈渗发生，使得这些缺陷位点的迁移增加，导致光致发光因为在缺陷位点上的激子重组而被猝灭。这个还原模型得到上述的拉曼谱变化支持[63]：与sp^2域的初始生长相对应，I_D/I_G比值降低，因此，无序程度降低。在较强的还原过程中，由于多个新成核的sp^2团簇的无序出现，使得I_D/I_G比值开始上升。不同的GO还原方法可能会产生不同的特征；然而，当分析时，它们提供了在这个过程中产生的复杂多变的更好的晶格形貌图，并且这些形貌影响了 GO 的光学性质。

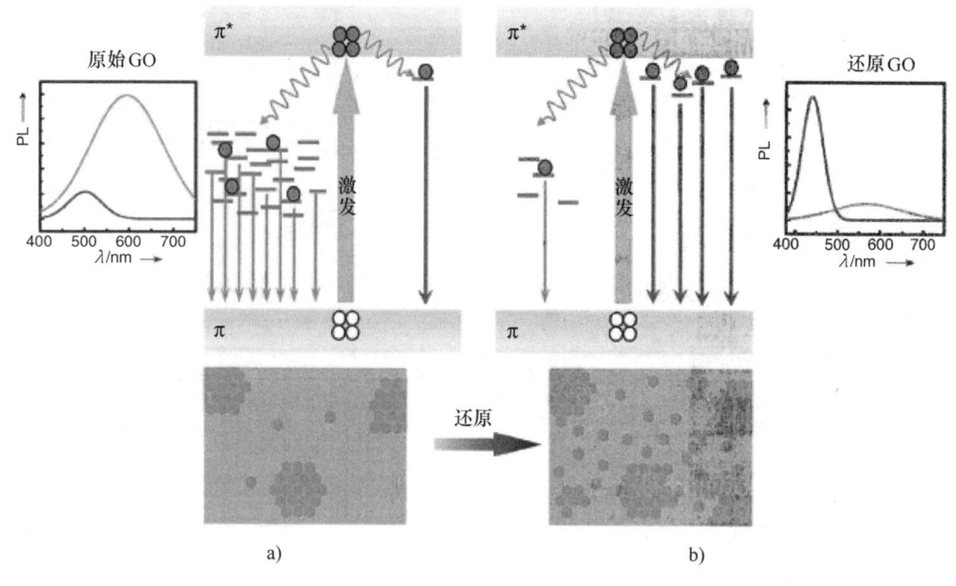

图5.11　还原 GO 二重性的原理图。a）GO 中无序诱导的局域态的主要发射。b）热还原 GO 的限制团簇态的主要发射

为了更好地弄清 GO 光致发光的本质，研究氧化这个逆过程导致发射的改变至关重要。石墨烯的等离子体处理和石墨的酸辅助氧化等不同的氧化过程，都导致了带隙的开启[52,82,83]。GO 的带隙可以通过硝酸定时氧化这样的方法控制[83]。因此，强氧化可以控制制备得到 1.7～2.4eV 的更大带隙。这与氧化反应导致的石墨岛的体积减小相一致，减小到具有较高带隙能量的小岛。另一种允许对石墨材料进行可控氧化的方法是对非发射还原氧化石墨烯（RGO）进行定时臭氧处理，其中 RGO 由 GO 利用肼还原法得到。在氧化过程中，最初的非发射 RGO 在可见光中表现出明亮的光致发光，其强度依赖于臭氧处理的时间（见图5.12）。在这一过程中，观察到发射能量相对较小的变化，可能是因为 RGO 已经继承了在还原过程中未被移除的晶格缺陷。正如 Dong 等人所建议的那样[25]，由于先前的氧化作用，受限的 sp^2 结构域仍可能存在于 RGO 中。这些缺陷将预先确定氧化诱导的 sp^2 岛的初始尺寸和分布，并因此预测发射波长范围。另一种可能性涉及不同的光致发光机理，其中发射来自官能团，这决定了发射能量对氧化程度的依赖性稍弱。这种机制，在研究 GO[22,24,52] 的光致发光的多篇论文中被提及，涉及官能团上局部态的发射。例如，Cuong 等人[22]，当观察在热处理 GO（tpGO）中的强载流子局域化时，表明热处理 GO 中的光致发光由于局域电子态中的激子重组而发生，而不是来自边缘能带跃迁。GO 中分子轨道的计算也支持了官能团的重要作用[16]。结果表明，光致发光由 HOMO－LUMO 跃迁支配，主要发生在位于含氧官能团旁边的碳原

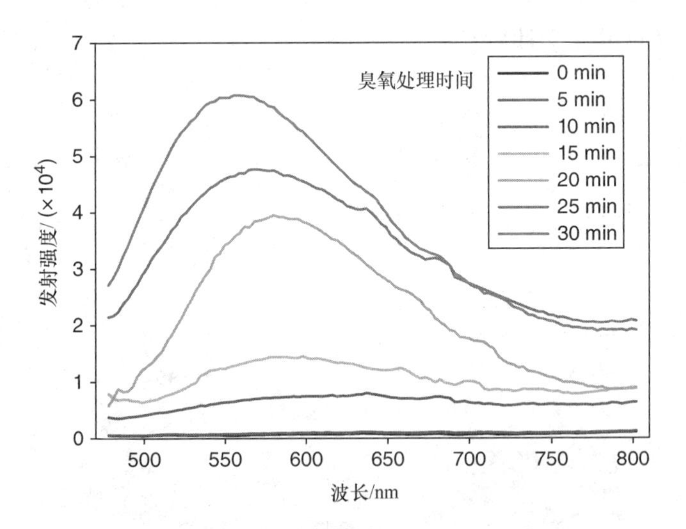

图 5.12　臭氧处理 RGO 的光致发光谱

子上。根据这项工作，所有三种含氧官能团，C－O、C＝O 和 O＝C－OH 都与发射有关。通过区分 GO 光致发光到官能团中的电子跃迁，得到相似的结论[23]。在该研究中，GO 用 KOH 处理以去除羟基并将环氧基团转化为羟基，或用 HNO_3 处理以进一步氧化 GO 并产生另外的羧基。GO 光致发光谱中的这些变化的明显特征归因于特定的电子跃迁（见图 5.13）：C ＝ C 键的 $\pi^* \rightarrow \pi$ 跃迁、C＝O 基团的 $\pi^* \rightarrow n$ 跃迁以及 C－OH 基团的 $\sigma^* \rightarrow n$ 跃迁。从图 5.13 可以看出，HNO_3 处理的 GO 的 $\pi^* \rightarrow n$ 跃迁和 KOH 处理的 GO 的 $\sigma^* \rightarrow n$ 跃迁如预期的那样变大，这是因为 C＝O和 C－OH 基团相应过量。基于该分析，GO 中的光致发光跃迁主要取决于含氧官能团。

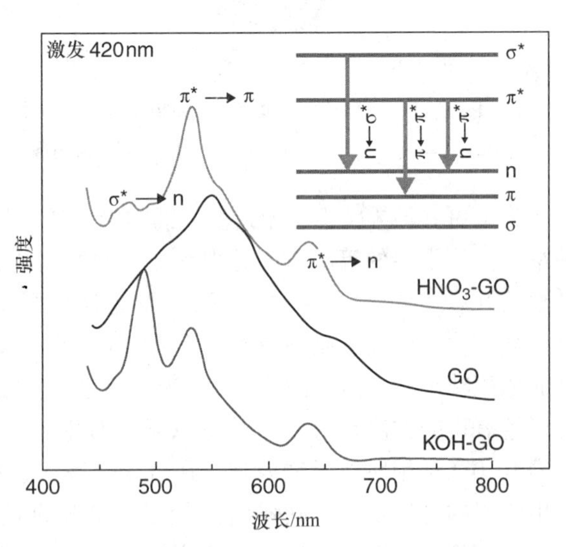

图 5.13　在去离子水中（100mg/mL）用 KOH 或 HNO_3 处理的 GO 片在 420nm 激发下的光致发光谱。插图：由于不同分子轨道的电子跃迁导致的多重光致发光的能级原理图

还讨论了 GO 发射光谱的宽度：短光致发光寿命表明发射在电荷弛豫到能带边缘之前进行，因此绕过了能带边缘跃迁[23]。由于 GO 中振动态的光谱范围很广，存在各种可能的跃迁，从而产生宽的发射光谱。类似于上面讨论的报告，这项工作

还表明发射波长对激发的依赖性。但是，这两者之间的斯托克斯跃迁似乎对于特定的电子跃迁是恒定的，因此也是特定的官能团。GO中的光学效应与含氧官能团的这种强烈对应，以及通过光致发光谱映射到这些基团的跃迁所提供的证据，为GO中的官能团相关的发射模型提供了坚实的背景。

由Novoselov、Geim、Ferrari、Hartschuh和同事共同完成的一项联合研究表明，官能团导致的发射存在另一个标志[52]。在该研究中，作者针对基于氧等离子体GO中的光谱烧孔现象提出 sp^2 簇约束的发射模型。他们预测，在 sp^2 域模型的框架内，在特定波长的强激发下，一些具有一定大小的基于 sp^2 碳簇的发射体应该被脱色，在等离子体氧化的石墨烯片上留下光谱孔。但是，从实验上看，这并没有发生，相反，所有波长的发射都在该区域中猝灭。因此，光致发光归因于氧化位置的局部电子状态；并且发射谱宽度归因于含氧发射物质的能态的均匀展宽。这种局部电子状态由Galande等人建模[24]，显示了GO中含氧添加物周围的负静电势区域（见图5.14a、b）。在这项工作中，作者首次观察到GO光致发光的强pH依赖性：当pH从酸性变为碱性时，红色中宽的GO发射被猝灭，并且出现了尖锐的蓝移分子光致发光峰（见图5.14c）。

该跃迁在pH值约为8时发生，并且类似于分子荧光团的分光光度滴定。从碱性和酸性物质的类似激发光谱特征，作者推断这些发射体的基态类似，表明pH诱导的变化必须在激发态发生。这一改变是可逆的，因此归因于含氧官能团的激发态质子化。官能团的归属分配是基于比较GO的激发态质子化pKa值与之前具有氧官能团的有机芳香族化合物的值来进行的。pKa^* 值约为8的芳香族羧酸和可见光下荧光显示表现出最好的匹配。其上带有羧基的石墨烯片的模型（见图5.14a）表明，在碱性条件下，存在一个包围着羧基的静电势区域。该区域从石墨烯片上分离出大约34个碳原子（见图5.14b），这与 pKa^* 值约为8的芳香族羧酸的大小相似。结果，由GO诱导的GO发射变化归因于GO中羧基官能团的局部电子结构产生的准分子荧光团。进一步的研究也证实了羧基官能团对GO引起的光致发光变化的贡献[17,19,72,84]。Zhang等人[17]在其相应的pH范围内，通过去质子化和质子化增强了蓝色碱性和红色酸性特征，展现不同的荧光寿命。因此，这种双重pH依赖性发射不是由能带边缘跃迁导致，而是归因于GO中基于氧基团的准分子荧光团。其他关于pH依赖性效应的报道显示，随着pH值的增加，蓝色发射发生了变化[85]，这与GO电子结构的变化有关。一些研究人员还提到由紫外和蓝色的两个发射峰引起的非单调响应，归因于与一个或多个官能团结合的石墨碳片段[72]，但大多数报道了红色发射特征的发射强度随着pH减小[72,84]。周围pH对GO光学性质的显著影响与GO中官能团相关光致发光模型完全一致。

因此，我们指出了两个主要理论，解释了限制性 sp^2 簇与含氧官能团相关的发射框架内，GO中光致发光的起源。然而，也有结合光学效应的科学研究工作。例如，Chien等人[26]在GO中观察到两个发射峰，其中蓝色特征归因于量子限制石墨结构域和由官能团引起的无序状态产生的红色峰。这种双重荧光的报道并不少见；然而，他们中的许多人对Chien等人工作中蓝色和红色发射特征的性质提出了不同

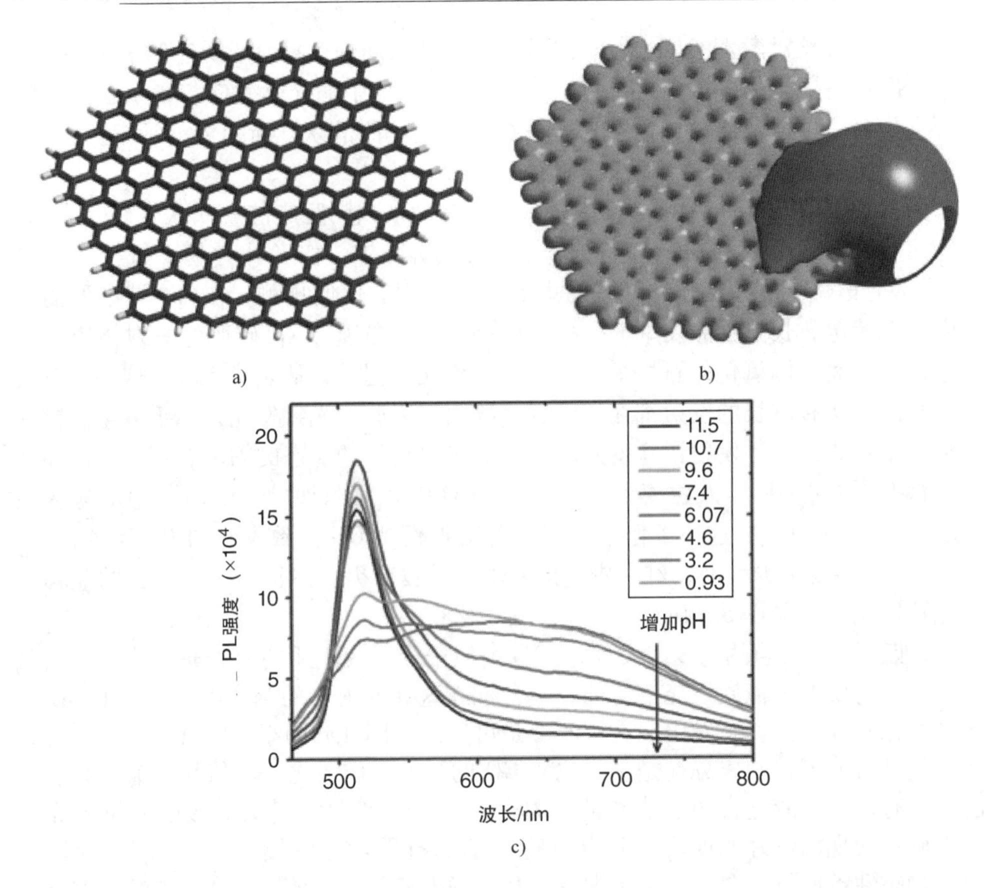

图 5.14 a）在边缘具有 COO－官能团的石墨烯碎片模型。b）在边缘具有 COO－官能团的石墨烯碎片的计算静电势等值线。c）GO 光致发光谱与 pH 值的相关性。经 Macmillan 授权转载自文献[24]

的解释。这些发射峰被认为具有不同的发光源，因为它们的荧光寿命相差近三个数量级[20]。Exarhos 等人[86]认为蓝色和红色发射与光谱迁移有关。在它们的全时间分辨光致发光测量中，通过 Xe 灯照射还原的 GO 和 GO 也显示出明显不同的寿命。未还原的 GO 展现出明显更长的荧光寿命，因为它在红色区域发射，而 RGO 在蓝色区域发射。然而，当在激发脉冲后立即测量时，RGO 和 GO 的发射是相同的，并且在蓝色区域中被检测到。这种初始相似性表明，随着时间的推移，由于 GO 中的非辐射谱弛豫，发射转换为红色。这个过程在无序带隙模型中得到了最好的解释（见图 5.15），其中 GO 中的某些空间区域的带隙在蓝色范围内，而在另外一些区域它们呈红色。因此，在激发时，GO 中的激子可以从较大的（蓝色）带隙区域迁移到较小的（红色）带隙区域，在那里它将经历辐射复合。在 RGO 中，由于在新形成的零间隙 sp^2 区域通过非辐射衰减引起的光致发光猝灭所规定的载流子寿命较短，因此光谱弛豫和偏移不会有足够的时间发生。因此，在 GO 中经历光谱迁移到红色的长寿命激子在 RGO 中不能存活，这在 RGO 中产生了短暂的蓝色发射。

Thomas 等人[87]甚至表明 GO 光致发光中的蓝移特征来自氧化碎片，即 GO 合成过程中产生的严重氧化的小有机碎片。他们的工作表明，当用弱碱清洗时，可以将氧化碎片从略微氧化的 GO 薄片中分离出来，其在红色区域中表现出弱到可忽略的荧光。针对在碱性条件下通过从 GO 中分离回收氧化碎片的荧光而言，这种效应被认为可以解释 Galande 等人报道的在高 pH 值下出现的尖锐的蓝移荧光特征[24]。当与弱氧化的 GO 结合时，由于与大的 GO 基底的相互作用，氧化碎片具有在 GO 悬浮液中通常观察到的高度猝灭和红移发射现象。这种非常规假设为 GO 中观察到的光致发光提供了另一种可能的机制；然而，这并不能解释 GO 薄膜的光致发光[52]。

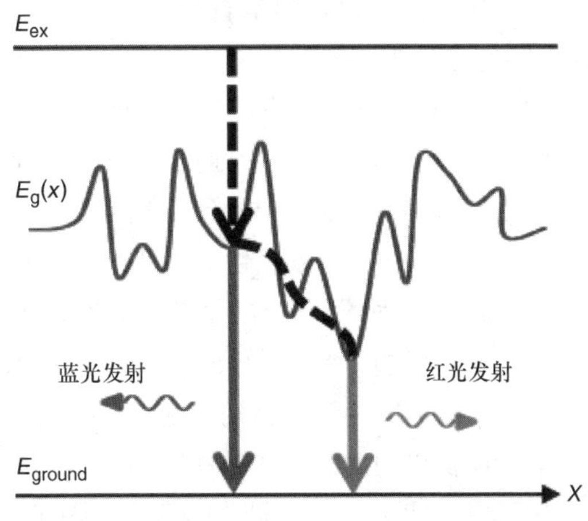

图 5.15　在 GO 无序带隙模型中激发载流子的弛豫

GO 的氧化和还原研究不仅阐明了 GO 中荧光发射的可能机制，而且为改变其光学性质提供了重要途径。与氧化和还原一起，通过各种官能团进行表面衍生修饰，对 GO 发射特性的显著调节已被报道[30,66,88,89]。通过烷基胺功能化 GO 中的环氧基和羧基，观察到 GO 的荧光量子产率显著增加，高达 13%[30]。这种增加在局部石墨域相关的 GO 光致发光理论的框架内被解释为环氧官能团和羧基的钝化，所述钝化环氧官能团和羧基被提议用作淬灭中心。根据该理论，GO 中同时仍然保留的 sp^2 域结构导致了相关发射特性。蒽基功能化的 GO[66]和 Mn^{2+} 键合的RGO[89]中也报道了高度增强的光致发光，其中发射的增加被归因于石墨烯中的 Mn 离子到发射性 sp^2 簇的荧光共振能量转移。由于 Mn 的能级结构，共振能量转移可以显著增强 RGO 的发射，强烈增加约 550 nm 处的光致发光强度。这种光致发光增强表明化学功能化可以作为改善 GO 的荧光量子产率的有效途径。

总之，来自 GO 的光致发光在蓝色和红色中被检测到，一些报告显示绿色紫外和近红外发射。几种理论已经提出了光致发光的起源，包括来自 sp^2 石墨碳的受限域的发射、来自围绕含氧官能团的局部电子环境的发射和这两种情况的组合，或甚至来自氧化产生的石墨碎片的发射。GO 的受控还原、氧化和功能化允许针对特定应用调整其光学性质。

5.5　氧化石墨烯的量子点

除了功能化以外，将 GO 切割成量子点还有望改变其光学性质。将 GO 薄片的维度和尺寸减小到几纳米直径可能产生量子限制结构，其光学性质将由其尺寸决定[90]。这为通过控制其尺寸分布来可控地调节量子点的光学响应开辟了一系列可能性。然而，GO 量子点的尺寸可能是有限的，超过这个尺寸，它们的性质将非常类似于 GO。例如，最近，通过水热处理 GO 得到的 GO 量子点，在蓝色光谱区域显示出激发和 pH 依赖的光致发光特性[8]，这类似于 GO，这是由于游离的 Z 字形位点，而相关的 pH 依赖性通过 Z 字形边缘的质子化/去质子化解释。对 GO 进行超声波结合热处理[91]制备的量子点的发射提出了类似的解释：它们在蓝色的发射被认定为锯齿状边缘状态所致，而绿色光致发光被认为是由无序能量陷阱引起的。和 GO[83]一样，这些量子点的发射波长可以通过改变氧化程度来控制。这种量子点的光学性质似乎与 GO 的光学性质相似，因此暗示两者中的光学效应都可能起源于小于量子点尺寸的尺度，即 sp^2 碳的小限定岛或在含氧基团处的功能化诱导缺陷状态。考虑到 5 ~ 13nm 的量子点尺寸分布[83]，它们的蓝色和绿色光致发光可能来自较小的受限特征是合理的。例如，Dong 等人[25]特别地将柠檬酸合成的量子点中的发射归属于 15nm GO 点内的小约束 sp^2 簇。

然而，对于较小的（约 5 nm）量子点尺寸[92]，研究表明，激发依赖性光致发光等光学效应可能不是由于 GO 中分布广泛 sp^2 石墨区的大小，而是由于量子点本身的分布尺寸决定[92]。这些 GO 量子点也表现出强烈的溶剂和 pH 依赖性发射，量子产率为 11.4%，显著高于 GO 报道的值[20,23]。一般而言，石墨烯量子点的光致发光通常归因于这些低维结构中存在的含氧官能团的影响[93]。与 GO 相似，它们可以表现出激发波长依赖性发射，这些发射由多种因素综合影响，包括表面缺陷、限制效应和边缘形状[94]。因此，为了解释石墨烯量子点的光学性质，可以集中关注 GO 中的一些光学现象。相反，由于 GO 量子点可以设想为 GO 结构的碎片，因此对它们的光致发光的研究，有希望提供关于 GO 中发射机理的额外信息。最后，与 GO 相比，具有特定尺寸的 GO 量子点样品可以允许其量子产率的显著提高，同时保持 GO 的一般光学性质特征。

5.6 应用

根据最近的研究发现，GO 的光学特性在光电子学、遥感、生物成像等方向有一个广阔的应用市场。GO 光致发光的发现使其在光子器件包括电致发光元件和光电探测器等方面具有大量潜在用途[42]。由于其电子带隙，GO 也成功地用在有机体异质结（BHJ）光电器件中作为电子受体物质，实现 1.1% 的能量转换效率[95]。GO 发射中的环境依赖效应已被用于多种传感应用：基于生物分子和病毒的附着而引起的光致发光猝灭，GO 被用作光学生物传感器[20,96]。GO 发射的强 pH 依赖性，使其作为纳米级传感器用于细胞外生物 pH 值的检测[24,84]。因为其光致发光对正常和过渡金属离子具有选择性灵敏度[88]，GO 潜在的环境应用包括 N 掺杂 GO 的金属离子感应。除了感应之外，GO 和 GO 量子点已成功用作药物/基因传递和生物成像的载体[69,90,97-99]。GO 是水溶性的，为石墨烯片两侧的多种药物分子的附着提供了一个搭载平台[97]。据报道，它是抗癌药物、基因和靶向药物的高容量载体[69,97]。除此之外，GO[69,98]或 GO 量子点[90]的固有光致发光特性可以用于药物/基因传递途径的成像，而不需要额外的荧光团。由于近红外生物组织的透明性，该光谱区域内的 GO 光致发光使其对体外和体内荧光成像都具有高度的吸引力。因此，由于其多功能性和大运输能力，GO 较现有传递/成像模式具有显著的优势。

参考文献

[1] Novoselov, K.S.; Geim, A.K.; Morozov, S.V.; *et al.*, Electric field effect in atomically thin carbon films. *Science* **2004**, *306* (5696), 666–669.

[2] Bonaccorso, F.; Sun, Z.; Hasan, T.; Ferrari, A.C., Graphene photonics and optoelectronics. *Nature Photon*. **2010**, *4* (9), 611–622.

[3] Nair, R.R.; Blake, P.; Grigorenko, A.N.; *et al.*, Fine structure constant defines visual transparency of graphene. *Science* **2008**, *320* (5881) 1308.

[4] Ferrari, A.C.; Meyer, J.C.; Scardaci, V.; *et al.*, Raman spectrum of graphene and graphene layers. *Phys. Rev. Lett.* **2006**, *97*, 187401.

[5] Jiang, Z.; Henriksen, E.A.; Tung L.C.; *et al.*, Infrared spectroscopy of Landau levels of graphene. *Phys. Rev. Lett.* **2007**, *98*, 197403.

[6] Yan, J.; Zhang, Y.; Kim, P.; Pinczuk, A., Electric field effect tuning of electron–phonon coupling in graphene. *Phys. Rev. Lett.* **2007**, *98*, 166802.

[7] Lu, J.; Yang, J.; Wang, J.; *et al.*, One-pot synthesis of fluorescent carbon nanoribbons, nanoparticles, and graphene by the exfoliation of graphite in ionic liquids. *ACS Nano* **2009**, *3* (8), 2367–2375.

[8] Pan, D.; Zhang, J.; Li, Z.; Wu, M., Hydrothermal route for cutting graphene sheets into blue-luminescent graphene quantum dots. *Adv. Mater.* **2010**, *22* (6), 734–738.

[9] Peng, J.; Gao, W.; Gupta, B.K.; *et al.*, Graphene quantum dots derived from carbon fibers. *Nano Lett*. **2012**, *12* (2), 844–849.

[10] Tang, L.; Ji, R.; Cao, X.; *et al.*, Deep ultraviolet photoluminescence of water-soluble self-passivated graphene quantum dots. *ACS Nano* **2012**, *6* (6), 5102–5110.

[11] Eda, G.; Mattevi, C.; Yamaguchi, H.; *et al.*, insulator to semimetal transition in graphene oxide. *J. Phys. Chem. C* **2009**, *113* (35), 15768–15771.

[12] Loh, K.P.; Bao, Q.; Eda, G.; Chhowalla, M., Graphene oxide as a chemically tunable platform for optical applications. *Nature Chem*. **2010**, *2* (12), 1015–1024.

[13] Li, S.-S.; Tu, K.-H.; Lin, C.-C.; *et al.*, Solution-processable graphene oxide as an efficient hole transport layer in polymer solar cells. *ACS Nano* **2010**, *4* (6), 3169–3174.

[14] Hummers, W.S.; Offeman, R.E., Preparation of graphitic oxide. *J. Am. Chem. Soc.* **1958**, *80* (6), 1339.

[15] Kovtyukhova, N.I.; Ollivier, P.J.; Martin, B.R.; *et al.*, Layer-by-layer assembly of ultrathin composite films from micron-sized graphite oxide sheets and polycations. *Chem. Mater*. **1999**, *11* (3), 771–778.

[16] Shang, J.; Ma, L.; Li, J.; *et al.*, The origin of fluorescence from graphene oxide. *Sci. Rep.* **2012**, *2*, 792.

[17] Zhang, X.-F.; Shao, X.; Liu, S., Dual fluorescence from graphene oxide: a time-resolved study. *J. Phys. Chem. A* **2012**, *116* (27), 7308–7313.

[18] Chen, J.-L.; Yan, X.-P., A dehydration and stabilizer-free approach to production of stable water dispersions of graphene nanosheets. *J. Mater. Chem.* **2010**, *20*, 4328–4332.
[19] Kochmann, S.; Hirsch, T.; Wolfbeis, O.S., The pH dependence of the total fluorescence of graphite oxide. *J. Fluoresc.* **2012**, *22* (3), 849–855.
[20] Chen, J.-L.; Yan, X.-P.; Meng, K.; Wang, S.-F., Graphene oxide based photoinduced charge transfer label-free near-infrared fluorescent biosensor for dopamine. *Anal. Chem.* **2011**, *83* (22), 8787–8793.
[21] Ingle, J.D.; Crouch, S.R., *Spectrochemical Analysis*. Prentice-Hall, Englewood Cliffs, NJ, **1988**.
[22] Cuong, T.V.; Pham, V.H.; Shin, E.W.; *et al.*, Temperature-dependent photoluminescence from chemically and thermally reduced graphene. *Appl. Phys. Lett.* **2011**, *99*, 041905.
[23] Li, M.; Cushing, S.K.; Zhou, X.; *et al.*, Fingerprinting photoluminescence of functional groups in graphene oxide. *J. Mater. Chem.* **2012**, *22* (44), 23374–23379.
[24] Galande, C.; Mohite, A.D.; Naumov, A.V.; *et al.*, Quasi-molecular fluorescence from graphene oxide. *Sci. Rep.* **2011**, *1*, 85.
[25] Dong, Y.; Shao, J.; Chen, C.; *et al.*, Blue luminescent graphene quantum dots and graphene oxide prepared by tuning the carbonization degree of citric acid. *Carbon* **2012**, *50* (12), 4738–4743.
[26] Chien, C.-T.; Li, S.-S.; Lai, W.-J.; *et al.*, Tunable photoluminescence from graphene oxide. *Angew. Chem. Int. Ed.* **2012**, *51* (27), 6662–6666.
[27] Chen, J.-L.; Yan, X.-P., A dehydration and stabilizer-free approach to production of stable water dispersions of graphene nanosheets. *J. Mater. Chem.* **2010**, *20* (21), 4328–4332.
[28] Eda, G.; Lin, Y.-Y.; Mattevi, C.; *et al.*, Blue photoluminescence from chemically derived graphene oxide. *Adv. Mater.* **2010**, *22* (4), 505–509.
[29] Li, D.; Müller, M.B.; Gilje, S.; *et al.*, Processable aqueous dispersions of graphene nanosheets. *Nature Nanotechnol.* **2008**, *3* (2), 101–105.
[30] Mei, Q.; Zhang, K.; Guan, G.; *et al.*, Highly efficient photoluminescent graphene oxide with tunable surface properties. *Chem. Commun.* **2010**, *46* (39), 7319–7321.
[31] Liu, Z.-B.; Zhao, X.; Zhang, X.-L.; *et al.*, Ultrafast dynamics and nonlinear optical responses from sp^2- and sp^3-hybridized domains in graphene oxide. *J. Phys. Chem. Lett.* **2011**, *2* (16), 1972–1977.
[32] Kaniyankandy, S.; Achary, S.N.; Rawalekar, S.; Ghosh, H.N., Ultrafast relaxation dynamics in graphene oxide: evidence of electron trapping. *J. Phys. Chem. C* **2011**, *115* (39), 19110–19116.
[33] Kumar, S.; Anija, M.; Kamaraju, N.; *et al.*, Femtosecond carrier dynamics and saturable absorption in graphene suspensions. *Appl. Phys. Lett.* **2009**, *95*, 191911.
[34] Ruzicka, B.A.; Werake, L.K.; Zhao, H.; *et al.*, Femtosecond pump–probe studies of reduced graphene oxide thin films. *Appl. Phys. Lett.* **2010**, *96*, 173106.
[35] Zhang, Y.; Shi, Z.; Gu, Z.; Iijima, S., Structure modification of single-wall carbon nanotubes. *Carbon* **2000**, *38* (15), 2055–2059.
[36] Ferrari, A.C.; Meyer, J.C.; Scardaci, V.; *et al.*, Raman spectrum of graphene and graphene layers. *Phys. Rev. Lett.* **2006**, *97*, 187401.
[37] Malard, L.M.; Pimenta, M.A.; Dresselhaus, G.; Dresselhaus, M.S., Raman spectroscopy in graphene. *Phys. Rep.* **2009**, *473* (5–6), 51–87.
[38] Reich, S.; Thomsen, C., Raman spectroscopy of graphite. *Phil. Trans. R. Soc. Lond. A* **2004**, *362* (1824), 2271–2288.
[39] Ferrari, A.C., Raman spectroscopy of graphene and graphite: disorder, electron–phonon coupling, doping and nonadiabatic effects. *Solid State Commun.* **2007**, *143* (1–2), 47–57.
[40] Kaniyoor, A.; Ramaprabhu, S., A Raman spectroscopic investigation of graphite oxide derived graphene. *AIP Advances* **2012**, *2*, 032183.
[41] Kudin, K.N.; Ozbas, B.; Schniepp, H.C.; *et al.*, Raman spectra of graphite oxide and functionalized graphene sheets. *Nano Lett.* **2008**, *8* (1), 36–41.
[42] Eda, G.; Chhowalla, M., Chemically derived graphene oxide: towards large area thin-film electronics and optoelectronics. *Adv. Mater.* **2010**, *22* (22), 2392–2415.
[43] Das, A.; Pisana, S.; Chakraborty, B.; *et al.*, Monitoring dopants by Raman scattering in an electrochemically top-gated graphene transistor. *Nature Nanotechnol.* **2008**, *3* (4), 210–215.

[44] Ang, P.K.; Wang, S.; Bao, Q.; *et al.*, High-throughput synthesis of graphene by intercalation–exfoliation of graphite oxide and study of ionic screening in graphene transistor. *ACS Nano* **2009**, *3* (11), 3587–3594.
[45] Voggu, R.; Das, B.; Rout, C.S.; Rao, C.N.R., Effects of the charge-transfer interactions of graphene with electron-donor and -acceptor molecules examined by Raman spectroscopy and cognate techniques. *J. Phys. Condens. Matter* **2008**, *20*, 472204.
[46] Liu, L.; Ryu, S.; Tomasik, M.R.; *et al.*, Graphene oxidation: thickness-dependent etching and strong chemical doping. *Nano Lett.* **2008**, *8* (7), 1965–1970.
[47] Lucchese, M.M.; Stavale, F.; Ferreira, E. H.; *et al.*, Quantifying ion-induced defects and Raman relaxation length in graphene, *Carbon* **2010**, *48* (5), 1592–1597.
[48] Tuinstra, F.; Koenig, L., Raman spectrum of graphite. *J. Chem. Phys.* **1970**, *53* (3), 1126–1130.
[49] Cançado, L.G.; Takai, K.; Enoki, T.; *et al.*, General equation for the determination of the crystallite size L_a of nanographite by Raman spectroscopy. *Appl. Phys. Lett.* **2006**, *88*, 163106.
[50] Novoselov, K.S.; Geim, A.K.; Morozov, S.V.; *et al.*, Two dimensional gas of massless Dirac fermions in graphene. *Nature* **2005**, *438* (7065), 197–200.
[51] Ferrari, A.C.; Robertson, J., Interpretation of Raman spectra of disordered and amorphous carbon. *Phys. Rev. B* **2000**, *61*, 14095.
[52] Gokus, T.; Nair, R.R.; Bonetti, A.; *et al.*, Making graphene luminescent by oxygen plasma treatment. *ACS Nano* **2009**, *3* (12), 3963–3968.
[53] Mattevi, C.; Eda, G.; Agnoli, S.; *et al.*, Evolution of electrical, chemical, and structural properties of transparent and conducting chemically derived graphene thin films. *Adv. Funct. Mater.* **2009**, *19* (16), 2577–2583.
[54] Gómez-Navarro, C.; Weitz, R.T.; Bittner, A.M.; *et al.*, Electronic transport properties of individual chemically reduced graphene oxide sheets. *Nano Lett.* **2007**, *7* (11), 3499–3503.
[55] Krishnamoorthy, K.; Veerapandian, M.; Mohan, R.; Kim, S.-J., Investigation of Raman and photoluminescece studies of reduced graphene oxide sheets. *Appl. Phys. A* **2012**, *106* (3), 501–506.
[56] Cuong, T.V.; Pham, V.H.; Tran, Q.T.; *et al.*, Optoelectronic properties of graphene thin films prepared by thermal reduction of graphene oxide. *Mater. Lett.* **2010**, *64* (6), 765–767.
[57] Mohanty, N.; Nagaraja, A.; Armesto, J.; Berry, V., High-throughput, ultrafast synthesis of solution-dispersed graphene via a facile hydride chemistry. *Small* **2010**, *6* (2), 226–231.
[58] Lee, V.; Whittaker, L.; Jaye, C.; *et al.*, Large-area chemically modified graphene films: electrophoretic deposition and characterization by soft X-ray absorption spectroscopy. *Chem. Mater.* **2009**, *21* (16), 3905–3916.
[59] Wang, S.; Ang, P.K.; Wang, Z.; *et al.*, High mobility, printable, and solution-processed graphene electronics. *Nano Lett.* **2010**, *10* (1), 92–98.
[60] Stankovich, S.; Dikin, D.A.; Piner, R.D.; *et al.*, Synthesis of graphene-based nanosheets via chemical reduction of exfoliated graphite oxide. *Carbon* **2007**, *45* (7), 1558–1565.
[61] Tung, V.C.; Allen, M.J.; Yang, Y.; Kaner, R.B., Throughput solution processing of large-scale graphene. *Nature Nanotechnol.* **2009**, *4* (1), 25–29.
[62] Paredes, J.I.; Villar-Rodil, S.; Solís-Fernández, P.; *et al.*, Atomic force and scanning tunneling microscopy imaging of graphene nanosheets derived from graphite oxide. *Langmuir* **2009**, *25* (10), 5957–5968.
[63] Xin, G.; Meng, Y.; Ma, Y.; *et al.*, Tunable photoluminescence from graphene oxide from near-ultraviolet to blue. *Mater. Lett.* **2012**, *74*, 71–73.
[64] Gao, W.; Alemany, L.B.; Ajayan, L.C.M., New insights into the structure and reduction of graphite oxide. *Nature Chem.* **2009**, *1* (5), 403–408.
[65] Wang, H.; Robinson, J.T.; Li, X.; Dai, H., Solvothermal reduction of chemically exfoliated graphene sheets. *J. Am. Chem. Soc.* **2009**, *131* (29), 9910–9911.
[66] Lu, Y.; Jiang, Y.; Wei, W.; *et al.*, Novel blue light emitting graphene oxide nanosheets fabricated by surface functionalization. *J. Mater. Chem.* **2012**, *22* (7), 2929–2934.
[67] Brodie, B.C., On the atomic weight of graphite. *Phil. Trans. R. Soc. London* **1859**, *149*, 249–259.
[68] Luo, Z.; Vora, P.M.; Mele, E.J.; *et al.*, Photoluminescence and band gap modulation in graphene oxide. *Appl. Phys. Lett.* **2009**, *94*, 111909.

[69] Sun, X.; Liu, Z.; Welsher, K.; *et al.*, Nano-graphene oxide for cellular imaging and drug delivery. *Nano Res*. **2008**, *1* (3), 203–212.
[70] Kovtyukhova, N.I.; Ollivier, P.J.; Martin, B.R.; *et al.*, Layer-by-layer assembly of ultrathin composite films from micron-sized graphite oxide sheets and polycations. *Chem. Mater*. **1999**, *11* (3), 771–778.
[71] Gokus, T.; Hartschuh, A.; Harutyunyan, H.; *et al.*, Exciton decay dynamics in individual carbon nanotubes at room temperature. *Appl. Phys. Lett.* **2008**, *92*, 153116.
[72] Kozawa, D.; Miyauchi, Y.; Mouri, S.; Matsuda, K., Exploring the origin of blue and ultraviolet fluorescence in graphene oxide. *J. Phys. Chem. Lett.* **2013**, *4* (12), 2035–2040.
[73] Robertson, J., Photoluminescence mechanism in amorphous hydrogenated carbon. *Diamond Relat. Mater.* **1996**, *5* (3–5), 457–460.
[74] Mathioudakis, C.; Kopidakis, G.; Kelires, P.C.; *et al.*, Electronic and optical properties of a-C from tight-binding molecular dynamics simulations. *Thin Solid Films* **2005**, *482*, (1–2), 151–155.
[75] Johari, P.; Shenoy, V.B., Modulating optical properties of graphene oxide: role of prominent functional groups. *ACS Nano* **2011**, *5* (9), 7640–7647.
[76] Yan, J.-A.; Xian, L.; Chou, M.Y., Structural and electronic properties of oxidized graphene. *Phys. Rev. Lett.* **2009**, *103*, 086802.
[77] Erickson, K.; Erni, R.; Lee, Z.; *et al.*, Determination of the local chemical structure of graphene oxide and reduced graphene oxide. *Adv. Mater.* **2010**, *22* (40), 4467–4472.
[78] Kozawa, D.; Zhu, X.; Miyauchi, Y.; *et al.*, Excitonic photoluminescence from nanodisc states in graphene oxides. *J. Phys. Chem. Lett.* **2014**, *5* (10), 1754–1759.
[79] Spataru, C.D.; Ismail-Beigi, S.; Benedict, L.X.; Louie, S.G., Excitonic effects and optical spectra of single-walled carbon nanotubes. *Phys. Rev. Lett.* **2004**, *92*, 077402.
[80] Pedersen, T.G.; Jauho, A.-P.; Pedersen, K., Optical response and excitons in gapped graphene. *Phys. Rev. B* **2009**, *79*, 113406.
[81] Cuong, T.V.; Pham, V.H.; Tran, Q.T.; *et al.*, Photoluminescence and Raman studies of graphene thin films prepared by reduction of graphene oxide. *Mater. Lett.* **2010**, *64* (3), 399–401.
[82] Nourbakhsh, A.; Cantoro, M.; Vosch, T.; *et al.*, Bandgap opening in oxygen plasma-treated graphene. *Nanotechnology* **2010**, *21* (43), 435203.
[83] Jeong, H.K.; Jin, M.H.; So, K.P.; *et al.*, Tailoring the characteristics of graphite oxides by different oxidation times. *J. Phys. D: Appl. Phys.* **2009**, *42*, 065418.
[84] Chen, J.-L.; Yan, X.-P., Ionic strength and pH reversible response of visible and near-infrared fluorescence of graphene oxide nanosheets for monitoring the extracellular pH. *Chem. Commun.* **2011**, *47* (11), 3135–3137.
[85] Gómez-Navarro, C.; Weitz, R.T.; Bittner, A.M.; *et al.*, Electronic transport properties of individual chemically reduced graphene oxide sheets. *Nano Lett.* **2007**, *7* (11), 3499–3503.
[86] Exarhos, A.L.; Turk, M.E.; Kikkawa, J.M., ultrafast spectral migration of photoluminescence in graphene oxide. *Nano Lett.* **2013**, *13* (2), 344–349.
[87] Thomas, H.R.; Vallés, C.; Young, R.J.; *et al.*, Identifying fluorescence of graphene oxide. *J. Mater. Chem. C* **2013**, *1* (2), 338–342.
[88] Qian, Z.; Zhou, J.; Chen, J.; *et al.*, Nanosized N-doped graphene oxide with visible fluorescence in water for metal ion sensing. *J. Mater. Chem.* **2011**, *21* (44), 17635–17637.
[89] Gan, Z.X.; Xiong, S.J.; Wu, X.L.; *et al.*, Mn^{2+}-bonded reduced graphene oxide with strong radiative recombination in broad visible range caused by resonant energy transfer. *Nano Lett.* **2011**, *11* (9), 3951–3956.
[90] Yan, X.; Li, B.; Cui, X.; *et al.*, Independent tuning of the band gap and redox potential of graphene quantum dots. *J. Phys. Chem. Lett.* **2011**, *2* (10), 1119–1124.
[91] Zhu, S.; Zhang, J.; Liu, X.; *et al.*, Graphene quantum dots with controllable surface oxidation, tunable fluorescence and up-conversion emission. *RSC Advances* **2012**, *2* (7), 2717–2720.
[92] Zhu, S.; Zhang, J.; Qiao, C.; *et al.*, Strongly-green-photoluminescent graphene quantum dots for bioimaging applications. *Chem. Commun.* **2011**, *47* (24), 6858–6860.
[93] Lee, J.; Kim, K.; Park, W.I.; *et al.*, Uniform graphene quantum dots patterned from self-assembled silica nanodots. *Nano Lett.* **2012**, *12* (12), 6078–6083.
[94] Habiba, K.; Makarov, V.I.; Avalos, J.; *et al.*, Luminescent graphene quantum dots fabricated by pulsed laser synthesis. *Carbon* **2013**, *64*, 341–350.

[95] Liu, Q.; Liu, Z.; Zhang, X.; *et al.*, Polymer photovoltaic cells based on solution-processable graphene and P3HT. *Adv. Funct. Mater.* **2009**, *19* (6), 894–904.
[96] Jung, J.H.; Cheon, D.S.; Liu, F.; *et al.*, A graphene oxide based immuno-biosensor for pathogen detection. *Angew. Chem. Int. Ed.* **2010**, *49* (33), 5708–5711.
[97] Liu, Z.; Robinson, J.T.; Sun, X.; Dai, H., PEGylated nanographene oxide for delivery of water-insoluble cancer drugs. *J. Am. Chem. Soc.* **2008**, *130* (33), 10876–10877.
[98] Kim, H.; Namgung, R.; Singha, K.; *et al.*, Graphene oxide–polyethylenimine nanoconstruct as a gene delivery vector and bioimaging tool. *Bioconjug. Chem.* **2011**, *22* (12), 2558–2567.
[99] Wang, Y.; Li, Z.; Wang, J.; *et al.*, Graphene and graphene oxide: biofunctionalization and applications in biotechnology. *Trends Biotechnol.* **2011**, *29* (5), 205–212.

第 6 章　氧化石墨烯的功能化与还原

Siegfried Eigler，Ayrat M. Dimiev

6.1　引言

氧化石墨烯（GO）的化学性质是石墨烯领域中最复杂并且最具争议性的话题。对 GO 化学反应的理解要以其基本分子结构为基础。由于 GO 的化学结构还无法准确表征，GO 片上又含有多种官能团，因此，我们无法准确地理解 GO 的化学反应历程。GO 片上含有大量临近的不同类型官能团，这些官能团的存在既可以保持每片 GO 的独立性，又为 GO 片与片之间的连接提供了可能。这也是经典有机化学无法对 GO 中的官能团做出解释，或者说，做出完美解释的原因。也是由于这个原因，我们不能在解释反应时选择性地考虑其中一种官能团，而忽视其他官能团的作用。再加上 GO 的多相性，反应机理变得更加复杂。由于每个经 sp^3 杂化的碳原子都是手性对称结构的中心，因此，我们可以明确，GO 及其衍生物是无法形成单分散复合物的。许多理论上可行的反应都会由于 GO 平面上官能团位置的固定，导致空间条件不够而无法进行。以上所有问题，都需要在设计、解释共价功能化反应时引起注意。

本章将介绍近年来 GO 化学性质研究所取得的进展。首先，我们将以导致 GO 缺陷的降解机制为线索，重新回顾 GO 的各种化学结构（也可见第 2 章）。一般来讲，GO 上的缺陷决定其活性，因此，我们将简短地回顾可以解释 GO 反应的相关结构。本章将对非共价反应简单着墨，重点介绍共价键反应。根据不同的反应方法，总结共价键反应的普遍化学反应原理。理论上来讲，有机化学反应原理已经能够让我们处理不同类型的官能团。但是，对于 GO 而言，不只有一种官能团参与反应，因此，对相应反应的讨论也应更加严谨。

GO 中的官能团以分布在其平面上的羟基和环氧基为主。本章也会讨论 GO 缺陷以及 GO 片边缘处的官能团。另一种官能团是残存的 sp^2 杂化系统，反应后会生成 C－C 键。C－C 键的含量可以通过化学还原增加，因此，本章还会介绍还原氧化石墨烯（RGO）的生产方法。而且为了增强对 GO 化学反应的理解，本章将简单地对比、讨论石墨烯与 RGO 的分子结构。功能化 RGO 的可选反应原理有很多，功能化后可以形成亲水 GO，这种 GO 也被称为水溶性石墨烯。

由于 GO 和 RGO 的多相性，相关化学反应的控制充满了挑战。GO 的化学结构在一定程度上取决于其制备工艺。然而，我们要注意，科学家们关于 GO 分子结构的争论已经持续一个多世纪了，很显然，化学修饰后对反应产物进行分析仍然很困难。而且，可以预料的是，GO 边缘的官能团比平面上的官能团更加活跃。然而到目前为止，我们仍无法区分这两类官能团。

尽管如此，基于 GO，科研工作者们努力开展石墨烯可控的化学性质研究。本章将针对此类可控化学性质的反应条件及其发展做简单回顾。这类 GO 被称为含氧功能化石墨烯（oxo - G_1），本书第 2 章对其合成方法进行了介绍。最后，我们将以现有化学修饰结果、展望及相关应用为结尾，结束本章。

6.2 氧化石墨烯的结构

GO 的化学结构极具多样性，并且其绝对构型在一定程度上受反应条件影响。因此，我们无法给出 GO 的准确化学式以及精确的分子结构。通过在 GO 上接枝不同的官能团，我们可以想象出各种各样的 GO。在 GO 中，由于每个经 sp^3 杂化的碳原子都是一个中心，因此，我们很容易得出结论：并不存在纯的 GO 衍生物。但是，为了建立 GO 可控的化学性质，了解其化学结构就显得尤为重要。由 Tour 和 Dimiev 建立的动态结构模型可以解释很多实验结果，读者可以在第 2 章[1]中进行详细了解。

具有碳原子的六边形 σ 骨架的高质量石墨是原料，这种石墨是实验的理想起始反应物。碳的骨架结构在反应中会由于过氧化产生破裂。目前，学术界普遍认同的 GO 模型是通过核磁共振（NMR）高精度扫描[2-5]建立的 Lerf - Klinowski 模型。然而，这种动态结构模型（DSM）也可以为解释 GO 的降解与酸性提供额外的信息。一般来讲，石墨层被氧化剂氧化会引入一系列的含氧官能团，同时存留部分 sp^2 杂化碳原子。目前，实际氧化物质尚不明确。引入高锰酸钾后，Mn_2O_7 或 MnO_3^+ 可能成为反应中的活性成分。在 GO 平面两侧，不仅有环氧基、羟基，还有一些酮基、羧基。但是后面提到的官能团需要 C - C 键断裂才能形成，因此，这些官能团会在 GO 片的边缘及缺陷边缘形成。值得注意的是，根据动态结构模型可知，酮基也会在 C - C 键断裂但是碳原子没有移除的位点形成；这些位点在此模型中不是被作为边缘考虑的，而是被当作平面的特征。当使用氯酸钾作为氧化剂时，会生成有毒易爆的 ClO_2，为了避免发生爆炸，实验应在 45℃ 以下进行。也有一些研究使用重铬酸钾之类试剂作为氧化剂，但是根据研究显示，这种情况下碳原子经常被氧化为 CO_2。在 GO 的生产中，这种状况被称为过氧化。理想状况下，实验过程是不会产生碳原子流失的。否则六元碳平面破裂，并生成酮基、羧基和酚类，甚至这些官能团可能成为产物的主要成分。有研究显示，酮基、羧基、乳醇及酚类这些含氧官能团可以修饰缺陷边缘[6-8]。未被氧化的类石墨烯“补丁”也是 GO 结构的一部分，约 50% 的碳原子会保持 sp^2 杂化状态。sp^2 杂化碳“补丁”的数量随着时间的增长而增加。因此，我们将 GO 结构描述为亚稳态[9]。同时，有研究显示，未配对的自旋也是结构的一部分[10,11]。另外，Dékány 等人[12]、Nakajima 和 Matsuo[13]、Hofmann 等人[14]、Ruess[15]、Scholz 和 Boehm[16]及其他人[6]提出的结构模型（见图 6.1）也具有一定的合理性。

在 Clauss、Dékány、Scholz - Boehm 以及最近 Dimiev - Tour 所提出的模型中，碳结构的缺陷都被看作结构的重要组成部分。缺陷边缘被随机的含氧基团修饰（见图 6.1）。醌型结构也是合理并且稳定的结构单元。通过高分辨率透射电子显微镜研究片状 GO 显示，有序结构的侧面约有 80% 的不规则区域，这些侧面区域厚度约为 1nm，并且可能与功能化有关[19]。此外，电子显微镜还识别出直径为 1nm 的孔洞。关于 GO 结构，我们可以得出以下结论：GO 是具有部分无定形结构的碳骨架。

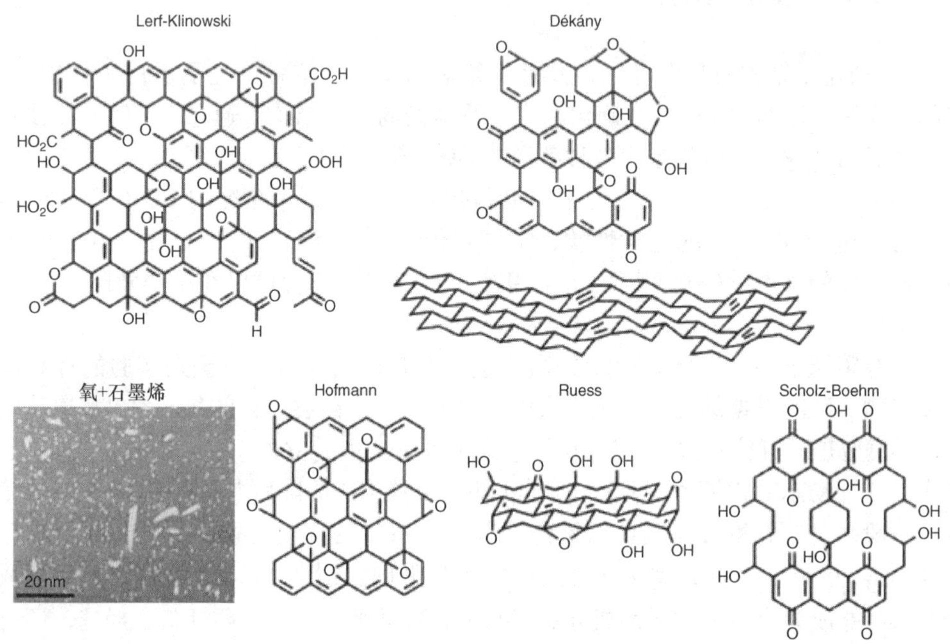

图 6.1　不同研究者提出的 GO、石墨氧化物的结构模型。Hofmann 模型可应用于石墨烯暴露在氧原子环境，以 SiC 为基底外延生长（扫描隧道显微镜图片显示独立氧原子与石墨烯以共价键的方式相连）[17,18]

100 多年前就有一些作者认识到，GO 是一种无定形材料，并且其高缺陷特征，可能是导致其性质与腐殖酸相近的原因。图 6.1 中的单一碳骨架结构模型似乎都可以用来描述 GO。但是，GO 具体结构需要根据缺陷数量以及实验条件确定。

可以认为，有些应用需要的 GO 最好具有醌型结构类似碳骨架，有些则需要完整碳骨架。问题在于，不论如何，确定石墨烯的缺陷程度、官能团的种类及密度、结构基元都十分困难。合成方案和石墨等级对结构的氧化动力学影响十分大。因此，为了控制合成，需要对产物进行精确可靠的分析[20]。目前，可以通过电感耦合等离子体质谱（ICP - MS）检测 GO 中残留的金属杂质。由于反应物天然石墨含杂质，或者在合成过程使用试剂的原因，在产物检测中发现了铁、钴、镍、锰等杂质元素。通过检测得出，铁元素含量 > 1000ppm，其他金属含量约为 5 ~ 20ppm。尽管这些金属含量看起来很低，但它们可以起到决定性的催化作用，强烈地影响在无金属状态就可以进行的氧化还原反应[21]。一般来讲，可以通过过滤、离心、再溶解从混合物中分离出 GO。最近，研究人员又发现一种通过在 GO 中添加十二烷胺的方式分离 GO[22]。后者是利用十二烷基苯磺胺盐在酸性条件下的静电作用分离 GO 片。但是，通过这种方式分离出的 GO 在分离过程中会与铵类化合物发生反应，因此与常规离心方式分离出的 GO 有所不同。

6.3 氧化石墨烯的稳定性

6.3.1 氧化石墨烯的热稳定性

Boehm 和 Scholz 针对 GO 热分解进行了大量研究，他们发现了很大的变化[23]。通常来讲，杂质和金属盐，例如额外加入 $FeCl_3$，会降低 GO 的热稳定性。掺杂高锰酸盐的 GO 在 180 ~ 200℃温度范围热重量损失最大。还有研究显示，一定量的钾盐可以极大地降低 GO 的稳定性，发生剧烈分解[24-26]。热重分析（TGA）以及质谱分析（MS）为 GO 分解提供了一条线索。首先是在 120℃时水分的挥发和少量的 CO_2 溢出，紧接着在 180℃大量分解生成 CO_2（见 6.8.2 节）。但是，具有一定百分比缺陷的 GO（ >2%~3%）在 45℃就已经分解了，其稳定性明显不如具有完整碳骨架的 oxo - G_1。将由 GO 片合成的膜置于 ZnSe 上进行红外谱分析。在 ZnSe 上以传输模式测量 25 ~ 150℃ 的光谱，2336cm^{-1} 处有一个新的吸收峰。吸收峰强度在 120℃时最大。当然，GO 薄膜在热处理过程中会产生可见的纳米级气泡。2336cm^{-1} 处的红外信号是 GO 片层间 CO_2 的伸缩振动引起的。尽管被困在层间的 CO_2 会使在质谱分析的过程中无法进行热重分析，CO_2 吸收峰也揭示了 GO 碳晶格在 50℃的温度下已经开始分解[27]。通过对 CO_2 的量化发现，每 2nm 形成一个 CO_2 分子。不仅如此，实验还对水在 GO 脱羧过程中的作用进行了研究。实验采用 ^{18}O 标记的水来描述 ^{16}O 水和 ^{18}O 水的交换过程。TGA - MS 在 m/z 44（$C^{16}O_2$）和 m/z 46（$C^{16}O^{18}O$）分析经 $^{18}OH_2$ 处理过的 GO。因此，水促进了 CO_2 的形成（见图 6.2a）。这个实验可以通过羰基反应解释，如从酮基以及羧基生成水合物，以及图 6.2b 中提出了 α，β - 环氧酮重新排布形成 α - 羟基羧酸的机理。图 6.2b 中的羰基反应也可以被这个实验证明。

6.3.2 氧化石墨烯在水溶液中的稳定性及化学性质

处理氧化石墨时以酒精代替水可以得到原始氧化石墨，其中含有在水的作用下会分解的环硫酸酯基[28]。并且，每 10 ~ 12 个碳原子上就有一个羰基。大量的羰基

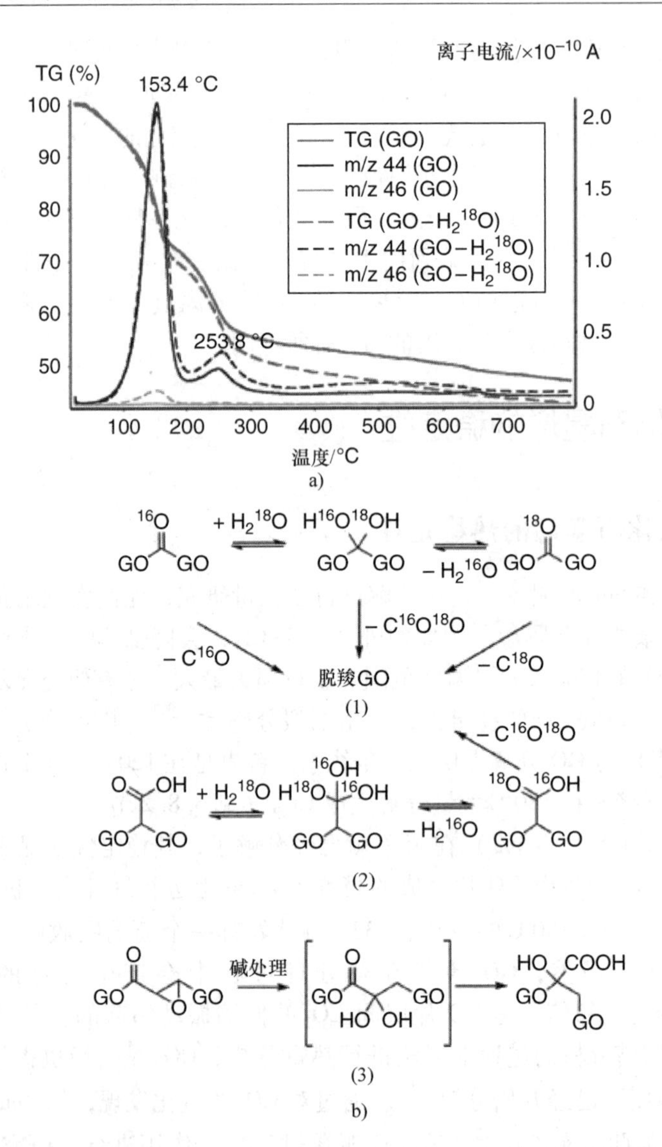

图 6.2　a）GO 和使用^{18}O标记的水（由$^{18}OH_2$代替$^{16}OH_2$）热重分析与质谱分析。检测到$C^{18}O^{16}O$，证明了水合物有羰基和羧基形成。b）GO 中的去碳酸基反应路径

源自于 GO 缺陷边缘的官能团，而不只是在 GO 片边缘的官能团。同时，在合成 GO 的过程中，大约每 35～55 个碳原子会生成一个 CO_2分子。在碳晶体上生成 CO_2和羰基需要断开 C－C 键。Dimiev 及其研究团队关于在 GO 碳晶体上生成 CO_2的机理的最新研究如图 6.3d 所示，以二元醇作为初始反应物（1）。首先与氢氧根反应使得 C－C 键断裂（2，3），进一步的碱处理生成羧基以及 CO_2（8～10）。这个解释也与 TGA－MS 测试结果相一致：在 CO_2中检测到来自于$^{18}OH_2$的^{18}O。随后的反应中，会使碳晶格继续降解。GO 中碳的降解产生酸性官能团，在反应 1 到 2 再到

7有详细解释。因此，由Dimiev及其团队提出的新动态结构模型，说明了GO中的酸性是伴随着碳晶格向腐殖酸降解而形成[1]。GO在碱处理后变得不稳定，随着GO片的不断氧化刻蚀最终变成氧化碎片[28]。整片GO分解的过程详见图6.3。

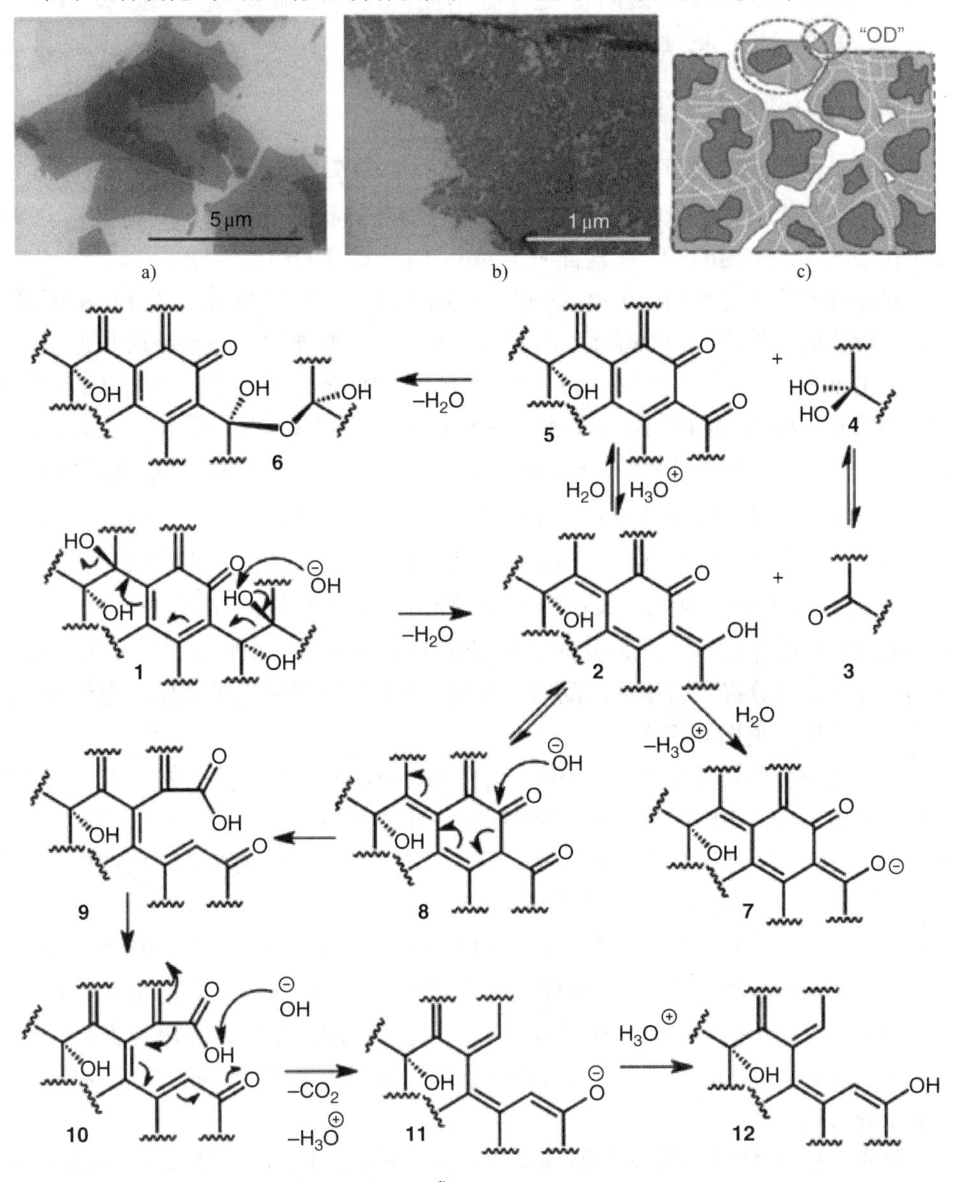

图6.3　a）使用扫描电子显微镜（SEM）拍摄的GO光滑边缘。b）经过碱处理的GO片边缘被刻蚀，大片GO降解为碎片的SEM图像。c）片状GO降解出现孔洞（白色）、石墨（蓝色）以及氧化部分（橙色）。d）在水和碱作用下GO降解过程图。描述了CO_2及酸性官能团比较可信的反应机理。碱处理1可导致具有酸性官能团的扩展π网络（2~7）。形成水合物（3，4）以及C-O-C键，造成永久性缺陷（6）。羟基与羰基反应使C-C键断裂生成羧基（8~10）。去碳酸基以及接下来的反应使得GO进一步降解

因为原则上可以开展的许多反应需要热激活，因此GO中不稳定的官能团对控制GO反应十分不利。而且由于合成工艺以及降解程度的原因，不同批次生产的GO中含有的官能团以及缺陷密度各有不同。我们已知碳骨架缺陷极少的GO（oxo－G_1）热稳定性更好，详见6.3.3节。

6.3.3 含氧功能化石墨烯的稳定性

oxo－G_1具有很少量的缺陷，因此相对GO而言更加不易分解。使用红外谱表征oxo－G_1薄膜，并与GO对比，在50℃循环加热的状态下并未检测到CO_2。90℃时才在层间发现被困的CO_2，这证明了oxo－G_1有更好的热稳定性。

对碳骨架几乎完整的oxo－G_1来讲，我们可以对热处理和随后进行化学还原的薄膜进行拉曼谱检测。检测显示，样品经100℃的热处理后，并未导致C原子的σ骨架产生更多的缺陷（见图6.4a）。反而在75～100℃热处理后，oxo－G_1的品质有微小提升。I_D/I_G和Γ_{2D}曲线描述了其热稳定性，如图6.4b所示。当温度达到100℃时，Γ_{2D}值几乎为常数，约为60～70cm^{-1}。以150℃对oxo－G_1进行热处理，首先略有还原，最终碳骨架分解，此时Γ_{2D}的值在90～300cm^{-1}范围内，平均值大约为200cm^{-1}。热处理温度达到500℃时试样品质最差。此时碳网变成无定形碳，并且在$\Gamma_{2D}=300cm^{-1}$处几乎无法看到2D峰。热处理温度达到1000℃可以部分恢复碳的六元环晶体结构。然而此时，拉曼谱的范围在90～190cm^{-1}。尽管1000℃的热处理可以部分提高石墨烯的品质，但和500℃热处理的结果相比，无法恢复到原始样品品质（见图6.4b）。

由此可知，热处理温度大于100℃会在oxo－G_1的碳网格状晶体中引入永久性缺陷。因为在高达100℃下稳定的碳骨架允许化学反应物的热活化，这些发现对控制oxo－G_1的化学性质十分有利。但是，并不能保证其他试剂在热活化过程中不对C－C键产生破坏，如6.8.3.1节所示。

使用大片天然石墨通过化学方式还原oxo－G_1会产生约0.6%～0.8%的缺陷。因此，在拉曼谱检测时D峰会出现尖峰并且峰值提高[31]。正如在3.4.4节中所说，随着缺陷间距由2nm上升到3nm，I_D/I_G比值也随之增加，并出现尖峰。不论与对照组的oxo－G_1相比，还是通过拉曼谱识别缺陷密度来看，此方法产物品质的增加十分可观。

首先，使用AFM表征选定的oxo－G_1片。随后，用激光（532nm，0.06mW）照射oxo－G_1片的中间位置。该片在辐照后被化学还原，并首次用AFM分析，如图6.5所示。图6.5c显示了oxo－G_1片中间经激光处理位置有褶皱。利用扫描拉曼显微镜（SRM）对同一样品进行观测，并绘制I_D/I_G结果（见图6.5d），结果显示，经过激光照射后的样品品质普遍降低。相较于未经激光照射的样品而言，经过激光处理的样品的I_D/I_G比值，中间区域约为1.5，周围区域约为2.2。伴随着I_D/I_G比值的降低，曲线宽度也有所增加，这意味着石墨烯品质的下降（详见 3.4.4 节）。而参照组样品的 I_D/I_G 比值变化不大。

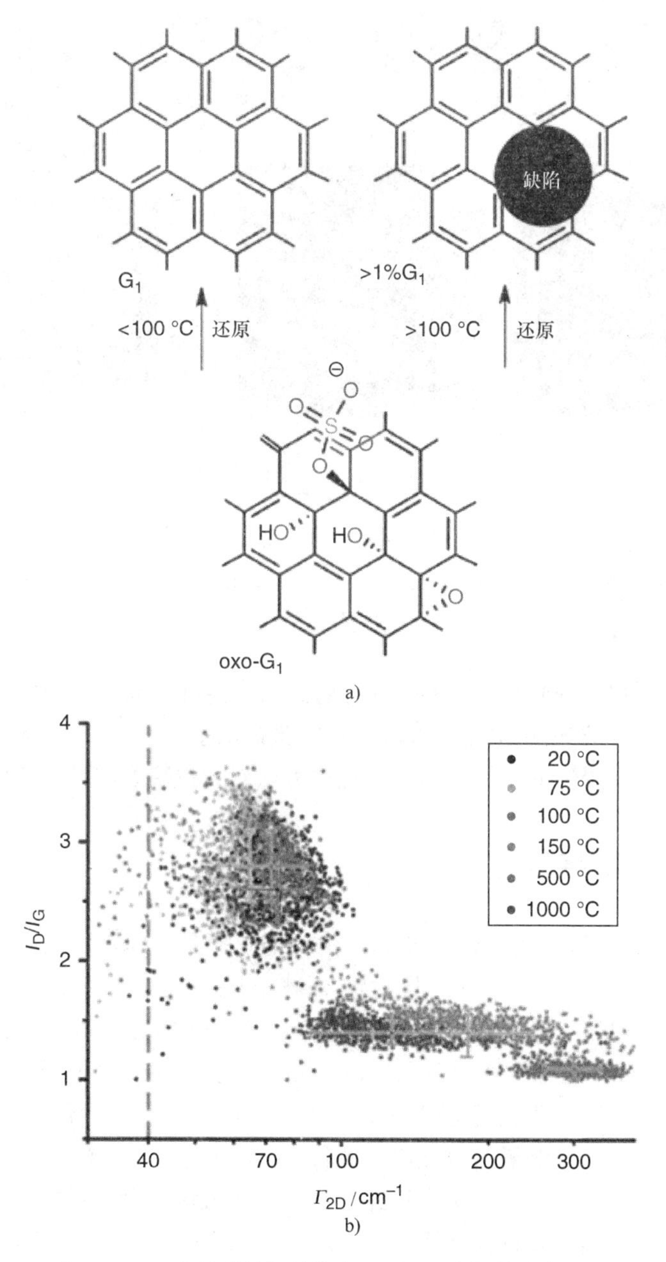

图 6.4　a）oxo－G_1 中的碳骨架结构在 100℃以内保持稳定，更高温度时变得不稳定[30]。b）oxo－G_1 经过热处理和化学还原的衍生石墨烯统计拉曼分析[30]

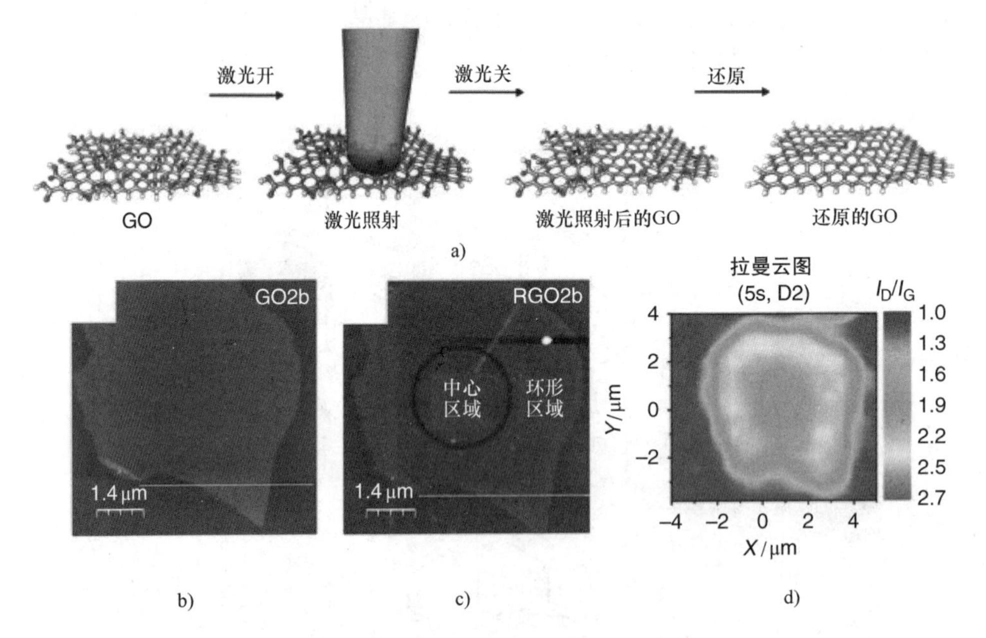

图 6.5　a）证明 GO 或 oxo－G_1 在激光脉冲和局部加热还原后还可以进一步化学还原。b）GO 和 c）RGO AFM 图像，对 GO 使用 0.06mW 能量的激光持续照射 5s。d）RGO 的 I_D/I_G 拉曼云图

我们由此可知，激光脉冲对 GO 进行局部加热会造成辐射区域的局部缺陷。在化学还原后缺陷可被 SRM 检测出来。这些实验揭示了 GO 和 oxo－G_1 中原本就有缺陷，并且决定了石墨烯的质量。因此，还原方法对石墨烯原本的性质没有限制。

6.4　非共价化学反应

GO 的功能化可以采用共价以及非共价功能化原理。GO 中大约 50% 的碳原子都是 sp^2 杂化，因此非共价键可以与共轭 π 键相互作用（见图 6.6）。极性相互作用，如氢键，可以用于吸附在 GO 上的分子。水分子可以以氢键的方式与其他分子相互作用，因此 GO 可以在水中分散。由 π 键和高分子聚合物形成的非共价功能化的相关文献十分丰富。我们无法以一章的篇幅回顾至今为止的所有已发表成果。这也是本章我们只举几个例子，以此说明此种 GO 普遍化学性质的原因。

第一个例子，甲基纤维素聚合物经常作为生成氢键复合材料的原料。此聚合物可使片与片之间分离，并且其在大范围 pH 内都有荧光特性[32]。作为非共价键官能团受体，荧光染色的单链 DNA（ssDNA）可以与 GO 反应，发生荧光猝灭。研究发现，由于与 ssDNA－GO 相互作用相比，靶标－ssDNA 相互作用更强，因此加入互补靶标后荧光会恢复（见图 6.6）[33]。

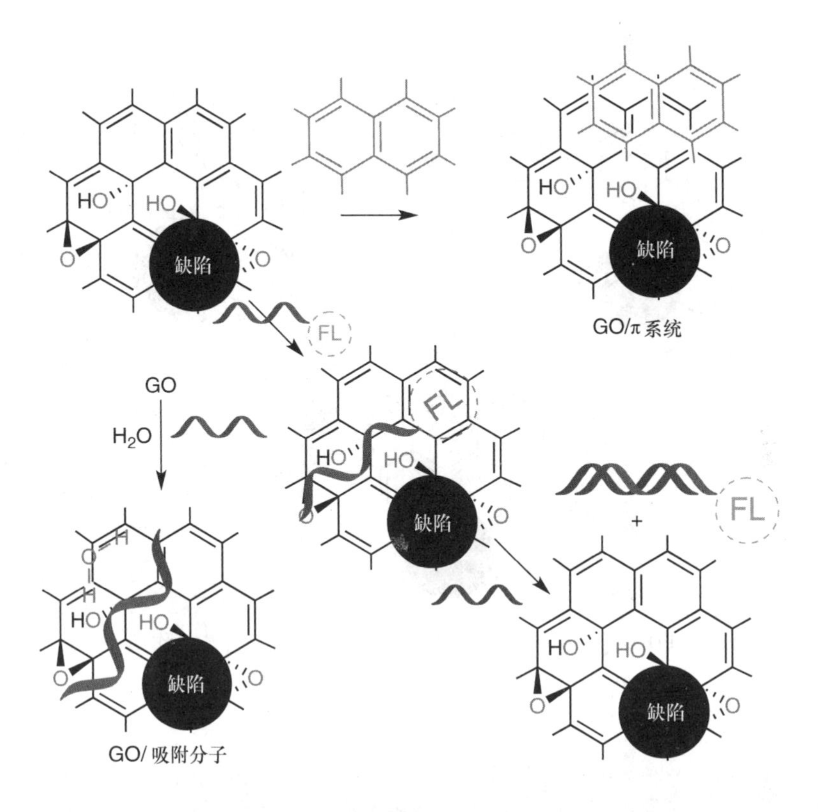

图 6.6　具有 π 相互作用或极性相互作用的功能化 GO 的非共价方法。利用极性和 π 相互作用吸附与荧光团（FL，猝灭）结合的单链 DNA。互补靶导致解吸和恢复荧光[33]

另一个方法是制备 RGO 在水中的稳定分散液。首先，GO 在非共价键的阳离子聚合物中保持稳定。接着，此 GO/高分子分散液被另一种高分子（二烯丙基二甲基氯化铵）吸附，随后使用硼氢化钠对复合物化学还原，从而生成稳定的 RGO/PDDA（见图 6.7）分散液[34]。高分子化合物既可以与 GO 又可与 RGO 相互作用，使之形成稳定的单片石墨烯分散液。如果没有高分子的参与，RGO 会聚集成团产生沉淀。鉴于 GO 中的含氧官能团与 PDDA 阳离子的极性相互作用，我们可以推测 RGO 和 PDDA 间的作用力主要是缺陷边缘的范德华作用力以及极性基团间作用力。

然而，非共价的芘衍生物及 GO 间的 π－π 作用是有限的。这一观察结果也可能是由于溶解度不相容性。然而，RGO 提供了一个庞大的 π 系统，缺陷点的官能团仍然提供极性基团（见图 6.8）[35]。1－芘丁酸的锚定单元用羟基乙基二硫醚和 2－（(乙硫基）硫代碳酰硫）丙酸合成的可逆加成－断裂链转移剂（RAFT）进行功能化。芘单元与 RGO 中的 π 键系统相连，并且 RAFT 介质使得 N－异丙基丙烯酰胺得以聚合。该方法能够形成含有 RGO 片的丙烯酸聚合物。

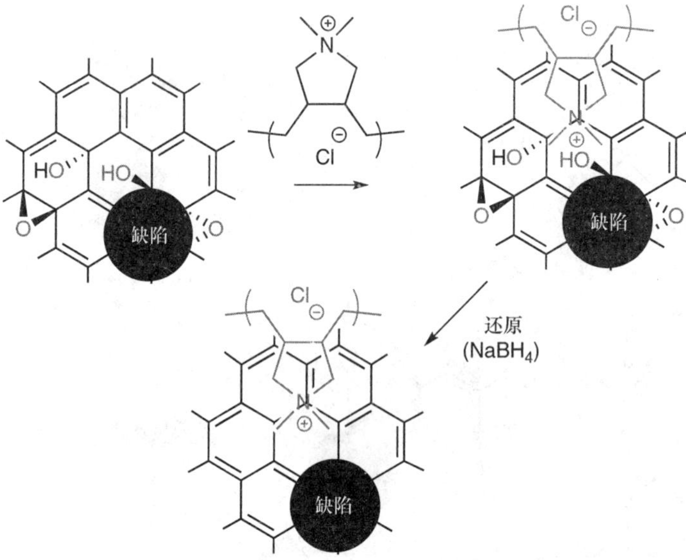

图 6.7　PDDA 作为稳定剂，与 GO 形成非共价键极性相互作用，再用 $NaBH_4$脱氧，形成稳定的 RGO[34]

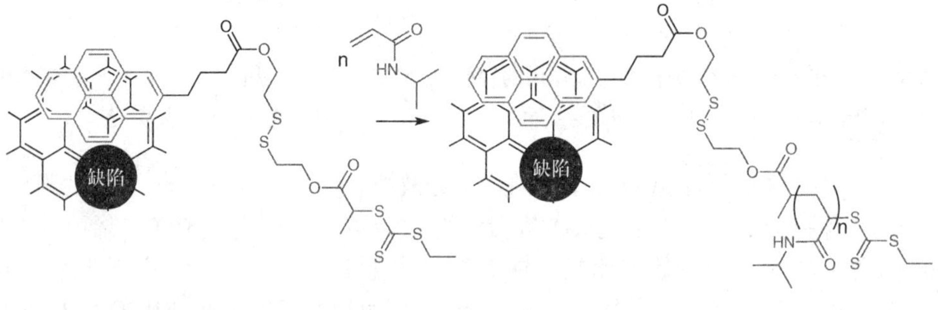

图 6.8　芘与 RGO 的 π 键系统非共价极性相互作用，使之可以与介质 RAFT 形成复合材料[35]

6.5　共价键化学反应

GO 的共价键化学反应主要是官能团的反应，官能团通常位于 GO 片的平面以及边缘。这里的边缘不只是 GO 片的边缘，也包括缺陷的边缘。这些缺陷在 GO 的相关反应中起到重要的作用。因此，GO 的化学反应经常由边缘处的官能团支配，详见 6.5.3 节。

6.5.1　主要在平面上发生的反应

平面上的官能团有羟基、环氧基，以硫酸为介质被高锰酸钾氧化的石墨约占官能团总含量的50%。每个碳原子都有被氧化的可能性。在平面两侧，官能团均匀地分布，并且NMR谱揭示了被环氧基功能化的C原子与被羟基功能化的C原子数量基本持平。因此，在典型模型中，大约每两个羟基的出现就伴随着一个环氧基。并且，大量具有不明性质的缺陷也被当作GO重要性质之一。图6.9中的结构可以涵盖以上GO大多数性质。

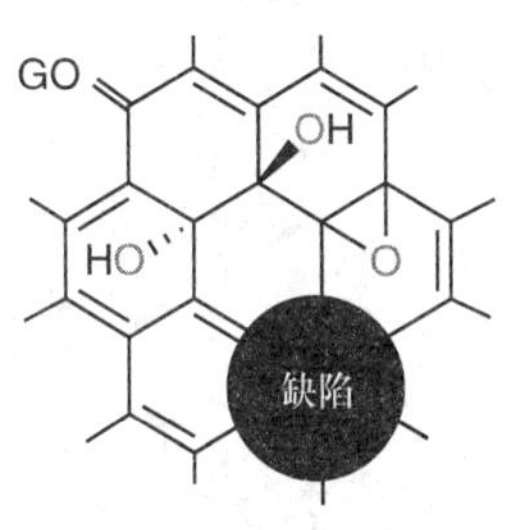

图6.9　GO的化学简图，记录了平面两侧的官能团以及未明确定义的缺陷

为了使GO有更广泛的应用，我们可以在GO上接枝羟基。环氧基在某种程度上是折叠状态。亲核试剂在酸碱反应中更易与羧酸反应，或者与边缘的羰基反应。

尽管GO平面上由于过氧化会产生一些破裂，在平面的两侧仍有数量可观的官能团，尤其是羟基这种在GO官能团占大多数的基团。根据Layek及其团队的研究[36]，可以利用叔醇基与活性羧基反应生成酯基。溴化碳酸、α－溴异丁酰溴与GO[36]的反应详细过程见图6.10。反应首先生成吡啶，再生成活性α－溴异丁酰溴，作为所生成HBr的清除剂。生成的酯形成三溴化合物，用作原子转移自由基聚合（ATRP）反应。加入CuCl作为催化剂，加入叔胺在异丁烯酸甲酯试剂中开始聚合反应。最终，通过水合肼还原GO得到高分子包裹的RGO。

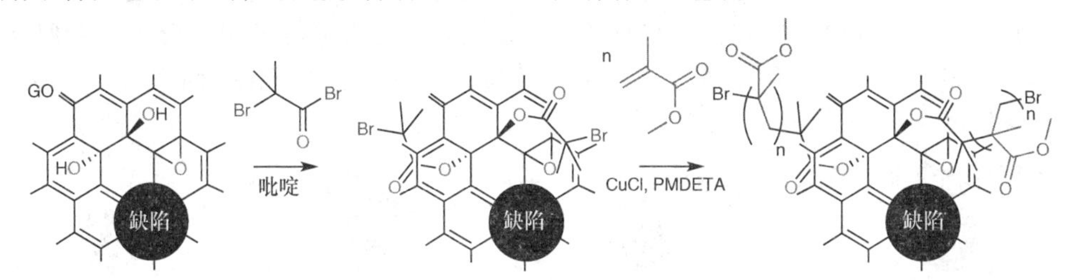

图6.10　GO与α－溴异丁酰溴反应生成酯基团，溴代端基可用于ATRP反应。随后用CuCl和N，N，N，N，N－五甲基二亚乙基三胺（PMDETA）引发甲基丙烯酸甲酯的ATRP聚合

事实上，上面所说的反应各有不同。在反应过程中涵盖了很多不同的反应物，与作者所希望的有些许出入的是每种反应物都有相应的作用。首先，与伯醇与仲醇不同，叔醇不易与酸反应发生酯化。值得注意的是，部分胺类可以对GO起到还原作用。这个还原反应是本反应的副反应。Cu(I)作为还原剂也是如此。叔胺作为聚合引发剂，可以引起GO的静电吸附。

就此而言，图6.11画出了多数研究者认同的反应过程。羟基可以随着叔醇被接枝到GO平面两侧或平面内的缺陷点上。只要空间上可行，羟基酯化或者形成醚的反应将在所有的醇基上发生。相比之下，C－O键的反应则完全不同：C－O键在碳骨架还原过程中会断开形成 π 键。再次形成的 π 键继续驱动 C-O 键的断裂，并且平面上的官能团继续其还原过程。苯甲醚，作为甲基醚的苯酚形式，在肼还原过程中不会被裂解。

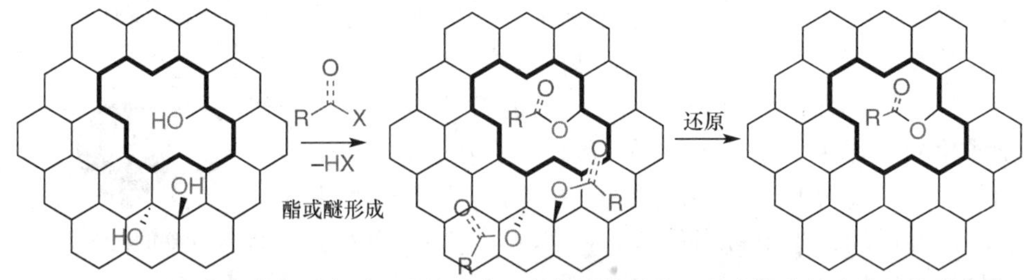

图 6.11 GO 中存在的羟基在平面和缺陷点上是任意数量的。具有羟基的酯或醚的形成将发生在叔羟基和边缘更多的类苯酚羟基（如果酯和醚的形成在空间上是可能的）。化学还原预计会在平面上切割 C-O 键

图 6.12 中描述的方法的意义在于，额外的官能团允许 C-C 形式的存在并且可以在 GO 衍生物中引入新的官能团。因此，在第一步中，原乙酸三乙酯在酸性条件下与 GO 中的醇基作用形成一个 C-O 键[37]。醇基脱落形成 C=C 双键后生成醚键。第二步，当碳原子骨架结构的 C=C 双键位置合适时会出现［3，3］移位重排。如图 6.12 所示，在碱性条件下会生成羧酸。然而，一些平面内缺陷也会形成羧酸。缺陷处官能团产生羧酸的机理尚不明确。不过，可以明确的是，反应过程中生成羧酸，并且还原产物可以在水中稳定分散。此外，X 射线检测发现，与普通方法合成的 GO 相比，膜中片间的间距更大了。因此，可以使用这种方改变 GO 的表面性质（见图 6.12）。在碳含量丰富的分子以及具有三键的分子中会形成一系列酰胺键。三键可以进一步用于进行“点击”反应，以进一步功能化表面。

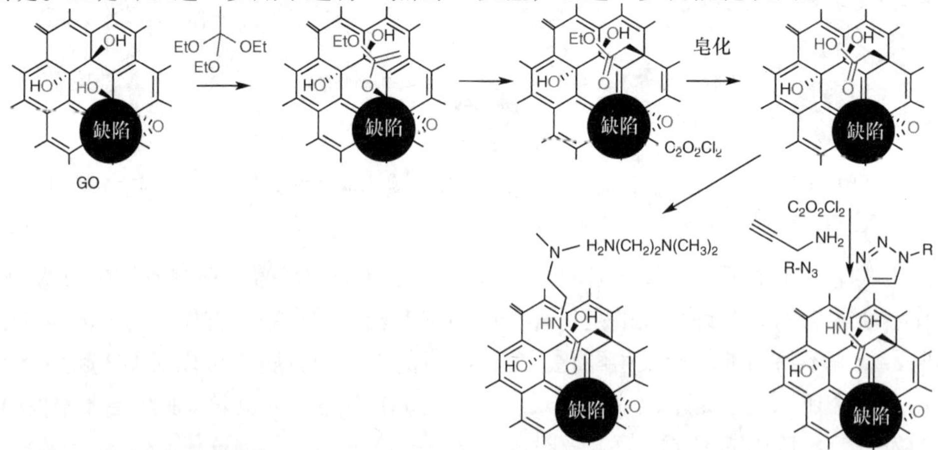

图 6.12 GO 上羟基通过 Johnson-Claisen 原乙酸酯重排形成 C-C 键的图示。生成的酯可以皂化、活化、与类似炔丙基胺等各种胺类酰胺化，并可在下一步进行链烃叠氮。目前已有研究报道了接枝乙二醇、磺酸等不同基团。末端胺可以生成去质子化的各种带电衍生物，从而逐层组装[37]

但是从有机化学的角度看，证明碳晶体中 sp^2 杂化原子与外接碳原子的直接成键并不现实。必须通过升级分析工具，量化 C－C 键形成来评估局部状态。我们希望能够区分边缘官能团、吸附官能团，以及碳骨架上的官能团。GO 的化学性质由 GO 最初的性质决定，功能化则主要依赖于 C－O 键。与之相比，石墨烯的化学性质主要由 C－C 键决定。因此，这两种 C－C 键混在一起时，就很难区分克服 GO 中的结构缺陷生成的 GO 衍生物与石墨烯直接生成的衍生物。

有研究显示，GO 片上的羟基可以在 1，4－苯二硼酸的作用下发生缩合反应生成硼酸酯化物。这种方法产生了对气体吸附有吸引力的多孔网络[38,39]。当然，由于叔醇的相互排斥作用，实际反应机理尚不明确。2006 年 Stankovich 及其团队[40]创新性地使用有机物异氰酸酯进行功能化。多孔材料由于可以作为电荷存储或者吸附材料，在实际应用中具有十分重要的作用。可以通过各种方法合成气凝胶，并且这些方法在最近的文献中进行了总结[38,39,41,42]。

此外，位于片边缘及缺陷边缘的酮基，原则上可以在酸性条件被锌还原（见图 6.13）。Sofer 及其研究团队[43]通过氘标记发现，反应初期，碳晶体平面两侧的官能团都有还原。而酮基与氢的直接接触则会形成 C－H 键。由此推测，我们可以通过在缺陷处按需接枝官能团来调控 RGO 的性质，例如将具有极性的羰基转化为烷基。此过程中，GO 表面的官能团经化学还原形成 RGO。但是我们目前仍无法得知边缘的酮基是否能够被还原为 CH_2 基团。采用傅里叶变换红外谱（FTIR）进行表征，结果几乎确认了 HCl/H_2O－RGO 和 DCl/D_2O－RGO 的存在。红外谱显示，在约 $2800cm^{-1}$ 和 $2900cm^{-1}$ 处微弱却十分明显的吸收峰证明了 C－H 键的存在，但

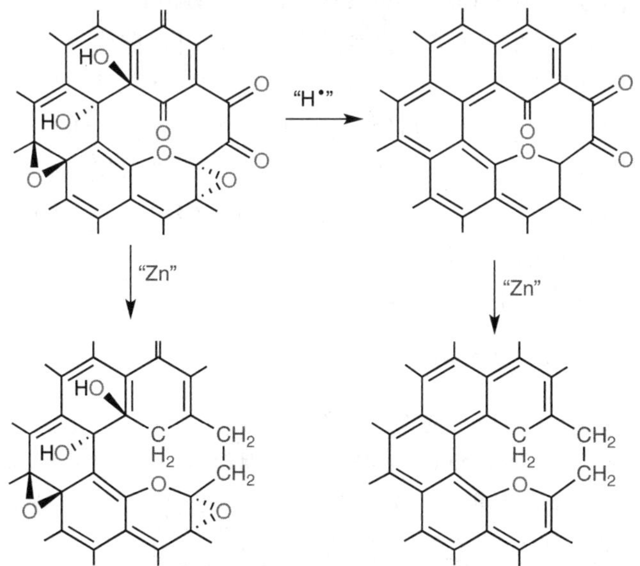

图 6.13　Sofer 及其团队[43]提出使用 Clemmensen 还原法将羰基还原为 CH_2。氢还原表面的含氧基团实现去功能化

是在 1900 ~ 2050cm^{-1}附近并没有发现能够证明 C – D 键存在的吸收峰[44]。这个范围的共振峰缺失对 Zn/HCl 还原 GO 中 C – D 键的真实性提出了质疑。至今，我们仍不清楚如何在还原过程中选择性地还原酮基。否则，我们就能够以 CH_2基团代替 RGO 边缘的酮基。目前，关于“初生态氢”概念、反应机理以及反应程度的基本认知一直处于颇具争议的状态[45]。

到目前为止，关于 GO 官能团的定向反应已取得一些进展。例如，使用 In/InCl [46]作为还原剂更易使平面上的环氧基还原。通过这种方法可以提升 GO 中 π 键的数量，而其余官能团则可帮助 GO 在溶液中更好地分散。但是，脱氧过程也伴随着羧基的裂解，进而可能引入金属杂质。

已有研究利用胺类分别直接还原氧化石墨和 GO。通过这种方法可以使材料部分还原且功能化[47, 48]。尽管成品在类似四氢呋喃的有机溶剂中分散，并且可以与高分子材料混合，但是胺基和 GO 的结合仅仅是假设，真正起作用的可能是经过功能化的极性缺陷边缘。通过这种方法可以将经过硬脂酸胺处理过的 GO 与苯乙烯混合形成复合材料[49]。胺类与 GO 的反应也可以引导 GO 中的酸性官能团形成静电键合结构，并形成烷基铵反离子，这在 6.8.3.3 节的例子中常见。乙二胺和 GO 反应形成部分 RGO 的水凝胶。冷冻干燥生成去除溶剂的多孔材料，该材料可以进一步通过微波辐射生成密度仅有 $3mg/cm^3$ 的气凝胶。这种气凝胶材料在体积压缩 90% 后仍能够完全恢复。

一些综述总结了 GO 的功能化以及 GO、RGO 的分散方法[17, 19, 50 – 52]。

纳米颗粒（NP）可以沉积在 GO 和 RGO 片上，形成金属 – 石墨烯复合材料[54]。通常，GO 会与 H_2PtCl_6或 $RuCl_3$等材料混合分散到乙二醇中，在 130℃ 加热后样品分离就可以应用和测试了。这些混合物可以用来催化甲醇和乙醇氧化[54]。试验中所使用的纳米颗粒直径小于 10nm，并且与 GO/RGO 紧密结合。

沿着这些思路，Fe 离子与 GO 的结合有助于制备磁性 Fe_3O_4 粒子，该粒子通过使用 NH_4OH 来制备 RGO 杂化物（见图 6.14）[53]。磁铁可以吸引那些分散的 GO/NP 材料。但是，目前结合与生长的机理尚不明确。RGO 与纳米颗粒的作用原理也未确定。残余的氧也可能与 RGO 形成金属 – O – C 的连接方式。我们目前只能猜测缺陷在湿法化学合成中对纳米粒子的锚固以及约束生长起到了重要作用。

6.5.2 平面上 C – C 键形成的认识

有研究显示，GO 上可以形成 C – C 键。这种途径可行是由于 GO 中 50% 的 C 原子都是 sp^2杂化。石墨烯表面 C – C 键的形成对设计分子结构十分有帮助。在 GO 中形成 C – C 键的一种方法是使用部分 RGO。这种想法是通过部分去功能化提升平面的 π 键系统，随后加入耐磺酸的重芳基盐改善水溶性。尽管通过这种方法可以得到溶解性良好的分散液，但是仍有一些问题无法解决。缺陷的定量以及功能化程度仍是未知数[55]。有一种较为可信的推断，石墨烯片表面和边缘的羟基与重芳基盐反应生成芳基醚（见图6.12）[56]。醚的形成可能是主要反应，而C－C键的形成是次要反应。并且，已有证据显示，石墨烯片边缘比石墨烯平面更加活跃，GO产生这种现象的原因尚未被深入研究[57]。不仅如此，我们已知碳表面可以吸附重芳基盐，这种额外的吸附甚至会改变其表面性质[58]。

还有一些其他生成C－C键方法的研究，比如碳烯反应。由重排反应生成的碳亲核试剂或者C－C键也有报道[59－61]。通常生成的黑色分散液，证明了表面上实际是去功能化而不是功能化。我们可以这样预测，向GO的π键系统中添加任何试剂都会使得溶液更亮，而不是更黑。不管怎样，已有研究显示我们可以基于Claisen反应制备可溶性石墨烯，例如，一个通过重排反应的化学方法，如图6.12中Johnson－Claisen反应所示[37, 62]。

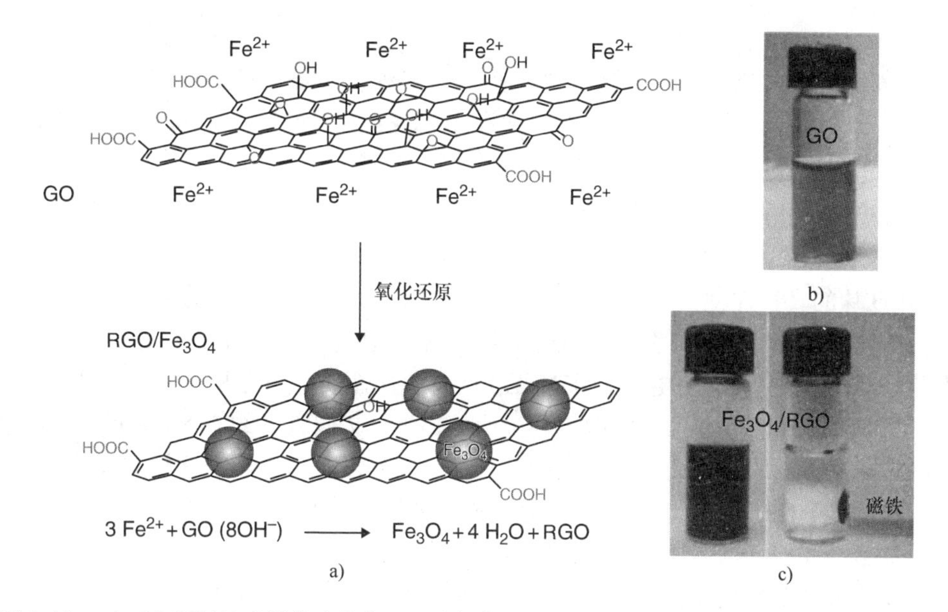

图6.14　a）GO通过纳米颗粒功能化。通过氧化还原反应合成磁性Fe_3O_4 NP。在使用NH_4OH调节pH＝9的过程中，Fe^{2+}被吸附在GO上。b）GO分散液。c）分散液经过还原后的状态

6.5.3　边缘处的反应

6.5.3.1　边缘原子的性质及碎片

在石墨烯及GO相关反应中，片的边缘、边缘原子以及边缘官能团这些名词非常常见。但是，对于这些概念的理解仍会引起困惑。与石墨烯不同，对于GO所提到的“边缘”并非真正的边缘，读者与作者的理解往往不同。对于GO来讲，“边缘”包括GO片的几何边界，还包括缺陷边缘，以及孔洞。

如下面所示，缺陷在GO功能化过程中起到重要作用。让我们来评估GO薄片中不同边缘原子的含量或分数。图6.15阐述了边缘官能团的比率与构成基本骨架

的原子总数相比，随着片径的增大而下降。通常是，GO 的片径大约在几微米，因此片边缘碳原子和平面内的碳原子的比率较低。两者相比就像一个直径 3μm 的薄片与 $7\times10^6\text{nm}^2$的面积相比。

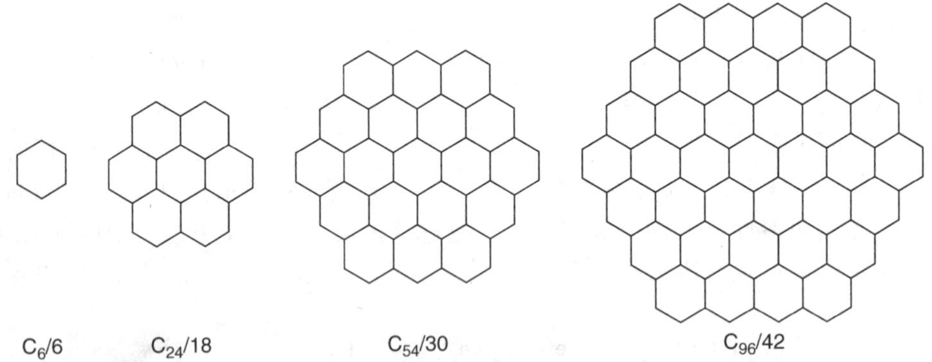

图 6.15　纳米石墨烯碳骨架锯齿边缘增加了碳原子数量（边缘处碳原子数量）的图示。苯只有一个边，六苯并苯的 C_{24}单元有 18 个边缘原子、6 个平面内原子、C_{96}单元的边缘原子比平面内原子多出更多

石墨烯片边缘的官能团会使其有一个 0.3nm 左右的外延，使得相关面积增加约 $2.8\times10^3\text{nm}^2$。在本例中，这个比例大概是 0.04%。值得注意的是，在许多研究中，GO 片的直径往往大于 3μm。与平面内的原子相比，边缘处的原子可以忽略不计。由于边缘处所占官能团比率太小，我们无法通过光谱发现 GO 边缘的官能团。因此，对于这种 GO 片，边缘官能团无法主导 GO 性质。与之相比，我们假想一个片径为 20nm 的 GO，其面积约为 314nm^2。根据上文假设，约有 5.7% 的面积是由边缘官能团贡献的，因此，边缘处的烷基在一定程度上可以影响这样的大分子的性质。通过这个例子我们得出一个结论，决定 GO 性质的主要是缺陷边缘（孔洞边缘）的官能团，而非沿着 GO 周长分布的官能团。

随着碳骨架的氧化，会引入很多羧基和酮基，据报道过氧化则会产生CO_2[29]。酮基只在石墨烯片边缘和过氧化的碳骨架上形成，其形成需要断开 C－C 键。就像图 6.16 中所描述的，如果从碳骨架上移除一个碳原子，则会在边缘处产生三个新的边缘碳原子。这些碳原子可以被氧化生成酮基。但是由于空间限制，一般来讲无法同时生成三个酮基。不过，如果通过烯醇形式的酮与其他种类酮反应生成半缩醛，就对空间的要求不高了。基于这些考虑，当更多的碳原子缺失时，对于接枝官能团的种类就有更多的选择了。并且，氧化并不会以酮基作为终点。碳骨架中额外的 C－C 键断裂会生成平面内的羧基。

正如在图 6.17 中所描绘的，羧基的形成需要更大的空间。因此，不大可能在只有一个碳空位缺陷的地方生成羧基，但是生成内半缩醛基的可能性比较大。由于相邻的酮基可以与羧基中的 OH 反应，因此，单个或者两个碳原子空位对羧基来说空间也过于狭小。但是对于结构破裂的碳原子骨架就不一样了。虽然不可能所有边

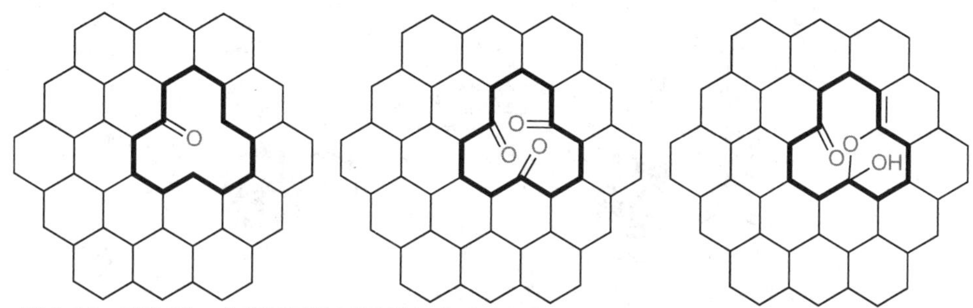

图6.16　丢失了一个碳原子的石墨烯六边形碳骨架。生成三个新的可以被氧化成酮基的边缘碳原子。中间的分子结构图说明同时形成三个酮基在空间上并不可能。但是，可以形成烯醇和半缩醛

缘都是缺陷，但是这已经为生成羧基提供最基本的条件。在缺陷边缘的其他种类官能团还包括羟基、酮基和半缩醛。我们仍需注意，到目前为止，我们对边缘处官能团的特性仍不十分了解。因此，在图6.17中所描绘的过程只是有可能且比较可信的模型。同时，我们并未考虑由于过氧化导致的碳原子结构重新排布，因此，除了六边形，还会有五边形等其他结构形式出现。

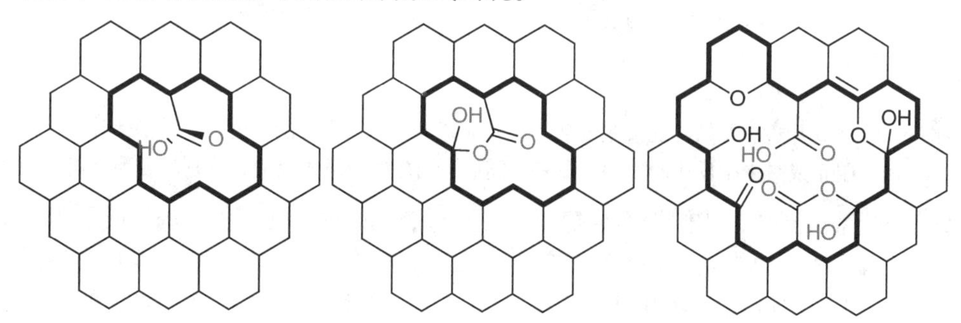

图6.17　六边形碳骨架由于过氧化生成羧基。由于羧基的生成需要较大的空间，因此更易在较大的孔洞上生成。可能会在边缘生成内半缩醛基

6.5.3.2　羧基的相关反应

GO的边缘官能团，比如羧基、羰基，可用于功能化反应[17,63]。大多数化学功能化方法使用适合于羧基反应的方案，所述羧基被活化并随后转化为酯或酰胺[64-66]。

有报道使用$SOCl_2$或碳二亚胺作为羧酸的活性剂。根据S_Ni机理，$SOCl_2$与醇反应在表面生成不稳定的C-Cl键。在各种反应路径中，这是一个不能被排除的共性反应。

在羧酸活化后，加入酒精或胺类以生成酯基和酰胺（见图6.18）。尽管这个反应不断发展，我们仍无法精确定量生成的共价键。此外，通过光谱技术很难区分羰基和羧基，因此酯基和酰胺的定量仍然具有挑战性。尽管反应只能发生在缺陷点，但证明精度定位仍然具有挑战性。

通过化学手段功能化GO边缘和缺陷处是合理的。我们可以预计在醇类中找到

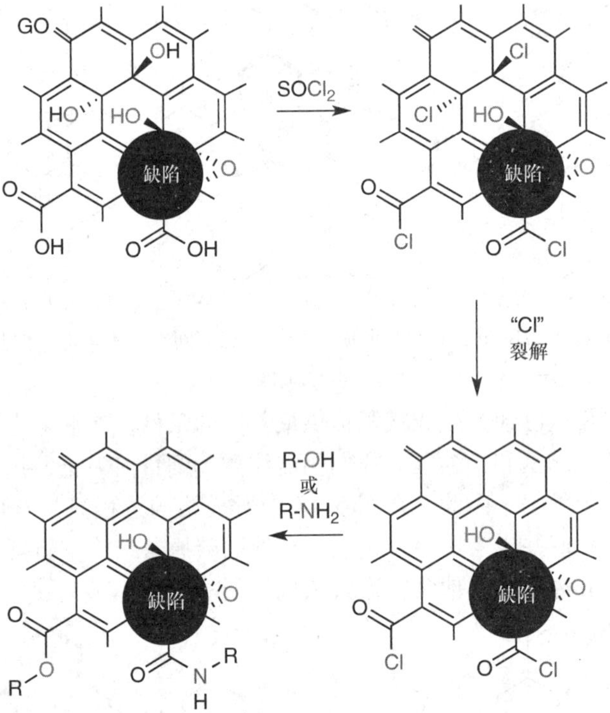

图 6.18　GO 片边缘及缺陷处羧基的功能化。亚硫酰氯激活羧酸的同时也可以激活片表面的 OH 基团，阻止或减少副反应的发生。酰基氯随后可与醇类及胺类反应，分别生成酯基以及酰胺

羧基和羰基。至今，我们仍不清楚如何在不影响平面内其他官能团的情况下靶向定位所需官能团。边缘处官能团种类各异，在一定程度上也对其有效功能化产生了阻碍[67]。如上文所述，GO 具有很高的缺陷密度。并且，平面上的官能团可以通过还原去除，但是至少还有一部分官能团残留在缺陷处。已有证据显示，可以通过硝酸氧化的方式在碳纳米管边缘生成羧酸。羧酸可以被类似于碳二亚胺、亚硫酰氯等试剂活化，并且与胺类反应生成酰胺。

根据这一认识，RGO 边缘处的官能团以如下方式描述。首先，GO 在 100℃ 被肼还原；煮沸棕色 GO 分散液，生成聚团的 RGO 经过过滤后被分离（见图 6.19）。随后，加入硝酸氧化 RGO 片的边缘以及缺陷处，生成羧基。将边缘有羧基修饰的 GO 煮沸，生成酰氯基，以便之后可以与硬酯胺反应。生成物为黑色，可溶于润滑油等非极性溶剂。

但是，从化学角度来看，目前仍无法确定功能化程度。通过确定羧酸基团以及生成的酰胺数量，从而确定这个反应次序的产率将会是一个很有意思的工作。最终产物片径的改变，以及每片石墨烯的特异程度也是一个值得研究的问题。

尽管在光谱可以呈现出中间产物以及最终产物，但是仍无法做到酰胺的可视化和定量。参考文献［67］主要说明了 GO 中的共价键。这也是我们把它作为缺乏强有力证据的典型研究之一。

图6.19　RGO边缘官能团的反应顺序，以GO缺陷为起始。平面上的官能团在肼还原过程中被去除。使用硝酸对缺陷进行温和氧化并引入羧基。随后，羧基被亚硫酰氯激活与硬酯胺反应（缺陷用黑色粗线标明，为表述清晰，此图省略了其他官能团）[67]

这种情况下取得成功反应的唯一途径是给出证明C－N键存在的光谱。在参考文献［67］中有两种光谱：FTIR和X射线光电子能谱（XPS）。FTIR谱显示，十八烷基GO以$1220cm^{-1}$为中心有一个很宽的能带，这代表着酰胺C－N键的伸缩振动。但是在与十八烷基反应前，含有羧酸的GO中也有相同的能带。另一个在$2800 \sim 3000cm^{-1}$的能带只能证明GO上十八烷基的存在。除此之外，FTIR谱中并没有证据可以证明酰胺的存在（见图6.20）。

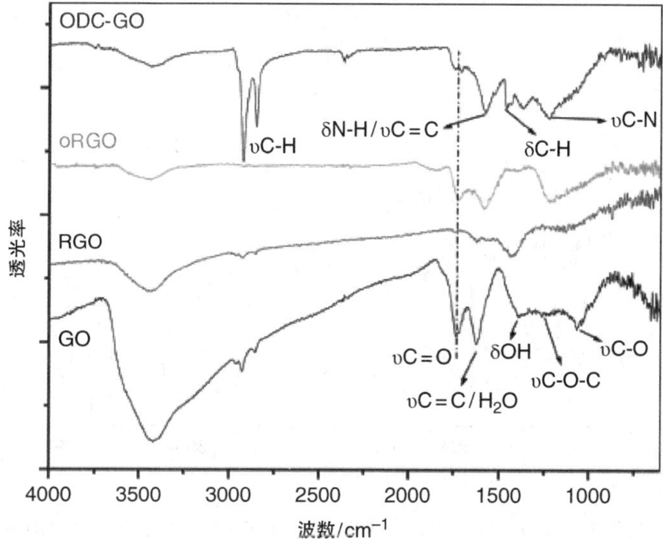

图6.20　GO（黑）、RGO（红）、羧基GO（绿）以及ODC－GO（蓝）的FTIR谱，并对其能带进行识别[67]

XPS中最有效的证据则是微弱的氮信号（能量不够）。第一个N信号在399.5eV出现。这个信号被认为是氮原子和碳原子以酰胺形式连接的证据。但是硬酯胺本身已经包含C－N键，并且其中N的第一个信号也在399.5eV出现。通过对C的第一个峰的反算[67]（见图6.21）推测了C－N键和O＝C－N化合物的存在，

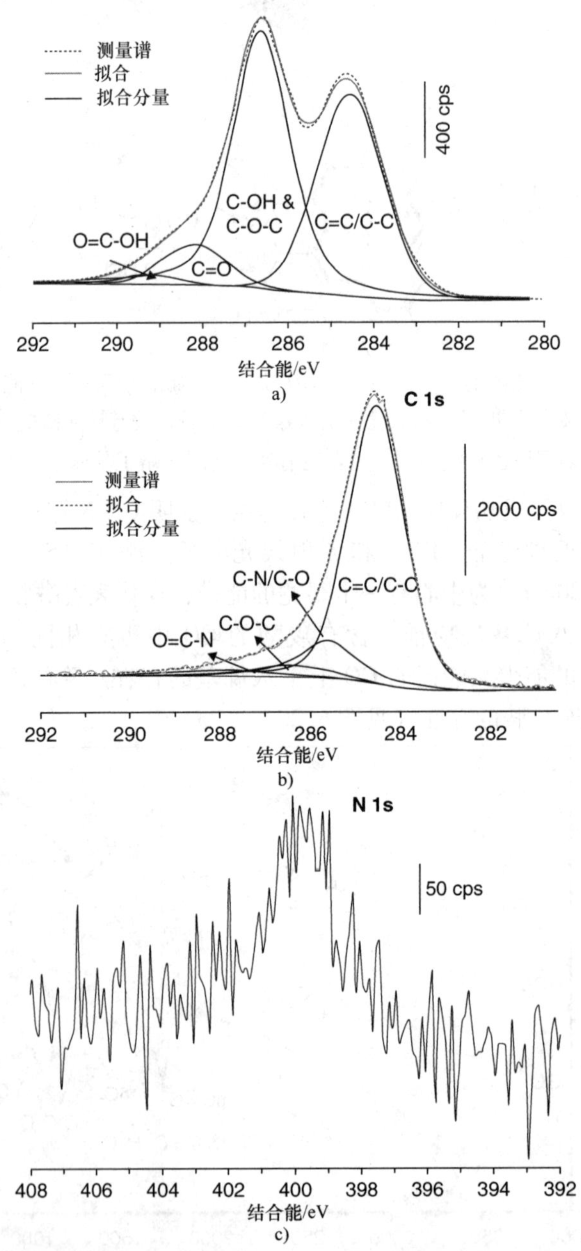

图6.21 作者反算[67]GO、RGO、羧基GO以及ODC－GO的XPS。a）GO中C的第一个能带。b）ODC－GO中C的第一个能带。c）ODC－GO中N的第一个能带

但是这也只是一个合理的推测而已。因此，通过 XPS 只能确定在样品中存在十八烷基胺，但是并不能证明酰胺的存在。

此实验中给出的 TGA 和 XRD 数据什么都无法证明。事实上，即使硬酯胺仅仅是通过物理作用吸附在 RGO 表面，实验数据也不会有任何的不同。而这是在实际实验过程中很可能发生的状况。十八烷基胺中带正电的胺基与带负电的 GO 由于其物理特性产生强烈的相互吸引。但是，有确切的实验结果证明并没有形成共价键官能团。作者[67]给出的图片显示，在 ODC - GO 中官能团可以溶于不同的有机溶剂。ODC - GO 部分溶于乙醇不溶于正己烷。实际上，如果作者所说的功能化机理成立就不会出现这种结果了。疏水的十六烷基会使得 ODC - GO 在正己烷中的溶解性比在乙醇中更好。而在乙醇中的溶解度较高，说明存在未反应的物理吸附十六烷基胺。后者在乙醇中的溶解度是在正己烷中的三倍。因此，正是由于十六烷基胺的物理吸附才使得 ODC - GO 在乙醇中有一定的溶解性。

不管其生成方式如何，我们的上述讨论并不能以产物的最终性质而低估这项研究的所有成果。作为对作者的肯定，参考文献［67］是在这个研究主题中最卓越的成果之一。其他文章所给出的证据甚至更少。坦率来讲，证明 GO 中的共价键的存在是十分困难的。

如图 6.17 所示，羧基的类似官能团需要比一个碳原子更大的空间。因此，在单原子空位缺陷形成羧基并不大可能。而且，如果生成了羧基，其他边的碳原子则会有空间上的折叠。这就限制了羧酸在边缘处的密度。我们应该考虑到空间效应以及官能团的量化来确定反应效率。

在平面内官能团起次要作用时，另一个关于边缘功能化的认识就是减小 GO 面积[63]。有研究显示，侧面尺寸在 50 ~ 500nm 的 GO 片可以被超声降低到 5 ~ 50nm。这种小片石墨烯的边缘官能团密度较高，并且边缘处的羧酸在官能团中起主要作用（见图 6.22）。碳二亚胺和氨基封端的聚乙二醇的偶联生成可溶性聚乙二醇化的 GO。

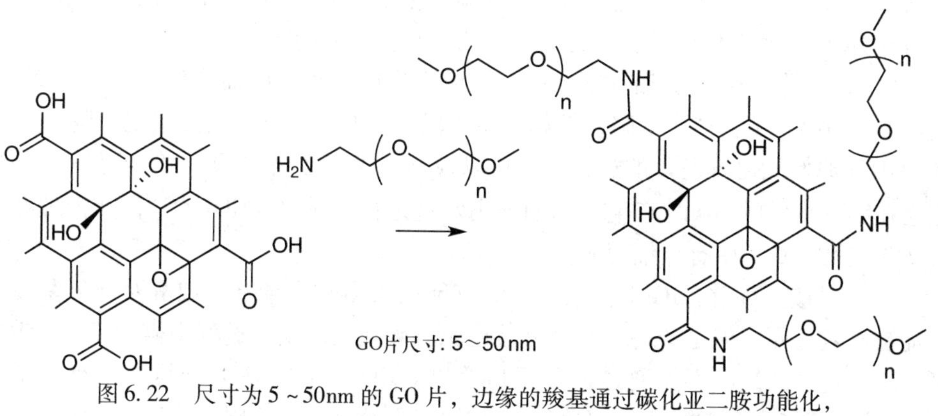

图 6.22　尺寸为 5 ~ 50nm 的 GO 片，边缘的羧基通过碳化亚二胺功能化，引入聚乙烯乙二醇，从而可溶于水[63]

6.5.3.3 酮基反应

通过固态核磁共振（SSNMR）可以表征 GO 片边缘以及缺陷处功能化产生的酮基，其中采用^{15}N 标记的肼还原^{13}C 标记的 GO[68]。吡唑基就是通过这种方式表征的。如图 6.23 所示，通过聚合肼和两个酮基可以生成吡唑基。由于只有 1，3 位酮基可以生成吡唑基，因此这个实验也为酮基的靶向选择提供了参考。此外，生成吡唑基还需要一定的空间。单原子空位的空间不够，这也意味着碳骨架中的孔洞至少有三个原子空位。

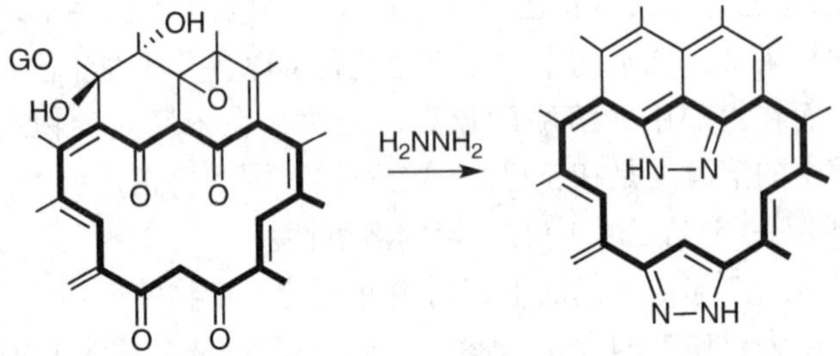

图 6.23　使用肼还原 GO 后的边缘官能团。肼还原后的 GO 会生成吡唑基。平面上的环氧基和羟基在还原过程中被移除。GO 边缘或缺陷处的吡唑基是产生相邻酮基的证据

6.6　氧化石墨烯的还原与歧化

6.6.1　还原

还原是 GO 相关反应中最易理解并且最明显的反应。与本章其他反应不同，还原反应成功的征兆很明显。GO 溶液由黄棕色迅速变为黑色，意味着 sp^2 杂化网络的形成以及碳结构的形成。但是，对于 GO 来讲，原始石墨烯结构网络永远不能完全恢复。这是因为 GO 本身已经含有很多缺陷：在还原过程中无法弥补缺陷。经还原后的 RGO 平面上仍保留着两类缺陷：孔洞和含氧官能团。

1）孔洞是在 GO 生产的过程中[29,69]由于生成二氧化碳而导致碳缺失引起的。生产 GO 的第二步会产生缺陷，例如，将阶段 1 的 GIC（石墨层插层混合物）转变成 PGO（原始氧化石墨）的过程中，可以检测到代表性物质 CO_2[29]。还有一些缺陷会在第三步形成 GO 时产生，例如，用水洗之前生成的 PGO[1, 28]，其机理在方案 2.3 以及图 6.2 中有详细说明。

2）经过还原还在 GO 中存在的含氧官能团大多数为羰基。叔醇及环氧基基本都能被有效还原；但是羰基并不容易被还原。羰基在形成的过程中需要 C－C 键断裂，由此生成的缺陷不能通过还原反应弥补。GO 中的酮基可以与外来小分子反应；但是由于反应中的位阻，它们无法与缺陷平面另一侧的碳原子反应。这也是含

氧官能团在缺陷处无法被移除，石墨烯晶体结构无法完全还原的原因。

这些点缺陷的形成主要是由于氧的二价特性。类似氟这种一价元素只能形成C－F键，经过脱氟，石墨烯平面可以完全恢复。与一价氟原子不同，二价氧原子会引入永久缺陷。这就是如果有人想得到无缺陷的GO，就需要在氧化反应中允许一价功能化，避免出现二价的羰基。这个策略是由Eigler等人[70]提出的。通过在0～10℃反应，他们得到了缺陷最少的GO，在还原后几乎得到了完整的石墨烯。

除了现存的缺陷以外，在还原之前合成的GO时，平面上也会生成孔洞。这个结论可以通过GO和RGO的高分辨率透射电子显微镜（HRTEM）图像得出[71]。我们可以通过TEM发现，GO中的孔洞数量低于RGO样品（见图2.9）。这就是为什么还原剂的有效性取决于它能够将环氧化物和醇还原成纯碳并完全还原sp^2系统。低效还原剂只能部分还原羰基以及其他添加物。

任何具有还原性的还原剂都能在某种程度上还原GO。早在1919年Kohlschütter和Haenni[72]首先证明了氯化铜（I）及硫酸亚铁离子（II）还原GO。还原所生成的石墨类物质被分离并表征。当下所流行的肼还原法在1934年首先被Hofmann及其研究团队[73]提出。21世纪以来，截至目前已经有很多还原剂被报道。现在比较成熟的还原剂有：肼[74－77]、硼氢化钠[6,78]、对苯二酚[79]、羟胺[80]、锌和铝粉[81,82]、硫代硫酸钠[83]以及碘化氢[84－86]。除了典型的还原剂外，不寻常甚至外来的复合物也有报道。其中包括褪黑激素、氨基酸、维生素C、发朵提取物、超临界醇甚至一些细菌。

也有报道涉及电化学还原[87－89]。一般来讲，电化学还原由于其高效无毒害备受推崇。但是由于其只在负电极表面而非整个块材产生还原作用，而在其应用方面有所限制。因此，用其还原前文提及的石墨烯薄膜，将其置于集电器上效率会很高。这种方法在电池以及电容器电极制备方面会有很好的应用。在主体溶液中还原GO时，需要找到一种在溶液中将电子从电极转移到GO的中介物质。由于这种物质至今仍未被找到，化学还原就成了还原大量GO的唯一途径。

让我们从理论上考虑一下不同的还原剂与环氧基和叔醇的反应路径。使用肼还原环氧基比较可能且可信的路径在图6.24中详细描述。但是，由于肼并不能完全还原石墨烯，实际的反应机理并不相同，会有部分氧原子残留并引入氮原子。

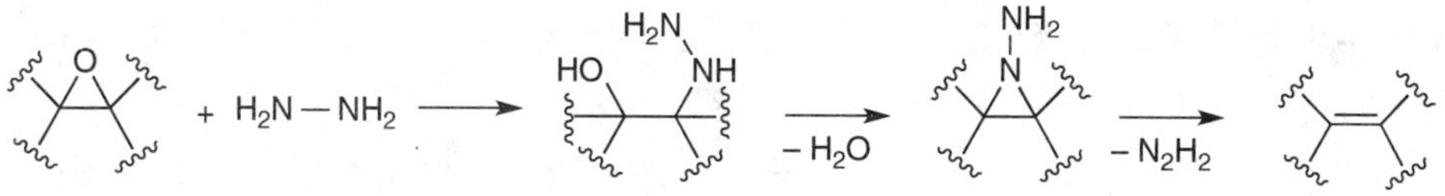

图6.24　使用肼还原环氧基的可能反应路径

与环氧基不同，酮基不能被肼还原，而是生成腙。被肼还原的RGO样品中出现的3%~5%的氮元素可以证明这一说法。

其他类型还原剂的还原机理尚未有很多研究结果。一般来讲，硼氢化钠（$NaBH_4$）是比肼更有效的还原剂。但是目前为止已有报道中，还原性最好的是碘化氢和醋酸的混合物[85]。

还原剂的效率可以被两个指标确定：所得 RGO 中的 C/O 比，以及导电性。C/O比标志着还原程度。这个指标十分清晰，基本不会出现错误，比率越大，还原效果越好。但是，我们需要注意的是，元素种类的数据在很大程度上受表征方法的影响。因此，通过元素分析仪得出的含氧量往往比 XPS 确定的数量要大。同时，当含氧量小于3%时，元素分析的精度就要低很多了。这也是研究者发现 C/O 比大于30%时需要谨慎的原因。

相对而言，通过导电性确定还原程度就不那么简单了。包括 RGO 在内的二维（2D）材料导电性可以通过不同方法表征。如果块状 RGO 的几何形状十分规则，则可以直接测量其导电性。块状 RGO 的成型可以通过类似切纸刀的工具切割成型，或者通过压片机压制成片。通过此种方法测得的导电性会受到 RGO 样品的片间接触电阻的影响。我们并不知道 RGO 被压成3D 材料时，片的密度会有多大。这些影响因素可以通过测量单片石墨烯的电阻消除。在拍照或者电子束光刻技术的协助下，建立四个终端的微型检测设备。以此种方式获得的数据是最为精确的了。以此种方式获得的电导率（σ）单位为 S/m 或 S/cm。

由于 GO 和 RGO 是纯 2D 材料，因此其电导率可以被看成以 Ω/□为单位的表面电阻（R_s）；R_s是度量不考虑厚度的 2D 薄膜电导率。从这个方面看，此种方法测量少层薄膜的电导率比较理想。表面电阻与电导率的关系如下：

$$R_s = \frac{1}{\sigma d} \tag{6.1}$$

式中，d 代表薄膜厚度。许多研究都是用此公式获得电导率（σ）：测量 RGO 薄膜电阻 R_s，将其倒数再除以厚度。这也是结果不可靠的来源。通常，并不会测量薄膜厚度，而是通过估计其层数、透明度等来确定厚度。另外，薄膜本身厚度也不均匀，不同区域的薄膜层数也不尽相同。而且很早就有研究显示，双层或者三层 RGO 并不是简单的层数增加。单、双、三层纳米带的电导率分别为 35S/cm、115S/cm、201S/cm[77]。

单层与双层石墨烯巨大电导率差异产生的原因，主要是底层与 SiO_2 基底间的强相互作用。因此，在讨论 RGO 的电导率时，我们需要考虑许多影响因素。而文献中很少做这种讨论。这也是在表 6.1 中，我们为什么在众多数据中去除了一些并不十分可信的结果，对不同数据采用了平均值的原因。

表 6.1　还原剂还原 GO 的效率

<table>
<tr><th colspan="2">还原剂</th><th>GO</th><th>$N_2H_4$①</th><th>$NaBH_4$①</th><th>HI</th><th>G</th></tr>
<tr><td colspan="2">C/O 比</td><td>2.0 ~ 2.7</td><td>8.1 ~ 12.4</td><td>8.6</td><td>>12</td><td>>50</td></tr>
<tr><td rowspan="3">电导率/(S/m)</td><td>室温下还原</td><td rowspan="3">1×10^{-4} ~ 1×10^{-2}</td><td>1.7×10^{2} ~ 7.2×10^{3}</td><td>4.5×10^{2} ~ 9.2×10^{2}</td><td></td><td rowspan="3">8.3×10^{4} ~ 1.6×10^{7}</td></tr>
<tr><td>100 ~ 250℃下还原或后处理</td><td>1.2×10^{4} ~ 1.6×10^{4}</td><td></td><td>3.0×10^{2} [21]</td></tr>
<tr><td>500 ~ 1100℃下后处理</td><td>2.1×10^{4} [12]</td><td>2.0×10^{4}</td><td>3.0×10^{4} [22]</td></tr>
</table>

① 此处使用文献数据的平均值。

由于 RGO 的高缺陷率和有残留含氧官能团的存在，单纯的化学还原无法生产出高电导率的石墨烯材料。为了提高导电性能，我们对上述 RGO 在 900 ~ 1000℃左右进行加热。热处理后电导率会提升 2 ~ 3 个数量级，大概能够达到200 ~ 300S/cm。这种现象是高温条件下碳骨架的重构导致的。

最重要的是，RGO 的电导率不止受还原方法的影响，也受到 GO 前驱体质量（缺陷密度）的影响。这也是在比较不同还原剂的还原效率时，为什么研究者需要使用同一批 GO 前驱体。研究者不能将不同文献中还原 GO 的还原效率数据进行对比。还原效率最理想的数据应当如 Eigler 等人那样，使用 oxo - G_1 [90] 通过不同还原剂还原少缺陷的 GO 得到。我们将在 6.6.3 节中详细介绍此研究。

6.6.2　歧化作用

除了化学还原外，通过加热以及辐射的方式对 GO 进行脱氧的研究已有报道。由于与传统还原并不相同，在这里我们强调使用脱氧而非还原来描述这个过程。还原只能通过还原剂进行，例如，易失电子的化合物。电子从还原剂转移到 GO 上被称为还原。电化学还原是唯一可以归类为化学还原的还原方式。近年来所谓的“热还原”是通过加热方式分解 GO，是对化学概念的滥用。加热，并未给 GO 提供电子。有趣的是，即使是有化学背景的人都把“热还原”当作术语对待。这不仅仅是定义错误的问题，基本化学定义的滥用会导致对基本化学过程不可避免的误解。绝大多数进入此研究领域的研究者都有一个印象，那就是加热 GO 可以得到平整漂亮的石墨烯的相似产物。比如我的一个有化学博士头衔的同事就曾争论过，GO 在加热还原的过程中，碳晶格保持不变，而仅有氢元素和氧元素被移除。而这个争论站得住脚的原因是，某些出版物中是这么写的。这种转化如果存在，就是违反热力学定律：不可能在失氧过程还原碳。为了消除研究者在此领域中的普遍误解，我们在此描述一个简短且基本的化学常识：

在氧化还原反应中，通过加热的方式使GO热分解可被理解为歧化作用。通过TGA－MS表征发现，在GO热分解的过程中会形成二氧化碳和一氧化碳（见图6.2a）。在此过程中，GO网格中的碳原子在之前的氧化过程中形成的化合价＋1（环氧基、醇类）转变为了碳（未被氧化）和二氧化碳（被氧化为＋4）。其氧化还原化学式如下，GO网格中的一个碳原子和两个氧原子被移除。

$$2R_2COC^{(+1)}R_2 \rightarrow 3R_3C^{(0)} + 2R + C^{(+4)}O_2 \tag{6.2}$$

当生成物是一氧化碳时每个氧原子的移除都伴随着一个碳原子的移除：

$$R_2COCR_2 \rightarrow R_3C + R + CO \tag{6.3}$$

为了简化，式（6.2）和式（6.3）将环氧基单独写出来。也可以将醇类的官能团分离出来。由于酮基中的碳已经被氧化成与CO相同的＋2价了，因此无法生成一氧化碳，只能生成二氧化碳。根据已有实验，我们用下述方程描述歧化反应：

$$2R_2C=O \rightarrow R_2C + CO_2 \tag{6.4}$$

考虑到GO样品中大约含有30%～50%的氧，因此从数量级上来看，碳网格上的碳损失量很大。由于大量的碳变为CO和CO_2气体（见图6.25），因此热处理会使GO平面上产生大量的缺陷，形成高缺陷率、多孔洞、网状GO平面。另外，除了大量的实验数据，理论研究也证明了这一点[91]。图6.25给出了经分子动力学分析的1500K热处理得到的GO结构。碳网的损伤与原始GO的氧含量（C/O比）有关。20%氧含量只引起小损伤，33%氧含量则会造成明显的碳骨架退化。这也是化学还原与热分解GO（RGO）的不同之处，我们会在后面介绍“热处理GO”（tpGO）。

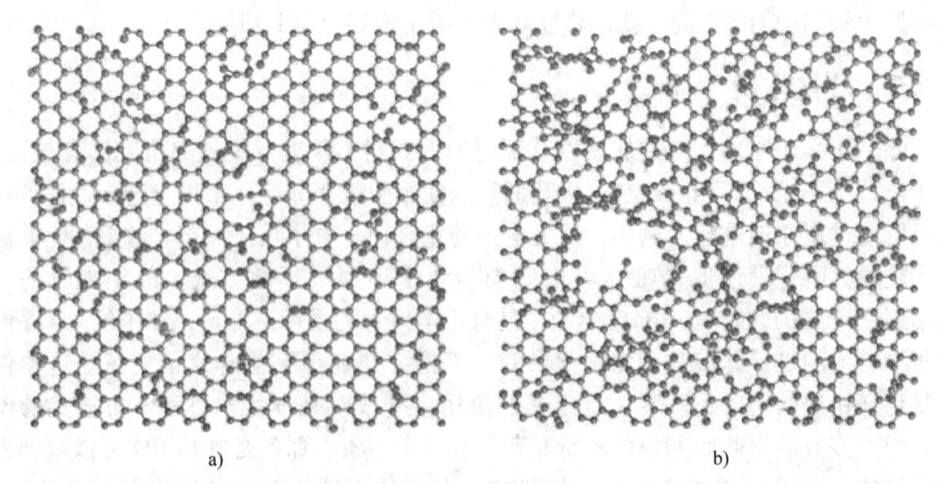

图6.25　在1500K热退火过程中形成的tpGO的形貌：a）含氧量为20%的原始GO；b）含氧量为33%的原始GO。结构通过分子动力学模拟得到

GO的热分解主要集中在使大部分氧元素移除的160～300℃范围。在这个温度，大部分环氧基和醇基被清除，而羰基仍然存留在GO上。500℃以上时，羰基

也被清除。最终，在700℃时碳晶格重构。需要注意到，当温度高于900℃后，之前所得到的 tpGO 就不再像图 6.25 一样含有那么多的氧了；这时的实际含氧量 $<1\%$。

同样的原则对于光“还原”GO 也适用。与加热相同，通过光照也会产生相同的产物。根据热力学，反应产物，例如无氧碳网格和二氧化碳，与 GO 比更加稳定。热、光、放射物、球磨等方式，都是为了这个过程中克服反应所需的活化势垒。

在 tpGO 中引入的大量孔洞明显缩短了两个缺陷间的距离。因此，tpGO 的电学性质不仅与完整的石墨烯相比有所下降，甚至还不如 RGO。因此，tpGO 并不适用于需要高导电性能的应用。但是，作为电池及电容器的电极材料，因为孔增加了表面积并为离子的传输提供通道，tpGO 比 RGO 更具有优势。

有意思的是，这种歧化反应还可以通过化学方式触发，比如强碱。GO 在 KOH 或 NaOH 这类强碱溶液中加热会发生脱氧反应。这个现象背后的化学原因引起了多种猜测。将它暂且说成是“还原”，Rourke 等人[92]建立了双组分 GO 结构模型。事实上，NaOH 和 KOH 本身并未产生任何形式的氧化还原，因此，原则上我们不能将之称为还原反应。这个反应中 GO 的分解与热分解中一样，唯一的不同在于由于有强碱的参与，反应温度与热分解（160～300℃）相比明显降低（70～100℃）。

下面的反应式描述了 GO 在碱性溶液条件下的脱氧机理[1,28]。反应式（6.5）是一个真正的氧化还原反应，叔醇（被氧化成 +1 价）转化为酮基（被氧化为 +2 价）和碳（0 价态）：

$$2R_3C-OH \rightarrow 1/2(C=C)+R_2C=O+H_2O \tag{6.5}$$

这个反应的机理在图 6.26 中有描述。需要注意的是，与原始结构相比（3），最终结构（4）要少一个氧原子。因此，除了 C－C 键断裂，这个反应还会导致碳含量的增加。有趣的是，当使用相同的官能团（邻二醇）对热分解进行分子动力学模拟时，也会生成同样的官能团（在断裂的 C－C 键处形成酮和醇）[91]。这证明这两种不同的脱氧反应路径在反应机理上很有可能有重合的部分。

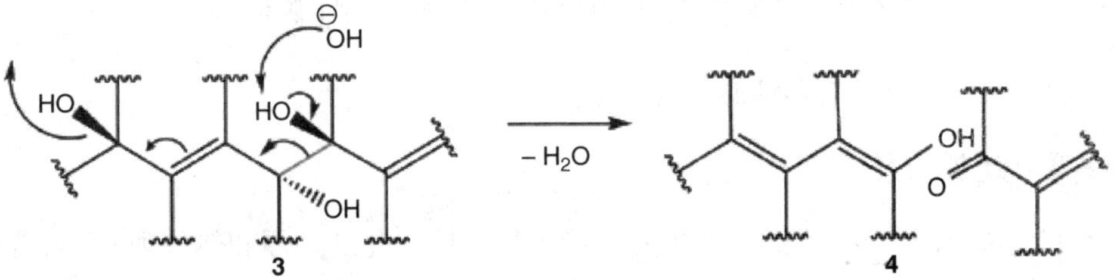

图 6.26　碱性环境下 GO 的脱氧反应过程。结构（3）是有三个羟基的 GO。亲核物质攻击氢氧化物中的氢原子，在形成酮基的过程中 C－C 键断裂。片段（3）与片段（4）相比多一个氧原子，意味着脱氧反应

从醇基到酮基（见图6.26）是这个复杂反应的第一步。之后酮基生成羧基及羧化物的过程可用反应式（6.6）以及图6.27描述：

$$2R_2C=O+OH^- \rightarrow RCOOH+R^- \quad (6.6)$$

在反应式（6.6）中，R^-中的负号表示GO片离域的带负电离子。这个反应以氢氧根离子的亲核物质攻击结构上的羰基（5）开始（见图6.27），并以C－C键的断裂终止，并且酮基转化为羧基（6）。在碱性条件下，结构上的羧基（6）会以电离形式存在，例如羧酸阴离子。

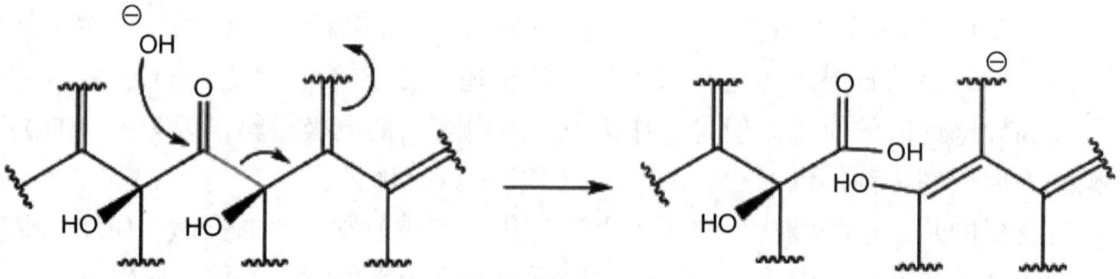

图6.27　在碱性环境下，由酮基转化为羧基。结构（5）是一个含一个酮基和两个羟基的GO片段。亲核物质氢氧根离子攻击羰基，造成C－C键断裂，由酮基转换为羧基

在强碱且高温的极端环境中，如反应式（6.7）以及图6.28所示，此反应甚至能使之前形成的羧基脱氧。这个反应的本质可以看成是脱氧，由于羧基中的碳（被氧化成+3价）生成二氧化碳（氧化为+4价）和碳元素（0价）：

$$RCOOH+OH^- \rightarrow R^- + CO_2 + H_2O \quad (6.7)$$

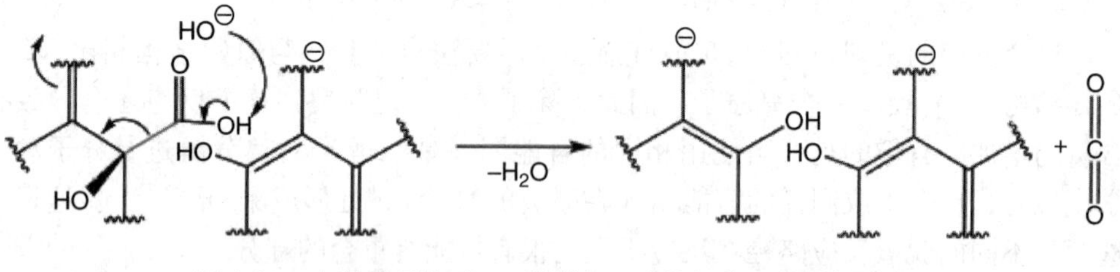

图6.28　在强碱环境下GO的脱氧。这是很典型的脱氧反应

这个反应的机理是典型的脱氧反应。

6.6.3　还原方法

究竟选择何种方式处理GO主要依赖于其应用（化学还原和热处理）。当需要极好的导电性时，两步还原法是唯一的选择。第一步是通过化学方式将GO还原为RGO。这一步去除了大部分氧元素，并且未在碳结构中引入额外的损伤。第二步是在900~1000℃热处理去除剩余氧原子，重构碳骨架加强传导路径。由于大部分氧原子在化学还原的过程中已经被去除，热处理并不会产生额外的缺陷；只是移除了

缺陷处的氧原子。图 6. 29 简述了在不同步骤中化学成分以及电学性能的变化。

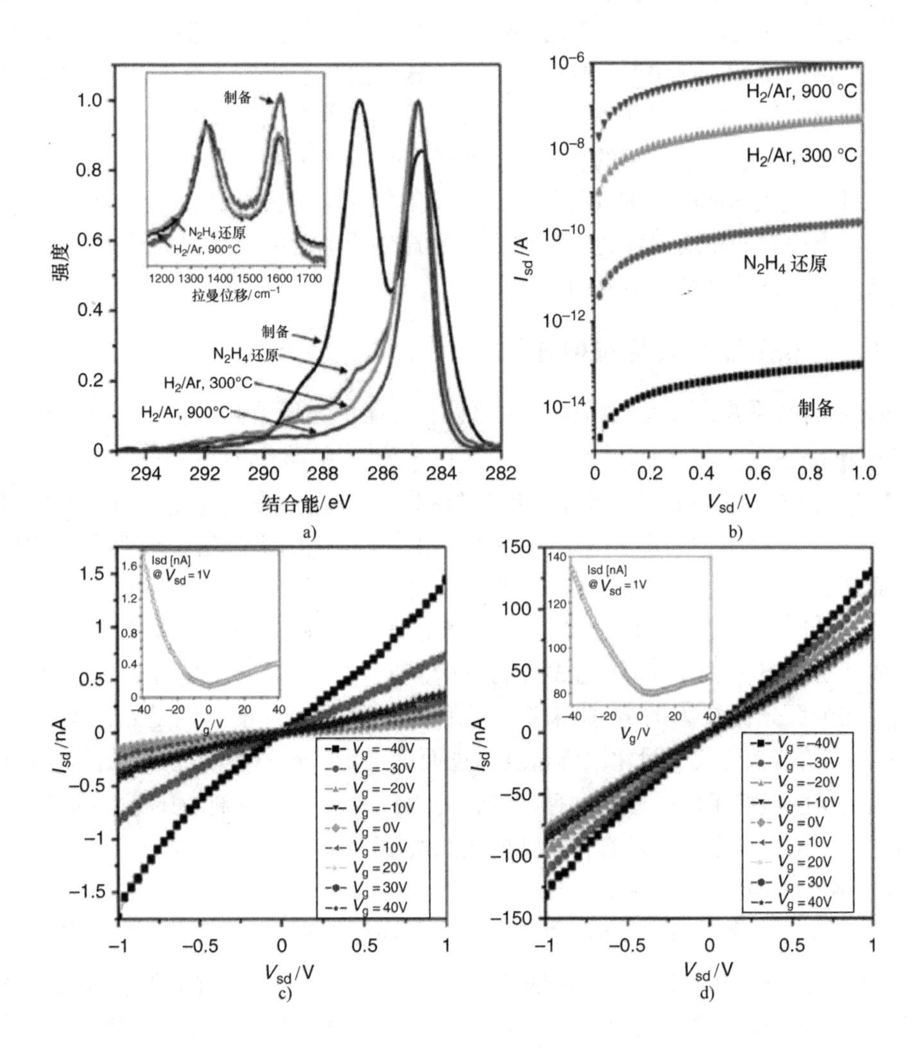

图 6. 29　GO 纳米带的三步还原：N_2H_4还原、300℃热处理、900℃热处理。a）碳的第一个 XPS 峰以及拉曼谱（插图）。b）不同还原程度的 $I-V$ 对数曲线，取 30 台不同仪器获得数据的平均值。c）和 d）漏源电流（I_{sd}）、漏源电压（V_{sd}）以及触发电压（V_g）的依赖关系，使用同一仪器，建立在 N_2H_4还原的单片 RGO NR 上，此过程在 300℃经H_2/Ar热处理 30min：c）之前和 d）之后

GO NR 中 C 1s 的 XPS（见图 6. 29a）主峰位于 287eV，代表着醇和环氧基中的 C。在室温使用 N_2H_4还原后，该峰值明显减弱。位于 289eV 的平台有小范围的降低，这意味着羰基在还原过程中存留了下来。与之前的 GO NR 相比（见图 6. 29b），电导率大概提升 3 ~ 4 个数量级。化学还原后，再将 RGO NR 在 300 ~

900℃的条件下热处理。这额外的两步可以还原 GO 中的氧。经过 900℃的热处理后，即使 291eV 的弱 $\pi-\pi^*$ 键都会在 C 1s 的 XPS 峰出现，这意味着恢复了较强的 sp^2共轭网络。在经过 300℃的热处理后，电导率提升了两个数量级，在 900℃热处理后，氧化石墨烯纳米带（RGONR）制备的器件会再提升一个数量级。

在每步还原后，电导率的提升都在图 6.29c、d 中有描述，其显示了 300℃下在 H_2/Ar 中退火 30min 之前（见图 6.29c）和之后（见图 6.29d），N_2H_4还原的单层纳米带上构建的相同器件的电学性质。尽管热处理后电导率提高了 10～100 倍，但是热处理器件的电学性能相同。

6.6.4 含氧功能化石墨烯的还原

oxo－G_1几乎是纯碳骨架结构，因此它有可能被还原成高质量石墨烯。很多的还原剂被用来还原淡黄色的石墨烯，生成黑色像石墨一样的材料[93]。但是对于有过多缺陷的 GO，无法定量化化学还原的效率。也有研究发现样品含氮，例如在肼还原 RGO 的文献中，采用 SSNMR 分析^{13}C 和^{15}N 标记的样品给予证明[68]。因此，对还原剂的还原能力进行排序十分困难。GO 的还原原理在上一节中详细解释。不仅如此，最近一篇关于 GO 还原的综述文章总结了各种方法和化学还原机理。还原是否成功由 XPS 表征的 C/O 比或者测量薄膜或者石墨烯片的电导率量化[93,94]。对只有几个百分比缺陷的 RGO 来讲，这种方式是很合适的。但是当缺陷率小于 1%时，拉曼谱就变成了量化缺陷密度，进而确定由 oxo－GO_1得到的缺陷小于 1%石墨烯质量的最好手段。使用这种技术，可以探究一些还原剂的还原效率[90]。更重要的是，可以提出一个具有普遍性的还原机制[95]。

6.6.4.1 还原剂的效率

使用 oxo－G_1和统计拉曼谱，可以用不同的还原剂确定生成石墨烯的质量。从原则上来讲，我们可以依据还原剂的还原效率对其排序。I_D/I_G与 Γ_{2D}值的散点图描述了四种还原剂的还原效率（见图 6.30a）。碘化氢（HI）和三氟乙酸（TFA）的混合物被认为是还原效率最高的试剂。略微低一点的是维生素 C，但是我们仍旧可以通过这种试剂生成高质量石墨烯。尽管肼蒸汽在各种文献中经常被使用，但它的还原效率并不是很高。经 200℃热处理的 oxo－G_1 所得到的石墨烯质量最差。后者由于过多缺陷而生成了无定形碳（${}^{\text{HI/TFA}}\Gamma_{2D} < {}^{\text{维生素C}}\Gamma_{2D} < {}^{\text{肼}}\Gamma_{2D} < {}^{200℃}\Gamma_{2D}$）[90]。

通过维生素 C 还原 oxo－G_1生产的石墨烯和使用 HI/TFA 生成的石墨烯质量几乎一样。有趣的是，根据不同的样品高度，两种石墨烯可以通过 AFM 区分（见图 6.30b）。我们会在抗坏血酸还原生成的石墨烯表面发现大约 2nm 厚的粗糙层，因此可以认为，即使经过水洗过程，抗坏血酸的反应产物依然吸附在石墨烯表面。但是，如果我们要在未来进一步功能化，就需要一个光滑的表面。我们应该知道，吸附物质会强烈影响还原石墨烯的稳定分散。与原始石墨烯相比，这些石墨烯诸如表面张力之类的性质会有显著的不同，并且如果测量薄膜或者石墨烯片的电导率，所吸附的物质也会影响片与片间的接触电阻。

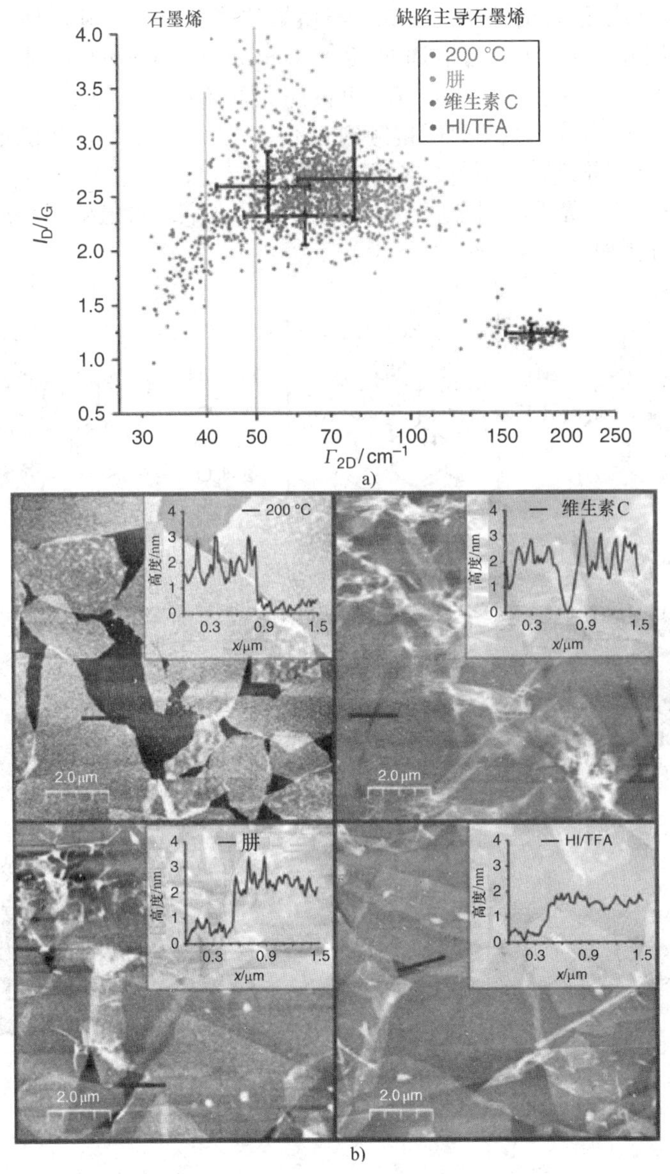

图 6.30　a）由 oxo－G_1 使用不同还原剂还原生成石墨烯的统计拉曼分析。b）由 oxo－G_1 分别经 200 ℃热还原、抗坏血酸（维生素 C）、肼、碘化氢以及三氟乙酸（HI/TFA）还原后，得到石墨烯的 AFM 图[90]

6.6.4.2　含氧官能团功能化石墨烯的还原机理

通过对还原剂还原效率的研究，随之而来的问题是，所生产的石墨烯是不是受限于还原剂的还原效率以及 oxo - G_1 的质量。图 6.31 所示的研究表明还原产物的质量是否受限于还原剂。可以认为，高效还原剂可以生成高质量石墨烯。但是问题是，HI/TFA 是否是最好的还原剂，或者石墨烯的质量是否受到其他因素（如动力学障碍）的限制。oxo - G_1 通常通过诸如 Langmuir - Blodgett 技术被沉积在 Si/300nm SiO_2 基底上。淀积后，oxo - G_1 再被还原剂还原。但是如图 6.31 所示[95]，由于基底的锁定作用，还原剂只能接触到 oxo - G_1 的上层。不能排除如果两面都接触还原剂，是否能得到质量更好的石墨烯。因此，可以通过 Langmuir - Blodgett 涂层的方式将 oxo - G_1 置于水相基底上。这样，抗坏血酸或者氢碘酸等还原剂就可以溶解在液相基底中了。

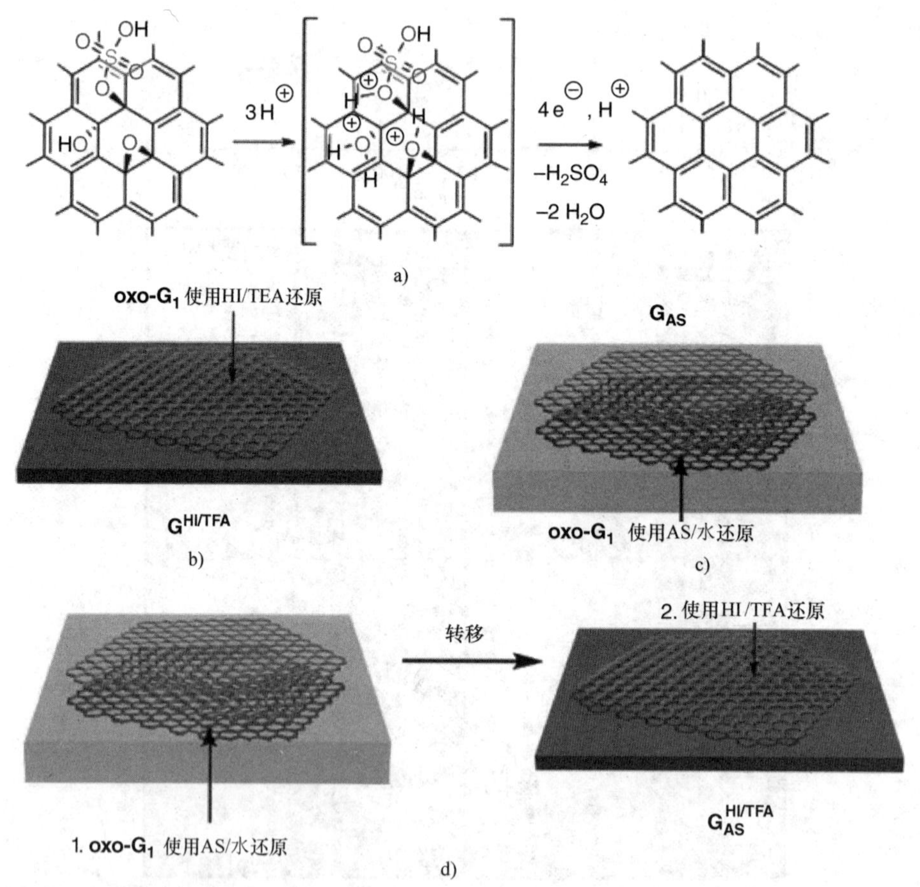

图 6.31 a）碘和强酸等电子施主还原 oxo - G_1 的机理。随后的质子化作用以及电子转移移除了含氧官能团，并在基底上形成石墨烯。b）在基底上通过 HI/TFA 蒸汽（$G^{HI/TFA}$）还原。c）从还原性液相（G_{AS}）使用抗坏血酸（AS）还原。d）使用复合方法还原（$G_{AS}^{HI/TFA}$）[95]

这种还原从下层开始。几分钟后，表面变为灰色形成石墨烯，并且漂浮在液相基底上。石墨烯可以转移到新的基底上，并且进行统计拉曼谱分析。经过双面还原的石墨烯还可以进一步被 HI/TFA 还原。与直接涂布在基底上的 oxo - G_1 随后通过 HI/TFA 蒸汽在顶面还原相比，这些结果说明直接还原法是效率最高的还原方式。液相涂布的顶面还原即使再加上蒸汽底面还原，其还原效率也没有那么高。这也许是因为吸附作用和反应路径的限制。

最终，我们推导出无缺陷 oxo - G_1 的还原机理。一般来讲，每两个碳原子就有一个是 sp^2 杂化，因此 π 键系统与羟基、环氧基、硫酸酯等含氧官能团共存于系统中。酸可以使官能团质子化形成水合氢离子。oxo - G_1 的电子亲和力随着质子化而增加，并且促进了从碘化物到 π 键系统的电子转移。而且，在形成石墨烯的过程中，硫酸和水会与石墨烯断开（见图 6.31a）。oxo - G_1 是一种 2D 材料，因此哪个面的电子转移到了 π 键系统中并不重要。由于质子在片边缘跳跃的能力，基底与 oxo - G_1 之间的含氧官能团发生质子化也是有可能的。因此，可以认为，使用类似 HI/TFA 的强还原剂，oxo - G_1 的还原十分高效和彻底[95]。

6.7　与还原氧化石墨烯的反应

尽管这不是本章重点，我们仍将为大家介绍一些 RGO 功能化的简单方法。由于 RGO 中含氧官能团的数量很少，与 RGO 的反应主要是与碳骨架的反应。从这个角度来看，RGO 的化学反应与石墨烯的反应相似。在这里，我们将详细地讲一下重氮化学反应。使用重氮化学反应进行功能化，通常都是在水中或者乙腈中进行。芳基重氮盐可以提前合成，或是由苯胺衍生物和亚硝酸盐原位合成。在溶液中，重氮盐生成芳基阳离子，过程中伴随着电子从石墨烯（或者 RGO）转移到与碳骨架发生作用的芳基自由基中，并且在碳骨架以及芳基自由基之间形成 C - C 键（见图 6.32）。因此，石墨烯中的碳原子转化成了 sp^3 杂化态。

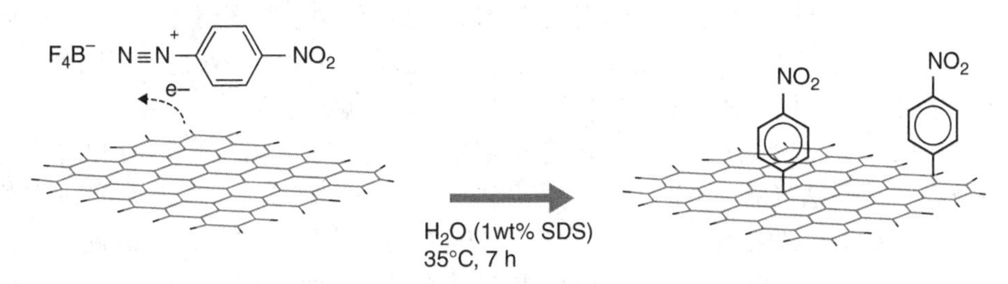

图 6.32　通过硝基芳基重氮盐使石墨烯功能化

对于无缺陷石墨烯，这类化学反应已经通过多种重氮盐[57, 96, 97]给予了说明。已证实反应的有效性取决于基底结合石墨烯的性质[97]。SiO_2 和 Al_2O_3（蓝宝石）基底上的石墨烯反应迅速，而在烷基和六方氮化硼（hBN）表面的反应可以忽略不计。而且，已经开发了基于基底诱导的石墨烯中的电子 - 空穴坑的反应模型[97]。

对 RGO 来讲，这类反应由 Lomeda 等人[98]首先提出，他们将 RGO 溶于 1% 的十二烷基苯磺酸钠（SDBS）水溶液中。被 SDBS 包裹的 GO 首先被肼还原，随后 SDBS 包裹的 RGO 被四种不同的重氮盐功能化（见图 6.33）。

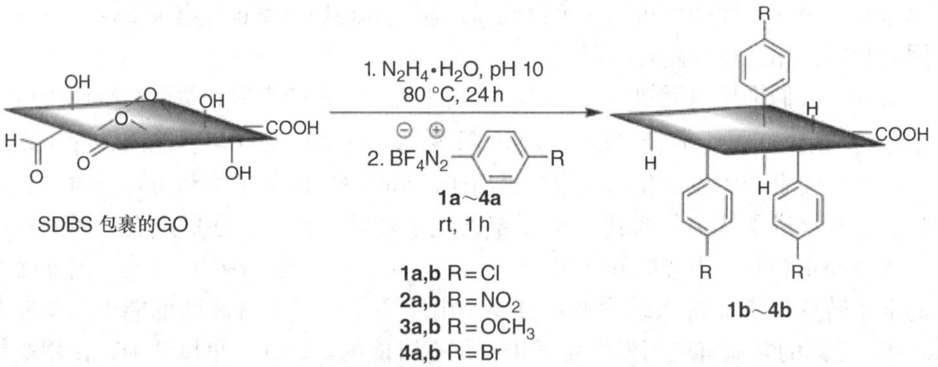

图 6.33　十二烷基苯磺酸钠（SDBS）包裹的 GO 与重氮盐的还原与功能化

与石墨烯不同，RGO 中还残留一些含氧官能团。从原则上来讲，可能会有人质疑为什么重氮盐确定会与 RGO 的石墨域反应，而不是那些含氧官能团。唯一可能的解释是，残留在 RGO 上的酮基和羧基不易受重氮盐产生的自由基的化学作用。因此，反应确实应该发生在碳网上。存在的挑战在于如何证明 RGO 成功地实现共价修饰。还没有强有力的证据表明，在功能化的 RGO 上存在任何重氮盐的不同部分。正如我们在 6.5 节中所提出的，在许多情况下出现的这种特征，也许只是由于 GO/RGO 上反应物的物理吸附所致，而不是共价修饰的结果。

对于石墨烯，通过采用拉曼谱来确定官能团是否通过共价键连接。功能化后产生的 D 峰意味着散射缺陷的引入，在这种情况下，其是理想的无缺陷 sp^2 杂化碳平面中的 sp^3 杂化碳原子。D 峰峰值越大，意味着功能化程度越高。对于 RGO 而言，由于它在功能化定量之前已经具有高缺陷，对应的散射中心密度超过了阈值，因此无法通过这种方法判断其功能化程度。值得注意的是，几乎无法通过光谱判断 C－C 键的存在。我们唯一的选择是在功能化过程中监测电导率的变化。由于重氮化合物的功能化从理论上应该还会缩短弹道传输路径；因此功能化后的 RGO 电导率应该会降低。RGO 纳米带（NR）的研究[99]中选择了这种方法。与之前的研究相比[98]，RGO NR 不只是化学还原，它也在 900℃的温度下被热处理，因此，它的含氧官能团的含量是很低的。将 RGO NR 平放在基底表面上进行功能化修饰，并且将其构建成如图 6.34 所示的器件。RGO NR 的功能化在基底平面上进行，并且放置于如图 6.34 所示的装置中。RGO NR 的电导率在特定的功能化时间间隔内测量。如图 6.34 所示，将装置暴露在重氮盐溶液中以后，源漏电流降低，这证明 RGO NR 被成功功能化。如图 6.34 所示，最明显的功能化在接枝的最开始 5min 出现，经过 60min 后基本趋于稳定。通过测量电导率的变化反映化学反应速率的变化，这对于一个一级化学反应是典型的。

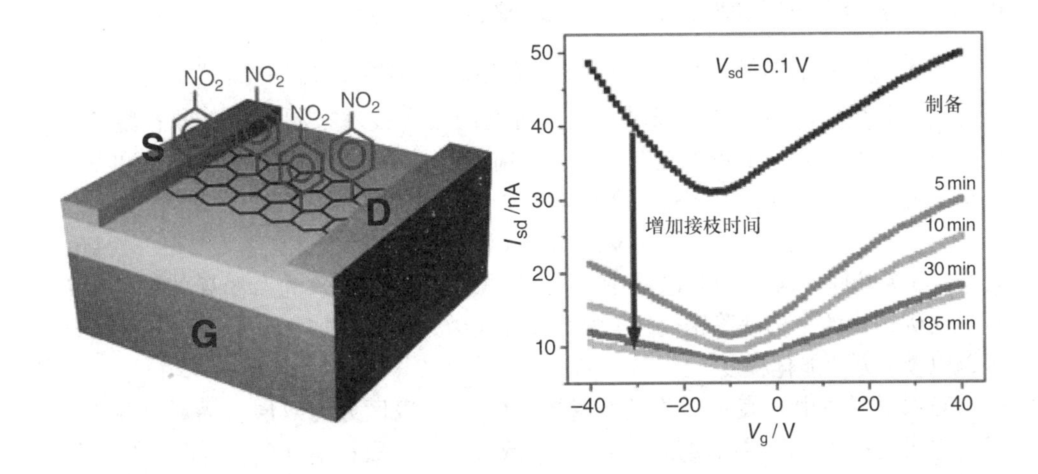

图6.34　具有四个硝基苯基的功能化装置图示（左图）。单层RGO纳米带与Pt电源以及漏源电极接触。这个装置在200nm厚的热SiO_2上组装，使用高掺杂的p型Si作为背栅。经过持续的官能团接枝试验（右图），在$V_{sd}=0.1$V处记录$I_{sd}-V_g$曲线

重氮功能化是研究最多的RGO共价修饰类型。例如RGO上"点击"化学的许多报道，都可以在文献中找到[100,101]。但是这种反应并非在RGO上进行的，而是在通过重氮反应提前在GO上接枝的官能团上进行。其他合理的功能化概念已在文献中有所报道。但是，在未来的应用中，这些化学方法的成功使用还需要更多系统化和定量化的研究。

6.8　氧化石墨烯可控的化学性质

上文讨论了GO的结构，而且除了各种含氧官能团之外的扩展缺陷也是结构的一部分。可以预计，官能团不仅可能在面内，而且可能位于薄片和缺陷的边缘。真实的GO结构可以由图6.1所示的Hofmann的模型来描述。但是，这种GO还没有办法通过湿法合成。然而，根据相关表述，氧原子可以通过化学方式与SiC（G_1/SiC）基底上的石墨烯键合。隧道扫描显微镜（见图6.1）[18]揭示了这种氧结合的可逆性。因此，从原理上来讲，功能化的石墨烯衍生物可以在保留石墨烯蜂窝状晶格的同时合成。为了开发一种GO的可控化学性质，同时避免结构缺陷模式分析，理想情况是在含氧官能团功能化的过程中防止碳骨架破碎。结果是，可以生产出具有含氧官能团的石墨烯衍生物。在这里，这个过程将被称为石墨烯的含氧功能化，并用oxo−G_1作为其缩写。生成oxo−G_1的合成方法在第2章做了描述。

6.8.1 多分散以及功能化石墨烯的命名

与类似于C_{60}这种单分散分子不同，石墨烯是一种多分散材料，尤其是当其以石墨为原料生产时。提纯过程没有通过可能的分离技术来制备单分散石墨烯。因此，很有必要引入一个系统性的方程，来描述石墨烯的功能化体系。引入和发展了一个广义的系统公式，来表征石墨烯和石墨烯的复杂功能化系统[102,103]：

$$S/^{s,d}G_n-(R)_f/A_f \tag{6.8}$$

式中，S为基底，no S为分散液中的反应；G为石墨烯，s为石墨烯的尺寸，d为石墨烯碳结构的结构缺陷密度，n为石墨烯层数；R为添加物，A为非共价结合分子，以及f为功能化程度。

石墨烯层数由n表示，并且石墨烯（G_1）可以区分为双层石墨烯（G_2）、三层石墨烯（G_3）、少层石墨烯（$G_{few-layer}$或G_{4-10}）和石墨（G_n）。石墨烯必须稳定，这是可以实现的，例如将其置于SiO_2（SiO_2/G_1）或者氮化硼（BN/G_1）表面。将Cu从Cu/G_1上刻蚀掉，导致石墨烯漂浮于水面上（H_2O/G_1）。众所周知，材料的性质随尺寸而变化，因此另一类重要的多分散性是石墨烯薄片的尺寸。石墨烯片的尺寸可以通过AFM以及最新开发出的分析超速离心[104]进行分析。石墨烯片可能是纳米、微米甚至是厘米级别的。生长在Cu箔上大约为1cm×1cm尺寸的石墨烯可以用$Cu/^{1cm}G_1$表示。剥落下的大概5μm左右的石墨烯可以置于SiO_2表面上，这种石墨烯可以简写为$SiO_2/^{5\mu m}G_1$。

石墨烯碳σ骨架上的缺陷会对晶格产生扰动，并改变其电学特性。缺陷密度可以通过拉曼确定。可以确定0.001%和1%～3%范围内的缺陷密度。这意味着，如果蜂窝晶格的一个C原子周期性缺失，并且石墨烯的完整区域由1000个C原子组成，那么所形成的缺陷密度是0.1%，我们用$^{0.1\%}G_1$表示。拉曼谱的最敏感的缺陷范围是0.01%～0.1%。但是，由于存在静默缺陷，所以并非所有的缺陷都可以通过拉曼谱来确定[105]。

sp^2杂化的蜂窝结构中的缺陷可能会缺一个碳原子，或者碳晶格以五元环、七元环或者其他的形式重布。同时，sp^3杂化C原子或者sp^3杂化碳原子簇也会被识别为缺陷。但是，我们并无法区分它们，因此，我们需要考虑到合成过程以及材料来源从而加以区别。而且我们需要进一步分析。因此，除了确定缺陷密度，可以通过拉曼谱来确定功能化程度[106]。随着石墨烯的功能化，需要关注由于功能化程度以及官能团种类不同导致的石墨烯多分散特性。后者到目前为止还很难被确定，因此没有在式（6.8）中体现出来。大约每20个碳原子，会有一个被羟基功能化，我们将其定义为$G_1-(OH)_{5\%}$。通常，N-甲基吡咯烷酮用来剥落少层石墨烯，元素分析表明该类石墨烯吸附30%质量分数的有机分子，此复合物被定义为$G_1/NMP_{30\%}$。根据系统表达式（6.8），现在可以描述石墨烯及其衍生物的多分散性质。

6.8.2 氧化石墨烯中的硫酸酯——热重分析

在硫酸中制备 GO，通常在产物中会含有被疑为是杂质的硫。但是，Boehm 和 Scholz 在 1966 年提出，石墨烯中含有的一些硫可能源于磺酸或者硫酸酯[107]。TGA 是一种分析化学官能团十分强大的工具。将 TGA 与 MS 结合可以确定断键分子的性质。最近，有研究通过热重分析确定 GO 以及 oxo - G_1 中的硫酸酯基团[108]是结构基元。此外，并没有证据显示磺酸是结构的一部分。

无缺陷氧化石墨中环硫酸酯的合成与水解在文献中有提及，并且反应过程似乎是部分水解形成硫酸酯（见图 6.35a）[29]。硫酸酯在中性条件下可以在水中稳定存在。TGA 检测中，主要裂解的产物的是 $m/z=18$ 的水，$m/z=28$ 的 CO（以及背景气体 N_2），$m/z=44$ 的 CO_2，以及令人惊讶的 $m/z=64$ 的 SO_2。正如图 6.35b 所示，在 120℃主要是附着在 GO 上的水被去除；随后在达到 200℃时重量损失最大，主要由于相关的水、CO 以及 CO_2分解。在 200～300℃之间另外的重量损失可能与硫酸酯和 SO_2相关；SO_2的形成是硫酸酯分解产物 SO_3与碳反应，生成 CO_x和 SO_2。SO_2的形成可以进一步被 FTIR 识别。根据元素分析可知，硫酸酯的含量被确定为每 20 个碳原子上存在一个硫酸酯，因此大量存在的硫酸酯，其性质会影响 GO 的性质。使用氢氧化钠简单处理，可以使 GO 上的硫酸酯键断裂，经过提纯后的热重分析显示，200～300℃之间不再有重量损失（见图 6.35b）。

通过热重分析，可以测量到在 700～800℃之间无机硫酸盐发生分解。经氢氧化钠的 GO 与硫酸氢钠混合，随后的分析证明 GO 中无机硫酸盐的分解温度。200～350℃间有一个很大的重量损失，其主要原因是硫酸酯的原位合成与分解。根据热重分析可知，GO 以及 oxo - G_1 的结构模型除了羟基和环氧基外，还可以拓展至通过共价键连接的硫酸酯基团。如图 6.35a 和图 6.31a 所示，GO 的酸性也可以由水合氢离子作为有机硫酸酯基团反离子来解释。

如 6.8.3.3 节所示，由于硫酸酯基团可以被用来进一步构建分子结构，GO 以及 oxo - G_1 中硫酸酯基的识别有利于可控化学性质的发展。

6.8.3 含氧功能化石墨烯的合成修饰

oxo - G_1 中主要官能团包括羟基、环氧基以及硫酸酯基。且其片径大小为微米级别。此外，其平均缺陷密度约为 0.3%。当加热到 100℃时，oxo - G_1 仍能保持稳定，因此，下一步就是 oxo - G_1 中官能团的可控化学修饰。

6.8.3.1 含氧功能化石墨烯与 HCl 和 NaOH 反应

为了控制 oxo - G_1 的化学性质，我们需要一个稳定的碳结构。oxo - G_1 的化学转化以及接下来对完整碳骨架的分析，揭示了平面上的反应几乎不导致碳骨架的破碎[109]。

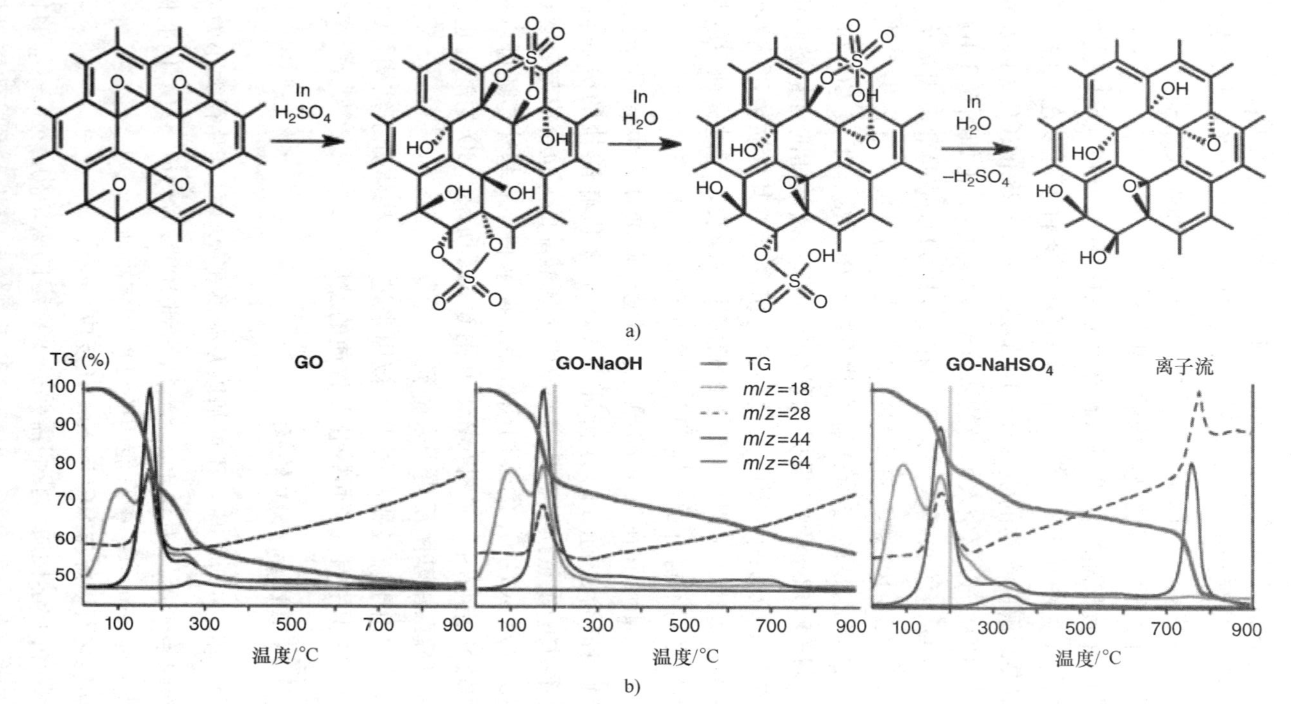

图 6.35 a）GO 中环硫酸酯的形成，水解成硫酸酯和羟基。我们可以推测酸催化环氧形式的独立二羟基[17,29]。GO 结构中的环氧基、羟基以及硫酸酯为主要官能团。这里省略了 GO 中的缺陷，因此结构模型对于 oxo－G_1 也有效[108]。b）GO（左图）、经氢氧化钠处理去除硫酸酯的 GO（中图）以及经氢氧化钠处理后与硫酸氢钠混合的 GO（右图）的热重分析

oxo－G_1 中的官能团，例如环氧基、羟基以及硫酸酯，在 10℃时 pH 为 1 的盐酸溶液中（见图 6.36）保持稳定。但是当把温度提高到 40℃时，硫酸酯官能团的化学键断裂，而羟基和环氧基依旧完好地以化学键结合在 GO 上。红外谱 $1100cm^{-1}$ 处强烈的吸收峰，证明了乙醚基的形成。通过 SRM 测试发现，碳骨架在这些反应条件下并未被损坏。

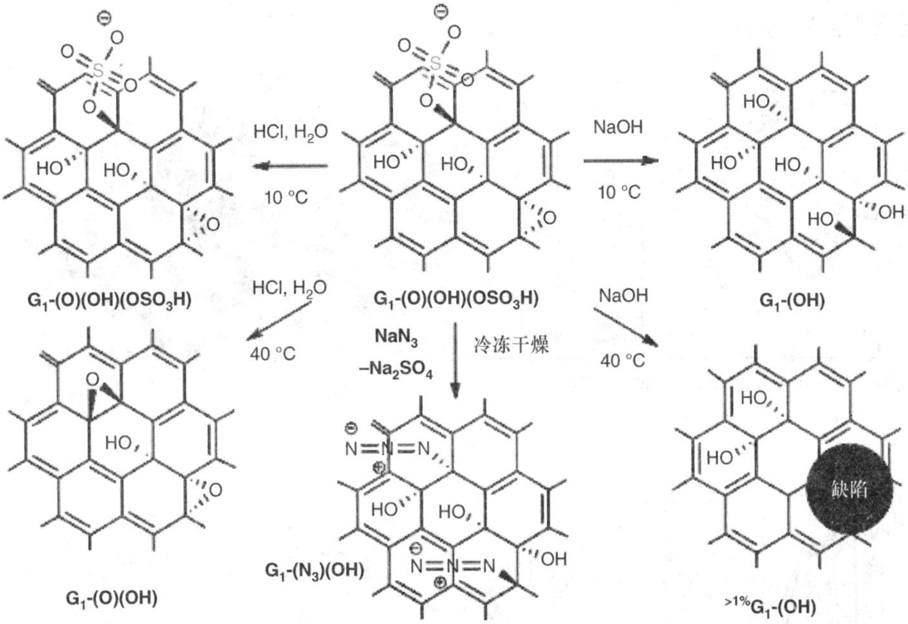

图 6.36　oxo－G_1 反应的图示。显示了在用 HCl 或 NaOH 处理后 10℃（上图）和 40℃（下图）的反应。在受控的反应条件下，叠氮化物也可以取代有机硫酸酯[110]

如 6.3 节所述，GO 在碱性条件下并不十分稳定，因此 NaOH 与 oxo－G_1 的反应就显得十分有趣。令人惊奇的是，可以控制反应条件，并且在 10℃通过氢氧化物处理 oxo－G_1，有机硫酸酯以及可能还有环氧基被裂解成二元醇。SRM 证明了碳骨架的稳定性，并且通过元素分析以及 TGA 确定了硫酸酯基的裂解。oxo－G_1 在 40℃条件下通过 NaOH 处理，不仅断开了官能团的化学键，而且在碳骨架中引入了永久性的缺陷（见图 6.36）。统计拉曼分析揭示了 Γ_{2D} 从 $72cm^{-1}$ 增加到 $120cm^{-1}$。这些研究说明，必须维持受控的反应条件，从而使石墨烯表面的化学反应能够进行。oxo－G_1 可以与 NaOH 反应，从而生成便于进一步功能化反应的羟基化石墨烯（G_1－OH）。

6.8.3.2　叠氮－羟基石墨烯的可控合成

硫酸酯官能团的反应可以用于实现 oxo－G_1 表面上的叠氮功能化。由于在温和的反应环境通过冷冻干燥与叠氮化钠在固体状态反应，这个取代反应保护了热稳定性差的官能团（见图 6.36）。实验数据显示叠氮化钠取代硫酸酯[110]。oxo－G_1 与叠氮化物的直接功能化，以及对官能团的保留，通过 IR 谱、TGA 和 MS 联用、元素分析、固体状态下测量^{15}N NMR 得到证实。叠氮化物主要分布在 oxo－G_1 的表面而非边缘。叠氮化物在 2123cm^{-1}出现 C－N 伸缩振动峰，并且通过$^{15}N^{14}N_2$与碳骨架连接出现 11cm^{-1}的移动（见图 6.37a）。通过 TGA（见图 6.37b）也可以确定硫酸酯的取代反应。同时，可以通过随后生成的沉淀物 $BaSO_4$来判断湿化学法是否成功地使硫酸基断开。

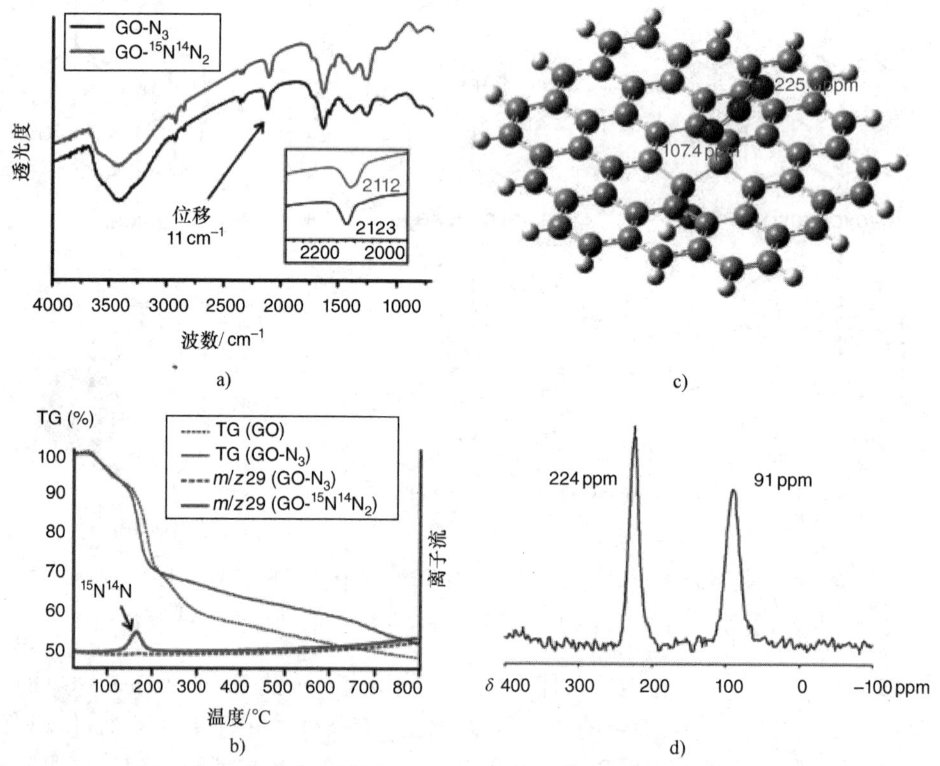

图 6.37 a）GO－N_3以及 GO－$^{15}N^{14}N_2$的红外谱（这里的 GO 为 oxo－G_1）。b）GO－N_3以及 GO－$^{15}N^{14}N_2$的热重分析。m/z 29 GO－N_3和 GO－$^{15}N^{14}N_2$。c）GO－N_3与叠氮化物和羟基碳骨架的反式构型模型。^{15}N NMR 的变化采用第一原理方法计算（107.4ppm 和 225.8ppm）。d）GO－$^{15}N^{14}N_2$上^{15}N SSNMR MAS 谱的两个峰（1∶1）[110]

进一步根据在与有机硫酸酯相关的温度范围内没出现质量损失，证明叠氮化物取代有机硫酸酯，并且 $m/z=29$ 的信号表明叠氮化物分解，这个过程对应$^{15}N^{14}N$的生成。这项研究只有使用被标记叠氮化物时才可行，否则反应生成 N_2的 $m/z=28$ 信号无法与环境中的 N_2区分。

同时，可以采用^{15}N 标记复合物开展固体 NMR 谱测试（见图 6.37d）。位于 224ppm 和 91ppm 的两处信号与$^{15}N^{14}N^{14}N$ 的两种可能的状态连接有关（例如，

R－$^{15}N^{14}N^{14}N$或者R－$^{14}N^{14}N^{15}N$)，并且在模型计算误差范围内与计算预测结果吻合（见图6.37）。此外，分析结果显示，大约每30个碳原子就会有一个叠氮官能团。而且，GO－N_3中的叠氮基在60℃仍不会水解。GO－N_3中的其他反应的良好前驱体，为石墨烯基材料的叠氮化学反应开辟了一条道路。

6.8.3.3　含氧功能化石墨烯中硫酸酯作为固定基团

最近oxo－G_1可控化学反应的作用表明，能够使浮动栅存储器件在3V电压下工作（见图6.38e）[111]。而更高的电压会提高器件的能耗。需要一个超薄绝缘片，将电荷存储层与栅极和半导体分离开。绝缘层越厚，耗能更大。为此，一种特殊分子结构被设计来克服这个问题。如图6.38a所示，所用的oxo－G_1上除了与水合氢离子复合在一起的硫酸酯基，还含有环氧基和羟基。而且，大约50%的C原子都是sp^2杂化。oxo－G_1通过十二胺滴定（DA）与十二烷基铵发生氢离子交换，从而在其他官能团保持稳定的情况下与有机硫酸酯发生静电结合。

通过燃烧元素分析、TGA结合IR谱、气相色谱分析（GC）和MS彻底分析该oxo－G_1/DA。数据显示，有机硫酸酯和十二烷基铵是结构组成单元。如图6.39a所示，通过燃烧气体的分析不仅可以检测到CO_2的形成，还可以检测到源于硫酸酯的SO_2以及烷基信号。而且，由于识别出十二碳烯，GC－MS分析说明烷基信号来自于十二烷基胺，其中十二碳烯是相关的消除反应产物。此外，还测试了SSNMR谱（见图6.38）。结合从头计算，可以看出只有一种主要的含氮物质是组成结构的一部分，并且这些数据与所提及的十二烷基铵与有机硫酸酯的静电结合一致（见图6.38c）。同时，通过2D SSNMR检测$^{13}C-^{1}H$相关谱，可以确定关于十二烷基胺区域选择的信息（见图6.38d）。十二烷基胺的亚甲基信号与碳结构骨架中π键系统相近。这意味着烷基链覆盖了oxo－G_1中π键系统，因此对电介质屏蔽也有一定的贡献。

oxo－G_1/DA复合物在四氢呋喃中以单层形式具有良好的溶解性，并且，如图6.38a所示，可以很容易地与类似于苯乙烯嵌段高分子和环氧乙烷（PSEO）的可溶性聚合物混合。

该混合过程将oxo－G_1/DA薄片非共价功能化，由此形成oxo－G_1/DA/PSEO的复合物，并且如图6.38g所示，通过AFM几乎检测不到自由的复合物。TGA证明在450℃这些吸附的高分子发生分解，并且可以发现来自分解聚合物的芳基的FTIR信号（见图6.39b）。将薄片的两侧厚度仅为1～2nm的嵌段共聚物用作介电层。oxo－G_1/DA/PSEO复合材料也是电荷存储材料，并且具有浮栅存储器件的功能。如图6.38e所示，电荷存储层是在咪唑类封端的自组装单层上沉积的几层电荷。在oxo－G_1/DA/PSEO上使用六噻吩衍生物作为半导体。使用－3V的栅极电压引入电荷，并且这个信息可以在＋2V的电压下被清除。在－0.5V电压下可以完成信息读取（见图6.38f）。参考实验表明，在3V下工作的存储器件只能用oxo－G_1/DA/PSEO复合物构建。其他材料，例如oxo－G_1、oxo－G_1/DA、有缺陷的GO、缺陷 GO 与 DA 和 PSEO 的混合物，或者具有过量 PSEO 的参考系统，都不能在 3V 的浮动栅极下操作完成存储器件功能。比如，在有缺陷的 GO 中，引入大约 1% 的缺陷，硫酸酯基团会裂解，并且很可能部分环氧基会转化为二醇。这种方法表明，即使是平板结构也不能被保留，并且证明 oxo－G_1的可控化学反应对功能的影响。其他与自组装过程和改进性能的器件制造相关的例子可以在参考文献[112－114]中找到。

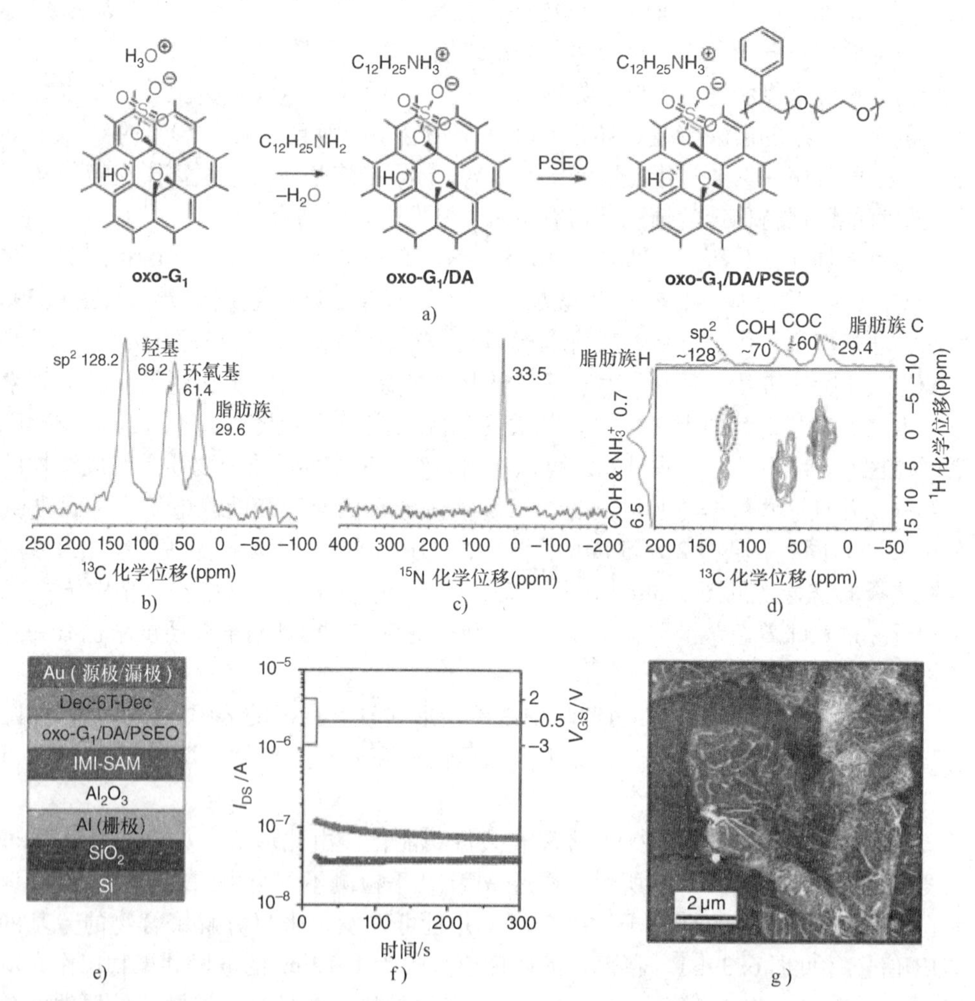

图 6.38　a）oxo－G_1与十二烷胺（oxo－G_1/DA）反应示意图，随后用苯乙烯和环氧乙烷的嵌段共聚物进行非共价功能化（PSEO）。oxo－G_1/DA 的固态 NMR 谱：b）^{13}C NMR，c）^{15}N NMR 和 d）^{13}C－^{1}H NMR。e）以 oxo－G_1/DA/PSEO 作为电荷存储材料的浮栅存储器件的结构。f）器件特征：写入信号－3V，清除信号 2V，读取信号－0.5V。g）oxo－G_1/DA/PSEO 复合物片的 AFM 图像[111]

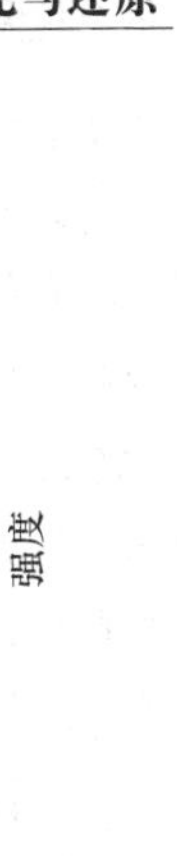
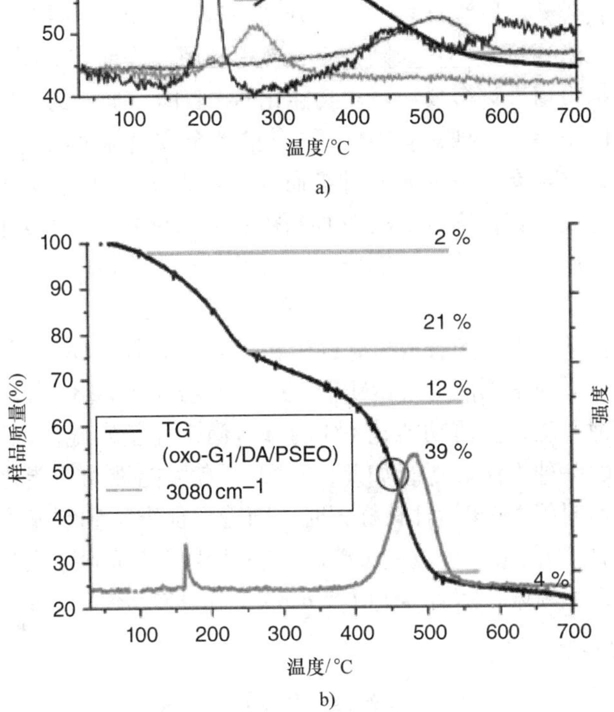

图 6.39　a）oxo－G_1/DA 在 30～700℃之间的 TGA，用 FTIR 确定的裂解烷基、CO_2 和 SO_2 形成的温度分布。b）oxo－G_1/DA/PSEO 在 30～700℃之间的热重分析，用 FTIR 确定的裂解芳香化合物（灰色）的温度分布[111]

6.9　讨论

有机化学及材料科学开始与 GO 上的化学融合在一起。文献调查很快揭示了许多学科的研究人员对 GO 的兴趣。然而，合成化学家很少涉及，原因很简单。有机化学相关的分子结构可以被精确表征。这主要得益于各种表征手段的进步，例如质谱分析、核磁共振谱以及单晶 X 射线分析。当有机大分子被合成以及分子变得难以溶解时，研究的进一步发展以及原子结构更精确的表征成为了一大挑战。由于石墨和 GO 的异质性，这种情况变得更加复杂。很明显，GO 及其衍生物决不会形成单分散化合物，特别是因为每个 sp^3 碳原子都是手性中心。此外，GO 的结构会随着制备方法的差异而不同，因此官能团的反应和贡献可能不同。这一困难使得无法准确比较关于 GO 的研究结果。正如本章回顾那样，很有必要确定以及简化石墨烯化学结构模型，从而能够实现 GO 的可控反应。这个问题的第一个难题就是 GO 碳骨架内的缺陷。碳骨架缺陷程度可以一直升高，直到整个片子结构崩溃，这也会导致氧化碎片的形成。通过最小化缺陷密度，使得石墨烯表面官能团的化学性质的研究成为可能。根据报道，许多反应成功功能化 GO 表面，唯一的可能是由于位于缺陷边缘的官能团的激活。此外，必须保证 GO 的整个表面都可以让试剂进行均匀的化学反应。目前，已经有一系列的器件被研发，可以用来确定非均质 GO 的性质。分析超速离心被开发来直接确定溶液中 GO 的片径。还进一步开发了热重分析，并且与红外谱以及气相色谱和质谱的耦合，给出了更多认识并且支持 GO 成功功能化的结论。

从碳纳米管化学中学到的合成概念已经转化到石墨烯和 GO 化学中。尽管碳纳米管中的顺磁性杂质通常不能通过 NMR 分析，但通过 SSNMR 可以分析 GO。虽然近年来开发了这种方法，但对功能化 GO 的分析尚未完全实施，因为 SSNMR 仍然是针对专门人员的一种方法。尽管如此，SSNMR 有可能推动功能化材料领域的发展，特别是当添加剂用 NMR 活性核标记时。随着表征方法和制备方法两者的不断改进，GO 及其衍生物的可控合成是可能的，并且开启了精确合成具有突出性能的新型分子结构的相关领域。随着 GO 以及 oxo－G_1 可控反应的发展，将有可能克服传统 GO 的性能限制。

参 考 文 献

[1] Dimiev, A.M.; Alemany, L.B.; Tour, J.M., Graphene oxide. Origin of acidity, its instability in water, and a new dynamic structural model. *ACS Nano* **2013**, *7* (1), 576–588.

[2] He, H.; Riedl, T.; Lerf, A.; Klinowski, J., Solid-state NMR studies of the structure of graphite oxide. *J. Phys. Chem.* **1996**, *100*, 19954–19958.

[3] Lerf, A.; He, H.; Riedl, T.; *et al.*, ^{13}C and ^{1}H MAS NMR studies of graphite oxide and its chemically modified derivatives. *Solid State Ionics* **1997**, *101–103* (2), 857–862.

[4] He, H.; Klinowski, J.; Forster, M.; Lerf, A., A new structural model for graphite oxide. *Chem. Phys. Lett.* **1998**, *287*, 53–56.

[5] Lerf, A.; He, H.; Forster, M.; Klinowski, J., Structure of graphite oxide revisited. *J. Phys. Chem. B* **1998**, *102* (23), 4477–4482.

[6] Gao, W.; Alemany, L.B.; Ci, L.; Ajayan, P.M., New insights into the structure and reduction of graphite oxide. *Nature Chem.* **2009**, *1* (5), 403–408.

[7] Cai, W.; Piner, R.D.; Stadermann, F.J.; *et al.*, Synthesis and solid-state NMR structural characterization of ^{13}C-labeled graphite oxide. *Science* **2008**, *321* (5897), 1815–1817.

[8] Casabianca, L.B.; Shaibat, M.A.; Cai, W.W.; *et al.*, NMR-based structural modeling of graphite oxide using multidimensional ^{13}C solid-state NMR and ab initio chemical shift calculations. *J. Am. Chem. Soc.* **2010**, *132* (16), 5672–5676.

[9] Kim, S.; Zhou, S.; Hu, Y.; *et al.*, Room-temperature metastability of multilayer graphene oxide films. *Nature Mater.* **2012**, *11* (6), 544–549.

[10] Hou, X.-L.; Li, J.-L.; Drew, S.C.; *et al.*, Tuning radical species in graphene oxide in aqueous solution by photoirradiation. *J. Phys. Chem. C* **2013**, *117* (13), 6788–6793.

[11] Yang, L.; Zhang, R.; Liu, B.; *et al.*, π-Conjugated carbon radicals at graphene oxide to initiate ultrastrong chemiluminescence. *Angew. Chem. Int. Ed.* **2014**, *53* (38), 10109–10113.

[12] Szabó, T.; Berkesi, O.; Forgó, P.; *et al.*, Evolution of surface functional groups in a series of progressively oxidized graphite oxides. *Chem. Mater.* **2006**, *18*, 2740–2749.

[13] Nakajima, T.; Matsuo, Y., Formation process and structure of graphite oxide. *Carbon* **1994**, *32* (3), 469–475.

[14] Clause, A.; Plass, R.; Boehm, H.P.; Hofmann, U., Untersuchungen zur Struktur des Graphitoxyds. *Z. Anorg. Allg. Chem.* **1957**, *291* (5–6), 205–220.

[15] Ruess, G., Über das Graphitoxyhydroxyd (Graphitoxyd). *Monatsh. Chem.* **1947**, *76* (3–5), 381–417.

[16] Scholz, W.; Boehm, H.P., Betrachtungen zur Struktur des Graphitoxids. *Z. Anorg. Allg. Chem.* **1969**, *369* (3–6), 327–340.

[17] Dreyer, D.R.; Todd, A.D.; Bielawski, C.W., Harnessing the chemistry of graphene oxide. *Chem. Soc. Rev.* **2014**, *43* (15), 5288–5301.

[18] Hossain, M Z.; Johns, J.E.; Bevan, K.H.; *et al.*, Chemically homogeneous and thermally reversible oxidation of epitaxial graphene. *Nature Chem.* **2012**, *4*, 305–309.

[19] Chen, D.; Feng, H.; Li, J., Graphene oxide: preparation, functionalization, and electrochemical applications. *Chem. Rev.* **2012**, *112* (11), 6027–6053.

[20] Kozhemyakina, N.V.; Eigler, S.; Dinnebier, R.E.; *et al.*, Effect of the structure and morphology of natural, synthetic and post-processed graphites on their dispersibility and electronic properties. *Fuller. Nanotub. Carbon Nanostruct.* **2013**, *21* (9), 804–823.

[21] Wang, L.; Ambrosi, A.; Pumera, M., "Metal-free" catalytic oxygen reduction reaction on heteroatom-doped graphene is caused by trace metal impurities. *Angew. Chem. Int. Ed.* **2013**, *52* (51), 13818–13821.

[22] Feicht, P.; Kunz, D.A.; Lerf, A.; Breu, J., Facile and scalable one-step production of organically modified graphene oxide by a two-phase extraction. *Carbon* **2014**, *80*, 229–234.

[23] Boehm, H.P.; Scholz, W., Der "Verpuffungspunkt" des Graphitoxids. *Z. Anorg. Allg. Chem.* **1965**, *335* (1–2), 74–79.

[24] Kim, F.; Luo, J.Y.; Cruz-Silva, R.; *et al.*, Self-propagating domino-like reactions in oxidized graphite. *Adv. Funct. Mater.* **2010**, *20* (17), 2867–2873.

[25] Krishnan, D.; Kim, F.; Luo, J.; *et al.*, Energetic graphene oxide: challenges and opportunities. *Nano Today* **2012**, *7* (2), 137–152.

[26] Qiu, Y.; Guo, F.; Hurt, R.; Kulaots, I., Explosive thermal reduction of graphene oxide-based materials: mechanism and safety implications. *Carbon* **2014**, *72*, 215–223.

[27] Eigler, S.; Dotzer, C.; Hirsch, A.; *et al.*, Formation and decomposition of CO_2 intercalated graphene oxide. *Chem. Mater.* **2012**, *24* (7), 1276–1282.

[28] Dimiev, A.M.; Polson, T.A., Contesting the two-component structural model of graphene oxide and reexamining the chemistry of graphene oxide in basic media. *Carbon* **2015**, *93*, 544–554.

[29] Dimiev, A.; Kosynkin, D.V.; Alemany, L.B.; *et al.*, Pristine graphite oxide. *J. Am. Chem. Soc.* **2012**, *134* (5), 2815–2822.

[30] Eigler, S.; Grimm, S.; Hirsch, A., Investigation of the thermal stability of the carbon framework of graphene oxide. *Chem. Eur. J.* **2014**, *20* (4), 984–989.

[31] Eigler, S.; Dotzer, C.; Hirsch, A., Visualization of defect densities in reduced graphene oxide. *Carbon* **2012**, *50* (10), 3666–3673.

[32] Kundu, A.; Layek, R.K.; Nandi, A.K., Enhanced fluorescent intensity of graphene oxide–methyl cellulose hybrid in acidic medium: sensing of nitro-aromatics. *J. Mater. Chem.* **2012**, *22* (16), 8139–8144.

[33] Lu, C.H.; Yang, H.H.; Zhu, C.L.; *et al.*, A graphene platform for sensing biomolecules. *Angew. Chem. Int. Ed.* **2009**, *48* (26), 4785–4787.
[34] Wang, S.; Yu, D.; Dai, L.; *et al.*, Polyelectrolyte-functionalized graphene as metal-free electrocatalysts for oxygen reduction. *ACS Nano* **2011**, *5* (8), 6202–6209.
[35] Liu, J.; Yang, W.; Tao, L.; *et al.*, Thermosensitive graphene nanocomposites formed using pyrene-terminal polymers made by RAFT polymerization. *J. Polym. Sci. A: Polym. Chem.* **2010**, *48* (2), 425–433.
[36] Layek, R.K.; Samanta, S.; Chatterjee, D.P.; Nandi, A.K., Physical and mechanical properties of poly(methyl methacrylate)-functionalized graphene/poly(vinylidine fluoride) nanocomposites: piezoelectric β polymorph formation. *Polymer* **2010**, *51* (24), 5846–5856.
[37] Sydlik, S.A.; Swager, T.M., Functional graphenic materials via a Johnson – Claisen rearrangement. *Adv. Funct. Mater.* **2013**, *23* (15), 1873–1882.
[38] Burress, J.W.; Gadipelli, S.; Ford, J.; *et al.*, Graphene oxide framework materials: theoretical predictions and experimental results. *Angew. Chem. Int. Ed.* **2010**, *49* (47), 8902–8904.
[39] Burress, J.W.; Gadipelli, S.; Ford, J.; *et al.*, Graphene oxide framework materials: theoretical predictions and experimental results. *Angew. Chem.* **2010**, *122* (47), 9086–9088.
[40] Stankovich, S.; Piner, R.D.; Nguyen, S.T.; Ruoff, R.S., Synthesis and exfoliation of isocyanate-treated graphene oxide nanoplatelets. *Carbon* **2006**, *44* (15), 3342–3347.
[41] Sun, H.; Xu, Z.; Gao, C., Multifunctional, ultra-flyweight, synergistically assembled carbon aerogels. *Adv. Mater.* **2013**, *25* (18), 2554–2560.
[42] Chabot, V.; Higgins, D.; Yu, A.; *et al.*, A review of graphene and graphene oxide sponge: material synthesis and applications to energy and the environment. *Energy Environ. Sci.* **2014**, *7* (5), 1564–1596.
[43] Sofer, Z.; Jankovsky, O.; Libanska, A.; *et al.*, Definitive proof of graphene hydrogenation by Clemmensen reduction: use of deuterium labeling. *Nanoscale* **2015**, *7* (23), 10535–10543.
[44] Schäfer, R.A.; Englert, J.M.; Wehrfritz, P.; *et al.*, On the way to graphane – pronounced fluorescence of polyhydrogenated graphene. *Angew. Chem. Int. Ed.* **2013**, *52* (2), 754–757.
[45] Laborda, F.; Bolea, E.; Baranguan, M.T.; Castillo, J.R., Hydride generation in analytical chemistry and nascent hydrogen: when is it going to be over? *Spectrochim. Acta B: At. Spectrosc.* **2002**, *57* (4), 797–802.
[46] Chua, C.K.; Pumera, M., Regeneration of a conjugated sp^2 graphene system through selective defunctionalization of epoxides by using a proven synthetic chemistry mechanism. *Chem. Eur. J.* **2014**, *20* (7), 1871–1877.
[47] Bourlinos, A.B.; Gournis, D.; Petridis, D.; *et al.*, Graphite oxide: chemical reduction to graphite and surface modification with primary aliphatic amines and amino acids. *Langmuir* **2003**, *19* (15), 6050–6055.
[48] Yang, H.; Shan, C.; Li, F.; *et al.*, Covalent functionalization of polydisperse chemically-converted graphene sheets with amine-terminated ionic liquid. *Chem. Commun.* **2009**, *19* (26), 3880–3882.
[49] Beckert, F.; Rostas, A.M.; Thomann, R.; *et al.*, Self-initiated free radical grafting of styrene homo- and copolymers onto functionalized graphene. *Macromolecules* **2013**, *46* (14), 5488–5496.
[50] Kim, J.; Cote, L.J.; Huang, J., Two dimensional soft material: new faces of graphene oxide. *Acc. Chem. Res.* **2012**, *45* (8), 1356–1364.
[51] Loh, K.P.; Bao, Q.; Ang, P.K.; Yang, J., The chemistry of graphene. *J. Mater. Chem.* **2010**, *20* (12), 2277–2289.
[52] Kuila, T.; Bose, S.; Mishra, A.K.; *et al.*, Chemical functionalization of graphene and its applications. *Prog. Mater. Sci.* **2012**, *57* (7), 1061–1105.
[53] Xue, Y.; Chen, H.; Yu, D.; *et al.*, Oxidizing metal ions with graphene oxide: the in situ formation of magnetic nanoparticles on self-reduced graphene sheets for multifunctional applications. *Chem. Commun.* **2011**, *47* (42), 11689–11691.
[54] Dong, L.; Gari, R.R.S.; Li, Z.; *et al.*, Graphene-supported platinum and platinum–ruthenium nanoparticles with high electrocatalytic activity for methanol and ethanol oxidation. *Carbon* **2010**, *48* (3), 781–787.
[55] Si, Y.; Samulski, E.T., Synthesis of water soluble graphene. *Nano Lett.* **2008**, *8* (6), 1679–1682.

[56] DeTar, D.F.; Kosuge, T., Mechanisms of diazonium salt reactions. VI. The reactions of diazonium salts with alcohols under acidic conditions; evidence for hydride transfer. *J. Am. Chem. Soc.* **1958**, *80* (22), 6072–6077.

[57] Sharma, R.; Baik, J.H.; Perera, C.J.; Strano, M.S., Anomalously large reactivity of single graphene layers and edges toward electron transfer chemistries. *Nano Lett.* **2010**, *10* (2), 398–405.

[58] Pinson, J.; Podvorica, F., Attachment of organic layers to conductive or semiconductive surfaces by reduction of diazonium salts. *Chem. Soc. Rev.* **2005**, *34* (5), 429–439.

[59] Xiao, L.; Liao, L.; Liu, L., Chemical modification of graphene oxide with carbethoxycarbene under microwave irradiation. *Chem. Phys. Lett.* **2013**, *556*, 376–379.

[60] Collins, W.R.; Lewandowski, W.; Schmois, E.; *et al.*, Claisen rearrangement of graphite oxide: a route to covalently functionalized graphenes. *Angew. Chem. Int. Ed.* **2011**, *50* (38), 8848–8852.

[61] Collins, W.R.; Schmois, E.; Swager, T.M., Graphene oxide as an electrophile for carbon nucleophiles. *Chem. Commun.* **2011**, *47* (31), 8790–8792.

[62] Johnson, W.S.; Werthemann, L.; Bartlett, W.R.; *et al.*, Simple stereoselective version of the Claisen rearrangement leading to trans-trisubstituted olefinic bonds. Synthesis of squalene. *J. Am. Chem. Soc.* **1970**, *92* (3), 741–743.

[63] Liu, Z.; Robinson, J.T.; Sun, X.; Dai, H., PEGylated nanographene oxide for delivery of water-insoluble cancer drugs. *J. Am. Chem. Soc.* **2008**, *130* (33), 10876–10877.

[64] Zhang, X.; Huang, Y.; Wang, Y.; *et al.*, Synthesis and characterization of a graphene–C_{60} hybrid material. *Carbon* **2009**, *47* (1), 334–337.

[65] Xu, Y.; Liu, Z.; Zhang, X.; *et al.*, A graphene hybrid material covalently functionalized with porphyrin: synthesis and optical limiting property. *Adv. Mater.* **2009**, *21* (12), 1275–1279.

[66] Yu, D.; Yang, Y.; Durstock, M.; *et al.*, Soluble P3HT-grafted graphene for efficient bilayer-heterojunction photovoltaic devices. *ACS Nano* **2010**, *4* (10), 5633–5640.

[67] Mungse, H.P.; Khatri, O.P., Chemically functionalized reduced graphene oxide as a novel material for reduction of friction and wear. *J. Phys. Chem. C* **2014**, *118* (26), 14394–14402.

[68] Park, S.; Hu, Y.; Hwang, J.O.; *et al.*, Chemical structures of hydrazine-treated graphene oxide and generation of aromatic nitrogen doping. *Nature Commun.* **2012**, *3*, 638.

[69] Charpy, G., Sur la formation de l'oxyde graphitique et la définition du graphite. *C. R. Hebd. Séances Acad. Sci.* **1909**, *148* (5), 920–923.

[70] Eigler, S.; Enzelberger-Heim, M.; Grimm, S.; *et al.*, Wet chemical synthesis of graphene. *Adv. Mater.* **2013**, *25* (26), 3583–3587.

[71] Erickson, K.; Erni, R.; Lee, Z.; *et al.*, Determination of the local chemical structure of graphene oxide and reduced graphene oxide. *Adv. Mater.* **2010**, *22* (40), 4467–4472.

[72] Kohlschütter, V.; Haenni, P., Zur Kenntnis des graphitischen Kohlenstoffs und der Graphitsäure. *Z. Anorg. Allg. Chem.* **1919**, *105* (1), 121–144.

[73] Hofmann, U.; Frenzel, A.; Csalán, E., Die Konstitution der Graphitsäure und ihre Reaktionen. *Liebigs Ann. Chem.* **1934**, *510* (1), 1–41.

[74] Stankovich, S.; Dikin, D.A.; Piner, R. D.; *et al.*, Synthesis of graphene-based nanosheets via chemical reduction of exfoliated graphite oxide. *Carbon* **2007**, *45*, 1558–1565.

[75] Li, D.; Müller, M.B.; Gilje, S.; *et al.*, Processable aqueous dispersions of graphene nanosheets. *Nature Nanotechnol.* **2008**, *3* (2), 101–105.

[76] Park, S.; An, J.; Jung, I.; *et al.*, Colloidal suspensions of highly reduced graphene oxide in a wide variety of organic solvents. *Nano Lett.* **2009**, *9* (4), 1593–1597.

[77] Sinitskii, A.; Dimiev, A.; Kosynkin, D.V.; Tour, J.M., Graphene nanoribbon devices produced by oxidative unzipping of carbon nanotubes. *ACS Nano* **2010**, *4* (9), 5405–5413.

[78] Shin, H.-J.; Kim, K.K.; Benayad, A.; *et al.*, Efficient reduction of graphite oxide by sodium borohydride and its effect on electrical conductance. *Adv. Funct. Mater.* **2009**, *19* (12), 1987–1992.

[79] Wang, G.; Yang, J.; Park, J.; *et al.*, Facile synthesis and characterization of graphene nanosheets. *J. Phys. Chem. C* **2008**, *112* (22), 8192–8195.

[80] Zhou, X.; Zhang, J.; Wu, H.; *et al.*, Reducing graphene oxide via hydroxylamine: a simple and efficient route to graphene. *J. Phys. Chem. C* **2011**, *115* (24), 11957–11961.

[81] Mei, X.; Ouyang, J., Ultrasonication-assisted ultrafast reduction of graphene oxide by zinc powder at room temperature. *Carbon* **2011**, *49* (15), 5389–5397.

[82] Fan, Z.; Wang, K.; Wei, T.; *et al.*, An environmentally friendly and efficient route for the reduction of graphene oxide by aluminum powder. *Carbon* **2010**, *48*, 1686–1689.
[83] Chen, W.; Yan, L.; Bangal, P.R., Chemical reduction of graphene oxide to graphene by sulfur-containing compounds. *J. Phys. Chem. C* **2010**, *114* (47), 19885–19890.
[84] Cataldo, F.; Ursini, O.; Angelini, G., Graphite oxide and graphene nanoribbons reduction with hydrogen iodide. *Fuller. Nanotub. Carbon Nanostruct.* **2011**, *19* (5), 461–468.
[85] Pei, S.; Zhao, J.; Du, J.; *et al.*, Direct reduction of graphene oxide films into highly conductive and flexible graphene films by hydrohalic acids. *Carbon* **2010**, *48* (15), 4466–4474.
[86] Moon, I.K.; Lee, J.; Ruoff, R.S.; Lee, H., Reduced graphene oxide by chemical graphitization. *Nature Commun.* **2010**, *1*, 73.
[87] Zhou, M.; Wang, Y.; Zhai, Y.; *et al.*, Controlled synthesis of large-area and patterned electrochemically reduced graphene oxide films. *Chem. Eur. J.* **2009**, *15* (25), 6116–6120.
[88] Shao, Y.; Wang, J.; Engelhard, M.; *et al.*, Facile and controllable electrochemical reduction of graphene oxide and its applications. *J. Mater. Chem.* **2010**, *20* (4), 743–748.
[89] Ambrosi, A.; Pumera, M., Precise tuning of surface composition and electron-transfer properties of graphene oxide films through electroreduction. *Chemistry* **2013**, *19* (15), 4748–4753.
[90] Eigler, S.; Grimm, S.; Enzelberger-Heim, M.; *et al.*, Graphene oxide: efficiency of reducing agents. *Chem. Commun.* **2013**, *49* (67), 7391–7393.
[91] Bagri, A.; Mattevi, C.; Acik, M.; *et al.*, Structural evolution during the reduction of chemically derived graphene oxide. *Nature Chem.* **2010**, *2* (7), 581–587.
[92] Rourke, J.P.; Pandey, P.A.; Moore, J.J.; *et al.*, The real graphene oxide revealed: stripping the oxidative debris from the graphene-like sheets. *Angew. Chem. Int. Ed.* **2011**, *50* (14), 3173–3177.
[93] Chua, C.K.; Pumera, M., Chemical reduction of graphene oxide: a synthetic chemistry viewpoint. *Chem. Soc. Rev.* **2014**, *43* (1), 291–312.
[94] Pei, S.; Cheng, H.-M., The reduction of graphene oxide. *Carbon* **2012**, *50* (9), 3210–3228.
[95] Eigler, S., Mechanistic insights into the reduction of graphene oxide addressing its surfaces. *Phys. Chem. Chem. Phys.* **2014**, *16* (37), 19832–19835.
[96] Bekyarova, E.; Itkis, M.E.; Ramesh, P.; *et al.*, Chemical modification of epitaxial graphene: spontaneous grafting of aryl groups. *J. Am. Chem. Soc.* **2009**, *131* (4), 1336–1337.
[97] Wang, Q.H.; Jin, Z.; Kim, K.K.; *et al.*, Understanding and controlling the substrate effect on graphene electron-transfer chemistry via reactivity imprint lithography. *Nature Chem.* **2012**, *4* (9), 724–732.
[98] Lomeda, J.R.; Doyle, C.D.; Kosynkin, D.V.; *et al.*, Diazonium functionalization of surfactant-wrapped chemically converted graphene sheets. *J. Am. Chem. Soc.* **2008**, *130* (48), 16201-16206.
[99] Sinitskii, A.; Dimiev, A.; Corley, D.A.; *et al.*, Kinetics of diazonium functionalization of chemically converted graphene nanoribbons. *ACS Nano* **2010**, *4* (4), 1949–1954.
[100] Wang, H.X.; Zhou, K.G.; Xie, Y.L.; *et al.*, Photoactive graphene sheets prepared by "click" chemistry. *Chem. Commun.* **2011**, *47* (20), 5747–5749.
[101] Castelain, M.; Martinez, G.; Merino, P.; *et al.*, Graphene functionalisation with a conjugated poly(fluorene) by click coupling: striking electronic properties in solution. *Chem. Eur. J.* **2012**, *18* (16), 4965–4973.
[102] Koehler, F.M.; Stark, W.J., Organic synthesis on graphene. *Acc. Chem. Res.* **2013**, *46* (10), 2297–2306.
[103] Eigler, S.; Hirsch, A., Chemistry with graphene and graphene oxide – challenges for synthetic chemists. *Angew. Chem. Int. Ed.* **2014**, *53* (30), 7720–7738.
[104] Walter, J.; Nacken, T.J.; Damm, C.; *et al.*, Determination of the lateral dimension of graphene oxide nanosheets using analytical ultracentrifugation. *Small* **2015**, *11* (7), 814–825.
[105] Ferrari, A.C.; Basko, D.M., Raman spectroscopy as a versatile tool for studying the properties of graphene. *Nature Nanotechnol.* **2013**, *8* (4), 235–246.

[106] Englert, J.M.; Vecera, P.; Knirsch, K.C.; *et al.*, Scanning-Raman-microscopy for the statistical analysis of covalently functionalized graphene. *ACS Nano* **2013**, *7* (6), 5472–5482.
[107] Boehm, H.-P.; Scholz, W., Untersuchungen am Graphitoxyd, IV. Vergleich der Darstellungsverfahren für Graphitoxyd. *Liebigs Ann. Chem.* **1966**, *691* (1), 1–8.
[108] Eigler, S.; Dotzer, C.; Hof, F.; *et al.*, Sulfur species in graphene oxide. *Chem. Eur. J.* **2013**, *19* (29), 9490–9496.
[109] Eigler, S.; Grimm, S.; Hof, F.; Hirsch, A., Graphene oxide: a stable carbon framework for functionalization. *J. Mater. Chem. A* **2013**, *1* (38), 11559–11562.
[110] Eigler, S.; Hu, Y.; Ishii, Y.; Hirsch, A., Controlled functionalization of graphene oxide with sodium azide. *Nanoscale* **2013**, *5* (24), 12136–12139.
[111] Wang, Z.; Eigler, S.; Ishii, Y.; *et al.*, A facile approach to synthesize an oxo-functionalized graphene/polymer composite for low-voltage operating memory devices. *J. Mater. Chem. C* **2015**, *3* (33), 8595–8604.
[112] Wang, Z.; Eigler, S.; Halik, M., Scalable self-assembled reduced graphene oxide transistors on flexible substrate. *Appl. Phys. Lett.* **2014**, *104* (24), 243502.
[113] Kirschner, J.; Wang, Z.; Eigler, S.; *et al.*, Driving forces for the self-assembly of graphene oxide on organic monolayers. *Nanoscale* **2014**, *6* (19), 11344–11350.
[114] Wang, Z.; Mohammadzadeh, S.; Schmaltz, T.; *et al.*, Region-selective self-assembly of functionalized carbon allotropes from solution. *ACS Nano* **2013**, *7* (12), 11427–11434.

第 2 部分　应用

第7章 场效应晶体管、传感器与透明导电膜

Samuele Porro，Ignazio Roppolo

7.1 场效应晶体管

由于石墨烯特殊的能带结构以及电子特性，例如载体（电子以及空穴）可以通过栅电场连续调控[1]，并且表现为无质量的相对论性粒子，使其平均自由程即使在室温下也高达300nm[2]。另外，因为石墨烯的二维特性，其纳米尺寸的器件可以被用来作单电子或少电子晶体管，使石墨烯同样适应于超高频率的晶体管的应用[3,4]。在这其中，特别是像还原GO（RGO）一类材料，由于其简单的沉积以及处理工艺（以溶液法制备GO混合液并随后进行还原处理）[5,6]，被广泛关注。

理论上来讲，由于石墨烯本身的内在特性，基本上可以将其定义为导体，因此由石墨烯制备得到的场效应晶体管表现出典型的低的开/关电流比[1]。为了深入了解材料的半导体性能，关于石墨烯的能带理论被分为了许多种介绍，使其更加适用于电子器件例如场效应晶体管的制备[7]。在这些介绍中，最常见的一种理论是基于石墨烯片层具有非常薄的带宽（小于50nm），通过限制其石墨烯片层的边界尺寸，可以使其成为准一维结构，这种结构也被称为石墨烯纳米带。石墨烯纳米带表现出半导体特性，为制备低能带（小于10nm能带宽）、高开/关电流比（室温时高于10^6）的场效应晶体管提供了有效原料，将成为硅的有力替代者[4,8]。例如，通过化学方法，在有机溶剂中超声剥离石墨[9]，或者通过等离子体刻蚀剥离碳纳米管[10]以及通过化学氧化法[11]制备得到石墨烯纳米带，而由这种纳米带制备所得场效应晶体管表现出带宽小于10nm，能带间隙为0.4eV，开/关电流比为10^7。由于表面吸水，石墨烯纳米带通常表现出p掺杂型，但可以通过在还原的气氛中处理，将其电化学还原得到n型[12]。另外，已经有文献报道，通过在相对高的温度以及还原的气氛下，煅烧GO能够制备得到n掺杂型石墨烯材料[13]。

有文献报道，通过在绝缘基底表面喷射RGO溶剂，形成RGO膜，随后在RGO膜的表面沉积金属源极以及漏极电极，形成一种堆叠的连续薄膜，从而得到一种简单的晶体管器件[14]。其中，通过将原始GO暴露在氢气的环境下进行化学还原，使其电导率增加了4倍或5倍。以硅片为基底作为背栅，可以通过改变栅偏置值以及当电压降低时增加电导率来测试器件的场效应响应，如图7.1a所示，RGO薄膜表现出p型半导体特征。图7.1b展示了当温度降低时，器件的内阻增加，这属于

典型的半导体特性。而且 I/T^2 与温度倒数的关系曲线图符合肖特基接触模型，证实存在这种半导体/金属界面。

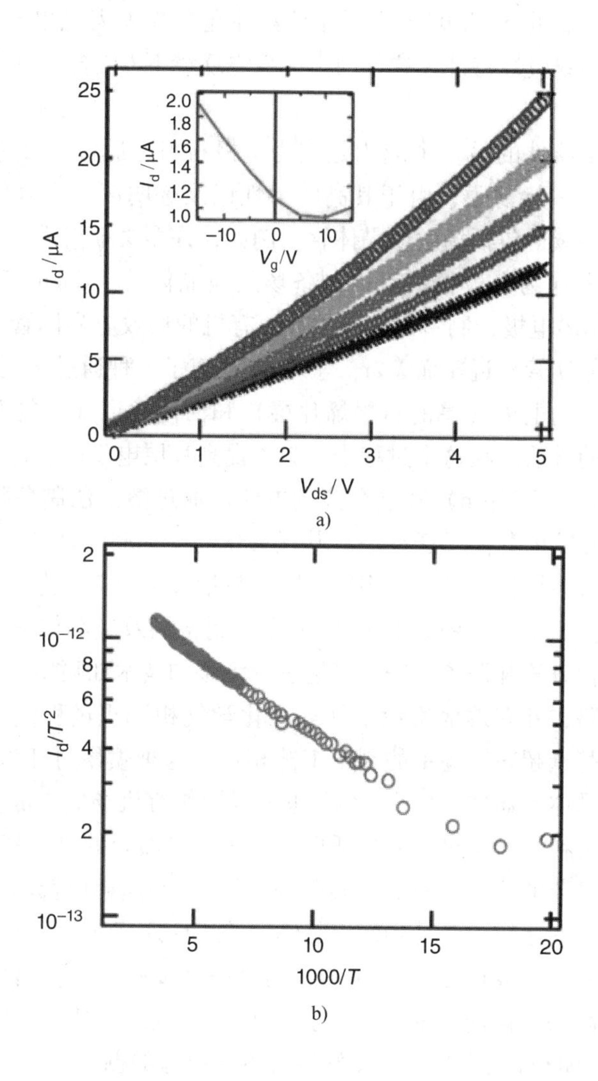

图 7.1　a）基于 RGO 的场效应晶体管器件的 $I-V$ 特性（从下到上分别为 15V、0V、-5V、-10V 和 -15V 的栅极偏置）。当栅极电压从 +15V 变化到 -15V 时，器件的电导增加，表明 p 型半导体特性。b）温度依赖性测量，证实了 RGO 膜的半导体特性

GO 可以直接被用来制备场效应晶体管，甚至不需要还原过程。通过简单地改变 GO 片层中氧的含量，可以调控其电子结构[15]。而其含氧量可以通过控制制备过程中氧化时间进行调节，得到其能带范围为 1.7 ~ 2.1eV。特别是能带为 1.7eV

的 GO，在空气中表现出 p 型半导体特性。这种 GO 不需要还原，可以简单地直接将其喷射在金属电极表面，制备得到场效应晶体管[16]。由于存在局部缺陷状态，这些晶体管表现出低的开/关电流比。并且器件在空气中表现出 p 型半导体特性，但在真空中表现出双极性特性，这是因为在真空环境下 GO 含氧官能团以及水分被去除。

石墨烯在电子器件的另一个应用是作为电极材料。通过各种方法（包括溶液法）制备得到的石墨烯薄膜，由于其高的柔性以及透明度，可以作为柔性电极应用在光学及电学领域，包括场效应晶体管。例如，许多文献报道了通过溶液法制备得到的 RGO，以其作为电极材料可以制备场效应晶体管。Chen 等人[17]通过化学还原 GO 得到石墨烯电极，制备出一种柔性、有机的场效应晶体管，其性能与以金属为电极的硅基晶体管接近。而 Wang 等人[18]报道了一种通过热还原 GO，并将其同时作为源电极及漏电极（厚的石墨烯片层）和活性通道（薄的石墨烯片层）制备场效应晶体管的方法。在这个过程中，为了提高片层电学性能，采用了一种将大片 GO（边界尺寸大于 25μm）片层分离的方法。通过溶液法制备得到的石墨烯薄膜器件，表现出独特的载流子迁移率，其迁移率高于 $5000cm^2\ V^{-1}\ s^{-1}$，其数值与采用机械剥离的石墨烯器件的迁移率属于同一数量级。图 7.2 为精密加工制备这种器件的示意图。由于采用一种基于 RGO 溶液法制备场效应晶体管，这类器件引起了广泛关注。这种方式开辟了一条可以通过二维添加技术如喷墨打印法，大规模制造全碳电极的道路，并有效地避免了（如在化学气相沉积过程中）使用催化剂预制模型。与传统基于超净实验室的制备工艺相比，这种喷墨打印法更有利于高效、直接制备场效应晶体管器件[19,20]。RGO 也可以用作有机场效应晶体管中的导电中间层物质，以改善在金属电极和有机活性物质之间界面处的电学特性[21]。RGO 层的嵌入能够改善电荷的注入，减少金属/有机界面处的损耗以及增加有效载流子的迁移率。图 7.3 分别比较了两种场效应晶体管的线性迁移率，其中一种在银电极与并五苯有机活性物层的界面处加入 RGO，而另一种没有加入。结果表明加入 RGO 的器件表现出更高的线性迁移率。类似于在硅基电子器件中用作栅极绝缘体的二氧化硅层，最近，RGO 被认为是一种良好的石墨烯通道的栅介质[22]。例如，文献报道了一种基于全石墨烯结构的薄膜晶体管[23]，其中在聚合物基底上制备一种柔性、透明的全 RGO 器件，使其能够应用于柔性电子器件和生物分子传感领域。在这项工作中，首先通过微流体技术制备 RGO 薄膜（2～4nm）电极，再通过旋涂的方式在其表面沉积较厚的 RGO 膜（>9nm），使其作为活性通道（见图 7.4）。通过这种方法制备的器件，其平均的开/关电流比大约为 3.8，表现出的场效应类似于基于金属电极的 RGO 器件，比单层石墨烯的场效应晶体管具有更好的重复性。这种器件同时也表现出优异的机械柔性，能够保持性能的稳定，如报道中提到，在

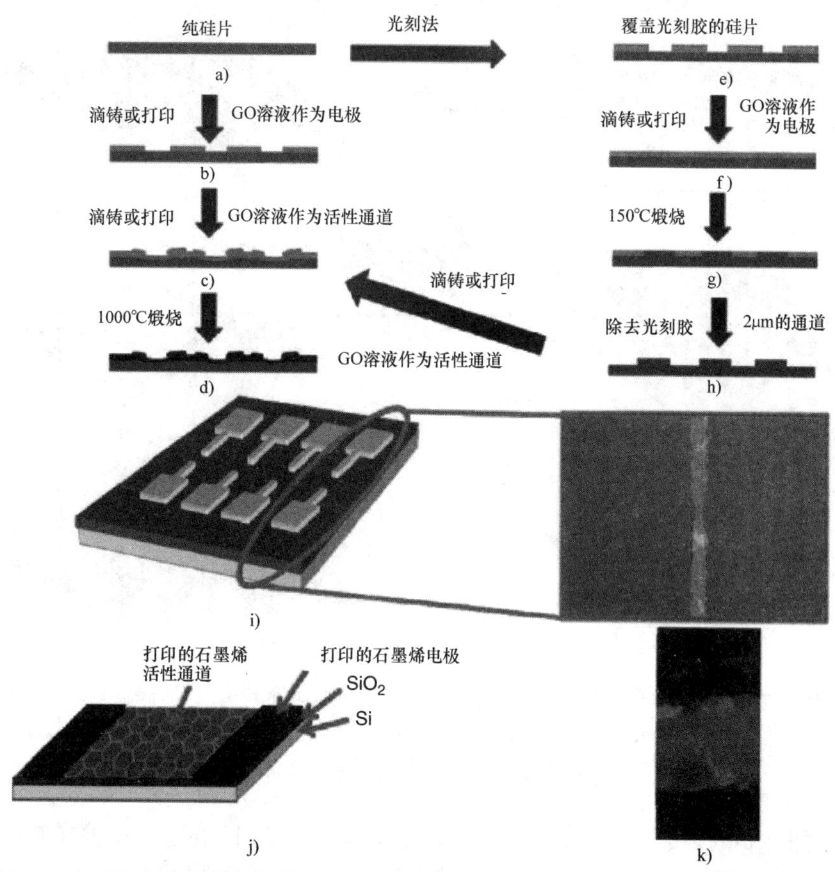

图 7.2　a～d）全碳石墨烯场效应晶体管器件的微型加工。GO 活性通道和电极都通过滴铸或打印沉积到 SiO_2/Si 基底上。e～h）使用传统光刻技术制造的器件。i）RGO 电极和 j，k）整个装置的制备示意图和光学显微镜图像

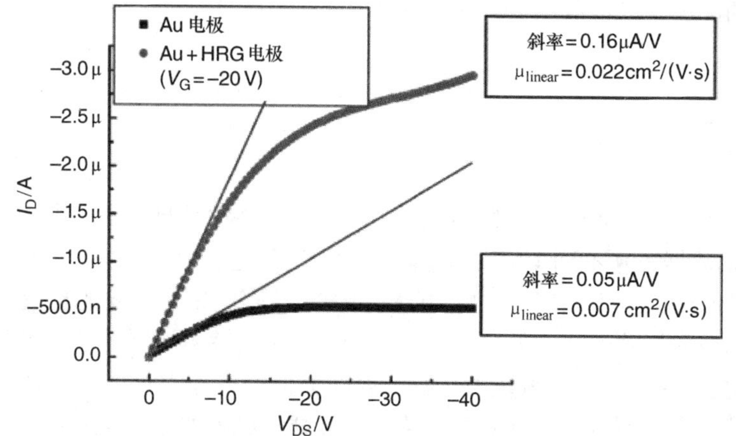

图 7.3　由于存在高度还原的 GO（HRG）中间层，Au/并五苯有机场效应晶体管器件中载流子迁移率的增加

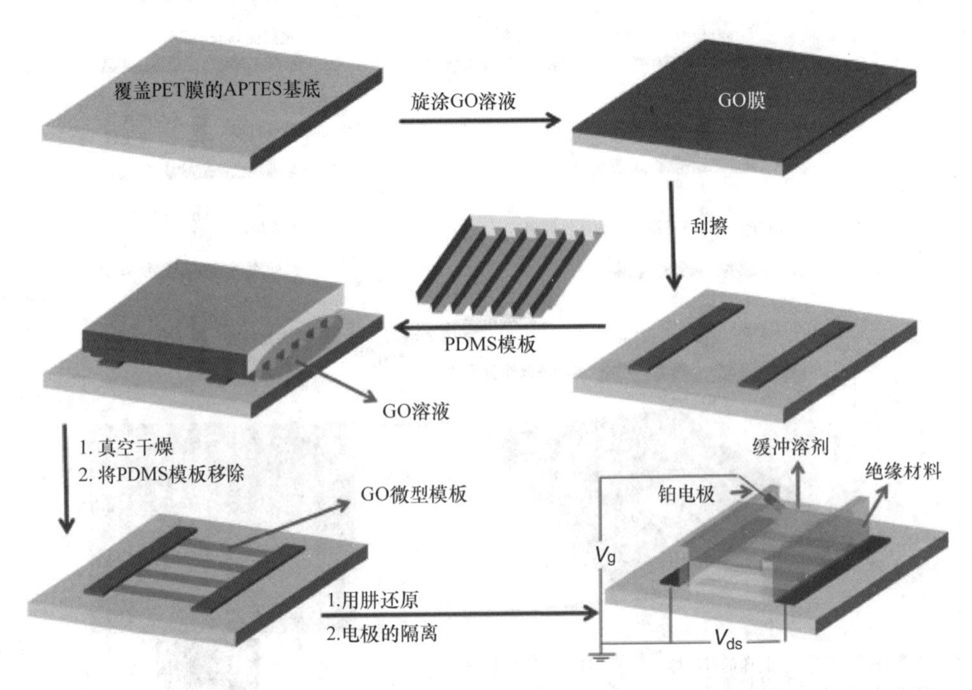

图 7.4 全 RGO 薄膜晶体管的制作示意图：将 GO 溶液旋涂到柔性聚合物基底，随后刮擦出两个分离的电极。在电极之间，使用微流体技术将另一个 GO 膜微型化。然后通过暴露于肼蒸气获得 RGO 膜。最终使用硅橡胶来绝缘 RGO 电极

5000 次弯曲循环后其电阻无变化。另外，参考文献［24］报道了一种在塑料基底表面制备的柔性器件（源极/漏极以及栅电极），采用厚度为 100nm 的 GO 膜为栅介质，石墨烯为通道。通过测试发现，在无电介质分散的情况下，其容量非常稳定，最高可达 1MHz，并且其室温下的相对介电常数约为 5。通过其容量以及相对介电常数的测试，可以证实 GO 薄膜非常适合作为栅极电介质而应用于石墨烯场效应晶体管。

7.2 传感器

GO 以及基于 GO 结构的材料在当前的传感器科学领域中具有特殊的重要性。基于 Scopus 数据，在不到 10 年的时间里，已经有超过 1500 篇原创性研究论文在这个领域的国际期刊上发表，并将 GO 的价值定位离石墨烯本身的价值不远。这种引起学术领域的爆炸性研究的原因之一在于，许多传感器实际上是基于 RGO 材料，这种 RGO 在某些方面可以被认为是石墨烯的类似物，因为它具有优异的导电性和出色的机械强度，所以被广泛应用于传感器领域。尽管如此，在一些领域，未还原的 GO 也成为了一种重要的代替品。因为它具有大量的反应基团，可以很容易地与

环境相互作用。并且，GO 溶液的易加工性符合大多数薄膜制备技术的要求[25]。

在本节中，概述了基于 GO 的传感器，主要根据应用而不是机理进行划分，并针对每种划分情况进行讨论。这些类型的器件主要应用于三大领域：气体传感、湿度传感以及生物传感。

7.2.1　气体传感器

石墨烯对电子受体（NO_2、水分等）气体以及电子供体（CO、醇、氨等）气体都表现出敏感性[26]。由于相对于气相沉积法而言，基于溶液法制备的 GO 以及 RGO 成本更低，使这种方法被广泛应用于气体传感器领域[27]。与石墨烯不同的是，RGO 仍然保留许多含氧缺陷，能够与气体发生反应，以增强其敏感度[28,29]。

从早期石墨烯传感器的发展开始，人们就非常重视控制还原阶段，以优化器件的效率[30-32]。例如，热处理的 GO 表现出 p 型半导体特性，因此与强氧化剂如 NO_2的相互作用导致空穴浓度的增加，并因此使电导率增加[33]。在这种情况下，传感器通过直接激光还原法制备：调整激光曝光的情况，设计电极和传感材料，控制还原程度（见图 7.5）[34]。通过臭氧处理由化学气相沉积法制备的石墨烯，以调节表面含氧量，可以进一步改善其半导体特性[35]。除了简单的氧化石墨烯化学处理法，也可以通过将 RGO 和 Cu_2O 结合形成介晶结构[36]或将 RGO 与不同官能团（如磺化基团或乙二胺基团）进行功能化[37]来改善对 NO_2的敏感性。

如前所述，GO 也用作电子供体气体如醇和氨的检测材料。特别是 GO 表面环氧和羟基的存在，促进了这些电子供体气体的吸收：吸附在碳基体附近的分子增强了电荷转移并改善了电导率[29]。文献中使用了不同的方法来检测电子供体气体：从简单的化学还原[38-40]到纳米粒子修饰[41-43]，金属有机框架（MOF）修饰[44,45]以及 GO 的聚合物功能化[46]。文献中还报道了一种独特的电阻式传感器的替代物，可用于氨的光学传感器，其作用原理是通过吸收氨分子来改变银修饰 RGO 的反射以检测氨分子[47]。

另外一种重要的应用是 H_2气体传感器。H_2 本身是一种有害气体，但在许多工业应用中作为供能源、还原剂或载气具有重大的战略意义。GO 可作为活性层用于声波传感 H_2检测器中，其最低可检测含量为 100ppm[48]。氢化的 GO 也可用于电阻式传感器中以实现对 H_2的检测，并根据还原程度不同而表现出不同的特性[49]。然而，发展 H_2气体传感器最有效的办法在于用贵金属或金属氧化物纳米粒子修饰 GO[50]。例如，最近文献中所报道的基于钯[51,52]、氧化锡[53]、二氧化钛[54]、氧化锌[55]以及复合体系[56,57]的 H_2 气体传感器，均属于上述情况。

7.2.2　湿度传感器

在 GO 可检测的各种气体中，湿润气氛当然是最重要的气体之一。这与 GO 的

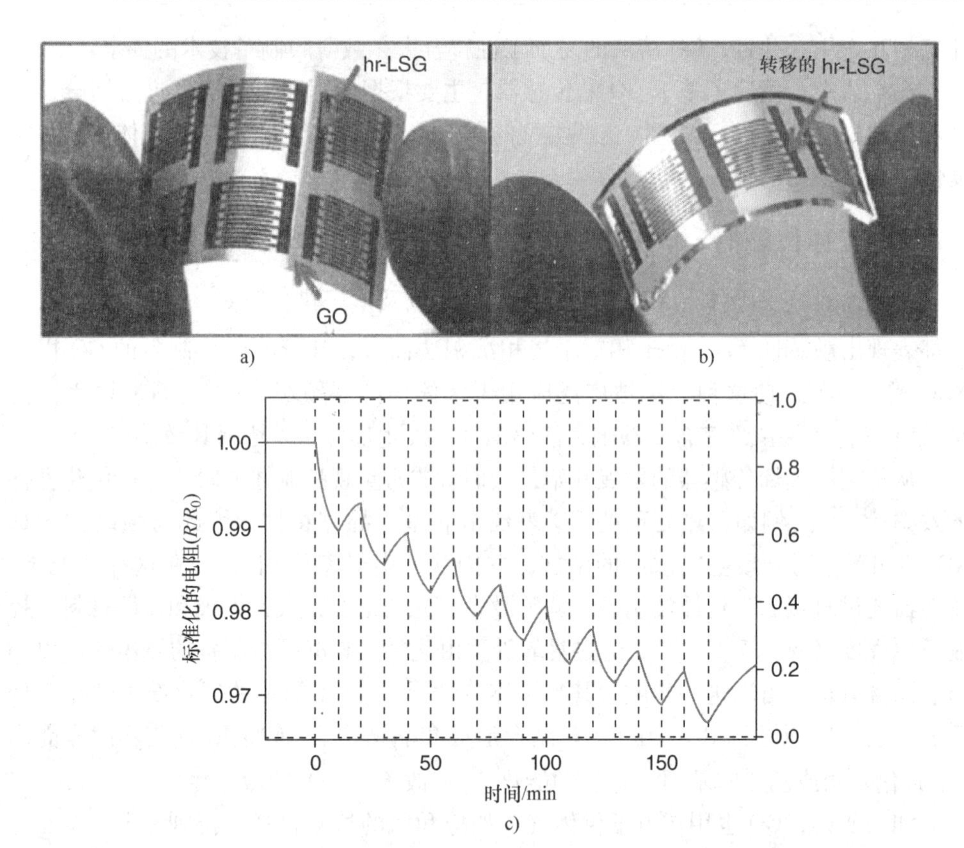

图 7.5　NO_2传感器示例。a）由高度还原的激光刻蚀石墨烯（hr－LSG）制备的全有机、柔性、交叉指电极组。b）转移到聚二甲基硅氧烷（PDMS）上的相同交叉指电极。c）使用全有机、柔性、交叉指电极进行 NO_2检测。在这里，传感器使用 hr－LSG 作为源电极，并使用少量的激光还原氧化石墨作为检测介质。干燥空气中的 NO_2浓度为 20ppm

化学性质有着内在的联系：与石墨烯不同，GO 是一种亲水性材料，它与水分子的相互作用可以改变其传导性质，从而成为湿度传感器工作的理论基础[29]。

如前所述，材料中氧化还原部分之间的比例是实现湿度传感器的关键问题[30]。最近通过激光诱导还原可以对材料进行选择性还原。使用这种技术，可以从单独 GO 的沉积过程制造完整的传感器：未还原的 GO 用作传感部分，还原的 GO 用作电极部分[58]。还有一种有趣的替代方案，只需要简单地利用 RGO 便可实现[59]：通过日光诱导，光还原 GO 的厚膜。通过这种技术，可以在厚膜层中产生梯度式还原，从而引起对沿着材料厚度方向的不同疏水性/亲水性的相关湿度的响应特性。

许多材料既可用于气体传感器，也可用于湿度传感器。类似地，通过使用聚合物[60,61]或纳米颗粒修饰[62]来实现 RGO 的功能化，以提高其敏感度。其中，逐层技术被用于改善电极和RGO片层结构之间的黏附强度（见图7.6）[63,64]。

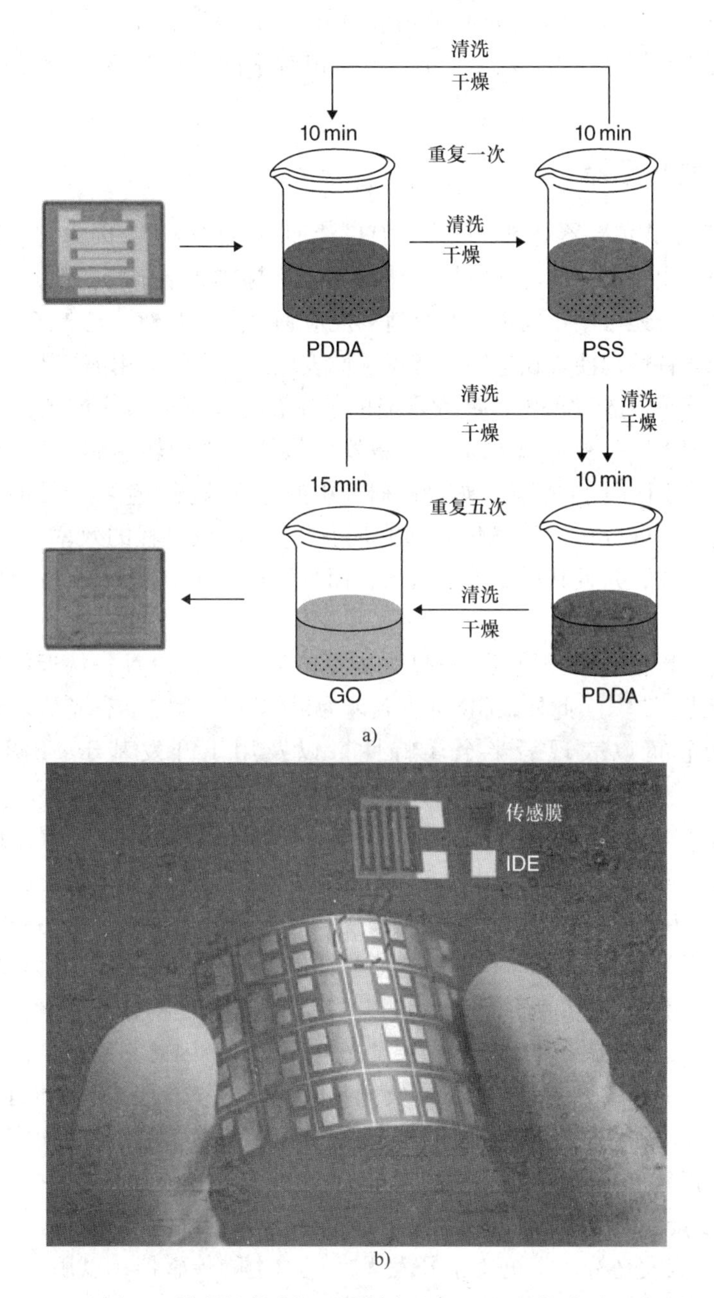

图7.6　a）湿度GO纳米复合膜的逐层制造过程。b）柔性聚酰亚胺基板上的4×6传感器阵列的光学图像

应该指出的是，器件的性能在过去的几年中已经得到了显著改善：在RGO

作为传感器应用的早期文献实例之一中，制造的传感器仅能在相对湿度高于70%情况下产生响应，并且其电子响应时间为数秒[65]。而在最近的文献中，器件的灵敏度得到了极大的改善，可检测到相对湿度低至30%，评估响应时间仅为30ms[66]。

7.2.3 生物传感器

GO作为生物传感器材料，同样具有广泛而有趣的应用，因为它可以根据还原的程度而表现出可调节的电学特性（绝缘体、半导体或半金属特性），它表面的许多化学活性部分还可用于固定一些合适的反应物分子。此外，它在光致发光方面具有独特的光学特性，使其在生物传感器领域表现出巨大的应用前景[67,68]。

在生物传感器的发展中，最为普遍的技术是基于Förster（或荧光）共振能量转移现象（FRET）。这种现象是当光激发从供体荧光团转移到受体分子时发生。FRET现在应用于不同的领域，如细胞研究中的体内监测、生物分子的结构阐述及其相互作用、核酸分析、信号传导和光捕获等[69]。该过程的效率与供体/受体分子的距离成反比，并且其反比率是六倍，而且还取决于染料激发/发射的光谱重叠和取向[70]。

由于其非均相结构（受氧化程度强烈影响），GO可以具备从近红外到紫外光谱部分的荧光[71-74]。此外，GO可以表现为供体（因为它具有光致发光特性）和受体（因为它可以表现为半金属特性）以及用于开发基于FRET的传感器材料[67]。

关于与生物分子的相互作用，如前所述，GO的基底平面和边缘上的反应活性部分（环氧、酯、羧基和羟基）的存在能够使生物分子或生物标志物容易地进行修饰。此外，GO片层的亲水特性，能够使其与极性分子例如二醇、胺和苯基进行二次相互作用。另一方面，GO的六边形晶格能够与核苷酸中类似环结构形成π-π键。因此，使用GO作为传感平台可以大范围地监测生物分子[75]。

具体而言，GO是一种优异的光致发光的猝灭剂，因此它已被广泛应用于生物分子的检测。一般的方法如下：带有荧光基团的反应分子通过非共价键结合，被吸附到GO表面。在靶材料存在的情况下，分子从GO表面脱附，从而恢复荧光，能够实现目标识别和定量分析（见图7.7）。这种方法在许多应用中均有报道，如DNA[76,77]或蛋白质[78]识别，凝血酶检测[79]和成像活细胞[80]检测。

GO的光致发光特性也可用于开发无标记的生物传感器，以用于药物输送[81]和细胞内成像[82]。此外，相关文献也报道了用于检测其他复杂分子或生物材料的传感器设备，例如检测聚多巴胺[83]或病毒[84]。

最后，RGO还可用作生物诱导信号的传感器[85]。例如通过电学方法进行生物检测，对葡萄糖产生感应[86]，将H_2O_2递送到癌细胞[87]或尿酸[88,89]。

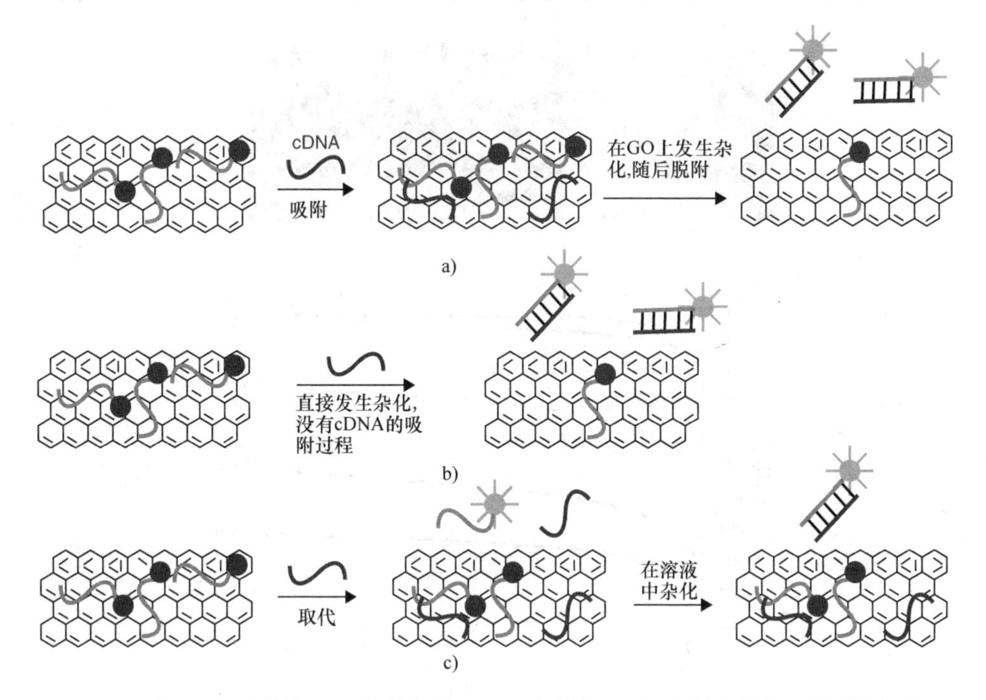

图 7.7　基于 GO 吸附的 DNA 探针与其 cDNA（目标 DNA）之间杂化的三种可能机制：a）Langmuir - Hinshelwood 机制；b）Eley - Rideal 机制；c）位移机制。在所有三种情况下，具有荧光标记的探针 DNA 被预先吸附并随后进入到目标 DNA。氧化石墨烯吸附双链 DNA 的趋势低于吸附单链 DNA 的趋势

7.3　还原氧化石墨烯透明导电膜

利用透明导电膜（TCF）生产透明电极，对于诸如有机发光二极管（OLED）、有机光伏电池（OPV）、液晶显示器（LCD）和触摸面板之类的光电子器件的发展具有重要意义。随着便携式电子产品市场的快速发展，透明导电膜预计将在未来的工艺技术中发挥越来越大的作用[90]。RGO 具有导电性、高载流子迁移率、可见光范围内的光学透明性和优异的机械性能，被认为是取代铟锡氧化物（ITO），作为实现透明导电膜中主导材料的最佳材料之一[91]。此外，制备方法基于 RGO 的胶体溶液，这种方法适用于大生产量且成本低的柔性基底制备技术。

在生产高质量透明导电膜的过程中，薄膜厚度的控制和沉积的均匀性是其关键问题。由于 RGO 膜厚度的增加，导致电导率增加，但同时使透明度下降，因此该方法需在电导率和透明度之间进行权衡（见图 7.8）。目前，已经开发了许多不同的技术来生产透明导电膜，例如旋涂[93]、浸涂[94]、喷涂[95]、喷墨印刷[96]、转印[97]、电泳沉积[98]和 Langmuir - Blodgett（LB）技术[99]。

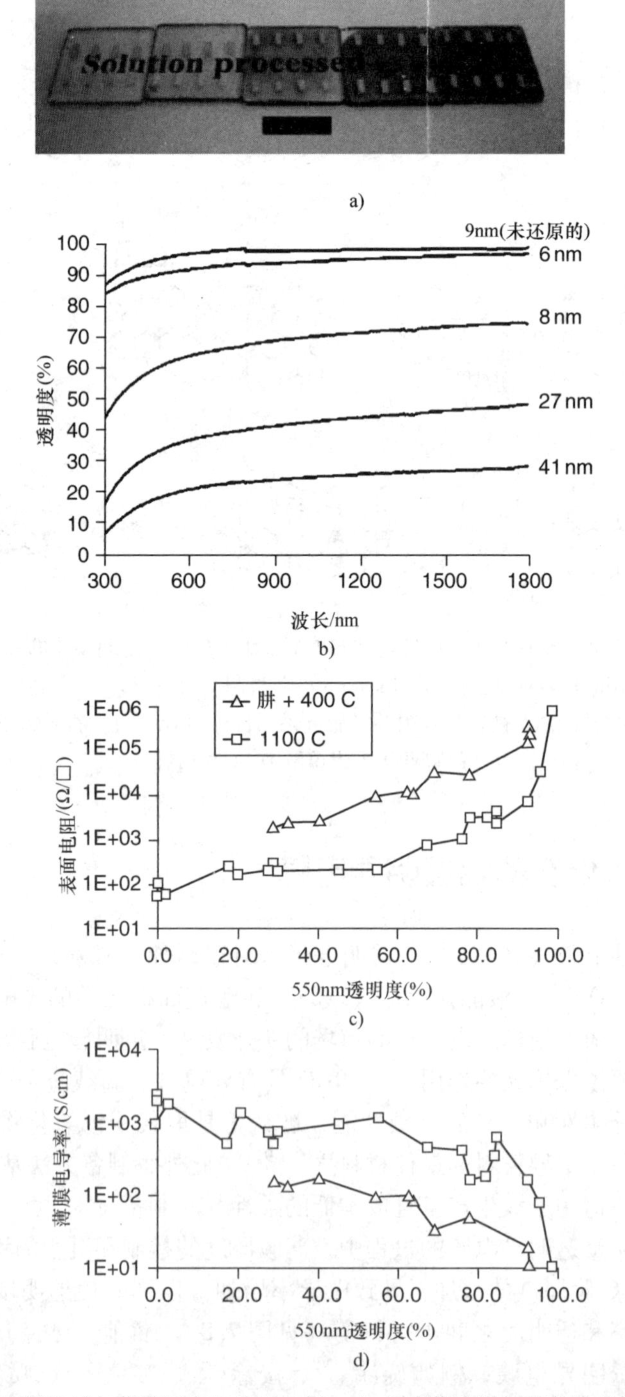

图 7.8　RGO 不同性质与薄膜厚度的关系示例。a）厚度依次增加的薄膜的照片。b）厚度依次增加的薄膜的紫外 - 可见光谱。c，d）不同还原过程的材料的电学特性与其透明度的关系

所有这些技术都具有各自的优点和缺点。旋涂和浸涂是相对成本较低的技术，可用于大规模生产，但是在 GO 片层结构的分布和堆叠的均匀性方面仍存在问题。而在加热干燥过程中，喷涂会导致片层结构部分聚集。喷墨打印无法实现层间的紧密包覆，并且其过程涉及表面活性剂的使用，从而降低导电性。转印法虽然保证了高的沉积质量，但由于沉积过厚会导致材料缺乏透明度。电泳沉积也适用于大规模生产，但仅限于在导电基底材料上的应用。最后，Langmuir - Blodgett 技术是最复杂和最精确的，并且能保证高定位的组装以及优异的横向分辨率；此外，通过适当控制沉积参数，可以生产非常薄的透明导电膜。但这种方法主要缺点在于沉积速率低，目前不适用于大规模生产[92]。

通常在沉积之后对材料进行热或化学还原处理，以达到所需的电导率。为了获得低电阻率的片层结构，这个还原过程显然是非常重要的。然而，必须考虑到，在透明导电膜中，总阻力受层间载流子扩散的影响，因此，即使片层数量减少很多，也会测量出很高的电阻[100]。

尽管通过沉积和还原 GO 悬浮液制备的透明导电膜，其透明度和导电性满足大多数的应用，但仍需要进一步改善这些性质。最常用的方法包括用金属纳米线（NW）、纳米网格[101]或碳纳米管（CNT）[102,103]与 RGO 复合，RGO 电极的掺杂[104]以及增加 GO 片层的尺寸[105]。

从细节而言，使用金属纳米线或纳米网格得到复合结构，可以减少接触阻碍，这种阻碍是由于金属结构的存在，导致 RGO 片层的桥接而产生的[106]（见图 7.9）。通过用碳纳米管制备透明导电膜也可以获得类似的效果[107]。文献报道了许

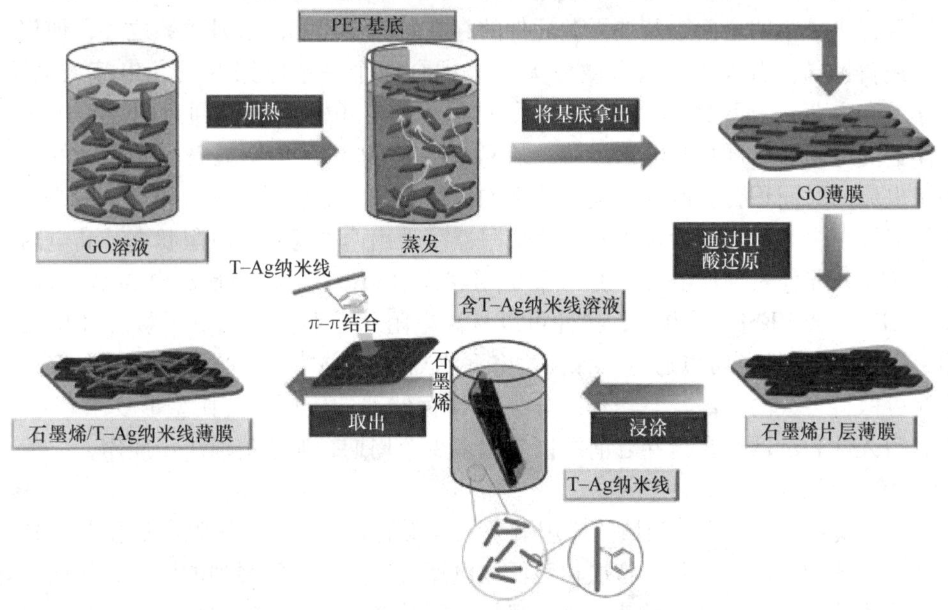

图 7.9　RGO - Ag 纳米线透明导电膜的制备过程

多利用碳纳米管和 RGO 沉积透明导电膜的不同技术，如 Langmuir – Blodgett 技术[108]、溶液混合法[109]、逐层自组装[110]和溶剂 – 水表面自组装法[111]。

RGO 的掺杂可以通过用不同的酸或卤化剂如 HNO_3[112]、$SOCl_2$[113]、$SOBr_2$[104]或 $AuCl_3$[114]处理来实现。

最后一种方法涉及大面积 GO 片层结构的研发。通常使用的 GO 片层结构表现出相对较小的表面积（几十平方微米），因此表现出较大的片层间的接触电阻。可以采用不同的技术，通过边缘选择对石墨进行功能化[115]、硫酸超声处理[116]或其他不涉及超声处理的改进溶液相处理法[117]获得大面积的 GO 片层结构（高达几平方毫米）。

7.4 基于氧化石墨烯的忆阻器

作为利用 GO 独特性能制备器件的最后一个例子，本节报道了一种特殊类型的纳米级电子器件：忆阻器。

忆阻器可以通过施加相对较低的电压而产生强烈的电场，其性能纯粹依赖于活性材料层的纳米级程度。可用于制造快速、非易失性和低能量电子开关。另外，由于它们能够根据施加的电压和电流的记录，保持内部电阻状态，因此忆阻器可以用作电阻式随机存取记忆器[118]、可编程逻辑[119]和神经网络，并为神经形态器件和人工智能[120]建立基础。

为了完成三个经典电路元件（电阻、电容和电感）的成像，Chua[121]在 1971 年已经提出了第四个两端基波无源元件的存在。除了已知的五种关系之外，他仅仅通过逻辑推导，引入了第六个微分关系来耦合四个基本电路变量（电流、电压、磁通量和电荷）。而第六个缺失的关系（连接电流和磁通量），通过引入一个带有存储器的电阻器，即忆阻器来维持。从 Chua 的方程中可以明显看出，存储的值取决于电流的时间积分，因此取决于器件的以往记录。忆阻器是基本元件，因为它们不能通过组合其他无源元件来复制。忆阻器呈现出两种稳定的电阻状态：高电阻状态（HRS，器件表现低电导率）和低电阻状态（LRS，器件表现高电导率）。通过施加 SET（或 RESET）电压，器件可以从高电阻状态切换到低电阻状态（反之亦然）。忆阻器的性能可以通过其保持力和耐久性来评估[122]。保持力表示器件未通电时可保持多久的内部状态，作为非易失性存储器的应用，其典型值要求超过 10 年。耐久性表示器件在击穿之前可以支持多少个周期，典型值取决于应用，一般在 10^3 ~ 10^7 个周期之间。

为了理解 GO 在这一领域的应用潜力，重要的是要注意，忆阻器最显著的特点是它们的纳米尺度。因此，施加相对低的电压可以产生非常强烈的电场，从而诱导电荷载体的非线性、可逆运动，这种载体可以是金属离子或氧空位。当减少忆阻材料的厚度时，这种效应更加明显。第一个成功的忆阻器是由惠普实验室于 2008 年制造的[123]，它是基于在两个铂电极之间，夹着一层非常薄的二氧化钛层而形成的氧空位丝。从那时起，许多材料和体系被广泛应用于制造忆阻器，如各种钙钛矿氧化物材料、二元过渡金属氧化物（如 TiO_2、Ta_2O_5、NiO）、硫族元素化物和有机材料[124,125]。在过去几年中，基于石墨烯的纳米结构也被作为忆阻式开关系统进行测试[126]，特别是基于 GO 的忆阻式器件[127,128]。事实上，随机位于 GO 平面（羟基和环氧化物）和薄片边缘（羰基和羧基）[129]上的含氧官能团是 GO 表现出电绝缘性能的原因，并且使其能够替代其他薄层氧化物结构，成为制备忆阻器的材料。此外，由于厚度仅为 1nm，基于 GO 的器件的可扩展性优于有机和无机薄膜忆阻器的可扩展性，并且能够超出半导体技术的电流限制进行缩放，以用于高密度制造忆阻器。

7.4.1　器件的制备

制备忆阻器的最常用的结构是金属/绝缘体/金属（MIM），它可以采用极其广泛的绝缘材料夹在两个金属电极之间，包括 GO（见图 7.10）。GO 可以很容易地分

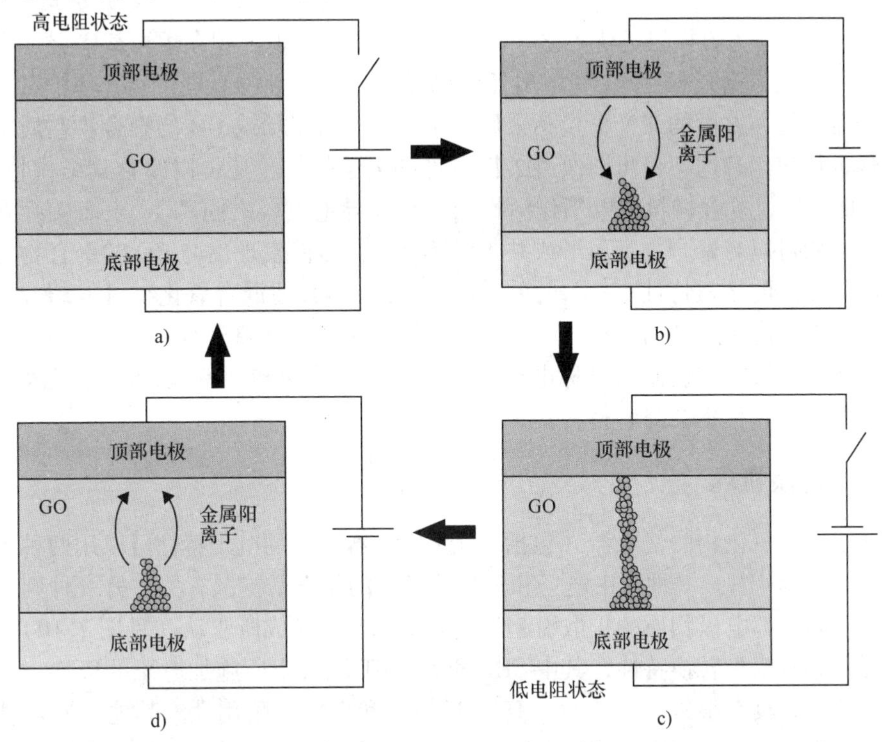

图 7.10　基于 GO 转换层的 MIM 忆阻器结构的示意图，其转换机理基于金属丝形成的机理。a）处于原始状态的设备。b）正偏压引起顶部电极的氧化，起始的金属阳离子向底部电极迁移，其中还原过程促进金属丝的形成。c）生长的金属丝到达顶部电极并产生局部短路（器件从 HRS 切换到 LRS）。d）反转外部偏压时，实现相反的过程

散在普通的极性溶剂中，包括水，并通过旋涂、滴铸、真空过滤、喷墨印刷或Langmuir-Blodgett沉积，精确控制沉积在金属电极上的GO片层的厚度。通常在惰性环境中，采用相对较低的温度进行热退火处理，以提高材料的结晶度和均匀性，并避免GO的还原。而一般通过热蒸发或阴影掩模溅射法沉积顶部金属电极。

另外，金属电极材料的选择非常重要，因为它影响器件的性能以及转换机制[130]。采用GO作为中间夹层的金属电极通常是不对称的，其活性电极的功函数低于惰性电极的功函数。而由于与GO接触界面处的金属电极中的一个发生局部氧化，也可能产生转换。MIS（金属/绝缘体/半导体）器件也可以使用具有半导体性质的材料作为底部电极，如采用p掺杂硅而不是金属。半导体是本征整流的，具有抑制相邻器件之间串扰的优点，例如交叉配置，而不需要像许多MIM（金属/绝缘体/金属）器件那样引入任何附加的整流元件（例如二极管）。一般来说，对于基于GO的忆阻器的制造，应特别注意金属电极的表面粗糙度，因为接触电阻决定了器件的转换特性。为了避免金属-GO界面处产生表面裂纹（裂纹会促进金属原子渗入氧化物层并影响器件的转换性能，甚至导致器件短路），应优选低粗糙度表面的金属。

使用GO作为转换层的优点之一是，它可以很容易地沉积在柔性基底上（柔性电子器件领域应用），而不会表现出任何明显的忆阻特性的衰弱[131]。基于石墨烯的忆阻器的另一方面的研究，包括采用基于填充有石墨烯或GO的聚合物基质的复合材料进行应用，这不仅可以改善柔性器件的电学特性，还可以改善其结构特性。像纯GO一样，复合材料可以用作活性层，夹在导电电极之间。GO表面上存在的含氧官能团可以与聚合物基质形成共价键[132]，其器件表现出与GO和聚合物之间电子转移相关的忆阻特性[133]。最后，GO还可以与其他混合氧化物材料结合作为活性层，以构建多层结构。在这种情况下，忆阻转换机理源于GO与另一绝缘层之间的氧离子交换。即使使用对称电极，该方式也可确保转换特性在温度高达85℃时保持稳定性，且不会降解材料。

7.4.2 转换机理

基于金属氧化物的忆阻器（包括基于GO的器件）的电子特性可以用两种不同的机理来解释[134]。一种与由电场和焦耳热驱动的氧离子扩散有关，另一种则由偏置电压下的顶部电极物质的扩散引起的金属纳米丝的形成所驱动（见图7.10）。大多数器件具有双极转换特性，其中SET和RESET取决于所施加电压的极性，典型的值为几伏，具有很好的保持性（高于10^4s）和良好的耐用性。其他一些器件显示单极转换，其性质取决于施加电压的幅度而不是其极性。在GO层内形成渗透路径的起始阶段通常需要稳定转换性能，并确定随后的电学特性（单极或双极）[135]。一般而言，制备过程中的参数（例如GO和顶部电极沉积技术的选择，电极材料的选择等）会影响GO的复合状态，因此实验过程中参数的制定，有助于确定器件特性的差异并影响转换机理的选择。

最常报道的基于 GO 器件的电阻式转换机理是氧离子扩散。而根据现象发生的规模，可以给出针对物理现象的不同解释。忆阻特性可能与块体材料内部发生的转变有关，这涉及整个 GO 片层的结构修饰。然而，这种效应也可能发生在局部，并且与顶部电极的接触电阻的改变相关，如上所述，这极大地影响了器件的性能。由于存在绝缘金属氧化物层，所制备的器件通常处于高电阻状态。负偏压的施加引起氧离子从氧化物界面层迁移到 GO 层中，同时在金属氧化物绝缘层中形成类似金属特性的导电路径。而厚度减薄会导致器件转换到低电阻状态。通过施加正电压，使来自 GO 结构中的离子反向扩散，而恢复到原始电阻状态。图 7.11 展现了基于 GO 的金属/绝缘体/金属忆阻结构的典型 $I-V$ 特性曲线，以及器件保持力和耐久性的数据[131]。

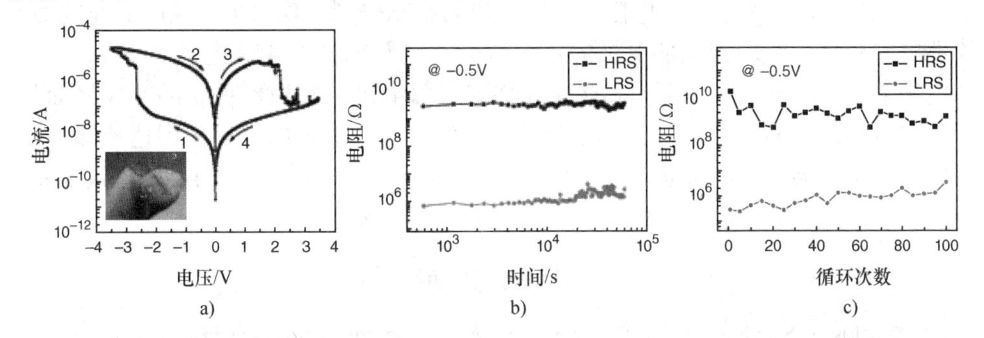

图 7.11 基于 GO 转换层的对称 MIM 器件的典型特性，显示了基于氧离子扩散和双极行为的转换机理：a）$I-V$ 特性曲线、b）保持力和 c）耐久性测试

如前所述，基于 GO 夹层（在两个金属电极，例如铝[136]）的金属/绝缘体/金属结构中，转换过程可能不直接涉及 GO，也就是说 GO 的存在不直接参与转换过程。其转换过程取决于位于电极界面处的金属氧化物绝缘膜。它会在 GO 和金属之间产生接触电阻，并且 GO 在转换过程中充当氧离子存储器。在这种情况下，当 GO 和金属氧化物层之间发生氧化还原反应，并在 GO 片层中引起氧的物理吸附时，局部发生转换现象。

另一方面，与因为金属氧化物膜存在的转换机理相比，电阻转换也与 GO 膜的高电阻薄膜区域在与金属电极的界面区域的局部可逆重排相关。同样在这种情况下，所制备的器件处于高电阻状态中，界面处的区域主要由连续的、大量 sp^3 杂化的 GO 片层组成。外部电压的施加导致氧离子的迁移，从而在高电阻薄膜区域内形成 sp^2 杂化簇丝，从而使器件转换成低电阻状态。

基于 GO 器件的忆阻特性还与整个 GO 层的修饰状态相关，而不是与 GO 和电极之间的界面关联，例如在 GO 层中存在氧空位和电子陷阱，充当优先导电路径。与之前分析的器件不同，在这种情况下，制备的器件处于低电阻状态，并且在施加外部偏置电压后变为高电阻状态。施加正电压导致氧离子和空位与石墨烯片层中的氧之间形成复合。然后可以通过反转偏置极性来恢复初始导电状态，从而实现氧离子的反扩散。

到目前为止所示的所有器件都基于氧离子的传递机理，其通常表现出 SET 和 RESET 工作的不同速度，SET 速度（典型值为 100μs）显著低于 RESET 速度（约 100ns）[137]。氧的扩散率与跳跃能垒密切相关，这取决于从 GO 层注入和提取的电子，而这又与绝缘层中的电子密度紧密相关。特别是，当负偏压施加到顶部电极（RESET）时，电子被注入到 GO 中，增加了能量势垒，因此降低了氧的扩散速度。同样，当偏置电压反转（SET）时，从 GO 中提取电子，减少能量势垒，从而增加离子移动速度[138]。

基于 GO 的忆阻器的另一种不常见的机理是，基于绝缘层内金属丝的形成[139]。在这种情况下，高电阻状态和低电阻状态分别表现出关于温度的非线性和线性电阻变化。施加到顶部电极的正偏压会在装置内部产生高电场（SET）。在顶部电极氧化时，金属离子通过 GO 膜迁移到底部电极，并积聚在底部电极界面处，引起穿过绝缘层的还原过程，最终形成金属丝。一旦生长的金属丝到达顶部电极，器件的电阻就会从高电阻状态突然切换到低电阻状态。偏置电压的反转导致金属离子向后扩散而导致金属丝破裂，使器件恢复高电阻状态。

参考文献

[1] Novoselov, K.S.; Geim, A.K.; Morozov, S.V.; *et al.*, Electric field effect in atomically thin carbon films. *Science* **2004**, *306* (5696), 666–669.

[2] Geim, A.K.; Novoselov, K.S., The rise of graphene. *Nature Mater*. **2007**, *6* (3), 183–191.

[3] Brey, L.; Fertig, H.A., Electronic states of graphene nanoribbons studied with the Dirac equation. *Phys. Rev. B* **2006**, *73* (23), 235411.

[4] Son, Y.W.; Cohen, M.L; Louie S.G., Energy gaps in graphene nanoribbons. *Phys. Rev. Lett.* **2006**, *97* (21), 216803.

[5] Giardi, R.; Porro, S.; Chiolerio, A.; *et al.*, Inkjet printed acrylic formulations based on UV-RGO nanocomposites. *J. Mater. Sci.* **2013**, *48* (3), 1249–1255.

[6] Porro, S.; Giardi, R.; Chiolerio, A., Real-time monitoring of GO reduction in acrylic printable composite inks. *Appl. Phys. A* **2014**, *117* (3), 1289–1293.

[7] Zhu, Y.; Murali, S.; Cai, W.; *et al.*, Graphene and GO: synthesis, properties, and applications. *Adv. Mater.* **2010**, *22* (35), 3906–3924.

[8] Barone, V.; Hod, O.; Scuseria, G.E., Electronic structure and stability of semiconducting graphene nanoribbons. *Nano Lett*. **2006**, *6* (12), 2748–2754.

[9] Li, X.L.; Wang, X.R.; Zhang, L.; *et al.*, Chemically derived, ultrasmooth graphene nanoribbon semiconductors. *Science* **2008**, *319* (5867), 1229–1232.

[10] Jiao, L.Y.; Zhang, L.; Wang, X.R.; *et al.*, Narrow graphene nanoribbons from carbon nanotubes. *Nature* **2009**, *458* (7240), 877–880.

[11] Kosynkin, D.V.; Higginbotham, A.L.; Sinitskii, A.; *et al.*, Longitudinal unzipping of carbon nanotubes to form graphene nanoribbons. *Nature* **2009**, *458* (7240), 872–876.

[12] Wang, X.R.; Li, X.L.; Zhang, L.; *et al.*, N-doping of graphene through electrothermal reactions with ammonia. *Science* **2009**, *324* (5928), 768–771.

[13] Li, X.; Wang, H.; Robinson, J.T.; *et al.*, Simultaneous nitrogen doping and reduction of GO. *J. Am. Chem. Soc.* **2009**, *131* (43), 15939–15944.

[14] Gilje, S.; Han, S.; Wang, M.; *et al.*, A chemical route to graphene for device applications. *Nano Lett*. **2007**, *7* (11), 3394–3398.

[15] Jeong, H.K.; Jin, M.H.; So, K.P.; *et al.*, Tailoring the characteristics of graphite oxides by different oxidation times. *J. Phys. D: Appl. Phys.* **2009**, *42* (6), 065418.
[16] Jin, M.; Jeong, H.K.; Yu, W.J.; *et al.*, GO thin film field effect transistors without reduction. *J. Phys. D: Appl. Phys.* **2009**, *42* (13), 135109.
[17] Chen, Y.; Xu, Y.; Zhao, K.; *et al.*, Towards flexible all-carbon electronics: flexible organic field-effect transistors and inverter circuits using solution-processed all-graphene source/drain/gate electrodes. *Nano Res.* **2010**, *3* (10), 714–721.
[18] Wang, S.; Ang, P.K.; Wang, Z.; *et al.*, High mobility, printable, and solution-processed graphene electronics. *Nano Lett.* **2010**, *10* (1), 92–98.
[19] Bocchini, S.; Chiolerio, A.; Porro, S.; *et al.*, Synthesis of polyaniline-based inks, doping thereof and test device printing towards electronic applications. *J. Mater. Chem. C* **2013**, *1* (33), 5101–5109.
[20] Chiolerio, A.; Bocchini, S.; Porro, S., Inkjet printed negative supercapacitors: synthesis of polyaniline-based inks, doping agent effect, and advanced electronic devices applications. *Adv. Funct. Mater.* **2014**, *24* (22), 3375–3383.
[21] Lee, C.G.; Park, S.; Ruoff, R.S.; Dodabalapur, A., Integration of RGO into organic field-effect transistors as conducting electrodes and as a metal modification layer. *Appl. Phys. Lett.* **2009**, *95* (2), 023304.
[22] Sharma, B.K.; Ahn, J.H., Graphene based field effect transistors: efforts made towards flexible electronics. *Solid-State Electronics* **2013**, *89*, 177–188.
[23] He, Q.; Wu, S.; Gao, S.; *et al.*, Transparent, flexible, all-RGO thin film transistors. *ACS Nano* **2011**, *5* (6), 5038–5044.
[24] Lee, S.K.; Jang, H.Y.; Jang, S.; *et al.*, All graphene-based thin film transistors on flexible plastic substrates. *Nano Lett.* **2012**, *12* (7), 3472–3476.
[25] He, Q.; Wu, S.; Yin, Z.; Zhang, H., Graphene-based electronic sensors. *Chem. Sci.* **2012**, *3* (6), 1764–1772.
[26] Llobet, E., Gas sensors using carbon nanomaterials: a review. *Sens. Actuators B: Chem.* **2013**, *179*, 32–45.
[27] Kochmann, S.; Hirsch, T.; Wolfbeis, O.S., Graphenes in chemical sensors and biosensors. *Trends Anal. Chem.* **2012**, *39*, 87–113.
[28] Zhang, J.; Song, L.; Zhang, A.; *et al.*, Environmentally responsive graphene systems. *Small* **2014**, *10* (11), 2151–2164.
[29] Toda, K.; Furue, R.; Hayami, S., Recent progress in applications of GO for gas sensing: a review. *Anal. Chim. Acta* **2015**, *878*, 43–53.
[30] Robinson, J.T.; Perkins, F.K.; Snow, E.S.; *et al.*, RGO molecular sensors. *Nano Lett.* **2008**, *8* (10), 3137–3140.
[31] Fowler, J.D.; Aleen, M.J.; Tung, V.C.; *et al.*, Practical chemical sensors from chemically derived graphene. *ACS Nano* **2009**, *3* (2), 301–306.
[32] Lu, G.; Park, S.; Yu, K. *et al.*, Toward practical gas sensing with highly RGO: a new signal processing method to circumvent run-to-run and device-to-device variations. *ACS Nano* **2011**, *5* (2), 1154–1164.
[33] Lu, G.; Ocola, L.E.; Chen, J., Gas detection using low-temperature RGO sheets. *Appl. Phys. Lett.* **2009**, *94* (8), 083111.
[34] Strong, V.; Dubin, S.; El-Kady, M.F.; *et al.*, Patterning and electronic tuning of laser scribed graphene for flexible all-carbon devices. *ACS Nano* **2012**, *6* (2), 1395–1403.
[35] Chung, M.G.; Kim, D.H.; Lee, H.M.; *et al.*, Highly sensitive NO_2 gas sensor based on ozone treated graphene. *Sens. Actuators B: Chem.* **2012**, *166–167*, 172–176.
[36] Deng, S.; Tjoa, V.; Fan, H.M.; *et al.*, RGO conjugated Cu_2O nanowire mesocrystals for high-performance NO_2 gas sensor, *J. Am. Chem. Soc.* **2012**, *134* (10), 4905–4917.
[37] Yuan, W.; Liu, A.; Huang, L.; *et al.*, High-performance NO_2 sensors based on chemically modified graphene. *Adv. Mater.* **2013**, *25* (5), 766–771.
[38] Ghosh, R.; Midya, A.; Santra, S.; *et al.*, Chemically RGO for ammonia detection at room temperature. *ACS Appl. Mater. Interfaces* **2013**, *5* (15), 7599–7603.
[39] Ghosh, R.; Singh, A.; Santra, S.; *et al.*, Highly sensitive large-area multi-layered graphene-based flexible ammonia sensor. *Sens. Actuators B: Chem.* **2014**, *205*, 67–73.
[40] Kavinkumar, T.; Sastikumar, D.; Manivannan, S., Effect of functional groups on dielectric, optical gas sensing properties of GO and RGO at room temperature, *RSC Advances* **2015**, *5* (14), 10816–10825.

[41] Xia, X.; Guo, S.; Zhao, W.; *et al.*, Carboxyl functionalized gold nanoparticles in situ grown on RGO for micro-gravimetric ammonia sensing. *Sens. Actuators B: Chem.* **2014**, *202*, 846–853.

[42] Meng, H.; Yang, W.; Ding, K.; *et al.*, Cu_2O nanorods modified by RGO for NH_3 sensing at room temperature. *J. Mater. Chem. A* **2015**, *3*, 1174–1181.

[43] Lin, Q.; Li, Y.; Yang, M., Tin oxide/graphene composite fabricated via a hydrothermal method for gas sensors working at room temperature. *Sens. Actuators B: Chem.* **2012**, *173*, 139–147.

[44] Zhou, X.; Wang, X.; Wang, B.; *et al.*, Preparation, characterization and NH_3-sensing properties of RGO/copper phthalocyanine hybrid material. *Sens. Actuators B: Chem.* **2014**, *193*, 340–348.

[45] Travlou, N.A.; Singh, K.; Rodríguez-Castellón, E.; Bandosz, T.J., Cu–BTC MOF–graphene-based hybrid materials as low concentration ammonia sensors. *J. Mater. Chem. A* **2015**, *3* (21), 11417–11429.

[46] Hu, N.; Yang, Z.; Wang, Y.; *et al.*, Ultrafast and sensitive room temperature NH_3 gas sensors based on chemically RGO. *Nanotechnology* **2014**, *25* (2), 025502.

[47] Sansone, L.; Malachovska, V.; La Manna, P.; *et al.*, Nanochemical fabrication of a GO-based nanohybrid for label-free optical sensing with fiber optics, *Sens. Actuators B: Chem.* **2014**, *202*, 523–526.

[48] Arsat, R.; Breedon, M.; Shafiei, M.; *et al.*, Graphene-like nano-sheets for surface acoustic wave gas sensor applications. *Chem. Phys. Lett.* **2009**, *467* (4–6), 344–347.

[49] Zhang L.S.; Wang, W.D.; Liang, X.Q.; *et al.*, Characterization of partially RGO as room temperature sensor for H_2. *Nanoscale* **2011**, *3* (6), 2458–2460.

[50] Tan, C.; Huang, X.; Zhang, H., Synthesis and applications of graphene-based noble metal nanostructures. *Mater. Today* **2013**, *16* (1–2), 29–36.

[51] Du, Y.; Xue, Q.; Zhang, Z.; Xia, F., Great enhancement in H_2 response using graphene-based Schottky junction. *Mater. Lett.* **2014**, *135*, 151–153.

[52] Hong, J.; Lee, S.; Seo, J.; *et al.*, Highly sensitive hydrogen sensor with gas selectivity using a PMMA membrane-coated Pd nanoparticle/single-layer graphene hybrid. *ACS Appl. Mater. Interfaces* **2015**, *7* (6), 3554–3561.

[53] Russo, P.A.; Donato, N.; Leonardi, S.G.; *et al.*, Room-temperature hydrogen sensing with heteronanostructures based on RGO and tin oxide. *Angew. Chem. Int. Ed.* **2012**, *51* (44), 11053–11057.

[54] Dutta, D.; Hazr, S.K.; Das, J.; *et al.*, Studies on p-TiO_2/n-graphene heterojunction for hydrogen detection. *Sens. Actuators B: Chem.* **2015**, *212*, 84–92.

[55] Anand, K.; Singh, O.; Singh, M.P.; *et al.*, Hydrogen sensor based on graphene/ZnO nanocomposite. *Sens. Actuators B: Chem.* **2014**, *195*, 409–415.

[56] Esfandiar, A.; Ghasemi, S.; Irajizad, A.; *et al.*, The decoration of TiO_2/RGO by Pd and Pt nanoparticles for hydrogen gas sensing. *Int. J. Hydrogen Energy* **2012**, *37* (20), 15423–15432.

[57] Esfandiar, A.; Irajizad, A.; Akhavan, O.; *et al.*, Pd–WO_3/RGO hierarchical nanostructures as efficient hydrogen gas sensors. *Int. J. Hydrogen Energy* **2014**, *39* (15), 8169–8179.

[58] Guo, L.; Jiang, H.B.; Shao, R.Q.; *et al.*, Two-beam-laser interference mediated reduction, patterning and nanostructuring of GO for the production of a flexible humidity sensing device. *Carbon* **2012**, *50* (4), 1667–1673.

[59] Han, D.D.; Zhang, Y.L.; Jiang, H.B.; *et al.*, Moisture-responsive graphene paper prepared by self-controlled photoreduction. *Adv. Mater.* **2014**, *27* (2), 332–338.

[60] Yu, H.W.; Kim, H.K.; Kim, T.; *et al.*, Self-powered humidity sensor based on GO composite film intercalated by poly(sodium 4-styrenesulfonate). *ACS Appl. Mater. Interfaces* **2014**, *6* (11), 8320–8326.

[61] Hwang, S.H.; Kang, D.; Ruoff, R.S.; *et al.*, Poly(vinyl alcohol) reinforced and toughened with poly(dopamine)-treated GO, and its use for humidity sensing. *ACS Nano* **2014**, *8* (7), 6739–6747.

[62] Mao, S.; Cui, S.; Lu, G.; *et al.*, Tuning gas-sensing properties of RGO using tin oxide nanocrystals. *J. Mater. Chem.* **2012**, *22*, 11009–11013.

[63] Zhang, D.; Tong, J.; Xia, B., Humidity-sensing properties of chemically reduced grapheneoxide/polymer nanocomposite film sensor based on layer-by-layer nano self-assembly. *Sens. Actuators B: Chem.* **2014**, *197*, 66–72.

[64] Su, P.; Chiou, C., Electrical and humidity-sensing properties of RGO thin film fabricated by layer-by-layer with covalent anchoring on flexible substrate. *Sens. Actuators B: Chem.* **2014**, *200*, 9–18.

[65] Zhang, J.; Shen, G.; Wang, W.; *et al.*, Individual nanocomposite sheets of chemically RGO and poly(*N*-vinyl pyrrolidone): preparation and humidity sensing characteristics. *J. Mater. Chem.* **2010**, *20* (48), 10824–10828.
[66] Borini, S.; White, R.; Wei, D.; *et al.*, Ultrafast GO humidity sensors. *ACS Nano* **2013**, *7* (12), 11166–11173.
[67] Morales-Narváez, E.; Merkoçi, A., GO as an optical biosensing platform. *Adv. Mater.* **2012**, *24* (25), 3298–3308.
[68] Chartuprayoon, N.; Zhang, M.; Bosze, W.; *et al.*, One-dimensional nanostructures based bio-detection. *Biosens. Bioelectron.* **2015**, *63*, 432–443.
[69] Li, Z.; He, M.; Xu, D.; Liu, Z., Graphene materials-based energy acceptor systems and sensors. *J. Photochem. Photobiol. C: Photochem. Rev.* **2014**, *18*, 1–17.
[70] Selvin, P.R., The renaissance of fluorescence resonance energy transfer. *Nature Struct. Biol.* **2000**, *7* (9), 730–734.
[71] Loh, K.P.; Bao, Q.; Eda, G.; Chhowalla, M., GO as a chemically tunable platform for optical applications. *Nature Chem.* **2010**, *2* (12), 1015–1024.
[72] Luo, Z.; Vora, P.M.; Mele, E.J.; *et al.*, Photoluminescence and band gap modulation in GO. *Appl. Phys. Lett.* **2009**, *94* (11), 111909.
[73] Chen, J.L.; Yan, X.P., A dehydration and stabilizer-free approach to production of stable water dispersions of graphene nanosheets. *J. Mater. Chem.* **2010**, *20* (21), 4328–4332.
[74] Peng, J.; Gao, W.; Gupta, B.K.; *et al.*, Graphene quantum dots derived from carbon fibers. *Nano Lett.* **2012**, *12* (2), 844–849.
[75] Wang, Y.; Li, Z.; Wang, J.; *et al.*, Graphene and GO: biofunctionalization and applications in biotechnology. *Trends Biotechnol.* **2011**, *29* (5), 205–212.
[76] Liu, B.; Sun, Z.; Zhang, X.; Liu, J., Mechanisms of DNA sensing on GO. *Anal. Chem.* **2013**, *85* (16), 7987–7993.
[77] Liu, X.; Wang, F.; Aizen, R.; *et al.*, GO/nucleic-acid-stabilized silver nanoclusters: functional hybrid materials for optical aptamer sensing and multiplexed analysis of pathogenic DNAs. *J. Am. Chem. Soc.* **2013**, *135* (32), 11832–11839.
[78] Wang, X.; Wang, C.; Qu, K.; *et al.*, Ultrasensitive and selective detection of a prognostic indicator in early-stage cancer using graphene oxide and carbon nanotubes. *Adv. Funct. Mater.* **2010**, *20* (22), 3967–3971.
[79] Lu, C.H.; Yang, H.H.; Zhu, C.L.; *et al.*, A graphene platform for sensing biomolecules. *Angew. Chem. Int. Ed.* **2009**, *48* (26), 4785–4787.
[80] Shi, Y.; Pramanik, A.; Tchounwou, C.; *et al.*, Multifunctional biocompatible GO quantum dots decorated magnetic nanoplatform for efficient capture and two-photon imaging of rare tumor cells. *ACS Appl. Mater. Interfaces* **2015**, *7* (20), 10935–10943.
[81] Sun, X.; Liu, Z.; Welsher, K.; *et al.*, Nano-GO for cellular imaging and drug delivery. *Nano Res.* **2008**, *1* (3), 203–212.
[82] Peng, C.; Hu, W.; Zhou, Y.; *et al.*, Intracellular imaging with a graphene-based fluorescent probe. *Small* **2010**, *6* (15), 1686–1692.
[83] Chen, J.L.; Yan, X.P.; Meng, K.; Wang, S.F., GO based photoinduced charge transfer label-free near-infrared fluorescent biosensor for dopamine. *Anal. Chem.* **2011**, *83* (22), 8787–8793.
[84] Kumar, S.; Ahlawat, W.; Kumar, R.; Dilbaghi, N., Graphene, carbon nanotubes, zinc oxide and gold as elite nanomaterials for fabrication of biosensors for healthcare. *Biosens. Bioelectron.* **2015**, *70*, 498–503.
[85] Kotanen, C.N.; Moussy, F.G.; Carrara, S.; Guiseppi-Eli, A., Implantable enzyme amperometric biosensors. *Biosens. Bioelectron.* **2012**, *35* (1), 14–26.
[86] Luo, Z.; Yuwen, L.; Han, Y.; *et al.*, Reduced graphene oxide/PAMAM–silver nanoparticles nanocomposite modified electrode for direct electrochemistry of glucose oxidase and glucose sensing. *Biosens. Bioelectron.* **2012**, *36* (1), 179–185.
[87] Xiao, F.; Li, Y.; Zan, X.; *et al.*, Growth of metal–metal oxide nanostructures on freestanding graphene paper for flexible biosensors. *Adv. Funct. Mater.* **2012**, *22* (12), 2487–2494.
[88] Xue, Y.; Zhao, H.; Wu, Z.; *et al.*, The comparison of different gold nanoparticles/graphene nanosheets hybrid nanocomposites in electrochemical performance and the construction of a sensitive uric acid electrochemical sensor with novel hybrid nanocomposites. *Biosens. Bioelectron.* **2011**, *29* (1), 102–108.

[89] Sheng, Z.; Zheng, X.; Xu, J.; *et al.*, Electrochemical sensor based on nitrogen doped graphene: simultaneous determination of ascorbic acid, dopamine and uric acid. *Biosens. Bioelectron.* **2012**, *34* (1), 125–131.

[90] Du, J.; Pei, S.; Ma, L.; Cheng, H.M., Carbon nanotube- and graphene-based transparent conductive films for optoelectronic devices. *Adv. Mater.* **2014**, *26* (13), 1958–1991.

[91] Zhu, Y.; Murali, S.; Cai, W.; *et al.*, Graphene and graphene oxide: synthesis, properties, and applications. *Adv. Mater.* **2010**, *22* (35), 3906–3924.

[92] Zheng, Q.; Li, Z.; Yang, J.; Kim, J.K., Graphene oxide-based transparent conductive films. *Prog. Mater. Sci.* **2014**, *64*, 200–247.

[93] Becerril, H.A.; Mao, J.; Liu, Z.; *et al.*, Evaluation of solution-processed reduced graphene oxide films as transparent conductors. *ACS Nano* **2008**, *2* (3), 463–470.

[94] Dong, X.C.; Su, C.Y.; Zhang, W.J.; *et al.*, Ultra-large single-layer graphene obtained from solution chemical reduction and its electrical properties. *Phys. Chem. Chem. Phys.* **2010**, *12* (9), 2164–2169.

[95] Pham, V.H.; Cuong, T.V.; Hur, S.H.; *et al.*, Fast and simple fabrication of a large transparent chemically-converted graphene film by spray-coating. *Carbon* **2010**, *48* (7), 1945–1951.

[96] Choi, H.W.; Zhou, T.; Singh, M.; Jabbour, G.E., Recent developments and directions in printed nanomaterials. *Nanoscale* **2015**, *7* (8), 3338–3355.

[97] Yamaguchi, H.; Eda, G.; Mattevi, C.; *et al.*, Highly uniform 300 mm wafer-scale deposition of single and multilayered chemically derived graphene thin films. *ACS Nano* **2010**, *4* (1), 524–528.

[98] An, S.J.; Zhu, Y.W.; Lee, S.H.; *et al.*, Thin film fabrication and simultaneous anodic reduction of deposited graphene oxide platelets by electrophoretic deposition. *J. Phys. Chem. Lett.* **2010**, *1* (8), 1259–1263.

[99] Cote, L.J.; Kim, F.; Huang, J.X., Langmuir–Blodgett assembly of graphite oxide single layers. *J. Am. Chem. Soc.* **2009**, *131* (3), 1043–1049.

[100] Wang, S.; Ang, P.K.; Wang, Z.Q.; *et al.*, High mobility, printable, and solution-processed graphene electronics. *Nano Lett.* **2010**, *10* (1), 92–98.

[101] Kholmanov, I.N.; Magnuson, C.W.; Aliev, A.E.; *et al.*, Improved electrical conductivity of graphene films integrated with metal nanowires. *Nano Lett.* **2012**, *12* (11), 5679–5683.

[102] Hong T.K.; Lee, D.W.; Choi, H.J.; *et al.*, Transparent, flexible conducting hybrid multilayer thin films of multiwalled carbon nanotubes with graphene nanosheets. *ACS Nano* **2010**, *4* (7), 3861–3868.

[103] Huang, J.H.; Fang, J.H.; Liu, C.C.; Chu, C.W., Effective work function modulation of graphene/carbon nanotube composite films as transparent cathodes for organic optoelectronics. *ACS Nano* **2011**, *5* (8), 6262–6271.

[104] Zheng, Q.B.; Gudarzi, M.M.; Wang, S.J.; *et al.*, Improved electrical and optical characteristics of transparent graphene thin films produced by acid and doping treatments. *Carbon* **2011**, *49* (9), 2905–2916.

[105] Lin, X.Y.; Shen, X.; Zheng, Q.; *et al.*, Fabrication of highly-aligned, conductive, and strong graphene papers using ultralarge graphene oxide sheets. *ACS Nano* **2012**, *6* (12), 10708–10719.

[106] Hsiao, S.T.; Tien, H.W.; Liao, W.H.; *et al.*, A highly electrically conductive graphene–silver nanowire hybrid nanomaterial for transparent conductive films, *J. Mater. Chem. C* **2014**, *2* (35), 7284–7291.

[107] Huang, J.H.; Fang, J.H.; Liu, C.C.; Chu, C.W., Effective work function modulation of graphene/carbon nanotube composite films as transparent cathodes for organic optoelectronics. *ACS Nano* **2011**, *5* (8), 6262–6271.

[108] Zheng, Q.B.; Zhang, B.; Lin, X.; *et al.*, Highly transparent and conducting ultralarge graphene oxide/single-walled carbon nanotube hybrid films produced by Langmuir–Blodgett assembly. *J. Mater. Chem.* **2012**, *22* (48), 25072–25082.

[109] Tung, V.C.; Chen, L.M.; Allen, M.J.; *et al.*, Low-temperature solution processing of graphene–carbon nanotube hybrid materials for high-performance transparent conductors. *Nano Lett.* **2009**, *9* (5), 1949–1955.

[110] Yu, D.S.; Dai, L.M., Self-assembled graphene/carbon nanotube hybrid films for supercapacitors. *J. Phys. Chem. Lett.* **2010**, *1* (2), 467–470.

[111] Azevedo, J.; Costa-Coquelard, C.; Jegou, P.; *et al.*, Highly ordered monolayer, multilayer, and hybrid films of graphene oxide obtained by the bubble deposition method. *J. Phys. Chem. C* **2011**, *115* (30), 14678–14681.

[112] Kasry, A.; Kuroda, M.A.; Martyna, G.J.; *et al.*, Chemical doping of large-area stacked graphene films for use as transparent, conducting electrodes. *ACS Nano* **2010**, *4* (7), 3839–4344.

[113] Eda, G.; Lin, Y.Y.; Miller, S.; *et al.*, Transparent and conducting electrodes for organic electronics from reduced graphene oxide. *Appl. Phys. Lett.* **2008**, *92* (23), 233305.

[114] Gunes, F.; Shin, H.J.; Biswas, C.; *et al.*, Layer-by-layer doping of few-layer graphene film. *ACS Nano* **2010**, *4* (8), 4595–4600.

[115] Bae, S.Y.; Jeon, I.Y.; Yang, J.; *et al.*, Large-area graphene films by simple solution casting of edge selectively functionalized graphite. *ACS Nano* **2011**, *5* (6), 4974–4980.

[116] Su, C.Y.; Xu, Y.P.; Zhang, W.J.; *et al.*, Electrical and spectroscopic characterizations of ultra-large reduced graphene oxide monolayers. *Chem. Mater.* **2009**, *21* (23), 5674–5680.

[117] Zhou, X.F.; Liu, Z.P., A scalable, solution-phase processing route to graphene oxide and graphene ultralarge sheets. *Chem. Commun.* **2010**, *46* (15), 2611–2613.

[118] Chua, L.O., Resistance switching memories are memristors. *Appl. Phys. A* **2011**, *102* (4), 765–783.

[119] Borghetti, J.; Snider, G.S.; Kuekes, P.J.; *et al.*, Memristive switches enable stateful logic operations via material implication. *Nature* **2010**, *464* (7290), 873–876.

[120] Sah, M.P.; Hyongsuk, K.; Chua, L.O., Brains are made of memristors. *IEEE Circuits Syst. Mag.* **2014**, *14* (1), 12–36.

[121] Chua, L.O., Memristor – the missing circuit element. *IEEE Trans. Circuit Theory* **1971**, *18* (5), 507–519.

[122] Waser, R.; Dittmann, R.; Staikov, G.; Szot, K., Redox-based resistive switching memories – nanoionic mechanisms, prospects, and challenges. *Adv. Mater.* **2009**, *21* (25–26), 2632–2663.

[123] Strukov, D.B.; Snider, G.S.; Stewart, D.R.; Williams, R.S., The missing memristor found. *Nature Lett.* **2008**, *453* (7191), 80–83.

[124] Yang, Y.; Choi, S.H.; Lu, W., Oxide heterostructure resistive memory. *Nano Lett.* **2013**, *13* (6), 2908–2915.

[125] Chen, Y.; Liu, G.; Wang, C.; *et al.*, Polymer memristor for information storage and neuromorphic applications. *Mater. Horiz.* **2014**, *1* (5), 489–506.

[126] Chen, Y.; Zhang, B.; Liu, G.; *et al.*, Graphene and its derivatives: switching ON and OFF. *Chem. Soc. Rev.* **2012**, *41* (13), 4688–4707.

[127] Porro, S.; Accornero, E.; Pirri, C.F.; Ricciardi, C., Memristive devices based on graphene oxide. *Carbon* **2015**, *85*, 383–396.

[128] Porro, S.; Ricciardi, C., Memristive behaviour in inkjet printed graphene oxide thin layers. *RSC Advances* **2015**, *5* (84), 68565–68570.

[129] Lerf, A.; He, H.; Forster, M.; Klinowski, J., Structure of graphite oxide revisited. *J. Phys. Chem. B* **1998**, *102* (23), 4477–4482.

[130] Hong, S.K.; Kim, J.E.; Kim, S.O.; *et al.*, Flexible resistive switching memory device based on graphene oxide. *IEEE Electron Device Lett.* **2010**, *31* (9), 1005–1007.

[131] Jeong, H.Y.; Kim, J.Y.; Kim, J.W.; *et al.*, Graphene oxide thin films for flexible nonvolatile memory applications. *Nano Lett.* **2010**, *10* (11), 4381–4386.

[132] Liu, G.; Zhuang, X.; Chen, Y.; *et al.*, Bistable electrical switching and electronic memory effect in a solution-processable graphene oxide–donor polymer complex. *Appl. Phys. Lett.* **2009**, *95* (25), 253301.

[133] Zhuang, X.; Chen, Y.; Liu, G.; *et al.*, Conjugated-polymer-functionalized graphene oxide: synthesis and nonvolatile rewritable memory effect. *Adv. Mater.* **2010**, *22* (15), 1731–1735.

[134] Waser, R.; Aono, M., Nanoionics-based resistive switching memories. *Nature Mater.* **2007**, *6* (11), 833–840.

[135] Hong, S.K.; Kim, J.E.; Kim, S.O.; Cho, B.J., Non-volatile memory using graphene oxide for flexible electronics. In *Proc. 2010 10th IEEE Conf. on Nanotechnology (IEEE-NANO)*, pp. 604–606. IEEE, Piscataway, NJ, 2010.
[136] Nho, H.W.; Kim, J.Y.; Wang, J.; *et al.*, Scanning transmission X-ray microscopy probe for in situ mechanism study of graphene-oxide-based resistive random access memory. *J. Synchrotron Radiat.* **2014**, *21* (1), 170–176.
[137] Wang, L.H.; Yang, W.; Sun, Q.Q.; *et al.*, The mechanism of the asymmetric SET and RESET speed of graphene oxide based flexible resistive switching memories. *Appl. Phys. Lett.* **2012**, *100* (6), 063509.
[138] Porro, S., Graphene nanostructures for memristive devices. *Encyclopedia of Nanotechnology*, ed. B. Bhushan (Living Reference Work Entry), 10 pp. Springer Science, Dordrecht, **2015**. DOI: 10.1007/978-94-007-6178-0_101030-1; Online ISBN: 978-94-007-6178-0.
[139] Zhuge, F.; Hu, B.; He, C.; *et al.*, Mechanism of nonvolatile resistive switching in graphene oxide thin films. *Carbon* **2011**, *49* (12), 3796–3802.

第 8 章　能量收集及存储

Cary Michael Hayner

8.1　太阳电池

太阳电池是一种非常具有应用前景的能量收集技术，通过捕获太阳能将光转化为电能。尽管与传统能源相比，目前的太阳电池已经具有成本上的竞争力，但仍然有许多提升空间，例如通过新技术提高其能量转换效率并进一步降低成本。而提高太阳电池的效率，可以通过增加可到达吸收层的入射光谱范围，以增加电子收集，最终降低成本。在太阳电池中，用作透明电极的常规透明导电氧化物膜，通常与在太阳光谱中的红外（IR）附近的透射光相互作用。另外，目前的透明电极材料例如氧化铟锡（ITO）存在许多问题：易碎，在高温下不稳定，与强酸不相容，并且由于包含稀有元素铟而成本非常昂贵。

为了克服现有透明导电氧化物膜的成本和性能限制，以及增加例如器件柔性的新功能，新的透明导电膜已经被广泛研究及发展。石墨烯被认为是氧化铟锡的理想替代品，因为它具有高电子迁移率以及促进材料对广谱吸收的能力。事实上，石墨烯材料已经在各种各样的太阳电池类型中表现出应用前景，包括常规硅太阳电池、薄膜电池和染料敏化太阳电池（DSSC）。在这些应用中，石墨烯基材料可以发挥多种作用，包括作为透明层、电子受体、孔导体和导电油墨等。对于染料敏化太阳电池最为显著的作用是，石墨烯材料由于具有许多优异的性质，已经能够应用于器件中几乎所有的组件，包括作为透明导体、加入半导体层中以及作为敏化剂本身。

由于石墨烯材料在太阳电池技术领域的应用非常广泛，所以本章不再作综合评述。最近的几份出版物中对主要方法和进展均进行了详细叙述。一些简明的综述文章也已经讨论了使用氧化石墨烯（GO）及其还原产物用于太阳电池的应用，作者引导读者阅读这些文章以进行更完整的了解与分析[1-6]。虽然石墨烯材料仍处于研究的阶段，但它们是提高太阳电池技术效率并降低成本的有吸引力的材料。石墨烯基材料显示出促进先进太阳电池实际商业化以及高效获取太阳能的巨大前景。

8.2 锂离子电池

8.2.1 概述

锂离子电池是迄今为止用于便携式领域（如电动车辆、消费设备和航空航天）最广泛的电能存储形式。1991 年索尼首次将可充电锂离子电池商业化，并开始取代之前使用的现有镍氢（NiMH）电池。与现有的镍氢电池相比，锂离子电池具有更长的循环寿命，无记忆效应，低自放电率以及更高的质量和体积能量密度。镍氢电池在 20 世纪 90 年代早期可以存储比能量约 60Wh/kg，而锂离子电池首次进入市场时能够存储能量超过 100Wh/kg。自从它们首次商业化应用以来，到 2014 年，锂离子电池行业在全球的市场规模已经达到 100 亿美元，预计到 2025 年，其年增长率将超过 10%，达到 250 亿美元以上[7]。而且每年全球都会制造和销售 40 亿个锂离子电池。当前的增长大部分是由于便携式电子设备（包括相机、手机和笔记本电脑）需求的迅速增长。除了便携式电子产品的持续增长外，清洁动力电动汽车的发展，有可能彻底改变电池市场，有人估计，到 2030 年，电动汽车（EV）市场可能增长到 100 亿美元以上[7]。

为了维持电池的未来需求，电池中的电荷存储能力必须不断改进与提高。值得注意的是，锂离子电池的能量密度以每年 3% ~5% 的速度稳步提高。尽管自 20 世纪 90 年代初进入市场以来，锂离子电池已经取得了稳步的发展，但其基本能量存储组件（称为正极和负极）几乎没有发生创新变化。以下部分将介绍锂离子电池的工作原理以及与最先进的商用电池相比，如何利用石墨烯材料实现其性能的提高与完善。

8.2.2 电化学原理

简单来说，锂离子电池由两个电极（正极和负极）和电解质（见图 8.1）组成。电池利用两个电极之间的还原或氧化电势（分别接受或释放电子的驱动力）的差异来产生电能。一般而言，在放电过程中，在正极发生还原（获得电子）反应，而在负极发生氧化（失去电子）反应。为了控制电子转移速率，正极与负极之间，必须使用离子导电但电绝缘的介质（通常为液体电解质）将其进行物理和电隔离。聚合物隔膜通常也用于两个电极之间将电极分离以防止短路[8]。这种电池自 20 世纪 90 年代初被推出以来，几乎所有商用锂离子电池都由碳质负极和锂化金属氧化物正极组成。而商业应用中最常用的负极材料是石墨，即石墨烯的三维堆叠结构。而钴酸锂（$LiCoO_2$ 或 LCO）则是正极材料最常见的选择。非水电解质通常由溶解在极性有机溶剂如碳酸亚乙酯（EC）和碳酸二甲酯（DMC）的混合物中的锂盐（如 $LiPF_6$）组成。

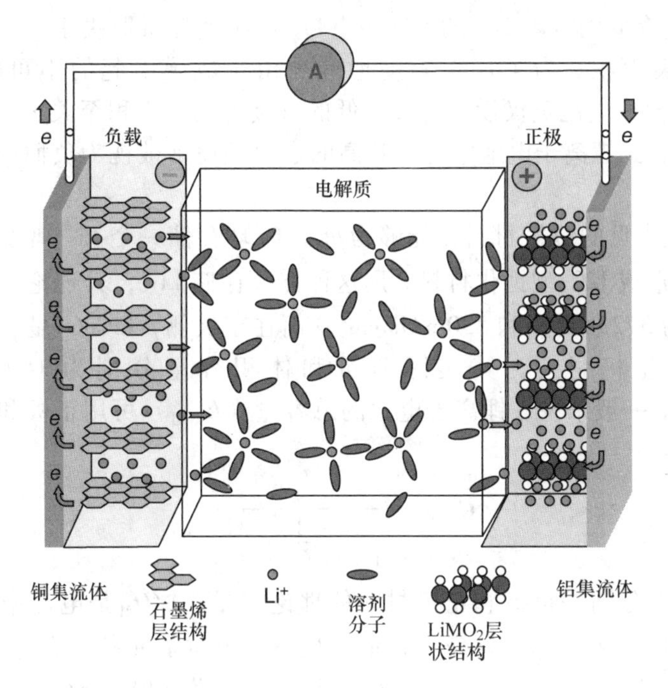

图 8.1　放电模式下的锂离子电池工作示意图（石墨为负极，$LiMO_2$为正极）[9]

图 8.1 描绘了标准放电模式下的锂离子电池工作示意图。对于处于充电状态的锂离子电池系统，Li^+最初存储在负极材料（例如石墨）中。在放电过程中，由于两个电极之间形成外电路连接，从而能够使 Li^+从负极迁移并穿过电解质，插入正极结构（例如 $LiCoO_2$）中。同时，负极失去的电子（氧化）通过外部电路迁移，从而产生电流为负载供电，然后进入正极（还原）。放电过程将持续发生，直到两个电极之间达到电位平衡，此时电池放电完全。在二次电池中，可对电极施加外部能量以将电子（以及 Li^+）从正极迁移回负极，从而氧化“正极”并还原“负极”。这个过程通常被称为电池充电。简而言之，锂离子电池能够通过调节对热力学有利的化学反应，将化学能转化为电能来提供能量。为了进行商业应用，这些反应也必须是高度可逆的，并且可重复数百次，而不会显著降解或改变材料结构。

此外，在电池的初始放电过程中，由于电解质的还原分解，在负极的表面自发形成包含复杂化学物质的复合薄膜（<50nm）。这种薄膜被称为固体电解质界面（SEI），并且是电绝缘但离子导电的。该薄膜层的形成发生在负极，负极在电解质热力学不稳定的电位下工作，产生具有许多次级界面的复杂异质相和层状结构。固体电解质界面相含有无机含锂物质（包括 Li_2CO_3、Li_2O、LiOH、LiX（X = F，Cl））以及有机物质，如 $ROCO_2Li$、ROLi、（$ROCO_2Li$）$_2$和低聚化合物[10]。固体电解质界面的形成对于锂离子电池的稳定运行是必需的，并且会消

耗可用于可逆存储的有限 Li^+ 的一部分。Li^+ 离子消耗量取决于多种因素，其中包括电极的表面积。为了最大限度地减少由于成膜引起的不可逆容量损失（ICL），将锂离子电池负极设计为具有低的可接近的表面积至关重要。因此，将 GO 基材料结合到锂离子电池中时，其高的表面积通常被视为负面因素，并且必须加以调控。

石墨是最常见的负极材料，能够为每个 C_6 环存储一个 Li^+ 离子（因此贡献一个电子），形成 LiC_6 型锂化材料。用这种方式存储 Li^+，其理论质量和体积容量可以计算为 372mAh/g 和 830mAh/cm^3。而在正极侧，$LiCoO_2$ 是一种常见的具有代表性的正极材料，其实际质量和体积容量分别为 140mAh/g 和约 330mAh/cm^3。一般来说，锂离子电池的总容量（C_{total}）可用正极和负极容量表示如下：

$$C_{total} = \frac{1}{\frac{1}{C_A} + \frac{1}{C_C} + \frac{1}{Q_M}} \tag{8.1}$$

式中，C_A 和 C_C 分别是负极和正极材料的理论容量，$1/Q_M$ 是电池中的其他组分（电解质、隔膜、集流体、外壳等）的比质量，单位是 mAh/g[11]。对于石墨等负极而言，C_A 为 372mAh/g，对于 $LiCoO_2$ 而言，C_C 为 140mAh/g。而对于索尼圆柱形电池（2550mAh，46g），Q_M 可以计算约为 130mAh/g。使用式（8.1），如图 8.2 所示，可以构建总电池容量依据负极比容量（C_A）的函数图。从图 8.2 可以看出，当负极比容量增加到约为 1200mAh/g 时，总电池容量有很大改善。

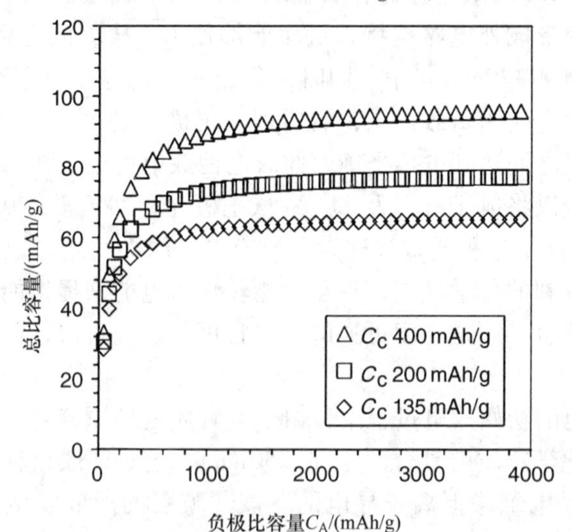

图 8.2 锂离子电池的总比容量与负极比容量（C_A）的函数关系，包括其他所需内部组件的质量（Q_M = 130mAh/g）。考虑的正极容量分别为 135mAh/g、200mAh/g 和 400mAh/g

为了满足对便携式电子产品应用日益增长的需求，人们非常希望能够在单位质量和体积的正、负极材料中存储更多锂离子。因此，学者们对研究用于高性能、可充电锂离子电池的电极材料给予了高度重视。特别是一些具有显著更大的容量，优异的倍率能力、更好的循环稳定性、安全性和环境友好型的电极材料得到了广泛的发展。石墨烯的出现在锂离子电池领域引起了相当大的关注，主要是由于其极高的电导率，独特的二维（2D）形态和大表面积。自 2008 年首次报道在电池领域的应用[12]以来，用于电池领域的 GO 材料得到了广泛的报道和研究。在本节中，我们将介绍用于锂离子电池的 GO 材料的一些重要成果和发展，以及可用于进一步拓展其发展的研究策略。

8.2.3 负极应用

8.2.3.1 纯还原氧化石墨烯作负极材料

石墨一直是商业锂离子电池应用研究中最重要的碳形式。石墨的优势在于其长的周期寿命、低的成本和丰富的资源以及较好的质量和体积容量。然而，石墨也存在限制其在未来应用中使用的缺点。主要缺点是，由石墨提供的质量和体积容量有限，不能满足新一代锂离子电池应用的需求。因此，为了提高未来电池的性能，必须开发具有更高容量和放电倍率特性的负极材料。

石墨烯作为单层石墨结构，由于具有优异的性能，因而有可能为高性能负极材料的发展做出贡献。最关键的是，石墨烯及其相关材料具有良好的化学稳定性，并具有高导电性和导热性，大的比表面积和优异的机械性能。在制备“类石墨烯”材料的所有可能方法中，GO 的合成以及随后还原氧化石墨烯（RGO）的转化，由于其制备过程的灵活性和可扩展性，被认为是制备石墨烯材料最有前途的途径之一。

事实上，大量有关文献报道了 GO 的衍生负极材料的应用，并且其材料的性能差异很大[13,14]。性能上的显著差异突出了制备方法和由此产生的结构参数对电化学性能的重要影响。特别是，诸如氧化程度和还原方法等工艺参数以及如片层尺寸、功能性、表面积、电导率、掺杂剂和孔隙率等结构参数对 GO 衍生物材料性能的显著影响。因此，需要对影响材料电化学性能的因素进行严格研究，以便了解能量存储机制并推进石墨烯基电极的工程设计。Pan 等人研究了通过肼化学还原、热处理和电子束辐照的还原 GO 方法[15]。与化学还原相比，热处理和电子束照射处理方法制备的电极材料，表现出更高的可逆容量。这种性能的差异源于由还原方法引起的材料的无序程度。热处理和电子束照射产生更高程度的无序结构，包括边缘和其他缺陷，这些缺陷可以充当额外的锂离子存储位置，并提供更多的容量。最近，Lee 等人通过使用热处理氧化石墨烯（tpGO）电极，研究了 GO 的氧化程度对电极电化学性能的影响[16]。为了合成具有不同氧化程度的 GO，材料被氧化的次数被控制在 1 ~ 3 次。而随着氧化程度的增加，tpGO 的可逆容量分别从 1252mAh/g 增加到 2311mAh/g（分别为一个和三个氧化循环次数）。文献中报道的电极产生的容量非常大，比纯碳材料预计的要大得多。这种大容量值源于增加的表面积以及丰富的缺陷和边缘位置提供了额外的 Li^+ 存储位置。

GO 独特的二维片状形貌提供了其作为柔性和自支撑电极的优异条件。通过 GO 或其化学还原产物的真空过滤而实现一种不含粘合剂的电极材料的制备。在任何一种情况下，分散体的液体溶剂都会被去除，从而提供了沿着 c 轴方向的石墨烯基材料的定向自组装。图 8.3 展示了一种柔性、自支撑还原 GO 纸[17]。如图 8.3 所示，扫描电子显微镜（SEM）展示了这种自支撑的 RGO 纸，是由厚度约为 10μm 的片层结构密集排列组成。X 射线衍射（XRD）测试表明这种结构平均层间距为 0.37nm，大于石墨层间距 0.334nm。另外，在 26°附近存在宽峰，表明它是一种有序但非高度石墨化的结构。当作为负极材料使用时，自支撑电极在 50mA/g 下的比容量为 84mAh/g，而基于石墨烯粉末的电极表现出比容量为 288mAh/g。自支撑纸结构电极低的容量源于密集堆叠的方式，这成为锂离子扩散的动力学屏障。这种现象在随后通过检测自支撑电极的锂离子扩散速率依赖电极厚度的函数进行进一步探讨[18]。当自支撑纸电极的厚度从 1.5μm 增加到 10μm 时，可逆容量分别从约 200mAh/g 下降到约80mAh/g。此外，当循环倍率从 50mA/g 增加到 500mA/g 时，3μm 纸的可逆容量从约 175mAh/g 降至约为 100mAh/g，这表明通过膜的不充分离子扩散显著限制了离子传输速率。由于石墨烯片层的致密堆积和纸结构的大宽高比，较薄的纸其性能总是优于较厚的纸结构。但为了能够实现其商业应用价值，需要较厚电极来提供高的能量密度。因此，仅仅通过减小电极厚度来避免这个问题是不可行的。

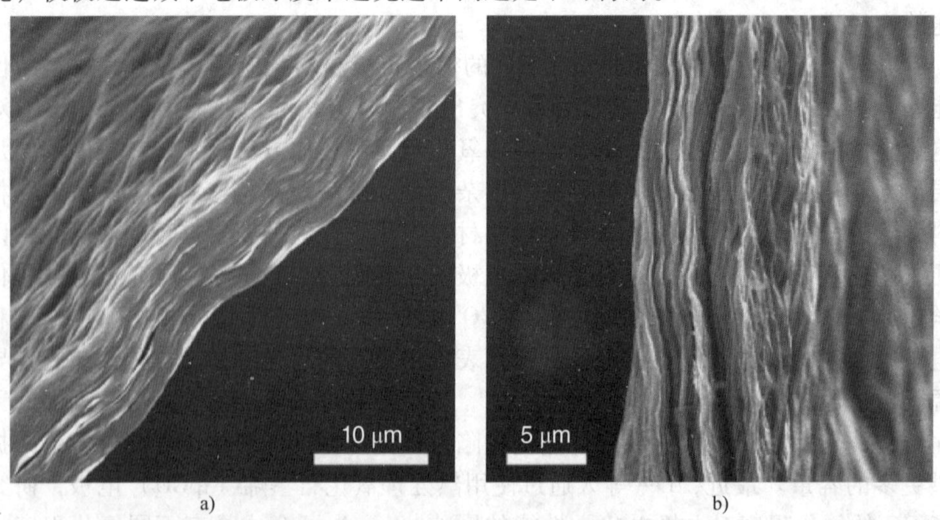

图 8.3　化学还原氧化石墨烯（RGO）纸结构的 SEM 图像，显示 a）卷纸状电极表面和 b）沿着断裂边缘的不均匀性和开裂

为了克服离子传输速率降低的问题，研究人员研发了在自支撑式石墨烯纸上产生孔隙的方法。在二维无孔形态中，Li^+ 离子扩散主要在面内方向上进行，并且由于 GO 大的宽高比以及有限的缺陷和边缘位点，其横向平面扩散受到阻碍。而通过孔隙，能产生新的离子扩散通道，可以显著提高电极充/放电过程中碳的利用效率。Zhao 以及他们团队开发了一种方法将面内缺陷引入基底面（“孔”），从而提供增强离子扩散的途径[19]。通过将硝酸（HNO_3）氧化法和超声能量法结合，应用于 GO 悬浮液中而使材料产生面内缺陷（见图 8.4）。

孔的大小和密度可以通过酸的浓度来调节，并且可以进行从约 5nm 到几百纳米的尺寸调节。在产生平面内缺陷之后，将多孔 GO 材料真空过滤并热处理，以使它们成为多孔 tpGO 材料。电化学方面，多孔热 tpGO 电极表现出高达 403mAh/g 的可逆容量，而没有面内缺陷的对照样品的可逆容量仅为 336mAh/g。更重要的是，多孔 tpGO 样品表现出优异的倍率性能，在 2A/g 电流密度下，表现出 178mAh/g 的可逆容量（容量保持率约为 44%），而其对照样品只表现出约 70mAh/g 的容量（容量保持率仅约为 20%）。通过电化学阻抗谱（EIS）证实了由于引入空穴，使 Li 离子扩散动力学和电荷转移得到改善。另外发现当实际孔隙尺寸为 20～70nm 时，电极材料的电化学性能最优。孔隙尺寸的进一步增加会导致相对较低的容量，这可能是由于高度有缺陷的结构导致导电性的降低。尽管如此，文献中强调了在石墨烯材料的基面产生空穴是作为改善锂离子电池能量和功率密度的有效的新方法。

增加石墨烯基材料的能量和功率密度，并调节其物理化学性质的另一个有效方法是化学掺杂材料。简单的方法就是在高温热处理步骤中引入一种掺杂剂气体来制备 tpGO 电极[20]。在这项工作中，使用氨（NH_3）和三氯化硼（BCl_3）作为前驱体分子成功实现了氮和硼的掺杂。光谱分析证实氮以吡啶和吡咯形式存在，而硼在掺杂结构内以 BC_3 和 BC_2O 的形式存在。在这两种情况下，掺杂物主要取代缺陷或边缘位置上的碳原子（见图 8.5）。在电化学方面，与原始未掺杂样品相比，掺杂样品表现出改善的性能。与原始样品表现出的容量（955mAh/g）相比，N 和 B 掺杂电极分别表现出 1043mAh/g 和 1549mAh/g 的可逆容量。另外，掺杂样品表现出更好的倍率性能和容量保持率。掺杂材料表现出的这种提高的能量和功率密度源于样品电导率的增加，以及由于更多无序表面形态提供额外的 Li^+ 存储位置。

基于 8.2.2 节的叙述，在实际电池的初始循环过程中，在负极电极表面上形成复合薄膜，消耗有限的 Li^+ 离子并导致整体能量密度降低。该 SEI 层包含无机含 Li^+ 物质以及各种低聚有机物质。该膜钝化层在所有电极可利用的表面形成，因此电极材料的表面积越大，实际电池的容量损失越大。事实上，对于 Lee 和他们团队所报道的关于氧化程度的研究[16]，由于其比表面积高达 $991m^2/g$，最高氧化程度的样品在初始循环时不可逆地消耗了 55% 的 Li^+ 电荷。为了尽量减少这

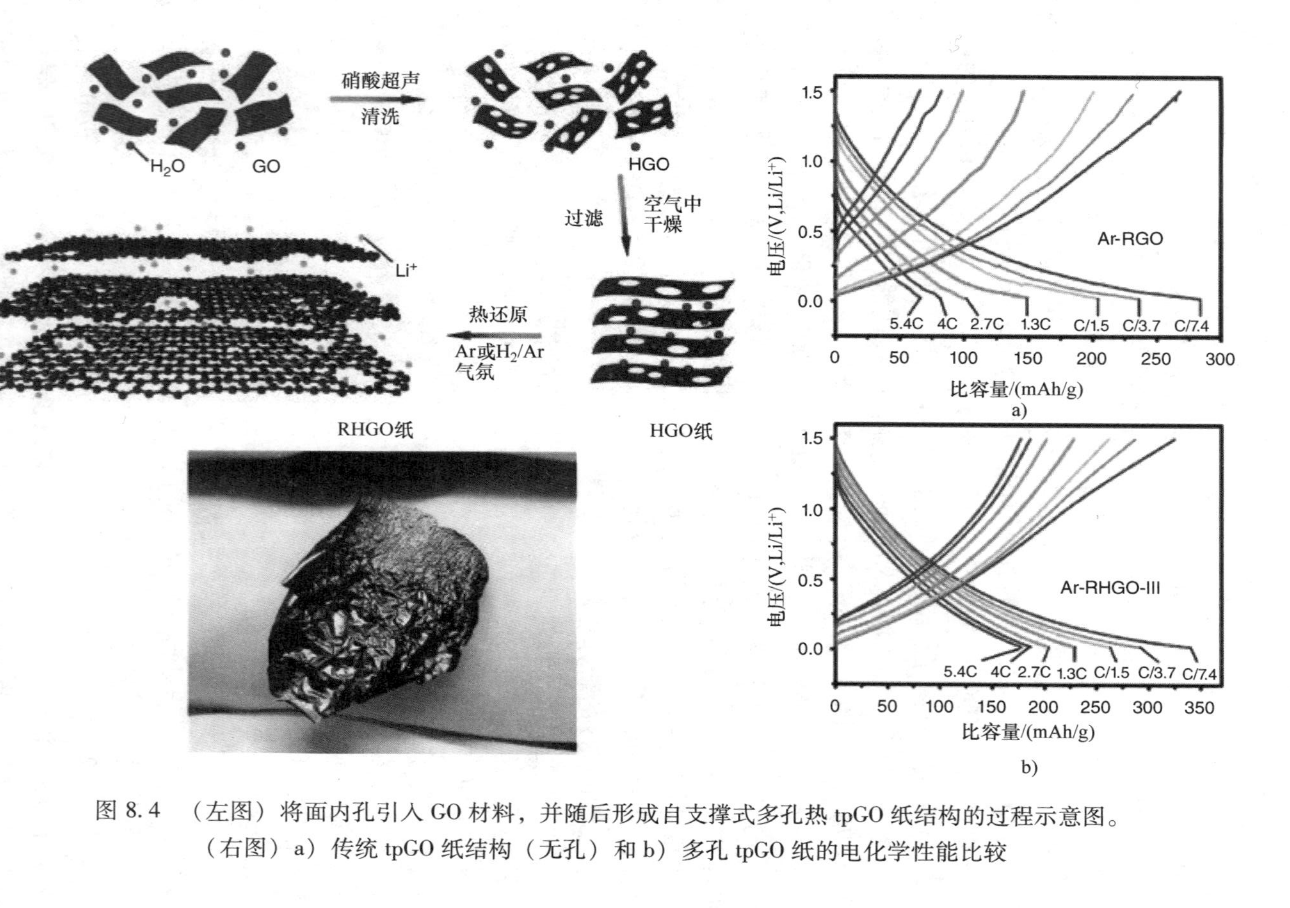

图 8.4 （左图）将面内孔引入 GO 材料，并随后形成自支撑式多孔热 tpGO 纸结构的过程示意图。（右图）a）传统 tpGO 纸结构（无孔）和 b）多孔 tpGO 纸的电化学性能比较

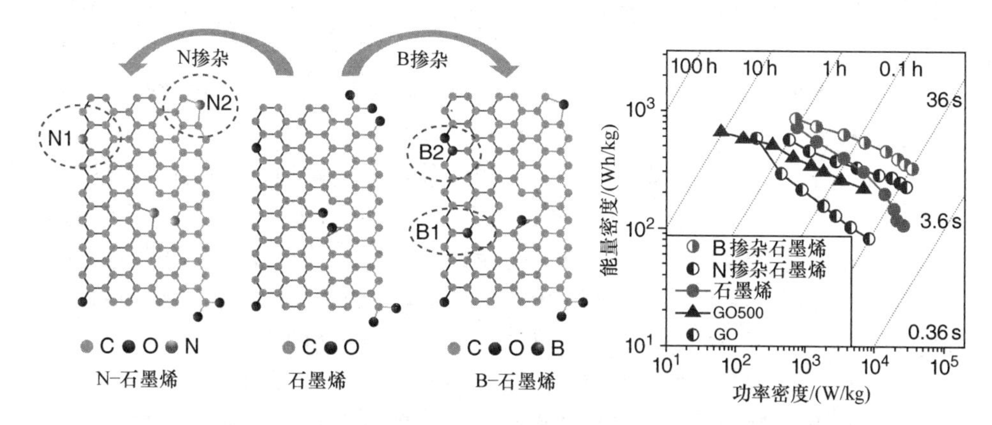

图 8.5　石墨烯平面的氮和硼掺杂的示意图，并与未掺杂的对照样品相比，掺杂材料的高能量和功率性能图

些损失，需要保持电极可利用的比表面积低，通常低于 $5m^2/g$。因此，对于石墨烯的复合材料，确定整个电极的比表面积以确保其数值在实际应用中的合理性至关重要。高比表面积的负极将在最初的几个周期内表现出大的不可逆容量损失，并使实际电池转化为具有低的可逆能量密度。出于这个原因，石墨烯基材料通常与电活性材料相结合，开发出具有协同促进性能的复合电极材料，以存储更多的电荷。

8.2.3.2　还原氧化石墨烯复合材料作负极

为了得到最佳的高性能储能材料，石墨烯通常作为复合材料的一部分，起到协同增强电极整体性能的作用。这些复合结构能够强化及突出 GO 的性能，同时可以缓解 RGO 的一些缺点。由石墨烯结构形成的连续、三维（3D）导电网络，可以增强电极材料内的电子和离子传输，从而从本质上改善电池的性能。事实上，从 8.2.3.1 节可以清楚地看出，石墨烯结构与其实际的化学、导电、机械和其他性质之间存在重要关联。此外，含有先进材料的改进负极，可以更好地存储 Li^+ 离子，从而提高电池的容量。石墨烯的高导热性还可消除运行期间，电极内产生的局部热点和电阻产生的热量，从而稳定电池温度并提高电池安全性。因此，包含石墨烯结构（包括 RGO、退火 tpGO 等）的电极可能比传统电池持续时间更长。因此，复合结构可以针对需要长循环寿命、能量输送和倍率性能的综合特定应用进行调整。

硅与 RGO 形成的复合电极被认为是最有吸引力的新一代负极材料之一，因为硅价格低廉，而且具有最高的质量比容量（用于 $Li_{15}Si_4$ 电池时容量为3515mAh/g)，其比容量接近 10 倍于现在的石墨负极。不幸的是，硅在工作过程中，由于容纳 Li^+ 离子，而在循环过程中经历了大的体积变化（高达 300%）。这种极端的和反复的体积波动导致硅颗粒的严重粉碎，从而使颗粒分离并且在几十个循环过程中，电极容量显著衰退。因此，硅基负极材料的常规循环寿命对于商业应用而言太短。目前，为了克服 Si 负极大的体积变化并获得更好的容量保持率，已经开展了许多研究。这些研究方法包括使用纳米颗粒[21]、薄膜[22,23]、纳米线[24]，将其分散到非活性/活性基质[25,26]，制备三维多孔结构[27,28]以及进行碳包覆[29,30]。而石墨烯具有灵活的二维形态、高的比表面积和良好的导电性等许多特性，因此与石墨烯结合成为复合材料，是提高硅系统电极稳定性的有效途径。

最早报道的 Si - RGO 体系之一是 Lee 以及他们的团队通过将硅纳米颗粒与自支撑石墨烯纸结构相复合研发的[31]。首先将硅纳米颗粒与 GO 含水悬浮液混合，真空过滤并在惰性气体下热处理以形成柔性 Si - tpGO 复合纸结构负极。通过这种形式，石墨烯片层形成了一个三维导电网络，该网络提供了一个机械坚固的支架，以固定和稳定嵌入的硅纳米粒子（见图 8.6）。与单纯的硅颗粒相比，所得的 Si - tpGO材料表现出显著增强的循环稳定性。Si - tpGO 电极在 1A/g 时能够达到大于 2500mAh/g 的可逆容量，并且在 300 次循环后能够保持接近 60% 的容量。改进的性能归因于独特的石墨烯三维网络，该网络缓冲了循环过程中 Si 的体积膨胀，并且导电网络提供高的电导率。后来，Zhao 等人为了提供额外的离子扩散路径以增加复合材料的能量和功率密度，在复合材料形成之前将平面碳空位引入 GO 结构中（见图 8.7）[32]。正如预期的那样，多孔 Si - tpGO 复合材料与非多孔结构相比，

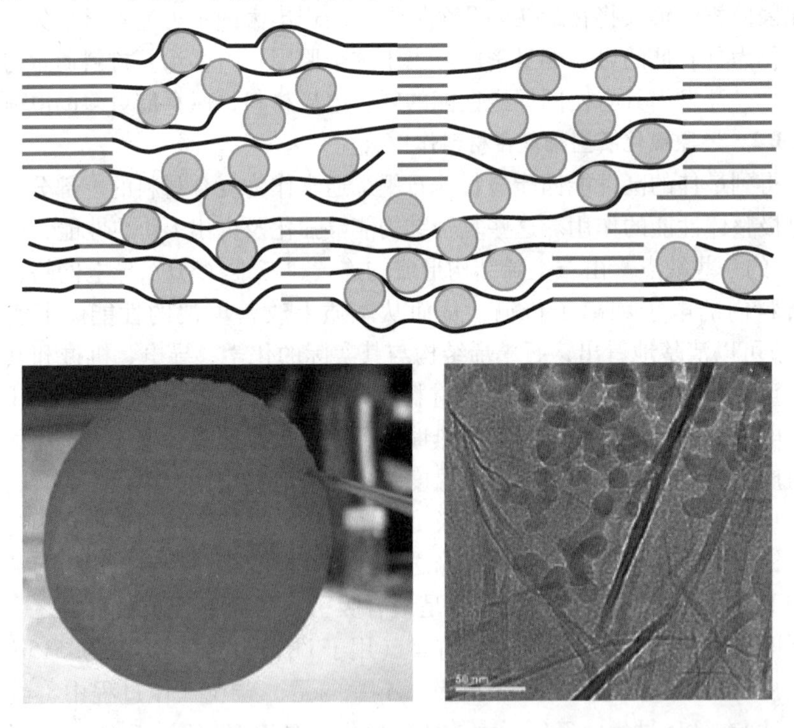

图 8.6 （上图）Si - tpGO 复合结构的横截面示意图（不按比例）。（左下图）制备的 Si - GO复合纸的光学图像。（右下图）包裹在 tpGO 片之间的 Si 纳米颗粒的透射电子显微镜（TEM）图像

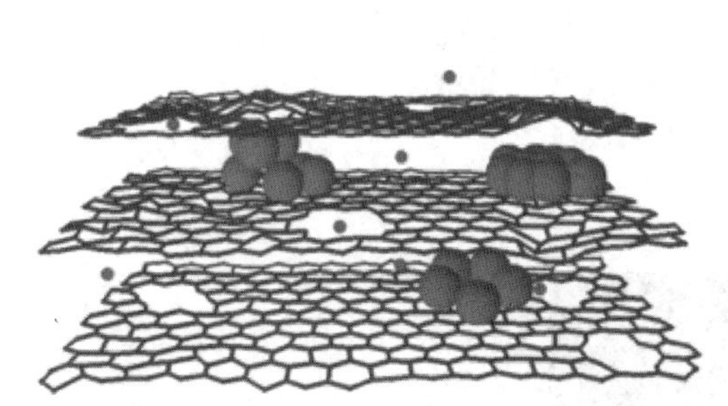

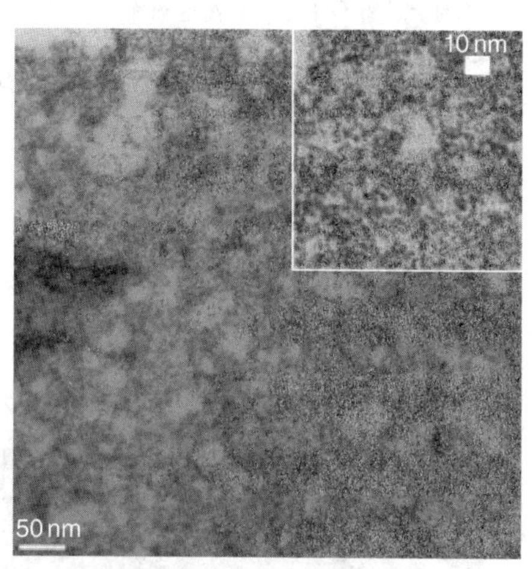

图 8.7　（左图）含孔隙的 Si - tpGO 复合结构的横截面示意图（不按比例）。
（右图）TEM 图像描绘了高度缺陷的 tpGO 结构（比例尺：50nm）。插图：放大的 tpGO 结构图

表现出更高的可逆容量。值得注意的是，多孔 Si - tpGO 材料的倍率性能显著提高。当以非常高的电流密度（8A/g）循环时，多孔 Si - tpGO 材料仍旧可以表现出 1100mAh/g 的容量，这是其在 1A/g 电流密度下输送容量的 34%。

合成复合材料的另一个有效的途径是制备 RGO 包裹的纳米粒子复合材料。利用含水悬浮液中 GO 的阴离子电荷，与带阳离子电荷的纳米颗粒共同组装可形成包裹结构。共同组装过程是由静电相互作用所驱动，并形成一个柔性、原子级别的薄 GO 壳体，有效地包围纳米粒子。这种独特的结构提供了许多优点，包括抑制纳米颗粒团聚、在循环过程中容纳材料体积变化以及通过包裹高导电石墨烯进行电子快速传输。图 8.8 展示了一种方法，通过利用胺物质修饰金属氧化物纳米颗粒的表面来实现复合[33]。这种方法对于解决金属氧化物负极材料在循环过程中遭受的许多问题非常有效，包括循环期间的显著体积变化以及低电导率等问题。在一个实例中，氧化钴（Co_3O_4）颗粒用氨基丙基三甲氧基硅烷（APS）处理以产生带正电荷的表面，随后与含水悬浮液中带负电的 GO 共同组装。然后将所得 GO 包裹的 Co_3O_4颗粒用肼处理，使 GO 材料化学还原成导电载体（见图 8.8）。与纯 Co_3O_4颗粒相比，共同组装的复合材料的电化学性能更优异。Co_3O_4 - RGO 复合材料实现了约为 1100mAh/g 的非常高且稳定的可逆容量，并且在超过 130 次循环后性能几乎完全稳定。其优异的电化学性能归因于纳米颗粒与柔性 RGO 包裹物之间稳定的协同促进作用，并且 EIS 证实复合物具有比纯 Co_3O_4颗粒电极更低的接触电阻和电荷传输电阻。作为对比，这项工作中还制备了 Co_3O_4和 RGO 的物理混合物，与共同组装结构相比，这种物理混合物表现出低的容量和差的稳定性。

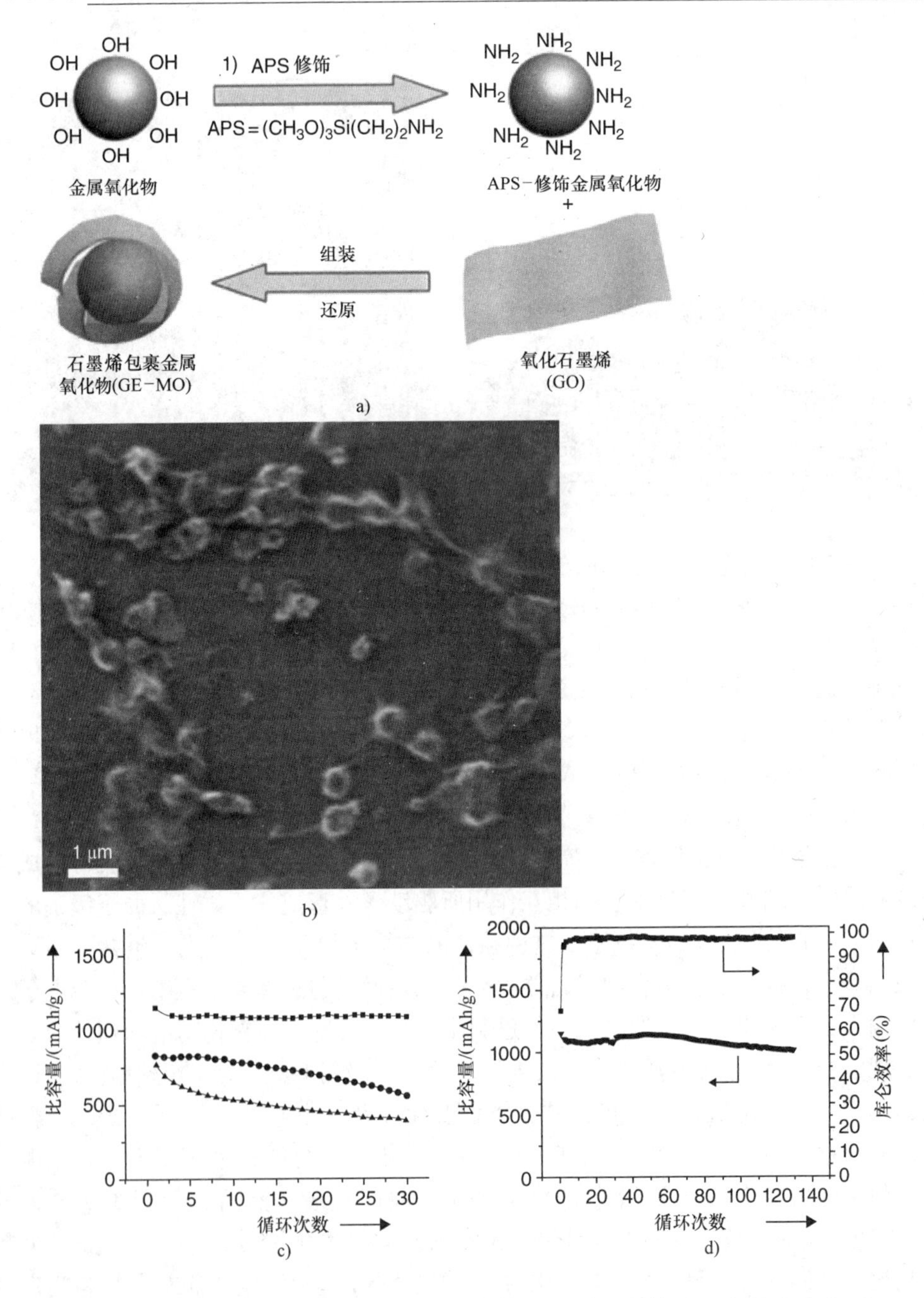

图 8.8 a）制备 RGO 包裹金属氧化物颗粒结构。b）嵌入柔性 RGO 结构中的 Co_3O_4 颗粒的 SEM 图像。c）共同组装的 Co_3O_4 - RGO 复合材料（正方形）、物理混合的 Co_3O_4 - RGO 复合材料（圆形）和裸露的 Co_3O_4电极（三角形）的电化学循环性能。d）在 74mA/g 下，共同组装的 Co_3O_4 - RGO 电极循环 130 次的循环性能

8.2.4 正极应用

除了改善负极的性能之外，RGO 及其优异的特性也可用于改善正极材料的电化学性能。对于正极材料的应用，由于其极高的电导率和表面积，RGO 通常用作改进的碳添加剂来替代活性炭。这两种性能的结合使 RGO 成为电线正极的绝佳材料，因为这类材料通常会受到电导率低的困扰。

8.2.4.1 过渡族金属磷酸盐

磷酸铁锂（$LiFePO_4$）是一种引起广泛关注的正极材料。由于 $LiFePO_4$ 具有良好的容量（约为 170mAh/g），可逆性好，价格低廉，毒性低，安全性高，因此成为电池中一种重要的正极材料，并已被广泛应用于商用锂离子电池。但是，$LiFePO_4$ 的电导率非常低（10^{-9}S/cm），如果设计不合理，会导致电池循环性能差。传统上采用纳米结构和碳包覆以提高 $LiFePO_4$ 的电化学性能。然而，使用传统的碳包覆工艺，本身导电性有限的无定形碳包覆在颗粒的表面，其电导性能并不能得到显著提升。因此，通过用更高导电性的石墨材料来构造 $LiFePO_4$ 复合结构，以实现显著性能优化。

Ding 及其团队在 2010 年首次提出了 $LiFePO_4$ - RGO 复合结构[34]。在这项开创性的工作中，$LiFePO_4$ 纳米颗粒与 RGO 共沉淀形成复合结构。然后从溶液中分离出该结构，并在 700℃下的惰性气体中进行热处理，形成最终产品。文献中指出添加 RGO 材料后，使得 $LiFePO_4$ 粒径减小至 20nm，而无添加 RGO 合成的 $LiFePO_4$（其他合成工艺条件相同），其粒径为 70nm。材料的电化学循环测试表明，添加 RGO 后，$LiFePO_4$ 的可逆容量显著提高。当以 35mA/g 的电流密度循环时，$LiFePO_4$ - RGO 复合电极表现出 160mAh/g 的接近理论可逆容量值，而纯颗粒 $LiFePO_4$ 的容量仅为 113mAh/g。后来 Zhou 和他的团队进一步利用喷雾干燥和热退火工艺，改进了 $LiFePO_4$ - RGO 复合结构的性能[35]。通过这一过程，$LiFePO_4$ 一次纳米粒子被结构化为微球形的二次粒子，并被导电的热 RGO 三维网络包裹（见图 8.9）。这种独特的 RGO 包裹的方式提高了整个结构中的电子传输效率，而一次颗粒之间的空隙提供了 Li^+ 扩散的途径。通过电化学分析证实，与无定形碳包覆的复合材料相比，RGO 包裹的材料表现出明显更好的循环稳定性和倍率性能。而令人惊讶的是，通过独特的工艺方法先将无定形碳包覆在 $LiFePO_4$ 表面形成复合材料，相比于单独使用 RGO 包裹的材料，表现出更好的性能，说明单个 $LiFePO_4$ 颗粒连接可能存在锂离子传输速率的限制。对于 RGO 包裹的碳包覆 $LiFePO_4$ 样品，在 0.1C（约为 15mA/g）的低倍率下达到约 150mAh/g 的最大可逆容量，这明显低于理论值（这里 C 是与电池充电有关的 C 倍率）。然而，这种复合材料表现出优异的倍率性能，在 10C（约为 1.7A/g）下保持容量约为 130mAh/g，并仍能在 60C（约为 10A/g）下保持容量高于 70mAh/g。另外，这些复合材料在 10C ~ 20C（1.7 ~ 3.4A/g）的不对称充电－放电 1000 次循环后，仍能够保持约为 95% 的容量。

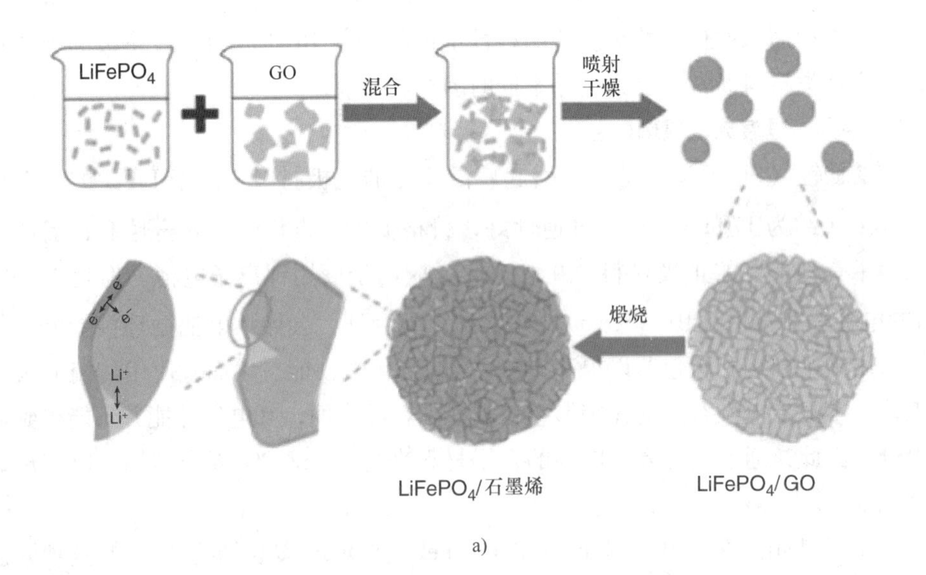

a)

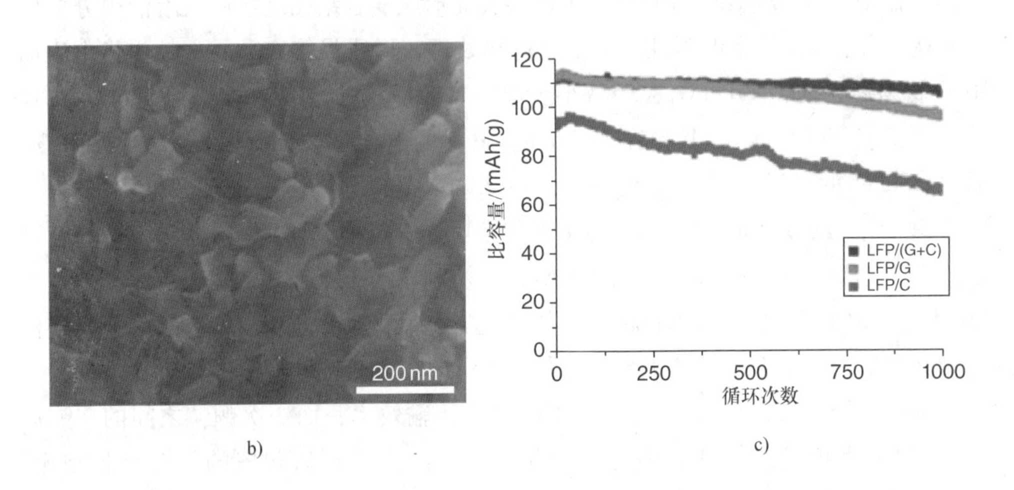

b) c)

图 8.9　a）$LiFePO_4$ － RGO 复合材料的制备工艺和微观结构。b）由 RGO 结构包裹的 $LiFePO_4$ 一次颗粒的 SEM 图像。c）在 10C ~ 20C 不对称充放电过程中 $LiFePO_4$ 复合电极的电化学循环性能

尽管目前这些报道仅限于 $LiFePO_4$，但也可以使用类似的方法改进许多其他正极材料，例如 $LiMn_2O_4$、$LiCoO_2$、$LiNi_xMn_yCo_zO_2$ 和 $LiMnPO_4$。为了充分改善复合结构中的电化学性能，重要的是要确保石墨烯结构分布良好，并且电活性颗粒与石墨烯层紧密连接。通常这可以通过原位纳米颗粒合成和热退火工艺成功实现。

8.2.4.2　锂硫电池

GO 独特的性能已被证明对高性能正极材料如硫性能的改善更有利。锂硫（Li-S）电池是一种特别有应用前景的体系，由于其高的理论能量密度（2600Wh/kg 和 2800Wh/L）而受到研究人员的高度关注。然而，由于硫的绝缘性，充放电过程中的体积变化以及因为在循环过程中硫化物明显溶解而观察到的严重的容量衰减（“穿梭效应”），严重阻碍了锂硫电池的进一步商业发展。

为了克服这些问题，利用 GO 和 RGO 的二维结构、高导电性、机械弹性和高强度性，可以将锂硫电池推向市场应用。最有前途的方法之一是使用独特的二维结构作为碳网来包裹硫颗粒以防止硫化物溶解。其基平面上的含氧官能团可进一步提供固定点，而高表面积结构能够吸收硫化物并促进 Li_2S 膜的形成。2011 年，Wang 及其团队报道了一种硫-GO 复合材料，它是通过用聚乙二醇（PEG）涂覆硫颗粒，然后采用已经碳颗粒修饰的轻度氧化的 GO 薄片包裹颗粒而形成（见图 8.10）[36]。聚乙二醇和 GO 涂层起到多种作用，包括缓解硫的体积膨胀，捕获可溶性硫化物中间体，并为硫颗粒提供导电网络。所得复合材料初始容量为 1000mAh/g，随后容量下降，依旧表现出高达约为 600mAh/g 的高可逆比容量，并且在 0.5C 下循环 100 次后，性能保持稳定。该复合材料的性能优于单独的硫-聚乙二醇和硫-GO 电极，证明合成的复合结构能够作为硫正极材料进行很好的应用。

最近，CTAB（十六烷基三甲基溴化铵）已成为聚乙二醇的替代物作为表面活性剂，以改善 GO/硫复合正极的电化学性能（见图 8.11）[37]。CTAB 修饰的硫-GO 纳米复合材料正极在 0.2C 下循环时可达到约为 1400mAh/g 的可逆容量，其值接近理论容量值，并且在 1C 的高倍率下表现出约为 800mAh/g 的容量。此外，这种复合材料非常坚固耐用，能够循环超过 1500 次，并且剩余容量超过 300mAh/g。据估计，电池的实际能量密度可能高达约为 500Wh/kg，比现有锂离子电池的能量密度（约为 200Wh/kg）高出一倍以上。绝缘含硫材料这种令人惊讶的倍率性能表明，除高能量应用外，这些材料还可适用于高功率的应用。

由于 RGO 具有与 GO 相似的优点，同时还能够提高材料的导电性，所以硫-RGO 复合材料也得到了广泛研究。最近，Wang 及其团队成员[38]报道了一种将硫化锂（Li_2S）浸渍到热退火处理的 RGO 纸结构中的方法（见图 8.12）。与其负极对应物相似，Li_2S-tpGO 纸具有柔韧性和自支撑性，可直接用作正极材料，无需额外的粘结剂，如果将其应用在商业化的电池中，可显著减轻电池的重量。由于浸

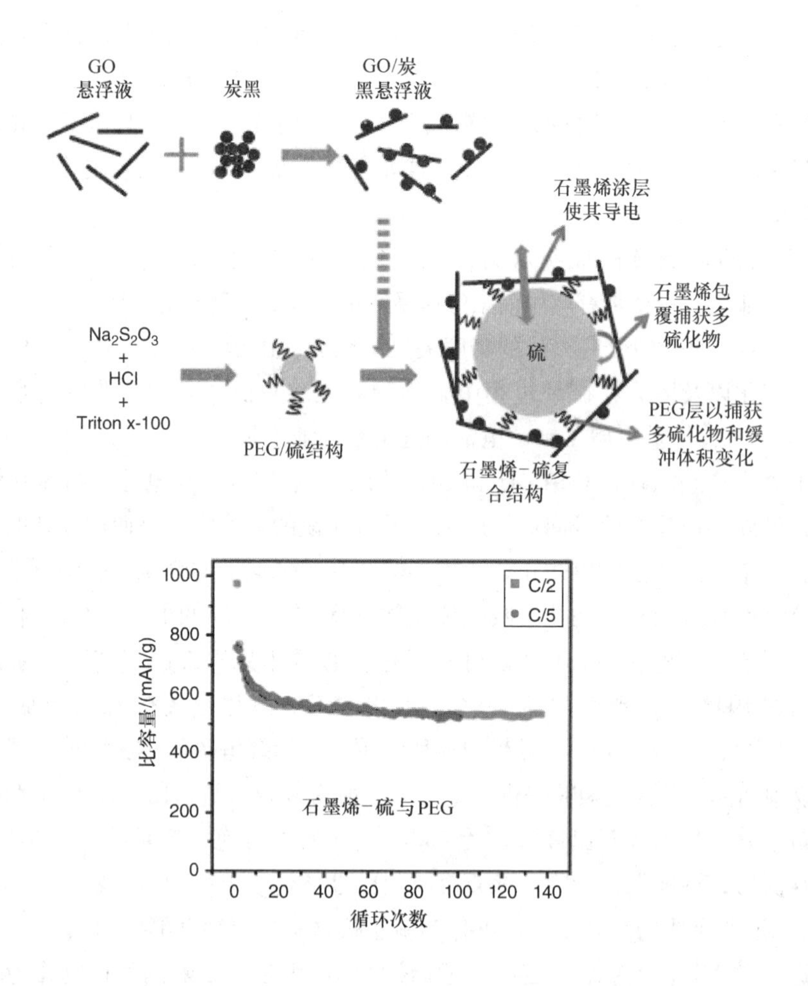

图 8.10　（上图）制备硫 - PEG - GO 结构的示意图。（下图）在 C/5 和 C/2 的倍率下，复合材料的循环性能

渍方法，在 tpGO 存在的情况下，硫化锂颗粒形成非常小的 25 ~ 50nm 纳米球结构，而不是普通情况下的微米大小颗粒。凭借自支撑式结构，tpGO 纸结构的高表面积为多硫化物提供了良好的保留位点，而多孔性质可缓解循环过程中材料所需的体积变化。所制备的复合材料表现出优异的循环特性，最初可达到 Li_2S 的全部理论容量（约 1166mAh/g），表明电活性材料完全参与反应。此外，复合材料具有优异的倍率性能，在 7C（约为 8A/g）的倍率情况下仍然可以表现出 600mAh/g 的容量，超过理论值的50%。此外，当在 5C（约 6A/g）的高倍率情况下连续循环时，复合材料能够循环 200 次以上，同时保持约其初始容量的 70%。文献不仅展示了令人印象深刻的高容量和高倍率的正极材料，而且还延伸利用三维柔性 RGO 纸结构支架的巨大功能性。

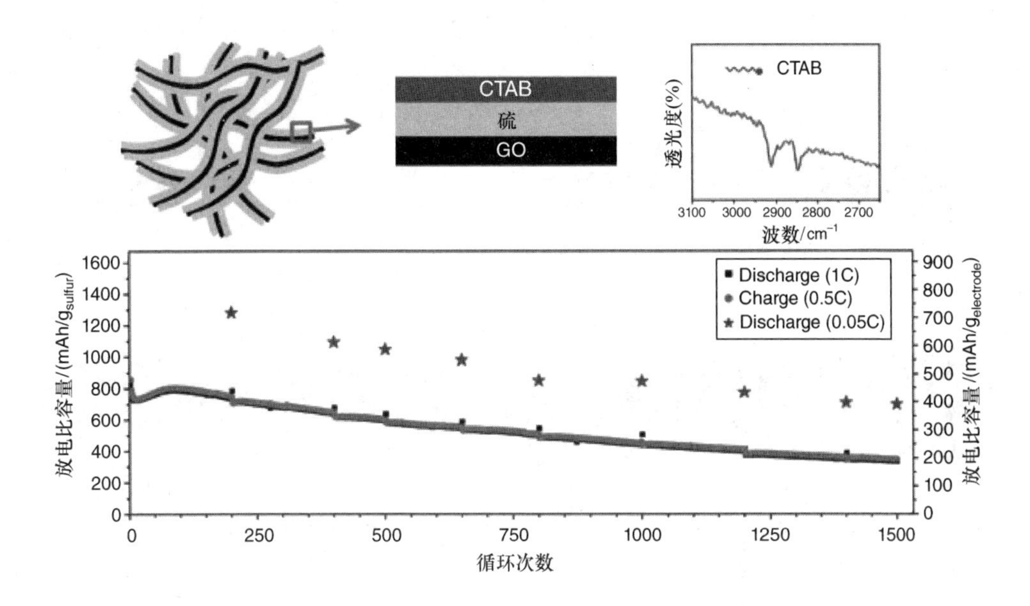

图 8.11　（上图）CTAB 修饰的硫 - GO 复合材料和（下图）复合结构的电化学循环性能图

8.2.5　新兴应用

除了在传统的正、负极应用领域展现出巨大的前景之外，GO 及其衍生产物最近还被应用于更新型的锂离子电池中：一种新型被称为“全石墨烯电池”的应用，这种电池将 GO 材料同时用于正、负电极中[39]。通过调节 GO 的热处理温度以控制每个电极的氧化程度。该能量存储系统利用部分还原的 tpGO 作为正极材料，并且使用还原程度更高的 tpGO 作为负极材料。图 8.13 为电池的设计以及正负电极电荷存储的机理。部分还原的 tpGO 正极材料含有明显的羰基（C = O）官能团，可将其用作高电势下的 Li^+ 电荷存储的氧化还原中心。而电极优异的稳定性源于赝电容存储机制的 C = O/C - O 法拉第表面反应。这种方式能够使电池系统基于两个电极上的快速表面反应而工作，从而同时提高其能量和功率密度。该系统能够提供 225Wh/kg 的能量密度，并提供高功率密度（6450W/kg）。当在 500mA/g 下循环时，该电池系统在 2000 次循环后能够保持高于其初始容量的 50%（见图 8.13）。该电池的性能表明能够使用 GO 来实现电池和电容器的混合储能系统。

氧化石墨烯的第二个新兴应用是作为电池隔膜以提高电池的安全性。电池隔膜是分隔正、负电极绝缘屏障，并为 Li^+ 离子在电极之间传播提供通道。在传统电池中，隔膜材料由允许电解质和 Li^+ 离子扩散的多孔聚合物材料组成。而从安全方面出发，如果电池加热到高温，则聚合物隔膜材料会经历不可逆的相变，孔隙将闭

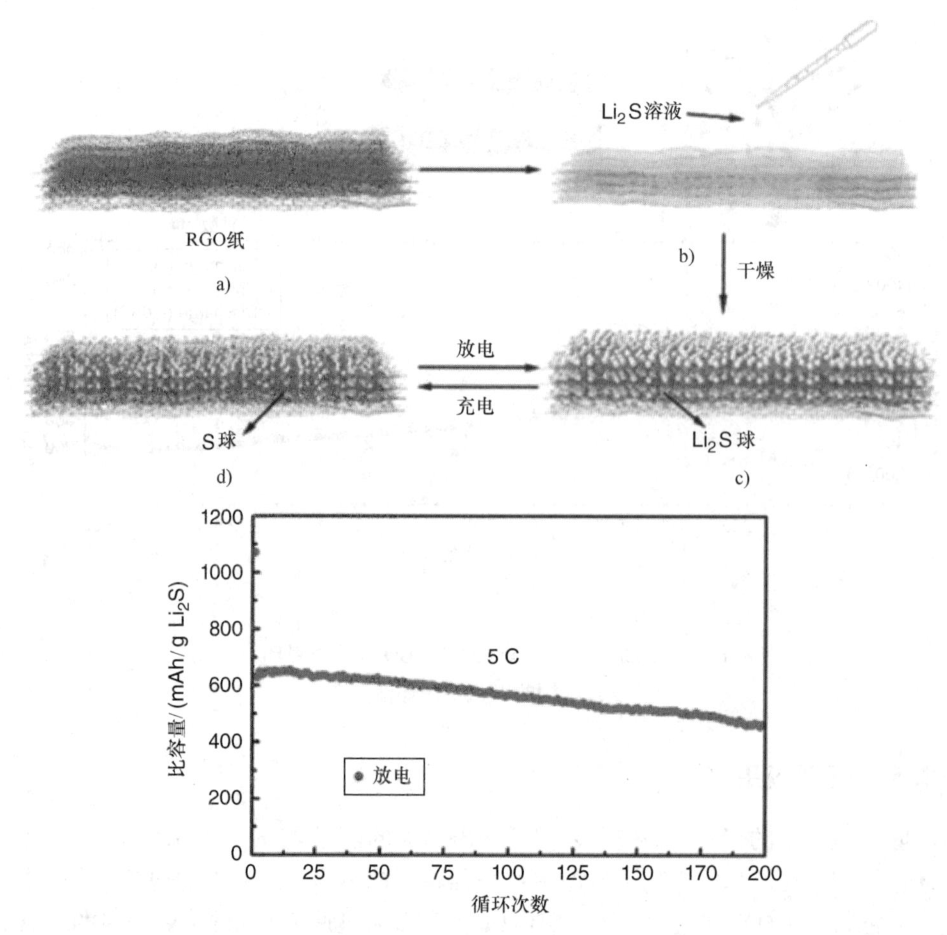

图 8.12 （上图）自支撑式 Li_2S - tpGO 复合纸结构制造的示意图。（下图）当在 5C（约 6A/g）下循环时，Li_2S - tpGO 正极的电化学循环性能

合，这将阻止 Li^+ 离子扩散并终止电池工作。Shen 及其团队成员证明，绝缘 GO 膜也可以用作隔离材料[40]应用于电池领域中。

另外，用温度敏感的聚合物使 GO 薄膜功能化，这些对温度敏感的聚合物可以根据温度变化发生可逆的结构变化（见图 8.14）。通过表面引发的原子转移自由基聚合反应，将温度敏感聚合物如聚（磺基三甲铵乙内酯）（PMABS）修饰到 GO 片层上。PMABS 具有高临界溶解温度（UCST），因此能够有效并可逆地改变其渗透性及其在 UCST 点之上或之下的吸附性能。当包含 GO - PMABS 隔膜的电池温度超过临界点（80℃）时，Li^+ 离子的渗透性大大降低，这导致容量显著下降。Shen 及其团队通过实验证明，这种现象是可逆的，将电池温度降低到 20℃ 时可以使电池恢复到原来的充电容量（见图 8.14）。总体而言，这项工作已经证实如果将电池从

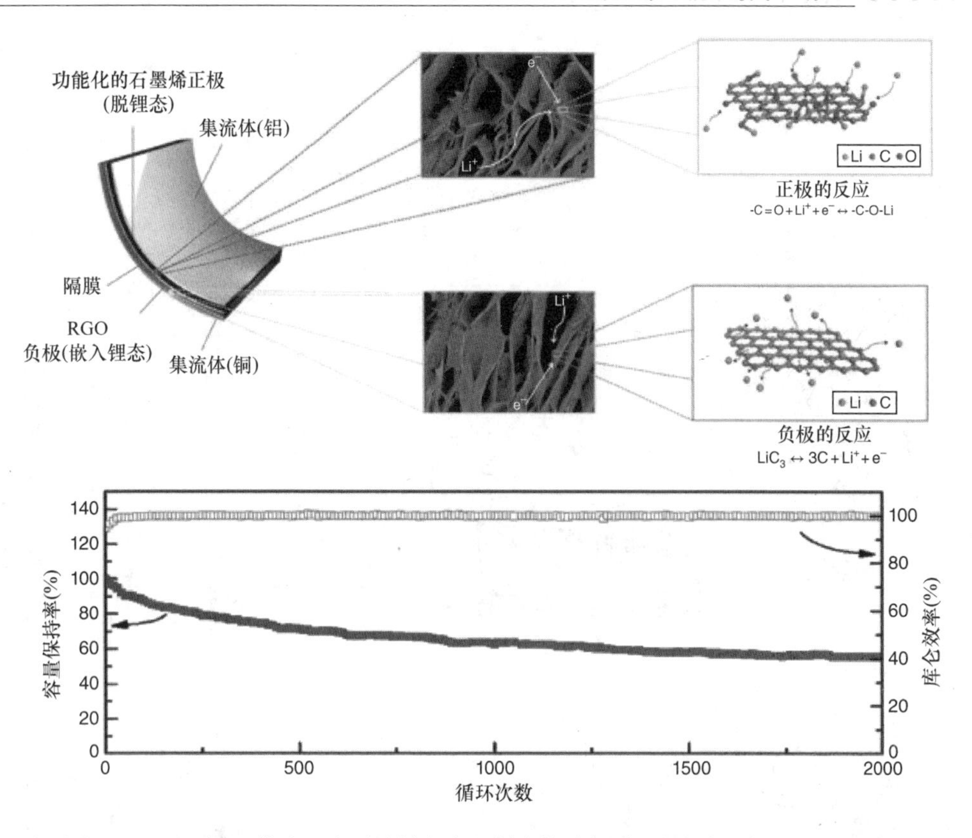

图 8.13　（上图）描述“全石墨烯电池”制造的示意图。（下图）在 500mA/g 时，系统的电化学循环性能

20℃加热至 80℃时，GO－PMABS 膜能够使电池的存储容量降低 50% 以上。对于能量存储应用而言，这种新型 GO 膜可以作为一种手段，通过降低高温下的 Li^+ 渗透性来缓解电池中的热失控，同时还可以充当内部电池平衡，以限制局部离子流产生的局部剧烈的热效应。

总之，GO 衍生物电极在先进锂离子电池的领域表现出重要的应用前景。采用不同的方式，获得从柔性、自支撑纸结构到复杂的分层、三维、多孔复合材料。GO 的独特性能使其适用于所有类型的正、负极材料的制备，并使其具有不同的结构与性能，利于各个不同领域的应用。此外，它的两亲性为各种粒子的生长提供了独特的途径。另外，具有大片尺寸的独特二维结构可适应各种粒子形态。由于该研究主题引起了公众极大的兴趣，本章描述的示例仅代表在解决世界能量存储问题的努力中的小部分。而所提出的总体主题证明了微观结构工程方法可能带来的改进设计及性能的电极材料。

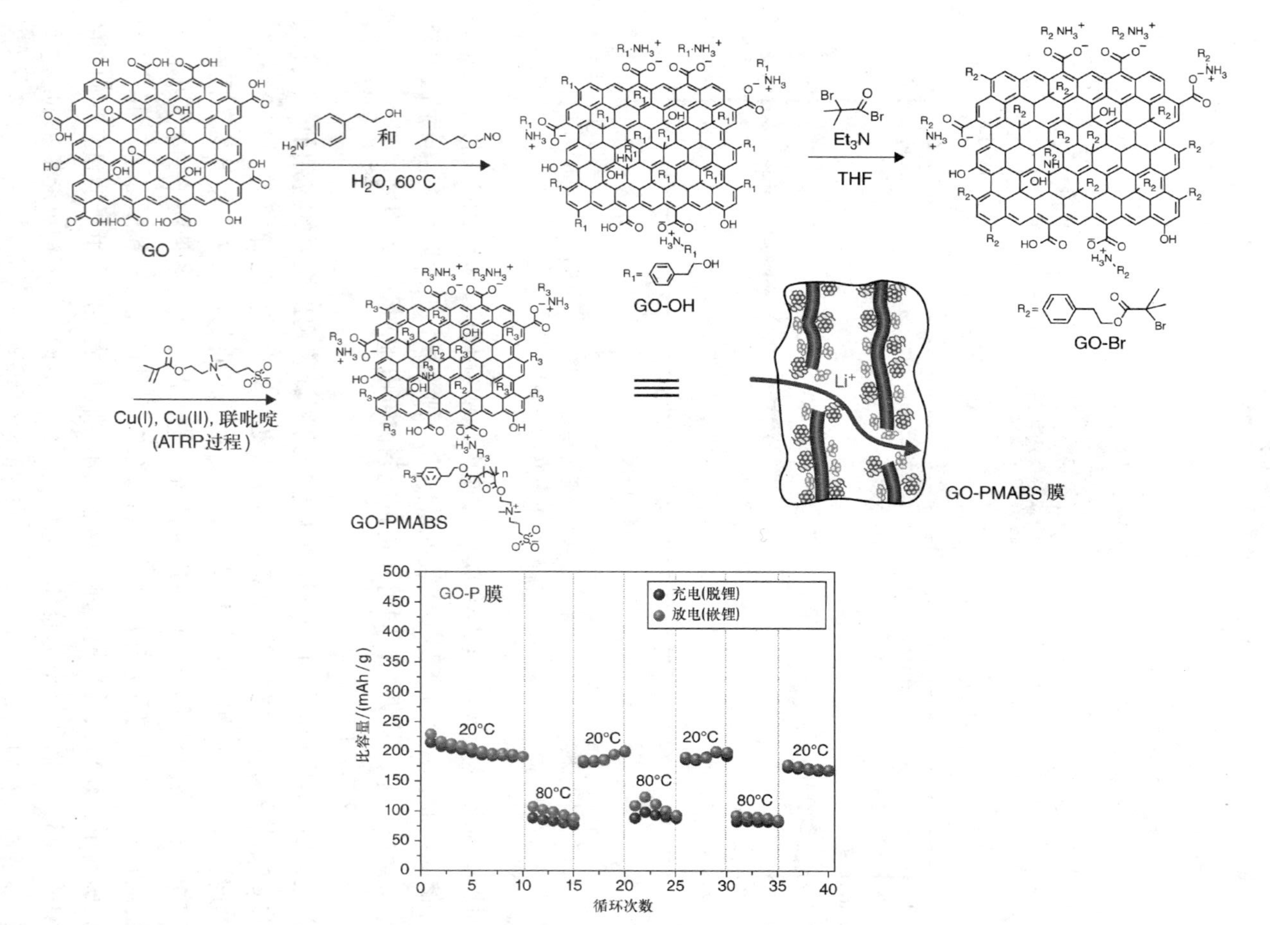

图 8.14 （上图）用 PMABS 功能化的 GO 制备 GO－PMABS 膜的方法。（下图）当以 200mA/g 电流密度循环时，在 20℃和 80℃下膜的电化学循环性能，表明循环时热响应膜的可逆电荷存储特性

8.3　超级电容器

8.3.1　概述

超级电容器在许多方面与锂离子电池是互补的，并且由于其高功率密度和长循环寿命而引起了广泛关注。超级电容器是一种新型的电能存储系统，可用于存储能量并在短时间内提供高功率脉冲。锂离子电池适用于需要以分钟和小时数量级供电的应用，而与锂离子电池相比，超级电容器非常适合那些必须以秒为单位的高功率、短时间突发的应用。超级电容器这种独特的性能已经引起了各领域广泛的关注，包括像电动车辆的再生制动、电网和航空航天应用，以及不断增长的可穿戴电子技术领域。2014 年，超级电容器的全球市场规模为 38 亿美元，随着超级电容器越来越多地用于交通和消费电子市场[41]，预计到 2020 年，其年增长率将超过 15%。

超级电容器能够提供高功率密度（约 10kW/kg）、优异的循环稳定性，同时对外部负载源产生快速响应。超级电容器的快速响应使得它们能够与电池结合使用：工作时，超级电容器可以充当电荷调节器，平衡负载并优化电池充电途径。然而，与其他形式的电能存储相比，电容器的能量密度相对较低（<10Wh/kg），比可充电锂离子电池（200Wh/kg）低一个数量级以上。为了提高超级电容器的存储能力，许多文献集中报道了基于多孔碳的各种结构的超级电容器，包括活性炭、气凝胶、碳纳米管和介孔碳结构。尽管如此，在应用中，超级电容器性能的改进一直难以实现。本节将重点介绍使用 GO 材料作为超级电容器电极的最新研究进展。

8.3.2　电化学基础

超级电容器是一种电化学电容器，主要通过两种不同的机制存储电荷——双电层电容（EDLC）和赝电容。双电层电容机制是通过电极材料表面的亥姆霍兹双层进行电荷分离实现能量的存储。因此，电荷以静电方式存储，并使电极在数十万次充放电循环（>100000 次循环）中表现出极其可逆的性能。为了最大限度地利用这种方法进行能量存储，必须将电极材料设计为具有极大的比表面积和良好的导电性，以实现电极的快速充放电循环。因此，高表面积的多孔碳结构是双电层电容器的首选材料。

与双电层电容相比，赝电容是通过电解质与电极表面上的电活性物质之间发生法拉第电荷转移的氧化还原反应来实现电荷的存储。最常见的情况是用导电聚合物如聚苯胺（PANI）和聚吡咯（PPy），或金属氧化物材料如 Co_3O_4、MnO_2 和 RuO_2 来实现。通常，这些反应可以提供更高的电容，高达 1000F/g，这比单独通过双电层电容机制实现的电容通常高大约 10 倍。但不幸的是，这些反应往往会使电极材料更快地降解，导致严重的电容衰减。另外，与双电层电容材料相比，许多赝电容材料由于较低的电导率而会降低电极的功率密度。为了将这些材料应用于电容器中，通常将赝电容材料与多孔碳材料结合以形成复合电极材料，该复合材料可以实现高的电容、良好导电性以及足够稳定的长效循环性。

应该注意的是，基于超级电容器的两种电荷存储机理不同于锂离子电池通过电化学氧化还原反应的存储机理。简而言之，锂离子电池可将电荷存储在大部分电极材料内部，从而实现高能量应用，而超级电容器主要在电极表面存储电荷，从而实现高功率应用。

超级电容器与锂离子电池类似，由两个电极组成，这两个电极通过隔膜实现物理分离，并通过离子导电电解质连接。当施加外部电压时，电极表面被极化并且电解质中的离子在电极表面形成与电极极性相反的离子，组成双电层。举例来说，正极化的电极表面将在电极-电解质界面处吸引负离子，以平衡正离子层（阳离子）（因此被定义为“双电层”）。而负极化电极的表面，在电极-电解质界面处将存在一层正离子，以平衡负离子层。通常，超级电容器的总电容（C_{total}）可以用两个独立的电容器（C_A和C_B）的电容表示如下：

$$C_{total}=\frac{C_A C_B}{C_A+C_B} \tag{8.2}$$

超级电容器通常进行对称或不对称的电极设计。对于对称设计，两个电极具有相同的电容值，因此C_{total}等于单个电极值的一半（即$C_{total}=0.5C_A$）。在不对称设计的情况下，从式(8.2）可以得出，C_{total}将受到具有较小电容电极的限制，因此大致被认为是较小电极的电容值（即如果C_A远大于C_B，则C_{total}约为C_B）。存储在超级电容器中的能量E可以根据以下公式计算：

$$E=\frac{1}{2}CV^2 \tag{8.3}$$

式中，C是比电容，V是工作电压窗口。可以看出，能量是电池电容和电压的函数。因此，为了改善超级电容器的能量输送，可以提高电极的电容或工作电压。从式（8.3）中可以看出，能量密度是关于工作电压窗口的二次方关系，因此提高电压可以显著提高能量密度。而电容器的工作电压更多地由电解质决定，受碳材料影响较低。本节不会着重关注扩大电位窗口的方法。相反，本节将概述一些通过开发新型电极材料改善电容作为提高电容器能量传输的关键技术。因此，本节将介绍如何开发各种含石墨烯结构材料以实现电极优化的比电容（F/g）、倍率性能和循环寿命。特别是重点介绍 GO 基材料在超级电容器领域的一些重要成果和可用于推动其发展的战略措施。

8.3.3 纯碳电极

许多关键因素影响着电极材料的电化学性能。超级电容器的电极必须具有大的比表面积、适当的孔径分布、高电导率和良好的表面可润湿性。另外，电极必须具有高的热稳定性、长期的化学稳定性、高耐腐蚀性、低成本和对环境友好等性质。基于电容储能机制，整个电极表面需要被电解液润湿以便存储电荷。此外，为了使电解质到达所有电极可接近的表面，孔隙必须足够大以容纳各种电解质物质。因此，在优化超级电容器电极的性能时，必须考虑和表征孔径以及额外的离子路径特征。

通常，双电层电容和赝电容存储电荷的量主要是依据电极的可接近比表面积的函数。因此，超级电容器电极通常由具有极高比表面积的多孔材料如活性炭制成。通常使用的活性炭电极的比表面积范围为1000~3000m^2/g，可实现100F/g的比容量。作为参考，活性炭的电导率也在1000~2000S/m的数量级范围内。为了改善电极的电容和能量，许多研究集中在开发多孔碳的各种结构，包括活性炭（AC）[42,43]、气凝胶[44-46]、碳纳米管（CNT）[47-51]和介孔碳[52-54]等。出于实际应用的考虑，虽然大多数超级电容器材料以单位质量的比电容作为衡量性能的标准，但由于可用于组件的空间有限，因此单位体积的电容值对于商业实际应用更为重要。因而这些提供极高比表面积的材料由于它们的低堆积密度而不能进行广泛的商业应用。因此，在着手新电极设计时必须考虑到这一点，以确保材料具有高比表面积和高堆积密度。

石墨烯由于优异、独特的性能（包括高的比表面积和宽的电化学稳定窗口（>4V）），一直是超级电容器的理想电极材料。此外，RGO表现的两亲性表面能够确保电解质可以接触到整个电极活性表面。到目前为止，大量文献报道了石墨烯基超级电容器[50,51,55-57]。然而，由于非理想的电极设计、加工和制造，所有报道的比电容值均显著低于理论值550F/g。石墨烯片层之间强的$\pi-\pi$相互作用可能导致薄片重新堆积以形成像石墨一样的堆叠，严重减少了可接近的表面积，并降低离子扩散速率。这些因素导致电极表现有限的比容量和较差的速率性能[58,59]。为了提高GO衍生物的电容性能，研究人员利用了不同的形貌，如褶皱和三维网络，与碳纳米管或聚合物等不同碳材料形成复合材料，以及在石墨烯平面内形成内孔。

为了使性能最大化，必须设计良好的电极结构，以同时表现高比表面积、合适的孔径分布、良好导电性、高倍率性能、高堆积密度和稳定长效循环等优异性能。在本节中，我们将着重总结一些用于设计高性能电极以解决超级电容器领域许多关键问题的典型示例，而不是全面列举制备基于RGO的超级电容器材料的所有方法。

Stoller等人作为首批研究者之一，在2008年报道了RGO作为超级电容器电极的应用[60]。在该开创性研究中，研究者们使用水合肼还原GO，形成直径为15~25μm的团聚颗粒，其比表面积（SSA）为705m^2/g。然而，由于部分颗粒的团聚和有限的可用表面积，电极材料的比电容相对较低，分别在水溶液和有机电解液中表现出135F/g和99F/g的比电容。这种结构没有表现出更高电容的原因之一是由于团聚，电解质不能渗透所有可用的活性石墨烯片表面。此外，结构中缺乏设计化的孔隙，进一步阻碍了离子在整个结构中的扩散，并阻止电解质进入内表面。尽管如此，RGO 材料表现出良好的导电性、大的比表面积和化学稳定性，仍旧是非常理想的超级电容器电极材料。

为了提高可接触的表面积，Ruoff 和他的团队后来开发了一种化学活化转化法，将剥离的氧化石墨转化为“活化石墨烯”的多孔碳材料[61]。化学活化是用于获得多孔碳基材料的常用方法，并且通常涉及将碳前驱体与化学活化剂如 KOH[62]、$ZnCl_2$[63]和 H_3PO_4[64]混合，随后在高温下碳化（400～900℃）。尽管之前这种活化过程已经应用于许多碳材料，但 Ruoff 和他的同事们首先将这种处理方法应用于 GO 材料中。值得注意的是，活化后产生的独特结构是由高度弯曲、原子级薄壁连续组成的三维网络，形成介孔和微孔结构。这种材料表现出高达 $3100m^2/g$ 的比表面积，高于石墨烯的理论值。这种高于理论值的比表面积是由于在 KOH 活化过程，产生极小（<5nm）的微孔结构。而作为超级电容器电极测试时，活化 RGO（比表面积为 $2400m^2/g$）能够在具有 3.5V 工作电压的离子电解液中，表现出高达 166F/g 的电容（5.7A/g 的高电流密度下），远远优于先前所报道的数值。此外，其体积电容也高达 $60F/cm^3$。这种材料非常稳定，并且在 10000 次循环后仍保持 97% 的电容。而令人惊讶的是，当活化 RGO 的比表面积增加到 $3100m^2/g$ 时，其电极表现出 150F/g 的较低电容，这可能由于过高程度的多孔结构使其电导率下降（电导率为 500S/m）。据估计，这种活化材料可提供 20Wh/kg 的实际能量密度和 75kW/kg 的功率密度，这是对活性炭基超级电容器性能的显著改进（5Wh/kg，约 7.5kW/kg）。因此，Ruoff 及其团队证明，这种已经用于活性炭的简单、普遍的化学活化过程可以应用于 GO 基材料，并有可能在短时间内实现高性能的电化学储能装置的制备。

随后，Ruoff 和他的团队进一步完善了实验加工工艺，将 GO 材料改性制成空心球形，以便在化学活化步骤之前产生大孔[65]。图 8.15 概述了一种改进路线以形成具有分级孔结构的、高度多孔的 GO-衍生碳产物。在改进的方法中，碳材料的比表面积可以进一步增加至 $3290m^2/g$，高于之前报道的数值。这些碳电极分别表现出 174F/g 的质量比电容和 $100F/cm^3$ 的体积比电容，并且在 1000 次循环后电容保持率为 94%。这种材料具有 $0.59g/cm^3$ 的高填充密度以及约为 44Wh/L 和 210kW/L 的体积能量和体积功率密度，是实现高性能超级电容器的有效途径。从分析中可知，控制碳材料的结构和形貌是开发高比表面积电极材料的有效策略，能够使电极具有利于离子扩散、进入大块电极颗粒内表面的有效途径。

另一种增加电极比表面积的方法是通过开发新型三维石墨烯结构。Huang 和他的团队证明，将二维 GO 片转变成三维皱褶球结构是防止片层聚集并保持高电子和离子传输效率的有效方法[66]。如图 8.16 所示，通过气溶胶喷雾热解工艺产生皱褶材料，其中 GO 悬浮液在超声波作用下雾化，然后送入加热电炉中进行热处理[67]。在雾化过程中，由于载体溶剂的快速蒸发，各向同性的毛细管压缩形成皱缩的 GO

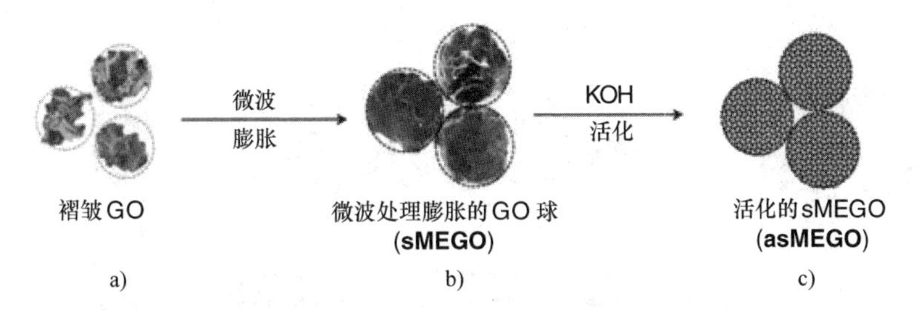

图 8.15　形成具有分级孔结构的高孔隙石墨烯衍生碳的制备示意图

球。而所得褶皱球的形貌可通过改变 GO 浓度和雾化参数来控制。褶皱的 tpGO 材料表现出相对有限的比表面积（567m²/g）。然而，与其他 GO 片层结构不同，普通 GO 片层由于在电极加工过程中施加的压缩力，其比表面积会降低（例如在压缩前后，比表面积分别从 407m²/g 下降至 66m²/g），而压缩后褶皱形貌的材料仍保持 255m²/g 的有效比表面积。此外，压缩后，褶皱的 tpGO 材料具有相对较高的密度（0.5g/cm³），表明这种由褶皱 GO 薄片组成的形貌，在均匀分布的颗粒与颗粒之间形成自由空间。当在电流密度 0.1A/g 下循环时，褶皱的 tpGO 材料具有高达 150F/g 和 60F/cm³ 的良好比电容。作为对比，用二维平面结构和二维褶皱结构制备的电极材料分别显示出 122F/g 和 142F/g 的较低电容值。对于 tpGO 电极而言，褶皱形貌相比于平面结构能够提供更高的能量和功率密度。另外，与二维平面和二维褶皱形貌不同，三维皱褶材料可以在高电极质量和面积负载下，提供高性能，而不会显著降低能量或功率输出。EIS 进一步表明，与二维平面和褶皱形貌相比，三维褶皱多孔结构表现出改善的电荷传输动力学。而与其他石墨烯结构相比，褶皱的 tpGO 结构表现出高的堆积密度，并因此具有高体积能量和功率密度。

使用水热法与热活化步骤相结合，得到了用于超级电容器的高比表面积 RGO 电极的另一途径[68]。用这种方法，首先用生物质和/或聚合物材料对分散的 GO 进行水热处理，以形成部分还原的三维混合前驱体复合材料。然后将该材料与氢氧化钾（KOH）混合并在 800℃温度下热活化以形成高度多孔的三维结构。图 8.17 描绘了制备材料的过程以及产物的透射电子显微镜图像。制备的材料表现出非常高的比表面积 3523m²/g，这比纯石墨烯的理论比表面积高。而电子显微镜显示这种结构是高度扭曲的，其中碳化结构使石墨烯片层分离，而三维互连结构提供高达 303S/m 的电导率。当作为超级电容器电极进行测试时，这些材料表现出高达 231F/g 的比电容，并且在 1A/g 电流密度下，循环 5000 次后容量几乎没有衰减。与多孔三维结构相比，没有添加额外碳（生物质或聚合物）的 RGO 对照样品表现出 1810m²/g 的比表面积，但其比电容为仅为 132F/g。实验结果证明了利用高比表面积和结构设计能够实现超级电容器的优异性能。

最近，有研究针对超级电容器应用开发另一种“多孔石墨烯”的制备方法。Xu 及其同事开发了一种三维、多孔 tpGO 材料，这种材料具有面内孔隙，从而产生

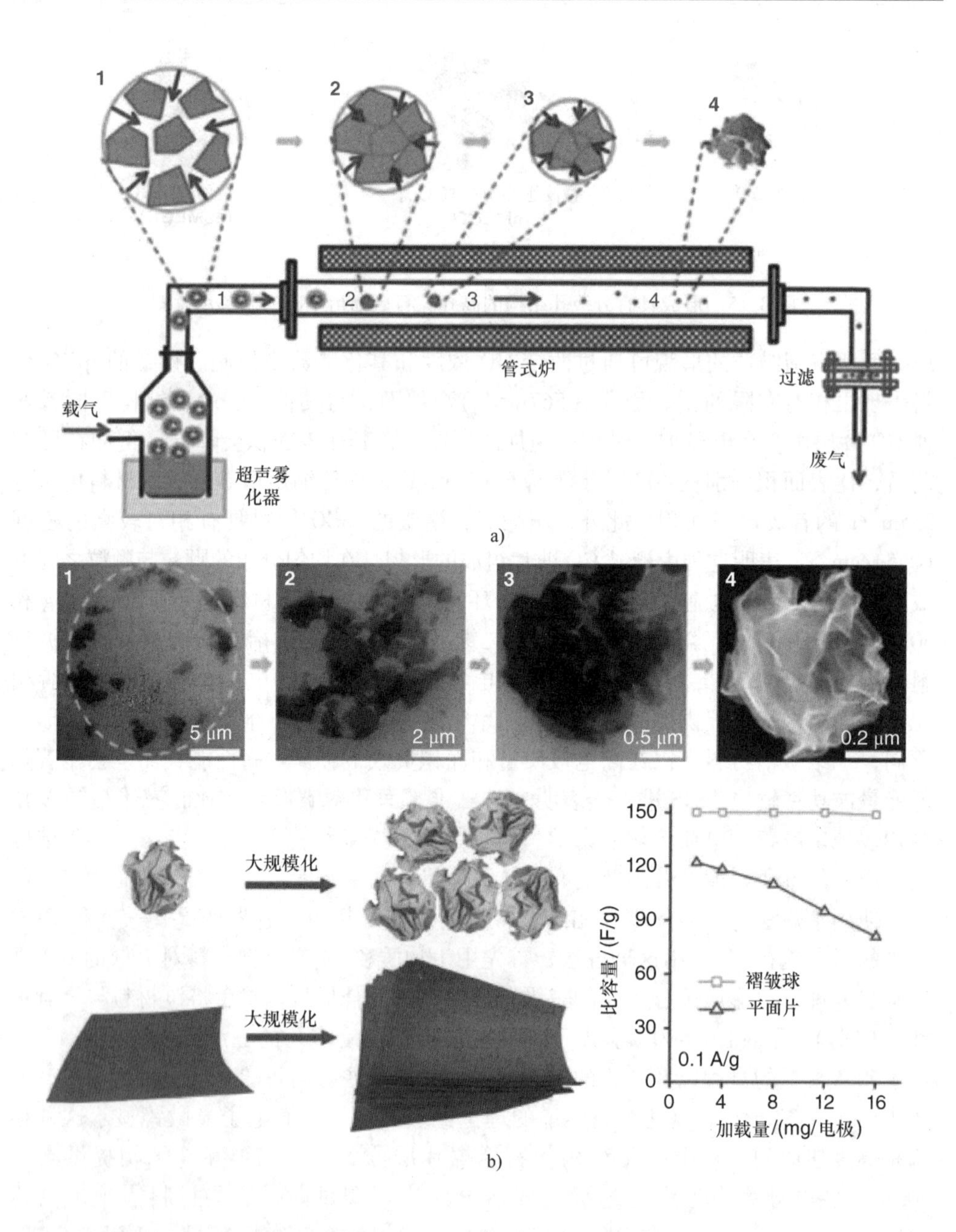

图 8.16 a）褶皱片形成的示意图，b）褶皱片的形貌。平面片（紫色）和褶皱球（金色）形貌的示意图及其各自的电容性能

“多孔”结构[69]。该材料的示意图如图 8.18 所示。使用过氧化氢（H_2O_2）将纳米孔刻蚀到 GO 材料中，同时采用水热处理将材料自组装成三维、高比表面积、片层相互连接的水凝胶结构。纳米孔结构由过氧化氢的量控制，这种孔径为几纳米量

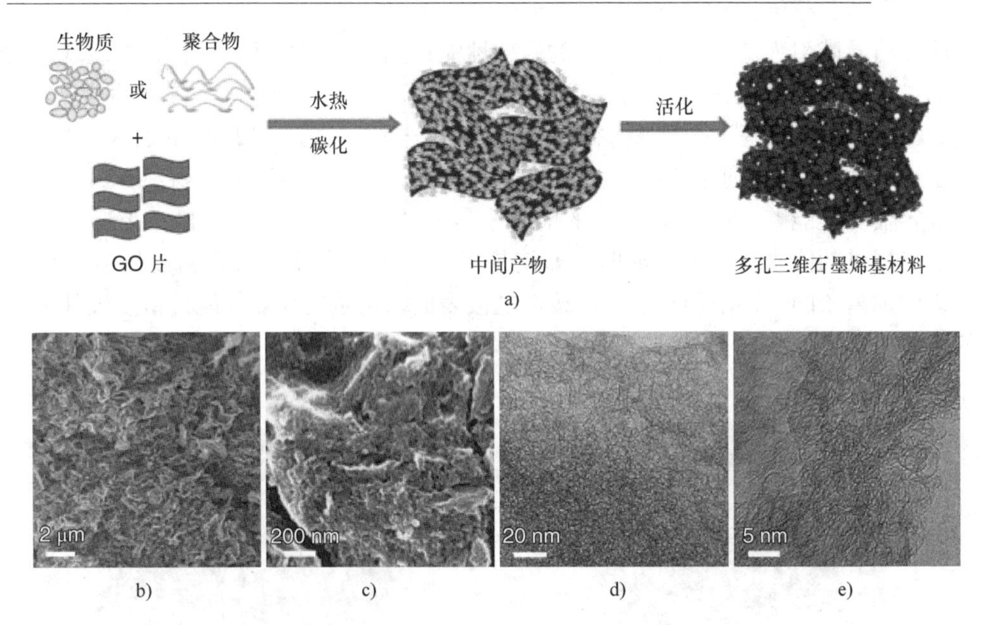

图 8.17　a）详细说明了结合水热及化学活化法的综合制备方法。b，c）SEM 图像表明材料具有海绵状和多孔结构。d，e）TEM 图像显示材料是由高度弯曲或褶皱表面的致密三维多孔结构组成

级的孔隙分布在整个 GO 平面。为了研究纳米孔的影响，该工作还制备了不使用过氧化氢蚀刻剂处理的对照材料。通过水热反应在 tpGO 中产生大孔，其孔径范围从亚微米至几微米，并且壁由一层或几层 tpGO 片构成，这种 GO 片在基平面中具有缺陷的碳位点。为了将填充密度提高到商业应用所需的水平，并证明多孔支架的实用性，使用液压机将高度多孔的水凝胶材料压缩以形成紧凑的“多孔”材料，使其具有显著改善的组装密度。在压缩之后，多孔材料的比表面积测量为 $810m^2/g$，而压缩之前为 $830m^2/g$，表明在压缩过程中几乎不发生石墨烯重新堆叠。这种不发生石墨烯重新堆叠的现象归因于石墨烯片的牢固互连，能够进行机械压缩而不会使片层堆叠。压缩后，材料的堆积密度为 $0.71g/cm^3$。将这种多孔材料与其对照样品相比，发现多孔结构表现出更大的比表面积（$810m^2/g$ 对 $260m^2/g$），但是由于存在碳缺陷，其电导率稍低（1000S/m 对 1400S/m）。尽管无孔材料的电导率高于多孔材料，但由于多孔结构可以改善离子扩散，孔的引入减少了在循环过程中所观察到电极材料的电压降。另外，EIS 中较低的电荷转移电阻表明纳米孔的加入，使电极内能够进行更有效的电解质扩散。在含水电解质中，多孔 tpGO 材料作为超级电容器电极时，在 1A/g 下实现了高达 310F/g 的质量比电容，而其对照样品，在相同的测试条件下仅表现出 208F/g 的电容。因此，通过将孔引入 GO 的基平面，改善电极的扩散路径，能够使其电容增加 50%。当充放电电流密度增加到 100 倍（100A/g）时，多孔材料仍能够保留其初始电容的 76%，而对照样品仅保持 63%，

表明在将孔隙引入基平面后，电极的倍率性能得到改善。此外，这种材料表现出极高的循环稳定性，在 25A/g 的 20000 次充放电循环后，其电容保持率约为 90%。更令人印象深刻的是，这种材料能够实现前所未有、高达 212F/cm³ 的体积电容，这是迄今文献中所报道的最高值之一。通过计算，这种高度致密的材料在组装成超级电容器时，能够提供 35Wh/kg 的能量密度和 49Wh/L 的体积能量，接近铅酸电池所能提供的能量。该报道证明，即使是考虑超级电容器进行高密度组装的情况下，增加离子的迁移率和有效的可接近电极表面积仍是提高器件能量密度极其可行的方法。

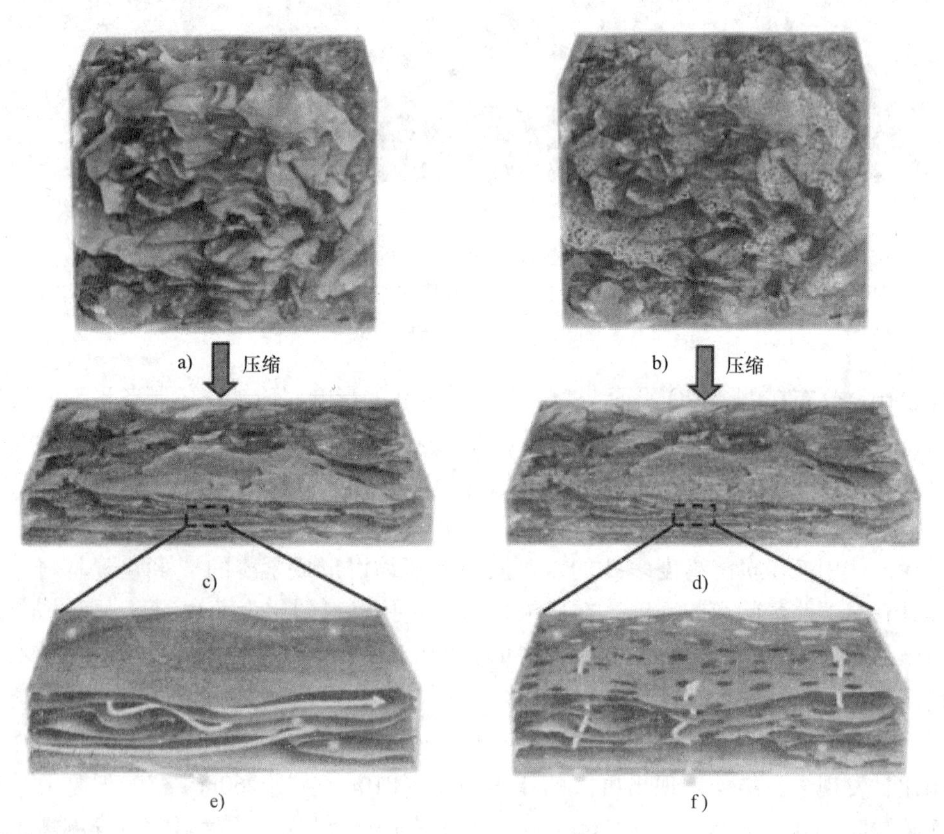

图 8.18 “多孔石墨烯”材料（b、d、f）和对照的非多孔材料（a、c、e）作为超级电容器应用的理想化电极的图示

总而言之，由于 RGO 电极的电荷存储的主要方法是通过双电层电容机制，因此表现出优异的稳定性，但其电容（200 ~ 300F/g）相对较低。另外，由于活性炭和相关材料具有高比表面积以及低的成本，同时可以实现类似的性能，作为商业应用的电极，纯 RGO 电极尚未取代活性炭。为了进一步增加 RGO 基超级电容器电极的电容，通常将包含赝电容结构的复合材料作为其替代物进行广泛研究。

8.3.4 赝电容特性的氧化石墨烯基复合电极

如 8.3.2 节所述，由于其电荷存储机理中增加了法拉第反应，赝电容材料表现出明显更高的比电容值。但是，这些材料的循环稳定性也明显较差。将 RGO 与这些赝电容材料结合起来，有效地利用两种结构类型的优点，形成具有高电容和良好循环稳定性的复合结构。这种协同促进效应带来的性能改进包括电容值显著增加，充放电速率提升，高电压运行时的稳定性增强以及循环寿命延长。最常见的情况是使用导电聚合物如聚苯胺（PANI）[70,71] 和聚吡咯（PPy）[72,73] 以及金属氧化物材料如 Co_3O_4[74,75]、MnO_2[75,76]、$Ni(OH)_2$[77]、RuO_2[78] 等。对于这些复合材料，除了其赝电容结构单元不同外，8.3.3 节中讨论的许多电极设计方案同样可应用于这些体系。因此，本节将重点介绍如何将不同类型的赝电容材料组装到碳架构中以开发高性能复合超级电容器电极。

PANI 是一种导电聚合物，由于其显著的赝电容行为，通常用于超级电容器电极材料中。PANI 被认为是应用于超级电容器中最有前途的导电聚合物，因为它兼具良好的环境稳定性、易于合成、化学掺杂和独特的电子传导方法。与其他赝电容材料一样，PANI 在充放电过程中也表现出较差的稳定性。为了克服这个问题，PANI 通常与碳基材料如活性炭和 CNT 结合以制备复合电极材料。因为存在大量的含氧官能团，GO 为 PANI 的合成提供了一个良好的支架，这些官能团可以作为原位聚合和掺杂的成核位点[71]。尽管有些文献报道利用 GO 的绝缘态与 PANI 结合[79]，但 GO 的氧化态并不是改善 PANI 电化学性能的合适选择。相反，还原后的导电 RGO 材料更有利于与 PANI 相互作用，形成复合材料。

最近，Meng 和同事报道了使用碳酸钙（$CaCO_3$）作为模板来合成三维 PANI - RGO 复合材料，如图 8.19 所示[80]。用这种方法，首先将 $CaCO_3$ 颗粒在 GO 分散液中原位合成，然后干燥以获得模板化的三维多孔 GO 结构。在通过肼蒸气处理进行化学还原之后，将碳酸钙模板移除，从而得到多孔的 RGO 骨架结构。由此产生的自支撑膜具有高度的柔韧性和相互连接的孔隙，能够促进结构内的电解质离子传输并提高其倍率性能。在形成多孔 RGO 结构之后，在其表面进一步生长 PANI 纳米线，形成了多层的 PANI - RGO 复合结构。将其作为超级电容器电极进行测试时，由于赝电容 PANI 材料的存在，电极表现出高达 385F/g 的比电容和出色的倍率性能。另外，由于 RGO 结构的稳定性，该复合电极在 5000 次循环后能够保持其初始电容的 90%，表现出与纯 RGO 多孔骨架类似的循环稳定性。该结构的优异性能源于相互连接的多孔膜结构，也突出了设计超级电容器电极材料时采用三维结构的重要性。

除了 PANI 之外，最近还有许多其他聚合物 - RGO 复合材料应用于超级电容器领域。其中，PPy 是另一种有吸引力的导电聚合物，由于其具有高电荷容量、良好导电性和合成成本低廉的特性，因此也已被用作赝电容材料。由于 PANI 和 PPy 之

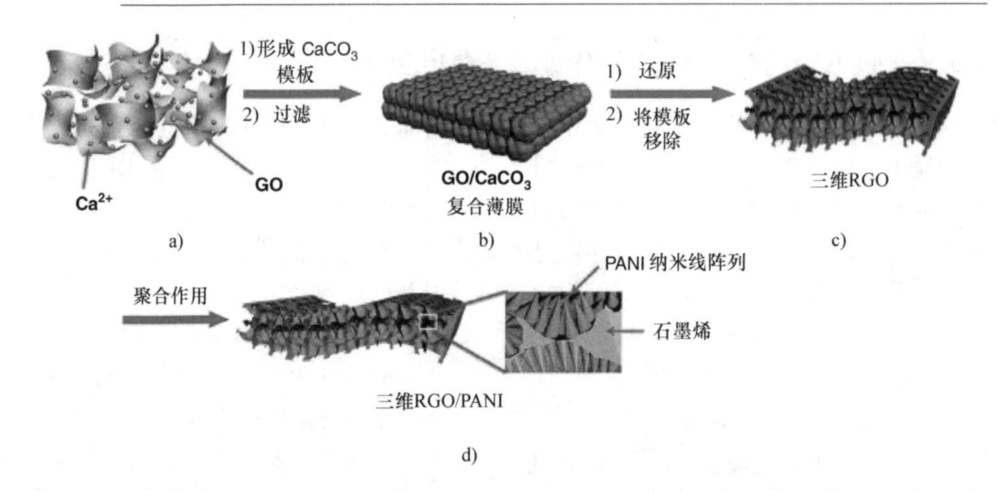

图 8.19 具有三维、互连孔的分层 PANI－RGO 复合材料的合成过程

间有许多相似之处，因此可以推断，制备 PANI 基复合材料的方法同样可以应用于 PPy 体系中。事实上，已有文献报道了多层石墨烯－PPy 复合材料，并表现出优异的性能[72]。

过渡族金属氧化物是超级电容器应用中另一类有前途的赝电容材料。金属氧化物中的能量存储机制基于快速、可逆的电子转移和电活性材料表面上质子的电吸附相结合。在金属氧化物颗粒这一类中，氢氧化镍由于其理论电容值高（约 3750F/g），易于合成且成本低[81]，因此在超级电容器领域中受到了广泛关注。不幸的是，氢氧化镍在应用过程中受到一些限制其性能的挑战，包括低倍率容量，以及由于不能提供足够的电子传输而导致的低容量。由于这些缺点，如果将这种材料与 GO 等高导电性支撑结构相复合，利用这种方法以提高其性能非常具有吸引力。事实上，许多研究都集中在氢氧化镍与石墨烯基电极的复合上[82－86]。在这些文献中，合成方法是各不相同的，以便实现复合结构内颗粒的最佳分散性以及尺寸控制。然而，在这些结构中，石墨烯材料发生片层的团聚，从而导致颗粒分散不均匀以及低的可利用表面积。这反过来会阻碍离子和电子在该复合结构中的扩散，从而在电化学测试中并没有观察到性能的改进。

迄今为止，文献报道的具有最高比电容的结构是采用氢氧化镍涂层的三维多孔 tpGO 空心球复合材料[87]。为了制备这种材料，如图 8.20 所示，Zhang 和他的同事们首先通过 3－氨丙基三甲氧基硅烷（APS）将二氧化硅（SiO_2）球形模板进行改性以提高 GO 附着力，随后将 GO 薄片分散铺在其表面，接着进行热还原和模板去除。之后，使用硝酸镍（$Ni(NO_3)_2$）前驱体溶液将氢氧化镍纳米颗粒电化学沉积到多孔 tpGO 支架上。最终这种热处理的 GO 形成多孔三维支架结构，为电子和离子传输到赝电容材料提供快速通道。氢氧化镍－tpGO 复合材料在 5mV/s 的扫描速率下实现了 2815F/g 的高比电容，在 1000 次循环过程中具有高稳定性，电容衰减

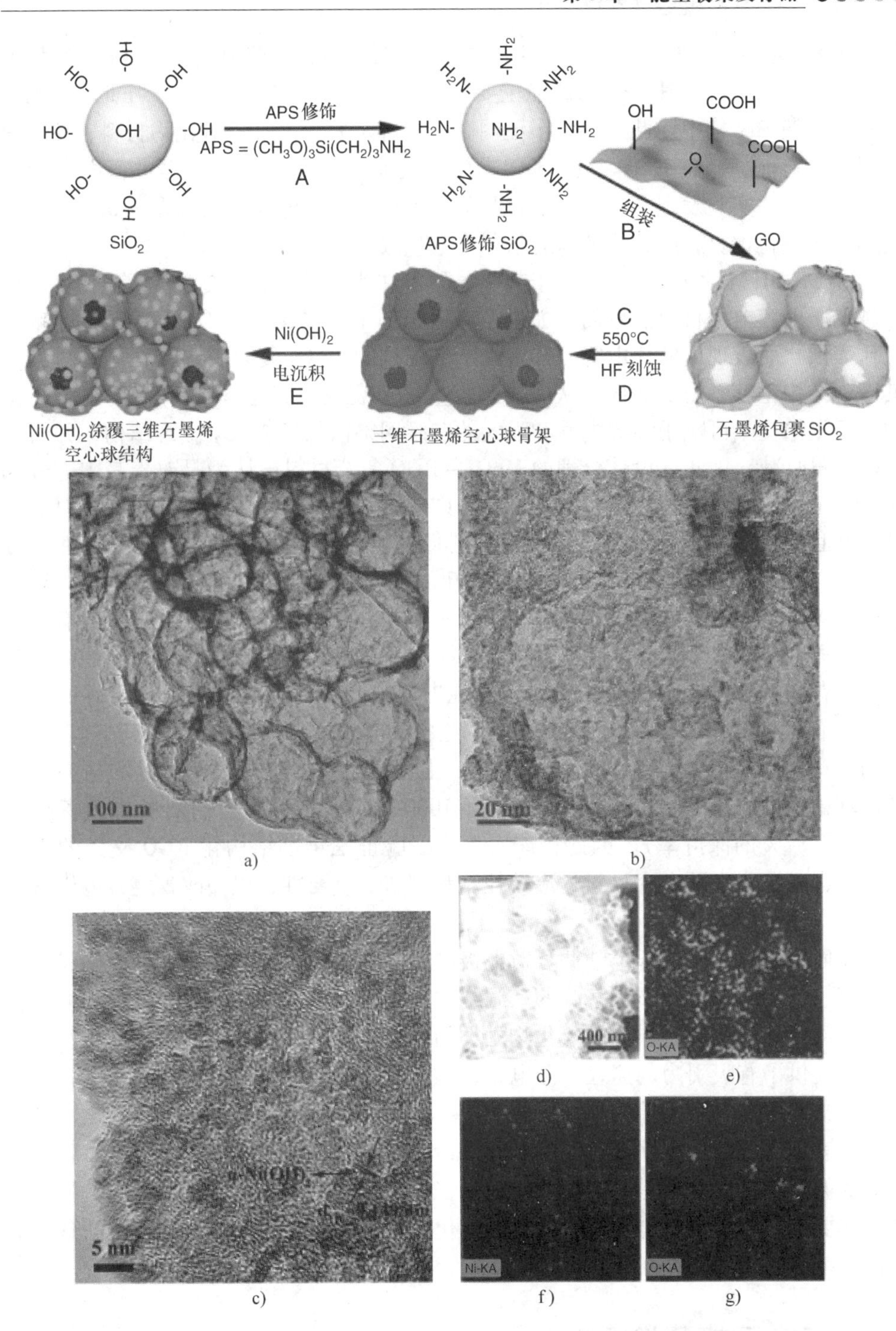

图 8.20　（上图）Ni(OH)$_2$ – tpGO 复合骨架模板的合成示意图。（下图）a ~ c）不同放大倍数的 TEM 图像以及 d ~ g）元素组分的 STEM 图

低于8%。尽管复合材料的比表面积为$1159m^2/g$，但并不像其他三维RGO结构的比表面积那样高，而其优异的性能主要是由于$Ni(OH)_2$纳米颗粒（4nm）均匀地分布在石墨烯结构中。此外，为了证明高比电容主要源于金属氧化物材料，在氢氧化镍涂覆之前，制备三维多孔tpGO支架结构作为对照样品，同样进行电化学测试。通过对比实验发现，这种对照样品的最大可实现比电容被限制在210F/g左右，比加入氢氧化镍材料所达到的电容低一个数量级。

除$Ni(OH)_2$之外，MnO_2由于其资源的丰富性、低成本和安全性，成为另一种优越的赝电容电极材料。然而，如果没有适当的纳米结构，MnO_2由于低电导率和低比表面积而表现出低比电容。即使是纳米结构的MnO_2复合材料，在循环过程中其微观结构也容易受到破坏，从而导致容量快速衰减。而在具有RGO的复合结构中，石墨烯支架可赋予高导电性和强大的三维网络以保护MnO_2微观结构，并防止电极容量衰减。因此，设计合理的MnO_2-RGO复合材料被认为是改善其赝电容和循环稳定性的有效途径。事实上，目前有许多关于MnO_2-RGO复合电极材料的文献，并且已经成功研制出克服MnO_2材料低的可利用电容和差的循环稳定性的方法。MnO_2材料的优势之一是能够通过熟知的化学方法合成纳米线、纳米片、针状和空心球等多种形貌的纳米结构。在一个示例中，通过自组装方法获得了具有不同形貌的MnO_2-RGO复合材料[88]。而通过电化学测试发现，当在1.0A/g的电流密度下，花状纳米球形结构（405F/g）表现出比纳米线形貌（318F/g）更好的电容性能。而在0.2A/g的较低电流密度下，花状MnO_2复合材料的比电容进一步提高到约510F/g。此外，与纳米线结构相比，花状形貌结构表现出更优异的倍率性能和循环稳定性。在1A/g电流密度下循环1000次后，花状复合材料的电容保持约350F/g（86%的保持率）。因此，该实例除了验证三维、结构化RGO支架的重要性之外，还证明了赝电容材料的形貌控制和调节的重要性，以便改善复合电极材料的循环寿命及电容。

总而言之，这些例子都强调了对电极结构进行微观调控的必要性，以确保高比表面积、均匀的粒子分布和多孔的三维结构，这样能使电极材料获得更优异的电容性能。而像导电聚合物和金属氧化物之类的赝电容材料为实现高性能先进超级电容器电极提供了有吸引力的途径。导电聚合物具有柔韧性、高导电性和高比电容等优点，但与双电层电容特性的电极材料相比，其循环寿命仍然有限。金属氧化物材料也同样表现出差的倍率性能且短的循环寿命。虽然石墨烯的存在显著提高了赝电容材料的循环稳定性，但是对于商业应用而言，其性能并不令人满意。在未来的工作中，需要进一步提高赝电容复合材料的电化学稳定性，以实现超级电容器的高能量和高功率。

8.4 研究展望及发展机会

GO具有各种各样有用的特性，这些特性来源于其独特的原子级薄层结构，使它不同于其他多层石墨烯薄片和石墨体系。对于锂离子电池和超级电容器等电化学系统而言，许多的性能包括高比表面积、机械强度、导电性、可调控片层尺寸、柔韧性和可裁剪的形态均使其具有巨大的应用前景。特别是，GO 及其还原形态上存在的含氧基团为各种化学反应提供了独特的表面，有利于进一步功能化或合成独特的复合材料。将这些性能与先进材料相结合，为加速新一代储能电子技术的发展提供了一条有前景的途径。自从这种方式 10 多年前出现在文献中以来，一些大胆创新的想法已经被证实，并且还有无数令人兴奋的发现呼之欲出。

参考文献

[1] Bonaccorso, F.; Sun, Z.; Hasan, T.; Ferrari, A.C., Graphene photonics and optoelectronics. *Nature Photon*. **2010**, *4* (9), 611–622.

[2] Roy-Mayhew, J.D.; Aksay, I.A., Graphene materials and their use in dye-sensitized solar cells. *Chem. Rev*. **2014**, *114* (12), 6323–6348.

[3] De, S.; Coleman, J.N., Are there fundamental limitations on the sheet resistance and transmittance of thin graphene films? *ACS Nano* **2010**, *4* (5), 2713–2720.

[4] Wassei, J.K.; Kaner, R.B., Graphene, a promising transparent conductor. *Mater. Today* **2010**, *13* (3), 52–59.

[5] Brownson, D.A.C.; Kampouris, D.K.; Banks, C.E., An overview of graphene in energy production and storage applications. *J. Power Sources* **2011**, *196* (11), 4873–4885.

[6] Vilatela, J.J.; Eder, D., Nanocarbon composites and hybrids in sustainability: a review. *ChemSusChem* **2012**, *5* (3), 456–478.

[7] Pillot, P., The rechargable battery market and main trends, 2012–2025. Presentation at *Batteries 2012*. Avicenne Energy, **2012**.

[8] Winter, M.; Brodd, R.J., What are batteries, fuel cells, and supercapacitors? *Chem. Rev*. **2004**, *104* (10), 4245–4269.

[9] Xu, K., Nonaqueous liquid electrolytes for lithium-based rechargeable batteries. *Chem. Rev*. **2004**, *104* (10), 4303–4417.

[10] Nie, M.Y.; Chalasani, D.; Abraham, D.P.; *et al*., Lithium ion battery graphite solid electrolyte interphase revealed by microscopy and spectroscopy. *J. Phys. Chem. C* **2013**, *117* (3), 1257–1267.

[11] Kasavajjula, U.; Wang, C.S.; Appleby, A.J., Nano- and bulk-silicon-based insertion anodes for lithium-ion secondary cells. *J. Power Sources* **2007**, *163* (2), 1003–1039.

[12] Yoo, E.; Kim, J.; Hosono, E.; *et al*., Large reversible Li storage of graphene nanosheet families for use in rechargeable lithium ion batteries. *Nano Lett*. **2008**, *8* (8), 2277–2282.

[13] Zhu, J.X.; Yang, D.; Yin, Z.Y.; *et al*., Graphene and graphene-based materials for energy storage applications. *Small* **2014**, *10* (17), 3480–3498.

[14] Mahmood, N.; Zhang, C.Z.; Yin, H.; Hou, Y.L., Graphene-based nanocomposites for energy storage and conversion in lithium batteries, supercapacitors and fuel cells. *J. Mater. Chem. A* **2014**, *2* (1), 15–32.

[15] Pan, D.Y.; Wang, S.; Zhao, B.; *et al*., Li storage properties of disordered graphene nanosheets. *Chem. Mater*. **2009**, *21* (14), 3136–3142.

[16] Lee, W.; Suzuki, S.; Miyayama, M., Lithium storage properties of graphene sheets derived from graphite oxides with different oxidation degree. *Ceram. Int*. **2013**, *39* (Suppl. 1), S753–S756.

[17] Abouimrane, A.; Compton, O.C.; Amine, K.; Nguyen, S.T., Non-annealed graphene paper as a binder-free anode for lithium-ion batteries. *J. Phys. Chem. C* **2010**, *114* (29), 12800–12804.

[18] Hu, Y.H.; Li, X.F.; Geng, D.S.; *et al*., Influence of paper thickness on the electrochemical performances of graphene papers as an anode for lithium ion batteries. *Electrochim. Acta* **2013**, *91*, 227–233.

[19] Zhao, X.; Hayner, C.M.; Kung, M.C.; Kung, H.H., Flexible holey graphene paper electrodes with enhanced rate capability for energy storage applications. *ACS Nano* **2011**, *5* (11),

8739–8749.
[20] Wu, Z.S.; Ren, W.C.; Xu, L.; *et al.*, Doped graphene sheets as anode materials with superhigh rate and large capacity for lithium ion batteries. *ACS Nano* **2011**, *5* (7), 5463–5471.
[21] Sandu, I.; Moreau, P.; Guyomard, D.; *et al.*, Synthesis of nanosized Si particles via a mechanochemical solid–liquid reaction and application in Li-ion batteries. *Solid State Ionics* **2007**, *178* (21–22), 1297–1303.
[22] Maranchi, J.P.; Hepp, A.F.; Evans, A.G.; *et al.*, Interfacial properties of the a-Si/Cu:active–inactive thin-film anode system for lithium-ion batteries. *J. Electrochem. Soc.* **2006**, *153* (6), A1246–A1253.
[23] Zhang, T.; Zhang, H.P.; Yang, L. C.; *et al.*, The structural evolution and lithiation behavior of vacuum-deposited Si film with high reversible capacity. *Electrochim. Acta* **2008**, *53* (18), 5660–5664.
[24] Chan, C.K.; Peng, H.L.; Liu, G.; *et al.*, High-performance lithium battery anodes using silicon nanowires. *Nature Nanotechnol.* **2008**, *3* (1), 31–35.
[25] Ahn, H.J.; Kim, Y.S.; Kim, W.B.; *et al.*, Formation and characterization of Cu–Si nanocomposite electrodes for rechargeable Li batteries. *J. Power Sources* **2006**, *163* (1), 211–214.
[26] Liu, W.R.; Wu, N.L.; Shieh, D.T.; *et al.*, Synthesis and characterization of nanoporous NiSi–Si composite anode for lithium-ion batteries. *J. Electrochem. Soc.* **2007**, *154* (2), A97–A102.
[27] Kim, H.; Han, B.; Choo, J.; Cho, J., Three-dimensional porous silicon particles for use in high-performance lithium secondary batteries. *Angew. Chem. Int. Ed.* **2008**, *47* (52), 10151–10154.
[28] Magasinski, A.; Dixon, P.; Hertzberg, B.; *et al.*, High-performance lithium-ion anodes using a hierarchical bottom-up approach. *Nature Mater.* **2010**, *9* (4), 353–358.
[29] Beattie, S.D.; Larcher, D.; Morcrette, M.; *et al.*, Si electrodes for Li-ion batteries – a new way to look at an old problem. *J. Electrochem. Soc.* **2008**, *155* (2), A158–A163.
[30] Xu, W.L.; Flake, J.C., Composite silicon nanowire anodes for secondary lithium-ion cells. *J. Electrochem. Soc.* **2010**, *157* (1), A41–A45.
[31] Lee, J.K.; Smith, K.B.; Hayner, C.M.; Kung, H.H., Silicon nanoparticles–graphene paper composites for Li ion battery anodes. *Chem. Commun.* **2010**, *46* (12), 2025–2027.
[32] Zhao, X.; Hayner, C.M.; Kung, M.C.; Kung, H.H., In-plane vacancy-enabled high-power Si–graphene composite electrode for lithium-ion batteries. *Adv. Energy Mater.* **2011**, *1* (6), 1079–1084.
[33] Yang, S.B.; Feng, X.L.; Ivanovici, S.; Mullen, K., Fabrication of graphene-encapsulated oxide nanoparticles: towards high-performance anode materials for lithium storage. *Angew. Chem. Int. Ed.* **2010**, *49* (45), 8408–8411.
[34] Ding, Y.; Jiang, Y.; Xu, F.; *et al.*, Preparation of nano-structured $LiFePO_4$/graphene composites by co-precipitation method. *Electrochem. Commun.* **2010**, *12* (1), 10–13.
[35] Zhou, X.F.; Wang, F.; Zhu, Y.M.; Liu, Z.P., Graphene modified $LiFePO_4$ cathode materials for high power lithium ion batteries. *J. Mater. Chem.* **2011**, *21* (10), 3353–3358.
[36] Wang, H.L.; Yang, Y.; Liang, Y.Y.; *et al.*, Graphene-wrapped sulfur particles as a rechargeable lithium–sulfur battery cathode material with high capacity and cycling stability. *Nano Lett.* **2011**, *11* (7), 2644–2647.
[37] Song, M.K.; Zhang, Y.G.; Cairns, E.J., A long-life, high-rate lithium/sulfur cell: a multifaceted approach to enhancing cell performance. *Nano Lett.* **2013**, *13* (12), 5891–5899.
[38] Wang, C.; Wang, X.; Yang, Y.; *et al.*, Slurryless Li_2S/reduced graphene oxide cathode paper for high-performance lithium sulfur battery. *Nano Lett.* **2015**, *15* (3), 1796–1802.
[39] Kim, H.; Park, K.Y.; Hong, J.; Kang, K., All-graphene-battery: bridging the gap between supercapacitors and lithium ion batteries. *Sci. Rep.* **2014**, *4*, 5728.
[40] Shen, J.M.; Han, K.; Martin, E.J.; *et al.*, Upper-critical solution temperature (UCST) polymer functionalized graphene oxide as thermally responsive ion permeable membrane for energy storage devices. *J. Mater. Chem. A* **2014**, *2* (43), 18204–18207.
[41] China Market Research Reports, *Global supercapacitor market to see 21% CAGR: China Focus 2014–2020 research report.* PR Newswire. See http://www.prnewswire.com/news-releases/global-supercapacitor-market-to-see-21-cagr-china-focus-2014-2020-research-report-290009141.html (accessed 9 May **2016**).
[42] Raymundo-Pinero, E.; Leroux, F.; Beguin, F., A high-performance carbon for supercapacitors

obtained by carbonization of a seaweed biopolymer. *Adv. Mater.* **2006**, *18* (14), 1877–1882.
[43] Qu, D.Y., Studies of the activated carbons used in double-layer supercapacitors. *J. Power Sources* **2002**, *109* (2), 403–411.
[44] Fischer, U.; Saliger, R.; Bock, V.; *et al.*, Carbon aerogels as electrode material in supercapacitors. *J. Porous Mater.* **1997**, *4* (4), 281–285.
[45] Probstle, H.; Wiener, M.; Fricke, J., Carbon aerogels for electrochemical double layer capacitors. *J. Porous Mater.* **2003**, *10* (4), 213–222.
[46] Liu, D.; Shen, J.; Liu, N.P.; *et al.*, Preparation of activated carbon aerogels with hierarchically porous structures for electrical double layer capacitors. *Electrochim. Acta* **2013**, *89*, 571–576.
[47] Xu, G.H.; Zheng, C.; Zhang, Q.; *et al.*, Binder-free activated carbon/carbon nanotube paper electrodes for use in supercapacitors. *Nano Res.* **2011**, *4* (9), 870–881.
[48] Frackowiak, E.; Beguin, F., Electrochemical storage of energy in carbon nanotubes and nanostructured carbons. *Carbon* **2002**, *40* (10), 1775–1787.
[49] Frackowiak, E.; Jurewicz, K.; Delpeux, S.; Beguin, F., Nanotubular materials for supercapacitors. *J. Power Sources* **2001**, *97* (8), 822–825.
[50] Yan, J.; Wei, T.; Fan, Z.J.; *et al.*, Preparation of graphene nanosheet/carbon nanotube/polyaniline composite as electrode material for supercapacitors. *J. Power Sources* **2010**, *195* (9), 3041–3045.
[51] Yan, J.; Wei, T.; Shao, B.; *et al.*, Preparation of a graphene nanosheet/polyaniline composite with high specific capacitance. *Carbon* **2010**, *48* (2), 487–493.
[52] Zhao, J.C.; Lai, C.Y.; Dai, Y.; Xie, J.Y., Pore structure control of mesoporous carbon as supercapacitor material. *Mater. Lett.* **2007**, *61* (23–24), 4639–4642.
[53] Lei, Z.B.; Christov, N.; Zhang, L.L.; Zhao, X.S., Mesoporous carbon nanospheres with an excellent electrocapacitive performance. *J. Mater. Chem.* **2011**, *21* (7), 2274–2281.
[54] Wang, Q.; Yan, J.; Wei, T.; *et al.*, Two-dimensional mesoporous carbon sheet-like framework material for high-rate supercapacitors. *Carbon* **2013**, *60*, 481–487.
[55] Du, X.A.; Guo, P.; Song, H.H.; Chen, X.H., Graphene nanosheets as electrode material for electric double-layer capacitors. *Electrochim. Acta* **2010**, *55* (16), 4812–4819.
[56] Du, Q.L.; Zheng, M.B.; Zhang, L.F.; *et al.*, Preparation of functionalized graphene sheets by a low-temperature thermal exfoliation approach and their electrochemical supercapacitive behaviors. *Electrochim. Acta* **2010**, *55* (12), 3897–3903.
[57] Chen, S.; Zhu, J.W.; Wang, X., One-step synthesis of graphene–cobalt hydroxide nanocomposites and their electrochemical properties. *J. Phys. Chem. C* **2010**, *114* (27), 11829–11834.
[58] Zhu, Y.W.; Murali, S.; Cai, W.W.; *et al.*, Graphene and graphene oxide: synthesis, properties, and applications. *Adv. Mater.* **2010**, *22* (35), 3906–3924.
[59] Sun, Y.Q.; Wu, Q.O.; Shi, G.Q., Graphene based new energy materials. *Energy Environ. Sci.* **2011**, *4* (4), 1113–1132.
[60] Stoller, M.D.; Park, S.J.; Zhu, Y.W.; *et al.*, Graphene-based ultracapacitors. *Nano Lett.* **2008**, *8* (10), 3498–3502.
[61] Zhu, Y.W.; Murali, S.; Stoller, M.D.; *et al.*, Carbon-based supercapacitors produced by activation of graphene. *Science* **2011**, *332* (6037), 1537–1541.
[62] Kierzek, K.; Frackowiak, E.; Lota, G.; *et al.*, Electrochemical capacitors based on highly porous carbons prepared by KOH activation. *Electrochim. Acta* **2004**, *49* (4), 515–523.
[63] Yue, Z.R.; Mangun, C.L.; Economy, J., Preparation of fibrous porous materials by chemical activation 1. $ZnCl_2$ activation of polymer-coated fibers. *Carbon* **2002**, *40* (8), 1181–1191.
[64] Toles, C.; Rimmer, S.; Hower, J.C., Production of activated carbons from a Washington lignite using phosphoric acid activation. *Carbon* **1996**, *34* (11), 1419–1426.
[65] Kim, T.; Jung, G.; Yoo, S.; *et al.*, Activated graphene-based carbons as supercapacitor electrodes with macro- and mesopores. *ACS Nano* **2013**, *7* (8), 6899–6905.
[66] Luo, J.Y.; Jang, H.D.; Huang, J.X., Effect of sheet morphology on the scalability of graphene-based ultracapacitors. *ACS Nano* **2013**, *7* (2), 1464–1471.
[67] Luo, J.Y.; Jang, H.D.; Sun, T.; *et al.*, Compression and aggregation-resistant particles of crumpled soft sheets. *ACS Nano* **2011**, *5* (11), 8943–8949.
[68] Zhang, L.; Zhang, F.; Yang, X.; *et al.*, Porous 3D graphene-based bulk materials with excep-

tional high surface area and excellent conductivity for supercapacitors. *Sci. Rep.* **2013**, *3*, 1408.
[69] Xu, Y.X.; Lin, Z.Y.; Zhong, X.; *et al.*, Holey graphene frameworks for highly efficient capacitive energy storage. *Nature Commun.* **2014**, *5*, 4554.
[70] Wang, Y.G.; Li, H.Q.; Xia, Y.Y., Ordered whiskerlike polyaniline grown on the surface of mesoporous carbon and its electrochemical capacitance performance. *Adv. Mater.* **2006**, *18* (19), 2619–2623.
[71] Zhang, K.; Zhang, L.L.; Zhao, X.S.; Wu, J.S., Graphene/polyaniline nanofiber composites as supercapacitor electrodes. *Chem. Mater*. **2010**, *22* (4), 1392–1401.
[72] Biswas, S.; Drzal, L.T., Multilayered nanoarchitecture of graphene nanosheets and polypyrrole nanowires for high performance supercapacitor electrodes. *Chem. Mater*. **2010**, *22* (20), 5667–5671.
[73] Fan, L.Z.; Maier, J., High-performance polypyrrole electrode materials for redox supercapacitors. *Electrochem. Commun.* **2006**, *8* (6), 937–940.
[74] Yan, J.; Wei, T.; Qiao, W.M.; *et al.*, Rapid microwave-assisted synthesis of graphene nanosheet/Co_3O_4 composite for supercapacitors. *Electrochim. Acta* **2010**, *55* (23), 6973–6978.
[75] Liu, J.P.; Jiang, J.; Cheng, C.W.; *et al.*, Co_3O_4 nanowire@MnO_2 ultrathin nanosheet core/shell arrays: a new class of high-performance pseudocapacitive materials. *Adv. Mater.* **2011**, *23* (18), 2076–2081.
[76] Yan, J.; Fan, Z.J.; Wei, T.; *et al.*, Fast and reversible surface redox reaction of graphene–MnO_2 composites as supercapacitor electrodes. *Carbon* **2010**, *48* (13), 3825–3833.
[77] Zhang, X.J.; Shi, W.H.; Zhu, J.X.; *et al.*, Synthesis of porous NiO nanocrystals with controllable surface area and their application as supercapacitor electrodes. *Nano Res*. **2010**, *3* (9), 643–652.
[78] Wu, Z.S.; Wang, D.W.; Ren, W.; *et al.*, Anchoring hydrous RuO_2 on graphene sheets for high-performance electrochemical capacitors. *Adv. Funct. Mater.* **2010**, *20* (20), 3595–3602.
[79] Wang, H.L.; Hao, Q.L.; Yang, X.J.; *et al.*, Graphene oxide doped polyaniline for supercapacitors. *Electrochem. Commun.* **2009**, *11* (6), 1158–1161.
[80] Meng, Y.N.; Wang, K.; Zhang, Y.J.; Wei, Z.X., Hierarchical porous graphene/polyaniline composite film with superior rate performance for flexible supercapacitors. *Adv. Mater.* **2013**, *25* (48), 6985–6990.
[81] Jayashree, R.S.; Kamath, P.V., Suppression of the $\alpha \rightarrow \beta$-nickel hydroxide transformation in concentrated alkali: role of dissolved cations. *J. Appl. Electrochem.* **2001**, *31* (12), 1315–1320.
[82] Wang, H.L.; Casalongue, H.S.; Liang, Y.Y.; Dai, H.J., $Ni(OH)_2$ nanoplates grown on graphene as advanced electrochemical pseudocapacitor materials. *J. Am. Chem. Soc.* **2010**, *132* (21), 7472–7477.
[83] Lee, J.W.; Ahn, T.; Soundararajan, D.; *et al.*, Non-aqueous approach to the preparation of reduced graphene oxide/α-$Ni(OH)_2$ hybrid composites and their high capacitance behavior. *Chem. Commun*. **2011**, *47* (22), 6305–6307.
[84] Yan, J.; Fan, Z.J.; Sun, W.; *et al.*, Advanced asymmetric supercapacitors based on $Ni(OH)_2$/graphene and porous graphene electrodes with high energy density. *Adv. Funct. Mater.* **2012**, *22* (12), 2632–2641.
[85] Yan, J.; Sun, W.; Wei, T.; *et al.*, Fabrication and electrochemical performances of hierarchical porous $Ni(OH)_2$ nanoflakes anchored on graphene sheets. *J. Mater. Chem.* **2012**, *22* (23), 11494–11502.
[86] Yang, S.B.; Wu, X.L.; Chen, C.L.; *et al.*, Spherical α-$Ni(OH)_2$ nanoarchitecture grown on graphene as advanced electrochemical pseudocapacitor materials. *Chem. Commun*. **2012**, *48* (22), 2773–2775.
[87] Zhang, F.Q.; Zhu, D.; Chen, X.; *et al.*, A nickel hydroxide-coated 3D porous graphene hollow sphere framework as a high performance electrode material for supercapacitors. *Phys. Chem. Chem. Phys.* **2014**, *16* (9), 4186–4192.
[88] Feng, X.M.; Chen, N.N.; Zhang, Y.; *et al.*, The self-assembly of shape controlled functionalized graphene–MnO_2 composites for application as supercapacitors. *J. Mater. Chem. A* **2014**, *2* (24), 9178–9184.

第9章　氧化石墨烯膜应用于分子筛

Ho Bum Park, Hee Wook Yoon, Young Hoon Cho

9.1　氧化石墨烯膜的出现：两种方式

最近，膜技术在许多分离工业领域中发挥了重要作用，如水净化和气体分离[1]，由于迫切需要更经济的分离方法，新型膜材料制备工艺得到了大力发展。当然，为了更高效地从混合物中分离特定分子和离子，在相应膜的分离性能中应当考虑两个固有性质：一个是膜的渗透性，另一个是膜的选择性。通常，聚合物膜在当今全球膜市场占主导地位，因为它们成本低，能进行滚轴式连续的大规模生产，并且易于形成膜和进行调控。然而，就渗透性和选择性而言，该类型膜存在理论和半经验的上限值[2,3]。即高度可渗透的聚合物膜显示出低选择性，反之亦然。为了克服聚合物膜渗透性和选择性之间这种显著的折中关系，目前已经开发了许多新型的膜材料，例如碳、陶瓷和无机物类型，以改善膜分离性能和成膜过程。然而，与聚合物膜相比，将其应用到大组件膜器件中仍存在许多问题。例如，通过惰性有机聚合物热解方法制备的碳分子筛（CMS）膜，通常显示出比有机聚合物膜显著优越的气体分离性能。然而，热转化是一个大量耗能型工艺，而且由此产生的碳分子筛膜存在自然裂纹以及表现出脆性，阻碍了其在工业领域的实际应用。

从本质而言，石墨烯是碳材料中的一种，而石墨烯及其衍生物是目前正被积极考虑的新型膜材料。那么为什么石墨烯和石墨烯基材料在目前膜科学界受到广泛关注呢？这主要是由于石墨烯作为膜材料具有很多优点，例如单原子厚度（注意，膜通量与膜厚度成反比）、可扩展的二维（2D）性质（与膜面积有关高通量）以及优异的机械性能（与膜形成有关）。然而，完美的石墨烯（这里的“完美的石墨烯”是指没有任何结构缺陷如点和线缺陷的单晶石墨烯片层结构）由于具有高电子密度的六方苯环结构，使任何气体或离子无法穿过石墨烯平面[4]。也就是说，为了利用石墨烯作为选择性膜材料，有必要在石墨烯膜上创建纳米级或亚纳米级的孔（见图9.1a)。如果能够开发精准可控的孔设计技术，这种多孔石墨烯将是世界上最为理想的多孔膜材料。事实上，已经有许多文献报道了具有少量纳米孔的多孔石墨烯膜，这种膜主要是通过离子束辐射或氧化刻蚀[5-7]制备而成，显示出超透性和广泛的选择性。然而，膜的孔径仍然过大，不能有选择性地分离气体或离子，并且在石墨烯片层上设计亚纳米级孔径，直接合成多孔石墨烯膜[8]以及产业化都将是其在未来实际应用中的巨大挑战。

作为这种多孔石墨烯的替代，可以通过利用石墨烯片层之间的层间间隔（狭缝状孔）的概念来制备选择性渗透膜（见图9.1b）。然而，石墨层之间的层间距离很窄，仅为0.334nm，因此，任何在分离学科中有研究价值的气体或离子都不能扩散到层间空间。就这一点而言，氧化石墨烯（GO）（一种高度氧化的石墨烯片层结构），由于其层间距离在0.6～1.2nm的范围内，可以允许特定的分子或离子穿过自由空间。能够将这种二维层间间隔作为选择性扩散或吸附通道，因此GO被认为是一种基于石墨烯的新型膜材料。除此之外，GO具有许多特性，可以增强其作为膜材料的潜在利用率：①容易形成膜，可作为自支撑或薄膜复合材料，②可进行基于溶液的浇铸处理（GO很好地分散在水中），③尺寸可控，④孔设计的可能性，以及⑤进一步的表面或边缘改性。一般来说，GO由于其高宽高比以及出色的气体阻隔性能，也可作为纳米增强材料应用于聚合物复合材料形式中[9]。而如果从实际应用的角度出发，GO（不是石墨烯本身）由于其孔隙宽度、扩散通道和孔隙率可以很容易地进行调控，作为膜分离材料更具有应用前景。

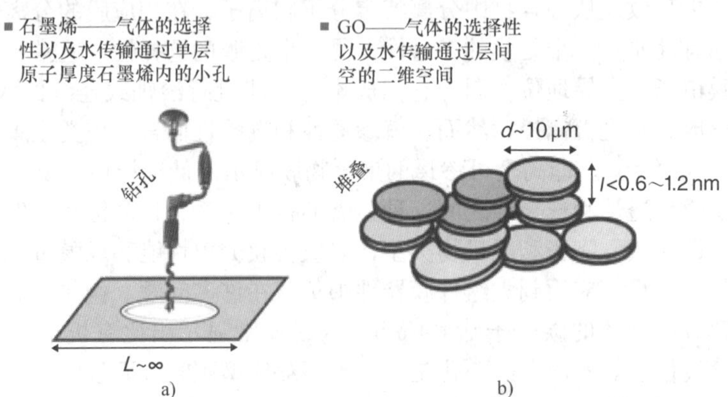

图9.1 使用石墨烯基材料作为选择性膜的两种不同方法：a）多孔石墨烯和b）多层GO膜

9.2 氧化石墨烯膜：基于结构概述

从本质上而言，GO是单层的氧化石墨结构。一个世纪前，便有研究者通过强氧化过程合成石墨氧化物（见第2章）[10,11]。GO片可以通过在极性溶剂如水中剥离氧化石墨而简单地获得。自2004年实验室发现单层石墨烯以来，GO的研究变得越来越热门，因为GO是通过化学或热还原消除含氧官能团以大规模生产石墨烯的重要原材料。通常，氧化石墨可以通过不同方法合成。其中三个主要方法分别是，Brodie法[12]、Staudenmaier法[13]和Hummers－Offeman或Hummers法[14]，这些不同制备方法导致产物表现不同氧化程度。目前，Hummers法由于具有许多优点已被广泛使用，但这种方法需通过过氧化氢完全除去高锰酸根离子等杂质，然后进一步透析以获得高纯度的GO片层结构。目前，仍没有明确的研究针对不同方法所获得的GO，对其产物表现的不同的氧化程度、杂质的量和缺陷等进行分析比较，以适应包括膜在内的不同应用。

通过真空过滤可以很容易地从良好分散的GO水溶液中制备厚的GO纸（或膜）结构，而这一事实触发了对GO膜应用的研究[15]。Ruoff的研究小组更关注GO膜的机械性能，而不是其他离子/分子传输机理研究，其团队通过良好分散的GO溶液，制备得到机械坚固的GO膜。然而，在20世纪90年代早期，日本科学家已经报道了通过石墨的氧化，制备氧化石墨膜（他们称之为基于氧化石墨悬浮液的聚合膜）[16]和纳米厚度的碳纳米膜（CNF）[17]。此外，1960年，Boehm、Clauss和Hofmann发表了针对氧化石墨膜性能的研究成果，并发现这种膜对水是可渗透的[18]。

GO的各种物理和化学性质主要源于其复杂和多变的结构[10]。虽然已经提出了许多关于GO的结构模型，但是由于复杂的氧化机理导致内在的非均性质，所以它们并没有确切的化学模型。一般来说，环氧化物和羟基以链形式有序排列在片层平面上，而羧基位于GO边缘区域，基于这种结构模型下GO是热力学稳定的。因为GO的化学性质不像在一些已提出的结构模型中那样简单，因此基本上难以确定或预测任何气体或分子通过GO膜的固有渗透性质，例如，GO基底平面上的羟基和/或环氧化物的覆盖率以及GO边缘处的羧基基团的量可影响分子或离子的扩散或吸附，而分子或离子同时会与具有强烈亲氧基团的水分子相互竞争。目前已有一些针对膜应用领域的材料，关于其结构-性能关系更系统的研究，但在本章中，我们简化了层状GO膜的结构，如图9.2所示。也就是说，我们假设GO膜具有通过随机堆叠GO片层形成的狭缝状孔，并且GO片由sp^2（疏水性石墨区）与sp^3-杂化碳原子（亲水性氧化区）按氧化程度不同组合而成。更通俗来说，高度氧化的GO

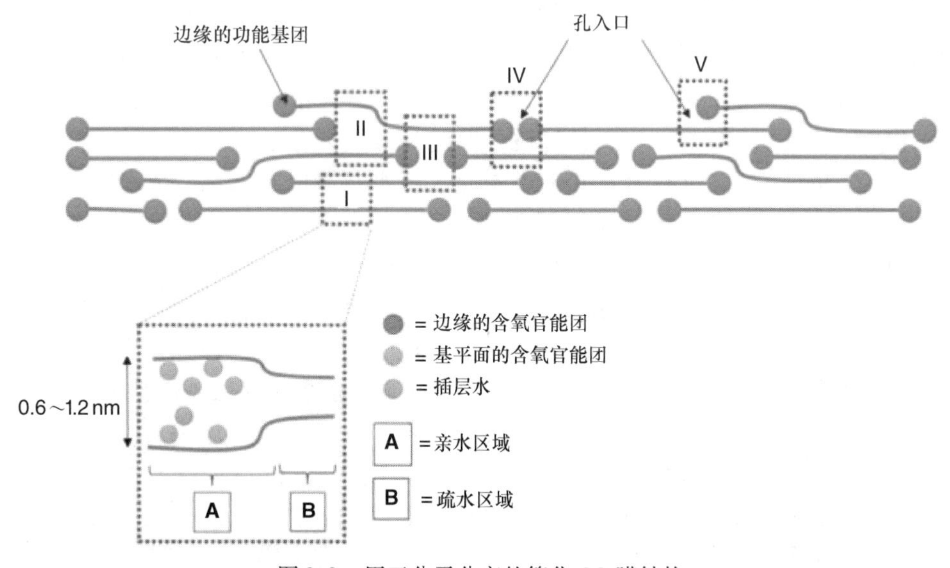

图9.2　用于分子分离的简化GO膜结构

显示三个主要区域，即缺陷（或空穴）（约2%）、石墨区域（约16%）和高度氧化区域（约82%）。GO中的缺陷是由于侵蚀性氧化和剥落过程中产生CO和CO_2所导致。石墨区域源于石墨烯基底面的不完全氧化，而基面的无定形区域则由丰富的含氧基团（例如羟基、环氧化物和羰基）聚集形成。GO的这种结构和化学性质的多变性可能导致GO膜的扩散、吸附和渗透性质的变化。

9.3 氧化石墨烯膜应用于分子筛

从常识上而言，像GO这样的二维层状材料通常被考虑应用于屏障领域[9]，因为它们即使分子间存在分子扩散的空间，仍旧具有较高的宽高比和分子扩散的曲折性。Nielsen[19]提出了一个简单的用于规则堆积片层结构的分子扩散模型，来阐述气体分子沿垂直方向扩散穿过层状结构的情况。垂直堆叠的层状小片增加了气体扩散的路径长度，导致通过层状复合膜的透气性显著降低。因此，已有许多研究报道通过将GO（或还原的GO）加入聚合物基质中，以改进聚合物膜的气体阻隔性（例如氧气阻隔性能），并且在大部分情况下，通过添加少量GO，膜的气体阻隔性显著改善[9]。2012年，Geim的团队发现，干燥（或无水）的GO厚膜（厚度约为500nm）对于某些液体、蒸气和气体（包括氦气）是完全不可渗透的[20]，而由于含氧基团，GO是亲水性的，水可以通过相同的GO膜快速渗透（见图9.3a），并且水分子在湿润的传输条件下可以很容易地被吸附到GO层中。随着相对湿度的增加，更多的水分子会嵌入，GO层的层间距也增加，最后通过水驱动扩散过程，能够使小气体分子通过空隙扩散。假设GO薄片由堆叠在彼此顶部的微晶结构组成，并且连接在片层上的羟基和环氧基团能够增加GO层的间距。因此，原始GO片层间的毛细管状联结是敞开的，以适应水分子，并且毛细管在低的相对湿度下变窄，使其无法提供足够的范德华距离来容纳水分子。因此，相对于干燥状态，水分子可以更快地渗透通过GO层。更具体地说，根据X射线衍射（XRD）[21]揭示的GO膜中水的状态的研究，在GO片层中有非氧化、疏水石墨以及氧化、亲水区域共存。此外，GO中氧化、亲水区域的层间距离在湿干转换过程中，对相对湿度非常敏感，但非氧化、疏水区域并不受影响，如图9.3b所示。一般来说，石墨的层间距离约为0.334nm，而GO由于表面附着环氧基、羟基和羰基，层间距离为0.6～1.2nm。因此，疏水性石墨烯片层之间的范德华力难以克服，从而水分子不能在低相对湿度下通过毛细管进行扩散。然而，当GO中的亲水区域在高相对湿度下被大量开放时，将在GO层中形成单层和双层水网络。

与此现象形成鲜明对比的是，2013年，Kim团队[22]和Li团队[23]同时报道在不同的多孔介质上制备的超薄GO膜，能够表现出所需的气体分离特性，并且可以通过不同的堆叠方式来控制气体流动通道以及设计气孔来实现选择性气体的扩散。基于此，出现了许多问题：这种巨大的性能差异来自何处？干燥GO膜究竟是一种

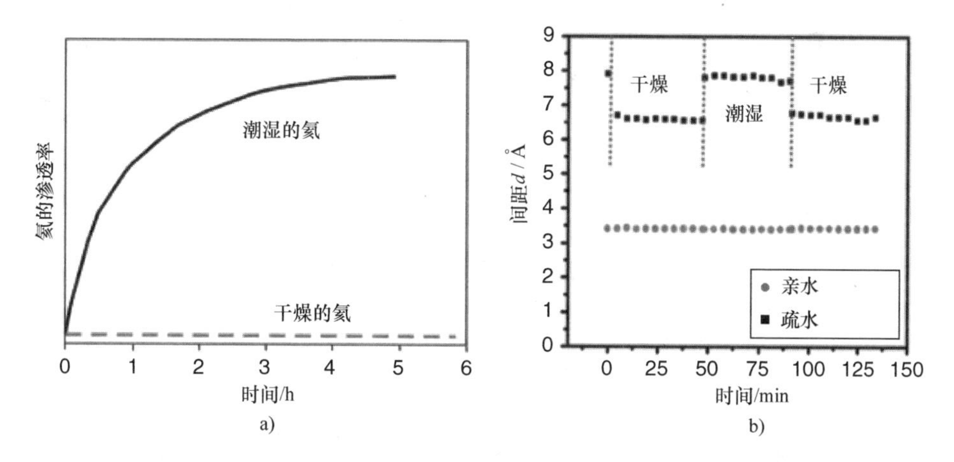

图9.3　a）在干燥和潮湿的进料条件下，通过GO薄膜的氦渗透率的示意图（概括）[20]。b）在湿干转换下，GO中亲水和疏水区域的层间距离的变化[21]

屏障还是选择性膜？答案之所以会有所不同，取决于GO的尺寸、GO的厚度、插层水的量、GO的堆叠方式、氧化程度以及测试条件，这些因素都会强烈影响所得GO膜的传输性能。GO片层的平均尺寸可以通过原始石墨的大小、氧化水平[24]和超声处理[25]来调节。通常，超声波处理可以使氧化石墨在水中大量剥离，但对GO片层平面结构造成破坏，然而这种方式有助于通过减少GO膜中的扩散路径，来制备更多可渗透的GO膜。因此，为了提高GO膜的气体渗透性，可以设计更小尺寸的GO片层结构，使渗透气体在膜中的扩散路径最小化。Kim等人[22]报道了关于干燥状态下GO厚膜（约5μm）的气体渗透率（以barrer为单位，1barrer = 1×10^{-10}cm^3（STP）cm cm^{-2} s^{-1} cmHg^{-1}）作为GO平均尺寸（300nm、500nm和1000nm）的函数。他们使用高真空、时间延迟法测试气体渗透率，这种方法通常用于测试致密膜的固有气体渗透率。如图9.4a所示，随着GO尺寸的减小，研究气体的渗透率显著增加，这主要是由于气体的扩散路径大大缩短。在大多数情况下，这些GO膜中气体渗透性的顺序遵循气体的动力学直径（$He > H_2 > CO_2 > O_2 > N_2 > CH_4$），表明其气体分离机理可以通过如典型的碳膜作为分子筛机制进行阐述。只有用GO尺寸为300nm制备的GO膜，其H_2渗透率略高于He渗透率，这表明尺寸较小GO膜片层结构的堆叠，使GO膜中形成高度多孔结构。这种特性通常在碳分子筛膜上观察到。基于溶液－扩散机制，He和H_2的扩散系数非常接近，但由于He是一种惰性气体，所以H_2在多孔介质中的溶解系数略高于He。大致来说，通过将GO片层尺寸减小一半，其气体渗透率增加一个数量级。此外，考虑到气体扩散的势能能垒，应仔细测试具有狭缝状孔或通道的GO膜的透气性。而当进料和渗透侧之间的压力差（或压力比）小于孔中气体扩散的潜在阻力时，会造成进气驱动力不足以克服气体扩散阻力。图9.4b为在不同GO片尺寸下，通过薄GO涂覆的微孔膜的H_2渗透率作为施加进料压力的函数（在GPU单位中，1GPU = 1 ×

$10^{-6}cm^3$（STP）$cm^{-2}s^{-1}cmHg^{-1}$）。另外，在小孔入口处的空间位阻显著影响表面势垒传质，这种传质取决于狭缝宽度上的势垒高度。

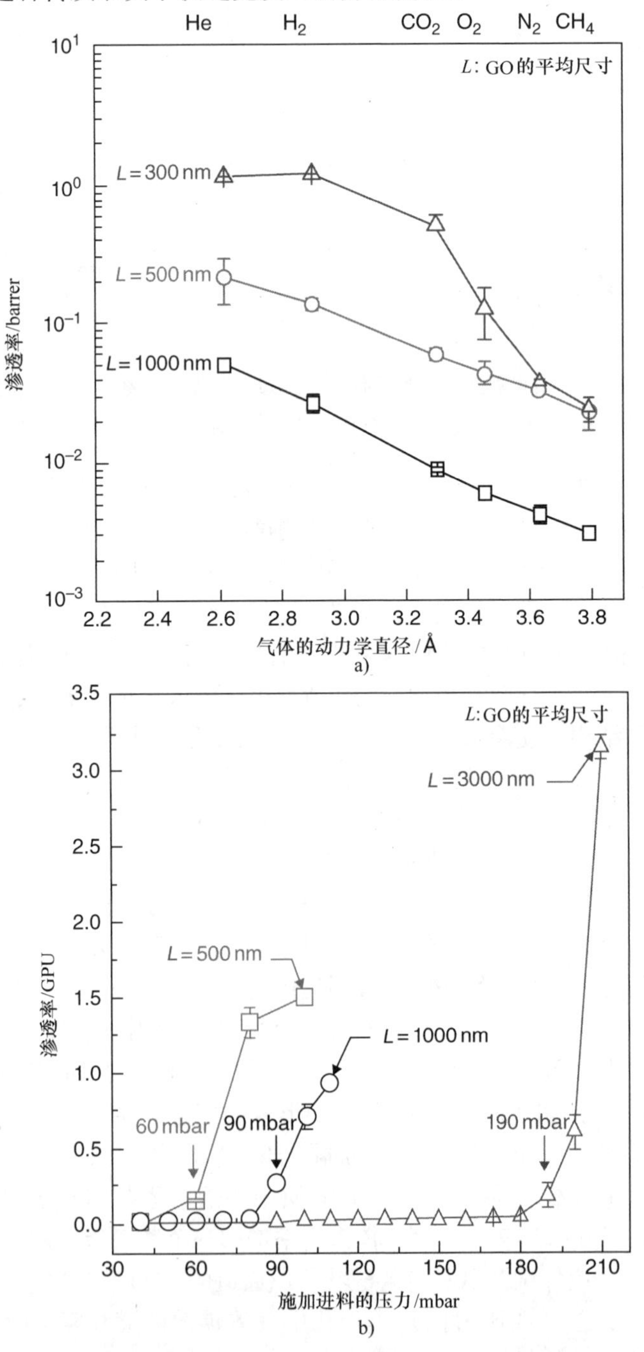

图 9.4　a）具有不同 GO 尺寸的厚 GO 膜的透气性[22]。b）薄 GO 涂覆的微孔膜的 H_2 渗透率作为施加进料压力的函数[22]

具有数层GO片层结构的GO膜表现出选择性气体传输特性，这种选择性取决于小片层结构的堆叠排列和GO层中插层水分子的存在[22]。为了获得超薄GO层（3~10nm），使用微孔聚合物膜作为其机械支撑层。同时，为了控制堆叠方式和插层水量，分别使用两种不同的涂覆方法。通过将支撑膜表面与GO溶液的气液界面接触，随后通过旋转滴铸的方法（方法1）来制备若干层状的GO复合膜。而通过GO膜的气体的输送机制表现出典型的努森扩散，其渗透性顺序为H_2 > He > CH_4 > N_2 > O_2 > CO_2，并且其选择性与除CO_2之外的气体分子量之比的平方根成比例（见图9.5a）。有趣的是，二氧化碳的渗透性急剧降低，并在测试过程中达到恒定值。由方法1制备的GO膜包含纳米孔，这种纳米孔由羧基官能团化的GO边缘包围，这是源于不同GO尺寸的优先面对面堆叠而引起的少量互锁层结构[26,27]，意味着大部分气体分子通过这些纳米孔，而不是穿过GO层之间的空间而扩散。在水的存在下，边缘处的游离羧酸基团或羧酸阴离子与CO_2分子强烈结合，因此在低进料压力（约1bar㊀）下导致CO_2渗透性低。尽管对H_2/CO_2的理论努森选择性为4.67，但在GO存在的情况下，渗透选择性增加至30。其他研究团队也证实了通过方法1制备的GO膜的类似结果。Li等人通过过滤法在20nm孔径的负极氧化铝（AAO）支撑层上制备了18nm厚的GO膜，并且他们发现由于低的CO_2渗透性，H_2/CO_2选择性增加至3400，如图9.5b所示[23]。在没有任何强吸附位点的微孔或纳米多孔膜中很少观察到这种低的CO_2渗透性[28]。GO边缘处的极性基团如羧基或羟基提供了与CO_2的相对较强的相互作用，从而导致了CO_2传输的延迟。

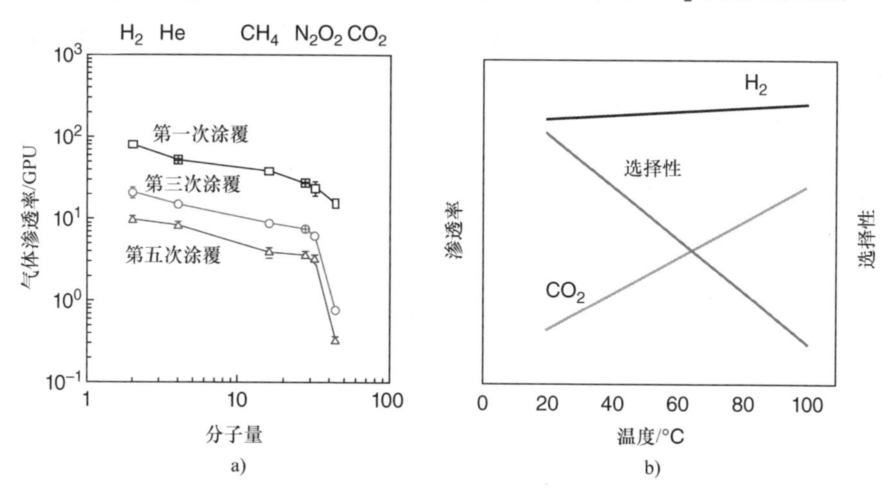

图9.5　a）通过方法1制备的GO膜的气体渗透性随着涂覆次数的变化[22]。b）GO的H_2和CO_2渗透率和选择性作为温度的函数[23]

㊀ 1bar = 10^5Pa。——译者注

另一方面，通过将恒定体积的 GO 溶液直接滴加到纺丝聚合物载体上（称为方法 2）来制备其他 GO 复合薄膜。与通过方法 1 制备的 GO 膜相比，通过该方法形成的 GO 膜具有高度互锁的结构，如砖的模型，包含相对较高量的插层水分子。在图 9.6b 中，气体输送机制显示 CO_2 渗透率最高，渗透性顺序为 $CO_2 > He > H_2 > CH_4 > O_2 > N_2$。与其他气体相比，由于水增强分离过程，$CO_2/N_2$ 选择性达到约 20，通过高度互锁的层状 GO 膜的 CO_2 渗透性最高。有趣的是，通过增加原料气氛中的相对湿度（RH）（0～85% RH），水分子可以通过氢键优先与极性基团相互作用，然后 GO 片层之间的纳米孔和夹层可以被水分子填充。因此，基于溶液扩散机制（见图 9.6a），CO_2 渗透性在水合状态下急剧增加，因为 CO_2 比任何其他气体更易溶于水。此外，如图 9.6b 所示，随着 85% RH 下 CO_2 渗透率的增加，CO_2/N_2 选择性增加到 60。在传统的气体分离膜材料中这种特性并不常见。由于许多工业气流（例如后燃烧、天然气净化和合成气调控）含有水蒸气，因此水蒸气对膜分离性能的影响仍然是评估聚合物膜的质量传输性质时要考虑的重要问题。一般来说，水蒸气会严重影响传统的膜性能[29]。通过膜表面或膜孔中的水冷凝降低渗透性和选择性，这是需要在成形膜单元之前，进行高能耗的水蒸气去除过程。在这方面，GO 膜中水增强的 CO_2 分离在后燃烧 CO_2 捕获设计中，将是一个很大的优势，因为渗透侧的冷凝脱水比高压进料侧的脱水更容易[30,31]。

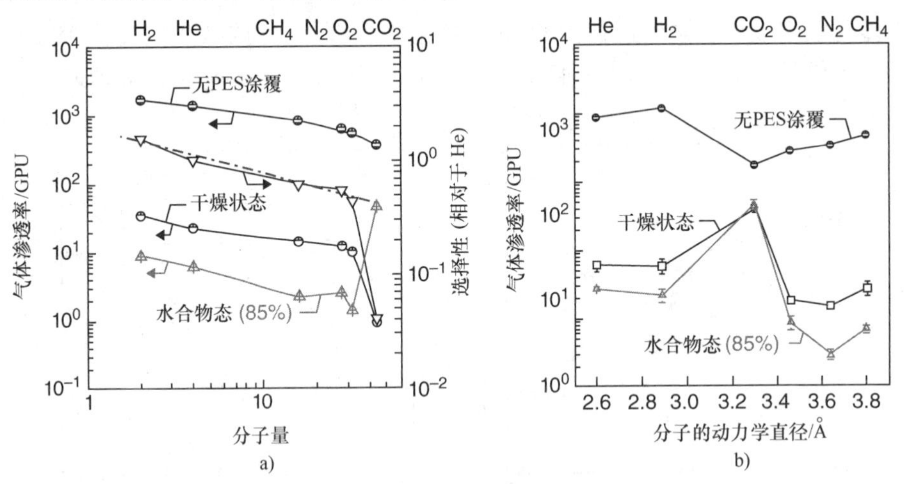

图 9.6　通过 a）方法 1 和 b）方法 2 制备的 GO 膜，在干燥和湿润进料条件下（基于单一气体渗透测量）的气体渗透性[22]

9.4　氧化石墨烯膜应用于水净化和海水淡化领域

由于 GO 的亲水性，GO 膜也已被广泛研究用于水净化和海水淡化领域。Joshi 等人报道了不同的离子电荷通过微米厚、自支撑的 GO 膜时的渗透情况[32]。通过使用简单的双室扩散池，他们最初测试不同液体如水、甘油、甲苯、乙醇、苯和二甲基亚砜的渗透率。通过监测液位和化学分析，在长时间内均未测试出渗透率。然而，当渗透侧充满水且进料侧充满1M的蔗糖溶液时，水分子可以利用渗透压快速渗透GO膜。另外，通过使用电导率测试计和有机碳分析仪能够测试各种离子和有机分子的渗透性。在这项工作中，几种不同离子大小的盐溶液被用来检测通过GO膜的盐渗透性，并建立渗透性与离子大小的函数关系。如图9.7所示，较小尺寸的离子（如钾离子或镁离子）可以快速渗透GO膜，其渗透率几乎相同，而具有较大尺寸离子和有机分子通过相同的GO膜时并没有检测到渗透率。因此，他们提出溶解在水中的离子或分子可以快速渗透通过石墨烯纳米毛细管结构，直到离子或分子的物理尺寸超过临界尺寸（约4.5Å）。为了解释这一观察，他们使用了先前阐述的水蒸气快速通过GO膜的模型来阐明[20]；在GO晶粒中，高度氧化的区域充当间隔物，使相邻的晶粒保持分开并且也防止它们被溶解。这些隔离使水分子容易插入到GO的夹层中，但疏水性石墨区域提供了一种毛细管网络，允许相关水流几乎无摩擦的流通。通过水在碳纳米管中的传输过程，可以发现类似的结果[33]。这种模型似乎与他们的实验数据相吻合。然而，该模型过于简化，不能反映与水和离子渗透性相关的真实GO膜的结构和化学组分的复杂性。

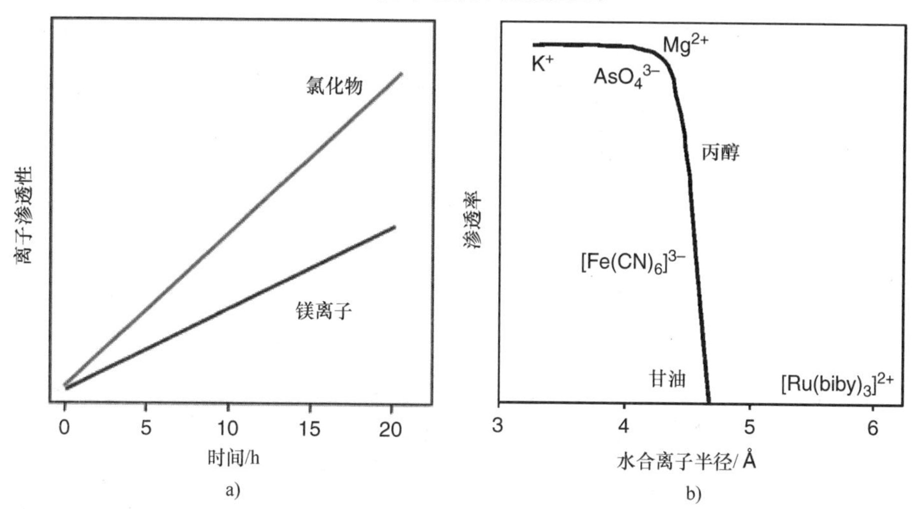

图9.7 a）在0.2M $MgCl_2$ 溶液中，从进料室通过5mm厚GO膜的渗透性。b）通过GO膜的渗透率作为水合离子半径的函数[32]

Hu等人为纳米过滤（NF）应用制备了GO复合薄膜（TFC）。将薄GO涂覆在微孔聚砜支撑膜上，该聚砜支撑膜用聚多巴胺处理成亲水性，然后与均苯三甲酰氯（TMC）交联[34]。由于聚砜膜本身是疏水性的，亲水表面改性对于在聚砜膜上涂覆亲水GO层是必需的。而聚多巴胺是一种生物质材料，已广泛用于结构的亲水性表面改性，使聚砜支撑膜与亲水性GO层的粘合性能大大提高。

此外，为了 GO 薄层的完整性以及增加其层间空间，均苯三甲酰氯被用作交联剂。如图 9.8a 所示，水通过交联处理的 GO 复合薄膜时，其通量在 8～27.6$Lm^{-2}h^{-1}bar^{-1}$的范围内。这些值比大多数传统纳米过滤膜的数值高出约 4～10 倍。但是，如图 9.8b、c 所示，这种膜对单价和二价盐的阻碍率相对较低（6%～46%），同时呈现出对亚甲蓝的中等阻碍和对若丹明－WT 的高阻碍效应。

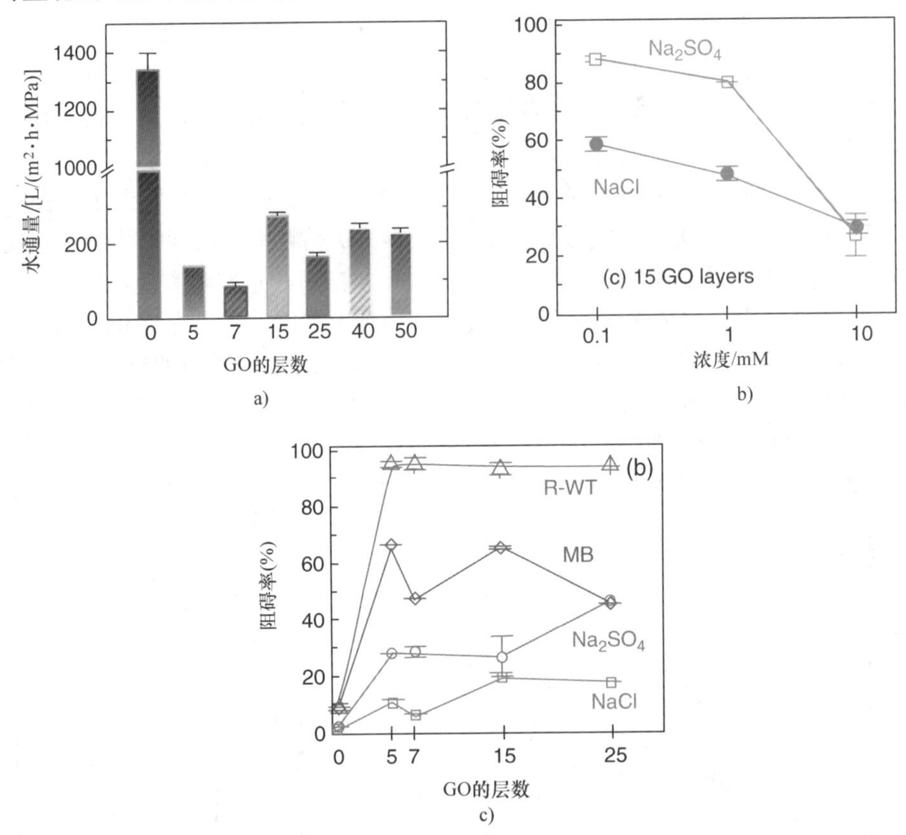

图 9.8　a）通过 GO 薄膜的水通量与 GO 层数的关系。b）GO 薄膜对一价和二价离子的阻碍性作为盐浓度的函数。c）GO 薄膜对染料（MB 为亚甲蓝；R－WT 为若丹明－WT）和盐的阻碍性作为 GO 层数的函数

有文献报道了一种通过在多孔载体基质上过滤回流还原的 GO 薄片制备回流还原氧化石墨烯（bRGO）膜的方法[35]。与使用强还原剂如肼合成的 RGO 不同，这种方法通过加入碱溶液如 NaOH 或 KOH 部分还原从而得到 RGO 产物。根据 XRD 数据，如图 9.9a 所示，GO 和 RGO 有两个可区分的峰，这意味着亲水性和疏水性区域共存于 bRGO 结构中。尽管由于部分还原而使疏水区域增加，但薄的 bRGO 膜仍具有高的水通量（21.8$Lm^{-2}h^{-1}bar^{-1}$，如图 9.9b 所示），并具有高的染料阻碍效应。据推测，这种部分还原的 GO 膜的高水通量可能是源于疏水性石墨烯片层之间的滑流（类似于在碳纳米管内发生的效应）。为了确定电荷的影响，在这项工作

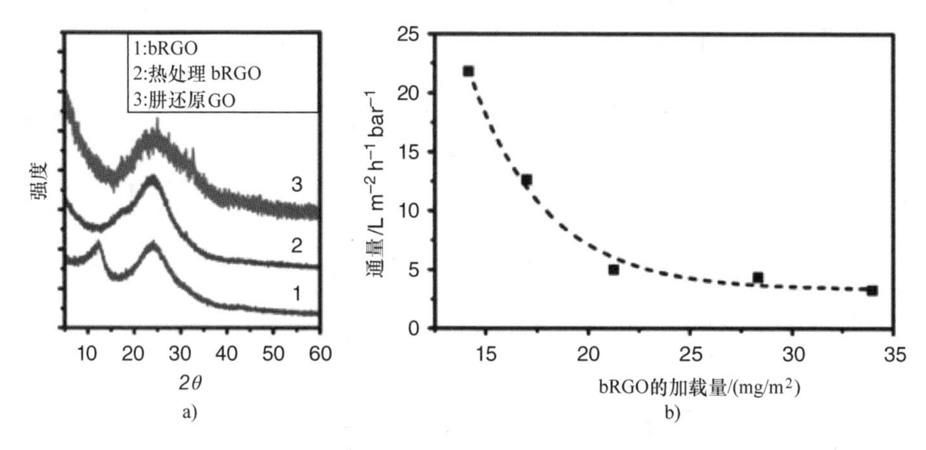

图 9.9　a）在 220℃真空下 bRGO、肼还原 GO 和热处理 bRGO 的 XRD 图谱。
b）水通量的变化作为涂覆在膜上的 bRGO 含量的函数

中还测试了溶剂如异丙醇、乙醇、己烷、环己烷和甲苯的通量。其中，最疏水的液体己烷显示出最低的通量，这主要归因于滑流理论，由于疏水性液体和疏水性石墨烯平面之间的更大相互作用，疏水性更高的液体在相同的压力下会表现出更低的通量。然而在研究时，与水分子相比，液体的分子大小应与层间距（或孔宽度）一起考虑，并且对于该现象应考虑亲水－疏水排斥效应。另外，亲水区域中的含氧官能团部分，由于它们与水之间的强烈相互作用，从而阻碍水的传输。另一方面，没有任何含氧官能团的石墨烯区域将负责水的快速传输。

由 Huang 等人制备了一种由纳米带引导的氧化石墨烯（NSC－GO）超滤膜（UF）[36]。通过利用带负电的 GO 和带正电荷的氢氧化铜纳米带（CHN）分散体混合过滤而形成。通过去除氢氧化铜纳米带，在 GO 层中产生 3～5nm 量级的通道。这种膜表现出极高的水通量（695$Lm^{-2}h^{-1}bar^{-1}$），并对其他物质具有高的阻碍性（见图 9.10a）。有趣的是，GO 膜中的水通量和阻碍性表现出对压力的依赖性。随着进料压力增加，水通量不会线性增加，而对伊文思蓝（EB）染料的阻碍性逐渐降低，并且在一定压力下阻碍率再次增加。由于水分子被夹在 GO 片层之间，所以压力增加时会形成水囊。随着压力增加到 7.5bar，水囊的形状从圆形变为扁平的矩形。如图 9.10b、c 所示，当压力进一步增加到 15bar 时，扁平矩形不断被压缩成圆形波纹。而当通道变平时，其截面积增加，因此伊文思蓝分子的渗透显著增强。在进一步压缩过程中，纳米通道的连续收缩将减小截面积，因此再次提高阻碍率。此外，压力释放后，被压缩的小纳米通道几乎恢复到原始状态，这是因为存储在弯曲 GO 片层（包含水）中的应变能足够高，能够克服新形成的更小纳米通道接触处的范德华力。

Bano 等人制备了一种应用于纳米滤膜领域的 GO 复合聚酰胺（PA）TFC 膜[37]。在膜制备过程中，先将 GO 分散在含水胺单体（例如 1，3－苯二胺（MPD））溶液中。将多孔支撑层浸泡在 MPD/GO 溶液中后，除去支撑层上的过量溶液。然后，通过使膜表面与 TMC 溶液接触，进行界面聚合。最终获得具有各种 GO 组分的 GO - PA TFC 复合膜。这种复合膜的水通量随着 GO 组分的增加而增加，而由于 GO 的亲水性，表现出高的脱盐率。另外，与原始 PA TFC 膜相比，亲水 GO 复合 PA TFC 膜显示出更优异的防污染性能。

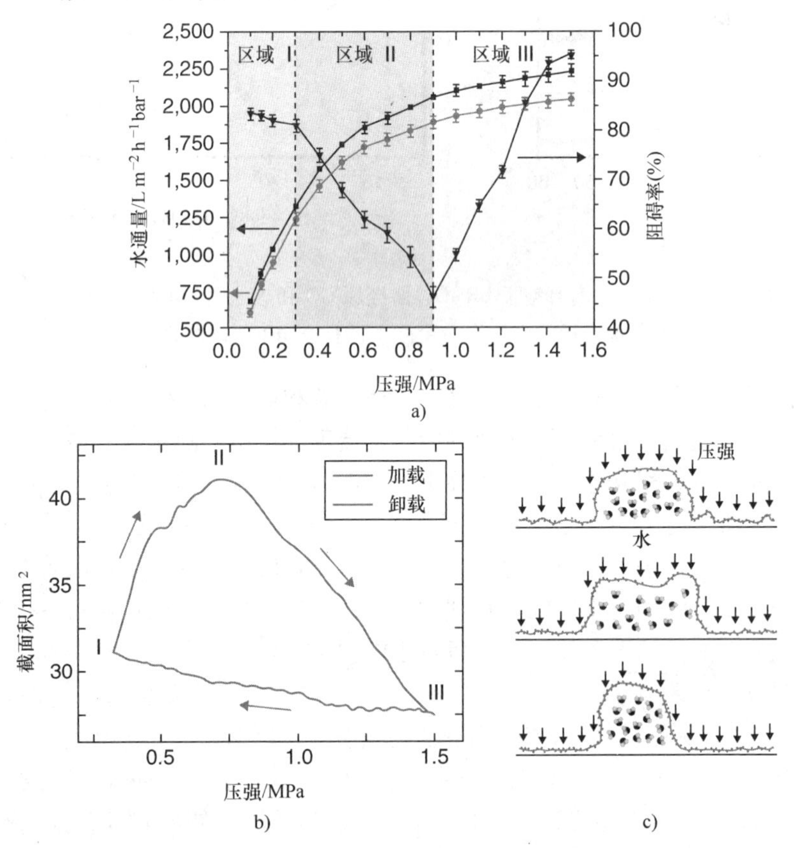

图 9.10　a) 不同压强下，NSC - GO 膜对 EB 分子的通量和阻碍性与压强的关系。由黑色实心方块和红色实心圆圈标记的曲线分别表示第一次和第三次压力加载过程中的通量变化。由蓝色实心三角形标记的曲线表示在第一次压力加载过程中对 EB 分子的阻碍率。b) 通过改变施加的压强，模拟纳米通道截面积的变化。c) 分子动力学模拟的半圆柱 GO 纳米通道的响应

已经有一些文献针对通过 GO 膜以及多孔石墨烯膜的质量传递进行的模拟研究。然而，由于 GO 的结构和化学性质比石墨烯或多孔石墨烯材料更为复杂，所以很难以 GO 膜为对象进行模拟。如图 9.11a 所示，Nicola 等人进行了通过 GO 框架（GOF）膜进行水和离子传输的模拟计算[38]。GO 框架是最近合成的一种纳米多孔材料，通过线性连接分子（硼酸）使 GO 片层相互交联制备而成。在图 9.11b 中，通过使用分子动力学模拟来研究线性连接物的浓度和膜厚度对 GO 框架膜的传输性质的影响。与常规脱盐膜相比，模拟的超薄 GO 框架膜显示出更好的海水淡化性能，表现出高的水通量和优异的脱盐性能。然而，制备这种薄 GO 框架膜可能是一个很大的挑

战；目前，聚合物脱盐膜仍然保持其在现有海水净化技术中的领先地位。

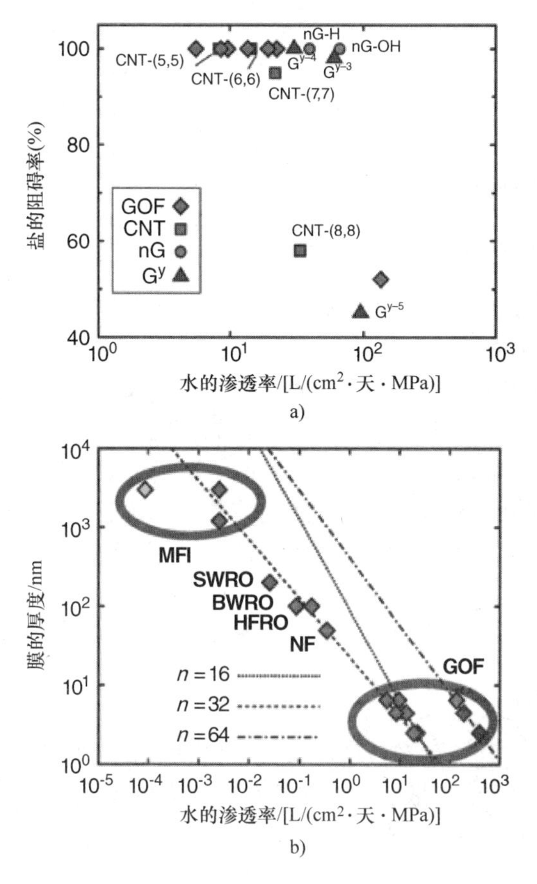

图9.11　a）与现有碳基材料理论工作相比，GO框架膜的海水淡化性能图。标记：CNT为碳纳米管；nG为纳米多孔石墨烯；G^y为一种碳的同素异形体。b）与现有的有机和无机膜相比，GO框架膜的海水淡化性能图

9.5　膜的其他应用

9.5.1　燃料电池膜

一般来说，每个燃料电池都由负极、正极和电解质组成。目前，聚合物电解质燃料电池（所谓的PEMFC）由于其简单性、快速启动和低操作温度而成为最具商业价值的燃料电池技术之一。聚合物电解质膜（PEM）是PEMFC中的关键组分，并且大多数PEM是磺化离聚物，例如Nafion，因为它们具有高质子传导性并能够充当负极和正极之间的隔膜。最近，GO已被用于燃料电池的质子交换膜，通过直接使用纯GO膜或通过将GO掺入常规离聚物中进行应用。有趣的是，Tateishi等

人[39]测试了一种基于 GO 厚膜燃料电池的性能，该电池室温时在 60% ~100% RH 下的质子电导率为 10^{-2} ~ 10^{-1}S/cm，这与当前 Nafion 膜的性能相当。当然，基于干燥或水合的 GO 膜的质子传导机制尚不清楚，并且这种膜在电化学反应或高温下的部分还原过程中可能是存在问题的。另外，在实际应用中还需要进一步检查燃料电池在恶劣环境下运行的化学、机械和长效稳定性，但早期的结果已表明 GO 膜很有希望应用于新型燃料电池领域中。

9.5.2 新一代电池的离子选择性膜

诸如可再充电电池之类的电化学能量存储系统已被广泛用于电能存储领域中。每个电化学储能装置通常由电极（即正极和负极）、电解质和隔膜（即离子选择性膜）组成。自 20 世纪 90 年代锂离子电池取得巨大成功以来，许多便携式电子设备和电动汽车已经被开发，并且在未来将开发具有高能量密度的可再充电储能系统，以应用于新一代交通运输和能源收集/存储领域。最近，锂－空气和锂硫电池已被考虑用于新一代高能量密度电池中。但是，这些电池的容量下降快速，循环稳定性差。为了解决这个问题，Huang 等人[40]在锂硫电池配置中使用渗透选择 GO 膜以实现电池的高稳定性。他们发现，锂离子对 GO 膜中的多硫化物阴离子的高选择性，有助于提高抗自放电性能，这主要是源于 GO 膜的含氧官能团的物理和化学阻碍效应。

9.5.3 脱水应用

渗透蒸发（PV）是一种有效的膜分离的方法，用于稀释含有微量或少量待去除组分的溶液。基于溶液扩散机制，渗透蒸发工艺可以采用部分汽化通过无孔膜的物质，以分离液体混合物。通常，亲水性聚合物膜用于含有少量水的醇的脱水，而疏水性聚合物膜用于从水溶液中除去微量的挥发性有机化合物。与其他实验不同，Huang 和同事[41]利用真空抽吸法制备了 GO 涂层的陶瓷中空纤维膜，并通过渗透蒸发工艺将水与碳酸二甲酯(DMC)/水混合液分离。因此，GO 涂覆的中空纤维膜表现出对低毒性和可降解碳酸二甲酯的有效选择性透水性能。为了解释对于水/碳酸二甲酯高的选择性，他们采用典型的溶液扩散机制，即 GO 比碳酸二甲酯更优先吸附水，因为 GO 含有极性基团，以便与水结合，并且水的扩散性也比其他分子快得多；因此，扩散率和溶解度增强导致膜的选择性、速度更快的水渗透。而溶液扩散机制对解释当前结果是有效的。也就是说，渗透物溶解在膜材料中，然后通过膜扩散到低浓度梯度中。由于溶解在膜中的材料的含量和材料通过膜的扩散速率的差异，可以在不同的渗透物之间实现有效分离。这里所述通过膜的扩散，在跨膜传质中是限制其速率的一步。

9.6 总结及研究展望

在工业中，基于膜的气体和液体分离工艺具有优于常规分离技术的许多优点。

然而，由于与其他分离技术竞争时存在严格的标准，新型膜技术仍需要进一步研究与发展。高渗透性和分离选择性是膜应用的关键问题。在这一点上，石墨烯及其衍生物由于其二维结构、易于成膜性和可扩展性，成为各种纳米结构中最有应用前景的膜材料。特别是，GO 能够高精度分离分子和离子，成为新兴的高性能膜材料。我们相信 GO 将成为各类膜应用领域中非常有前景的碳材料，因为许多研究工作均报道了 GO 或改性 GO 膜表现出优异的分离性能，以证实 GO 膜多功能的应用未来。与其他膜材料相比，由于易于成膜、可扩展性和多功能应用，GO 膜绝对是一种颇具前景的新型膜材料。但是，在实际应用之前，需要解决几个重要问题。如何在大面积多孔机械支撑层上进行片层涂覆以及精确地设计扩散通道使其具有高孔隙率，都是实现实际应用的关键挑战。考虑到膜厚薄程度不同，必须更加深入地从理论和实验基础上研究 GO 膜的质量传递或分离性质。尽管 GO 膜更适应于实际应用，但由于高的宽高比导致长扩散路径，从而使其膜的渗透性降低。此外，GO 膜的性能会受到小片层尺寸、厚度、插层水和表面化学性质显著影响。为了改善当前 GO 膜的分离性能，在实际应用中应进一步考虑减小 GO 片层的尺寸、减少膜的厚度、控制层间距以及精确地设计高孔隙率等问题。此外，GO 膜的化学和机械稳定性在一些苛刻的工作条件下也应进一步深入研究。

参考文献

[1] Baker, R.W., *Membrane Technology and Applications*, 3rd edn. John Wiley & Sons, Ltd, Chichester, 2012.
[2] Robeson, L.M., The upper bound revisited. *J. Membrane Sci.* **2008**, *320* (1–2), 390–400.
[3] Geise, G.M.; Park, H.B.; Sagle, A.C.; *et al.*, Water permeability and water/salt selectivity tradeoff in polymers for desalination. *J. Membrane Sci.* **2011**, *369* (1), 130–138.
[4] Bunch, J. S.; Verbridge, S. S.; Alden, J. S.; *et al.*, Impermeable atomic membranes from graphene sheets. *Nano Lett.* **2008**, *8* (8), 2458–2462.
[5] Fischbein, M.D.; Drndić, M., Electron beam nanosculpting of suspended graphene sheets. *Appl. Phys. Lett.* **2008**, *93* (11), 113107.
[6] Bell, D.C.; Lemme, M.C.; Stern, L.A.; *et al.*, Precision cutting and patterning of graphene with helium ions. *Nanotechnology* **2009**, *20* (45), 455301.
[7] Celebi, K.; Buchheim, J.; Wyss, R.M.; *et al.*, Ultimate permeate across atomically thin porous graphene. *Science* **2014**, *344* (6181), 289–292.
[8] Bieri, M.; Treier, M.; Cai, J.; *et al.*, Porous graphenes: two-dimensional polymer synthesis with atomic precision. *Chem. Commun.* **2009**, *2009* (45), 6919–6921.
[9] Yoo, B.M.; Shin, H.J.; Yoon, H.W.; Park, H.B., Graphene and graphene oxide and their uses in barrier polymers. *J. Appl. Polym. Sci.* **2014**, *131* (1), 39628.
[10] Dreyer, D.R.; Park, S.; Bielawski, C.W.; Ruoff, R.S., The chemistry of graphene oxide. *Chem. Soc. Rev.* **2010**, *39* (1), 228–240.
[11] Chua, C.K.; Pumera, M., Chemical reduction of graphene oxide: a synthetic chemistry viewpoint. *Chem. Soc. Rev.* **2014**, *43* (1), 291–312.
[12] Brodie, B.C., On the atomic weight of graphite. *Phil. Trans. R. Soc. London* **1859**, *14*, 249–259.
[13] Staudenmaier, L., Verfahren zur Darstellung der Graphitsäure. *Ber. Dtsch. Chem. Ges.* **1898**, *31* (2), 1481–1487.
[14] Hummers, W.S.; Offeman, R. E., Preparation of graphitic oxide. *J. Am. Chem. Soc.* **1958**, *80* (6), 1339.
[15] Dikin, D.A.; Stankovich, S.; Zimney, E.J.; *et al.*, Preparation and characterization of graphene oxide paper. *Science* **2007**, *448* (7152), 457–460.

[16] Hwa, T.; Kokufuta, E.; Tanaka, T., Conformation of graphite oxide membranes in solution. *Phys. Rev. A* **1991**, *44*, R2235–R2238.
[17] Horiuchi, S.; Gotou, T.; Fujiwara, M.; *et al.*, Carbon nanofilm with a new structure and property. *Jpn. J. Appl. Phys.* **2003**, *42*, L1073–L1076.
[18] Boehm, H.P.; Clauss, A.; Hofmann, U., Graphite oxide and its membrane properties. *J. Chim. Phys.* **1960**, *58* (12), 110–117.
[19] Nielsen, L.E., Models for the permeability of filled polymer systems. *J. Macromol. Sci. Chem.* **1967**, *1* (5), 929–942.
[20] Nair, R.; Wu, H.; Jayaram, P.; *et al.*, Unimpeded permeation of water through helium-leak-tight graphene-based membranes. *Science* **2012**, *335* (6067), 442–444.
[21] Zhu, J.; Andres, C.M.; Xu, J.D.; *et al.*, Pseudonegative thermal expansion and the state of water in graphene oxide layered assemblies. *ACS Nano* **2012**, *6* (9), 8357–8365.
[22] Kim, H.W.; Yoon, H.W.; Yoon, S.-M.; *et al.*, Selective gas transport through few-layered graphene and graphene oxide membranes. *Science* **2013**, *342* (6154), 91–95.
[23] Li, H.; Song, Z.; Zhang, X.; *et al.*, Ultrathin, molecular-sieving graphene oxide membranes for selective hydrogen separation. *Science* **2013**, *342* (6154), 95–98.
[24] Eda, G.; Chhowalla, M., Graphene-based composite thin films for electronics. *Nano Lett.* **2009**, *9* (2), 814–881.
[25] Zhang, L.; Liang, J.; Huang, Y.; *et al.*, Size-controlled synthesis of graphene oxide sheets on a large scale using chemical exfoliation. *Carbon* **2009**, *47* (14), 3365–3368.
[26] Cote, L.J.; Kim, F.; Huang, J., Langmuir–Blodgett assembly of graphite oxide single layers. *J. Am. Chem. Soc.* **2008**, *131* (3), 1043–1049.
[27] Kim, J.; Cote, L.J.; Kim, F.; *et al.*, Graphene oxide sheets at interfaces. *J. Am. Chem. Soc.* **2010**, *132* (23), 8180–8186.
[28] Boffa, V.; ten Elshof, J.E.; Petukhov, A.V.; Blank, D.H., Microporous niobia–silica membrane with very low CO_2 permeability. *ChemSusChem* **2008**, *1* (5), 437–443.
[29] Scholes, C.A.; Kentish, S.E.; Stevens, G.W., Effects of minor components in carbon dioxide capture using polymeric gas separation membranes. *Sep. Purif. Rev.* **2009**, *38* (1), 1–44.
[30] Park, H.B., Graphene-based membranes – a new opportunity for CO_2 separation. *Carbon Managem.* **2014**, *5* (3), 251–253.
[31] Kim, H.W.; Yoon, H.W.; Yoo, B.M.; *et al.*, High-performance CO_2-philic graphene oxide membranes under wet-conditions. *Chem. Commun.* **2014**, *50* (88), 13563–13566.
[32] Joshi, R.; Carbone, P.; Wang, F.; *et al.*, Precise and ultrafast molecular sieving through graphene oxide membranes. *Science* **2014**, *343* (6172), 752–754.
[33] Holt, J.K.; Park, H.G.; Wang, Y.; *et al.*, Fast mass transport through sub-2-nanometer carbon nanotubes. *Science* **2006**, *312* (5776), 1034–1037.
[34] Hu, M.; Mi, B., Enabling graphene oxide nanosheets as water separation membranes. *Environ. Sci. Technol.* **2013**, *47* (8), 3715–3723.
[35] Han, Y.; Xu, Z.; Gao, C., Ultrathin graphene nanofiltration membrane for water purification. *Adv. Funct. Mater.* **2013**, *23* (29), 3693–3700.
[36] Huang, H.; Song, Z.; Wei, N.; *et al.*, Ultrafast viscous water flow through nanostrand-channelled graphene oxide membranes. *Nature Commun.* **2013**, *4*, 2979.
[37] Bano, S.; Mahmood, A.; Kim, S.-J.; Lee, K.-H., Graphene oxide modified polyamide nanofiltration membrane with improved flux and antifouling properties. *J. Mater. Chem. A* **2015**, *3* (5), 2065–2071.
[38] Nicolaï, A.; Sumpter, B.G.; Meunier, V., Tunable water desalination across graphene oxide framework membranes. *Phys. Chem. Chem. Phys.* **2014**, *16* (18), 8646–8654.
[39] Tateishi, H.; Hatakeyama, K.; Ogata, C.; *et al.*, Graphene oxide fuel cell. *J. Electrochem. Soc.* **2013**, *160* (11), F1175–F1178.
[40] Huang, J.-Q.; Zhuang, T.-Z.; Zhang, Q.; *et al.*, Permselective graphene oxide membrane for highly stable and anti-self-discharge lithium–sulfur batteries. *ACS Nano* **2015**, *9* (3), 3002–3011.
[41] Huang, K.; Liu, G.; Lou, Y.; *et al.*, A graphene oxide membrane with highly selective molecular separation of aqueous organic solution. *Angew. Chem. Int. Ed.* **2014**, *53* (27), 6929–6932.

第 10 章　氧化石墨烯基复合材料

Mohsen Moazzami Gudarzi, Seyed Hamed Aboutalebi, Farhad Sharif

10.1　引言

2004 年，二维材料尤其是石墨烯卓越性能的发展令整个物理学界为之震撼，同时也对材料科学产生了巨大的影响[1,2]。近来化学领域中石墨烯相关的研究主要受启发于早期碳纳米管与石墨的研究[2,3]。两位诺贝尔奖得主首次观察到了真正意义上的“单原子厚度”石墨烯。2004 年以前，研究氧化石墨的化学家们曾报道过类似的材料。但在当时，这项研究的重大意义并没有被广泛意识到[3]。化学领域中石墨烯的研究大约有 150 年历史，但是这方面的研究仅在过去 10 年中蓬勃发展。在本章中，我们从对石墨（氧化物）早期研究的回顾开始，简要讨论氧化石墨烯（GO）的研究，接下来将 GO 的研究与碳纳米管进行了比较。本章开头的简要回顾旨在介绍 GO 及其复合材料面临的机遇以及挑战。

石墨是 500 年前发现的一种天然形式的碳。石墨独特的物理和机械性能为其创造了许多在广泛领域中应用的机会，如耐火材料、电池和润滑剂等[4,5]。石墨的独特性质在于其蜂窝状的原子结构。碳原子间通过 sp^2 杂化结合在一起，在碳平面（石墨烯）上产生具有高迁移率的 π 电子。基面中的碳原子通过共价键结合在一起，而 z 方向上（垂直于基面）碳原子构成的平面通过范德华力连接在一起，其中范德华力比共价键弱了几个数量级[6]。图 10.1 显示了石墨的原子结构。关于石墨结构和物理性质的更多信息可以在参考文献［4－6］中找到。

由于石墨基复合材料对新一代材料例如石墨烯基复合材料的开发具有潜在的影响，本节旨在提供对其发展演变的整体介绍。为此，简要介绍了尝试利用石墨独特性质改善不同聚合物基质的历史。事实上，近期许多关于石墨烯基复合材料的研究与以前的研究十分相似[7-9]。开发合成和功能化石墨烯的新途径只是对于相同设计原理和目的的新工具。

引入富勒烯和碳纳米管对聚合物纳米复合材料领域同样具有巨大的影响[10-13]。在过去的 30 年里，基于这两种形式的碳基复合材料的设计及开发为配制石墨烯基材料提供了普适性原理[12,13]，对于碳材料分子的功能化和组装更为有效[12-15]。有许多处理石墨烯的方法可以简单地从碳纳米管的研究工作中复制出来[9,15]。回顾和分析这些相似性以及差异可以为碳基复合材料的设计提供更多的指导。

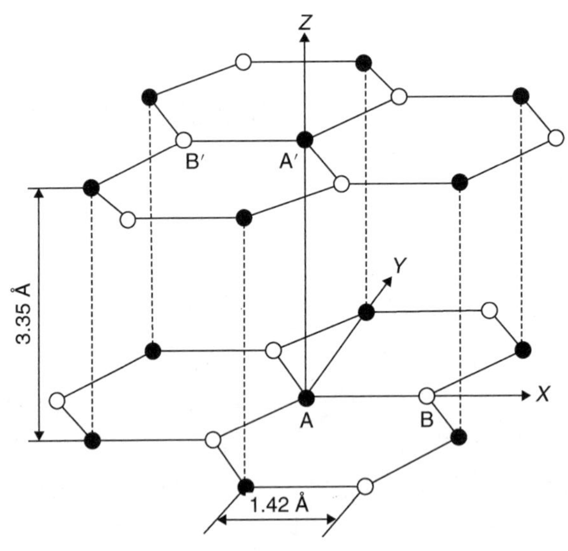

图 10.1　石墨的晶体结构

10.1.1　石墨与聚合物

石墨的物理特性如非常高的导热性和导电性，在合成聚合物出现之前就已经广为人知[4,5]。随着聚合物的出现，聚合物树脂和石墨被混合在一起来制作新型复合材料。对于这种新型复合材料，主要关注其良好的导电性及导热性或改善聚合物树脂的摩擦力学性能[4,5,16,17]。这些努力直接引导了石墨基复合材料的商业化的发展。

自然界中，石墨是储量最丰富的天然形式的碳（石墨的年产量超过 10^6t），因此它是一种便宜的矿物质（每千克几美元）[18]。石墨的平面内电导率约为 10^4S/cm，比通用聚合物高 10 多个数量级[6]。其他用于改善聚合物导电性的常用选择包括金属颗粒、炭黑或碳纤维。但是相比于这些材料，石墨更有优势。它具有比金属更低的密度、更高的化学惰性和更低的成本。与其他形式的碳材料相比，它也比较便宜[6,16,17]。这些优点使得石墨成为制造导电树脂以及导电粘合剂时更好的选择。石墨基导电涂料和油墨是这类复合材料中最具商业价值的形式[19]。

首先致力于制造聚合物石墨复合材料的是 Aylsworth，他的工作可追溯至 1915 年[20,21]。通常来讲，在颗粒复合材料中，使用较少团聚和良好剥离的细颗粒可以得到具有更好性能的复合材料。即使在最早期尝试使用膨胀石墨代替鳞片石墨的时候，这也是非常有效的方法[21]。在进一步实验中，主要的目的是改善石墨薄片在聚合物基体中的分散状态，以及两相之间的界面相互作用[21,22]。调整石墨和聚合物的相互作用的困难在于石墨的惰性以及高表面能。其中后者成为人们广泛关注的话题，因为石墨聚合物界面的设计原理可以应用于其他类别的碳基复合材料[23]。

从对石墨的研究一开始，石墨的片状外观就被归因于其分层结构[24]。然而，直到20世纪30年代引入了X射线衍射（XRD）技术之后，才证实了石墨的层状结构，其层间距离约为3.4Å[25]。和许多层状材料类似，石墨分子层间可以被插入小分子或原子。这些插层结构被称为石墨插层化合物（GIC）。石墨插层化合物的合成与理解的进步对于近期探究化学法制备石墨烯做出了重大贡献[3,26,27]。很多化学成分都可以被嵌入到石墨夹层间，如无机酸、碱金属和卤素原子[26]。观察其特有的电子和物理特性引起了物理界的极大关注，如碱金属基石墨插层化合物的超导电性[26,28]。这些研究为2004年之后的石墨烯时代带来了灵感和发展基础[3]。

酸基GIC的合成可以追溯到1841年，这种方法通过使用强酸或强氧化剂的混合物处理石墨片来得到GIC[29]。同时研究者发现嵌入分子的突然汽化会导致石墨的膨胀[30]。膨胀比（初始体积与最终体积之比）可以轻易地超过300。事实上，由于石墨烯层内嵌入物的限制，热冲击提供了有效的压力，最终可以使石墨片层克服范德华力的相互作用并将其剥落成较薄的片[31]。GIC可以借由其他化学品或电化学方法剥离得到，但热膨胀是剥离石墨的最常见途径[32]（见图10.2）。更多关于GIC和石墨剥离的细节可以在参考文献［30－34］中找到。

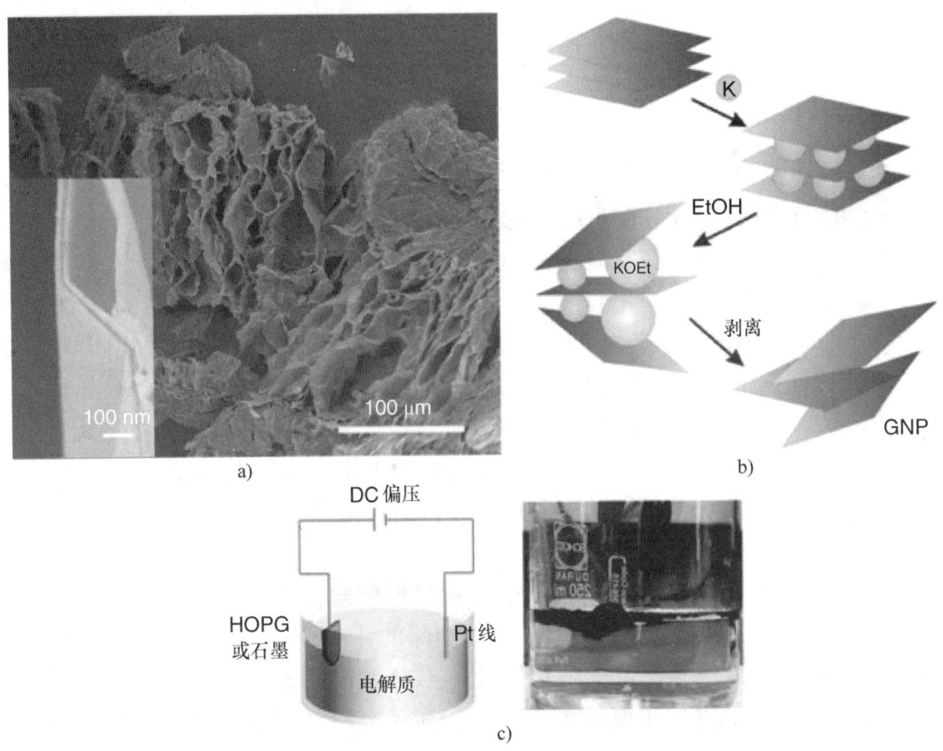

图10.2　石墨剥离。a）热膨胀石墨的扫描电子显微镜图像，由石墨组成的“手风琴状”形态中包含了几纳米厚度的纳米片（插图）。b）金属原子插入石墨层间，随后的化学反应导致石墨剥离分层变成薄纳米片。c）石墨电极的典型电化学剥离装置[35]

尽管聚合物石墨复合材料的制造始于19世纪中叶[20,21]，但是由于丰田在纳米复合材料方面取得突破，使其20世纪90年代初期兴起，为聚合物复合材料引入了新范例[36,37]。为了实现聚合物基体中完美剥离及分散单层石墨（即石墨烯），许多研究主要通过化学插层和剥离石墨的方法来达到目的[22,33,38]。同时，碳纳米管的发现引发了针对聚合物纳米复合材料需求的第二次技术爆炸[11]。因此，在21世纪初，以下情况引发了基于石墨纳米片（GNP）复合材料的研究：GNP是层状结构并且价格低廉，类似于粘土，同时又具有碳钠米管一般良好的导电导热性能[22]。但是在这些极具前景的局面之外，GNP基复合材料的性能并不能完全取代它的两种类似物，因为缺乏将石墨分解成石墨烯并将其纳入聚合物的系统化途径[22,39,40]。实际上，近期许多关于GNP的工作都借鉴了来自另外两种材料的分散和功能化策略。更多关于这些复合材料的信息可以在几本书和报告中找到[22,39-42]。

20世纪60年代，由Ulrich Hofmann率领的德国研究团队对一种老旧的石墨型态进行了系统研究，它就是氧化石墨[42-44]。但这些研究几乎没有引起复合材料制造业的关注，而且如果不是为了“发现”石墨烯，它们仍然会被遗忘[3,44,45]。在下一小节中将探讨氧化石墨基复合材料及GO实现的历史。

10.1.2 氧化石墨基复合材料

自从19世纪中期合成氧化石墨（GrO）以来[24]，已经发现GrO比石墨更亲水。GrO可以很容易地分散在水中，特别是在碱性介质中[43,44]。进一步研究也表明石墨的层状结构被保留在GrO中，但层间距远高于石墨[45,46]。由于GrO重度氧化的性质，它具有酸性，并且GrO可以被化学还原剂或热还原的方法脱氧化[43,44]。GrO的确切化学结构不清楚（目前尚不清楚，最近的研究提出GrO是化学非晶态和亚稳态的），但主要含氧基团的性质和氧化程度在20世纪90年代已经被探究清楚[43-49]。尽管具有非常古老的历史背景，并且对GrO的化学结构和性质有了大致的了解，但是大量关于GrO复合材料的工作直到最近都没有被广泛关注。但是这些关于GrO材料的早期工作和想法在石墨烯时代复活了[44,45]。关于GrO复合材料，其不成功的主要原因有两个：成本和性能。

尽管GrO是在一个多世纪前合成的，就我们所知，这种形式的石墨衍生物无法实现大规模生产（甚至是中规模）。一项粗略的计算显示GrO的价格很容易比石墨价格高出一个数量级。这可能解释了使用GrO没有引起很大关注的原因。最近对GrO基复合材料的兴趣主要是由于其对于所谓高科技产品性能的提高，这使得使用GrO在经济上可行[45]。

如前所述，对于层状硅酸盐基纳米复合材料的巨大兴趣使得研究人员开始关注其他层状材料，包括GrO[37,45]。与层状硅酸盐材料类似，GrO聚合物复合材料合成的主要目标是获得最高程度的剥离和分散。另一个相似之处是GrO和粘土的亲水性，这使得它们与有机聚合物不相容。氧化层状石墨的分散问题使得制造过程陷入了一个瓶颈。

为了降低GrO的亲水性，使用了表面功能化的方法。由于其酸性性质，基本功能分子如胺适合剪裁其表面特性。几项研究表明，GrO可以被脂肪胺嵌入和功能化（用于粘土的普通表面改性剂）[37,50,51]。增加层间距离有利于聚合物分子的扩散，有机表面改性剂的存在增加了两种材料的相容性。通过回顾这类复合材料的发展，人们可以认识到该研究的一般特征与粘土基复合材料是相类似的。因此这并不令人感到意外，如果GrO用于改善基质的机械物理性质的表现与粘土相比更低或相同，人们的选择会是粘土，因为它更便宜并且不会使基质变黑。因此，使用GrO制造复合材料并不被认为是一项突破。

使用碳基填料的另一个优点是改善了绝缘基体的电气和传输性质。习惯上的选择通常是石墨和炭黑。Hofmann的研究表明，GrO经过化学还原或热还原后可被假定为导电形式[43,44]。但是，使用GrO来改善聚合物基体的电导率的研究直到2006年还很少见[52]。总之，GrO很少作为制造导电复合材料的材料而出现。

在石墨烯时代之前，GrO基材料研究的主要贡献是在碱性水溶液中发现“超薄”GO层[43-45,53]。这种分散体被用于通过其层状结构的组装来制造层状纳米复合材料[53]。含氧官能团尤其是羧基的存在使GrO粒子带负电，所以它们可以通过静电作用被带正电基体吸附[53,54]。这些发现随后被广泛地用于通过静电相互作用组装GrO。

Boehm提出，关于GrO（及其复合材料）的研究本来更多的是源于实验室中的好奇心[44]，后来却成为最近研究的基础。二维材料卓越和超常性质的实现扩大了研究者对多种形式层状材料的兴趣[3,55,56]。由于GrO易于处理和功能丰富的特性，它成为材料科学界关注的中心。重新审视GrO复合材料的合成方法并创新单层碳材料与其他基质的组装揭示了这些石墨基产品极高的潜力[45]。

10.1.3　碳纳米管与石墨烯（氧化石墨烯）

从一开始，石墨烯及其广受认可的潜在应用就被当作碳纳米管有力的竞争对手[1]。到2004年石墨烯到来时，对碳纳米管的研究已经在纳米电子学、光电子学、生物医学应用以及先进材料等不同领域获得了成功[57]。尽管石墨烯研究的先驱者Geim和Novoselov是碳纳米材料领域的新成员，但他们很快追了上来[58]。许多借鉴于碳纳米管研究或被其启发的用于石墨烯合成、分析和应用的想法和方法快速发展了起来[45,57]。

颗粒复合材料领域的一个挑战是颗粒在基质中的功能化和分散[22,37,57]。特别是发现了一种系统的“溶解”碳片的途径，即石墨烯，它使石墨烯基复合材料领域迅速发展了起来[52]。根据以往分散碳纳米管的科学技术，为了分散石墨烯，需要适当地根据目标基体修饰来保障它们互相之间的分离和与基体材料的相容[59]。

不久之后，由于碳纳米管和石墨烯的表面化学性质相似（还有 GO），许多对纳米管功能化的化学方案被尝试用于它们的二维衍生物[1,60,61]（见图 10.3）。这其中包括但是不限于芳基重氮功能化[62]、羧基酰化和随后的酯化[63]、自由基加成[64,65]、

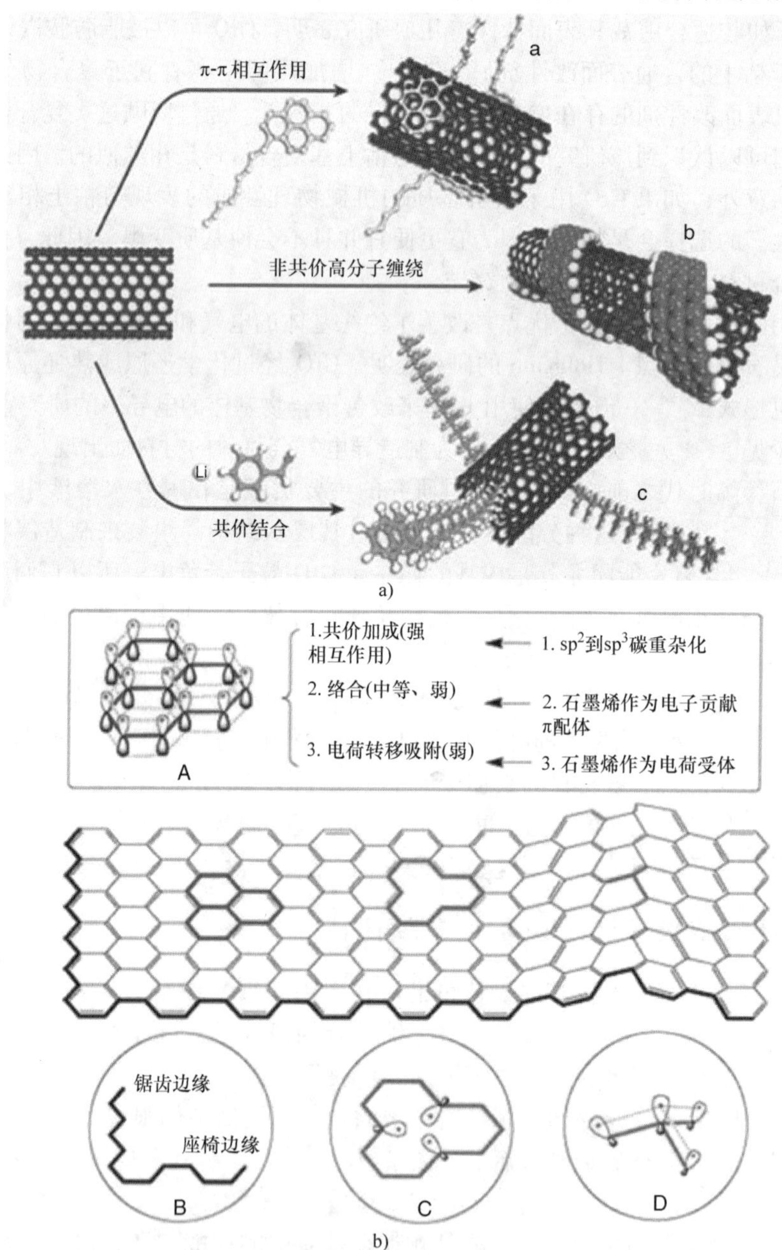

图 10.3 碳纳米管和石墨烯功能化的化学途径。a）碳纳米管可以通过不同的相互作用进行修饰。b）石墨烯化学反应的起源以及石墨烯功能化的可能策略[73,74]

聚合物接枝[66]、酰胺化[67]、非共价 π－π 键[68,69]、卤化[70]及随后的改性和氧化[71,72]。人们几乎可以任意地调整碳纳米材料的表面极性和功能。

石墨烯在液体介质中的分散受到了碳纳米管成功的启发，除了少数例外[75-78]。适用于碳纳米管的表面活性剂和有机溶剂的种类也同样适用于石墨烯[75-79]。液相剥离膨胀石墨在介质中成为石墨烯的反应也同样适用于碳纳米管。由于相同的表面化学特性，假设碳纳米管（特别是单壁碳纳米管）和石墨烯可以“溶解”在溶剂中，两种类型的“良溶剂”应具有相同的表面能量[75,76]。事实证明这是正确的，因为大多数碳纳米管的良溶剂也可以溶解石墨烯。极性非质子溶剂如 N－甲基吡咯烷酮（NMP）、二甲基亚砜（DMS）或 N－环己基－2－吡咯烷酮（CHP）都是适用于分散石墨烯和碳纳米管的介质[75,76,79,80]。由于同样的原因，可以相互作用和稳定碳纳米管表面的表面活性剂被发现同样可以有效地剥离和稳定石墨烯[77,78]。一般而言，含有苯环的表面活性剂因其与 π－π 相互作用的能力而效果更加显著[77,78,81,82]。然而，表面具有平面分子的表面活性剂结构，如芘类表面活性剂，对于石墨的剥离更有效[81]。同时这也适用于 GO 衍生的石墨烯结构。化学还原和热还原通常会留下难以被分散的 GO 衍生物[31,52,83,84]。相似类型的溶剂和表面活性剂适用于进一步处理。

术语“石墨烯”可以在 2004 年后的许多出版物中看到，其中纳米管被描述为石墨烯的卷曲形式，并且众所周知的例子是对于单壁纳米管（SWNT）手性的描述（见图 10.4）。碳纳米管的很多物理性质与石墨（和/或石墨烯）的物理性质非常相似，例如它们的导热性和导电性、机械性能、热稳定性和化学属性[6,9]。因此，许多对于碳纳米管应用的预测同样是石墨烯基材料潜力巨大的领域[3,6,9,57]。这些应用包括能量存储、柔性电子、复合材料、光学、生物医学应用等[85]。

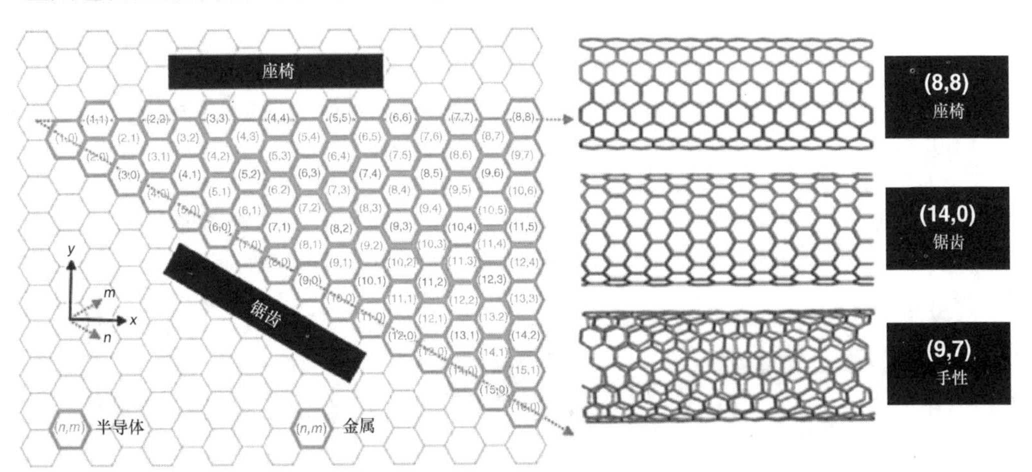

图 10.4　在石墨烯片上 SWNT 的螺旋图和产生座椅形、锯齿形和手性纳米管结构的实例[86]

生产大量 GO 及其导电形式的化学方法的实现，例如还原化石墨烯（RGO）和热处理氧化石墨烯（tpGO），在 2006～2008 年期间将石墨烯转变为实用材料而不仅仅是仅供物理学家使用的实验室材料[45,52,58]。许多关于确认上述应用的初步努力是基于 GO 的使用[87-90]。例如通过湿法转移技术，碳纳米管和 GO 都可用于制造透明导体[87,91]。在这种技术中，碳纳米管或 GO（或其还原形式）的分散体通过膜材料的过滤将其形成的一层薄膜转移到目标基底上[87,90,91]（见图 10.5a、b）。另一个例子是受“巴基纸”启发的“GO 纸”[91,92]（见图 10.5c、d）。为了制备这两种材料，GO 或碳纳米管的分散体通过多孔膜过滤器，在上面留下纸状材料。其他的许多制造和加工方法也与石墨烯基材料的合成有关，例如石墨烯薄膜的掺杂和后处理[93-95]、使用密度梯度离心对石墨烯进行分选和分级[96,97]、纺织成纤维[98-101]、混合和分散[102,103]。

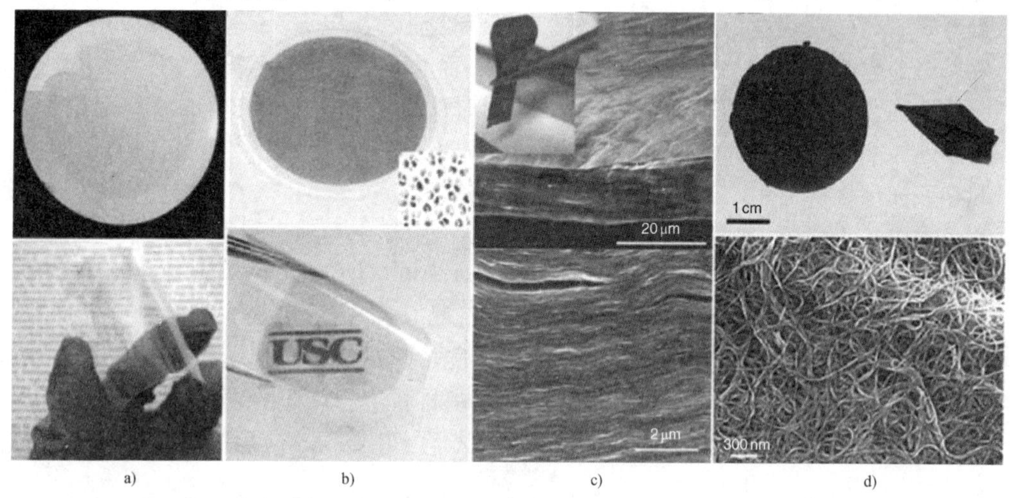

图 10.5　用于制造 GO 和碳纳米管基材料的类似概念。a）通过将 GO 分散体通过过滤器（上图）过滤，然后转移至塑料基底来制造 GO 基透明导电膜。b）在具有可控厚度的不同基底上使用过滤和转移的 SWNT 薄膜。c）通过过滤和通过过滤器干燥 GO 分散体来制造柔韧的 GO 纸（插图，上图）。由于 GO 片彼此堆叠，所以 GO 纸具有分层结构。d）“巴基纸”的照片（上图），该纸（左）足够坚韧并且足够灵活，可以折叠成折纸飞机（右）。通过在过滤器上过滤 SWNT 的水分散体制备的基于 SWNT 的巴基纸的扫描电子显微镜图像

石墨烯时代到来时，碳纳米管基复合材料的研究已经趋于成熟，许多设计和加工方面的挑战已经得到解决[59,102]。采用碳纳米管作为填料的主要挑战之一是其生产成本高，这使得它们对低技术应用的吸引力下降。碳纳米管的处理并不简单，通常需要及时和昂贵的净化及后处理[102]。用廉价的石墨制造石墨烯使得石墨烯有希望成为一种经济有效的替代品[84]。然而，当对石墨烯的性能进行评估并与碳纳米管进行比较时，发现石墨烯基复合材料的成本/性能在所有情况下均不优异。尽管由于平面几何结构，石墨烯会带来一些新功能，根据具体问题和应用来看，石墨烯

仍然可能不是最好的后备选择[87-103,106]。

除了性价比外，碳纳米管和石墨烯（客观地说，任何纳米材料）的另一个问题是它们的安全性和毒性。现在人们普遍认为石墨烯的毒性水平低于纳米管[107-109]。而且，石墨是一种惰性“天然”材料，如果假定石墨烯及其衍生物是天然产生的，则降低了这方面的顾虑。然而，正如在第11章中讨论的那样，不同形式的石墨烯，即单层石墨烯（G_1）、少层石墨烯（G_{few}）、多层石墨烯（G_{multi}）、RGO、tpGO、GO和GrO，以及不同的横向尺寸的碳材料，在尚未经过深入研究，并且在确定毒性水平和危险之前，将这些材料引入到商业生产和实际应用中并不明智，尤其是像复合材料制造这样需要大量材料的产业[18,110]。

10.2　将氧化石墨烯与聚合物混合的原因

在材料科学领域，合成聚合物的发现和发展使得新型功能材料的设计成为可能。聚合物通常比陶瓷和金属便宜，它们易于制造，化学惰性，重量轻，机械和物理性能可以被随意调控[22]。聚合物骨架分子设计为化学家提供了系统控制聚合物最终性能的机会。例如，具有“柔软和柔性”骨架（如碳氢化合物）的聚合物表现出橡胶样特性（如果聚合物分子不结晶），而具有“刚性”骨架（如芳香环）的聚合物是坚韧的，例如聚酰亚胺[111]。具有共轭骨架的聚合物可以是导电的，而典型的聚合物是绝缘的。聚合物化学在20世纪的巨大进步使分子设计原理可用于聚合物设计[112]。然而，这些聚合物材料的结构控制成本高、效率低，更重要的是不能保证多功能性。例如，通过化学途径使聚合物导电（共轭聚合物），将导致其难以加工的脆性[113]。因此，如何将新功能并入聚合物基体中而不会显著改变其化学性质令人非常感兴趣。

根据经验，在理想的情况下，混合两种（或更多种）化合物应产生至少部分具有两种（或全部）成分性质的“复合”化合物。在最简单的情况下，如果混合规则是有效的，则复合材料的最终属性与增强相的含量线性相关，但通常并不是这样。为了接近这种理想情况，如何将聚合物与其他材料混合来开发具有改进性能的功能复合材料，同时保留基体的优势成为材料科学家关注的中心[114]。例如，根据上述实例，制造导电聚合物的另一种可能途径是将它们与导电材料如金属或碳混合在一起[52,57,103,115]。

石墨烯及其衍生物的优越性能使其成为制造复合材料的诱人选择[52]。成为有史以来最强、最坚硬、最薄的材料，并且不可渗透（即使对氦），同时具有极高的热导率及电导率是石墨烯的一些最突出的特征[3,41]。然而，并不能直接将这些优异的性能与聚合物基质合并，而是需要开发新的制备途径，更重要的是将原子级薄片组装在基质中。石墨烯片理想的化学特性和排列很大程度上取决于功能。例如，当增强基体时，通常需要完美的分散和纳米片排列[116]。对于改善导电性，使石墨烯网络分离并且不均匀分散可能更有效[117,118]。接下来将要讨论作为聚合物基复合材料的一部分时，石墨烯片的功能。

GO 名义上是大规模合成化学法制备单层石墨烯的最佳选择[18,61,84]。因此，大部分的尝试都是围绕着将石墨烯或 GO 纳入聚合物基体来研究[52,106]。用于分散和功能化氧化石墨的方法很大程度上取决于基体的化学性质、混合程序和最终复合材料的所需形态[103,119]。在接下来的部分中，我们将详细讨论添加 GO 到聚合物中后可以实现的功能和特性。

10.2.1 制备高强聚合物：机械性能

聚合物具有很宽范围的机械性能，从软和弹性（如橡胶）到坚韧和坚固（如超高分子量聚乙烯），到硬而脆（如聚苯乙烯）[111]。这些性能根据需要产生不同种类的聚合物。例如在需要连续载荷阻尼的情况下，使用橡胶；而对于结构应用来说，使用坚韧和坚固的树脂，如环氧树脂。无论最终应用如何，如果机械性能是功能的关键参数，改善这些性能就是必需的。如果这种改进突破了现有技术的限制，则意义更为重大。例如，增加已具有高韧性的环氧树脂的韧性，因为引入了这种材料设计的新途径而非常吸引人[120,121]。这可能制造出具有更高机械强度的碳纤维增强聚合物[122]。实现这一目标具有挑战性，因为碳纤维增强复合材料已经在所有材料的力学性能图上占据首位，而更高的性能意味着进一步打破这一界限[123]。

根据以往的期望，某种“梦想材料”的设计是努力的最终目标。纳米科学领域的突出例子是“太空电梯”，它由超强纤维制成，可能是碳基的，可以使货物直接进入太空[124]（见图 10.6）。除了这些类似科幻小说的例子之外，填补颗粒状复合材料和纤维基复合材料之间的空白是 GO 等新型超级材料设计的另一个思路[92,125]。事实上，纤维基复合材料难以制造并且价格昂贵。从力学性能的角度来看，得到具有相同的机械性能的非纤维复合材料，可能为制造经济的替代品带来新的机会。例如，纯净石墨烯的杨氏模量约为 1TPa[126]。通过假定混合定律、完美结合以及单向分散，在 10% 石墨烯体积负载下，预期这种复合材料将具有约 100GPa 的模量。这远远超出了常规聚合物的模量（ >5GPa），并且接近通用纤维基复合材料的模量[111,122]。增强聚合物的另一个目标（更易于实现）是降低制造成本和/或改进承受载荷和机械应力的聚合物产品的性能。事实上，增加聚合物基体可以承受的临界应力，可以减小最终产品的尺寸、重量和成本[114]。但先决条件是将聚合物与纳米材料杂交这一策略是经济可行的。GO 加强复合材料的研究从一开始就实现了这一要求，因为 GO 是昂贵的碳纳米管的经济替代品[84]。如果能够显著增强本质上机械性能薄弱的廉价聚合物如聚烯烃的机械性能，这将变得更加意义重大。在这种情况下，提高刚度而不降低韧性是非常有利的。另一个具有挑战性的任务是改进高机械性能聚合物的性能，如聚酰亚胺和环氧树脂[120,121,127]。

用 GO（或任何其他增强相）增强基体的核心原理是纳米片本身的高固有机械

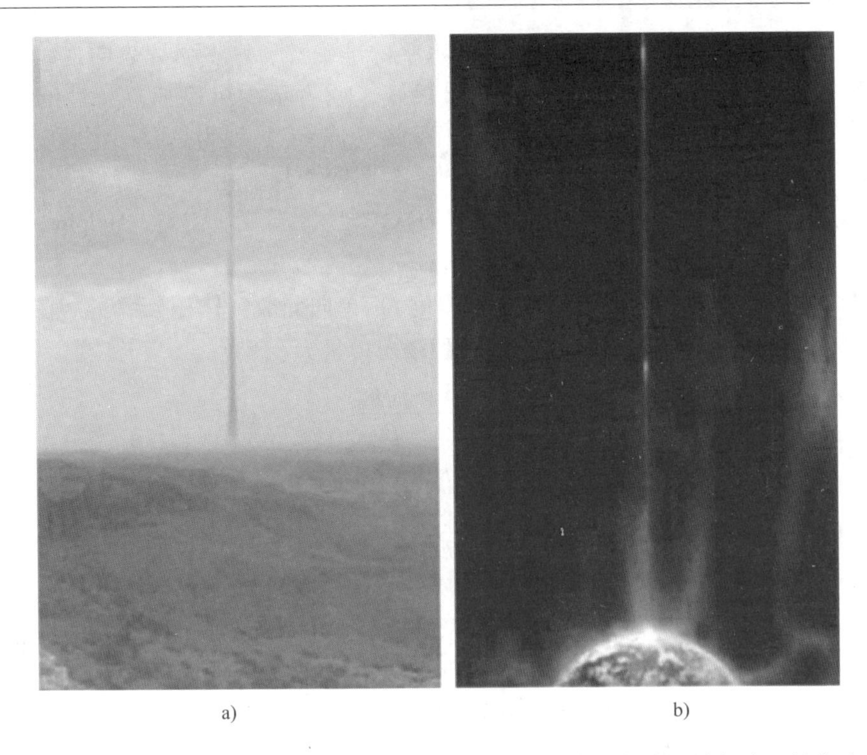

a) b)

图10.6 碳纳米管非凡的力学性能有望实现“太空电梯”，这是一个概念上的基础设施，至少在目前的技术水平上是不现实的

性能，并且荷载可以良好地从基体转移到增强相[128-130]。在理想的情况下，“混合物法则”应该可以预测复合材料的最终性能。但是，实际上存在偏差，可以通过如下的“效率系数”（ξ）来建模[116,131,132]：

$$E_{\text{composite}} = E_{\text{matrix}} v_{\text{matrix}} + \xi E_{\text{GO}} v_{\text{GO}} \tag{10.1}$$

式中，E 和 v 分别是所研究的机械性能（例如模量）和体积分数。通常，ξ 在 0~1 之间变化，并且 ξ 值越高，增强效率越高。然而 ξ 可能是负值，这意味着添加填料会降低基体的性能。另一方面，在极少数情况下，ξ 可能大于 1，这表明填料加入到聚合物基体中会产生协同效应[131,133]。这种现象最常见的解释是在填料和基体的边界处形成一些“中间相”（通常是由于界面处聚合物链的强相互作用或取向），其提供了相比于聚合物基体更高的机械性能[133]。这种协同效应非常易于实现，但需要界面分子设计。然而，对于最常见的情况（$0<\xi<1$），对完美可加性（$\xi=1$）中偏差原因的回答将有助于我们理解基于 GO 的复合材料设计原则。

在20世纪中叶，随着玻璃和碳纤维等高性能纤维的问世，分析复合材料的性能引起了人们的关注。可以采用连续介质力学来高度模拟基于纤维（长纤维和短纤维）复合材料的性能[114,116,133]。然而，进入纳米尺度并最终随着石墨烯的出现而达到原子尺度可能会破坏连续模型的有效性[130]。使用更复杂的计算模型（如分子动力学）非常昂贵，并不能保证宏观水平的准确性。许多研究表明连续模型对石墨烯基复合材料力学性能的预测效果很好（或者至少可以捕捉特性的总体情况）[130-133]。在这方面，人们只需要将石墨烯（或GO）视为具有一定厚度并分散在连续相中的刚性盘。然后将几何与材料参数归因于每个相（填料和基体）。有许多模型用于颗粒状复合材料的建模（如GO）[114,119,130-133]。但是，Halpin-Tsai模型是最常见的[133-139]。

现在让我们假设纳米片（长度 L 和厚度 t）单向分散（体积分数 v_s）在杨氏模量为 E_m 的基体中的情况。那么复合材料的杨氏模量为[136,137]

$$\frac{E_c}{E_m} = \frac{1 + \alpha\beta v_s}{1 - \beta v_s} \tag{10.2}$$

$$\beta = \frac{\dfrac{E_p}{E_m} - 1}{\dfrac{E_p}{E_m} + \alpha} \tag{10.3}$$

式中，α 是 $2L/t$ 并且是宽高比的量度。从这些公式中显而易见的是，α 的增加提高了增强效率。这个关键的宽高比很大程度上取决于颗粒 E_p 的模量与聚合物基体的模量之比[133,135]。相同的原理也可以应用于诸如碳纳米管的一维（1D）填料。在GO的情况下，E_{GO} 约为250GPa[128]。现在我们考虑聚合物基体的典型杨氏模量为1GPa。如果GO片的宽高比超过1000（相当于1μm左右的横向尺寸），则复合材料的模量比仅比由混合物法计算的模量低8%；而对于100的宽高比，则低40%。这意味着纤维中心可达到最高强度的纤维复合材料与“临界长度”的概念相同[133,140]。这一观察结果表明，为了从GO相中（或任何细长颗粒）有效传递载荷，薄片的尺寸应该在10μm左右（对于各种聚合物来说都是如此），单层GO比GrO更加理想[130,133,134,136]。尽管现在可以合成这种大片单层GO，但它们的后处理和在聚合物基体中的调节仍然很困难。应该注意的是，混合过程与一些障碍相关，例如GO片的断裂、凝胶化和复合材料中的黏度提升[100,116,141-143]。所以为了硬化聚合物基体，推荐使用大尺寸GO（至少几微米的横向尺寸）。

在讨论上述预测偏差的来源之前，有必要讨论关于石墨烯增强的另一个主题，即石墨烯片的厚度。上述分析表明更高的宽高比总是优选用于改进模量（和一些其他性能）。因此，在这方面可以考虑使用单片材料。然而当填料含量增加时，石墨烯（氧化物）的超薄性导致聚合物链之间出现问题[136,137]。尽管限制聚合物链的确切特性尚不清楚，但受限聚合物表现出不同的机械性能，并且在这种情况下复合材料通常变得更加易碎[134,135,144]。另外还存在一个限制石墨烯与聚合物复合的问题。当聚合物链和石墨烯片之间没有强的相互作用时，聚合物链很容易与石墨烯相分离[134,144]。另一方面，增加石墨烯片的数量会降低纳米片自身的有效模量[134]。这两种效应彼此相对，因为在相同的体积分数下，少层石墨烯较少引起限制。这种简单的分析表明，单层石墨烯（氧化物）不一定是增强复合材料的最佳选择。

事实上，根据限制条件和应力在层间传递的效率，最佳层数是双层到五层之间[134,135]。然而，由于制造单尺寸石墨烯（氧化物）（横向和厚度）是无法实现的，因此很难通过实验证明这一说法。如果将相当数量的石墨烯层彼此堆叠沉积，然后在上面再沉积聚合物层，那么逐层组装可以用于设计分层聚合物石墨烯结构[145,146]。除了实验证据外，Gong 等人的工作[135]表明这个情况在石墨烯浓度非常高时影响很大，在单层和少层石墨烯之间的差异并不显著（见图 10.7）。人们不必过于关注将石墨"完全剥离"为单层石墨烯，而应更多地关注保留原有的横向尺寸，即使会有部分剥离程度较低的石墨烯。Gong 等人在上述分析中的假设（即通过增加层数来减小有效模量）实际上是在反对 Suk 等人发现单层、双层和三层 GO 的有效模量保持不变的工作[129]。但是，这一观察实际上支持上述观点。我们还没有任何实验证据表明少层 GO 是与单层相比更有效的增强剂，但是这一分析表明，保留横向尺寸比剥离石墨烯至单层更为重要。通常这一情况在纳米复合材料的设计原则中不予考虑。

上述所有分析仅适用于理想情况，即石墨烯片是排列整齐的，并且基体中的载荷转移是完美的。但实际上，复合行为往往偏离理想情况。首先也是最明显的原因是错位问题。Halpin - Tsai 分析显示，当片状材料随机分散在基质中时，复合材料的模量降低约 3 倍[136-140]。因此，许多工作致力于将石墨烯（氧化物）有序排列在聚合物基体中[138,141,142,146-148]。特别是在复合材料的负荷在一个方向上最大的情况下尤为明显。通常，石墨烯（或二维填料）的排列只需要将它们彼此平行放置，而对于碳纳米管来说，理想的排列是需在二维上的[132,133]。实际上，石墨片的完美排列难以实现，并且与理想情况的偏差是不可避免的。当使用最常见的通用热塑性聚合物体系，例如聚合物熔体时效果更差。在这些情况下，由于混合聚合物熔体导致片状材料的随机分散和非常高的黏度，除了通过诱导剪切以外，不可能对材料进行有序排列[149,150]。(剪切诱导的排列对于制造聚合物纤维或片材是非常常见的，但在石墨烯的情况下还未被广泛探索)。

另一个非常重要的理想情况下石墨烯复合材料力学性能的偏差的来源是 GO 在主体基质中的"聚集"或不良分散。这种情况必须与不完全剥离成单层区分开来。如上所述，非完美剥离对于加强基质甚至是有用的。然而，团聚意味着填料在整个基体中分布不均匀。事实上，人们可以有完美的"分散"，但不能完美剥离（例如几层石墨烯的均匀分散）。另一方面，单层石墨烯（氧化物）可以形成团聚体。纳米片在基质中均匀分散是生产的主要目标之一[52,106,121]。由于 GO 拥有非常高的比表面积（约 $2600m^2/g$）[151]和高表面能，因此 GO 薄片趋于在非极性介质中堆叠在一起。除了适当分散的技术外，对于基体增强来说，GO 的凝聚通常导致基体韧性灾难性的降低，特别是如果基体本身具有高韧性[121,134,137]。事实上，由于应力传

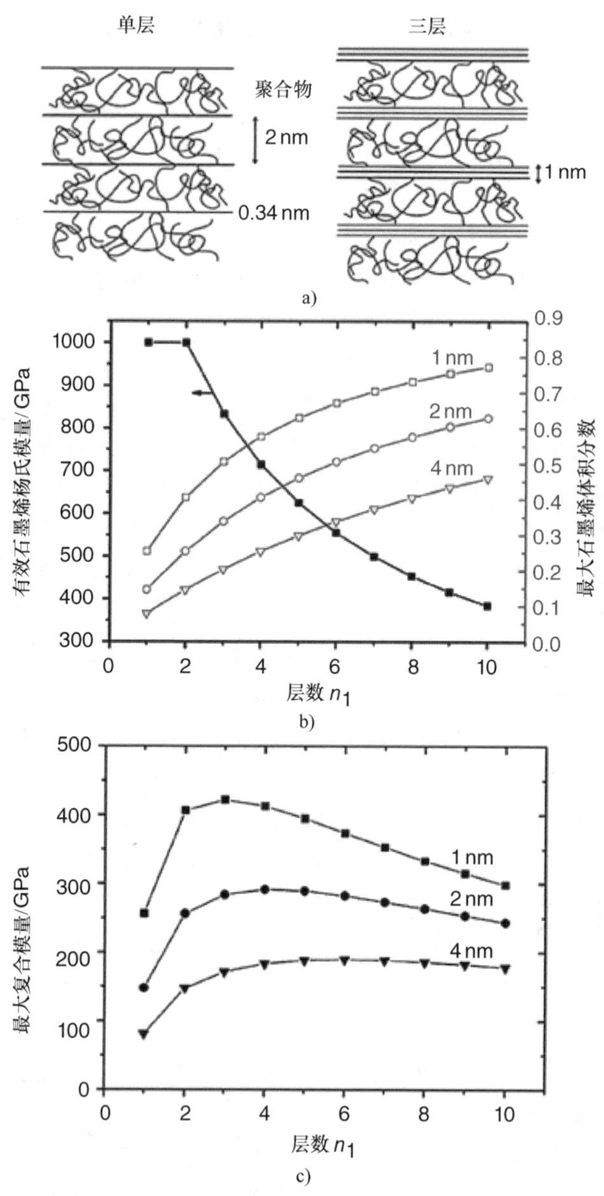

图 10.7　a）较低厚度的石墨烯片导致对聚合物链的较高限制。通过保持片间距离恒定，石墨烯的有效体积分数随着层数的增加而增加。b）不同聚合物层厚度的有效石墨烯杨氏模量和最大石墨烯体积分数随石墨烯片层数的变化而变化。c）不同聚合物层厚度下的最大纳米复合材料模量随石墨烯片层数的变化而变化

递的失败，基体在承受荷载时开始失效。这种失效在 GO 的掺量增加时非常普遍[121]。因此，研究人员经常在寻找石墨烯的“最佳掺量”来使其刚度和韧性最大化[39-41,119-121]。这种最佳掺量可以低至 0.1%[120,121]。目前尚不清楚机械性能（主要是韧性和断裂应力）的降低是由于分散不良，还是涉及其他参数。例如，即

使在非常高的负载下，通过“湿化学”方法可确保GO在聚合物基体中的完美分散（或“分子水平”分散）[152]。但是仍然观察到复合材料的韧性和脆性降低。

石墨烯和聚合物基体之间的界面相互作用是控制增强效果的主要参数[119,130]。想象一下聚合物介质中的一片GO，拉出它所需的功与界面强度有关[130,135]。拉出的动作需要大量的能量，这取决于界面处的相互作用类型。界面能量较弱会导致复合材料的破坏，这是由于界面的破裂和随后应力向基体中传播造成的[137]。所以界面设计是复合材料设计的重要组成部分。研究人员通常倾向于尽可能提高界面强度。这样做的典型方法是在GO薄片表面上（或其他衍生物上）嫁接具有相同或相似化学结构和极性的部分[52,65,66,137,153,154]。在热塑性聚合物的情况下，如果所谓的嫁接部分是聚合物链，则接枝链与基质中聚合物链之间的缠结提供了预期的强结合力，使其不可能在GO与聚合物界面处发生脱离[65,66,153]。就热固性聚合物而言，连接“反应性”化学部分是更常用的策略。在它们可以参与预聚物（例如环氧树脂和硬化剂）的反应的意义上，这些部分是“反应性的”，并且因此它们会成为聚合物网络的一部分[137]。这也导致了填料与基质间的共价结合。GO本身具有一些反应性基团，例如环氧化物、羧基和羟基以及偶联的C－C键；这使得界面设计更加简单[60]。特别是当我们处理极性基体时，这一点尤其明显。在这里我们不打算扩展GO化学方面的知识，请读者参考第6章以及参考文献[22,41,59－61,102,119]。

GO及其衍生物在高性能复合材料增强剂中具有很高的潜力。与其他功能纳米材料相比，易于加工且分散性更好。另外，可调表面化学和尺寸可以克服颗粒状复合材料中的经典挑战，即弱的界面相互作用和载荷转移。然而，这些优点通常被限制于GO的低负载量，而且GO的高度极性使得将其与低极性聚合物复合非常困难[52,102,103,106,119－121]。由于大量界面剪裁的工作可以被借鉴，除非加工成本增加[41,45,57,102]，则GO和石墨烯几乎可以与任何聚合物相容。在讨论基于GO的复合材料的机械性能时，人们可能好奇什么才是最佳的界面？许多研究人员遵循的典型策略是增加石墨烯与基体之间优先通过共价键链接的键合[66,153]。这确实提高了许多不同的机械性能，特别是韧性。但是当涉及一些实际应用时，提高刚度甚至韧性并不总是优先考虑的因素。例如当存在负载阻尼时，聚合物（复合材料）的刚度较低[155－157]。在这种情况下，结合新的能量耗散模式更受欢迎。因此拥有强大的界面（甚至完美的分散）不一定是首选，因为聚合物填料界面处的能量阻尼会对实际应用更有帮助[157]。另一个例子是不使用坚硬的成分制造坚韧复合材料。在这种情况下，创造牺牲键（或相互作用）更合适[158,159]。然而，由于主要表现力学性能的分子来源仍不清楚，制造更复杂的复合材料需要创造性的分子设计。GO相比于其他纳米粒子的优势在于易于加工，并且对无论是化学基团还是纳米粒子均具有丰富的化学功能。通过介绍复杂的复合材料设计中具有挑战性的例子，我们完成了关于GO复合材料力学性能的讨论。关于这个问题的进一步细节可以在最近的一些参考文献[7,22,39,41,119,132,134]中找到。

被珍珠母（珍珠层）的天然复合物的微观结构启发，许多努力都集中在使软粘合剂与脆性颗粒的混合物变成坚硬而坚韧的复合材料[160-164]。第一步是模仿珍珠质看起来像“砖和灰泥”的微观结构[164]（见图 10.8a、b）。GO 在这种具有不同聚合物的结构中发挥了“砖”的作用，其他分子则被用作粘合剂[165-167]。这方面的第一个挑战是将 GO 组装成这种分层结构。为了这一目标研究者们尝试了很多方法，诸如逐层组装[146,163,164]、真空过滤[92,148,166]、蒸发诱导取向[165,167]和液晶介导装配[138,141,142,168]。除了 GO 片的取向水平（见图 10.8c）外，几乎在所有情况下，最终的复合材料都会出现脆性，除非 GO 的掺杂比重较低（<5vol.%）[136,138,152]。尽管那些模仿 GO 的复合材料的机械性能远高于传统聚合物，但仍远远低于预期目标的高韧性[169]。设计这种结构成功的关键因素是设计砖块单元之间的相互作用，使组成部分能够相互滑动，但代价则是能量耗散[160,161]。遵循自然的方式，使用适当的粘合剂和内部能量消散手段（如拉胀分子）可能会增强 GO 基层状复合材料的韧性[160,170,171]（见图 10.8d）。这种方法不仅会制造出超强的人造复合材料，而且有利于更新复合材料应变工程的原理[169-173]。填补纳米级原理与经典宏观力学之间的差距，将使我们能够利用 GO 和石墨烯的优异机械性能，不仅是在原子力显微镜（AFM）的微小探针下[128,129]，而且是在宏观上的现实生活中！

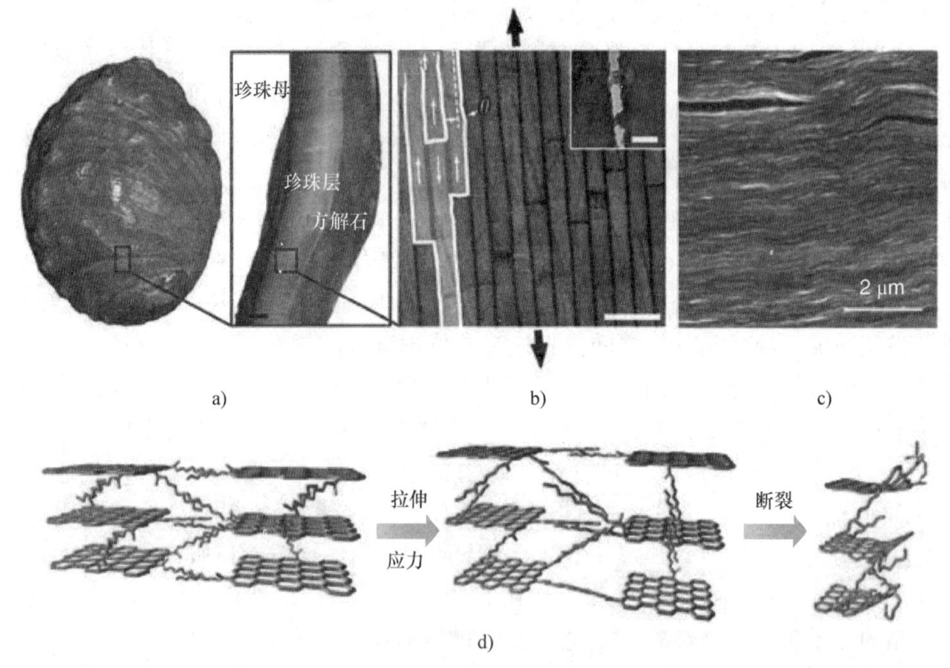

图 10.8　基于珍珠母结构设计的氧化石墨烯复合材料。a）红鲍鱼壳。插图：从外壳的横截面。b）扫描电子显微照片显示天然珍珠质的微观/纳米结构（所谓的“砖和灰泥”结构）。比例尺为 1 微米。c）类似于珍珠层的层状结构的氧化石墨烯纸的扫描电子显微照片。d）通过在夹层中插入柔性聚合物分子来改进氧化石墨烯纸的断裂机理。更复杂的这种复合材料的应变工程被认为会导致坚韧而强大的氧化石墨烯基复合材料

10.2.2　电学性能

正如引言中指出的，增加聚合物基体的电导率已经成为许多 GO 基复合材料研究的主题[41,52,84]。然而，在石墨烯时代之前，由于 GO 本质上较低的电导率，在这方面并没有深入探究[45]。生产导电复合材料需要将 GO 有效还原成导电形式。还原方法不是本节的主要重点，在第 6 章中有更详细的讨论。这里主要关注的是控制所得复合材料最终电导率的因素[154,174]。其他性质，如电子迁移率[175]、介电常数[176]，取决于复合材料的最终用途，电化学电容[177]也是一个有前景的领域。GO 基复合材料可能在有机电子[175]、能量存储（电池和超级电容器）[177]、传感器[178]、电子（化学）响应材料[179]或致动器[180]等领域中被用作功能材料。读者可以参考本书的其他部分（见第 7 章和第 8 章）和参考文献[175-181]来了解这些领域的设计原则。

将导电填料添加到绝缘基体中的方法是设计和生产功能性复合材料的最常见方法。在这方面，石墨烯由于其显著的导电性得到了巨大的机会。制造导电石墨烯基复合材料的核心思想是让电子在低阻力情况下通过绝缘基体[52]。因此，石墨片作为导电线，主要任务是在基体材料中适当地"布线"。结合的正确方式（换句话说，基体中石墨烯片的组装）很大程度上取决于最终应用的类型和处理方法。尽管形成填料的互连网络需要导电片的均匀分散，但在大多数情况下它并不是最有效的[117,118]（见图 10.9）。然而，石墨烯在基体中的均匀分散仍然是改善热机械性能等其他性能的关键[106,119-121]。另外，从加工角度来看，石墨烯三维（3D）网络的设计很昂贵并且可能与许多基体不兼容。一旦石墨烯片渗透整个基体并形成所谓的互连网络（称为"渗透阈值"[52,116,118,137,183]），则复合物的电导率突然增加。此时，电导率服从比例定律

$$\sigma_c = \sigma_f\ (\varphi - \varphi_c)^t \tag{10.4}$$

式中，φ 是填料体积分数，φ_c是渗滤阈值，σ_f是填料电导率，σ_c是复合材料电导率，t 是标度指数。渗流理论和复合材料有着丰富的理论背景[183,184]。通常我们希望具有更低的 φ_c和更高的 σ_f以便在尽可能低的石墨烯含量下实现更高的电导率。简单的分析建模表明，在 2D 填料完全分散在基体中的情况下，φ_c非常依赖于填料的宽高比[184]。Celzard[185]预测了 φ_c对填料宽高比的依赖性。宽高比越高，获得的 φ_c就越低。如前所述，宽高比也是机械性能的关键参数[134-138]。约为 10^4 的宽高比是最有效果的。在本节的后面，我们将讨论到，这种宽高比的值是可以从复合材料中的石墨片获得高势垒电阻率的临界值。在这个宽高比处，理论和实验结果均显示 φ_c 小于 0.1vol.%[52,106,116,175,183-185]。因此，在处理过程中保持石墨烯（或 GO）尺寸不变是很重要的。

GO 尺寸对复合材料电学性能的影响（甚至是 GO 本身）已经经过实验检验。Eda 和 Chhowalla[175]的工作表明，当宽高比增加 50 倍时，聚苯乙烯（PS）- RGO

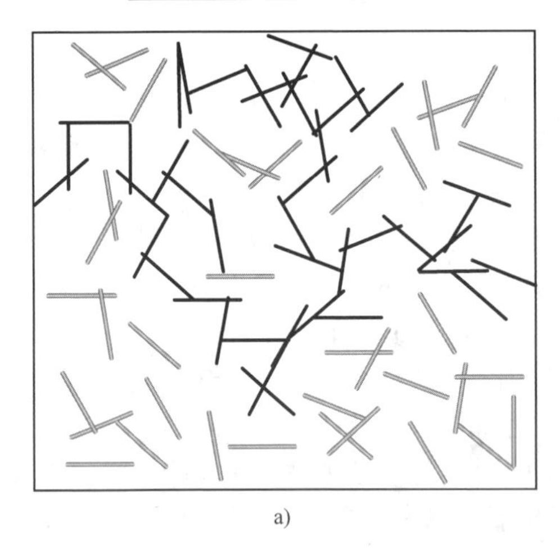

a)

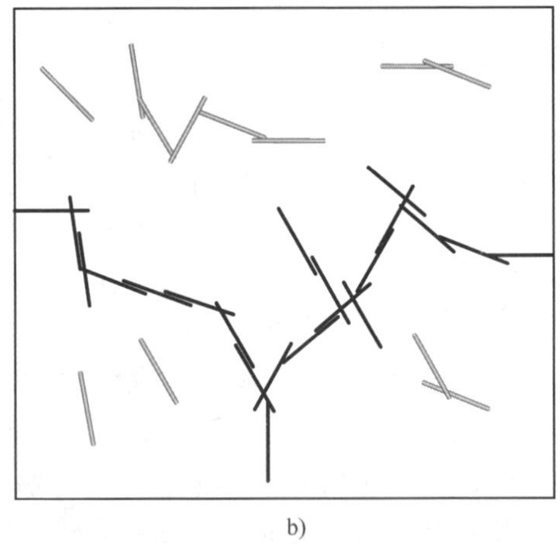

b)

图 10.9 各向异性填料的渗透网络的示意图。a）填充物的随机网络导致较长的电子通路，引起较高的电阻。b）将填料分离成线状结构会降低渗流阈值，并在填料含量较低时提高电导率[182]

复合材料的电导率和迁移率都增加了大约一个数量级（见图 10.10）。虽然复合材料的 RGO 浓度比 φ_c高得多，但仍然表明纳米片的断裂对电子传导造成巨大障碍。此外，虽然他们没有讨论最佳（或饱和）宽高比，但最佳结果是在 2×10^4 的黄金比例（见上文）[175]下实现的。

由式（10.4）引起的另一个问题是填料电导率（σ_f）的影响，理论上它控制着电导率的绝对值[183]。就 GO 基复合材料而言这应该是正确的，因为 GO 本身并不具有高导电性（虽然比绝缘聚合物导电性更高，$\sigma_{GO}\approx10^{-3}$S/m）。因此，为了制造导电复合材料，GO 的还原是其中的关键[52,84]。还原水平决定了 σ_f值。几项研究证明，相同体积分数的 GO 中，还原度更高的 GO 会拥有更高的电导率[142,186-188]。然而，似乎复合材料的最大电导率（通过渗流阈值后获得的饱和值）不仅仅取决于 σ_f，应该是很多附加参数的复杂函数，例如基质类型、填料基质的相互影响、分散状态等[183]。但 GO 的有效还原（甚至掺杂）是提高最终导电率的方式。

当我们谈到将导电填充物与基体“正确接线”时，细致地阐述总体思路是很有意义的。两块尺寸相同的物块，其中一块导电，另一块不导电。当它们并联并施加电压时，电路中会有电流。但是当它们串联时，电路是绝缘的。这个简单的例子解释了石墨烯基复合材料。最重要的是石墨本身就是如此，面内电导率比垂直于平面的电导率高出 10^4以上[189]。当纳米片平行组装时，这种各向异性可以被结合到石墨烯复合材料中[116,147]。石墨烯片的平行组装不仅提供导电的各向异性，而且提高填料的效率并改善最终的导电性。各向异性的程度取决于排列的精度，某种程度上也和宽高比相关[116]。电学各向异性对于某些应用是非常重要的[149,190]，就

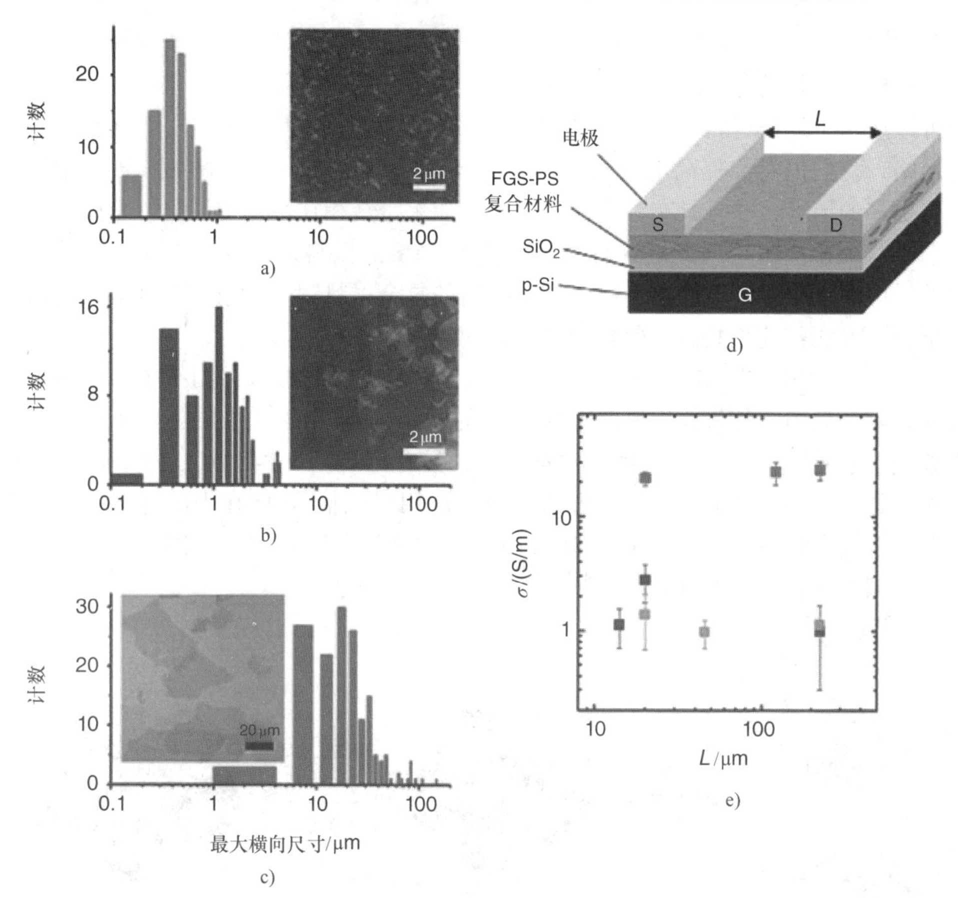

图 10.10　GO 宽高比对 PS－RGO 复合材料电导率的影响。a～c）GO 片的尺寸分布。d）用于电导率测量的 PS－RGO 复合薄膜场效应器件的示意图。e）在环境条件下测量的器件电导率作为不同宽高比沟道长度的函数，表明大尺寸 GO 片具有提高复合材料电导率的潜力

GO 的宽高比而言，它是非常好的选择。

当有电子流经复合材料时，主要通过的是其中的导电部分（填充物）。当两个导电粒子足够接近（通常为 10nm）时，电子可以从一个粒子跳到另一个粒子，并继续前进（即它们接触时）[184]。如果颗粒均匀分布，这些接触点的密度就会降低。事实上，这些接触点构成了当前的阻力，我们不希望它们形成连续的系统。第一种选择是使用较长的填充物（充当电线）。但是，对于宏观样本来说，这些所谓的阻力是不可避免的。另一种解决方案是通过“并联电路”的设计来降低整体电阻。在实践中，可以向石墨烯复合材料添加额外的各向异性导电填料，如碳纳米管或金属纳米线[191－194]。这可能有助于改善整个填充导电网络的连接。该策略已被证明可以提高电导率并降低渗流阈值。

在所有上述情况下，我们假定复合材料中的填料均匀分布。但是如果提高电导

率是主要目标，这种形式的材料是否是一个好的选择呢？举一个例子来说明，我们不会让整个建筑具有导电性以保护它免受雷击，我们只需要使用避雷针。相同的逻辑可以应用于复合材料。如果石墨烯片（或任何其他导电填料）分离成连续的互连网络，它们仍然会提高电导率[117,187,188]。在这种情况下，富集相（分离网络）含有更多的填料，并且具有更高的电导率。如果富集相在基体中连续，总体电导率就会由这个相决定。因此，这种方式只需要少量的填料来提高电导率[117,149,190]。在基体中制造分离的石墨烯网络通常需要新的复合材料制造工艺。在这里我们简要介绍三种方法：乳胶共混、聚合物共混和使用泡沫状石墨烯。

1）如果 GO 或 RGO 分散在水中并与聚合物乳胶颗粒混合，则石墨烯片不会进入聚合物颗粒中，其将在干燥时形成分离的网络（如果聚合物颗粒在加工温度下是玻璃状的）[187,188,195,196]。值得注意的是，具有与 GO 尺寸相当（在微米范围内）的聚合物颗粒是更合适的。这种方法已被广泛用于包括 RGO 在内的许多填料，以制造导电复合材料[195,197]（见图 10.11）。通常这种方法在超过阈值后会给出最低的渗流阈值和非常高的电导率[188]。

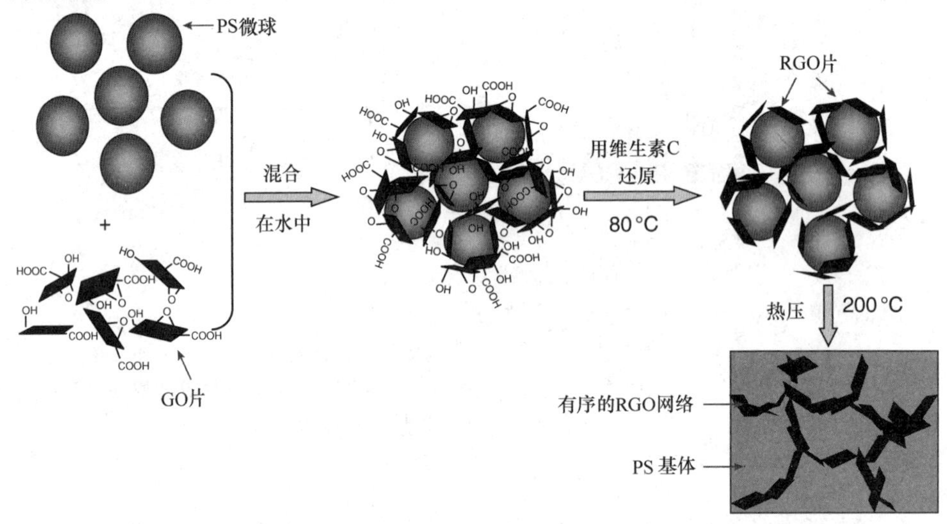

图 10.11　通过将 GO 片和 PS 微球混合，然后用维生素 C 和热压将 GO 还原，制备具有有序三维分离网络的 PS－RGO 复合材料的示意图

2）第二种方法是聚合物共混。如上所述，这个想法是强制导电填充物卡入聚合物基体的三维网络[188]。从 Pickering[198] 和 Ramsden[199] 的开创性工作中，我们知道固体颗粒在界面或聚合物－聚合物界面处聚集的倾向很高[200,201]。从聚合物物理学我们知道，两种不相容聚合物的混合物可以形成共连续相，如果石墨片可以（或任何其他导电填料）进入界面[111]，我们的目标将会实现（这已经被实验证明）[200]。将不混溶聚合物添加到导电填料－聚合物复合材料中会降低渗流阈值[202,203]。如果填料对共混物中的基质聚合物具有更高的亲和力，那么获得共连

续形态甚至不是必需的。从技术角度来看，最好不要将这种情况看作是向聚合物 - 石墨烯复合材料中添加“另一种聚合物”，而是要保持传统的将“石墨烯”添加到聚合物混合材料中的观点。聚合物共混物在聚合物工业中是有前景的材料[204]。克服与其加工相关的挑战在工业上非常有吸引力。石墨烯特别是 GO 衍生物可以被认为是多功能添加剂（导电填料），因为它们可以帮助克服诸如弱聚合物 - 聚合物界面的相互作用，使聚合物彼此适当分散，降低加工成本并改善最终性能。但石墨烯作为多功能添加剂的能力在这一领域尚未得到很好的探索。

3）Chen 等人[205]介绍了另一种通过生产泡沫状石墨烯来制造导电聚合物的方法。他们首先合成了一个三维互连的石墨烯网络，然后掺入弹性体，在石墨烯负载量约为 0.5wt.%时获得了 1000S/m 的令人印象深刻的电导率[205]（见图 10.12）。在这种方法中，导电网络的连续性不受关注，因为它从一开始就是宏观连续的。尽管该方法使用通过化学气相沉积（CVD）生长的石墨烯，但该概念也可以用于基于 GO 的复合材料。基于 GO 的气凝胶可以用于此目的[206]。但是这种方法存在加工限制（至少在目前的技术状态下）。

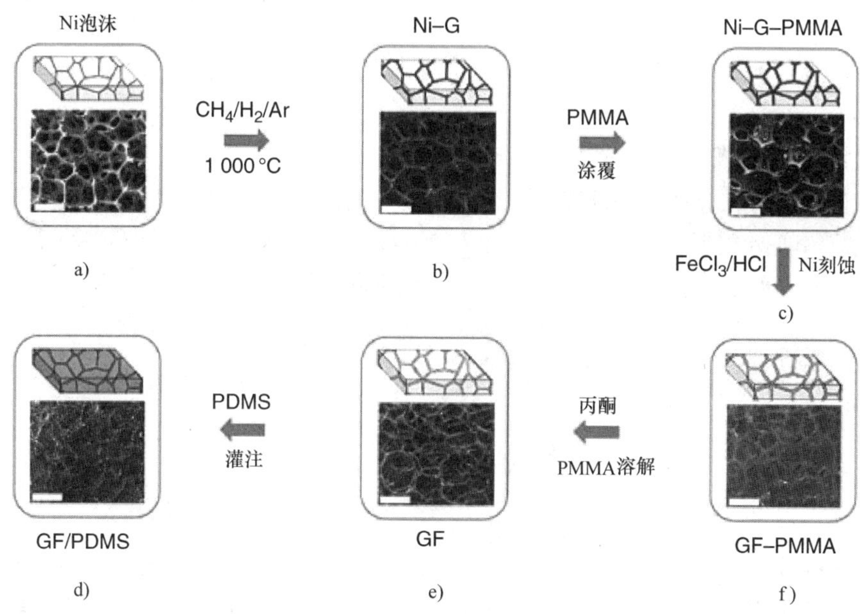

图 10.12　将石墨烯泡沫（GF）纳入具有高电导率的聚合物基体中，负载量非常低。a，b）使用 Ni 泡沫作为 3D 支架模板的石墨烯膜（Ni - G）的 CVD 生长。c）涂覆薄聚甲基丙烯酸甲酯（PMMA）支撑层（Ni - G - PMMA）后生长的石墨烯膜。d）用热盐酸（或 $FeCl_3/HCl$）溶液蚀刻 Ni 泡沫后用石墨烯（GF - PMMA）涂覆的石墨烯泡沫。e）用丙酮溶解 PMMA 层后的独立 GF。f）聚二甲基硅氧烷（PDMS）渗入 GF 后的 GF - PDMS 复合物。所有的比例尺都是 500μm

上述简要方法可能有助于我们配制导电复合材料，然而最终的设计取决于复合材料的应用。例如，对抗静电涂层的要求是达到一定的表面电阻（10^5 ~ $10^9\Omega/$

ϒ)[183]。换句话说，目标是将电阻减小到上述程度。但如果目标是制造应变传感器，基体中石墨烯片的网络应该对机械应力敏感，并可以重复破坏－再形成（或变形）的过程[207]。在这种情况下，电导率应该足够高，以便探测器可以感测电流。但更重要的是电阻率的变化产生的响应在应变发生时应该足够明显[207]。

10.2.3 热传导性

石墨烯具有约5000W/(m·K)的热导率（K）[208]，在高达450°C的空气气氛表现出稳定的状态，并且具有低各向异性的热膨胀系数[41]。这些性能促使我们将石墨烯及其衍生物与聚合物混合，以改善导热性、热机械性能和尺寸稳定性等热性能[119]。石墨烯从其自然界中的原生形式石墨中继承了这些性质[209]。如引言所述，石墨的热性能是其商业应用的核心[209-211]。那么这些热性能可以转化为基于GO的复合材料吗?

首先我们讨论基于GO的复合材料的热导率。通常聚合物材料的热导率比较低(范围为0.1~0.5W/(m·K)，比金属低两个数量级。对于复合材料而言，较高热导率（约10W/(m·K))、高可加工性和耐化学性（以及在某些情况下具有低导电性）等性能是必要的[9,209-212]。这些标准排除了金属和许多陶瓷材料，并推荐聚合材料成为潜在的候选材料。另外，冷却液需要具有高热导率，并且通过提高所使用流体的热性能可以显著改善冷却系统的性能[213,214]。

一个简单的混合规则告诉我们，含有碳纳米管或石墨烯等材料的聚合物复合材料的热导率即使在低至1vol.%的负载下也能轻易达到上述极限（约10W/(m·K))。然而，实际上最终结果显示热导率远低于混合规则预测的值[212]：

$$K_c = K_f\varphi_f + K_m\varphi_m \tag{10.5}$$

另一方面，复合材料的混合特性存在一个较低的边界，可以用以下模型来表示[212]：

$$K_c = \frac{1}{\dfrac{\varphi_f}{K_f} + \dfrac{\varphi_m}{K_m}} \tag{10.6}$$

这告诉我们，即使在高达50vol.%填充量（接近填充体积分数）的情况下，K_c的值也不能高于K_m值的两倍，这比目标10W/(m·K)低得多。幸运的是实验结果落在这两个预测之间，并且更接近该系列模型的预测[9,209,212,215]。因此，为了获得高电导率，需要高负载的填料。这就是商用热脂中导电填料的含量超过一半的原因[216,217]。

现在让我们专注于为什么K_c远远偏离理想混合规则预测值的问题。答案在于界面上的热传导。事实上，在通过复合材料传输声子的过程中，当它们遇到界面时会遇到强大的阻力[212-214,216]。虽然人们期望在基体中形成三维网络时观察到渗透特性和电导率突变，但至少在较低的填充物含量下实验数据并不吻合[213-216]。实验数据表现出的主要是 K_c 与 φ_f 是线性关系，而不是指数关系[216]。所以仍然没有确定这个线性函数斜率的特定规则和机制。但要理解它，或者至少要以此为出发点，就需要了解哪些因素支配了界面（Kapitza）阻力（R_K）[9,209,212-214]。可以想象界面阻力如下。在固定的界面热通量（Q）下，界面处的温度降低（ΔT）与界面阻力（$R_K \sim Q\Delta T$）成正比[218]。Kapitza 阻力 R_K 取决于界面的组成和界面处材料的晶格参数[219]。例如，高导电金属（如 Cu / Al）之间的阻力很低，因为它们都具有相似的热载体（电子）[219]。然而，关于石墨烯化合物的情况更加复杂。sp^2 结构使其具有非常高的热导率，但是这种独特的原子结构导致与其他材料间存在巨大的失配，特别是绝缘失效[209,214,219]。因此，尽管石墨烯材料的 K 非常高，但它们的复合材料的 K_c 通常由它们与基体的界面阻力所支配。处理这些界面仍然是一个挑战[212-214,216,217,219]。

现在，让我们回到本章的主题，基于 GO 的复合材料。石墨晶格的严重氧化使得 GO 不仅在电学而且热学上绝缘。K_{GO} 值小于几 W/(m·K)，但是在有效还原后可以恢复 K_{GO}。例如，Balandin 等人[220]报道了通过在 1000℃ 退火时的有效还原，K_{GO} 从 3W/(m·K) 增加到 61W/(m·K)，并且预测 K 高达 500W/(m·K)。在另一项工作中，Wallace 等人[100]报道了室温下从大尺寸 GO 液晶相纺出的 RGO 纤维（沿轴）旋转时，K_{RGO} 高达 1435W/(m·K)（见图 10.13）。这是宏观碳素材料报道的最高值之一[221]。这些进展让我们希望 GO 也可以作为增强 K 的填充剂。然而，通过制造功能化的石墨烯结构来控制 K_{GO} 的影响因素需要更多的研究。

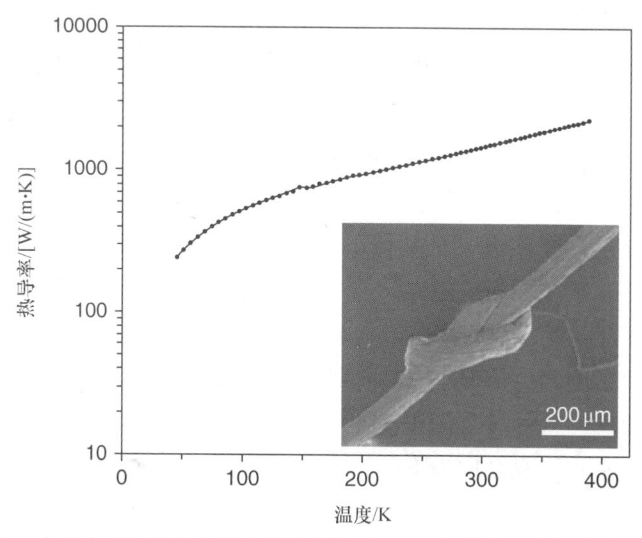

图 10.13　由超大 GO 液晶分散体湿纺制备的 RGO 纤维的温度相关热导率。插图：RGO 纤维的扫描电子显微照片显示其灵活性

导热复合材料的研究中，大多数都集中在碳纳米管和石墨纳米片（GNP）上[9,209,212,217]。发现 GNP 是提高 K 的最有效的填料。例如，Shahil 和 Balandin[216] 的工作中，仅仅通过添加 10vol. % 的石墨烯和 GNP 的混合物，环氧基体的 K 增加了 23 倍。只有在常规填料（如金属（氧化物）颗粒）约 50vol. % 的负载下才能达到这种增强效果[216,217]。石墨烯（和 RGO）与其他导电填料例如碳纳米管或金属（氧化物）颗粒的杂化具有巨大的潜力[212,215,216,222,223]。这可以使 K 协同增加或在某些低电导率情况下维持高 K[222]。

实验也证明，具有较高宽高比的填料（碳纳米管、GNP 和 RGO）可以高效提高 K[214,222]。由于填料 - 填料界面（特别是在石墨填料的情况下）具有非常高的界面阻力，因此使用高宽高比填料是很有利的。有人提出，设计聚合物分子与填料的化学键的界面工程可以降低界面热阻[209,219]，但同时填料的固有 K 减小。实际上，填料和基体之间的化学相互作用如何以及在多大程度上影响 K_c 仍然是一个未知数。在 GO 的情况下，因为石墨烯网络在氧化期间已经被损坏，RGO 与基体的共价键合似乎是一个比较合理的方法。然而，以改善 K 为目标的基于 GO 的复合材料的研究有限，所以迄今为止的结果并不像 GNP 那样有前景[9,215,216]。有一种想法认为，RGO - GNP 的混合物是很好的选择，因为 GO 的化学结构（和可能的晶格参数）介于纯石墨烯和极性聚合物之间[224]。将 GO 放置在石墨烯（或石墨）和聚合物的界面处可降低界面热阻。但这个想法还有待检验。

10.2.4 阻隔性能

通过聚合物膜传输液体和气体分子对于许多应用而言非常重要，例如膜、保护涂层、耐化学性聚合物等。通过聚合物运输小分子的工程设计对于这些应用是至关重要的。GO 具有优异的运输特性，特别是选择性运输[225-229]。在下文中，我们将 GO 视为聚合物介质中的盘形填充物，来研究其对阻隔性的影响。

试想一个分子试图穿过一个基体，而石墨烯片却在阻挡它[230,231]。这为渗透物的扩散创造了一条“曲折的道路”[232]。当石墨烯片对渗透剂没有亲和力时就会出现这种情况；否则渗透剂的扩散将是非常快的[225]。通过将垂直于渗透扩散路径的层状填料在曲折路径的情况下（“向列相”形态）对齐，这一简单的分析模型模拟了最高的不渗透性[232]（见图 10.14）。另外，石墨烯片的宽高比对复合材料的扩散系数有很大影响，宽高比为 10^3（长度与厚度比）的石墨烯片显示出非常好的性能。

GO 及其衍生物在用于阻隔应用的复合材料中具有很高的潜力，因为它们的取向和尺寸可以很容易地控制。Kim 等人[230]添加 1.6vol. % 功能化的 GO 后，聚氨酯基体的氮渗透性降低 80 倍。最近的报道也表明 GO 可以成功地提高聚合物基体的阻隔性能[41,103,138,230]。

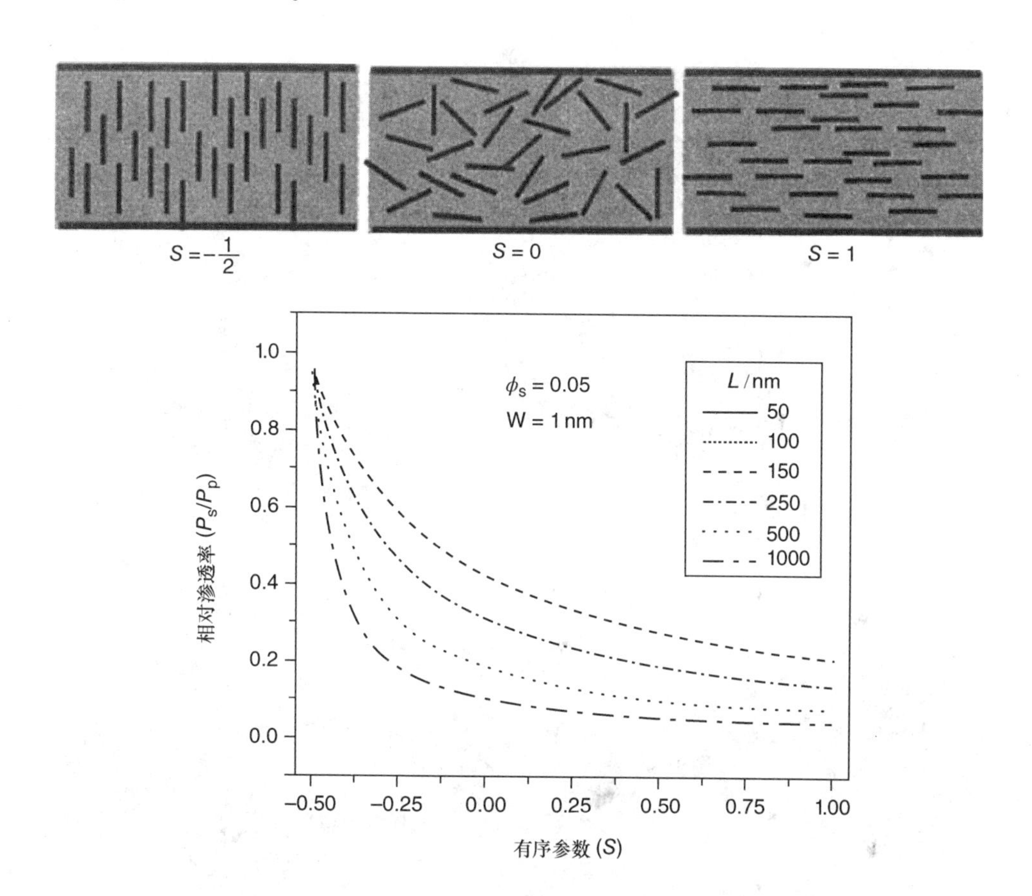

图 10.14 纳米片取向和宽高比对含有层状填料的复合材料的相对渗透率的影响。（上图）三个有序参数 $S = -1/2$、0 和 1 的值。（下图）固定填料含量下复合材料的相对渗透率随着填料取向和宽高比的增加而增加

除了作为气体屏障的通用应用（例如保护涂层或封装）之外，还需要制造主要用于有机发光二极管（OLED）工业，特别是用于柔性 OLED 的透明超级气体阻挡层[233,234]。目前的主流材料是陶瓷填料，这些薄膜通常非常脆而硬。石墨烯基复合材料的氧气渗透率应达到约 $10^{-5} cm^3\ m^{-2}$ 天$^{-1}$ atm^{-1}的极限值才能达到工业标准[233,234]。这种复合材料的设计多年来一直困扰着研究人员，但最近的结果显示使用包括 GO 在内的 2D 填料的层状复合材料可以作为柔性超级气体屏障[234-239]（见图 10.15）。除了这些之外，分子甚至原子级薄膜的离子运输的基本原理，都在挑战我们目前关于材料传输性能的知识[240,241]。这些问题需要进一步的研究来完善我们对基于石墨烯的屏障机制的理解，并提出适当的指导意见。

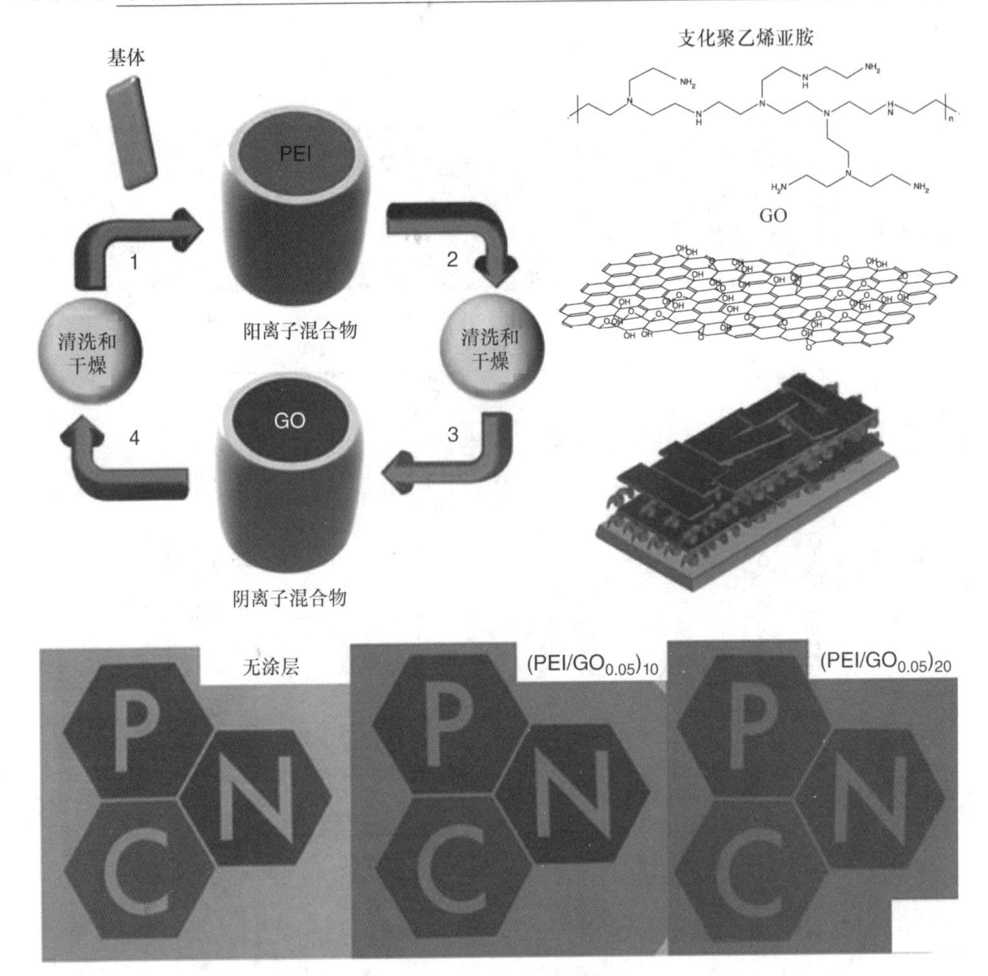

图 10.15　开发一种基于 GO 复合材料的超级气体阻隔层，通过在塑料基材上逐层组装，从而产生气体阻隔层，并具有商用陶瓷气体阻隔层的性能

10.3　石墨烯与氧化石墨烯

除了成本效益之外，任何复合材料生产最关键因素是存在一个统一、可靠和标准化的生产方法。事实上，这是 10 多年来严重阻碍碳纳米管应用在不同行业的因素。为此，许多研究工作致力于了解 GO 的形成[242]，并借此了解其最终的化学性质和结构[60,243]。然而到目前为止，该领域的大多数研究都是理论性的[244,245]，缺乏实验验证，并且倾向于简单的模型。因此，需要针对某些材料质量规格得出生产准则。原则上，该基准可以实现 GO 生产的优化和实时过程控制，从而为不同行业所需的特定应用提供经过验证的模型。

为了实现这样的目标，应制定一套标准表征程序作为研究 GO 结构最终性能的有利平台。应该指出的是，控制 GO 生产的各种因素决定了 GO 的结构、最终性能以及 GO 生产的标准化。其中最常见的包括 GO 片的尺寸、最终材料中的介质以及纯化过程。

10.3.1 尺寸效应

研究表明 GO 的尺寸对最终材料的结构性质具有非常大的影响，因为它可以用于微调其两亲性（见图 10.16）。这种效应首先由 Kim 等人观察到[246]，为 GO 基复合材料的制备开辟了一条道路，因为两亲 GO 也可以作为分子分散剂处理不溶物质，如水溶液中的石墨和碳纳米管[247-251]。这一发现因其强大的协同效应而为 GO/碳纳米管复合材料制备提供了新思路[248,249,251]，并且在室温下显示出无与伦比的储氢能力[248]。此外，GO 片在液-液界面的自组装为生产高质量聚合物石墨烯纳米复合材料提供了降低环境污染的方法，同时这些材料是水基（不使用有机溶剂）和无皂的（见图 10.17）[252]。在这些例子中，GO 悬浮液和偶氮二异丁腈（AIBN）的混合物可以用超声波乳化以促进 GO 片的分散并产生可以进一步聚合的乳液液滴[195,253]。

应该指出的是，GO 在水中的分散性及其亲水性主要归因于氧化域。相反，石墨烯域是疏水的[47,246-248,255]。随着 GO 氧化水平的降低，疏水性石墨烯域的比例增加，使得结构的亲水性降低并得到两亲性结构，其可以同时用作分子两亲物和胶体表面活性剂[247,248,255,256]。具有扩展横向尺寸的 GO 片还显示出由于其结构中存在较低程度非化学计量的氧元素[249]而得到的良好机械性能[257]、电化学电容[248]、储氢性能[249]和还原后的电性能[257]。相比之下，小片 GO 的主要亲水特性使其成为制备用于细胞递送的 GO-生物活性分子复合物的理想材料[258]。然而，这一重要发现第一次证明了基于最终 GO 片尺寸存在的不同非化学计量的 GO 结构的可能性。

GO 片的尺寸依赖特性在 GO 液晶中的发现，在随后的几乎所有工业上的大规模制备方法[262]中都发挥了重要作用[255,259-261]，包括但不限于电喷雾、喷涂、湿纺[262-266]、喷墨印刷、3D 打印和干纺[262]。GO 液晶的发现证明通过 $\pi-\pi$ 堆积和复合制剂中的氢键相互作用来引导宏观的、大规模的原子级别的材料自组装是非常有意义的[254,267-271]。

10.3.2 介质对氧化石墨烯结构的影响

GO 在有机溶剂中的制备首先由 Paredes 等人报道[272]，这项研究促进了这种材料向水敏性金属颗粒[273,274]和水不溶性聚合物[250]复合材料配方中的引入。然而这对新材料的结构提出了新的挑战。有必要提到的是，虽然所有这些材料都称为 GO，但表征技术表明它们的结构可能不同。例如，研究表明在不同有机溶剂中制备的每个 GO 样品的相应层间距（d-间距）与有机溶剂分子的大小相一致（见图 10.18）。

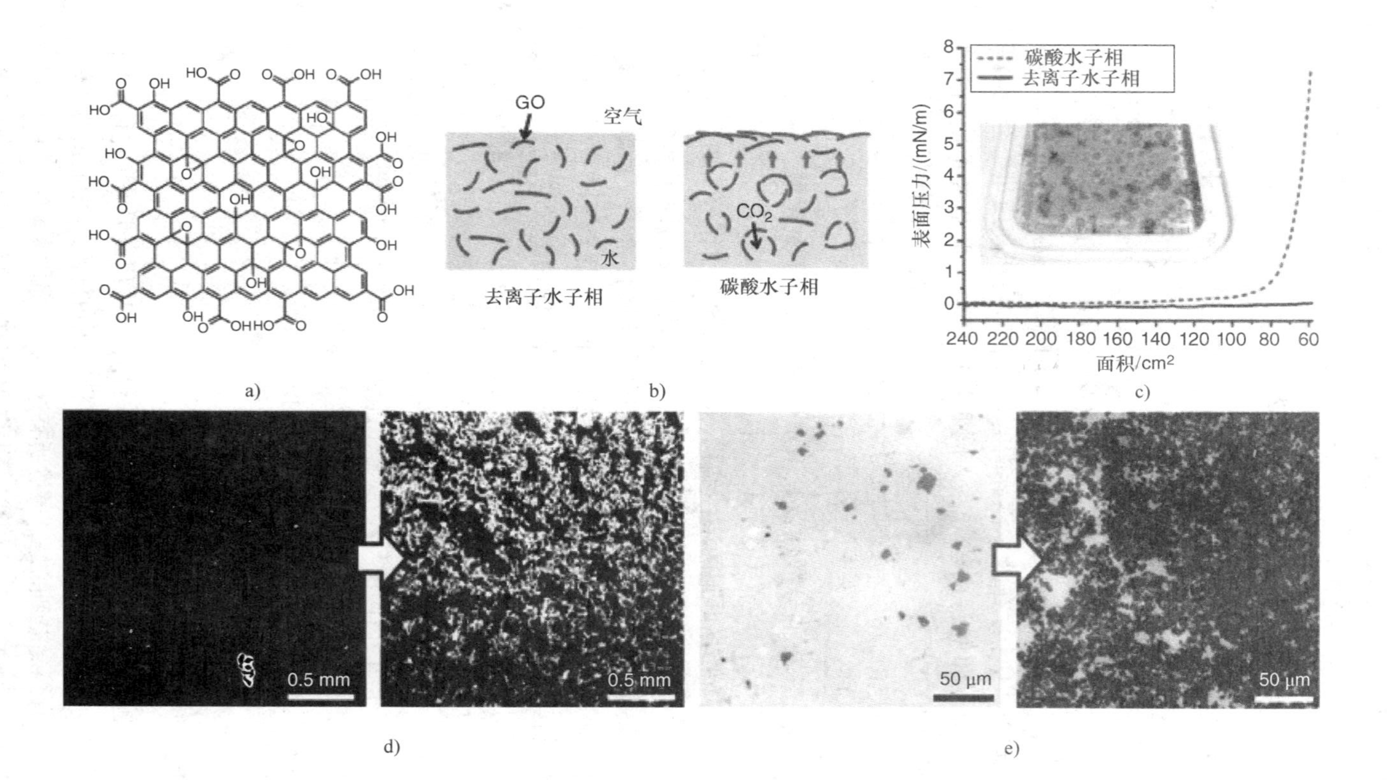

图 10.16　空气－水界面上的 GO。a）如结构模型[47,246]所示，GO 可以被看作是 2D 分子两亲物，其疏水 π 结构域散布在其基面上，亲水性－COOH 基团分布在边缘上。b）显示 GO 在碳酸中浮选的示意图。GO 首先被升高的二氧化碳气泡捕获，然后输送到水面。c）Langmuir－Blodgett（LB）槽中的浮选实验，其中添加了沸石以促进气泡的产生，如插图所示。浮选后，等温压缩过程中增加的表面压力（红色虚线）表明 GO 在水面存在。相反，去离子（DI）水中 GO 的表面压力几乎保持恒定（实线蓝色）。d）水表面的原位布鲁斯特角显微镜（BAM）图像和 e）通过浸涂收集的 GO 片的荧光猝灭显微镜（FQM）图像显示在浮选后 GO 大量增加

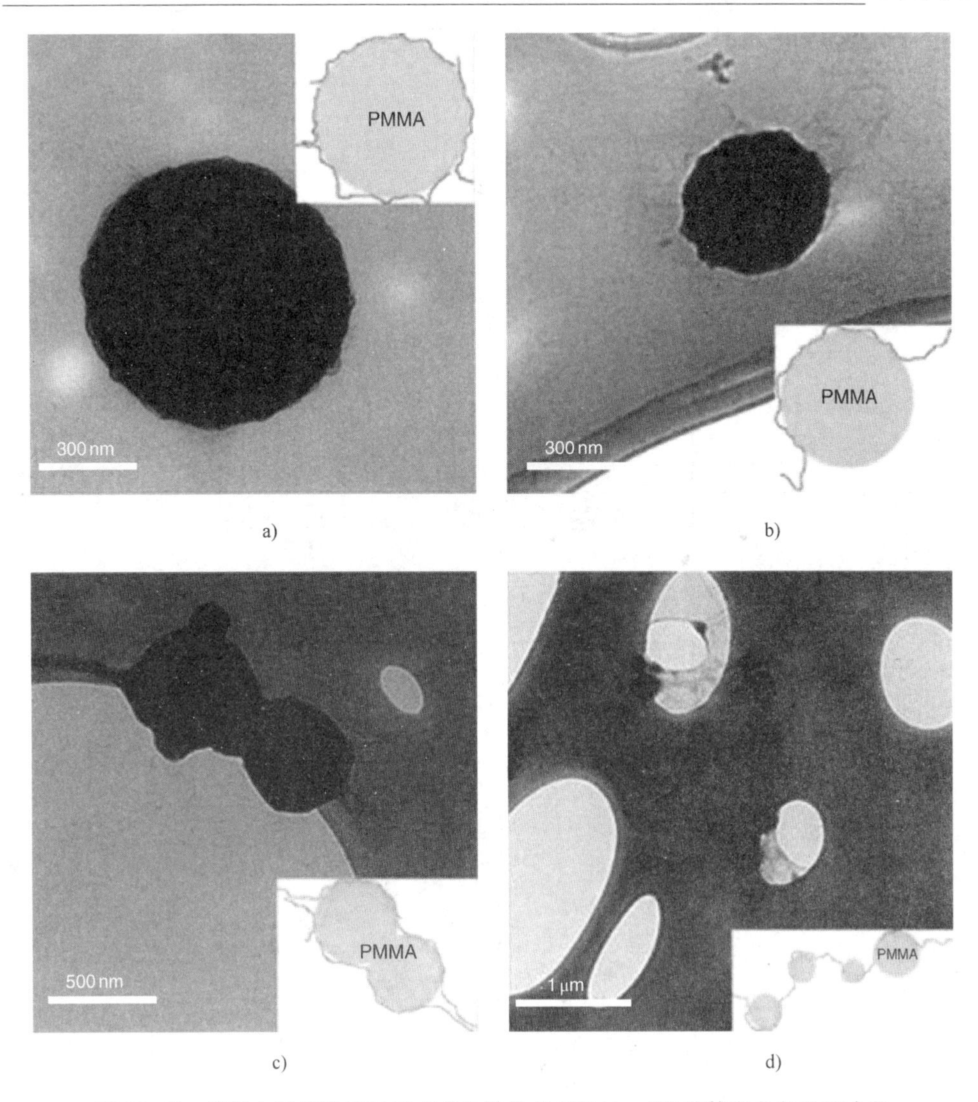

图 10.17　透射电子显微显示具有多种结构的 PMMA - GO 胶体杂化物的聚合物颗粒 - GO 纳米层。插图显示了推测的结构[254]

由其他有机溶剂（N - 甲基吡咯烷酮，NMP）分散体制备的 GO 膜的 XRD 图谱也显示出类似的结果[142]，进一步表明在有机溶剂中的单个 GO 片通过由含氧官能团介导的不均匀氢键网络连接在一起[250]。热重分析（TGA）也显示与以水制备的 GO 纸相比，以高沸点有机溶剂（分别为 154℃对于 N - 环己基 - 2 - 吡咯烷酮（CHP）和 153℃对于二甲基甲酰胺（DMF））制备的 GO 纸显示出比较高的分解温度。相反，在挥发性溶剂（丙酮、四氢呋喃（THF）和乙醇）中制备的 GO 纸在较低的温度下分解。这种特性可以确定是因为成膜过程中溶剂分子的限制造成的。从根本上说，有机介质中的 GO 的结构与在水中的结构大不相同[142,250]。同时又存在

GO 片横向尺寸的影响。研究表明，将 GO 片的尺寸扩大到几微米至几十微米的范围可以支持其在极性非质子溶剂如 DMF 中完全分散[142,250,272-275]，而小 GO 薄片不能在这些溶剂中剥离[8,276]。

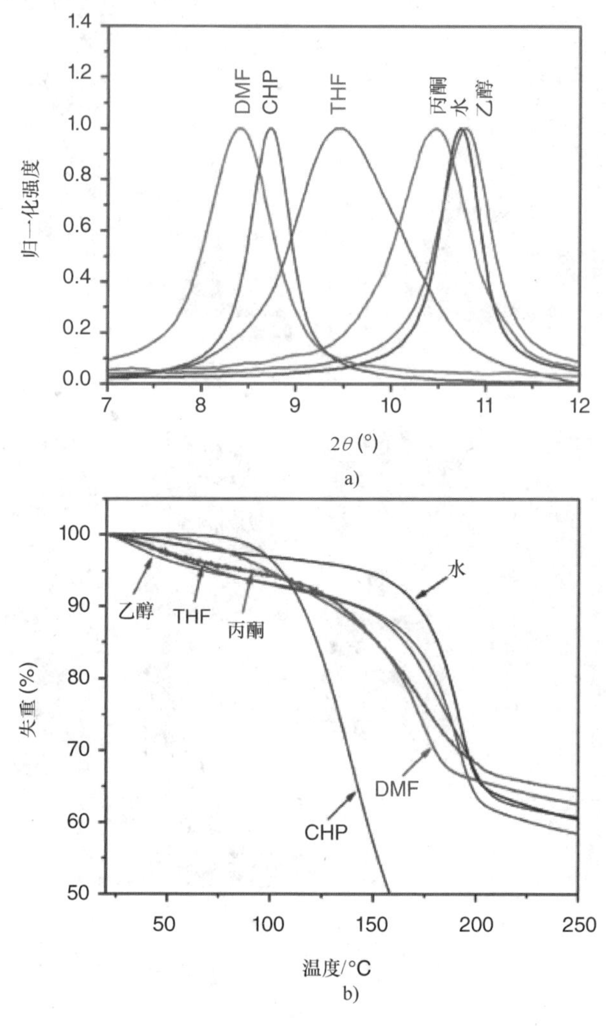

图 10.18　GO 膜与溶剂的函数的 a）XRD 图和 b）TGA 图

尽管如此，至少从力学性能的角度来看，结构的变化并没有对 GO 分散体在有机溶剂中的最终复合材料的性能产生任何重大影响[250]。然而，GO 分散体在有机溶剂中的应用应该从根本上进行研究。

10.3.3　提纯工艺

提纯工艺也是这个领域中经常被忽略的另一个部分。这一过程在氧化石墨的剥离过程中发挥了重要作用，并为了大规模生产而被简化，但是并没有进行对其进行系统研究。淬火和提纯过程显著地影响着 GO 的结构和性能[277]。Dimiev 等人[277]的研究证明，与普遍认为相反的，这个过程中存在阈值氧化度（TOD），并且在添加过量氧化剂（即氧化水平的变化具有一些上限）时，TOD 没有显著变化。此外，如果希望除去共价硫酸盐部分则需要延长纯化时间，这可以作为 GO 大规模生产的指导原则[277]。因此，氧化过程不应该对最终结构的任何实质性变化有过大的影响[277]。然而，石墨的类型会影响最终结构，因为不同的石墨类型会产生不同的横向尺寸[255,257,264]。

10.3.4　热不稳定性

GO 是一种存储了大量化学能的高能材料，其中的化学能可以被很容易地释放[278]。研究表明，在热还原时 GO 会经历歧化反应。在这些反应过程中，碳原子的一部分（通常约 10% 的碳原子）将被完全氧化成二氧化碳，其余的结构将被还原为硫化石墨产品[278]。然而，这会在基面引入碳空位，导致石墨烯结构缺陷[279]（见图 10.19）。

这实质上意味着无法通过 GO 的“热还原”得到高质量的石墨烯，除非通过含碳气氛将碳原子添加到缺失点，或者将碳原子在高温下重排（通常高于 800℃）[281,282]。由于 GO 的热不稳定性导致的另一个问题是保质期。此外，加热 GO 块可能会导致爆炸，这是在脱氧过程中气态 H_2O 和 CO_2 释放的结果（见图 10.20）。

这些结果表明，以固体形式存储大量 GO 可能导致火灾危险[278]。另外应该注意的是，虽然据报道 GO 具有阻燃性能，但结构中的盐残留物使其高度易燃，Krishnan 等人对其进行了探究[278]。但这也带来了其他问题，例如湿法存储、运输、加工和分配 GO 片[283]。尽管如此，这为复合制备工艺提供了一些额外的机会，因为化学还原法通常不适用于制备 RGO - 聚合物复合材料。最终复合材料的加热也不是好的解决方案，因为通常大多数聚合物在高温下都不稳定。然而，在这些情况下，闪光光热辐射可以用作将 GO 结构“还原”成 RGO 的选择，这种方法对周围聚合物的影响最小[278,284,285]。

10.3.5　健康问题

对于任何材料的安全生产、处理和应用，必须彻底评估人体通过吸入、消化、皮肤接触等暴露于该材料的可能性。然而，作为在不同领域 GO 快速发展和增长的直接结果，对其潜在健康风险/危害的评估尚未系统进行。然而随着向市场推出更多的基于 GO 的复合材料和新研究应用的发展，许多体外研究致力于评估其潜在的生物危害[286,287]。据报道，GO 的毒性是浓度依赖性的。这表明细胞毒性源于细胞膜和 GO 纳米片之间的直接相互作用，导致细胞膜的物理损伤[288]。但是，应该指

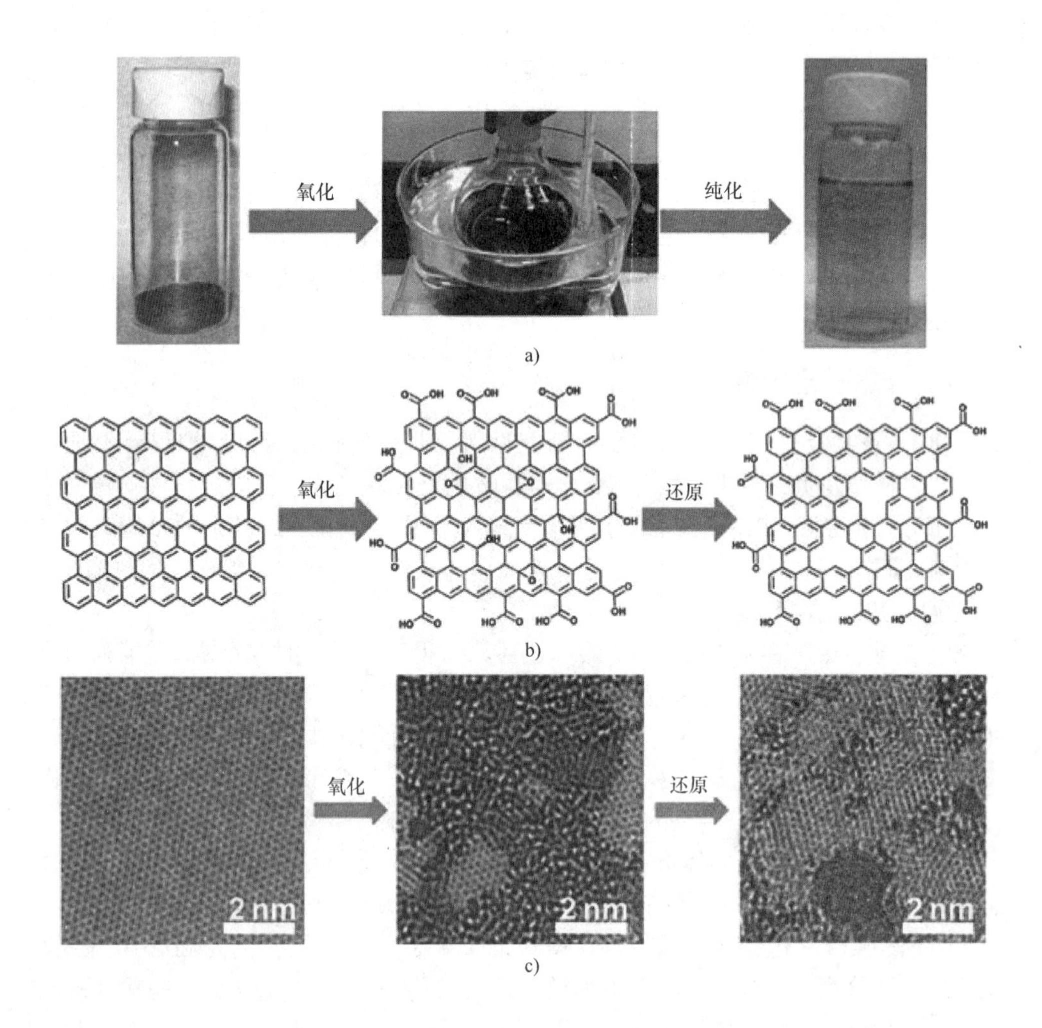

图 10.19　GO 的合成、结构模型和微观结构。a）GO 通常通过石墨粉末与强氧化剂如 $KMnO_4$ 在浓 H_2SO_4 中反应，然后纯化并在水中剥离而得到单层胶态分散体来合成。b）石墨烯（左）、GO（中）和其还原产物 RGO（右）的结构模型。由于基面中的共轭失效，GO 是绝缘的。在还原之后，RGO 变成导电的，但与石墨烯相比，它仍然是有很多缺陷的结构。c）颜色编码的高分辨率 TEM 图像显示石墨烯（左）、GO（中）和 RGO（右）的原子结构。绿色、紫色和蓝色区域分别描绘了有序的石墨 sp^2 区域、无序高度氧化的 sp^3 区域和片上的孔

出的是，这里使用的 GO 片尺寸全部是纳米级的。相反，在另一项研究中显示，GO 片的尺寸在其对 A549 细胞的毒性中起着重要作用，A549 细胞是一种毒理学研究中广泛使用的模型[289]。结果表明小尺寸 GO 片可能使细胞产生严重的氧化应

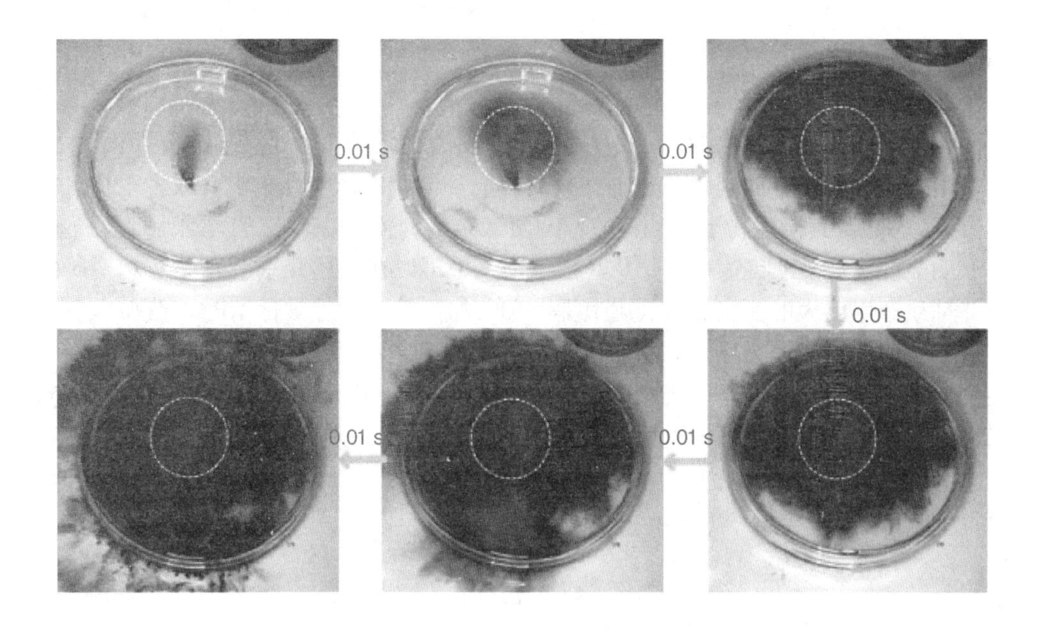

图 10.20 照片显示放置在预热至 300℃的热台上几秒钟后，培养皿内的一块 GO 固体爆炸。在爆炸之前，水蒸气从纸中排出并凝结在顶盖上，如白色圆圈所突出显示的那样

激，其作用浓度低至 10μg/mL。相反，在暴露于大尺寸 GO 片和中等尺寸 GO 片的细胞中没有发现有意义的差异[289]。有趣的是，在另一项研究中报道了微米尺度 GO 的低细胞毒性[290]。

但是除了一项显示中等尺寸 GO 片和小尺寸 GO 片的细胞毒性的研究[291]外，对于其他关于 GO 诱导的细胞毒性、遗传毒性和氧化应激的研究，GO 片尺寸大小以及 GO 片结构差异的影响并没有被探究[226,292-294]。然而，GO 和聚乙烯吡咯烷酮的复合材料已被认为是一种可以像胶体氢氧化铝一样作为免疫佐剂来提高疫苗的疗效的选择[295]。因此，不同结构的 GO 对健康的影响仍不清楚，应进行更仔细的调查，这需要跨学科的努力。在进行这些研究之前，建议不同部门处理和应用 GO 时采取预防措施。

10.3.6 环境影响

最近的研究显示了中小尺寸 GO 片对废水微生物群落的负面影响，这表明 GO 可能阻碍活性污泥工艺中所需的关键微生物功能，例如从废水中去除有机物和其他营养物[296]。然而，由于 GO 的环境影响是决定其在各个领域应用的重要因素，因此应进行更多的研究。

10.4 总结

构建多功能纳米复合材料是一项雄心勃勃的前沿研究，它在机械、热学、电学、电化学和光学方面同时改进，而且对环境和健康的影响几乎没有或者很小。在这方面，GO 及其衍生物享有独特的可调两亲结构，使其在广泛的复合制造策略中具有明显的优势。研究表明 GO 及其衍生物几乎可以在上述几乎所有区域对基质的最终性质产生巨大的积极影响，尤其是当 GO 的高横向尺寸被保留时。然而，在实际应用中使用这些潜力巨大的材料之前，还有许多基本问题应该得到解答。这些问题的范围从对所有这些不同类型的 GO 结构（RGO，tpGO，GO，GrO）与不同横向尺寸和氧化水平的毒性的完整系统研究，到对结构的更基本理解以及随后的处理途径。

参考文献

[1] Novoselov, K.S.; Geim, A.K.; Morozov, S.; *et al.*, Electric field effect in atomically thin carbon films. *Science* **2004**, *306* (5696), 666–669.

[2] Geim, A.K.; Novoselov, K.S., The rise of graphene. *Nature Mater*. **2007**, *6* (3), 183–191.

[3] Geim, A.K., Nobel Lecture: Random walk to graphene. *Rev. Mod. Phys.* **2011**, *83* (3), 851.

[4] Pierson, H.O., *Handbook of Carbon, Graphite, Diamonds and Fullerenes: Processing, Properties and Applications*. William Andrew, Park Ridge, NJ, **1994**.

[5] Zabel, H.; Solin, S.A. (eds), *Graphite Intercalation Compounds I: Structure and Dynamics*. Springer Series in Materials Science, vol. *14*. Springer, Berlin, **1990**.

[6] Chung, D.D.L., Review: Graphite. *J. Mater. Sci*. **2002**, *37* (8), 1475–1489.

[7] Li, B.; Zhong, W.-H., Review on polymer/graphite nanoplatelet nanocomposites. *J. Mater. Sci.* **2011**, *46* (17), 5595–5614.

[8] Stankovich, S.; Dikin, D.A.; Piner, R.D.; *et al.*, Synthesis of graphene-based nanosheets via chemical reduction of exfoliated graphite oxide. *Carbon* **2007**, *45* (7), 1558–1565.

[9] Sadasivuni, K.K.; Ponnamma, D.; Thomas, S.; Grohens, Y., Evolution from graphite to graphene elastomer composites. *Prog. Polym. Sci.* **2014**, *39* (4), 749–780.

[10] Kroto, H.W.; Heath, J.R.; O'Brien, S.C.; *et al.*, C_{60}: buckminsterfullerene. *Nature* **1985**, *318* (6042), 162–163.

[11] Iijima, S., Helical microtubules of graphitic carbon. *Nature* **1991**, *354* (6348), 56–58.

[12] Thompson, B.C.; Fréchet, J.M.J., Polymer–fullerene composite solar cells. *Angew. Chem. Int. Ed.* **2008**, *47* (1), 58–77.

[13] Spitalsky, Z.; Tasis, D.; Papagelis, K.; Galiotis, C., Carbon nanotube–polymer composites: chemistry, processing, mechanical and electrical properties. *Prog. Polym. Sci.* **2010**, *35* (3), 357–401.

[14] Richard, C.; Balavoine, F.; Schultz, P.; *et al.*, Supramolecular self-assembly of lipid derivatives on carbon nanotubes. *Science* **2003**, *300* (5620), 775–778.

[15] Gogotsi, Y.; Presser, V., *Carbon Nanomaterials*, 2nd edn. CRC Press, Boca Raton, FL, **2013**.

[16] Chung, D., Exfoliation of graphite. *J. Mater. Sci.* **1987**, *22* (12), 4190–4198.

[17] Pan, Y.X.; Yu, Z.Z.; Ou, Y.C.; Hu, G.H., A new process of fabricating electrically conducting nylon 6/graphite nanocomposites via intercalation polymerization. *J. Polym. Sci. B: Polym. Phys.* **2000**, *38* (12), 1626–1633.

[18] Zurutuza, A.; Marinelli, C., Challenges and opportunities in graphene commercialization. *Nature Nanotechnol.* **2014**, *9* (10), 730–734.
[19] Feytis, A., The bright side of graphite. *Indust. Miner.* **2010, July** (*514*), 31–39.
[20] Aylsworth, J.W., Expanded graphite and composition thereof. US Patent 1137373, **1915**.
[21] Anderson, S.; Chung, D., Exfoliation of intercalated graphite. *Carbon* **1984**, *22* (3), 253–263.
[22] Sengupta, R.; Bhattacharya, M.; Bandyopadhyay, S.; Bhowmick, A.K., A review on the mechanical and electrical properties of graphite and modified graphite reinforced polymer composites. *Prog. Polym. Sci.* **2011**, *36* (5), 638–670.
[23] Li, J.; Kim, J.-K.; Sham, M.L., Conductive graphite nanoplatelet/epoxy nanocomposites: effects of exfoliation and UV/ozone treatment of graphite. *Scr. Mater.* **2005**, *53* (2), 235–240.
[24] Brodie, B.C., On the atomic weight of graphite. *Phil. Trans. R. Soc. Lond.* **1859**, *149*, 249–259.
[25] Olsen, L.C.; Seeman, S.E.; Scott, H.W., Expanded pyrolytic graphite: structural and transport properties. *Carbon* **1970**, *8* (1), 85–93.
[26] Dresselhaus, M.; Dresselhaus, G., Intercalation compounds of graphite. *Adv. Phys.* **1981**, *30* (2), 139–326.
[27] Weller, T.E.; Ellerby, M.; Saxena, S.S.; *et al.*, Superconductivity in the intercalated graphite compounds C_6Yb and C_6Ca. *Nature Phys.* **2005**, *1* (1), 39–41.
[28] Hannay, N.; Geballe, T.; Matthias, B.; *et al.*, Superconductivity in graphitic compounds. *Phys. Rev. Lett.* **1965**, *14* (7), 225.
[29] Schweizer, E., Analyse des Porphyrs von Kreuznach im Nahethale. *J. Prakt. Chem.* **1841**, *22* (1), 155–158.
[30] Jang, B.Z.; Zhamu, A., Processing of nanographene platelets (NGPs) and NGP nanocomposites: a review. *J. Mater. Sci.* **2008**, *43* (15), 5092–5101.
[31] McAllister, M.J.; Li, J.-L.; Adamson, D.H.; *et al.*, Single sheet functionalized graphene by oxidation and thermal expansion of graphite. *Chem. Mater.* **2007**, *19* (18), 4396–4404.
[32] Cai, M.; Thorpe, D.; Adamson, D.H.; Schniepp, H.C., Methods of graphite exfoliation. *J. Mater. Chem.* **2012**, *22* (48), 24992–25002.
[33] Viculis, L.M.; Mack, J.J.; Kaner, R.B., A chemical route to carbon nanoscrolls. *Science* **2003**, *299* (5611), 1361.
[34] Viculis, L.M.; Mack, J.J.; Mayer, O.M.; *et al.*, Intercalation and exfoliation routes to graphite nanoplatelets. *J. Mater. Chem.* **2005**, *15* (9), 974–978.
[35] Su, C.-Y.; Lu, A.-Y.; Xu, Y.; *et al.*, High-quality thin graphene films from fast electrochemical exfoliation. *ACS Nano* **2011**, *5* (3), 2332–2339.
[36] Usuki, A.; Kojima, Y.; Kawasumi, M.; *et al.*, Synthesis of nylon 6–clay hybrid. *J. Mater. Res.* **1993**, *8* (5), 1179–1184.
[37] Okada, A.; Usuki, A., Twenty years of polymer–clay nanocomposites. *Macromol. Mater. Eng.* **2006**, *291* (12), 1449–1476.
[38] Mack, J.J.; Viculis, L.M.; Ali, A.; *et al.*, Graphite nanoplatelet reinforcement of electrospun polyacrylonitrile nanofibers. *Adv. Mater.* **2005**, *17* (1), 77–80.
[39] Ajayan, P.M.; Schadler, L.S.; Braun, P.V., *Nanocomposite Science and Technology*. Wiley-VCH, Weinheim, **2003**.
[40] Krishnamoorti, R.; Vaia, R.A., *Polymer Nanocomposites: Synthesis, Characterization, and Modeling*. ACS Symposium Series 804. American Chemical Society, Washington, DC, **2002**.
[41] Mukhopadhyay, P.; Gupta, R.K., *Graphite, Graphene, and Their Polymer Nanocomposites*. CRC Press, Boca Raton, FL, **2013**.
[42] Choi, W.; Lee, J.-W., *Graphene: Synthesis and Applications*. CRC Press, Boca Raton, FL, **2012**.
[43] Boehm, H.P.; Clauss, A.; Fischer, G.; Hofmann, U., Surface properties of extremely thin graphite lamellae. In *Carbon: Proceedings of the Fifth Conference*, vol. *1*, pp. 73–80. Pergamon Press, Oxford, **1962**.
[44] Boehm, H.-P., Graphene – how a laboratory curiosity suddenly became extremely interesting. *Angew. Chem. Int. Ed.* **2010**, *49* (49), 9332–9335.
[45] Dreyer, D.R.; Ruoff, R.S.; Bielawski, C.W., From conception to realization: an historial account of graphene and some perspectives for its future. *Angew. Chem. Int. Ed.* **2010**, *49* (49), 9336–9344.
[46] Jeong, H.-K.; Lee, Y.P.; Lahaye, R.J.W.E.; *et al.*, Evidence of graphitic AB stacking order of graphite oxides. *J. Am. Chem. Soc.* **2008**, *130* (4), 1362–1366.

[47] Lerf, A.; He, H.; Forster, M.; Klinowski, J., Structure of graphite oxide revisited. *J. Phys. Chem. B* **1998**, *102* (23), 4477–4482.
[48] Cai, W.; Piner, R.D.; Stadermann, F.J.; *et al.*, Synthesis and solid-state NMR structural characterization of ^{13}C-labeled graphite oxide. *Science* **2008**, *321* (5897), 1815–1817.
[49] Gao, W.; Alemany, L.B.; Ci, L.; Ajayan, P.M., New insights into the structure and reduction of graphite oxide. *Nature Chem.* **2009**, *1* (5), 403–408.
[50] Matsuo, Y.; Miyabe, T.; Fukutsuka, T.; Sugie, Y., Preparation and characterization of alkylamine-intercalated graphite oxides. *Carbon* **2007**, *45* (5), 1005–1012.
[51] Bourlinos, A.B.; Gournis, D.; Petridis, D.; *et al.*, Graphite oxide: chemical reduction to graphite and surface modification with primary aliphatic amines and amino acids. *Langmuir* **2003**, *19* (15), 6050–6055.
[52] Stankovich, S.; Dikin, D.A.; Dommett, G.H.; *et al.*, Graphene-based composite materials. *Nature* **2006**, *442* (7100), 282–286.
[53] Kotov, N.A.; Dékány, I.; Fendler, J.H., Ultrathin graphite oxide–polyelectrolyte composites prepared by self-assembly: transition between conductive and non-conductive states. *Adv. Mater.* **1996**, *8* (8), 637–641.
[54] Kovtyukhova, N.I.; Ollivier, P.J.; Martin, B.R.; *et al.*, Layer-by-layer assembly of ultrathin composite films from micron-sized graphite oxide sheets and polycations. *Chem. Mater.* **1999**, *11* (3), 771–778.
[55] Novoselov, K.; Jiang, D.; Schedin, F.; *et al.*, Two-dimensional atomic crystals. *Proc. Natl. Acad. Sci. USA* **2005**, *102* (30), 10451–10453.
[56] Geim, A.; Grigorieva, I., Van der Waals heterostructures. *Nature* **2013**, *499* (7459), 419–425.
[57] Baughman, R.H.; Zakhidov, A.A.; de Heer, W.A., Carbon nanotubes – the route toward applications. *Science* **2002**, *297* (5582), 787–792.
[58] Ruoff, R., Graphene: calling all chemists. *Nature Nanotechnol.* **2008**, *3* (1), 10–11.
[59] Grossiord, N.; Loos, J.; Regev, O.; Koning, C.E., Toolbox for dispersing carbon nanotubes into polymers to get conductive nanocomposites. *Chem. Mater.* **2006**, *18* (5), 1089–1099.
[60] Dreyer, D.R.; Park, S.; Bielawski, C.W.; Ruoff, R.S., The chemistry of graphene oxide. *Chem. Soc. Rev.* **2010**, *39* (1), 228–240.
[61] Chen, D.; Feng, H.; Li, J., Graphene oxide: preparation, functionalization, and electrochemical applications. *Chem. Rev.* **2012**, *112* (11), 6027–6053.
[62] Lomeda, J.R.; Doyle, C.D.; Kosynkin, D.V.; *et al.*, Diazonium functionalization of surfactant-wrapped chemically converted graphene sheets. *J. Am. Chem. Soc.* **2008**, *130* (48), 16201–16206.
[63] Chua, C.K.; Pumera, M., Friedel–Crafts acylation on graphene. *Chemistry – Asian J.* **2012**, *7* (5), 1009–1012.
[64] Hamilton, C.E.; Lomeda, J.R.; Sun, Z.; *et al.*, Radical addition of perfluorinated alkyl iodides to multi-layered graphene and single-walled carbon nanotubes. *Nano Res.* **2010**, *3* (2), 138–145.
[65] Lee, S.H.; Dreyer, D.R.; An, J.; *et al.*, Polymer brushes via controlled, surface-initiated atom transfer radical polymerization (ATRP) from graphene oxide. *Macromol. Rapid Commun.* **2010**, *31* (3), 281–288.
[66] Fang, M.; Wang, K.; Lu, H.; *et al.*, Covalent polymer functionalization of graphene nanosheets and mechanical properties of composites. *J. Mater. Chem.* **2009**, *19* (38), 7098–7105.
[67] Collins, W.R.; Lewandowski, W.; Schmois, E.; *et al.*, Claisen rearrangement of graphite oxide: a route to covalently functionalized graphenes. *Angew. Chem.* **2011**, *123* (38), 9010–9014.
[68] Xu, Y.; Bai, H.; Lu, G.; *et al.*, Flexible graphene films via the filtration of water-soluble noncovalent functionalized graphene sheets. *J. Am. Chem. Soc.* **2008**, *130* (18), 5856–5857.
[69] Zhang, M.; Parajuli, R.R.; Mastrogiovanni, D.; *et al.*, Production of graphene sheets by direct dispersion with aromatic healing agents. *Small* **2010**, *6* (10), 1100–1107.
[70] Jankovsky, O.; Simek, P.; Klimova, K.; *et al.*, Towards graphene bromide: bromination of graphite oxide. *Nanoscale* **2014**, *6* (11), 6065–6074.
[71] Jeon, I.-Y.; Shin, Y.-R.; Sohn, G.-J.; *et al.*, Edge-carboxylated graphene nanosheets via ball milling. *Proc. Natl. Acad. Sci. USA* **2012**, *109* (15), 5588–5593.
[72] Dai, L., Functionalization of graphene for efficient energy conversion and storage. *Acc. Chem. Res.* **2012**, *46* (1), 31–42.
[73] Ajayan, P.M.; Tour, J.M., Materials science: nanotube composites. *Nature* **2007**, *447* (7148), 1066–1068.

[74] Yan, L.; Zheng, Y.B.; Zhao, F.; *et al.*, Chemistry and physics of a single atomic layer: strategie and challenges for functionalization of graphene and graphene-based materials. *Chem. Soc Rev.* **2012**, *41* (1), 97–114.
[75] Hernandez, Y.; Nicolosi, V.; Lotya, M.; *et al.*, High-yield production of graphene by liquid phase exfoliation of graphite. *Nature Nanotechnol.* **2008**, *3* (9), 563–568.
[76] Bergin, S.D.; Sun, Z.; Rickard, D.; *et al.*, Multicomponent solubility parameters for single walled carbon nanotube – solvent mixtures. *ACS Nano* **2009**, *3* (8), 2340–2350.
[77] Lotya, M.; Hernandez, Y.; King, P.J.; *et al.*, Liquid phase production of graphene by exfoliation of graphite in surfactant/water solutions. *J. Am. Chem. Soc.* **2009**, *131* (10), 3611–3620.
[78] Islam, M.; Rojas, E.; Bergey, D.; *et al.*, High weight fraction surfactant solubilization of single-wall carbon nanotubes in water. *Nano Lett.* **2003**, *3* (2), 269–273.
[79] Coleman, J.N., Liquid-phase exfoliation of nanotubes and graphene. *Adv. Funct. Mater.* **2009**, *19* (23), 3680–3695.
[80] Zhou, K.G.; Mao, N.N.; Wang, H.X.; *et al.*, A mixed-solvent strategy for efficient exfoliation of inorganic graphene analogues. *Angew. Chem. Int. Ed.* **2011**, *50* (46), 10839–10842.
[81] Backes, C.; Hauke, F.; Hirsch, A., The potential of perylene bisimide derivatives for the solubilization of carbon nanotubes and graphene. *Adv. Mater.* **2011**, *23* (22–23), 2588–2601.
[82] Moore, V.C.; Strano, M.S.; Haroz, E.H.; *et al.*, Individually suspended single-walled carbon nanotubes in various surfactants. *Nano Lett.* **2003**, *3* (10), 1379–1382.
[83] Park, S.; An, J.; Potts, J.R.; *et al.*, Hydrazine-reduction of graphite- and graphene oxide. *Carbon* **2011**, *49* (9), 3019–3023.
[84] Kotov, N.A., Materials science: carbon sheet solutions. *Nature* **2006**, *442* (7100), 254–255.
[85] Editorial, Ten years in two dimensions. *Nature Nanotechnol.* **2014**, *9* (10), 725.
[86] Hodge, S.A.; Bayazit, M.K.; Coleman, K.S.; Shaffer, M.S.P., Unweaving the rainbow: a review of the relationship between single-walled carbon nanotube molecular structures and their chemical reactivity. *Chem. Soc. Rev.* **2012**, *41* (12), 4409–4429.
[87] Wang, X.; Zhi, L.; Müllen, K., Transparent, conductive graphene electrodes for dye-sensitized solar cells. *Nano Lett.* **2008**, *8* (1), 323–327.
[88] Stoller, M.D.; Park, S.; Zhu, Y.; *et al.*, Graphene-based ultracapacitors. *Nano Lett.* **2008**, *8* (10), 3498–3502.
[89] Liu, Z.; Robinson, J.T.; Sun, X.; Dai, H., PEGylated nanographene oxide for delivery of water-insoluble cancer drugs. *J. Am. Chem. Soc.* **2008**, *130* (33), 10876–10877.
[90] Eda, G.; Fanchini, G.; Chhowalla, M., Large-area ultrathin films of reduced graphene oxide as a transparent and flexible electronic material. *Nature Nanotechnol.* **2008**, *3* (5), 270–274.
[91] Wu, Z.; Chen, Z.; Du, X.; *et al.*, Transparent, conductive carbon nanotube films. *Science* **2004**, *305* (5688), 1273–1276.
[92] Dikin, D.A.; Stankovich, S.; Zimney, E.J.; *et al.*, Preparation and characterization of graphene oxide paper. *Nature* **2007**, *448* (7152), 457–460.
[93] Bae, S.; Kim, H.; Lee, Y.; *et al.*, Roll-to-roll production of 30-inch graphene films for transparent electrodes. *Nature Nanotechnol.* **2010**, *5* (8), 574–578.
[94] Zheng, Q.B.; Gudarzi, M.M.; Wang, S.J.; *et al.*, Improved electrical and optical characteristics of transparent graphene thin films produced by acid and doping treatments. *Carbon* **2011**, *49* (9), 2905–2916.
[95] Dettlaff-Weglikowska, U.; Skákalová, V.; Graupner, R.; *et al.*, Effect of $SOCl_2$ treatment on electrical and mechanical properties of single-wall carbon nanotube networks. *J. Am. Chem. Soc.* **2005**, *127* (14), 5125–5131.
[96] Arnold, M.S.; Green, A.A.; Hulvat, J.F.; *et al.*, Sorting carbon nanotubes by electronic structure using density differentiation. *Nature Nanotechnol.* **2006**, *1* (1), 60–65.
[97] Green, A.A.; Hersam, M.C., Solution phase production of graphene with controlled thickness via density differentiation. *Nano Lett.* **2009**, *9* (12), 4031–4036.
[98] Behabtu, N.; Lomeda, J.R.; Green, M.J.; *et al.*, Spontaneous high-concentration dispersions and liquid crystals of graphene. *Nature Nanotechnol.* **2010**, *5* (6), 406–411.
[99] Xu, Z.; Gao, C., Graphene chiral liquid crystals and macroscopic assembled fibres. *Nature Commun.* **2011**, *2*, 571.
[100] Jalili, R.; Aboutalebi, S.H.; Esrafilzadeh, D.; *et al.*, Scalable one-step wet-spinning of graphene

fibers and yarns from liquid crystalline dispersions of graphene oxide: towards multifunctional textiles. *Adv. Funct. Mater.* **2013**, *23* (43), 5345–5354.
[101] Ericson, L.M.; Fan, H.; Peng, H.; *et al.*, Macroscopic, neat, single-walled carbon nanotube fibers. *Science* **2004**, *305* (5689), 1447–1450.
[102] Tasis, D.; Tagmatarchis, N.; Bianco, A.; Prato, M., Chemistry of carbon nanotubes. *Chem. Rev.* **2006**, *106* (3), 1105–1136.
[103] Kuilla, T.; Bhadra, S.; Yao, D.; *et al.*, Recent advances in graphene based polymer composites. *Prog. Polym. Sci.* **2010**, *35* (11), 1350–1375.
[104] Zhang, D.; Ryu, K.; Liu, X.; *et al.*, Transparent, conductive, and flexible carbon nanotube films and their application in organic light-emitting diodes. *Nano Lett.* **2006**, *6* (9), 1880–1886.
[105] Endo, M.; Muramatsu, H.; Hayashi, T.; *et al.*, Nanotechnology: "buckypaper" from coaxial nanotubes. *Nature* **2005**, *433* (7025), 476.
[106] Ramanathan, T.; Abdala, A.A.; Stankovich, S.; *et al.*, Functionalized graphene sheets for polymer nanocomposites. *Nature Nanotechnol.* **2008**, *3* (6), 327–331.
[107] Sanchez, V.C.; Jachak, A.; Hurt, R.H.; Kane, A.B., Biological interactions of graphene-family nanomaterials: an interdisciplinary review. *Chem. Res. Toxicol.* **2012**, *25* (1), 15–34.
[108] Akhavan, O.; Ghaderi, E., Toxicity of graphene and graphene oxide nanowalls against bacteria. *ACS Nano* **2010**, *4* (10), 5731–5736.
[109] Lacerda, L.; Bianco, A.; Prato, M.; Kostarelos, K., Carbon nanotubes as nanomedicines: from toxicology to pharmacology. *Adv. Drug Deliv. Rev.* **2006**, *58* (14), 1460–1470.
[110] Kostarelos, K.; Novoselov, K.S., Graphene devices for life. *Nature Nanotechnol.* **2014**, *9* (10), 744–745.
[111] Gedde, U.W., *Polymer Physics*. Springer, Dordrecht, **1995**.
[112] Cowie, J.M.G.; Arrighi, V., *Polymers: Chemistry and Physics of Modern Materials*, 3rd edn. CRC Press, Boca Raton, FL, **2008**.
[113] Chandrasekhar, P., *Conducting Polymers, Fundamentals and Applications: A Practical Approach*. Kluwer Academic, Dordrecht, **1999**.
[114] Tsai, S.W.; Hahn, H.T., *Introduction to Composite Materials*. Technomic, Lancaster, PA, **1980**.
[115] Yu, Z.; Li, L.; Zhang, Q.; *et al.*, Silver nanowire–polymer composite electrodes for efficient polymer solar cells. *Adv. Mater.* **2011**, *23* (38), 4453–4457.
[116] Yousefi, N.; Gudarzi, M.M.; Zheng, Q.; *et al.*, Self-alignment and high electrical conductivity of ultralarge graphene oxide–polyurethane nanocomposites. *J. Mater. Chem.* **2012**, *22* (25), 12709–12717.
[117] Yu, C.; Kim, Y.S.; Kim, D.; Grunlan, J.C., Thermoelectric behavior of segregated-network polymer nanocomposites. *Nano Lett.* **2008**, *8* (12), 4428–4432.
[118] Du, J.; Zhao, L.; Zeng, Y.; *et al.*, Comparison of electrical properties between multi-walled carbon nanotube and graphene nanosheet/high density polyethylene composites with a segregated network structure. *Carbon* **2011**, *49* (4), 1094–1100.
[119] Kim, H.; Abdala, A.A.; Macosko, C.W., Graphene/polymer nanocomposites. *Macromolecules* **2010**, *43* (16), 6515–6530.
[120] Park, Y.T.; Qian, Y.; Chan, C.; *et al.*, Epoxy toughening with low graphene loading. *Adv. Funct. Mater.* **2015**, *25* (4), 575–585.
[121] Rafiee, M.A.; Rafiee, J.; Wang, Z.; *et al.*, Enhanced mechanical properties of nanocomposites at low graphene content. *ACS Nano* **2009**, *3* (12), 3884–3890.
[122] Ning, H.; Li, J.; Hu, N.; *et al.*, Interlaminar mechanical properties of carbon fiber reinforced plastic laminates modified with graphene oxide interleaf. *Carbon* **2015**, *91*, 224–233.
[123] Walther, A.; Bjurhager, I.; Malho, J.-M.; *et al.*, Large-area, lightweight and thick biomimetic composites with superior material properties via fast, economic, and green pathways. *Nano Lett.* **2010**, *10* (8), 2742–2748.
[124] Pugno, N.M., Space elevator: out of order? *Nano Today* **2007**, *2* (6), 44–47.
[125] Chen, H.; Müller, M.B.; Gilmore, K.J.; *et al.*, Mechanically strong, electrically conductive, and biocompatible graphene paper. *Adv. Mater.* **2008**, *20* (18), 3557–3561.
[126] Lee, C.; Wei, X.; Kysar, J.W.; Hone, J., Measurement of the elastic properties and intrinsic strength of monolayer graphene. *Science* **2008**, *321* (5887), 385–388.
[127] Luong, N.D.; Hippi, U.; Korhonen, J.T.; *et al.*, Enhanced mechanical and electrical properties of polyimide film by graphene sheets via in situ polymerization. *Polymer* **2011**, *52* (23),

5237–5242.
[128] Gómez-Navarro, C.; Burghard, M.; Kern, K., Elastic properties of chemically derived single graphene sheets. *Nano Lett.* **2008**, *8* (7), 2045–2049.
[129] Suk, J.W.; Piner, R.D.; An, J.; Ruoff, R.S., Mechanical properties of monolayer graphene oxide. *ACS Nano* **2010**, *4* (11), 6557–6564.
[130] Gong, L.; Kinloch, I.A.; Young, R.J.; *et al.*, Interfacial stress transfer in a graphene monolayer nanocomposite. *Adv. Mater.* **2010**, *22* (24), 2694–2697.
[131] Cadek, M.; Coleman, J.N.; Ryan, K.P.; *et al.*, Reinforcement of polymers with carbon nanotubes: the role of nanotube surface area. *Nano Lett.* **2004**, *4* (2), 353–356.
[132] Coleman, J.N.; Khan, U.; Gun'ko, Y.K., Mechanical reinforcement of polymers using carbon nanotubes. *Adv. Mater.* **2006**, *18* (6), 689–706.
[133] Coleman, J.N.; Khan, U.; Blau, W.J.; Gun'ko, Y.K., Small but strong: a review of the mechanical properties of carbon nanotube–polymer composites. *Carbon* **2006**, *44* (9), 1624–1652.
[134] Young, R.J.; Kinloch, I.A.; Gong, L.; Novoselov, K.S., The mechanics of graphene nanocomposites: a review. *Compos. Sci. Technol.* **2012**, *72* (12), 1459–1476.
[135] Gong, L.; Young, R.J.; Kinloch, I.A.; *et al.*, Optimizing the reinforcement of polymer-based nanocomposites by graphene. *ACS Nano* **2012**, *6* (3), 2086–2095.
[136] Liang, J.; Huang, Y.; Zhang, L.; *et al.*, Molecular level dispersion of graphene into poly(vinyl alcohol) and effective reinforcement of their nanocomposites. *Adv. Funct. Mater.* **2009**, *19* (14), 2297–2302.
[137] Gudarzi, M.M.; Sharif, F., Enhancement of dispersion and bonding of graphene–polymer through wet transfer of functionalized graphene oxide. *Express Polym. Lett.* **2012**, *6* (12), 1017–1031.
[138] Yousefi, N.; Gudarzi, M.M.; Zheng, Q.; *et al.*, Highly aligned, ultralarge-size reduced graphene oxide/polyurethane nanocomposites: mechanical properties and moisture permeability. *Composites A* **2013**, *49*, 42–50.
[139] Rafiee, M.A.; Lu, W.; Thomas, A.V.; *et al.*, Graphene nanoribbon composites. *ACS Nano* **2010**, *4* (12), 7415–7420.
[140] Mallick, P.K., *Fiber-Reinforced Composites: Materials, Manufacturing, and Design*, 3rd edn. CRC Press, Boca Raton, FL, **2008**.
[141] Aboutalebi, S.H.; Gudarzi, M.M.; Zheng, Q.B.; Kim, J.-K., Spontaneous formation of liquid crystals in ultralarge graphene oxide dispersions. *Adv. Funct. Mater.* **2011**, *21* (15), 2978–2988.
[142] Gudarzi, M.M.; Moghadam, M.H.M.; Sharif, F., Spontaneous exfoliation of graphite oxide in polar aprotic solvents as the route to produce graphene oxide–organic solvents liquid crystals. *Carbon* **2013**, *64*, 403–415.
[143] Jalili, R.; Aboutalebi, S. H.; Esrafilzadeh, D.; *et al.*, Formation and processability of liquid crystalline dispersions of graphene oxide. *Mater. Horiz.* **2014**, *1* (1), 87–91.
[144] Crosby, A.J.; Lee, J.Y., Polymer nanocomposites: the "nano" effect on mechanical properties. *Polym. Rev.* **2007**, *47* (2), 217–229.
[145] Cote, L.J.; Kim, F.; Huang, J., Langmuir – Blodgett assembly of graphite oxide single layers. *J. Am. Chem. Soc.* **2009**, *131* (3), 1043–1049.
[146] Kulkarni, D.D.; Choi, I.; Singamaneni, S.S.; Tsukruk, V.V., Graphene oxide – polyelectrolyte nanomembranes. *ACS Nano* **2010**, *4* (8), 4667–4676.
[147] Ansari, S.; Kelarakis, A.; Estevez, L.; Giannelis, E.P., Oriented arrays of graphene in a polymer matrix by in situ reduction of graphite oxide nanosheets. *Small* **2010**, *6* (2), 205–209.
[148] Putz, K.W.; Compton, O.C.; Palmeri, M.J.; *et al.*, High-nanofiller-content graphene oxide–polymer nanocomposites via vacuum-assisted self-assembly. *Adv. Funct. Mater.* **2010**, *20* (19), 3322–3329.
[149] Xie, X.-L.; Mai, Y.-W.; Zhou, X.-P., Dispersion and alignment of carbon nanotubes in polymer matrix: a review. *Mater. Sci. Eng. R – Rep.* **2005**, *49* (4), 89–112.
[150] Kim, H.; Macosko, C.W., Processing–property relationships of polycarbonate/graphene composites. *Polymer* **2009**, *50* (15), 3797–3809.
[151] Aboutalebi, S.H.; Jalili, R.; Esrafilzadeh, D.; *et al.*, High-performance multifunctional graphene yarns: toward wearable all-carbon energy storage textiles. *ACS Nano* **2014**, *8* (3), 2456–2466.
[152] Xu, Y.; Hong, W.; Bai, H.; *et al.*, Strong and ductile poly(vinyl alcohol)/graphene oxide composite films with a layered structure. *Carbon* **2009**, *47* (15), 3538–3543.

[153] Xu, Z.; Gao, C., In situ polymerization approach to graphene-reinforced nylon-6 composites. *Macromolecules* **2010**, *43* (16), 6716–6723.

[154] Huang, X.; Qi, X.; Boey, F.; Zhang, H., Graphene-based composites. *Chem. Soc. Rev.* **2012**, *41* (2), 666–686.

[155] Suhr, J.; Victor, P.; Ci, L.; *et al.*, Fatigue resistance of aligned carbon nanotube arrays under cyclic compression. *Nature Nanotechnol*. **2007**, *2* (7), 417–421.

[156] Koratkar, N.A.; Suhr, J.; Joshi, A.; *et al.*, Characterizing energy dissipation in single-walled carbon nanotube polycarbonate composites. *Appl. Phys. Lett.* **2005**, *87* (6), 063102.

[157] Suhr, J.; Koratkar, N.; Keblinski, P.; Ajayan, P., Viscoelasticity in carbon nanotube composites. *Nature Mater*. **2005**, *4* (2), 134–137.

[158] Ash, B.J.; Siegel, R.W.; Schadler, L.S., Mechanical behavior of alumina/poly(methyl methacrylate) nanocomposites. *Macromolecules* **2004**, *37* (4), 1358–1369.

[159] Koratkar, N.; Wei, B.Q.; Ajayan, P.M., Carbon nanotube films for damping applications. *Adv. Mater.* **2002**, *14* (13–14), 997–1000.

[160] Espinosa, H.D.; Juster, A.L.; Latourte, F.J.; *et al.*, Tablet-level origin of toughening in abalone shells and translation to synthetic composite materials. *Nature Commun.* **2011**, *2*, 173.

[161] Jackson, A.; Vincent, J.; Turner, R., The mechanical design of nacre. *Proc. R. Soc. B: Biol. Sci.* **1988**, *234* (1277), 415–440.

[162] Bonderer, L.J.; Studart, A.R.; Gauckler, L.J., Bioinspired design and assembly of platelet reinforced polymer films. *Science* **2008**, *319* (5866), 1069–1073.

[163] Podsiadlo, P.; Kaushik, A.K.; Arruda, E.M.; *et al.*, Ultrastrong and stiff layered polymer nanocomposites. *Science* **2007**, *318* (5847), 80–83.

[164] Tang, Z.; Kotov, N.A.; Magonov, S.; Ozturk, B., Nanostructured artificial nacre. *Nature Mater*. **2003**, *2* (6), 413–418.

[165] Cui, W.; Li, M.; Liu, J.; *et al.*, Strong integrated strength and toughness artificial nacre based on dopamine cross-linked graphene oxide. *ACS Nano* **2014**, *8* (9), 9511–9517.

[166] Cheng, Q.; Wu, M.; Li, M.; *et al.*, Ultratough artificial nacre based on conjugated cross-linked graphene oxide. *Angew. Chem.* **2013**, *125* (13), 3838–3843.

[167] Zhang, M.; Huang, L.; Chen, J.; *et al.*, Ultratough, ultrastrong, and highly conductive graphene films with arbitrary sizes. *Adv. Mater.* **2014**, *26* (45), 7588–7592.

[168] Liu, Z.; Xu, Z.; Hu, X.; Gao, C., Lyotropic liquid crystal of polyacrylonitrile-grafted graphene oxide and its assembled continuous strong nacre-mimetic fibers. *Macromolecules* **2013**, *46* (17), 6931–6941.

[169] Wang, J.; Cheng, Q.; Tang, Z., Layered nanocomposites inspired by the structure and mechanical properties of nacre. *Chem. Soc. Rev.* **2012**, *41* (3), 1111–1129.

[170] Xu, Z.-H.; Li, X., Deformation strengthening of biopolymer in nacre. *Adv. Funct. Mater.* **2011**, *21* (20), 3883–3888.

[171] Wang, L.; Boyce, M.C., Bioinspired structural material exhibiting post-yield lateral expansion and volumetric energy dissipation during tension. *Adv. Funct. Mater.* **2010**, *20* (18), 3025–3030.

[172] Shyu, T.C.; Damasceno, P.F.; Dodd, P.M.; *et al.*, A kirigami approach to engineering elasticity in nanocomposites through patterned defects. *Nature Mater*. **2015**, *14* (8), 785–789.

[173] Gao, H.; Ji, B.; Jäger, I.L.; *et al.*, Materials become insensitive to flaws at nanoscale: lessons from nature. *Proc. Natl. Acad. Sci. USA* **2003**, *100* (10), 5597–5600.

[174] Pei, S.; Cheng, H.-M., The reduction of graphene oxide. *Carbon* **2012**, *50* (9), 3210–3228.

[175] Eda, G.; Chhowalla, M., Graphene-based composite thin films for electronics. *Nano Lett.* **2009**, *9* (2), 814–818.

[176] Kim, J.Y.; Lee, W.H.; Suk, J.W.; *et al.*, Chlorination of reduced graphene oxide enhances the dielectric constant of reduced graphene oxide/polymer composites. *Adv. Mater.* **2013**, *25* (16), 2308–2313.

[177] Raccichini, R.; Varzi, A.; Passerini, S.; Scrosati, B., The role of graphene for electrochemical energy storage. *Nature Mater*. **2015**, *14* (3), 271–279.

[178] Pumera, M.; Ambrosi, A.; Bonanni, A.; *et al.*, Graphene for electrochemical sensing and biosensing. *Trends Anal. Chem.* **2010**, *29* (9), 954–965.

[179] Yin, J.; Chang, R.; Shui, Y.; Zhao, X., Preparation and enhanced electro-responsive characteristic of reduced graphene oxide/polypyrrole composite sheet suspensions. *Soft Matter* **2013**, *9* (31), 7468–7478.

[180] Zhao, Y.; Song, L.; Zhang, Z.; Qu, L., Stimulus-responsive graphene systems towards actuator applications. *Energy Environ. Sci.* **2013**, *6* (12), 3520–3536.
[181] Zhang, J.; Song, L.; Zhang, Z.; *et al.*, Environmentally responsive graphene systems. *Small* **2014**, *10* (11), 2151–2164.
[182] Zakri, C.; Poulin, P., Phase behavior of nanotube suspensions: from attraction induced percolation to liquid crystalline phases. *J. Mater. Chem.* **2006**, *16* (42), 4095–4098.
[183] Bauhofer, W.; Kovacs, J.Z., A review and analysis of electrical percolation in carbon nanotube polymer composites. *Compos. Sci. Technol.* **2009**, *69* (10), 1486–1498.
[184] Li, J.; Kim, J.-K., Percolation threshold of conducting polymer composites containing 3D randomly distributed graphite nanoplatelets. *Compos. Sci. Technol.* **2007**, *67* (10), 2114–2120.
[185] Celzard, A.; McRae, E.; Deleuze, C.; *et al.*, Critical concentration in percolating systems containing a high-aspect-ratio filler. *Phys. Rev. B* **1996**, *53* (10), 6209–6214.
[186] Zhang, H.-B.; Zheng, W.-G.; Yan, Q.; *et al.*, The effect of surface chemistry of graphene on rheological and electrical properties of polymethylmethacrylate composites. *Carbon* **2012**, *50* (14), 5117–5125.
[187] Pham, V.H.; Dang, T.T.; Hur, S.H.; *et al.*, Highly conductive poly(methyl methacrylate) (PMMA)-reduced graphene oxide composite prepared by self-assembly of PMMA latex and graphene oxide through electrostatic interaction. *ACS Appl. Mater. Interfaces* **2012**, *4* (5), 2630–2636.
[188] Wu, C.; Huang, X.; Wang, G.; *et al.*, Highly conductive nanocomposites with three-dimensional, compactly interconnected graphene networks via a self-assembly process. *Adv. Funct. Mater.* **2013**, *23* (4), 506–513.
[189] Krishnan, K.; Ganguli, N., Large anisotropy of the electrical conductivity of graphite. *Nature* **1939**, *144* (3650), 667.
[190] Kimura, T.; Ago, H.; Tobita, M.; *et al.*, Polymer composites of carbon nanotubes aligned by a magnetic field. *Adv. Mater.* **2002**, *14* (19), 1380–1383.
[191] Li, J.; Wong, P.-S.; Kim, J.-K., Hybrid nanocomposites containing carbon nanotubes and graphite nanoplatelets. *Mater. Sci. Eng. A* **2008**, *483–484*, 660–663.
[192] Safdari, M.; Al-Haik, M., Electrical conductivity of synergistically hybridized nanocomposites based on graphite nanoplatelets and carbon nanotubes. *Nanotechnology* **2012**, *23* (40), 405202.
[193] Xu, Q.; Song, T.; Cui, W.; *et al.*, Solution-processed highly conductive PEDOT:PSS/AgNW/GO transparent film for efficient organic–Si hybrid solar cells. *ACS Appl. Mater. Interfaces* **2015**, *7* (5), 3272–3279.
[194] Liang, J.; Li, L.; Tong, K.; *et al.*, Silver nanowire percolation network soldered with graphene oxide at room temperature and its application for fully stretchable polymer light-emitting diodes. *ACS Nano* **2014**, *8* (2), 1590–1600.
[195] Bourgeat-Lami, E.; Faucheu, J.; Noel, A., Latex routes to graphene-based nanocomposites. *Polym. Chem.* **2015**, *6* (30), 5323–5357.
[196] Tkalya, E.; Ghislandi, M.; Alekseev, A.; *et al.*, Latex-based concept for the preparation of graphene-based polymer nanocomposites. *J. Mater. Chem.* **2010**, *20* (15), 3035–3039.
[197] Long, G.; Tang, C.; Wong, K.-W.; *et al.*, Resolving the dilemma of gaining conductivity but losing environmental friendliness in producing polystyrene/graphene composites via optimizing the matrix–filler structure. *Green Chem.* **2013**, *15* (3), 821–828.
[198] Pickering, S.U., CXCVI – Emulsions. *J. Chem. Soc., Trans.* **1907**, *91*, 2001–2021.
[199] Ramsden, W., Separation of solids in the surface-layers of solutions and "suspensions" (observations on surface-membranes, bubbles, emulsions, and mechanical coagulation). – Preliminary account. *Proc. R. Soc. Lond.* **1903**, *72* (477–486), 156–164.
[200] Cao, Y.; Zhang, J.; Feng, J.; Wu, P., Compatibilization of immiscible polymer blends using graphene oxide sheets. *ACS Nano* **2011**, *5* (7), 5920–5927.
[201] Kim, J.; Cote, L.J.; Kim, F.; *et al.*, Graphene oxide sheets at interfaces. *J. Am. Chem. Soc.* **2010**, *132* (23), 8180–8186.
[202] Kim, H.; Kobayashi, S.; AbdurRahim, M.A.; *et al.*, Graphene/polyethylene nanocomposites: effect of polyethylene functionalization and blending methods. *Polymer* **2011**, *52* (8), 1837–1846.
[203] Nair, S.T.; Vijayan, P.P.; Xavier, P.; *et al.*, Selective localisation of multi walled carbon nanotubes in polypropylene/natural rubber blends to reduce the percolation threshold. *Compos. Sci.*

Technol. **2015**, *116*, 9–17.
[204] Paul, D.R.; Newman, S. (eds), *Polymer Blends*, vol. *1* Academic Press, New York, **1978**.
[205] Chen, Z.; Ren, W.; Gao, L.; *et al.*, Three-dimensional flexible and conductive interconnected graphene networks grown by chemical vapour deposition. *Nature Mater.* **2011**, *10* (6), 424–428.
[206] Jun, Y.-S.; Sy, S.; Ahn, W.; *et al.*, Highly conductive interconnected graphene foam based polymer composite. *Carbon* **2015**, *95*, 653–658.
[207] Zhao, J.; Zhang, G.-Y.; Shi, D.-X., Review of graphene-based strain sensors. *Chin. Phys. B* **2013**, *22* (5), 057701.
[208] Balandin, A.A.; Ghosh, S.; Bao, W.; *et al.*, Superior thermal conductivity of single-layer graphene. *Nano Lett.* **2008**, *8* (3), 902–907.
[209] Balandin, A.A., Thermal properties of graphene and nanostructured carbon materials. *Nature Mater.* **2011**, *10* (8), 569–581.
[210] Hermann, A.; Chaudhuri, T.; Spagnol, P., Bipolar plates for PEM fuel cells: a review. *Int. J. Hydrogen Energy* **2005**, *30* (12), 1297–1302.
[211] Marotta, E.E.; Mazzuca, S.J.; Norley, J., Thermal joint conductance for flexible graphite materials: analytical and experimental study. *IEEE Trans. Components Packaging Technol.* **2005**, *28* (1), 102–110.
[212] Han, Z.; Fina, A., Thermal conductivity of carbon nanotubes and their polymer nanocomposites: a review. *Prog. Polym. Sci.* **2011**, *36* (7), 914–944.
[213] Huxtable, S.T.; Cahill, D.G.; Shenogin, S.; *et al.*, Interfacial heat flow in carbon nanotube suspensions. *Nature Mater.* **2003**, *2* (11), 731–734.
[214] Alexeev, D.; Chen, J.; Walther, J.H.; *et al.*, Kapitza resistance between few-layer graphene and water: liquid layering effects. *Nano Lett.* **2015**, *15* (9), 5744–5749.
[215] Im, H.; Kim, J., Thermal conductivity of a graphene oxide–carbon nanotube hybrid/epoxy composite. *Carbon* **2012**, *50* (15), 5429–5440.
[216] Shahil, K.M.; Balandin, A.A., Graphene–multilayer graphene nanocomposites as highly efficient thermal interface materials. *Nano Lett.* **2012**, *12* (2), 861–867.
[217] Sarvar, F.; Whalley, D.C.; Conway, P.P., Thermal interface materials – a review of the state of the art. In *2006 1st Electronic System Integration Technology Conference*, Dresden, 5–7 September 2006, vol. 2, pp. 1292–1302. IEEE, Piscataway, NJ, 2006.
[218] Pollack, G.L., Kapitza resistance. *Rev. Mod. Phys.* **1969**, *41* (1), 48.
[219] Pop, E., Energy dissipation and transport in nanoscale devices. *Nano Res.* **2010**, *3* (3), 147–169.
[220] Renteria, J.D.; Ramirez, S.; Malekpour, H.; *et al.*, Strongly anisotropic thermal conductivity of free-standing reduced graphene oxide films annealed at high temperature. *Adv. Funct. Mater.* **2015**, *25* (29), 4664–4672.
[221] Xin, G.; Yao, T.; Sun, H.; *et al.*, Highly thermally conductive and mechanically strong graphene fibers. *Science* **2015**, *349* (6252), 1083–1087.
[222] Shtein, M.; Nadiv, R.; Buzaglo, M.; *et al.*, Thermally conductive graphene–polymer composites: size, percolation, and synergy effects. *Chem. Mater.* **2015**, *27* (6), 2100–2106.
[223] Du, F.-P.; Yang, W.; Zhang, F.; *et al.*, Enhancing the heat transfer efficiency in graphene–epoxy nanocomposites using a magnesium oxide–graphene hybrid structure. *ACS Appl. Mater. Interfaces* **2015**, *7* (26), 14397–14403.
[224] Tian, L.; Anilkumar, P.; Cao, L.; *et al.*, Graphene oxides dispersing and hosting graphene sheets for unique nanocomposite materials. *ACS Nano* **2011**, *5* (4), 3052–3058.
[225] Nair, R.R.; Wu, H.A.; Jayaram, P.N.; *et al.*, Unimpeded permeation of water through helium-leak-tight graphene-based membranes. *Science* **2012**, *335* (6067), 442–444.
[226] Qu, G.; Liu, S.; Zhang, S.; *et al.*, Graphene oxide induces toll-like receptor 4 (TLR4)-dependent necrosis in macrophages. *ACS Nano* **2013**, *7* (7), 5732–5745.
[227] Kim, H.W.; Yoon, H.W.; Yoon, S.-M.; *et al.*, Selective gas transport through few-layered graphene and graphene oxide membranes. *Science* **2013**, *342* (6154), 91–95.
[228] Mi, B., Graphene oxide membranes for ionic and molecular sieving. *Science* **2014**, *343* (6172), 740–742.
[229] Joshi, R.K.; Carbone, P.; Wang, F.C.; *et al.*, Precise and ultrafast molecular sieving through graphene oxide membranes. *Science* **2014**, *343* (6172), 752–754.
[230] Kim, H.; Miura, Y.; Macosko, C.W., Graphene/polyurethane nanocomposites for improved gas barrier and electrical conductivity. *Chem. Mater.* **2010**, *22* (11), 3441–3450.

[231] Choudalakis, G.; Gotsis, A., Permeability of polymer/clay nanocomposites: a review. *Eur. Polym. J.* **2009**, *45* (4), 967–984.
[232] Bharadwaj, R.K., Modeling the barrier properties of polymer–layered silicate nanocomposites. *Macromolecules* **2001**, *34* (26), 9189–9192.
[233] Priolo, M.A.; Gamboa, D.; Holder, K.M.; Grunlan, J.C., Super gas barrier of transparent polymer–clay multilayer ultrathin films. *Nano Lett.* **2010**, *10* (12), 4970–4974.
[234] Yang, Y.H.; Bolling, L.; Priolo, M.A.; Grunlan, J.C., Super gas barrier and selectivity of graphene oxide–polymer multilayer thin films. *Adv. Mater.* **2013**, *25* (4), 503–508.
[235] Su, Y.; Kravets, V.; Wong, S.; *et al.*, Impermeable barrier films and protective coatings based on reduced graphene oxide. *Nature Commun.* **2014**, *5*, 4843.
[236] Kim, J.; Song, S.H.; Im, H.G.; *et al.*, Moisture barrier composites made of non-oxidized graphene flakes. *Small* **2015**, *11* (26), 3124–3129.
[237] Wang, L.; Sasaki, T., Titanium oxide nanosheets: graphene analogues with versatile functionalities. *Chem. Rev.* **2014**, *114* (19), 9455–9486.
[238] Wong, M.; Ishige, R.; White, K.L.; *et al.*, Large-scale self-assembled zirconium phosphate smectic layers via a simple spray-coating process. *Nature Commun.* **2014**, *5*, 3589.
[239] Dou, Y.; Pan, T.; Xu, S.; *et al.*, Transparent, ultrahigh-gas-barrier films with a brick–mortar–sand structure. *Angew. Chem. Int. Ed.* **2015**, *54* (33), 9673–9678.
[240] Hu, S.; Lozada-Hidalgo, M.; Wang, F.C.; *et al.*, Proton transport through one-atom-thick crystals. *Nature* **2014**, *516* (7530), 227–230.
[241] Karnik, R.N., Materials science: breakthrough for protons. *Nature* **2014**, *516* (7530), 173–175.
[242] Dimiev, A.M.; Tour, J.M., Mechanism of graphene oxide formation. *ACS Nano* **2014**, *8* (3), 3060–3068.
[243] Eigler, S.; Hirsch, A., Chemistry with graphene and graphene oxide – challenges for synthetic chemists. *Angew. Chem. Int. Ed.* **2014**, *53* (30), 7720–7738.
[244] Sun, T.; Fabris, S., Mechanisms for oxidative unzipping and cutting of graphene. *Nano Lett.* **2012**, *12* (1), 17–21.
[245] Li, J.-L.; Kudin, K.N.; McAllister, M.J.; *et al.*, Oxygen-driven unzipping of graphitic materials. *Phys. Rev. Lett.* **2006**, *96* (17), 176101.
[246] Kim, J.; Cote, L.J.; Kim, F.; *et al.*, Graphene oxide sheets at interfaces. *J. Am. Chem. Soc.* **2010**, *132* (23), 8180–8186.
[247] Aboutalebi, S.H.; Chidembo, A.T.; Salari, M.; *et al.*, Comparison of GO, GO/MWCNTs composite and MWCNTs as potential electrode materials for supercapacitors. *Energy Environ. Sci.* **2011**, *4* (5), 1855–1865.
[248] Aboutalebi, S.H.; Aminorroaya-Yamini, S.; Nevirkovets, I.; *et al.*, Enhanced hydrogen storage in graphene oxide–MWCNTs composite at room temperature. *Adv. Energy Mater.* **2012**, *2* (12), 1439–1446.
[249] Jalili, R.; Aboutalebi, S.H.; Esrafilzadeh, D.; *et al.*, Organic solvent-based graphene oxide liquid crystals: a facile route toward the next generation of self-assembled layer-by-layer multifunctional 3D architectures. *ACS Nano* **2013**, *7* (5), 3981–3990.
[250] Qiu, L.; Yang, X.; Gou, X.; *et al.*, Dispersing carbon nanotubes with graphene oxide in water and synergistic effects between graphene derivatives. *Chem. Eur. J.* **2010**, *16* (35), 10653–10658.
[251] Gudarzi, M.M.; Sharif, F., Self assembly of graphene oxide at the liquid–liquid interface: a new route to the fabrication of graphene based composites. *Soft Matter* **2011**, *7* (7), 3432–3440.
[252] Kim, S.D.; Zhang, W.L.; Choi, H.J., Pickering emulsion-fabricated polystyrene–graphene oxide microspheres and their electrorheology. *J. Mater. Chem. C* **2014**, *2* (36), 7541–7546.
[253] Gudarzi, M.M.; Sharif, F., Molecular level dispersion of graphene in polymer matrices using colloidal polymer and graphene. *J. Colloid Interface Sci.* **2012**, *366* (1), 44–50.
[254] Aboutalebi, S.H.; Gudarzi, M.M.; Zheng, Q.B.; Kim, J.-K., Spontaneous formation of liquid crystals in ultralarge graphene oxide dispersions. *Adv. Funct. Mater.* **2011**, *21* (15), 2978–2988.
[255] Nakajima, T.; Matsuo, Y., Formation process and structure of graphite oxide. *Carbon* **1994**, *32* (3), 469–475.
[256] Kim, J.; Cote, L.J.; Huang, J., Two dimensional soft material: new faces of graphene oxide. *Acc. Chem. Res.* **2012**, *45* (8), 1356–1364.
[257] Lin, X.; Shen, X.; Zheng, Q.; *et al.*, Fabrication of highly-aligned, conductive, and strong graphene papers using ultralarge graphene oxide sheets. *ACS Nano* **2012**, *6* (12), 10708–10719.

[258] Hung, A.H.; Holbrook, R.J.; Rotz, M.W.; *et al.*, Graphene oxide enhances cellular delivery of hydrophilic small molecules by co-incubation. *ACS Nano* **2014**, *8* (10), 10168–10177.
[259] Kim, J.E.; Han, T.H.; Lee, S.H.; *et al.*, Graphene oxide liquid crystals. *Angew. Chem. Int. Ed.* **2011**, *50* (13), 3043–3047.
[260] Xu, Z.; Gao, C., Aqueous liquid crystals of graphene oxide. *ACS Nano* **2011**, *5* (4), 2908–2915.
[261] Dan, B.; Behabtu, N.; Martinez, A.; *et al.*, Liquid crystals of aqueous, giant graphene oxide flakes. *Soft Matter* **2011**, *7* (23), 11154–11159.
[262] Naficy, S.; Jalili, R.; Aboutalebi, S.H.; *et al.*, Graphene oxide dispersions: tuning rheology to enable fabrication. *Mater. Horiz.* **2014**, *1* (6), 326–331.
[263] Xu, Z.; Gao, C., Graphene chiral liquid crystals and macroscopic assembled fibres. *Nature Commun.* **2011**, *2*, 571.
[264] Aboutalebi, S.H.; Jalili, R.; Esrafilzadeh, D.; *et al.*, High-performance multifunctional graphene yarns: toward wearable all-carbon energy storage textiles. *ACS Nano* **2014**, *8* (3), 2456–2466.
[265] Jalili, R.; Aboutalebi, S.H.; Esrafilzadeh, D.; *et al.*, Scalable one-step wet-spinning of graphene fibers and yarns from liquid crystalline dispersions of graphene oxide: towards multifunctional textiles. *Adv. Funct. Mater.* **2013**, *10* (6), 5345–5354.
[266] Jalili, R.; Aboutalebi, S.H.; Esrafilzadeh, D.; *et al.*, Formation and processability of liquid crystalline dispersions of graphene oxide. *Mater. Horiz.* **2014**, *1* (1), 87–91.
[267] Islam, M.M.; Aboutalebi, S.H.; Cardillo, D.; *et al.*, Self-assembled multifunctional hybrids: toward developing high-performance graphene-based architectures for energy storage devices. *ACS Central Sci.* **2015**, *1* (4), 206–216.
[268] Chidembo, A.; Aboutalebi, S.H.; Konstantinov, K.; *et al.*, Globular reduced graphene oxide–metal oxide structures for energy storage applications. *Energy Environ. Sci.* **2012**, *5* (1), 5236–5240.
[269] Yousefi, N.; Gudarzi, M.M.; Zheng, Q.; *et al.*, Self-alignment and high electrical conductivity of ultralarge graphene oxide-polyurethane nanocomposites. *J. Mater. Chem.* **2012**, *22* (25), 12709–12717.
[270] Gudarzi, M.M.; Aboutalebi, S.H.; Yousefi, N.; *et al.*, Self-aligned graphene sheets–polyurethane nanocomposites. *MRS Proc.* **2011**, *1344* (1), mrss11-1344-y02-06.
[271] Chidembo, A.T.; Aboutalebi, S.H.; Konstantinov, K.; *et al.*, Liquid crystalline dispersions of graphene-oxide-based hybrids: a practical approach towards the next generation of 3D isotropic architectures for energy storage applications. *Part. Part. Syst. Charact.* **2014**, *31* (4), 463–473.
[272] Paredes, J.I.; Villar-Rodil, S.; Martínez-Alonso, A.; Tascón, J.M.D., Graphene oxide dispersions in organic solvents. *Langmuir* **2008**, *24* (19), 10560–10564.
[273] De Silva, K.S.B.; Aboutalebi, S.H.; Xu, X.; *et al.*, A significant improvement in both low- and high-field performance of MgB_2 superconductors through graphene oxide doping. *Scr. Mater.* **2013**, *69* (6), 437–440.
[274] Mustapić, M.; De Silva, K.S.B.; Aboutalebi, S.H.; *et al.*, Improvements in the dispersion of nanosilver in a MgB_2 matrix through a graphene oxide net. *J. Phys. Chem. C* **2015**, *119* (19), 10631–10640.
[275] Cai, D.; Song, M., Preparation of fully exfoliated graphite oxide nanoplatelets in organic solvents. *J. Mater. Chem.* **2007**, *17* (35), 3678–3680.
[276] Wang, Y.; Shi, Z.; Fang, J.; *et al.*, Graphene oxide/polybenzimidazole composites fabricated by a solvent-exchange method. *Carbon* **2011**, *49* (4), 1199–1207.
[277] Dimiev, A.; Kosynkin, D.V.; Alemany, L.B.; *et al.*, Pristine graphite oxide. *J. Am. Chem. Soc.* **2012**, *134* (5), 2815–2822.
[278] Krishnan, D.; Kim, F.; Luo, J.; *et al.*, Energetic graphene oxide: challenges and opportunities. *Nano Today* **2012**, *7* (2), 137–152.
[279] Erickson, K.; Erni, R.; Lee, Z.; *et al.*, Determination of the local chemical structure of graphene oxide and reduced graphene oxide. *Adv. Mater.* **2010**, *22* (40), 4467–4472.
[280] Izadi-Najafabadi, A.; Yasuda, S.; Kobashi, K.; *et al.*, Extracting the full potential of single-walled carbon nanotubes as durable supercapacitor electrodes operable at 4 V with high power

and energy density. *Adv. Mater.* **2010**, *22* (35), E235–E241.

[281] Zheng, Q.; Ip, W.H.; Lin, X.; *et al.*, Transparent conductive films consisting of ultralarge graphene sheets produced by Langmuir–Blodgett assembly. *ACS Nano* **2011**, *5* (7), 6039–6051.

[282] Su, C.-Y.; Xu, Y.; Zhang, W.; *et al.*, Highly efficient restoration of graphitic structure in graphene oxide using alcohol vapors. *ACS Nano* **2010**, *4* (9), 5285–5292.

[283] Zurutuza, A.; Marinelli, C., Challenges and opportunities in graphene commercialization. *Nature Nanotechnol.* **2014**, *9* (10), 730–734.

[284] Cote, L.J.; Cruz-Silva, R.; Huang, J., Flash reduction and patterning of graphite oxide and its polymer composite. *J. Am. Chem. Soc.* **2009**, *131* (31), 11027–11032.

[285] Gilje, S.; Dubin, S.; Badakhshan, A.; *et al.*, Photothermal deoxygenation of graphene oxide for patterning and distributed ignition applications. *Adv. Mater.* **2010**, *22* (3), 419–423.

[286] Seabra, A.B.; Paula, A.J.; de Lima, R.; *et al.*, Nanotoxicity of graphene and graphene oxide. *Chem. Res. Toxicol.* **2014**, *27* (2), 159–168.

[287] Guo, X.; Mei, N., Assessment of the toxic potential of graphene family nanomaterials. *Food Drug Anal.* **2014**, *22* (1), 105–115.

[288] Hu, W.; Peng, C.; Lv, M.; *et al.*, Protein corona-mediated mitigation of cytotoxicity of graphene oxide. *ACS Nano* **2011**, *5* (5), 3693–3700.

[289] Chang, Y.; Yang, S.-T.; Liu, J.-H.; *et al.*, In vitro toxicity evaluation of graphene oxide on A549 cells. *Toxicol. Lett.* **2011**, *200* (3), 201–210.

[290] Yuan, J.; Gao, H.; Sui, J.; *et al.*, Cytotoxicity evaluation of oxidized single-walled carbon nanotubes and graphene oxide on human hepatoma HepG2 cells: an iTRAQ-coupled 2D LC-MS/MS proteome analysis. *Toxicol. Sci.* **2012**, *126* (1), 149–161.

[291] Chen, G.-Y.; Yang, H.-J.; Lu, C.-H.; *et al.*, Simultaneous induction of autophagy and toll-like receptor signaling pathways by graphene oxide. *Biomaterials* **2012**, *33* (27), 6559–6569.

[292] Lv, M.; Zhang, Y.; Liang, L.; *et al.*, Effect of graphene oxide on undifferentiated and retinoic acid-differentiated SH-SY5Y cells line. *Nanoscale* **2012**, *4* (13), 3861–3866.

[293] Wang, A.; Pu, K.; Dong, B.; *et al.*, Role of surface charge and oxidative stress in cytotoxicity and genotoxicity of graphene oxide towards human lung fibroblast cells. *J. Appl. Toxicol.* **2013**, *33* (10), 1156–1164.

[294] Kang, S.-M.; Kim, T.-H.; Choi, J.-W., Cell chip to detect effects of graphene oxide nanopellet on human neural stem cell. *J. Nanosci. Nanotechnol.* **2012**, *12* (7), 5185–5190.

[295] Zhi, X.; Fang, H.; Bao, C.; *et al.*, The immunotoxicity of graphene oxides and the effect of PVP-coating. *Biomaterials* **2013**, *34* (21), 5254–5261.

[296] Ahmed, F.; Rodrigues, D.F., Investigation of acute effects of graphene oxide on wastewater microbial community: a case study. *J. Haz. Mater.* **2013**, *256–257*, 33–39.

第 11 章　氧化石墨烯毒理学研究与生物医学应用

Larisa Kovbasyuk, Andriy Mokhir

11.1　引言

氧化石墨烯（GO）是衍生于石墨烯的富碳材料。类似于其石墨烯母材料，GO包含由 sp^2 杂化碳原子组成的平面区域。相比于石墨烯，其也包含被认为是 sp^2 系统被部分氧化的产物的非平面区域与修饰边缘（见图 11.1）。这些非平面的 GO 区域携带了大量的化学碎片，包括相当多的环氧化合物、醇、羧酸、羰基、硫酸酯以及一些更少量的碎片和离子。它们在 GO 相关的生物活性性质中起到的作用常常很少被理解。这些基团的存在解释了 GO 在 pH 接近 7 时在水溶液中优良的溶解性以及观察到的其相比于石墨烯更低的团聚趋势。尽管 GO 具有更少的平面 sp^2 杂化区域，其已经足够提供与不同类型的生物分子之间有效的作用，包括小分子、生物聚合物（核酸）、非自然界的生物活性物质如药物和荧光染料。最终，GO 展现出了在细胞体外分析和生物机体中可观的细胞膜穿透性和相对低的毒理性。这些在富碳材料中特殊性能的结合使 GO 在生物医学和药学应用中成为了一种有趣材料。

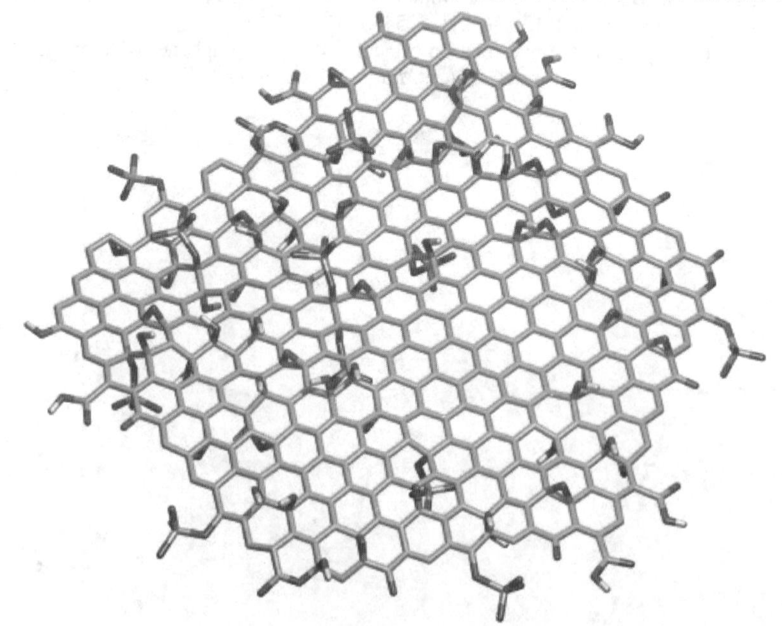

图 11.1　GO 表面大量的功能化学基团、平面类石墨烯区域和非平面区域的图示

11.2 氧化石墨烯毒理性

GO是两亲性的材料，在生理条件下总体携带负电荷。通过将GO用聚阳离子试剂（如聚合物、树状大分子）包覆能够将这些电荷反转。相应地，GO能够潜在地与憎水、带正电荷和负电荷表面（如膜、蛋白质、核酸）相互作用，从而产生毒性。本章中，我们将会讨论GO在细胞体外分析和生物机体内观察到的毒理效应，在可能的情况下，并概述其毒理性的原因。GO和其类似材料的生物效应，包括它们的细胞毒性已经被前期文章回顾总结[1-8]。

关于GO在细胞体外分析的毒理性数据在文献中常常相互矛盾[1-9]。不同实验室获得的结果需要在大量参数被控制的条件下才能进行比较，这能够部分解释其矛盾。特别是GO的起始材料、合成与纯化方式能够影响其尺寸、材料中片层数量、表面电荷、氧化态、低分子量的杂质存在以及表面不同的功能基团。大量的精力被投入以求解释这些所有的参数来获得标准化的GO材料。不幸的是，这至今尚未完成。而且GO能够影响细胞活性，从而产生错误的正面结果。例如，Macosko、Haynes和其合作者观察到了细胞活性试验常用试剂噻唑兰（MTT）在GO存在下被有效地还原从而形成蓝色产物[9]。当MTT在活细胞中被还原时同样颜色的产物生成。因此，基于MTT试验无法判断GO的细胞毒性。考虑到精确估算活与死细胞的数量，同一作者建立了另一个水溶性的四唑基试剂四唑盐WST-8与台盼蓝不相容试验[9]。

在低浓度下（≤10μg/mL），GO的细胞毒性通常比较温和。在更高计量下，其细胞毒性取决于GO尺寸、团聚形态、含氧量以及表面电荷。例如，GO的毒理效应被观察到如下：

1）人体纤维原（HDF）细胞（>50μg/mL）-细胞粘附降低，细胞凋亡；GO由Hummers方法制备[10]。

2）人体肺癌（A549）细胞株-活性氧（ROS）数量呈现浓度相关的增长；GO由Hummers方法制备并尺寸分级[11]。

3）血红细胞（RBC）（>25μg/mL）-溶血；GO由Hummers方法制备并超声获得不同GO尺寸[9]。

4）人体皮肤成纤维细胞（>12.5μg/mL）-细胞活性降低；GO由Hummers方法制备并超声获得不同GO尺寸[9]。

许多其他GO、纳米GO（nano-GO，NGO）和相关材料对不同细胞株的毒理性研究最近得以发表[1-3,12-19]。

有趣的是Fiorillo等人观察到GO抑制了单一癌症干细胞在肿瘤检测领域分析中的增殖扩张[19]。此效应在六个不同癌症类型中得到证实，包括乳腺癌、胰腺癌、前列腺癌、软巢癌、肺癌和恶性胶质瘤。令人惊喜的是GO被发现在成熟（非干）癌细胞中只具有微弱毒性。由于癌干细胞作为肿瘤起始细胞实际上对常规化疗和放疗几乎不敏感，这是一个意义深远的结果。一些此种细胞在处理后的幸存导致了肿瘤复发和远端转移。

GO 的活体毒理性取决于实验设定选择与研究参数。例如，NGO 在 25mg/kg 的剂量（尾静脉注射）下发现对雄性老鼠的生殖功能几乎没有毒性[20]，以及在老鼠黑素瘤模型研究中，GO 导致的 Stat3 siRNA 载运在老鼠中几乎没有毒性[21]。然而，在约 14mg/kg 剂量下，GO 的慢性毒性在昆明鼠被观察到[10]，鉴于每只小鼠在哺乳期内每天口服约 0.8mg GO 严重推后了后代发育并在小鼠的发育中造成了很多负面效应。此外，Li 等人系统性地研究了关于 NGO 在 C57BL/6 小鼠中三个月的分布和毒性，揭示了 NGO 能够在肺部中得以保持，从而导致急性肺损伤和慢性肺纤维化[23]。

11.3 毒理机制

11.3.1 膜目标

石墨烯进入细胞被发现是基于边缘首先摄入机制，这也能够造成细胞膜的损伤[24]。GO 以及其他 GO 衍生物拥有 C/O 比和其他因素相关的类石墨烯区域，包括边缘区域，因此类似的机制能够得以假定。其他 GO 所致的膜损伤机制也可能存在[1-3]。现存的基于此方面文献指出，GO 对外部细胞膜的效应与细胞类型存在强相关关系。例如，Cao、Wang 和他们合作者观察到人体肺泡腺癌细胞 A549 在 GO 浓度为 200μg/mL 下孵化，并没有严重影响作为常见的膜损伤标志的细胞外乳酸脱氢酶（LDH）的活性[11]。类似的实验结果也在 Dai、Lu、Liu 和他们合作者中得到。他们研究了在体内和体外 GO 对视力的影响[17]。特别是他们观察到 LDH 的水平在体外 ARPE-19 细胞（由人体视网膜色素上皮细胞产生的细胞株）中不同 GO 浓度（5~100μg/mL）下的可变培养时间（24~72h）内没有超过 8%。相比较而言，约 2%~3% LDH 在未处理的细胞中得以释放。Mullick Chowdhury 等人研究了 1，2-二硬脂酰-sn-丙三氧基-3-磷酸乙醇胺-N-聚二乙醇胺（PEG-DSPE）稳定的 GO 纳米带（O-GNR，约 125~200nm 宽）在几种选定的癌细胞株：海拉宫颈癌细胞和乳腺癌细胞 SKBR3、MCF-7 中的毒性[25]。MCF-7 细胞在 0.4mg/mL O-GNR-PEG-DSPE（使用的最高浓度）下培养 24h 后，相比于在溶菌细胞中 LDH 活性，其释放了约 55% 的 LDH。在 SKBR3 细胞中，效应是类似的。在阴性控制实验（细胞未经任何处理）中，MCF-7 和 SKBR3 细胞分别观察到了约 40% 和约 55% 的 LDH 活性。这些数据说明了乳腺癌细胞用 O-GNR-PEG-DSPE 处理后细胞膜并没被严重地影响。相比而言，海拉细胞膜被发现更加敏感：在 O-GNR-PEG-DSPE 存在下 95% LDH 释放相比于不存在时的 50% LDH 释放。而且，RBC

膜发现对 GO 高度敏感。例如，Jiang 及其合作者调查了 GO 和氮掺杂石墨烯量子点（N－GOD）对 RBC 的毒性。利用红外谱与溶血监测的结合来观测细胞形貌变化以及探测 RBC 中腺苷三磷酸（adenosine triphosphate，ATP）的含量。他们证实了 GO 材料首先被 RBC 膜外部的脂双层吸收，这也导致了它的解体、溶血和畸变形成[16]。Haynes 和他的合作者发现 RBC 的溶血现象在小尺寸 GO 下更加显著[9]。pGO－30 在流体动力学直径 $d=324\text{nm}\pm17\text{nm}$ 以及 50μg/mL 浓度下致使 >90% 的 RBC 溶血，而普通 Hummers 法制备的 GO 在（$d=765\text{nm}\pm19\text{nm}$）相同条件下仅影响约 25% RBC。最终，多种细菌细胞膜已被发现对石墨烯材料敏感[26－28]。

由于一些生物液体中的蛋白质与 GO 表面具有很高的亲和性，GO 与细胞膜之间的作用能够被其进一步调控。例如，血清白蛋白（SA）存在于大量血液中能够潜在影响 GO 毒性。Ge、Zhou 和他们的合作者报道了一个这样影响的实例。他们通过使用电子显微镜观察到了牛血清白蛋白（BSA）降低了 GO 的细胞膜通透性，抑制了 GO 导致的细胞损伤，并降低了其细胞毒性[29]。基于分子动力学研究，他们推断由于可键合表面减少，蛋白质－GO 相互作用减弱了 GO－磷脂相互作用。在其他的研究中，GO 对人血清白蛋白（HSA）性质的影响被 Ding 等人报道[30]。值得一提的是，他们观测到了 GO 抑制了 HSA 与胆红素之间的作用，因此，GO 与血清白蛋白性质之间存在相互影响。

11.3.2　氧化应激

一系列报道证实了 GO 处理能够导致细胞中 ROS 数量的增加。后者能够被种种商业化的隐性染料，例如二氯双氢荧光素二乙酸酯或者二氢乙啶结合流式细胞仪或荧光显微术得以探测。Chang 等人[11]观测到 GO 培养的 A549 细胞存在剂量相关的细胞内氧化应激，在高浓度时这造成了少量细胞活性损伤。而且 GO 对人体多发性骨髓瘤 RPMI 8226 细胞的毒性被发现与 ROS 含量的升高密切相关[14]。Lammel 和 Navas[31]发现 GO 和羧基石墨烯（CXYG）对鱼肝癌细胞株 PLHC－1 存在类似效应。例如，他们发现石墨烯材料自发渗透过细胞膜并在细胞溶质中与线粒体、细胞核膜相互作用。16μg/mL GO 和 CXYG（72h 培养）处理后的 PLHC－1 细胞呈现了线粒体膜电位的显著降低以及 ROS 含量的增长。其他报道进一步证实了在细胞分析中 GO 所致的氧化应激[1－3]。

细胞体外分析所得数据得到了活体细胞数据的支持。例如，Wu 等人评估了秀丽线虫在 GO 中的持续培养的时间影响效应[32]。由于秀丽线虫可以通过荧光成像来监测透明的机体，其尤其适合作为典型微生物来评估化学成分在活体中的生物效应（包括毒性）。Wu 等人发现此微生物在 0.5～100mg/L GO 中持续暴露造成了对首次（肠）和二次（神经元和生殖器官）靶器官功能的负面效应。有趣的是，肠中监测到的 ROS 产生与观测到的不良反应相关。Li 等人[23]进一步证实了 NGO 所致的急性肺损伤（ALI）和慢性肺纤维化与氧化应激有关，能够使用具有抗炎症性能的类固醇药物氟美松治疗。在其他的典型微生物斑马鱼中，GO 造成了严重的孵化延迟和胚胎发育时的心脏水肿[33]。而且，GO 处理导致了过量的 ROS（如羟基自由基）产生和蛋白质二级结构的改变。

GO 能够致使细胞中氧化应激产生的原因目前得以广泛的研究。例如，Nie 课题组报道了 GO 在小鼠胚胎成纤维细胞（MEF）的 ROS 产生性能与 GO 的氧化程度相关[34]。最少氧化的 GO 呈现了最高的 ROS 产生性能，这能够以细胞中低毒性的 H_2O_2 向高毒性的 OH 自由基转化解释。同一作者的理论模拟揭示了羧基和 GO 的平面区域以不同的能垒参与 H_2O_2 还原反应。Mokhir 与其同事使用 DNA 荧光基因探针进一步证实了由 Hummers 法或者首次由 Eigler 报道的更温和的方式获得的 GO 包含低含量的表面结合的过氧化物：约每 10^4 个碳原子一个部分（见图 11.2）[35]。

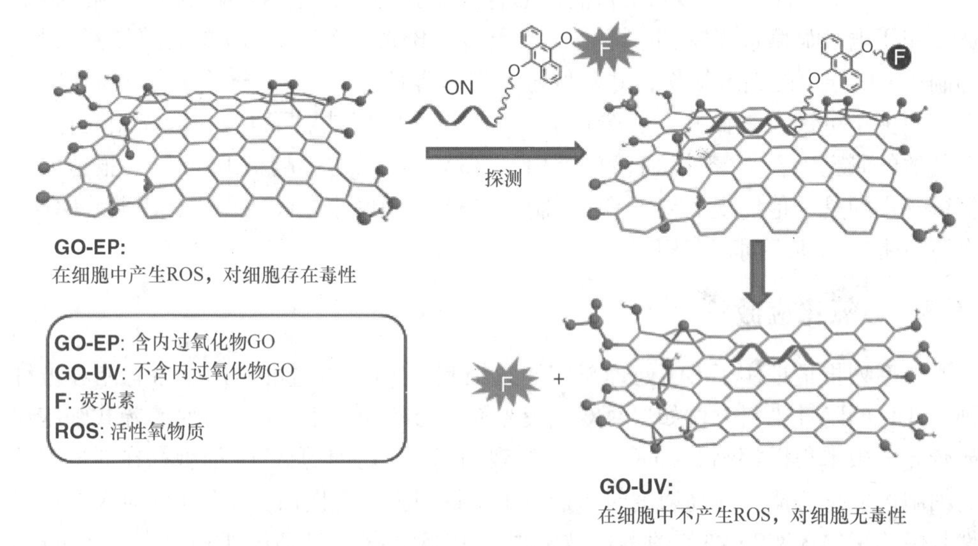

图 11.2 荧光基因探针探测 GO 表面内过氧化物（endoperoxides，EP）。荧光基因探针由 GO - EP 牢固结合的低聚核苷酸（oligonucleotide，ON）、反应部分（蒽衍生物）和荧光染料（荧光素，F）组成[35]

伴随着细胞内 ROS 含量的上升和细胞活性降低，这些 GO 被海拉细胞有效摄取。有趣的是，由低功率紫外光照射获得的无内过氧化合物 GO 也被细胞摄取，却没有引起细胞内 ROS 含量上升和细胞活性受损。通过这些数据，作者推断内过氧化物在 GO 的 ROS 生成能力中起到了重要作用。紧接着，Chen 和其合作者调查了 GO 对 T 淋巴细胞和 HSA 的影响效应[30]。他们观察到了 T 淋巴细胞经 GO 处理后导致了 ROS 产量的上升、DNA 损伤、细胞凋亡以及有限的 T 淋巴细胞对免疫响应的抑制。基于此数据，他们推断 GO 直接与蛋白质受体作用，抑制其配体键合能力，从而通过 B - 细胞淋巴瘤 - 2（Bcl - 2）路径致使 ROS 相关的被动细胞凋亡。

11.3.3　其他因素

关于 GO 对细胞中基因表达的毒性信息最近可以在文献中找到。这些数据可能对进一步理解 GO 活体毒性机制存在贡献。Wu 等人[36]观测到 hsp－16.48、gas－1、sod－2、sod－3、aak－2、isp－1 以及 clk－1 等几个基因的突变对线虫体内的易位、对首次和二次靶器官的毒性、肠道渗透性和平均排便周期长度都有很强的影响。Wang 和其合作者进一步调查了微型 RNA（miRNA）在 GO 毒性中所起的作用[37]。他们在 GO 处理后的线虫中认定了 23 种上调节和 8 种下调节 miRNA，并提供了 GO 可能通过影响胰岛素/IGF（胰岛素样生长因子）信号、TOR（雷帕霉素靶）信号以及生殖信号路径减少线虫寿命的推断的证据。最终，他们建立了先天免疫在调控 GO 对线虫慢性毒性中所起的作用[38]。

11.4　氧化石墨烯生物医学应用

11.4.1　氧化石墨烯在癌症和细菌感染治疗中的应用

总体来说，当理想状态下疾病发生不涉及影响健康的器官以及正常的细胞时，疾病治疗依赖于药物对疾病相关的细胞、生物分子（如酶、核酸）或者生物化学状态（如炎症）的选择性功能。目前所应用的癌症治疗方法包括化学疗法（如使用铂基（Ⅱ）药物、博来霉素、5－氟尿嘧啶）和放射疗法都不是充分针对癌细胞的。因此，这些疗法展现了特定的剂量限制的毒性。而且重复的治疗导致了抗性的产生。这也一定程度上解释了癌症（与心血管疾病一起）在发达国家仍然是最常见的致死疾病之一。因此，寻找癌症治疗的新方法合理正当。靶向治疗是一种最近引进的先进方式，其应用癌细胞特异性药物（药物前体）。由于 GO 所致的细胞膜的增强通透性和滞留（EPR）效应，GO 癌症靶向已经在一些方法包括光热和光动力学疗法中作为纳米尺度的载体来提高药物通透性并实现其在肿瘤中的积累使用[6－8]。

11.4.2　光热疗法

光热疗法（PTT）中，造成疾病的细胞包括肿瘤癌细胞和伤口的细菌，其被敷以近红外（near－infrared，NIR）光吸收试剂。然后暴露在近红外光照射下加热整个系统，引起高温，以此造成细胞死亡。然而，人体组织包含了大量的强烈吸收可见光和近红外光的血红蛋白和水。为了避免健康组织的非特异性加热，PPT 中使用实际不被组织吸收的光：第一个生物窗，700～980nm（BW1）；第二个生物窗，1000～1400nm（BW2）[39]。这些波长的光能够穿透人体组织几厘米[40]，更深区域能够通过光纤和内窥镜中光的传导得以实现[41]。由于光束能够聚焦于特定区域

（如肿瘤区域），而且其强度（剂量）也能够轻易控制，因此 PPT 允许以无手术肿瘤切除并几乎不影响健康的组织。

单层 GO 适合 PPT 由于其优异的水溶性、膜通透性和稳定性，而且 GO 材料能够吸收近红外区域光[42-44]。GO 对近红外的吸收能力能够通过其尺寸优化被报道。例如，小尺寸 GO（小于 300nm）吸收近红外光比传统材料更加高效。特别是在 808nm 和 1200nm 处的吸收峰，小尺寸 GO 被发现是传统材料的 5~8 倍[45]。在一些文献中，小尺寸 GO 也常常被称为纳米氧化石墨烯（NGO）。

由于 EPR 效应，尺寸优化的 GO 在肿瘤中积累。另外，积累可以将 GO 用癌症特定受体键合的配体修饰得以实现。这些方面将会在后面讨论。许多优秀的关于 PTT 的综述得以发表，其包含了截至 2014 年的文献[1,46,47]。这里我们将会讨论两篇挑选的报告，它们陈述了 GO 基材料在细菌感染和癌症 PTT 中作为感光剂的应用。

2013 年，细菌感染在美国影响了超过 4800 万人并造成了 80 起死亡。这对免疫系统缺乏抵抗力和手术后创伤严重的病人特别危险[48]。而且慢性感染对传统有机药物（抗生素）产生抗性以及造成癌症：例如幽门螺旋杆菌感染常常引起胃癌[49]。因此，新型抗细菌药物迫在眉睫。Wu 和其同事探索了传统 Hummers 法得到的 GO 结合 PTT 在创口细菌感染治疗的应用[50]。这是一个展示传统、非化学修饰 GO 在活体中生物活性的少数例子。他们在健康小鼠中实施了他们的观测。每只老鼠实施以三个创口，每个创口用金黄色葡萄球菌感染：第一个创口不做处理，第二个创口用 Nd:YAG 激光（$\lambda=1064$nm，3min 照射，连续 12 天）照射，第三个创口用 GO 处理并实施以相同条件下相同光照。相比于对照组，GO 和激光照射处理的伤口愈合得以加速。这些数据说明了 PTT 和 GO 结合在高效廉价替代抗生素方面存在潜在应用。

PPT 中结合 GO 或者其他吸收近红外纳米材料能够潜在地提高传统化疗中发生的副作用。而且，PTT 和化学共同使用展现了协同效应[51]。例如，Guo 和其合作者制备了混杂材料 NGO - PEG - DOX，其中含有聚二乙醇（PEG）和阿霉素（DOX）共价接枝改性的 NGO[52]。PEG 片段在含血清介质中稳定 NGO，确保了此材料在活体中的应用。DOX 是蒽环霉素抗肿瘤药物，通过与基因组 DNA 插层键合实现其活性。此片段通过非共价 $\pi-\pi$ 作用与 NGO - PEG 结合。活体中 NGO - PEG - DOX 抗癌活性通过肿瘤异种移植小鼠模型进行研究，其 balb/c 雌性小鼠携带源于小鼠乳腺癌细胞株 EMT6 肿瘤。制备的 NGO 溶液静脉注射并将肿瘤使用 $\lambda_{em}=808$nm（$2W/cm^2$）激光聚焦 6mm × 8mm 区域照射 5min（24h 后注射）。作者报道了 DOX 和 PTT 的强大的抗肿瘤效应：开始治疗 30 天后肿瘤完全被杀死。有趣的是，单独 DOX 相比于纳米尺度构建的 NGO - PEG - DOX 呈现了强烈的副作用。这些数据展示了 PTT 与化学疗法的结合能够作为可行的方式来改进目前的癌症疗法。

11.4.3 氧化石墨烯作为药物载体

GO中每一个原子都暴露在表面，因此，其比表面积很大（如石墨烯：$2600m^2/g$）。相应地，GO能够紧密搭载如药物、细胞表面指向片段、核酸和蛋白质。尽管GO在水中可溶，但其在盐和血清成分的存在下团聚。因此，这种材料常常通过化学改性来提高其生物有效性，其中包括非共价（静电作用或π-π作用）或者共价改性[53]。例如，将GO与不同尺寸（1.2 ~10kDa）的聚乙烯亚胺（PEI）得到复合GO-PEI材料。相比于GO，GO-PEI保持其单体状态在生理溶液和含血清介质中。而且这样的处理相比于纯PEI具有更低的毒性[54]。在上述例子中，带正电荷的PEI和负电荷的GO在中性pH的静电作用是GO-PEI形成的驱动力。此外，π-π相互作用能够使用于GO和还原GO（RGO）的改性。平面芳香分子，例如卟啉、芘、二萘嵌苯、晕苯类已经被用来在GO和RGO上附加不同的功能[55]。由于GO含有种种反应官能团，因此常常可以应用共价化学来改性GO表面。最普遍的反应包括GO表面-COOH基团和改性剂的$-NH_2$基团间酰胺键形成[42,53]。例如，GO上聚合物接枝，例如PEG、多聚左旋赖氨酸和聚乙烯酰胺（PAA）使用上述反应实现。

11.4.3.1 低分子量药物作为载物

有机药物中含有扩展π系统非常普遍。例如，这些药物可以作为基因组DNA嵌入剂（如蒽环类抗生素）抑制特定激酶（如伊马替尼）以及作为抗代谢物（如甲氨蝶呤）。这些药物许多不溶于水。这个问题能够通过将这些药物负载在水溶性优异的GO基材料上得以解决。而且GO-药物组合通常通过与普通药物不同的路径进入细胞。药物在细胞中的情况则一致：组合体在细胞中可能保持更久。因此，组合体通常活性更高，它们可用来克服细胞对特殊药物的抗性。抗性在癌症化疗中是一个重要的问题。其在同种药物不断治疗中得以发展。

许多报道致力于DOX及其类似物在石墨烯基载体协助下的运输，如在别处所讨论的[45-47,53]。一个这样的实例已经在11.4.2节中介绍了[52]。DOX作为一个有效的抗癌药物拥有扩展芳香族多环结构，因此，其能够与GO的sp^2杂化区域通过π-π堆叠相互作用。这个作用非常牢固，以至于足够DOX在GO上固定而不需要其他额外的共价连接。而且DOX作为一个荧光分子，其在细胞上的负载能够通过荧光显微镜或者流式细胞术方便地监测。尤其是Wang、Zhang和合作者使用尺寸小于100nm、厚度在0.8 ~1.5nm之间的NGO作为载体，提出了单层和双层结构[56]。通过简单的组分培养和离心除去过量药物，0.468g DOX/1g NGO的高载体载量得以实现。有趣的是，NGO与DOX之间的作用强度可以通过溶液的pH有效调控。在中性（pH 7.2）和碱性（pH 9.0）条件下，在对应的缓冲磷酸盐（PBS）溶液超过40h不到6.5%的药物得以释放。相比之下，在相对酸性（pH5.0）的条件下，约15%的DOX在相同的时间里得以释放。这个效应归因于除了π-π堆叠外 NGO 上的官能团（-OH，-COOH）与 DOX（-OH，$-NH_2$）氢键的存在。氢键在酸性条件下被认为是不稳定的。由于肿瘤中的微环境常常为酸性，NGO-DOX 的这个性质可被用来在癌症特定环境下选择性释放 DOX，这也提高了纳米药物的治疗指数。Zhang 与其合作者探索了 NGO-DOX 是否能够抵抗由于过度表达多药物抗性（MDR）基因产生的 DOX 抗性[56]。此外，他们测试了 NGO-DOX 对 DOX 敏感的 MCF-7 以及 DOX 抗性的 MCF-7/ADR 细胞株的细胞毒性，并与纯 DOX 效应获得的数据进行了比较。他们观测到 NGO-DOX 在 MCF-7 细胞（约 1μg/mL）中展现了与 DOX 相媲美的毒性，在 MCF-7/ADR 中比 DOX 更高的毒性：$IC_{50}\approx 1$ 以及 14μg/mL。这些数据说明了基于 NGO 的复合药物的应用相比于 DOX 在 MCF-7/ADR 细胞中出现了抗性的反转。其他石墨烯基复合材料的例子包括有机和金属载体药物，光能疗法（PDT）光敏化剂，受体靶向片段如聚乙二醇化还原 NGO 负载天然酚白藜芦醇[57]，未改性 NGO 负载生物活性黄酮基槲皮素[58]，GO-PEG 负载 chlorin e6（Ce6）[59]，RGD-motif-containing 还原的 NGO[60]，以及其他等等[45-48,53]。

11.4.3.2 基于低聚核苷酸药物负载

核酸在基因信息存储、蛋白质合成和调控中发挥了核心的作用。由于最近在全基因组测序领域科学与技术的进步，关于核酸在细胞生物学中的作用的认知迅速发展。例如，除了信使 RNA（mRNA）、核糖体 RNA（rRNA）以及转运 RNA（tRNA）已经在很长一段时间为人所知，然而最近很多新型种类 RNA 被发现，这些类型的进一步发现也肯定在推进中。它们包括 micro-RNA（miRNA）、假基因、环 RNA、长链非编码 RNA 等。这些生物分子被称为是非编码 RNA（ncRNA）。miRNA 的合成、处理、作用和目标模式已经被广泛理解。它们参与了基因表达的调控、蛋白质合成调控，并常常在患病时（例如癌症）相比于一般状态过度表达或者表达降低。然而，其他 ncRNA 的功能至今难以理解，目前仍然在积极研究。

细胞内 RNA 的粘结剂能够抑制其生物活性（通过反义效应或者 RNA 干涉），因此可以帮助说明新发现的 ncRNA 的功能。而且 RNA 的粘结剂通过染料标记荧光能够对杂化状态（例如分子信标（MD））敏感，可用作细胞中 ncRNA 和 mRNA 直接监测。低聚核苷酸（ON）对互补 RNA 序列是高度选择和强烈的粘结剂。然而，由于其多阴离子特性，这些试剂无法通过细胞膜。而且由于大量细胞内的核酸内切酶和核酸外切酶对其的有效分解，它们在细胞中并不稳定。为了提高这些性能，许多化学改性低聚核苷酸得以制备。它们包括硫代磷酸 DNA（PTO）、2′-OMe RNA、多肽核酸（PNA）等。相比于未改性 ON，这些化合物对核酸酶更加稳定。然而，也有一些罕见的例外（例如 PTO），ON 类似物无法通过细胞膜。

除了抑制 RNA 的功能，它可以用来增加细胞中 RNA 含量。此目的可以通过引入环形双链核酸（质粒）实现。质粒上的基因通过表达产生对应的 mRNA 和蛋白质，这可以用来确定基因功能和设计细胞标记，例如荧光蛋白或者荧光素酶。而且需要的RNA也可以直接引入。然而在这两种情况中细胞膜通透性的问题依然存在。核酸（质粒，RNA）和核酸抑制剂（ON，ON类似物，小分子干扰RNA，siRNA）被引入细胞，通过使用溶血素O（SLO）、电穿孔、正电低聚物或枝状物转染和直接微注射改变细胞膜通透性。这些方式在某种程度上对细胞存在毒性或损伤，对所有的细胞类型不适用并在活体中应用受到限制。因此，提高核酸细胞膜通透性的新型方法非常必要。

GO基材料可作为通常使用的转染试剂的真正替代品。例如，目前已经发现其可在质粒和siRNA转染进入细胞得以应用。另外，Liu和其合作者将GO与不同尺寸的阳离子PEI聚合物（1.2kDa和10kDa）进行了共价改性[54]。他们发现GO－PEI－1.2kDa和GO－PEI－10kDa都引起了携带绿色荧光增强蛋白（EGFP）的质粒有效转染，这可以通过使用荧光显微镜跟踪监测EGFP的表达。相比而言，PEI－1.2kDa自身并不起作用。尽管PEI－10kDa是一种有效转染试剂，但其被发现具有毒性。相比之下，GO－PEI－10kDa降低了毒性。

Zhang等人[61]设计了一种由PEI－25kDa共价改性的GO复合材料并包含了一个针对mRNA上Bcl－2基因的siRNA。siRNA通过静电作用吸收到GO－PEI－25kDa上。他们证实了人宫颈癌细胞株在氮（与PEI成正比）磷（与RNA成正比）最优比为20的GO－PEI－25kDa－siRNA复合材料中培养，Bcl－2基因的表达被抑制到了约30%。使用PEI－25kDa－siRNA在相同情况下的抑制作用明显更弱（约60%）。另外，GO－PEI－25kDa的毒性在浓度4mg/mL以下都是可以忽略，相比而言只有约50%的细胞在相同浓度PEI－25kDa培养后存活。Bcl－2基因的关闭被期以克服癌细胞MDR系统并使其对化疗试剂更敏感。为了证实这个假设，作者们对HeLa细胞首先用GO－PEI－25kDa－siRNA处理，然后用DOX处理。在对照组中，他们使用包含不针对细胞中任何基因的干扰siRNA的混合体。作者们观察到细胞在通过含siRNA混合体抑制Bcl－2基因后对DOX更加敏感。这些数据证实了GO作为载体运输siRNA进入细胞的可行性。而且Yin等人[21]展示了基于质粒的Stat3 siRNA运输进入黑素瘤小鼠模型，结果肿瘤细胞的生长显著抑制并且无任何毒性。

由于GO的大比表面积，因此很多不同的组分可以同时引入其中来获得多功能药物或药物前体。这个可行性的示例在Yang、Xiang、Chen及合作者的文章中进行了描述[62]。此外，他们制备了聚二乙醇化GO，在每个PEG终端负载一个叶酸（FA）片段。被附加的FA来指引（目标）此混合体，以至于癌细胞过度表达FA受体。接着1－芘甲胺通过强烈的非共价π－π作用吸收到GO平面区域，这为此构造提供了一个整体正电荷。最终，针对人体端粒酶逆转录酶（hTERT）基因的siRNA通过静电相互作用附加上。该文作者展示了此获得的混合体对HeLa细胞不存在毒性，但是起了hTERT表达的强烈抑制剂的作用。这通过监测对应的转录和蛋白质可见一斑。

质粒和 siRNA 都通过催化机制起作用。因此，质粒的一个分子能够产生很多等价的 mRNA，尽管 siRNA 的一个分子能够导致很多等价 mRNA 的分裂。从而，这些试剂在细胞中少量的运输都会引起靶向核酸浓度显著改变。相应地，依靠探测从质粒或者使用 siRNA 目标抑制的基因表达的实验让我们能够回答载体运输载物是否通过细胞膜这个问题。然而，其无法提供多少载物通过细胞膜和细胞中以活性形式存在的精确估计。值得一提的是大比例通过细胞膜的 ON 被限制于细胞内的隔间，从而保持非活性状态。标记 ON 的转运是一个更为精准的实验来确定运输效率，例如分子信标（MB）或与其细胞内目标结合并造成探针荧光变化的其他杂交敏感探针。后者的反应是符合化学计量系数，荧光强度预计与目标在细胞中的浓度相关。Chen、Yang 和其合作者报道了含 MB 的 DNA 基接受基因（Dabcyl）作为猝灭剂和 Cy5 作为荧光指示剂的转运[63]。此探针被设计与生存素 mRNA 结合。该文作者观测到了 NGO 保护 MB 免于核酸酶反应，并在其目标不存在的情况下逐渐降低了 MB 的背景信号。此外，由细胞中荧光强度上升可知，NGO 将 MB 带入细胞内部并在其中束缚生存素 mRNA。含 NGO 与控制 MB 的概念发现在细胞中产生了更低的 24% 荧光信号。这些实验结果证实了生存素 MB 的一些选择性，但是仍然不足以实际应用。因此，进一步优化 MB 的转运或者其他混合体探针显得十分必要。

核酸适体是与特定小分子结合的短链 ON 序列（RNA 或者 DNA）。这些试剂能够被应用于药物和非细胞环境以及直接在细胞中的生物分子成像。例如，Li、Lin 和其合作者探索了使用 GO 将 ATP－核酸适体（ON）转运至细胞的可能性[64]。为了能够监测试剂的转运和其在细胞内与 ATP 的结合，作者将适体用荧光染料（Fl）标记以获得 ON－Fl。由于 Fl 与 GO 强烈的猝灭，GO 结合的 ON－Fl 保持微弱的荧光。然而，通过与 ATP 的结合，适体随着结构的形成折叠在一起，其和 GO 并没有很强的亲和性。因此，在 ATP 的存在下，适体从 GO 得以释放，这从 ON－Fl 的荧光去猝灭可以得知。最终，ON－Fl/GO 的荧光与 ATP 在溶液中的浓度相关。Li、Lin 等人同时在无细胞实验和细胞内部观测到了此特性，因此证实了 GO 作为适体载体的可行性。

11.5 生物分析应用

GO 在各种各样的电化学和光学分析中使用来探测生物分子和外源性物质，就像别处讨论的那样[65]。本节中我们将关注使用基于荧光方式的核酸探测，这主要是由于本章作者目前的研究兴趣。

寡核苷酸（ON）与 GO 拥有强烈的相互作用。此外，Maheshwari、Liu 等人细致研究了荧光标记的寡核苷酸（Fl－ON）与不同尺寸的 GO 结合[66]。此工作使用的 GO 由改性 Hummers 法制备所得，其中包括过硫酸钾和五氧化二磷在 90℃ 的氧化。其中的结合通过荧光显微镜监测 Fl－ON 中加入 GO 后荧光的猝灭进行研究。

他们观察到了结合效率随着 ON 长度（12～32mer）的增加逐渐降低。此外，发现此作用的动力学大体上短链（12～24mer）比长链（36mer）更快。由于 ON 上核酸碱基与 GO 平面区域都是平面芳烃结构，类似于被发现的单壁碳纳米管（SWNT）与核酸[67]，它们能够通过 π－π 作用相互联系。然而，这并不是唯一的因素影响 GO 与 ON 的亲和性。例如，目前发现 Fl－ON 与 GO 的结合与盐强烈相关，其在反应双方之间致使盐桥 $GO^{n-}-Na^{+}-ON^{m-}$ 的形成。GO－ON 相互作用更进一步对核酸的杂化态高度敏感。例如，单链核酸能与 GO 高效地结合，然而折叠核酸，包括双链核酸、四链体[68]或者适配子[64]与其目标分子结合，而不与 GO 结合。GO 的此特性在一系列生物分析中用于探测核酸，以及与适配子结合用于小分子探测。

在早期的试验中，包含荧光团的单链 ON 负载于 GO 或者 NGO 导致了荧光的猝灭（见图 11.3）。在所得混合物中补充加入核酸致使 dsDNA 的形成，其从 GO 表面的释放导致了荧光的去猝灭（路径 A，见图 11.3）。

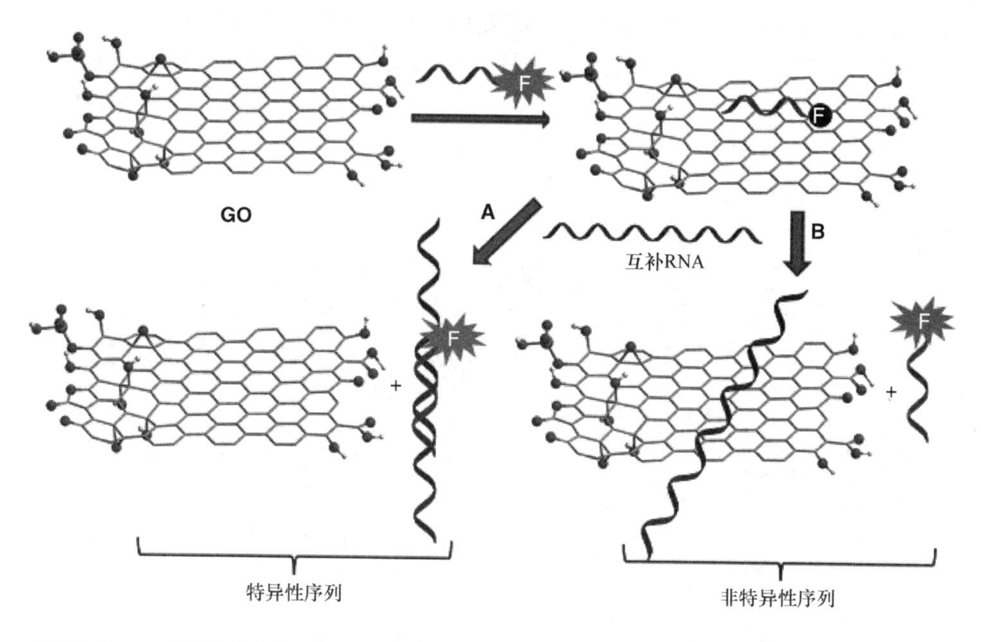

图 11.3　一种通过利用猝灭和 GO 的 ON 结合性质探测核酸的方式。通过路径 A 与探针的结合导致特异性序列荧光增强，而当路径 B 实现时荧光增强是非特异性的[66,69,70]

例如，在此路径中 Yang 等人探测了含 HIV1 序列的 DNA[69]。Ai 等人最近优化此试验用于探测核酸中单错配[70]。然而，由于 GO 与单链核酸结合通常非常牢固以及对序列特异性较弱，一种替代性活化机制得以发生。此外，错配核酸能够通过 GO 非特异性相互作用取代 GO 表面的探针，从而导致强烈的信号背景（假阳性，见图 11.3 中路径 B）。例如，Yang 等人[69]观测到了含单错配的 MHIV1 目标也增强了含 GO－探针溶液的荧光效应。在后一例子中，信号只有在完全匹配目标存在下观测到的一半。最近，Liu 等人提供了非特异性探针，非特异性探针从 GO 上被取代，然后探针与溶液中目标混杂是探针 - GO 传感器主要活化路径的证据。他们也证实了只有小比例的目标与探针混杂，然而大部分剩下的目标与 GO 结合[71]。溶液中的这个问题由 Kitamura 和 Ihara 研究小组揭示，他们从 GO 结合单元中分离了一个目标结合的 DNA 序列（见图 11.4）[72]。后者在理论上能成为任何 GO 结合的化学成分，相比溶液中存在的任何分析物，其与 GO 有更强的亲和性。在初始的工作中，DNA dA_{20}（见图 11.4 红色部分）得以被选择作为 GO 结合序列以及一个立足点得以构建，其中包含一个与 dA_{20} 共价相连双链部分以及一个用于锚定目标的悬挂单链 DNA。在上述生成的传感器中的指数剂荧光探针放置接近于 GO，因此被严重猝灭。在这个例子中，目标不能取代 GO 上的传感器（dA_{20} - 立足点序列）。当然，其余立足点序列上的一条链混杂，因此取代了另一条链导致了荧光的去猝灭。在这个系统中，目标所致的荧光增强相对于在错配目标存在下获得的增强，被发现比相同参数下使用简单单链探针的父系统大约高 7 倍。

在基于 GO 的 DNA 探测测试中的另一个重要参数是 GO 的氧化程度（C/O 比）。在早些的报道中这个参数没有被考虑。例如，Nguyen 等人报道了 C/O 比能够显著影响 GO 的荧光猝灭能力以及其对单链 ON 的亲和性[73]。

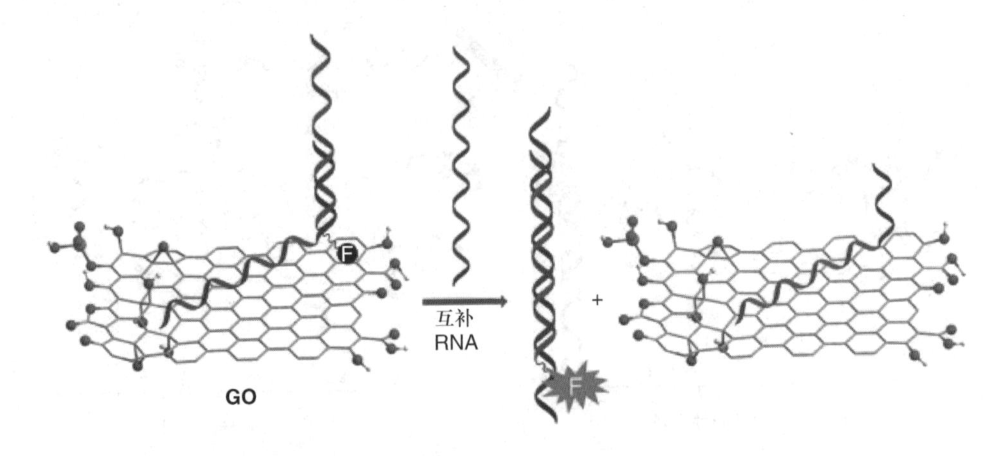

图 11.4 使用 GO 作为猝灭剂和探针结合剂的核酸分析的一种改进方法。一种探针的立足点序列需要得以选定[72]

致谢

我们感谢 Siegfried Eigler 博士在图 11.1 中对 GO 结构的绘制以及 Serghei Chercheja 在图 11.2、图 11.3、图 11.4 中对 GO 结构的绘制。

参考文献

[1] Bianco, A., Graphene: safe or toxic? Two faces of the medal. *Angew. Chem. Int. Ed.* **2013**, *52*, 4986–4997.

[2] Nezakati, T.; Cousins, B.G.; Seifalian, A.M., Toxicology of chemically modified graphene-based materials for medical application. *Arch. Toxicol.* **2014**, *88*, 1987–2012.

[3] Jachak, A.C.; Creighton, M.; Giu, Y.; *et al.*, Biological interactions and safety of graphene materials. *MRS Bull.* **2012**, *37* (12), 1307–1313.

[4] Guo, X.; Mei, N., Assessment of the toxic potential of graphene family nanomaterials. *J. Food. Drug. Anal.* **2014**, *22* (1), 105–115.

[5] Seabra, A.B.; Paula, A.J.; de Lima, R.; *et al.*, Nanotoxicity of graphene and graphene oxide. *Chem. Res. Toxicol.* **2014**, *27* (2), 159–168.

[6] Goenka, S.; Sant, V.; Sant, S., Graphene-based nanomaterials for drug delivery and tissue engineering. *J. Control. Release* **2014**, *173*, 75–88.

[7] Krishna, K.V.; Ménard-Moyon, C.; Verma, S.; Bianco, A., Graphene-based nanomaterials for nanobiotechnology and biomedical applications. *Nanomedicine* **2013**, *8* (10), 1669–1688.

[8] Skoda, M.; Dudek, I.; Jarosz, A.; Szukiewicz, D., Graphene: one material, many possibilities – application difficulties in biological systems. *J. Nanomater.* **2014**, *2014*, 890246.

[9] Liao, K.-H.; Lin, Y.-S.; Macosko, C.W.; Haynes, C.L., Cytotoxicity of graphene oxide and graphene in human erythrocytes and skin fibroblasts. *ACS Appl. Mater. Interfaces* **2011**, *3*, 2607–2615.

[10] Wang, K.; Ruan, J.; Song, H.; *et al.*, Biocompatibility of graphene oxide. *Nanoscale Res. Lett.* **2011**, *6*, 8.

[11] Chang, Y.; Yang, S.-T.; Liu, J.-H.; *et al.*, In vitro toxicity evaluation of graphene oxide on A549 cells. *Toxicol. Lett.* **2011**, *200*, 201–210.

[12] Nguyen, T.H.D.; Lin, M.; Mustapha, A., Toxicity of graphene oxide on intestinal bacteria and caco-2 cells. *J. Food Protect.* **2015**, *78* (5), 996–1002.

[13] Jaworski, S.; Sawosz, E.; Kutwin, M.; *et al.*, In vitro and in vivo effects of graphene oxide and reduced graphene oxide on glioblastoma. *Int. J. Nanomed.* **2015**, *10*, 1585–1596.

[14] Wang, Y.; Wu, S.; Zhao, X.; *et al.*, In vitro toxicity evaluation of graphene oxide on human RPMI 8226 cells. *Biomed. Mater. Eng.* **2014**, *24* (6), 2007–2013.

[15] Chng, E.L.K.; Chua, C.K.; Pumera, M., Graphene oxide nanoribbons exhibit significantly greater toxicity than graphene oxide nanoplatelets. *Nanoscale* **2014**, *6* (18), 10792–10797.

[16] Wang, T.; Zhu, S.; Jiang, X., Toxicity mechanism of graphene oxide and nitrogen-doped graphene quantum dots in RBC revealed by surface-enhanced infrared absorption spectroscopy. *Toxicol. Res.* **2015**, *4* (4), 885–894.

[17] Yan, L.; Wang, Y.; Xu, X.; *et al.*, Can graphene oxide cause damage to eyesight? *Chem. Res. Toxicol.* **2012**, *25* (6), 1265–1270.

[18] Wojtoniszak, M.; Chen, X.; Kalenczuk, R.J.; *et al.*, Synthesis, dispersion, and cytocompatibility of graphene oxide and reduced graphene oxide. *Colloids Surfaces B: Biointerfaces* **2012**, *89*, 79–85.

[19] Fiorillo, M.; Verre, A.F.; Iliut, M.; *et al.*, Graphene oxide selectively targets cancer stem cells, across multiple tumor types: implications for non-toxic cancer treatment, *via* "differentiation-based nano-therapy". *Oncotarget* **2015**, *6* (6), 3553–3562.

[20] Liang, S.; Xu, S.; Zhang, D.; *et al.*, Reproductive toxicity of nanoscale graphene oxide in male mice. *Nanotoxicity* **2015**, *9* (1), 92–105.

[21] Yin, D.; Li, Y.; Lin, H.; *et al.*, Functional graphene oxide as a plasmid-based Stat3 siRNA carrier inhibits mouse malignant melanoma growth in vivo. *Nanotechnology* **2013**, *24*, 105012.

[22] Fu, C.; Liu, T.; Li, L.; *et al.*, Effects of graphene oxide on the development of offspring mice in lactation period. *Biomaterials* **2015**, *40*, 23–31.

[23] Li, B.; Yang, J.; Huang, Q.; *et al.*, Biodistribution and pulmonary toxicity of intratracheally instilled graphene oxide in mice. *NPG Asia Materials* **2013**, *5*, e44.

[24] Li, Y.; Yuan, H.; von dem Bussche A.; *et al.*, Graphene microsheets enter cells through spontaneous membrane penetration at edge asperities and corner sites. *Proc. Natl. Acad. Sci. USA* **2013**, *110* (30), 12295–12300.

[25] Mullick Chowdhury, S.; Lalwani, G.; Zhang, K.; *et al.*, Cell specific cytotoxicity and uptake of

graphene nanoribbons. *Biomaterials* **2013**, *34* (1), 283–293.
[26] Liu, S.; Zeng, T.H.; Hofmann, M.; *et al.*, Antibacterial activity of graphite, graphite oxide, graphene oxide, and reduced graphene oxide: membrane and oxidative stress. *ACS Nano* **2011**, *5*, 6971–6980.
[27] Akhavan, O.; Ghaderi, E., Toxicity of graphene and graphene oxide nanowalls against bacteria. *ACS Nano* **2010**, *4*, 5731–5736.
[28] Chen, J.; Wang, X.; Han, H., A new function of graphene oxide emerges: inactivating phytopathogenic bacterium *Xanthomonas oryzae pv. oryzae*. *J. Nanopart. Res.* **2013**, *15*, 1658–1671.
[29] Duan, G.; Kang, S.; Tian, X.; *et al.*, Protein corona mitigates the cytotoxicity of graphene oxide by reducing its physical interaction with cell membrane. *Nanoscale* **2015**, *7* (37), 15214–15224.
[30] Ding, Z.; Zhang, Z.; Ma, H.; Chen, Y., In vitro hemocompatibility and toxic mechanism of graphene oxide on human peripheral blood T lymphocytes and serum albumin. *ACS Appl. Mater. Interfaces* **2014**, *6* (22), 19797–19807.
[31] Lammel, T.; Navas, J.M., Graphene nanoplatelets spontaneously translocate into the cytosol and physically interact with cellular organelles in the fish cell line PLHC-1. *Aquatic Toxicol.* **2014**, *150*, 55–65.
[32] Wu, Q.; Yin, L.; Li, X.; *et al.*, Contributions of altered permeability of intestinal barrier and defecation behavior to toxicity formation from graphene oxide in nematode *Caenorhabditis elegans*. *Nanoscale* **2013**, *5* (20), 9934–9943.
[33] Chen, Y.; Ren, C.; Ouyang, S.; *et al.*, Mitigation in multiple effects of graphene oxide toxicity in zebrafish embryogenesis driven by humic acid. *Environ. Sci. Technol.* **2015**, *49* (16), 10147–10154.
[34] Zhang, W.; Yan, L.; Li, M.; *et al.*, Deciphering the underlying mechanisms of oxidation-state dependent cytotoxicity of graphene oxide on mammalian cells. *Toxicol. Lett.* **2015**, *237*, 61–71.
[35] Pieper, H.; Chercheja, S.; Eigler, S.; *et al.*, Endoperoxides revealed as origin of toxicity of graphene oxide. *Angew. Chem. Int. Ed.* **2016**, *55* (1), 405–407.
[36] Wu, Q.; Zhao, Y.; Li, Y.; Wang, D., Molecular signals regulating translocation and toxicity of graphene oxide in the nematode *Caenorhabditis elegans*. *Nanoscale* **2014**, *6* (19), 11204–11212.
[37] Wu, Q.; Zhao, Y.; Zhao, G.; Wang, D., microRNAs control of in vivo toxicity from graphene oxide in *Caenorhabditis elegans*. *Nanomedicine* **2014**, *10* (7), 1401–1410.
[38] Wu, Q.; Zhao, Y.; Fang, J.; Wang, D., Immune response is required for the control of in vivo translocation and chronic toxicity of graphene oxide. *Nanoscale* **2014**, *6* (11), 5894–5906.
[39] Jaque, D.; Martínes Maestro, L.; del Rosal, B.; *et al.*, Nanoparticles for photothermal therapies. *Nanoscale* **2014**, *6*, 9494–9530.
[40] Helmchen, F.; Denk, W., Deep tissue two-photon microscopy. *Nature Meth.* **2005**, *2*, 932–940.
[41] Olivo, M.; Fu, C.Y.; Raghavan, V.; Lau, W.K., New frontier in hypericin-mediated diagnosis of cancer with current optical technologies. *Ann. Biomed. Eng.* **2012**, *49* (2), 460–473.
[42] Lai, Q.; Zhu, S.; Luo, X.; *et al.*, Ultraviolet–visible spectroscopy of graphene oxides. *AIP Advances* **2012**, *2*, 032146.
[43] Saxena, S.; Tyson, T.A.; Shukla, S.; *et al.*, Investigation of structural and electronic properties of graphene oxide. *Appl. Phys. Lett.* **2011**, *99*, 013104.
[44] Li, M.; Yang, X.; Ren, J.; *et al.*, Using graphene oxide high near-infrared absorbance for photo-thermal treatment of Alzheimer's disease. *Adv. Mater.* **2012**, *24*, 1722–1728.
[45] Sun, X.; Liu, Z.; Welsher, K.; *et al.*, Nano-graphene oxide for cellular imaging and drug delivery. *Nano Res.* **2008**, *1* (3), 203–212.
[46] Liu, J.; Cui, L.; Losic, D., Graphene and graphene oxide as new nanocarriers for drug delivery applications. *Acta Biomater.* **2013**, *9*, 9243–9257.
[47] Orecchiono, M.; Cabizza, R.; Bianco, A.; Delogu, L.G., Graphene as cancer theranostic tool: progress and future challenges. *Theranostics* **2015**, *5* (7), 710–723.
[48] Centers for Disease Control and Prevention, *Estimates of foodborne illness in the United States*. See http://www.cdc.gov/foodborneburden/trends-in-foodborne-illness.html (accessed 11 May 2016).
[49] Kim, W.; Moss, S.F., The role of *Heliobacter pylori* in the pathogenesis of gastric malignancies. *Oncol. Rev.* **2008**, *2* (3), 131–140.
[50] Khan, M.S.; Abdelhamid, H.N.; Wu, H.-F., Near infrared (NIR) laser mediated surface activa-

tion of graphene oxide nanoflakes for efficient antibacterial, antifungal and wound healing treatment. *Colloids Surfaces B: Biointerfaces* **2015**, *127*, 281–291.
[51] Hauck, T.S.; Jennings, T.L.; Yatsenko, T.; *et al.*, Enhancing the toxicity of cancer chemotherapeutics with gold nanorod hyperthermia. *Adv. Mater.* **2008**, *20*, 3832–3838.
[52] Zhang, W.; Guo, Z.; Huang, D.; *et al.*, Synergistic effect of chemo-photothermal therapy using PEGylated graphene oxide. *Biomaterials* **2011**, *32*, 8555–8561.
[53] Shi, S.; Chen, F.; Ehlerding, E.B.; Cai, W., Surface engineering of graphene-based nanomaterials for biomedicinal applications. *Bioconjug. Chem.* **2014**, *25*, 1609–1619.
[54] Feng, L.; Zhang, S.; Liu, Z., Graphene based gene transfection. *Nanoscale* **2011**, *3*, 1252–1257.
[55] Eigler, S.; Hirsch, A., Chemistry with graphene and graphene oxide – challenges for synthetic chemists. *Angew. Chem. Int. Ed.* **2014**, *53*, 7720–7738.
[56] Wu, J.; Wang, Y.; Yang, X.; *et al.*, Graphene oxide used as a carrier for adriamycin can reverse drug resistance in breast cancer cells. *Nanotechnology* **2012**, *23*, 355101.
[57] Chen, J.; Liu, H.; Zhao, C.; *et al.*, One-step reduction and PEGylation of graphene oxide for photothermally controlled drug delivery. *Biomaterials* **2014**, *35*, 4986–4995.
[58] Rahmanian, N.; Hamishehkar, H.; Dolatabadi, J.E.N., Nano graphene oxide: a novel carrier for oral delivery of flavonoids. *Colloids Surfaces B: Biointerfaces* **2014**, *123*, 331–338.
[59] Tian, B.; Wang, C.; Zhang, S.; *et al.*, Photothermally enhanced photodynamic therapy delivered by nano-graphene oxide. *ACS Nano* **2011**, *5* (9), 7000–7009.
[60] Robinson, J.T.; Tabakman, S.M.; Liang, Y.Y.; *et al.*, Ultrasmall reduced graphene oxide with high near-infrared absorbance for photothermal therapy. *J. Am. Chem. Soc.* **2011**, *133*, 6825–6831.
[61] Zhang, L.; Lu, Z.; Zhao, Q.; *et al.*, Enhanced chemotherapy efficacy by sequential delivery of siRNA and anticancer drugs using PEI-grafted graphene oxide. *Small* **2011**, *7* (4), 460–464.
[62] Yang, X.; Niu, G.; Cao, X.; *et al.*, The preparation of functionalized graphene oxide for targeted intracellular delivery of siRNA. *J. Mater. Chem.* **2012**, *22*, 6649–6654.
[63] Lu, C.-H.; Zhu, C.-L.; Li, J.; *et al.*, Using graphene to protect DNA from cleavage during cellular delivery. *Chem. Commun.* **2010**, *46*, 3116–3118.
[64] Wang, Y.; Li, Z.; Hu, D.; *et al.*, Aptamer/graphene oxide nanocomplex for in situ molecular probing in living cells. *J. Am. Chem. Soc.* **2010**, *132*, 9274–9276.
[65] Tang, L:, Wang, Y.; Li, J., The graphene/nucleic acid nanobiointerface. *Chem. Soc. Rev.* **2015**, *44*, 6954–6980.
[66] Wu, M.; Kempaiah, R.; Huang, P.-J.J.; *et al.*, Adsorption and desorption of DNA on graphene oxide studied by fluorescently labeled oligonucleotides. *Langmuir* **2011**, *27*, 2731–2738.
[67] Zheng, M.; Jagota, A.; Semke, E.D.; *et al.*, DNA-assisted dispersion and separation of carbon nanotubes. *Nature Mater.* **2003**, *2*, 338–342.
[68] Wang, H.; Chen, T.; Wu, S.; *et al.*, A novel biosensing strategy for screening G-quadruplex ligands based on graphene oxide sheets. *Biosens. Bioelectron.* **2012**, *34*, 88–93.
[69] Lu, C.-H.; Yang, H.-H.; Zhu, C.-L.; *et al.*, A graphene platform for sensing biomolecules. *Angew. Chem. Int. Ed.* **2009**, *48*, 4785–4787.
[70] Huang, Y.; Yang, H.Y.; Ai, Y., DNA single-base mismatch study using graphene oxide nanosheets-based fluorometric biosensors. *Anal. Chem.* **2015**, *87*, 9132–9136.
[71] Liu, B.; Sun, Z.; Zhang, X.; Liu, J., Mechanisms of DNA sensing on graphene oxide. *Anal. Chem.* **2013**, *85* (16), 7987–7993.
[72] Miyahata, T.; Kitamura, Y.; Futamura, A.; *et al.*, DNA analysis based on toehold-mediated strand displacement on graphene oxide. *Chem. Commun.* **2013**, *49*, 10139–10141.
[73] Hong, B.J.; An, Z.; Compton, O.C.; Nguyen, S.B., Tunable biomolecular interaction and fluorescence quenching ability of graphene oxide: application to "turn-on" DNA sensing in biological media. *Small* **2012**, *8* (16), 2469–2476.

第12章 催　　化

Ioannis V. Pavlidis

12.1 引言

氧化石墨烯（GO）和氧化石墨的催化潜能已不是新鲜事。氧化石墨作为固相非均相催化剂的反应在 Hummers 报道 GO 制备方法四年后首次在 1962 年报道了 HBr 制备的催化[1]。令人惊讶的是作者能够估计层平面上 100 个碳原子每小时催化了 10 个 HBr 分子的形成，而边缘氧功能化的碳原子为活性位点。此外，他们能够估计 GO 由 2 ~ 3 层 80% 的碳原子、20% 氧原子组成，其中大部分氧为羟基氧和醚基氧。然而，碳催化经过 40 年时间才引起人们的注意。同时，两次诺贝尔奖给予这个领域的研究（1996 年发现富勒烯的诺贝尔化学奖以及 2010 年关于二维材料石墨烯的突破性实验的诺贝尔物理学奖）。最近 GO 的催化性质开始应用于化学反应，而 GO 及其衍生物在合成化学上的潜能在很大程度上仍然未被探索。

正如其名，GO 与石墨烯有关，它们都为二维碳纳米材料。尽管其基本相似，但这些材料在内在性质上区别显著。石墨烯由 sp^2 杂化的碳原子组成，GO 由 sp^2 和 sp^3 杂化的碳原子共同组成，而且后者由氧功能化。这特别的不同在最终材料的性质上有着深远影响[3]，正如后文所讨论，其提供了大量基团作为活性位点。众所周知，催化剂性能受到材料本征属性、活性位点浓度和利用率的影响[4]。考虑这些，GO 的催化潜力远高于原始石墨烯。提及 GO 能够催化的反应，其已经在一些氧化反应以及聚合反应和 Friede - Crafts 或者 Michael 加成反应中应用。然而，由于其未被完全所知的结构导致了在大多数情况下催化机理难以阐述，因此仍有一些障碍需要克服。这些话题将在下述各节详细讨论。

12.2 氧化石墨烯性质

为了阐述 GO 的催化潜能，我们需要理解 GO 及其衍生物拥有的特殊性质。这个领域的研究者在他们论文介绍中含糊地提及其特殊的性质是共同的趋势，然而，在大部分情况下，他们从不定义此材料使其适合特定反应或使用的特定性质。本节中，GO 关于其催化特性最有趣的性质是本章的关注重点，将得以阐述。

为了公正客观地对待引言中提出关于需要多长时间来重新发现 GO 作为催化剂的批判，其中的一个很大的障碍阻碍了其探索：GO 的结构仍在争论中。一些结构模型得以提出[5-8]，其中 Lerf 等人[9]提出一个结构被最广泛接受。此结构提出了两种区域的存在：未氧化的苯环芳香区域；单层两侧含环氧基和羟基官能团的氧化脂肪六元环区域。重要的是羟化的碳中心造成了轻微的扭曲构型，其导致了层与层的褶皱，因此增加了晶面间距。而栅格以羧基或者羟基做终端。然而，尽管此模型被广泛接受（在很大程度上），其强调了氧化程度的不确定性，这严重依赖于制备方式。

除了 GO 的结构，其中还有一些重要的性质在 GO 作为催化剂使用时需要进行考虑。最重要的关于催化活性的性质如下：

- 碳氧原子比例。在材料中的大量的含氧原子反映了在氧化过程中碳骨架上官能团植入的数目。正如其结构所描述，就官能团而言，其中存在显著的差异。取决于制备方法[2, 10]，C/O 比可以在 2:1 和 3:1 之间变动，而进一步的热处理或者化学处理通过还原降低含氧量[11, 12]能够增加其比例至 14:1。C/O 比的严格重现性以及含有官能团的质量至关重要，正如下文所讨论，在大部分情况下这些官能团对 GO 催化活性负责。由于这个原因，如 Compton 等人[13]提出的合成技术容许了 C/O 比的精细调控，以及 Marcano 等人[14]做到高氧化率（约 70%）非常重要。
- 高比表面积。纳米材料中最大优点之一是，其高比表面积使其不但在催化而且在其他应用中吸引人。比表面积常常由 BET（Brunauer - Emmett - Teller）方法确定。相比于块体材料，高比表面积提供了一个高互相作用面积，以及与 GO 面积大量官能团的结合和单位质量材料的高比例的催化活性部分。单层石墨烯的理论比表面积高达 $2630m^2/g$[15]。同时，GO 计算得到为 $890m^2/g$，同时水溶液中实验测得为 $736.6m^2/g$[16]。一旦考虑团聚水平，其表观数值与理论值相符。其比表面积可以通过材料的还原以牺牲含氧官能团得以再次增加。例如，活化的还原 GO（RGO）薄膜拥有更高的比表面积，大约为 $2400m^2/g$[12]，与单层石墨烯的理论值非常接近。特别高的比表面积高达 $3100m^2/g$ 在微波剥离氧化石墨然后经 KOH 活化处理后得以报道[15]。作者提出比表面积的精细调控依赖于氧化石墨中 KOH 的比例[15]。尽管其看起来自相矛盾，相比于石墨烯更高的比表面积是可能的。通过在碳晶格中七边形和八边形的引入，因此打乱了经典六元环，片层获得了负曲率以及采取了马鞍形[17]。
- 导电性/电容。GO 及其衍生物的导电性是很容易调节的性质之一[18]。这些性能的精细调控在超级电容器和燃料电池的应用中是非常可取的。石墨烯的高电导率和电子迁移率源于其非常小的有效质量。在石墨烯的晶格中电子充当了无质量的粒子，以大约 $10^6 m/s$ 的速度穿梭，赋予了其超常的面内电导率，大约为 20000S/cm[19]，以及内在的迁移率 $2 \times 10^5 cm^2 V^{-1} s^{-1}$，显著高于任何硅导体[20]。由于 sp^2 成键网络的破坏，GO（C/O 比为 2:1）的导电性相对较低，在 μS/cm 数量级[4, 21]。因此 GO 常常被描述为绝缘体。通过还原移除氧原子能够恢复很大一部分的电导率，高达5880S/m[12]。GO中含氧官能团的移除能够显著增加其电容到原始石墨烯或石墨（大约100~300F/g）的水平[22]。通过C/O比精细调控以及功能化，GO及其衍生物在储能或者超级电容器构造中是具备吸引力的材料。

12.3 氧化活性

12.3.1 氧化石墨烯的氧化反应

尽管石墨烯能够使用离域π电子系统驱使配位反应从而用作催化剂[23]，GO表面的含氧官能团使其作为催化剂更具吸引力。这些官能团促进了氧化反应的催化，或通过其他氧化试剂或通过它们自身的氧原子，其将在本章后面讨论。其反应活性归因于GO的强酸性（在水介质中0.1mg/mL时pH为4.5）[11]，因此GO常常被描述为一种路易斯酸。由于GO上官能团的性质，大部分关于石墨化合物碳催化的首次研究关注于氧化还原过程[24]。这些反应在温和条件下进行，强调了GO及其衍生物作为催化剂的潜能。然而，使用GO作催化剂也存在一定的缺陷。例如，在一些例子中催化活性并不高，在经典的氧化反应中需要高负载量（约400%），而且GO的非化学计量和不均匀性阻碍了细节机理理解，因此使其应用于设计新反应更加困难[25]。关于GO催化活性的一部分重要研究由Dreyer、Bielawski等人完成，他们评估了GO的底物光谱以及优化一些这类反应的过程[26-31]。

GO氧化反应的一个经典例子是苯甲醇氧化为苯甲醛（表12.1，条目1），在100℃下其获得了超过90%的转化率，同时也避免了过度氧化为苯甲酸[27]。在更高的温度下（>100℃）通常转化为苯甲酸。非优先的副产物可以通过降低反应温度避免，而使用更高催化剂载量可以弥补较低的产物。除了苯甲醇，GO被发现能够氧化一大类醇为对应的醛或者酮[27]。一些这类被合成的化合物见表12.1（条目1~6）。底物上的芳香基团对GO的催化活性并不是必须的，其对环形但不是芳香的底物环己醇也展现出了较高的催化活性。更有趣的是，GO似乎是一种具有选择性的催化剂，其氧化2-噻吩甲醇为对应的醛，但没有探测到任何的硫氧化（尽管GO能够氧化硫化物，如下文所讨论）。

然而，GO的氧化电位不仅仅限制于醇。在同一报道中[27]，作者强调了GO能够氧化不饱和碳氢化合物，由顺式二苯乙烯通过Wacher-Tsuji氧化制备苯偶酰（表12.1，条目7）进行了例证。通过优化展示了为了增加产率需要高GO负载量（约400%）以及适当的高温（大约100~120℃），而更低的温度（<60℃）时观察到了最低的转化率。在温度超过120℃后，转化率也随之降低，作者将其归因为GO的热降解/热还原[26]。此外，GO对反式二苯乙烯类化合物惰性，展示了其作为催化剂的选择性。如果底物中存在电子供体或者适度的吸电子基团（表12.1，条目

表 12.1 由 GO 催化的氧化反应。如文献中所述，效率以转换率 [c] 或产率 [y] 表示

条目	底物	产物	效率	参考文献	条目	底物	产物	效率	参考文献
1	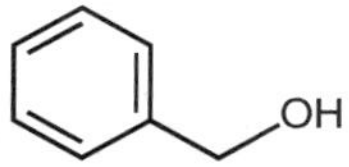 OH	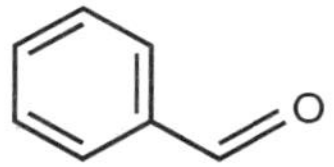 O	>90% [c]	[27]	6	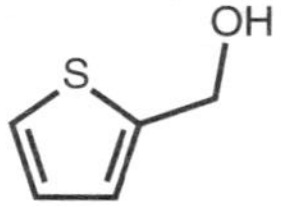 S OH	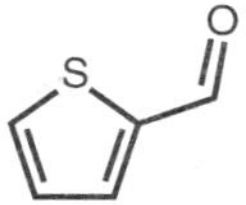 S O	18% [c]	[27]
2	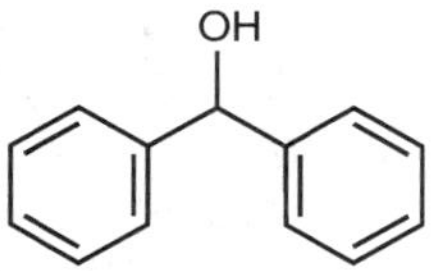 OH	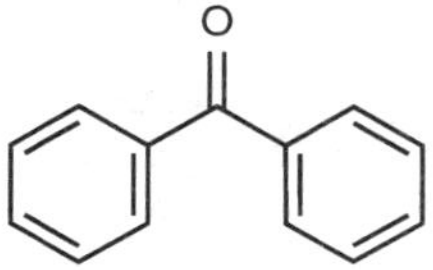 O	>98% [c]	[27]	7	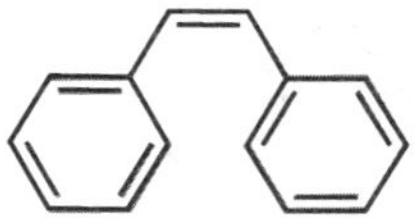	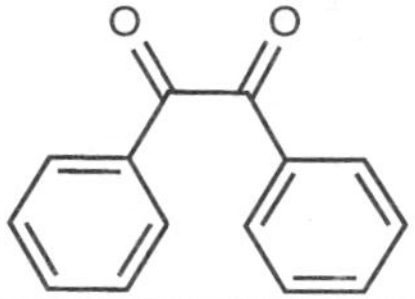 O O	68% [y]	[30]
3	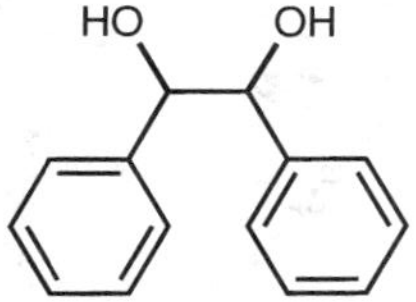 HO OH	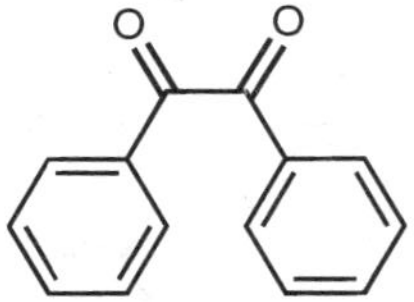 O O	96% [c]	[27]	8	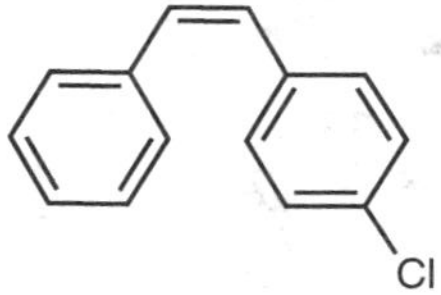 Cl	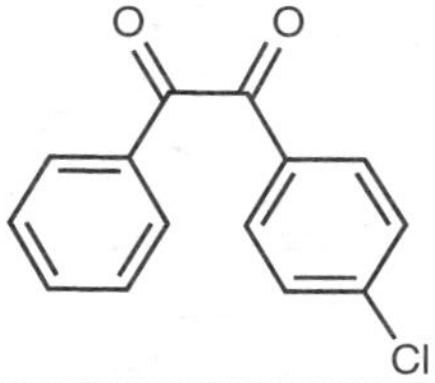 O O Cl	50% [y]	[30]
4	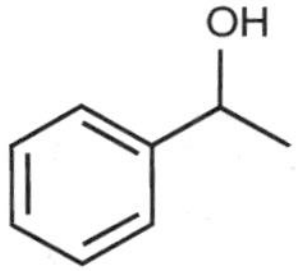 OH	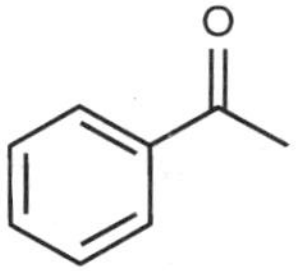 O	26% [c]	[27]	9	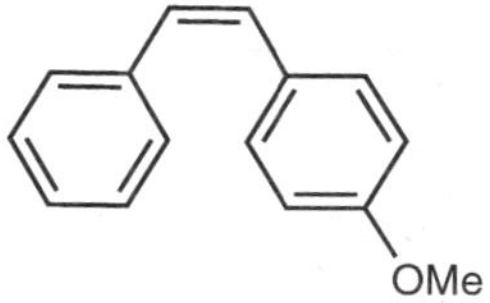 OMe	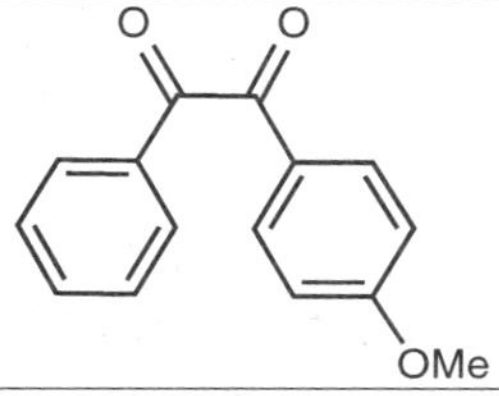 O O OMe	38% [y]	[30]
5	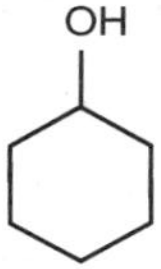 OH	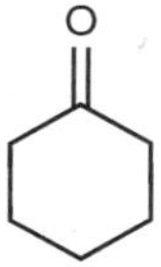 O	>98% [c]	[27]	10	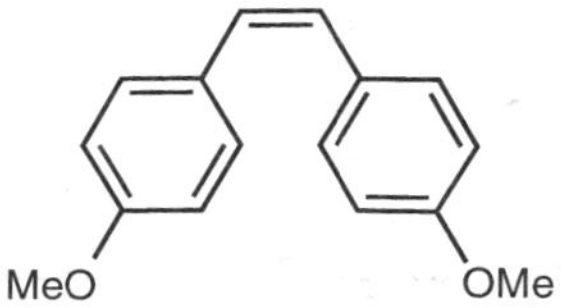 MeO OMe	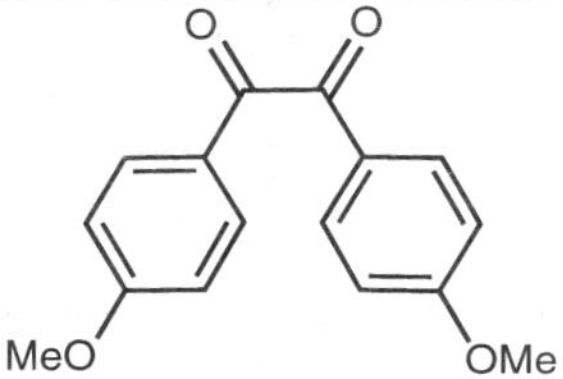 O O MeO OMe	48% [y]	[30]

（续）

条目	底物	产物	效率	参考文献
11	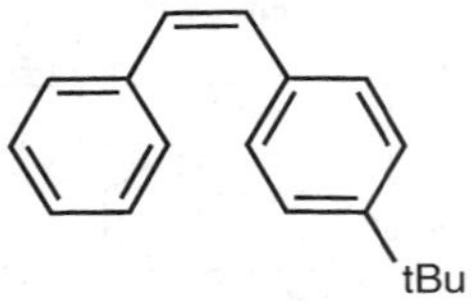 tBu	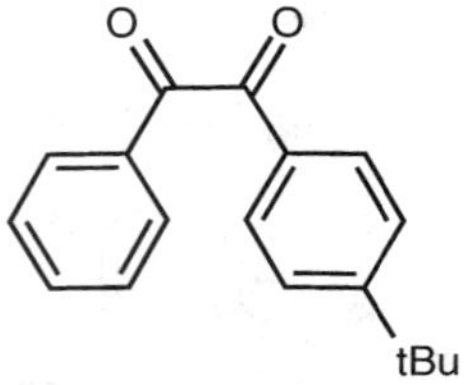 O O tBu	68% [y]	[30] 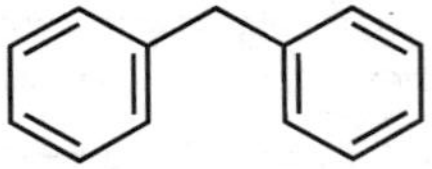 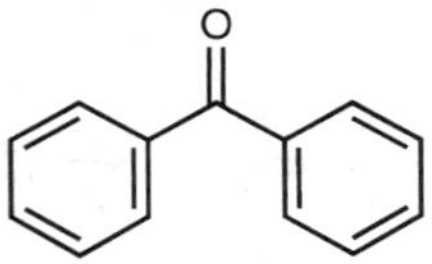
12	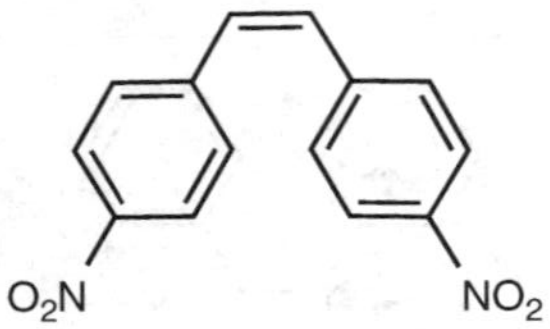 O_2N NO_2	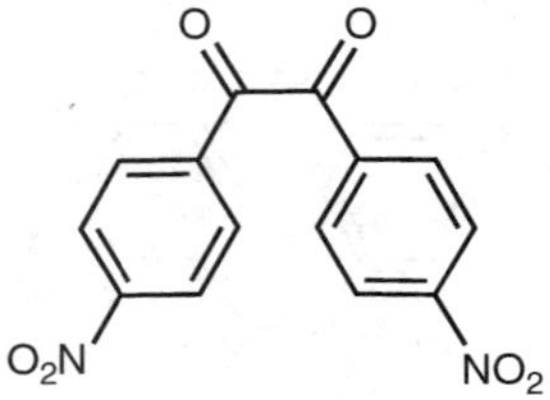 O O O_2N NO_2	25% [y]	[30] 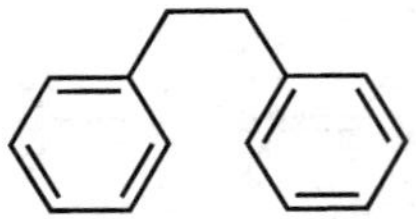 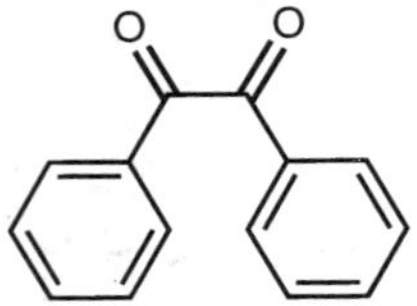
13	S	O O S	12% [y]	[30]
14			约40% [y]	[34]
15		O	72% [y]	[30]
16		O O	17% [y]	[30]
17		O	59% [y]	[30]
18	N NO_2	O N NO_2	80% [y]	[30]

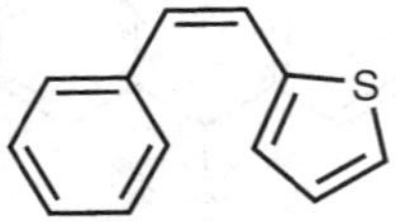

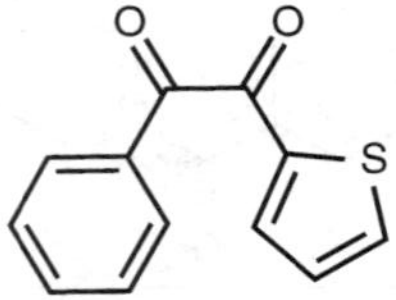

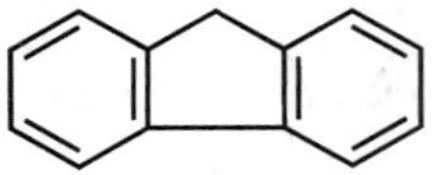

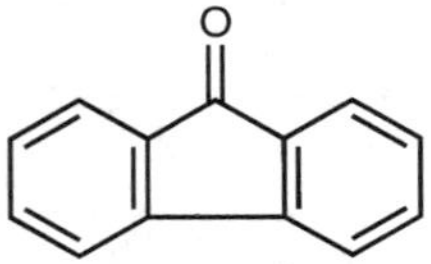

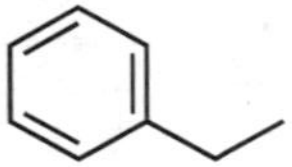

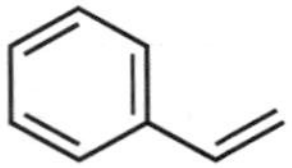

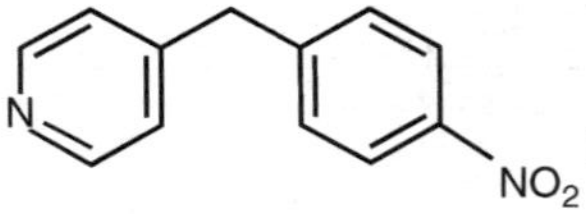

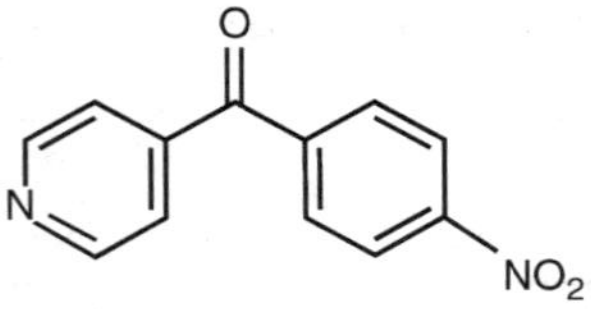

（续）

条目	底物	产物	效率	参考文献
19	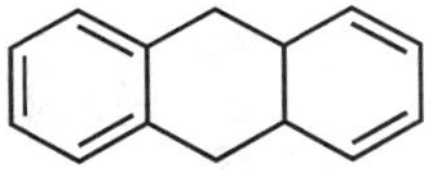	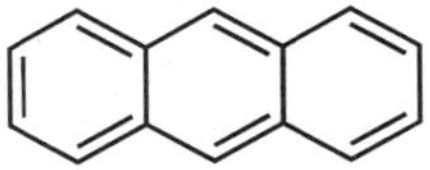 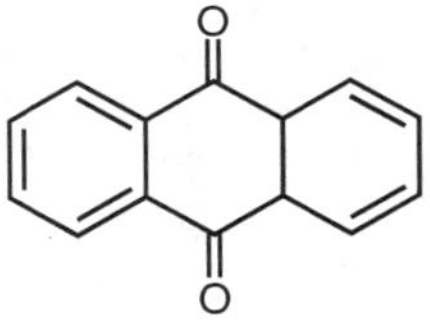	49% [y] 31% [y]	[30] 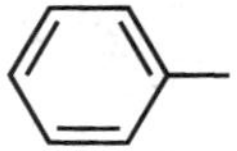 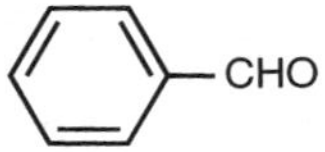
20			85% [y]	[30]
21	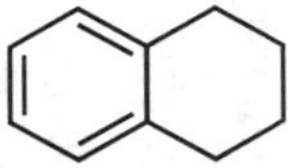	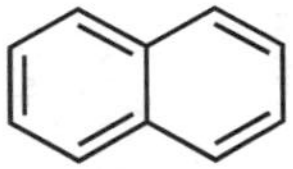	24% [y]	[30] 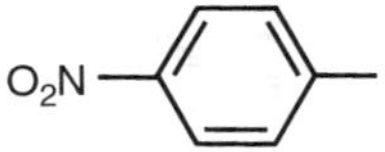 
22	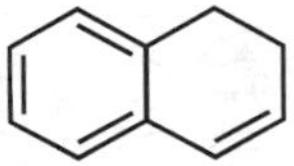	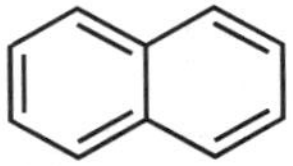	26% [y]	[30]
23		CHO	6% [y]	[30]
24	MeO	MeO, CHO	16% [y]	[30]
25	O_2N	O_2N, CHO	4% [y]	[30]

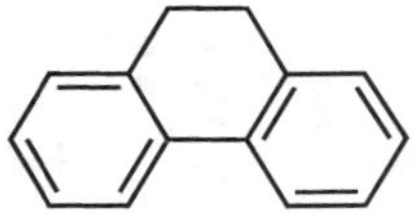

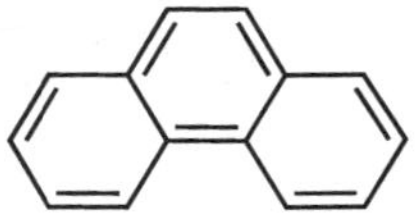

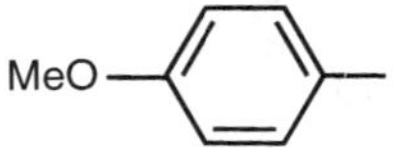

8~11），GO 能够在一个较高的产率（38%~68%）催化取代顺式二苯乙烯类化合物的氧化。在一个强吸电子基团硝基取代的底物中观察到了适度的产率（25%），例如4,4′-二硝基-顺式-二苯乙烯（表 12.1，条目 12）[30]。尽管事实上相比于完美的产率还很遥远，GO 的催化潜力在一系列广泛的底物中得以例证，并且似乎其作为金属催化剂的替代存在着潜力，比如氧化硒（Ⅳ）或者含铬酸催化剂用于二苯基乙烯和1，2-双取代烯烃的氧化[30]。相比于金属催化剂，GO 的低成本以及其实用性是支持其使用的两大优点。

在上述工作中，其认为 GO 并不具有氧化剂的作用，但是能够活化 O_2 分子，这些 O_2 分子作为这些反应中最终的氧化剂。这个假说基于这些反应并不能在氮气氛围中进行观测，而且催化反应后材料中的氧含量保持不变。有趣的是反应也不能被石墨或者 RGO 催化，甚至在氧存在的情况下，也强调了 GO 表面官能团的重要性。其表明 GO 表面大量的富氧基团促进了 O_2 的吸收[32]。然而，也有一些例子中 GO 不但作为催化剂同时也作为底物，暗示了不同的催化机制。GO 在无溶剂体系中常温下催化炔烃和芳基炔烃水合为对应的甲基酮，这是一个有趣的反应，可作为羟汞化反应的替代。然而，在这个例子中观察到了含氧量的显著下降，这暗示了反应中表面含氧基团的消耗[27]。虽然在 GO 的高负载下可能会发生竞争性热降解过程[33]，但在常温下催化反应时氧基团的减少表明了 GO 也作为底物或者氧化剂得以使用。

为了扩大底物研究范围，GO 的催化效率在更具有挑战性的底物例如含 sp^3 杂化 C-H 键的碳氢化合物中进行测试。碳氢化合物的氧化脱氢（ODH）通过碳表面的亲核氧原子催化，在 GO 的例子中[35]，其分布在堆叠石墨烯片层的锯齿边缘或者缺陷表面。这个领域的大部分工作关注于通过乙基苯的氧化脱氢制备苯乙烯，这是一个引起工业界兴趣的反应[35]。在进一步研究此特定反应之后发现 GO 的醌基为催化活性的来源[34]。需要提出的是，此特定反应并不再具备挑战性，由于稳定的苯乙烯共轭系统驱动了反应[4]。相反，由于产生的 C-H 键比底物中存在的更弱[36]，低碳烷烃的氧化脱氢选择性低而更具挑战性。GO 对这些底物也是一种高效的催化剂。对于一些底物，氧化产物为对应的酮（表 12.1，条目 15~18），而且其他例子中观察到了脱氢芳香化（表 12.1，条目 15~18）[30]。一些含有苄亚甲基的底物能够成功转化（表 12.1，条目 23~25）。当含两个活化苄基位点的化合物用作底物，形成的对应的酮具有较好的产率。在最近发表的专利中突出了 GO 作为 ODH 反应催化剂的效率及其在工业催化中的潜力[31]。发明者提出了在 1atm 下高温（400℃）从丙烷制备丙烯的过程。使用 250mg 的催化剂，在 48h 后只观察到了 15% 的转化率，但其暗示了平衡态仍未达到，如果赋予体系更高的效率，更高的产率是可能达到的。预计这一过程将比目前所描述的更为有效。

Tang 和 Cao[37] 对催化机制的详细阐述能够帮助实现更高的产率并推倒工业应

用的壁垒。第一性原理被应用于探索丙烷到丙烯氧化脱氢的合理机制。如图12.1所示，为了活化底物的C-H键，需要GO上两个合适距离的环氧基团。在提出的机制中，源于底物上一个碳原子的质子首先通过第一个环氧基分离，从而产生第一过渡态（TS1）的中间产物C_3H_7。然后，为了释放最终产物，第二个环氧基从自由基上转移第二个质子。释放之后，丙烯被物理吸附在GO表面。为了使GO催化剂再生，GO表面形成的羟基由于它们的物理邻近性，可形成H_2O、环氧树脂或羰基[38]。

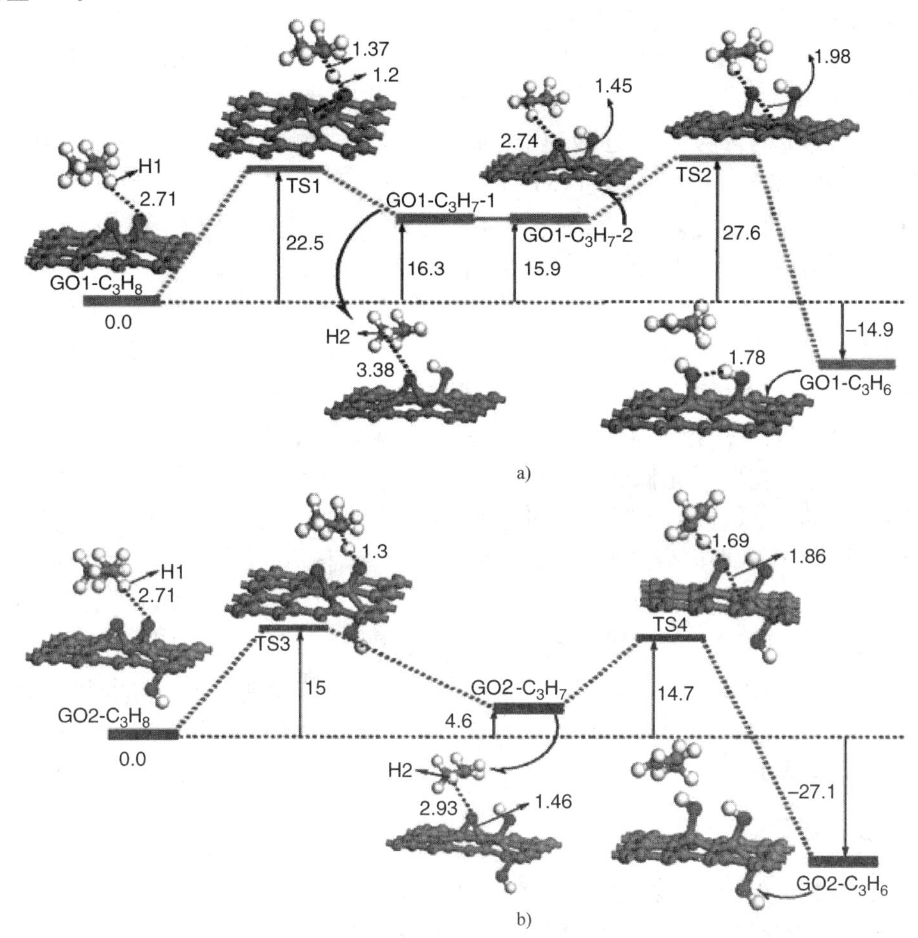

图12.1 丙烷氧化脱氢为丙烯的相对能量剖析。a）GO1，b）GO2（在GO1的基础上侧面增加羟基）。在a）和b）中所有的能量（kcal/mol）与反应物GO1-C_3H_8和GO2-C_3H_8相应对应。图中展示了涉及ODH的优化构型（距离，Å）

计算得出了含改性含氧基团的GO能够拥有高催化活性[37]，这支持了提出的机制。更具体地说，计算显示环氧基团附近羟基的存在作为材料的催化中心能够通过降低能量壁垒增强丙烷的C-H活化（见图12.1b）。因此，其说明应用一个外加的电场能够促进表面含氧官能团的扩散，从而更好地用于催化。这能够在丙烷氧化脱氢中增加 GO 的反应活性。

各种 GO 催化的氧化反应可以结合串联一锅反应来提供更多更复杂的化合物。在这个例子中，醇氧化和烷基水化能够结合来制备查尔酮（chalcones）。多电子和缺电子的芳香烯烃或者甲基酮与芳香醇或者醛耦合能形成想要的产物在一个可接受的产率（>60%）[28]。例如，4－联苯甲醇和4－乙炔基－1，1′－联苯的同时氧化导致产物的自发缩聚。这表明了 GO 在上述 Claisen－Schmidt 缩聚反应中充当了一个酸性催化剂[39]。另一个由 GO 催化的缩聚反应是吡咯与二烷基酮的缩聚[40]。此反应一般由路易斯酸催化[41]。然而，GO 被证明是一种高效的催化剂，产物的特征也随着反应中的有机溶剂改变。GO 催化的另一个优势是 GO 作为非均相催化剂有利于产物的分离。例如在上述的例子中，合成的查尔酮在 CH_2Cl_2 中可溶，因此其能够从水溶性的 GO 中分离，而 GO 会留在水相中[28]。

值得强调的是在这些所有的反应中使用了高负载量的 GO（在大部分例子中 GO 负载量为200%），然而，作者认为相比于经典过渡金属催化剂，GO 的廉价弥补了其更高的负载。这些数量在下游处理是否在经济上可负担仍然需要证实，而 GO 将会找到其在工业应用中的方式。目前存在一些例子展现了 GO 作为催化应用的潜力。例如，丙烯醛选择性氧化为丙烯酸而不氧化双键。使用表面氧化的石墨碳，这个反应表现得相当有效，其产率超过了 26mmol g^{-1} h^{-1}[35]。

GO 能够催化胺氧化偶联为亚胺，产率很高（约 98%），特别在这个例子中，催化剂负载量很低（5wt.%）[25]。此例中的高活性似乎是由于羧基与位于边缘缺陷的未成对电子的协同效应，GO 的连续碱－酸处理对其存在促进作用。GO 的碱还原产生了共轭域包围的纳米空洞。因此，片层的中心产生了更多边缘缺陷也形成了更多的羧基官能团。更多的未成对电子也被发现[25]。在反应中碳催化剂没有被还原并没能使用多次循环。通过使用捕获分子，作者能够证明超氧自由基的形成，从而得出像有氧氧化反应通常那样，过氧化氢作为中间体形成的结论。其提出的机理如图 12.2 所示。

12.3.2 硫化物氧化

GO 及其衍生物已经在硫化物的氧化中成功使用。GO 泡沫和 GO 在水介质中的分散液被环境友好地用于氧化 SO_2 为 SO_3，这避免了贵金属催化剂[42]。气态 SO_2 的氧化使用分子氧和 GO 上的含氧官能团作为氧化剂开始，其在水中自发地转变为硫酸。作者认为 GO 作为氧化剂的观点以两个宏观的观测作为基础：颜色逐渐由棕黄色变为黑色，以及由于反应，沉淀物的疏水性增加。两个现象都得出官能团被消耗，GO 因此逐渐被还原的结论。

GO 应用于硫化物氧化也在茴香硫醚的氧化中得以例证。这是一个工业界感兴趣的用于液态燃料脱硫的反应。在催化剂与底物质量比大约为 0.11 的室温下高产

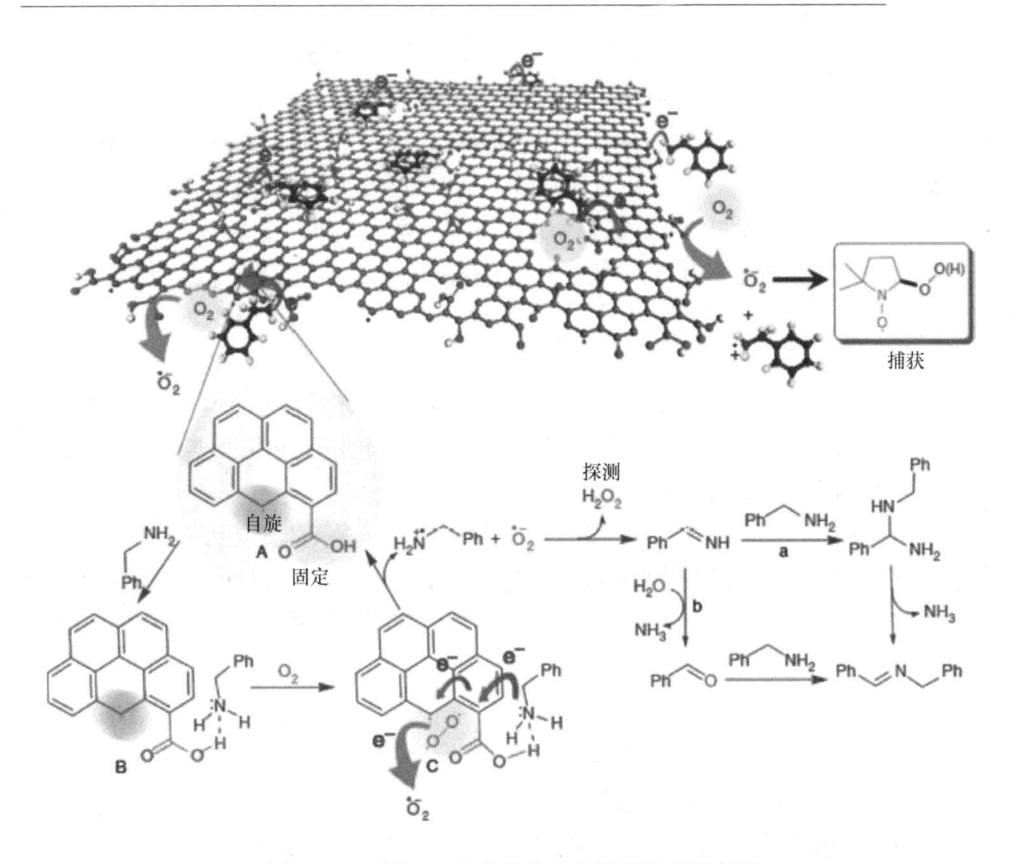

图12.2　碱化GO催化伯胺氧化偶联机理示意图

率仍然得以保持[43]。有趣的是，在此例子中最终的氧化剂并非GO本身，而是供应的H_2O_2。这证实了反应通过OH自由基开始，其通过GO媒介的H_2O_2均裂形成。产生的自由基然后能够氧化有机硫化物[43]。相比于二维GO，三维的GO泡沫是一种更加有效的催化剂，其转化率达到了大约85%，而二维材料在相同条件下只能达到65%转化率。除此之外，三维GO的选择性相比于二维结构更好，相比于过度氧化的砜（在大部分情况下总产量的大约90%），其产生了更多的亚砜。尽管其选择性的机理仍不清晰，由于在三维泡沫形成过程中GO在一定程度上进行了还原，所以三维GO相比于二维GO是一种更温和的催化剂的假设得以提出。相反的是，二维GO在其表明拥有更多的含氧官能团，以至于其更易于反应，从而导致底物的过度氧化。虽然或许是空间位阻导致的更低转化率（相同条件下大约45%），三维GO泡沫被证明对苯硫醚的氧化也是一种高效的催化剂。目前对是否是由空间位阻或者部分还原导致的更低活性仍不清楚。然而，Dreyer等人使用二维GO能够达到86%分离产率[29]。事实上，在这份特定的工作中，GO作为氧化剂的潜力在一系列硫化物中得以例证，通常得到高产率（>51%）的对应亚砜。

除此之外，GO 用于硫醇氧化的氧化剂也具备很好的潜力[29]。首先，为了在10min 内制备大量二苯二硫，GO 被用于苯硫酚的氧化，相比于反应使用金属催化剂，其在一个 60% 适量的催化剂载量下显著降低了反应时间。在这个反应中 GO 使用的优势被得以证明后，一些脂肪族硫醇和芳香族硫醇的氧化也得以阐述[29]。在所有的例子中展现了反应的迅速进行以及高转化率（30min 内 >75%）。而 GO 的脱氧也得以证实，所以催化剂也作为氧化剂在反应中使用，这阻碍了其循环使用。

12.3.3 功能化材料

除了未改性的 GO，其衍生物也展现出了有趣的氧化活性。GO 拥有一系列富氧官能团，这能用于组合有趣的基团以进一步的功能化用于催化。本节中将描述一些展现 GO 功能化潜能的实例。

羧基化 GO（GO - COOH）拥有本征的类过氧化氢酶活性，能够在过氧化氢存在下催化 3，3，5，5 - 四甲基联苯胺（TMB）氧化[44]。此材料的催化活性与 pH 值和温度相关，同时过氧化氢含量也能影响其活性。有趣的是，GO - COOH 的催化效率比使用辣根过氧化物酶的相同反应更高，尽管它们有相同的“ping - pong”催化机理。由于催化活性受 H_2O_2 含量的线性影响，该材料可用于酶释放的过氧化物探测。例如，葡萄糖氧化酶在葡萄糖氧化过程中释放过氧化氢，其能被 GO - COOH 探测到。葡萄糖探测器通过这种方式已经得以构造，其探测下限为 1μM，线性区间为 1 ~ 20μM[44]。利用相同的原理，一旦使用适当的氧化酶，其他探测仪也能制造（如探测尿酸或者黄嘌呤）。相比于使用辣根过氧化物酶探测过氧化氢的酶电极，GO - COOH 不但更加稳定而且制备更为廉价。关于催化机理，TMB 吸收到 GO - COOH 表面并将氨基上孤对电子给予 GO - COOH，增加了电子的密度和迁移率[45]。这提高了费米能级和 H_2O_2 最低未占据分子轨道的电化学电势，这导致了 GO - COOH 到 H_2O_2 的电子转移的加速。

在初始 GO 中尽管羧基官能团也存在，其他官能团也能被并入。比如，为了进行水解反应，RGO 使用 4 - 重氮苯磺酸盐进行磺酸化[46]。功能化的 GO 通过乙酸乙酯进行了水解测试。硫酸是一种更好的催化剂，但是磺酸化的 GO 的循环使用和简易的产物分离使其成为有趣的替代用于水解或者酯化反应。

在更精细的方式中，GO 本征的过氧化酶活性被用于制备癌细胞探测器[47]。考虑到叶酸受体在一些种类的癌细胞中过度表达，叶酸功能化 GO 得以制备用于细胞识别。与此同时，血晶素功能化纳米材料以增加催化活性，特别是生理 pH 值，在其中 GO - COOH 的过氧化酶活性微乎其微[44]。血晶素功能化在 π - π 相互作用促进下有效结合[48]，同时也观察到了混杂系统的活性的一个协同效应（见图 12.3）[49]。此探测器仅仅能够探测 1000 个细胞。

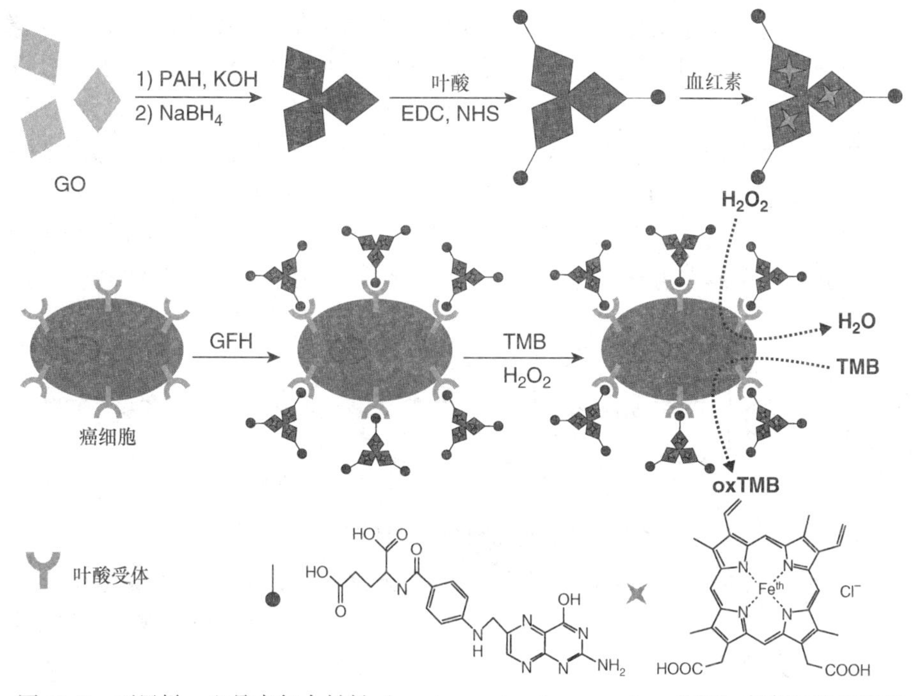

图 12.3　石墨烯－血晶素复合材料（graphene－hemin composite, GFH）制备和使用靶向 GFH 癌细胞探测示意图

12.4　聚合反应

利用这种纳米材料作为 Lewis 或者 Brønsted 酸催化剂制备聚合物，可以充分利用 GO 的酸性。聚合反应的机理或许存在差异，目前，三种不同的聚合物制备路径被报道。由于 GO 对烯烃存在活性，n－乙烯基丁醚的酸引发无溶剂聚合过程得以建立[50]，这是典型的第一种机理。聚合作用非常迅速且伴随着放热，在没有优化的前提下在 14h 内完成反应并且单体转化率为 100%，聚合物产物平均分子质量为 5.2kDa（大约 50 个单体聚合），多分散指数（PDI）为 9.42。优化后，反应时间能够被显著降低到 4h，获得的聚合物平均分子质量能够达到 8.1kDa。相比于烯烃的氧化反应活性，非均相反应催化剂的负载量较低（0.1～5.0wt.%）。GO 看起来似乎并不作为底物参与反应，因为其能够作为催化剂连续使用五次仍具有 90% 的初始转化率。在烯烃的氧化反应例子中，初始石墨和 RGO 都不能催化聚合反应。GO 通过阳离子路径作为非均相酸催化剂用于烯烃聚合反应在其他底物中也得以例证。例如，N－乙烯基咔唑（N－vinylcarbazole）聚合与 n－乙烯基丁醚一样高效，反应在 4h 后完成以及平均分子质量达到 1.9kDa。苯乙烯使用 GO 作为催化剂也能进行聚合，然而，虽然单体转化率很高（>90%），最终只形成低分子质量的低聚体（大约每个分子四个单体）。

为了用于制备聚苯亚甲基（PPM），GO 也被用于苯甲醇的聚合。PPM 通常使用强酸制备[51]，由于苯环上多个反应位点的存在，产出高度枝状产物[52]。聚合反应通过阶梯式脱水聚合进行，第二种 GO 催化聚合机理如图 12.4 所示。最后，获得的高度枝状产物平均分子质量为 2.3kDa，PDI 为 1.26[53]。这个过程较为简单，仅仅需要 10wt.%的 GO，生成的水形成了第二相并能够简单除去，而 GO 能够从聚合物中通过有机溶液萃取分离。在此聚合反应例子中，GO 的还原也被观察到，这可能是由于其作为氧化剂的使用，就像苯甲醇氧化的例子那样。

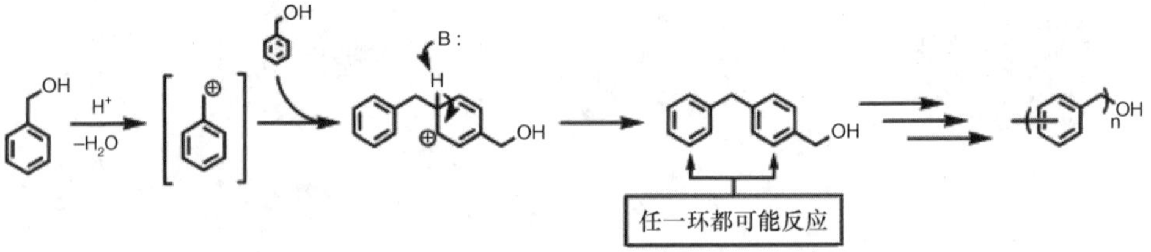

任一环都可能反应

图 12.4　聚苯亚甲基通过酸催化脱水过程的合成结构与过程[51]

GO 用于催化聚合反应的潜力不仅限于被转化基底，也能用于氧化反应。GO 能够使用第三种聚合机理催化一些内酯和内酰胺的开环聚合反应生成对应的聚酯和聚酰胺。仅使用 2.5wt.%的 GO，产率高达 91%的聚己内酯得以制备，其平均分子质量为 5.1kDa，PDI 为 2.1[54]。尽管使用金属催化剂能够制备高达 50kDa 的聚合物，但其精细调控具有挑战性，以及在大部分情况下得到差不多的产物（一般小于 5kDa）[55]。这个过程的优化并没有导致聚合物尺寸的增加，因此作者认为聚合物在给定的条件下达到了一个平衡链长[54]。GO 对其他内酯也是一种高效的聚合催化剂。使用仅仅 2.5wt.%的 GO 可以制备得到产率为 86.2%的平均相对分子质量为 10.2kDa、PDI 为 1.6 的聚 δ-戊内酯。GO 的开环聚合反应活性也能够推广到内酰胺，用于制备脂肪族聚酰胺。然而，GO 的酸性和吸水性是不利因素，例如，水能够导致反应的提前结束。为了解决这个问题，这个反应中制备了三乙基胺（triethylamine，TEA）碱化的 GO。此功能化保持了 GO 表面的含氧官能团，也赋予了此材料保持含氧官能团时的中性。使用此 TEA 处理后的 GO，通过 ε-己内酰胺聚合制备的 15kDa 的尼龙-6 产率可以达到 70%[54]。这项工作一个非常有趣的方面在于催化过程中 GO 采取了非常不同的构造，在催化过程中转变为了多壁富勒烯，这也或许能够影响此反应的活性。

12.5　氧还原反应

为了产生能量，燃料电池是转化氢和氧为水和热量的电化学器件。在一个简单的构型中，燃料电池拥有一个正极和负极以及两者之间的电解液。在负极，供应的氢气与催化剂反应产生一个质子和一个电子。质子穿过电解液，同时电子通过电路传递产生电流。在正极，氧与氢离子以及电子反应生成水和热量。氧还原反应

（ORR）通过两种不同的路径进行：见表12.2，四电子转移路径或者过氧化路径。氧分子间氧原子的强烈成键使得ORR在动力学上速度缓慢，因此正极的构造中需要高效的氧还原的催化剂[56]。通常使用金属催化剂（特别是Pt），然而，工业界这些金属供应的减少导致了需要有新型材料来代替它们。除了高昂的价格和减少的供应之外，在使用金属催化剂时也伴随着其他严重的缺点，比如CO中毒以及烧结[4]。

起初，GO衍生物在构造电极时用作支持材料。燃料电池中复合催化剂由Pt/RGO作为正极材料，而Pt分散在炭黑中作为负极。部分放电的Pt/RGO燃料电池能够释放161mW/cm^2，显著高于没有RGO作为支撑材料的类似构造，强调了使用RGO的优势[57]。

表12.2 水电解液中ORR反应路径

	碱性介质	酸性介质
四电子转移路径	$O_2+2H_2O+4e^- \rightarrow 4OH^-$	$O_2+4H^++4e^- \rightarrow 2H_2O$
过氧化路径	$O_2+2H_2O+2e^- \rightarrow HO_2^-+OH^-$ $HO_2^-+H_2O+2e^- \rightarrow 3OH^-$	$O_2+2H^++2e^- \rightarrow H_2O_2$ $H_2O_2+2H^++2e^- \rightarrow 2H_2O$

为了将二维碳材料用于ORR，石墨烯或者原始石墨的sp^2杂化碳原子的电中性需要打破，同时晶格中的π电子需要高效使用[58]。GO的大量官能团使得碳纳米材料作为ORR催化剂具有相当的吸引力。由于大量的含氧官能团促进了O_2的吸收和随后的还原[32]，GO有利于正极设计。通过热还原除去含氧官能团显著降低了其电催化活性，这说明这些官能团对O_2的电催化起着促进作用。

破坏电中性的原子不一定需要是氧原子。根据这一点，由于一些文献对掺杂和功能化两者之间存在一些混淆，这两者需要一个清晰的划分。掺杂意味着sp^2杂化碳原子由一个杂原子取代。然而，并不是所有的杂原子都能共轭。例如，磷原子并不能共平面，所以其并不能与晶格共轭，而氧原子存在π电子。然而，它们在GO中都不是“石墨化的”或者“四价的”，所以我们都称其为功能化[59, 60]。有鉴于此，由于在一些例子中不充足的表征，使我们不能够区分其是功能化还是掺杂，因此，我们将会与原始文献保持一致。

通过GO与苄基二硫醚一起热处理，从而制备得到含硫量为1.3%～1.5%的S掺杂石墨烯[61]。在其他文献中，也有使用聚氯化二烯丙基二甲基铵（PDDA）功能化RGO[62]。这些材料展现了相比于商业Pt/C催化剂（－0.8V下4.5mA/cm^2）更好的催化活性（S掺杂石墨烯：－0.8V下9.3mA/cm^2；PDDA/RGO：－1.0V下8mA/cm^2）。碳基纳米材料的初始电位相似，以及电子转移数目大约为3.8，相比于广泛使用的金属催化剂S掺杂石墨烯展示了优异的催化效率。然而，其优势不仅仅止于催化效率。两种改性GO都在3M甲醇或者0.1M KOH中稳定，没有交叉效应，而且PDDA/RGO对CO中毒具有耐受性[62]。为了解释PDDA/RGO的有利效应，Wang等人认为PDDA明确地改变了表面，因此提高了正极氧到表面的扩散[62]。由于石墨烯的电子转移数目仅仅为1.5，而相同电压下PDDA/RGO能够转移3.5个电子，从而功能化的RGO优于石墨烯。

其他工作中，Lee 等人提出在 GO 经过肼还原后 ORR 活性得以增加[63]，虽然这似乎与我们前文提及的电中性的破坏所相反。肼还原 GO 在石墨层中也结合了氮原子，其机理目前仍未被完全理解[64]。原始材料（GO）中氮含量比氧含量低得多，然而，当氮原子插入碳基纳米材料时会促进氧还原。其机制的解释（见图 12.5）[65]揭示了边缘结构显著降低了氧吸收壁垒和第一电子转移壁垒，这是 ORR 中的限速因素。然而，在 GO 中也观察到了此效应。氮掺杂通过进一步提高第一电子转移速度改进了 ORR 性能，而且倾向于四电子还原路径。因此，相比于远离边缘的氮，靠近边缘碳（N0）的氮插入被认为是氮掺杂 RGO 主要的活性位点。

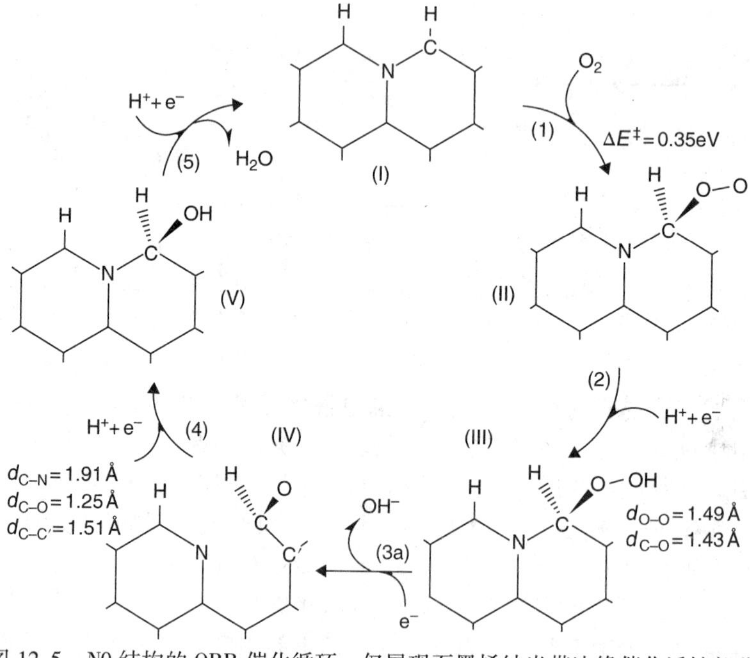

图 12.5　N0 结构的 ORR 催化循环，仅展现石墨烯纳米带边缘催化活性部分

GO 和其他石墨烯衍生物作为燃料电池正极催化剂的优势得以例证，但是这些材料的应用不局限于此。GO 与碳纳米管的混合物作为正极在非质子水系混合电解液锂 - 空气电池进行了测试，当 GO 和碳纳米管混合物比例为 1∶4 时得到了最好的结果[32]。为了强调含氧官能团的重要性，当运用热还原提高 C/O 比后，同时降低了正极效率。此结果强调了氧原子在碳晶格中的存在似乎是有帮助的，也支持了在这种纳米材料上对 O_2 更好的吸收的理论。

能源领域一个相关的应用是使用二维碳基纳米材料作为超级电容器。在这种情况下，材料需要拥有存储电子的能力，电子可在放电时释放。相比于传统锂离子电池，超级电容器具有优势，因为其拥有巨大的功率输出能力、快速充放电倍率和长期循环寿命[66]。超级电容器主要的问题是低能量密度；然而，新型纳米材料能够通过它们的高比表面积克服这个问题。例如，在单层石墨烯的例子中，估计最大比电容约为 550F/g[67]。在此应用中，相比于 GO，RGO 是一种更好的材料，由于其比表面积和比电容来存储电子并以非法拉第路径释放它们。由于这个原因，为了找到构建电容器的最优条件，对用于 GO 还原的一些方法进行了研究[22]。RGO 的制备条件显著改变了此材料的性能。作为一个区分该过程的例子，两项工作将会被提及。一方面，通过 200℃热处理获得的热处理 GO（tpGO）展现了一个最大的高达 315F/g 的比电容，这是目前报道最高的值[68]。另一方面，用肼制备的 RGO 的最大比电容仅为 205F/g，但其在超过 1200 次充放电循环中稳定，并保持了其初始容量的 90%[69]。咪唑基离子液体的使用促进了电极的循环使用，电极在丁基甲基咪唑和六氟磷酸盐或者四氟硼酸盐中保持了其初始比电容超过 3000 次循环[70]。

12.6 Friedel - Crafts 和 Michael 加成

Friedel - Crafts 反应用于新 C - C 键形成是芳香体系一个重要反应，其通常通过路易斯酸进行催化。GO 已经在催化 Friedel - Crafts 加成吲哚为 α，β 不饱和酮中成功使用[71]。已用方法需要金属催化剂，产率低并且需要化学计量的试剂，下游的处理加工也很繁琐[72, 73]。GO 作为催化剂以实现吲哚加成为甲基乙烯基酮。在 H_2O/THF（THF）体系中仅 20wt. % 的催化剂在 3h 内获得了超过 90% 的高分离产率，而增加催化剂负载量至 50% 显著降低了所需的反应时间[71]。有趣的是，此加成只在 β 位进行，而 NH 部分没有被保护。GO 优异的催化活性通过与一些其他催化剂体系的比较得以例证。一些取代吲哚进行了测试并监测了其完成转化率。至少 8h 后反应完成，其中没有二聚产物聚合物的形成。唯一的例外是 α - 取代吲哚没有探测到转化率。反应也能在更低反应活性的缺电子取代硝基烯中进行。然而，为了获得适度的产率，需要加长反应时间。在所有的反应中，GO 似乎都没有被还原，其能够循环使用五次而不损失其活性，展现了其高恢复速率。

GO 在 Michael 加成反应的 2，4 - 乙酰丙酮亲核加成为反式 - β - 硝基苯乙烯中作为相变催化剂的催化效率进行了测试，并与此反应已有的催化剂也就是 18 - 冠 - 6 醚进行了比较[74]。总体来说，GO 相比冠醚是一个更优的催化剂，其归因于对阳离子的亲和性使得羟基化物在有机相中是更强的碱。此方法在其他底物中进行了进一步探索，例如一些取代反式 - β - 烯烃和 1，3 - 二羰基化合物，产生了较好的转化率，但是仅有中等的对映体过量值约 7%[74]。

GO 能够用于通过 Michael 加成反应形成新的碳 - 杂原子键。通过 aza - Michael 加成反应将胺加成至活性烯烃的催化活性[75]。需要阐述的是选取的研究模型反应不需要活化，并且在建议的实验条件下不添加 GO 在 35min 内进行。然而，GO 能够显著加速乙二胺加成至丙烯腈，而 RGO 几乎没有反应活性。GO 促进反应而并没有被还原，其在九次使用后仍能保持催化效率。GO 能够在伯胺和仲胺加成至一些 α，β - 不饱和化合物如丙烯酰胺、丙烯酸甲酯、丙烯腈等中使用，并生成对应的 β - 胺基化合物，而没有其他副产物。

12.7 光催化

适当氧化程度的GO能够在紫外光或者可见光照射下用于催化水分解，从而产生稳定的H_2[76]。GO的亲水特性促进了其在水介质中的分散。尽管在这个过程中GO被还原，但其导带能级足够高以提供产生H_2的过电势，因此H_2的产生并没有减少[76]。GO在阳光下的反应活性很高，以至于GO能够经历不断的光催化生成CO_2和RGO[77]。运用此反应活性在一些有趣的反应中是至关重要的。例如，GO与玫瑰红用于促进叔胺的光氧化[78]。尽管GO本身是非常差的催化剂（产率仅为10%），其与玫瑰红存在协同效应。玫瑰红为一种有机染料，并在550nm处存在强烈吸收。叔胺的光氧化在此混杂体的推动下完成。GO与玫瑰红的光反应活性在一组不同的循环叔胺和三烷基胺中被证明，得到对应的α-氰化物。总体来说，石墨和石墨烯材料用于光催化的潜能被得以认可，其可能的应用（例如，太阳电池）在多年之后期待出现。

12.8 其他层状碳基材料和GO复合材料的催化活性

12.8.1 未功能化碳基纳米材料

尽管事实是石墨和石墨烯只由sp^2杂化的碳组成，它们也能显示出一些催化活性。一篇非常有趣的关于石墨烯和它的衍生物在生物和环境方面的应用综述最近被发表[79]。在此，仅仅一些具有催化活性的石墨的例子将被提到来说明这种层状碳基材料作为一种催化剂的潜力。众所周知，石墨可以利用酰基卤化物来催化烷基或芳香醚的裂解，从而产生相应的酯[80]。这说明，阳离子过渡物通过π-π作用得以被稳定，而且相关反应通过路易斯酸式机理被催化[80]。这个结论也得到石墨可以有效地（产率达到99%）催化一种类似于石墨在烷基化芳香族化合物和伯醇中所产生的效果的支持，该过程产生了不同的二苯甲烷[81]。然而，Schaetz等人[24]表明相关反应是S_N1类型反应，因为石墨不能裂解伯和仲烷基醚。此外，通过微波辐射促进作用[82]，石墨可以催化蒽和各种缺电子亲二烯体的[4+2]-环加成反应。在这种情况中，石墨的优点是它在300K达到19W cm^{-1} K^{-1}的高导热性[83]。最后，以水合肼作为终端的还原剂，石墨可以催化芳硝基化合物的还原[84]。

12.8.2 混合催化剂和选择性的应用

尽管本书的重点关注是GO，有GO制备的混合材料或者它的衍生物的催化应用也将给予讨论。一些混合材料已经在12.8.1节中做了讨论。这种纳米材料的有趣性质可以和其他的催化剂结合，导致新的混合催化剂形成。在本节中，将讨论研究领域的一些标志性的工作来说明这些系统的潜力。然而，在每个领域都有更多的研究报告详细描述了该类混合催化剂。

12.8.2.1 金属簇

GO 和其他层状的碳纳米材料，是用于制备异构混合催化剂时，金属催化剂沉积的完美支撑基底。这些混合催化剂生产以及它们的应用已经做了很好的综述[56,85-87]。通常来讲，GO 和其他功能化的碳基材料更适合于此类应用，因为与化学惰性石墨烯相比，它们更适合金属或金属氧化物颗粒的附着。混合催化剂的形成得到了 GO 的缺陷点位的支撑[56]。例如，分散在 GO 上的钯纳米粒子能够催化 Suzuki-Miyaura 的交叉偶联反应，每小时有超过 39000 的更替频率（TOF）[88]。这个很好的 TOF 值是 GO 高比表面积的结果，这是其他碳纳米材料不可能实现的结果，甚至是石墨烯，这是由于单个片层的高集聚特征。然而，我们需要清楚的是，活性催化剂是过渡金属，而 GO 只作为一种支撑基底。

在研究相同的反应类似的研究中，为了在 GO 表面上分散 Pd 盐，同时还原 GO，然后形成一种 Pd/RGO 催化剂，微波被用来制备混合催化剂[89]。在这种情况下，在反应过程中通过微波辐射的辅助作用，TOF 达到 108000/h。更高的 TOF 值是由于 Pd 在 RGO 上高浓度良好的分散导致。由于分散效果似乎是限制因素，采用一种替代方法来制备混合催化剂，即通过使用 532nm 的脉冲激光辐照存在钯源的 GO 分散液[89]。混合催化剂迄今为止最好的 TOF 值达到 230000/h。然而，需要说明的是，在反应过程中曾使用微波辐射来促进分散性。

最近，为了将 GO 用于导电玻璃电极，一种复合材料用几种不同尺寸的 CdSe 量子点制备，粒径从 2nm 到 4nm 不等。量子点的大小不同允许对光响应进行调制[90]。然而，关于 RGO 对光催化反应的适用性的问题出现了，因为 RGO 很容易受到 OH^- 攻击[91]。因此，应该指出的是，这些自由基是当 TiO_2（用于这些太阳电池）在水溶液介质中被紫外光激发时产生的主要氧化剂。

碳纳米材料也可以用作电子供体。氮掺杂石墨烯被用作电子供体，通过铁催化用于轻烯烃的 CO 氢化[92]。氮含量可以被调整到高达 16wt.%，这就导致了更高的转化率，因为氮原子的掺杂会在片层上产生更多的缺陷位点，并允许铁催化剂更好地分布。如果不使用金属催化剂，就无法进行反应，证明石墨烯衍生物没有任何催化活性。然而，铁对轻烯烃并不具有选择性；这个属性可能来自于石墨烯的氮原子。

另一个金属催化剂混合催化剂领域是葡萄糖生物传感器的制造。在此之前，电化学葡萄糖传感器已经被开发出来，将结合酶用于检测葡萄糖，例如葡萄糖氧化酶。然而，酶检测器的使用仍然有几个缺点。主要的问题与酶的稳定性、低重现性以及在酶及其活性位点附近的氧气限制的影响有关。近年来开发了更先进的系统，但这却大大增加了成本。因此，在过去的几年中，研究主要集中在非酶化电化学传感器的生产上[93]。在其中一项工作中，RGO 纳米片被用作 $Ni(OH)_2$ 纳米粒子沉积的基底[94]。在碱性介质中，观察到以下反应：

$$Ni(OH)_2 + OH^- \rightarrow NiO(OH) + H_2O + e^-$$

$$NiO(OH) + \text{葡萄糖} \rightarrow Ni(OH)_2 + \text{葡萄糖酸内酯}$$

尽管 RGO 并没有直接对催化机制做出贡献，但作者声称，当 RGO 出现时，催化电流要高得多。除了在电极上增加复合材料的电导率和比表面积外，还提出了两种材料的协同效应[95]。这种混合催化剂在碱性介质中具有在 2.0 ~ 3.1mM 线性范围的 0.6mM 低检测极限[94]。在另一个生物传感器应用中，RGO 和 PtNi 合金纳米颗粒（NP）的纳米复合材料已经被报道[96]。在生理条件下，传感器的响应电流是线性依赖于高达 35mM 的葡萄糖浓度，其灵敏度在明显的负电位（如 0.35V）下为 20.42μA $cm^{-2}mM^{-1}$。与 PtNi 合金 NP、PtNi 化学修饰 RGO 和 PtNi – SWNT（单壁纳米管）纳米复合材料相比，PtNi 电化学 RGO 修饰电极显示更小的电子转移电阻和更大的电化学活性比表面积，这使它成为电催化应用的理想电极材料。

12.8.2.2 与核酸杂化

石墨烯材料尤其是 GO 对单链核苷酸具有很高的亲和力。尽管这个应用不是催化，但是它的亲和力是用来制造探测器。例如，氯高铁血红素 – 石墨烯复合材料是通过 $\pi-\pi$ 叠加来检测单核苷酸多态性的[47]。探测器的原理如下所示。与双链 DNA（dsDNA）相比，石墨烯对单链 DNA（ssDNA）的亲和力显著提高。当石墨烯与 ssDNA 相互作用时，不会观察到沉淀，而与 dsDNA 作用时会观测到显著的沉淀。单核苷酸多态性只提供了少量的沉淀，并且可以与其他两个状态进行区分。当血红素 – 石墨烯复合物具有过氧化物酶活性时，在交互作用和离心作用之后，上清液的活性与可溶解的混合催化剂的数量直接相关。简单的色度分析可以用来评估活性，从而检测多态性。

在后来的研究中也使用了同样的原理来检测致病性 DNA，在这种情况使用 GO[97,98]。GO 可以沉积在玻璃碳电极上，与 DNA 分子的相互作用改变了电化学阻抗谱和微分脉冲伏安法实验中的特性。通过适当的寡核苷酸设计，在不需要任何荧光分子或者任何标记情况下，可以检测出乙肝病毒基因[97]。这是由于银纳米簇本质上是荧光的，它们是由几种致病性病毒的 ssDNA（如乙型肝炎病毒基因、免疫缺陷病毒基因和梅毒基因）功能化的[98]。然而，当 ssDNA/Ag 与 GO 杂化时，荧光就会猝灭。在样本中存在病毒的情况下 ssDNA/Ag 可以形成一个 dsDNA，因此失去了与之相关的亲和力；这导致了荧光的增加。

通过识别前列腺特异抗原（PSA），开发了一种更具体的比色免疫测定法，用于检测前列腺癌[99]。在这个实验中，将二级抗体功能化的 GO 用于标记原始 PSA 抗体功能化的磁珠（MB）。一旦抗体与 PSA 发生作用，复合物就可以通过磁场从溶液中分离出来。然后，可以使用 H_2O_2通过氢醌的氧化反应来测试过氧物酶的活性（见图 12.6）。和之前所有的分析一样，相比基于辣根过氧化酶的酶检测器，作者强调了 GO 由于高稳定性和低成本的优势。

这种方法也适用于 RNA 分子。GO 可以区分单链 RNA 和双链 RNA，这一属性是通过 RNA 裂解 DNA 酶，来开发一种用于检测单核苷酸变化的荧光测量方法[100]。这个方法需要三个步骤：①特定的 DNA 酶裂解为目标突变 RNA，以及生成 RAN 碎片；②这些碎片与荧光标记的 DNA 杂交，以制备没有单链区域的 RNA –

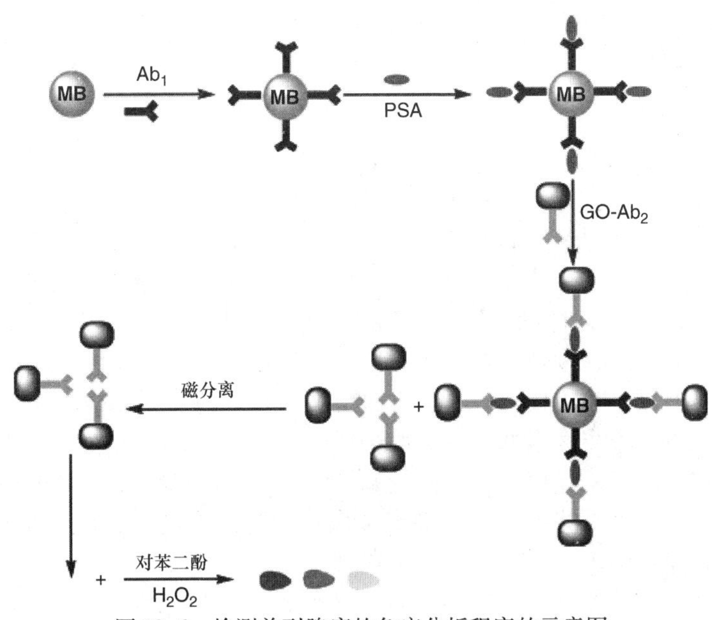

图 12.6　检测前列腺癌的免疫分析程序的示意图

DNA 双螺旋；③GO 被用来猝灭单链长野生型 RNA 的荧光。在这种情况下，突变片段是完全杂交的，因此不会与 GO 进行交互。尽管高亲和力导致了定量结果，但这种方法是高度专一的，需要开发特定的 DNA 酶，以及荧光探针标记 DNA 的产物，这是一种绝对不能以高通量的方式使用的东西。然而，这种方法强调了对于单核苷酸多态性快速检测和准确检测的潜力。

12.8.2.3　酶 - GO 杂化

像酶一样，GO 及其衍生物可以有效地用作固定生物催化剂的固定化基质。然而，它们不仅支持并促进生物催化剂的再利用，而且其固有的性质对于几种情况下提高催化性能的过程是重要的。虽然 GO 在生物催化过程中固定酶的领域仍在发展中，但最新的进展已经在最近发表的综述[101]中进行了总结。这些杂化生物轭合物的应用主要集中在生物传感器的开发、生物燃料电池、污染物的降解以及一些蛋白质组分析的应用。然而，仔细评估酶 - 纳米材料的相互作用，有望在未来几年给这个领域带来新的视角。例如，在制备生物传感器、生物电子学或生物燃料电池方面，据说 GO 可以促进蛋白质的氧化还原中心与电极之间的连接[102]。几种酶促进了电子转移，如细胞色素 C[103]、辣根过氧化酶和肌红蛋白[102]。这种增强不是由结构变化引起的，并且 GO 的进一步功能化没有导致进一步改进，这强调了富氧表面对电子转移的重要性。通过血红蛋白辅助，GO 的过氧化物酶活性也在连苯三酚的氧化中得到验证。GO 的水凝胶和血红蛋白被配制成混合催化剂，并且它们在几种有机溶剂中是稳定的。这些水凝胶具有比单个组分更高的催化活性（GO 或血红蛋白），突出了固定酶对 GO 的有益作用[104]。这一发现进一步强调了 GO 作为氧化还原酶的固定化支持的潜力，并且因此预计在未来几年将出现更多关于氧化还原酶固定化用于生物传感应用的研究。

12.9 展望

碳催化在过去的几年中引起了人们的注意。GO 及其衍生物是多功能催化剂，可用于多种工艺中，主要涉及氧化还原反应。特别是，由于其表面上的丰富官能团充当活性部位，加上材料的高比表面积和亲水性，GO 具有相当的反应活性。这些性能使其可以分散在水介质中。从本章介绍的所有上述应用中，在未来几年，GO 和所有 2D 碳基纳米材料似乎都有可能在碳电催化中发挥重要作用。

然而，为了促进该领域的指数式增长，该领域还有一些困难需要在未来的研究中加以解决。其中一个主要问题是 GO 的制备容易受到金属污染。在一些情况下，锰和其他金属的含量虽然很低，但仍然达到可检测的水平（ppb 水平）[27,30]。尽管它们的浓度很低，但不能排除这些金属的存在有助于最终材料的催化反应活性[105]。因此，要考虑的第一点是确定金属污染物，以便了解最终材料的确切组成。第二个困难与 GO 的未确定结构有关[106]。

没有催化剂的通用模型和确切结构，该领域缺乏可重复性、机理理解以及不同研究之间的适当比较。应避免严重破坏碳晶格的 GO 生产技术，应使用更温和且可重现的技术。最近，一个新的 GO 合成过程保留了蜂窝晶格，并且仅引起少量的 σ 孔缺陷（低至 0.01%）[107]。应该充分利用这些技术的优点，以便能够更大程度地利用 GO 材料及其性能。此外，使用电场实现 2D 材料表面上的官能团有利取向的建议，可以导致这些材料的催化效率的显著提高[38,108]，这是迄今尚未得以很好研究的问题。

根据以上所述，强调了将 GO 用于合成化学和其他催化应用的关键在于对材料的仔细表征。这一步对于实验的可重复性至关重要，并且预计将会更快地实现新的更高效的工艺，这些工艺将很快达到工业应用。

参 考 文 献

[1] Boehm, H.P.; Clauss, A.; Fischer, G.; Hofmann, T., Surface properties of extremely thin graphite lamellae. In *Carbon: Proceedings of the Fifth Conference*, vol. *1*, pp. 73–80. Pergamon Press, Oxford, **1962**.

[2] Hummers, W.S.; Offeman, R.E., Preparation of graphitic oxide. *J. Am. Chem. Soc.* **1958**, *80* (6), 1339.

[3] Dreyer, D.R.; Todd, A.D.; Bielawski, C.W., Harnessing the chemistry of graphene oxide. *Chem. Soc. Rev.* **2014**, *43* (15), 5288–5301.

[4] Machado, B.F.; Serp, P., Graphene-based materials for catalysis. *Catal. Sci. Technol.* **2012**, *2* (1), 54–75.

[5] Hofmann, U.; Holst, R., Über die Säurenatur und die Methylierung von Graphitoxyd. *Ber. Dtsch. Chem. Ges.* **1939**, *72*, 754–771.

[6] Ruess, G., Über das Graphitoxyhydroxyd (Graphitoxyd). *Monatsh. Chem.* **1947**, *76* (3–5), 381–417.

[7] Scholz, W.; Boehm, H.P., Betrachtungen zur Struktur des Graphitoxids. *Z. Anorg. Allg. Chem.* **1969**, *369*, 327–339.

[8] Nakajima, T.; Yoshiaki, M., Formation process and structure of graphite oxide. *Carbon* **1994**, *32* (3), 469–475.

[9] Lerf, A.; He, H.; Forster, M.; Klinowski, J. Structure of graphite oxide revisited. *J. Phys. Chem. B* **1998**, *102* (23), 4477–4482.
[10] Szabó, T.; Berkesi, O.; Forgó, P.; *et al.*, Evolution of surface functional groups in a series of progressively oxidized graphite oxides. *Chem. Mater.* **2006**, *18* (11), 2740–2749.
[11] Yang, D.; Velamakanni, A.; Bozoklu, G.; *et al.*, Chemical analysis of graphene oxide films after heat and chemical treatments by X-ray photoelectron and micro-Raman spectroscopy. *Carbon* **2009**, *47* (1), 145–152.
[12] Zhang, L.L.; Zhao, X.; Stoller, M.D.; *et al.*, Highly conductive and porous activated reduced graphene oxide films for high-power supercapacitors. *Nano Lett.* **2012**, *12* (4), 1806–1812.
[13] Compton, O.C.; Jain, B.; Dikin, D.A.; *et al.*, Chemically active reduced graphene oxide with tunable C/O ratios. *ACS Nano* **2011**, *5* (6), 4380–4391.
[14] Marcano, D.C.; Kosynkin, D.V.; Berlin, J.M.; *et al.*, Improved synthesis of graphene oxide. *ACS Nano* **2010**, *4* (8), 4806–4814.
[15] Zhu, Y.; Murali, S.; Stoller, M.D.; *et al.*, Carbon-based supercapacitors produced by activation of graphene. *Science* **2011**, *332* (6037), 1537–1541.
[16] Montes-Navajas, P.; Asenjo, N.G.; Santamaría, R.; *et al.*, Surface area measurement of graphene oxide in aqueous solutions. *Langmuir* **2013**, *29* (44), 13443–13448.
[17] Ruoff, R., Perspective: A means to an end. *Nature* **2012**, *483* (7389), S42–S42.
[18] Jung, I,; Dikin, D.A.; Piner, R.D.; Ruoff, R.S., Tunable electrical conductivity of individual graphene oxide sheets reduced at "low" temperatures. *Nano Lett.* **2008**, *8* (12), 4283–4287.
[19] Wei, D.; Kivioja, J., Graphene for energy solutions and its industrialization. *Nanoscale* **2013**, *5* (21), 10108–10126.
[20] Chen, J.-H.; Jang, C.; Xiao, S.; *et al.*, Intrinsic and extrinsic performance limits of graphene devices on SiO_2. *Nature Nanotechnol.* **2008**, *3* (4), 206–209.
[21] Punckt, C.; Muckel, F.; Wolff, S.; *et al.*, The effect of degree of reduction on the electrical properties of functionalized graphene sheets. *Appl. Phys. Lett.* **2013**, *102*, 023114.
[22] Kuila, T.; Mishra, A.K.; Khanra, P.; *et al.*, Recent advances in the efficient reduction of graphene oxide and its application as energy storage electrode materials. *Nanoscale* **2013**, *5* (1), 52–71.
[23] Sarkar, S.; Niyogi, S.; Bekyarova, E.; Haddon, R.C., Organometallic chemistry of extended periodic π-electron systems: hexahapto-chromium complexes of graphene and single-walled carbon nanotubes. *Chem. Sci.* **2011**, *2* (7), 1326–1333.
[24] Schaetz, A.; Zeltner, M.; Stark, W.J., Carbon modifications and surfaces for catalytic organic transformations. *ACS Catal.* **2012**, *2* (6), 1267–1284.
[25] Su, C.; Acik, M.; Takai, K.; *et al.*, Probing the catalytic activity of porous graphene oxide and the origin of this behaviour. *Nature Commun.* **2012**, *3*, 1298.
[26] Dreyer, D.R.; Park, S.; Bielawski, C.W.; Ruoff, R.S., The chemistry of graphene oxide. *Chem. Soc. Rev.* **2010**, *39* (1), 228–240.
[27] Dreyer, D.R.; Jia, H.-P.; Bielawski, C.W., Graphene oxide: a convenient carbocatalyst for facilitating oxidation and hydration reactions. *Angew. Chem. Int. Ed.* **2010**, *49* (38), 6813–6816.
[28] Dreyer, D.R.; Bielawski, C.W., Carbocatalysis: heterogeneous carbons finding utility in synthetic chemistry. *Chem. Sci.* **2011**, *2* (7), 1233–1240.
[29] Dreyer, D.R.; Jia, H.-P.; Todd, A.D.; *et al.*, Graphite oxide: a selective and highly efficient oxidant of thiols and sulfides. *Org. Biomol. Chem.* **2011**, *9* (21), 7292–7295.
[30] Jia, H.-P.; Dreyer, D.R.; Bielawski, C.W., C–H oxidation using graphite oxide. *Tetrahedron* **2011**, *67* (24), 4431–4434.
[31] Bielawski, C.W.; Dreyer, D.R.; Miller, R., Production of propene. US Patent US2015/025289 A1, 2015.
[32] Wang, S.; Dong, S.; Wang, J.; *et al.*, Oxygen-enriched carbon material for catalyzing oxygen reduction towards hybrid electrolyte Li–air battery. *J. Mater. Chem.* **2012**, *22* (39), 21051–21056.
[33] Zhu, Y.; Stoller, M.D.; Cai, W.; *et al.*, Exfoliation of graphite oxide in propylene carbonate and thermal reduction of the resulting graphene oxide platelets. *ACS Nano* **2010**, *4* (2), 1227–1233.
[34] Pereira, M.F.R.; Orfao, J.J.M.; Figueiredo, J.L., Oxidative dehydrogenation of ethylbenzene on activated carbon catalysts: 2. Kinetic modelling. *Appl. Catal. Gen.* **2000**, *196* (1), 43–54.

[35] Frank, B.; Blume, R.; Rinaldi, A.; *et al.*, Oxygen insertion catalysis by sp^2 carbon. *Angew. Chem. Int. Ed.* **2011**, *50* (43), 10226–10230.
[36] Frank, B.; Zhang, J.; Blume, R.; *et al.*, Heteroatoms increase the selectivity in oxidative dehydrogenation reactions on nanocarbons. *Angew. Chem. Int. Ed.* **2009**, *48* (37), 6913–6917.
[37] Tang, S.; Cao, Z., Site-dependent catalytic activity of graphene oxides towards oxidative dehydrogenation of propane. *Phys. Chem. Chem. Phys.* **2012**, *14*, 16558–16565.
[38] Tang, S.; Zhang, S., Adsorption of epoxy and hydroxyl groups on zigzag graphene nanoribbons: insights from density functional calculations. *Chem. Phys.* **2012**, *392* (1), 33–45.
[39] Hamwi, A.; Marchand, V. Some chemical and electrochemical properties of graphite oxide. *J. Phys. Chem. Solids* **1996**, *57* (6–8), 867–872.
[40] Singh Chauhan, S.M.; Mishra, S., Use of graphite oxide and graphene oxide as catalysts in the synthesis of dipyrromethane and calix[4]pyrrole. *Molecules* **2011**, *16* (12), 7256–7266.
[41] Shao, S.; Wang, A.; Yang, M.; *et al.*, Synthesis of *meso*-aryl substituted calix[4]pyrroles. *Synth. Commun.* **2001**, *31* (9), 1421–1426.
[42] Long, Y.; Zhang, C.; Wang, X.; *et al.*, Oxidation of SO_2 to SO_3 catalyzed by graphene oxide foams. *J. Mater. Chem.* **2011**, *21* (36), 13934–13941.
[43] Gonçalves, G.A.B.; Pires, S.M.G.; Simões, M.M.Q.; *et al.*, Three-dimensional graphene oxide: a promising green and sustainable catalyst for oxidation reactions at room temperature. *Chem. Commun.* **2014**, *50* (57), 7673–7676.
[44] Song, Y.; Qu, K.; Zhao, C.; *et al.*, Graphene oxide: intrinsic peroxidase catalytic activity and its application to glucose detection. *Adv. Mater.* **2010**, *22* (19), 2206–2210.
[45] Song, Y.; Wei, W.; Qu, X., Colorimetric biosensing using smart materials. *Adv. Mater.* **2011**, *23* (37), 4215–4236.
[46] Ji, J.; Zhang, G.; Chen, H.; *et al.*, Sulfonated graphene as water-tolerant solid acid catalyst. *Chem. Sci.* **2011**, *2* (3), 484–487.
[47] Guo, Y.; Deng, L.; Li, J.; *et al.*, Hemin – graphene hybrid nanosheets with intrinsic peroxidase-like activity for label-free colorimetric detection of single-nucleotide polymorphism. *ACS Nano* **2011**, *5* (2), 1282–1290.
[48] Xu, Y.; Zhao, L.; Bai, H.; *et al.*, Chemically converted graphene induced molecular flattening of 5,10,15,20-tetrakis(1-methyl-4-pyridinio)porphyrin and its application for optical detection of cadmium(II) ions. *J. Am. Chem. Soc.* **2009**, *131*, 13490–13497.
[49] Song, Y.; Chen, Y.; Feng, L.; *et al.*, Selective and quantitative cancer cell detection using target-directed functionalized graphene and its synergetic peroxidase-like activity. *Chem. Commun.* **2011**, *47* (15), 4436–4438.
[50] Dreyer, D.R.; Bielawski, C.W., Graphite oxide as an olefin polymerization carbocatalyst: applications in electrochemical double layer capacitors. *Adv. Funct. Mater.* **2012**, *22* (15), 3247–3253.
[51] Montaudo, G.; Finocchiaro, P.; Caccamese, S.; Bottino, F., Polycondensation of benzyl chloride and its derivatives: a study of the reaction at different temperatures. *J. Polym. Sci.* **1970**, *8* (9), 2475–2490.
[52] Lenz, R.W., *Organic Chemistry of Synthetic High Polymers*. Interscience, New York, **1967**.
[53] Dreyer, D.R.; Jarvis, K.A.; Ferreira, P.J.; Bielawski, C.W., Graphite oxide as a dehydrative polymerization catalyst: a one-step synthesis of carbon-reinforced poly(phenylene methylene) composites. *Macromolecules* **2011**, *44* (19), 7659–7667.
[54] Dreyer, D.R.; Jarvis, K.A.; Ferreira, P.J.; Bielawski, C.W., Graphite oxide as a carbocatalyst for the preparation of fullerene-reinforced polyester and polyamide nanocomposites. *Polym. Chem.* **2012**, *3* (3), 757–766.
[55] Arbaoui, A.; Redshaw, C., Metal catalysts for ε-caprolactone polymerisation. *Polym. Chem.* **2010**, *1* (6), 801–826.
[56] Liang, Y.; Li, Y.; Wang, H.; Dai, H., Strongly coupled inorganic/nanocarbon hybrid materials for advanced electrocatalysis. *J. Am. Chem. Soc.* **2013**, *135* (6), 2013–2036.
[57] Seger, B.; Kamat, P.V. Electrocatalytically active graphene–platinum nanocomposites. Role of 2-D carbon support in PEM fuel cells. *J. Phys. Chem. C* **2009**, *113* (19), 7990–7995.
[58] Su, D.S.; Perathoner, S.; Centi, G. Nanocarbons for the development of advanced catalysts. *Chem. Rev.* **2013**, *113* (8), 5782–5816.

[59] Strelko, V.V., Role of carbon matrix heteroatoms at synthesis of carbons for catalysis and energy applications. *J. Energy Chem.* **2013**, *22* (2), 174–182.
[60] Wang, D.-W.; Su, D., Heterogeneous nanocarbon materials for oxygen reduction reaction. *Energy Environ. Sci.* **2014**, *7* (2), 576.
[61] Yang, Z.; Yao, Z.; Li, G.; *et al.*, Sulfur-doped graphene as an efficient metal-free cathode catalyst for oxygen reduction. *ACS Nano* **2012**, *6* (1), 205–211.
[62] Wang, S.; Yu, D.; Dai, L.; *et al.*, Polyelectrolyte-functionalized graphene as metal-free electrocatalysts for oxygen reduction. *ACS Nano* **2011**, *5* (8), 6202–6209.
[63] Lee, K.R.; Lee, K.U.; Lee, J.W., *et al.*, Electrochemical oxygen reduction on nitrogen doped graphene sheets in acid media. *Electrochem. Commun.* **2010**, *12* (8), 1052–1055.
[64] Park, S.; An, J.; Potts, J.R.; *et al.*, Hydrazine-reduction of graphite- and graphene oxide. *Carbon* **2011**, *49* (9), 3019–3023.
[65] Kim, H.; Lee, K.; Woo, S.I.; Jung, Y., On the mechanism of enhanced oxygen reduction reaction in nitrogen-doped graphene nanoribbons. *Phys. Chem. Chem. Phys.* **2011**, *13* (39), 17505–17510.
[66] Dong, L.; Chen, Z.; Yang, D.; Lu, H., Hierarchically structured graphene-based supercapacitor electrodes. *RSC Advances* **2013**, *3* (44), 21183–21191.
[67] Zhai, Y.; Dou, Y.; Zhao, D.; *et al.*, Carbon materials for chemical capacitive energy storage. *Adv. Mater.* **2011**, *23* (42), 4828–4850.
[68] Ye, J.; Zhang, H.; Chen, Y.; *et al.*, Supercapacitors based on low-temperature partially exfoliated and reduced graphite oxide. *J. Power Sources* **2012**, *212*, 105–110.
[69] Wang, Y.; Shi, Z.; Huang, Y.; Ma, Y.; Chen, M.; Chen, Y., Supercapacitor devices based on graphene materials. *J. Phys. Chem. C* **2009**, *113* (30), 13103–13107.
[70] Chen, Y.; Zhang, X.; Zhang, D.; Ma, Y., High power density of graphene-based supercapacitors in ionic liquid electrolytes. *Mater. Lett.* **2012**, *68*, 475–477.
[71] Vijay Kumar, A.; Rama Rao, K., Recyclable graphite oxide catalyzed Friedel–Crafts addition of indoles to α,β-unsaturated ketones. *Tetrahedron Lett.* **2011**, *52* (40), 5188–5191.
[72] Gu, Y.; Ogawa, C.; Kobayashi, J.; *et al.*, A heterogeneous silica-supported scandium/ionic liquid catalyst system for organic reactions in water. *Angew. Chem. Int. Ed.* **2006**, *45* (43), 7217–7220.
[73] Hagiwara, H.; Sekifuji, M.; Hoshi, T.; *et al.*, Sustainable conjugate addition of indoles catalyzed by acidic ionic liquid immobilized on silica. *Synlett* **2008**, *2008* (4), 608–610.
[74] Kim, Y.; Some, S.; Lee, H., Graphene oxide as a recyclable phase transfer catalyst. *Chem. Commun.* **2013**, *49* (50), 5702–5704.
[75] Verma, S.; Mungse, H.P.; Kumar, N.; *et al.*, Graphene oxide: an efficient and reusable carbocatalyst for aza-Michael addition of amines to activated alkenes. *Chem. Commun.* **2011**, *47* (47), 12673–12675.
[76] Yeh, T.-F.; Syu, J.-M.; Cheng, C.; *et al.*, Graphite oxide as a photocatalyst for hydrogen production from water. *Adv. Funct. Mater.* **2010**, *20* (14), 2255–2262.
[77] Hou, W.-C.; Chowdhury, I.; Goodwin, D.G.; *et al.*, Photochemical transformation of graphene oxide in sunlight. *Environ. Sci. Technol.* **2015**, *49* (6), 3435–3443.
[78] Pan, Y.; Wang, S.; Kee, C.W.; *et al.*, Graphene oxide and Rose Bengal: oxidative C–H functionalisation of tertiary amines using visible light. *Green Chem.* **2011**, *13* (12), 3341–3344.
[79] Sreeprasad, T.S.; Pradeep, T., Graphene for environmental and biological applications. *Int. J. Mod. Phys. B* **2012**, *26* (21), 1242001.
[80] Suzuki, Y.; Matsushima, M.; Kodomari, M., Graphite-catalyzed acylative cleavage of ethers with acyl halides. *Chem. Lett.* **1998**, *27* (4), 319–320.
[81] Sereda, G.A.; Rajpara, V.B.; Slaba, R.L. The synthetic potential of graphite-catalyzed alkylation. *Tetrahedron* **2007**, *63* (34), 8351–8357.
[82] Garrigues, B.; Laporte, C.; Laurent, R.; *et al.*, Microwave-assisted Diels–Alder reaction supported on graphite. *Liebigs Ann.* **1996**, *1996* (5), 739–741.
[83] Klemens, P.G.; Pedraza, D.F., Thermal conductivity of graphite in the basal plane. *Carbon* **1994**, *32* (4), 735–741.
[84] Han, B.H.; Shin, D.H.; Cho, S.Y., Graphite catalyzed reduction of aromatic and aliphatic nitro compounds with hydrazine hydrate. *Tetrahedron Lett.* **1985**, *26* (50), 6233–6234.
[85] Krishnan, D.; Kim, F.; Luo, J.; *et al.*, Energetic graphene oxide: challenges and opportunities. *Nano Today* **2012**, *7* (2), 137–152.

[86] Samy El-Shall, M., Heterogeneous catalysis by metal nanoparticles supported on graphene. In *Graphene: Synthesis, Properties and Phenomena*, eds C.N.R. Rao and A.K.Sood, pp. 303–338. Wiley-VCH, Weinheim, **2013**.

[87] Julkapli, N.M.; Bagheri, S., Graphene supported heterogeneous catalysts: an overview. *Int. J. Hydrogen Energy* **2015**, *40* (2), 948–979.

[88] Scheuermann, G.M.; Rumi, L.; Steurer, P.; *et al.*, Palladium nanoparticles on graphite oxide and its functionalized graphene derivatives as highly active catalysts for the Suzuki – Miyaura coupling reaction. *J. Am. Chem. Soc.* **2009**, *131* (23), 8262–8270.

[89] Siamaki, A.R.; Khder, A.E.R.S.; Abdelsayed, V.; *et al.*, Microwave-assisted synthesis of palladium nanoparticles supported on graphene: a highly active and recyclable catalyst for carbon–carbon cross-coupling reactions. *J. Catal.* **2011**, *279* (1), 1–11.

[90] Krishnamurthy, S.; Kamat, P.V., CdSe–graphene oxide light-harvesting assembly: size-dependent electron transfer and light energy conversion aspects. *ChemPhysChem* **2014**, *15* (10), 2129–2135.

[91] Radich, J.G.; Krenselewski, A.L.; Zhu, J.; Kamat, P.V., Is graphene a stable platform for photocatalysis? Mineralization of reduced graphene oxide with UV-irradiated TiO_2 nanoparticles. *Chem. Mater*. **2014**, *26* (15), 4662–4668.

[92] Chen, X.; Deng, D.; Pan, X.; *et al.*, N-doped graphene as an electron donor of iron catalyst for CO hydrogenation to light olefins. *Chem. Commun.* **2015**, *51*, 217–220.

[93] Wang, G.; He, X.; Wang, L.; *et al.*, Non-enzymatic electrochemical sensing of glucose. *Microchim. Acta* **2013**, *180* (3–4), 161–186.

[94] Zhang, Y.; Xu, F.; Sun, Y.; *et al.*, Assembly of $Ni(OH)_2$ nanoplates on reduced graphene oxide: a two dimensional nanocomposite for enzyme-free glucose sensing. *J. Mater. Chem.* **2011**, *21* (42), 16949–16954.

[95] Liu, C.; Wang, K.; Luo, S.; *et al.*, Direct electrodeposition of graphene enabling the one-step synthesis of graphene–metal nanocomposite films. *Small* **2011**, *7* (9), 1203–1206.

[96] Gao, H.; Xiao, F.; Ching, C.B.; Duan, H., One-step electrochemical synthesis of PtNi nanoparticle–graphene nanocomposites for non-enzymatic amperometric glucose detection. *ACS Appl. Mater. Interfaces* **2011**, *3* (8), 3049–3057.

[97] Muti, M.; Sharma, S.; Erdem, A.; Papakonstantinou, P., Electrochemical monitoring of nucleic acid hybridization by single-use graphene oxide-based sensor. *Electroanalysis* **2011**, *23* (1), 272–279.

[98] Liu, X.; Wang, F.; Aizen, R.; *et al.*, Graphene oxide/nucleic acid-stabilized silver nanoclusters: functional hybrid materials for optical aptamer sensing and multiplexed analysis of pathogenic DNAs. *J. Am. Chem. Soc.* **2013**, *135* (32), 11832–11839.

[99] Qu, F.; Li, T.; Yang, M., Colorimetric platform for visual detection of cancer biomarker based on intrinsic peroxidase activity of graphene oxide. *Biosens. Bioelectron.* **2011**, *26* (9), 3927–3931.

[100] Hong, C.; Kim, D.-M.; Baek, A.; *et al.*, Fluorescence-based detection of single-nucleotide changes in RNA using graphene oxide and DNAzyme. *Chem. Commun.* **2015**, *51* (26), 5641–5644.

[101] Pavlidis, I.V.; Patila, M.; Bornscheuer, U.T.; *et al.*, Graphene-based nanobiocatalytic systems: recent advances and future prospects. *Trends Biotechnol*. **2014**, *32* (6), 312–320.

[102] Zuo, X.; He, S.; Li, D.; Peng, C.; Huang, Q.; Song, S.; Fan, C., Graphene oxide-facilitated electron transfer of metalloproteins at electrode surfaces. *Langmuir* **2010**, *26* (3), 1936–1939.

[103] Patila, M.; Pavlidis, I.V.; Diamanti, E.K.; *et al.*, Enhancement of cytochrome c catalytic behaviour by affecting the heme environment using functionalized carbon-based nanomaterials. *Process Biochem*. **2013**, *48* (7), 1010–1017.

[104] Huang, C.; Bai, H.; Li, C.; Shi, G., A graphene oxide/hemoglobin composite hydrogel for enzymatic catalysis in organic solvents. *Chem. Commun*. **2011**, *47* (17), 4962–4964.

[105] Leadbeater, N.E., Cross coupling: when is free really free? *Nature Chem.* **2010**, *2*, 1007–1009.

[106] Eigler, S.; Hirsch, A., Chemistry with graphene and graphene oxide – challenges for synthetic chemists. *Angew. Chem. Int. Ed.* **2014**, *53* (30), 7720–7738.

[107] Eigler, S.; Enzelberger-Heim, M.; Grimm, S.; *et al.*, Wet chemical synthesis of graphene. *Adv. Mater.* **2013**, *25* (26), 3583–3587.

[108] Sun, P.; Zheng, F.; Wang, K.; *et al.*, Electro- and magneto-modulated ion transport through graphene oxide membranes. *Sci. Rep.* **2014**, *4*, 6798.

第 13 章 工业化生产氧化石墨烯的挑战

Sean E. Lowe，Yu Lin Zhong

13.1 引言

石墨烯是否可以改变行业不再是问题，问题是什么时候。答案应该从石墨烯何时可以实现低成本、质量可控的工业化大规模生产中来寻找。工业化生产石墨烯有多种途径，每种途径都会得到不同的石墨烯产品[1-4]。对于高端电子行业来说，化学气相沉积（CVD）是最合适的，因为它可以精确控制石墨烯缺陷和层数，但更重要的是该过程可以轻松集成到利润丰厚的半导体行业中。对于需要大量石墨烯的行业来说，如能量存储、能量转换和涂层，使用可大规模生产的石墨湿法化学剥离方法似乎是最有前景的[2]。湿化学剥离利用了原材料丰富的石墨，并且具有潜在的低生产成本。这些是替代目前使用的材料的关键因素，尤其是那些已经很便宜的材料。在湿法化学方法中，氧化石墨路线是目前最流行的路线。这是由于其能够以高产率生产单层氧化石墨烯（GO），并且在水中具有出色的分散性，这有利于氧化石墨氧化物的加工以及在下游应用中的使用。

在本章中，我们将讨论大规模 GO 生产的技术和经济问题。尽管在本书和其他文献中对 GO 的科学方面进行了讨论[5-13]，但仍然需要从工业角度来讨论氧化石墨烯的大规模生产。本章目的是部分填补这一空白，突出大规模 GO 生产商将面临的一些关键的科学、工程和经济挑战。首先，为了提供经济背景，13.2 节提供了 GO 市场的介绍。其次，13.3 节概述了 GO 合成的主要方法。然后在 13.4 节中描述了与大规模 GO 生产相关的关键考虑和挑战。这些挑战的范围从采购适当的石墨原材料到经济有效地生产 GO，然后是存储和处理产品。最后，13.5 节将考虑工业化生产的未来发展方向。

13.2 石墨烯市场的范围和规模

自 Novoselov 和 Geim 对石墨烯的突破性分离和表征[14-16]以来只有 10 年时间，石墨烯行业还处于初始阶段，不同类型的石墨烯展现了不同的商业化率和市场吸收率。石墨烯的生产规模相对于其他工业材料而言较小，每年可生产数万吨或更多。如图 13.1 所示，石墨烯的产量比其碳纳米材料类似物、碳纤维和碳纳米管（CNT）

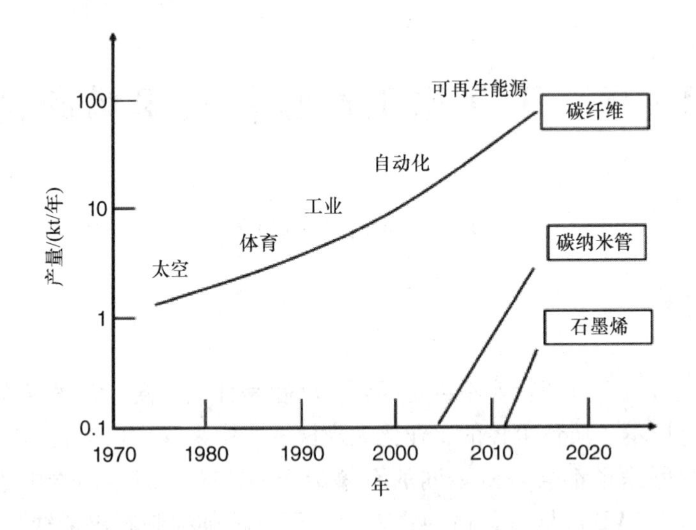

图 13.1　1970～2014 年，碳纤维、碳纳米管和石墨烯的年产量。还绘制了碳纤维市场以及其产量提高的时间[17]

低几个数量级。

2014 年，Ren 和 Cheng[4] 报道了大规模石墨烯生产在全球范围内有针对性工业应用的增长（见表 13.1）。从表中的数据来看，由于 CVD 石墨烯薄膜的快速应用，大规模生产化学气相沉积（CVD）石墨烯薄膜的产业（每年高达 200000m^2）正在迅速发展并具有明确的质量基准（如电导率和透明度）和利润丰厚的电子市场。

目前最常见的透明导电膜使用氧化铟锡（含有 74% 铟），价格昂贵且供应有限，这一事实促进了石墨烯薄膜产业的增长。表 13.1 还强调了另一类石墨烯，即石墨烯纳米片，它们通常可通过插层－扩张－剥离的工艺大规模生产（每年可达 300t）。这样的过程类似于可膨胀石墨的古老技术并结合分解过程以产生石墨烯纳米片。但问题是这些石墨烯纳米片是否表现出更接近于石墨烯或石墨的性质。相比之下，尽管 GO 是最具加工性和多用途的石墨烯前体，但生产 GO 的大公司却减少了。GO 的商业化并不像 CVD 石墨烯那样简单，因为它通常被进一步加工或与其他材料一起使用，而不是作为具有特定需求的市场的最终产品。

GO 很可能用于复合材料和聚合物混合物[9,18]、导电油墨[19]、能量存储[20]以及其他不需要无缺陷石墨烯的应用[3]。在许多情况下，GO 将需要根据应用进行进一步转化，如电导率的降低、脱盐膜的成膜、生物相关应用的生物偶联等。因此，预计 GO 的生产方式应该满足各个工业领域的需求。与以不同等级、纯度和混合物生产的其他工业化学品一样，GO 的质量范围非常广泛，包括薄片尺寸、氧化程度、孔隙率和纯度。如果所有这些特质都可以控制，那么这对 GO 来说将是一个重要的优势，但是，如果不是这样，这将是一个重大的挫折。

表 13.1　部分生产商的合成方法、产品、产量以及实际应用

	合成方法	产品	产量	主要应用产品
Angstron Materials（美国）	液态剥离	纳米级 PGO 片 厚度：<100nm 碳含量：≥95%（针对平均厚度三层以下）	300t/年	石墨烯/硅电极
Thomas Swan（英国）	液态剥离	石墨烯纳米片 厚度：5~7 层（平均） 尺寸：0.5~2μm 石墨烯片电阻：(10±5)Ω/Υ（膜厚 25μm，等价于 27~80S/cm）	量级为 kg/天（2014 年 9 月）	
Vorbeck Materials（美国）	氧化－高温剥离	官能化石墨烯 厚度：大部分为 1~3 层 形貌：褶皱丰富	40t/年（2012 年 10 月）	导电墨水及导电涂层，石墨烯橡胶，液态电池束
第六元素材料科技（中国）	氧化－剥离－还原	氧化石墨烯，还原氧化石墨烯 厚度：≤10nm 碳含量：≥95%	100t/年（2013 年 11 月）	机械/热增强复合物，防腐涂层
XG Science（美国）	插层－剥离	石墨烯纳米片 厚度：2~15nm（平均） 导电性及导热性：3800S/cm 以及 500W/mK（30μm 厚度的石墨烯纸产品）	80t/年（2012 年 8 月）	石墨烯/硅电极复合物，超级电容器电极材料，导电墨水及图层，石墨烯纸（主要用于散热以及导电等应用）
宁波墨西（中国）	插层－膨胀－剥离	石墨烯纳米片 平均厚度：3nm	300t/年（2013 年 12 月）	石墨烯导电添加剂以及锂电池的石墨烯涂层集电器，导电墨水，散热涂层，防腐涂层，导热/电母料
德阳烯碳科技（中国）	插层－膨胀－剥离	石墨烯膜（寡层） 厚度：≤10 层 导电性：约 1000S/cm（膜厚约 15μm）	1.5t/年（2012 年 10 月） 300t/年（2017~2019）	电池材料，温控材料，导电墨水，导电防腐涂层
Bluestone Global Tech（美国）	气相沉积法（CVD）	铜，SiO_2/Si 以及聚对酞酸乙二酯（PET）基石墨烯膜 PET 基膜：最大尺寸 $8\times10in^2$，透光率>85% 时<30Ω/Υ（不包括基底），透光率 95% 时<800Ω/Υ（不包括基底） SiO_2/Si 基膜：最大为 4in 原片，透光率>95%，平均霍尔迁移率为 2000~4000$cm^2V^{-1}s^{-1}$	—	场效应晶体管，触摸屏
二维碳素科技（中国）	气相沉积法（CVD）	铜，SiO_2/Si，玻璃、PET 基薄膜 PET 基膜：最大尺寸为 $450\times550mm^2$，单层率>90%，透光率为 85% 时 200~400Ω/Υ（包括基底）	30000m^2（2013 年 5 月） 200000m^2（2014 年 12 月）	触摸屏

（续）

	合成方法	产品	产量	主要应用产品
无锡格菲电子薄膜科技（中国）	气相沉积法（CVD）	Cu，PET 基底薄膜，>97%透光率（不包括基底）时约600Ω/ϒ	$80000m^2$（2013 年 12 月）	触摸屏，触摸传感器（500 万片，2013 年 12 月）
辉锐科技（中国）	气相沉积法（CVD）	Cu，PET 基底薄膜 Cu 基底薄膜：最大尺寸为 $7.5m^2$（2013） PET 基底薄膜：95.5% 透光率时 50～140Ω/ϒ	—	触摸屏

13.3 氧化石墨烯合成

氧化石墨烯（GO）是石墨烯的单层氧化物，通常通过搅拌或频繁地超声从大量氧化石墨中性或碱性水溶液中获得。值得注意的是，即使是将大块氧化石墨分散在水中的简单过程也可能导致 GO 片的不同尺寸。尽管有直接使用大块氧化石墨的应用，例如形成热处理 GO（tpGO）[21]，但大多数应用都试图利用单层 GO 较大的比表面积。随着时间的推移，合成 GO 合成方法变得更安全、更环保、更具可扩展性。

Brodie 于 1859 年第一次实现了氧化石墨合成[22]，使用发烟硝酸中的高氯酸钾来氧化大块石墨。但是，当高氯酸钾加入浓酸中时，由于形成高度爆炸性的二氧化氯气体，使这个过程非常危险。1898 年，Staudenmaier [23] 对 Brodie 方法进行了改进，在为期四天的实验中用浓硫酸替代了大约 2/3 的发烟硝酸，并加入高氯酸钾。与 Brodie 的方法相比，这种改进减少了爆炸危险，增加了氧化石墨的整体氧化程度，并且允许在单个反应容器中进行。Charpy [24] 开发了一种革命性的氧化石墨生产方法，后来在 1958 年由 Hummers 和 Offeman 开发出来[25]，其中一个重量当量的石墨在浓硫酸中被三个重量当量的高锰酸钾和相当于一半重量当量的硝酸钠氧化。Hummers 法是目前应用最广泛的 GO 生产方法，因为它消除了爆炸性气体，更重要的是，将总反应时间缩短到几小时或更短。

基于 Hummers 或类似方法的典型过程如图 13.2 所示。在这个过程中，硫酸（H_2SO_4）分子首先插入石墨层间[7,26]。高锰酸钾（$KMnO_4$）和硝酸钠（$NaNO_3$）也作为氧化剂被加入到反应混合物中。在浓硫酸中，高锰酸钾反应形成七氧化二锰（Mn_2O_7），这是石墨烯氧化中作为强氧化剂的活性物质，但其他如高锰酸根离子也可能起氧化作用[26]。由于石墨层间硫酸的嵌入，氧化剂混合物可进入石墨烯层之间。然后与石墨烯反应，接枝官能团如羟基（－OH）、环氧化物（－O－）和羧酸（－COOH）以形成 GO。因为在某些情况下氧化过程不会导致石墨完全转化成氧化石墨，所以可以在主要氧化之前加入预氧化步骤（例如在 H_2SO_4 中使用 P_2O_5 和 $K_2S_2O_8$）[27]。

在后处理过程中，用水和过氧化氢（H_2O_2）猝灭反应。水与七氧化钾反应形成 $HMnO_4$，有效地停止氧化反应。过氧化氢进一步与混合物中的氧化锰反应，将

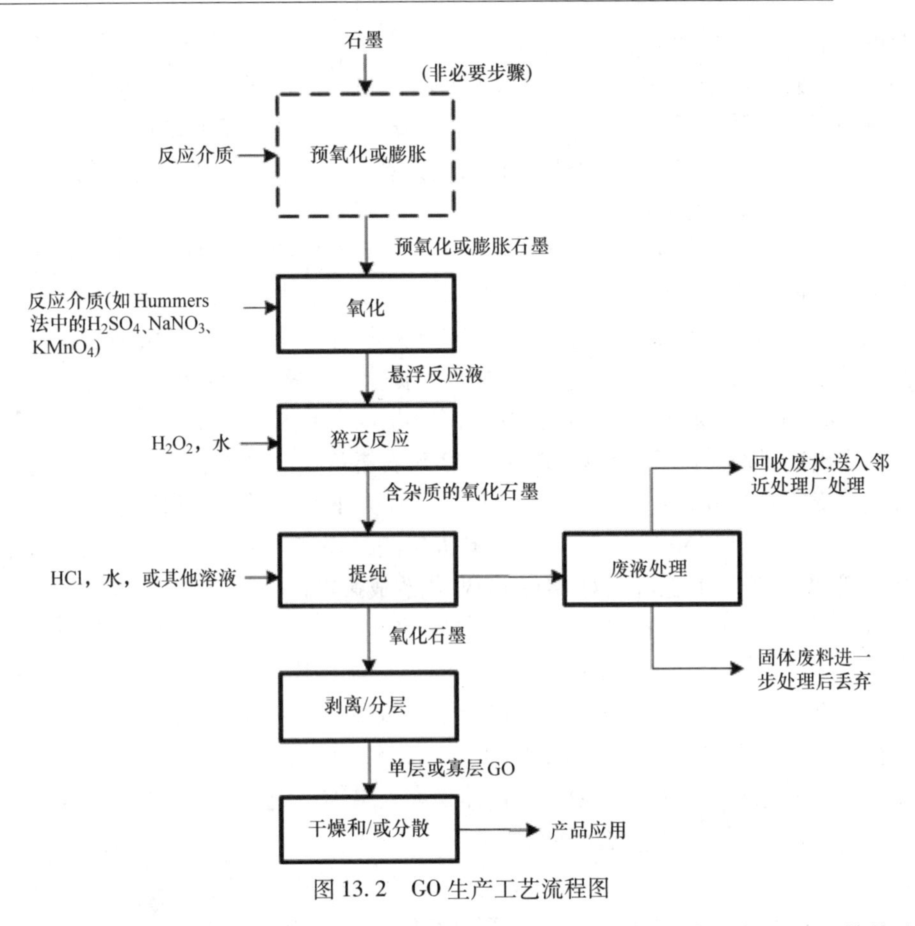

图 13.2　GO 生产工艺流程图

其还原成锰离子。在随后的纯化过程中，除去溶液中的锰和其他离子以及其他未氧化或氧化过程中的石墨。氧化石墨还需要剥离成单层或几层 GO。尽管热膨胀也可以达到这种效果，但通常通过机械手段（例如搅拌或超声处理）完成[28]。在该过程结束时，通过干燥或在水或其他介质中分散来制备最终产品以供进一步使用。

13.4　氧化石墨烯生产中的问题

GO 潜在的大规模生产商可能面临几个挑战。尽管 Hummers 法应该可以在工业生产中应用，但仍然存在一些科学问题，需要在进行大规模应用之前解决（例如石墨剥离和 GO 存储的最佳参数）。除了这些技术问题之外，大规模生产需要考虑许多经济因素，例如需要以低成本获得大量原始材料。下面讨论图 13.2 所示的各个过程阶段相关的各种技术和经济挑战。

13.4.1　石墨来源

石墨来源在这一过程中是一个特别重要的考虑因素，因为它不仅会影响成本，还会影响后续加工步骤和最终产品质量。

GO 可以由天然石墨合成，也可以由人造石墨合成。其中天然石墨存在三种形式：脉石墨、片状石墨和无定形/微晶石墨。脉石墨是最纯净的矿石，处理前含碳量最高（> 90%）。然而，脉石墨目前仅由斯里兰卡的两座矿产能力有限的矿场出产[29]，仅占世界总天然石墨产量的 1%[30]。

片状石墨一直是 GO 研究和开发中使用的天然石墨的主要来源。世界最大的片状石墨生产商在中国。电子行业的需求不断增加，促使加拿大、巴西、澳大利亚和其他地区也开始勘探片状石墨矿藏[31]。矿物提取后，片状石墨通常通过机械分离和浮选纯化以除去污染[29]。然后以干燥形式提供各种网目尺寸和纯度。

随着 2011 年的勘探热潮，片状石墨在全世界范围内的产能不断增加，预计近期内不会出现供应短缺[30]。在 2011～2012 年石墨价格高峰之后，片状石墨的价格一直在下降[32]。2014 年，基于碳百分比、薄片大小、交货地点和采购数量，价格从每吨 750 美元到 1350 美元不等[33]。有人猜测，随着中国供应减少，石墨价格可能会上涨[34]，价格上涨可能对 GO 的商业化造成影响。

GO 也可以由无定形石墨（也称为微晶石墨）合成[35]。无定形石墨是最便宜、最丰富的矿物形式。但缺少片状石墨特有的大型堆叠片状石墨片[29,36]。有一些证据表明，无定形石墨中的无序堆积可能会阻碍硫酸的嵌入（见图 13.3）[35]。

膨胀石墨（EG）也是 GO 合成的合适前驱体[35,37]。膨胀石墨是已经用插入剂和加热预处理过的天然石墨，使得其比体积大大增加。使用膨胀石墨有助于氧化过程[35]，但缺点是需要额外的步骤和成本。

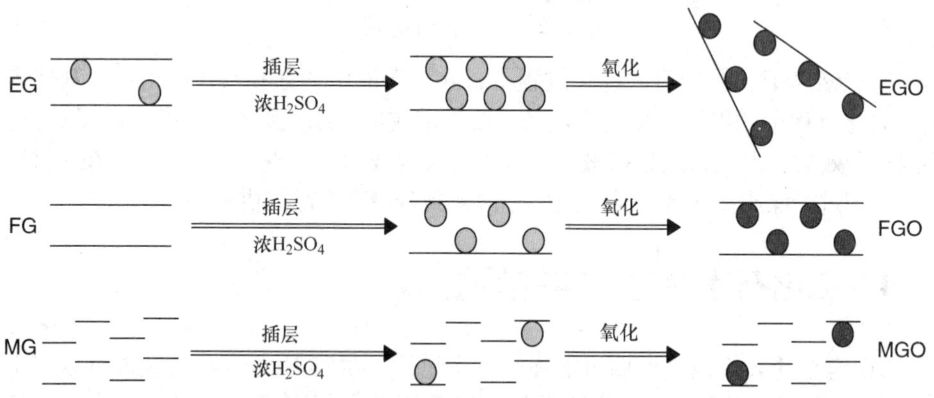

图 13.3　三种石墨的插层和氧化：膨胀石墨（EG）、片状石墨（FG）和微晶石墨（MG）。EG 已用硫酸预处理，因此在 Hummers 工艺中最容易嵌入和氧化。相反，MG 的微晶结构似乎会阻碍插层/氧化，导致在给定时间段内欠氧化石墨的量更大

除了天然石墨，合成石墨也可用于生产 GO[28,38,39]。合成石墨是通过将非结构碳加热到非常高的温度（大于 2500℃）形成的。合成石墨的结晶结构比天然石墨少[29]，这会影响氧化反应的动力学。尽管合成石墨的批次间可靠性预计会高于

天然石墨，但合成石墨的价格要高得多。一般比同等级别的片状石墨高出至少 50%[33]，对于更多的加工形式，合成石墨价格可能更高。

因此，该工艺中使用的石墨类型和尺寸会影响氧化和剥离反应的效果。在所有其他条件相同的情况下，石墨进料会影响反应的程度（见 13.4.2.3 节）、层数和氧化程度[28,35]。另外，开采石墨中造成的缺陷会影响最终材料的质量和性能。因此，石墨的选择不仅要考虑成本，还要考虑原材料对整个工艺和最终产品的影响。

13.4.2　反应条件

石墨氧化过程中存在几个挑战：反应介质的采购，健康和安全问题，增加产量/转化率方面的挑战，以及在实现可再现的高产品质量方面的挑战。但是大多数情况下，这些挑战并不难解决，最近的工作已经开始着手解决。

13.4.2.1　经济反应媒介的选择

为了从石墨中生产 GO，需要采购化学品来辅助插层和氧化。除了一些例外情况，该工艺所需的大部分化学品都是易得且便宜的。

在最初的 Hummers 法中，硫酸用作插入剂，高锰酸钾作为氧化剂，硝酸钠促进氧化过程。尽管磷酸（H_3PO_4）可以任选添加，但是该方法的大多数现代变体仍然主要依赖于硫酸的嵌入效应。幸运的是，这些嵌入化学品（硫酸和磷酸）很容易获得。事实上，作为主要反应物的硫酸是世界上交易量最大的化学品之一[41]。在 2015 年 4 月为 75 ~ 80 美元/t[42]，相对来讲很便宜。

从工业角度看，高锰酸钾的使用存在来自其自身的挑战。首先，化学品可能是危险的，如 13.4.2.2 节所述。其次使用高锰酸钾可能代价很高。2008 ~ 2009 年，美国生产商提供的高锰酸钾平均价格为 2.16 美元/lb（4768 美元/t）[43]。高锰酸钾可以从中国以低成本进口，但是作为反倾销措施的一部分，其对美国的进口受到限制[44,45]。考虑到典型的改性 Hummers 工艺使用高锰酸钾与石墨质量比为 3∶1[10]，可以预期氧化剂将成为此方案成本的主要部分。经济氧化剂的采购对于降低 GO 产品的整体成本非常重要。

高锰酸钾的替代品在近期被开发了出来[44,46]。Gao 等人的研究[44]表明，硫酸中的高铁酸钾（K_2FeO_4）有望替代高锰酸钾作为氧化剂。高度氧化的单层 GO 可以在更短的反应时间内，以更少的危险副产物（例如没有产生重金属锰）来生产，并且不需要冷却反应器辅助生产。反应介质可以回收至少 10 次。但是尽管有这种优势，高铁酸钾目前还无法大规模工业化生产，其价格为 2 美元/g 左右[47]。而且，高铁酸钾会在水中迅速分解，特别当反应介质被回收利用时更易产生分解。为了使用这种有吸引力的替代氧化剂来进行大规模 GO 生产，这些问题必须得到解决。

13.4.2.2　危害管理

Hummers 方法至少有两个特征危险源：由硝酸钠产生的有毒爆炸性气体，以及在硫酸中使用高锰酸钾引起的爆炸风险。

• 危险含氮气体的演变。添加硝酸钠（$NaNO_3$）可能出现安全问题。将其添加到反应中会导致有毒有害气体 NO_2 和 N_2O_4 的产生。目前人们希望完全避免出现这种气体，但实际上这种气体可以被控制。研究表明，由于硫酸的强插入性质和高锰酸钾的氧化性质，过程中可以不添加 $NaNO_3$。该方法首先由 Tour 等人[40]证明，并且已经被其他研究人员使用[37,48,49]。去除硝酸钠具有消除废水中的钠离子和硝酸根离子的附加优点。

• 来自七氧化二锰的爆炸危险。当将高锰酸钾加入到硫酸溶液中时，根据以下反应形成危险的七氧化物[50]：

$$2MnO_4^- + 2H^+ \rightarrow Mn_2O_7 + H_2O$$

七氧化二锰是一种极易氧化的化合物，在55℃以上的温度下，它可以很容易地与大多数有机化合物反应和燃烧[51]。此外，七氧化钾本身可以在高于95℃的温度下爆炸。同时氧化反应释放出大量热，使反应物在未冷却的情况下升高到60℃[52]。

因此，适当的温度控制系统、警报和其他安全机制对于降低爆炸风险至关重要。例如，反应器可以用冷却水包裹，并适当控制冷却水的流量。通过在多个反应器中加入反应物，可以进一步降低风险，减少每个反应器的放热负荷（见图 13.4）。

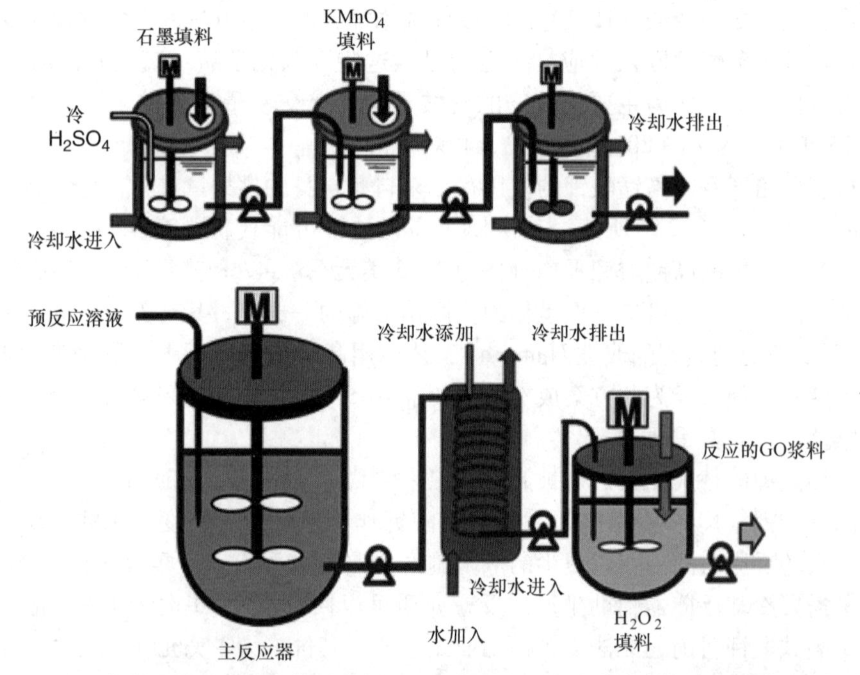

图 13.4 石墨氧化连续过程的示意图。在此过程中，石墨和硫酸首先在连续搅拌釜式反应器（CSTR）中预混合。在第二个 CSTR 中加入高锰酸钾，然后在第三个 CSTR 中进一步冷却。该混合物被泵入主氧化反应器。在热交换器中冷却后，反应在最终 CSTR 中用过氧化氢猝灭

13.4.2.3 增产手段

在传统的 Hummers 工艺中氧化并不完全，在反应器中通常存在未氧化或氧化

中的石墨。我们通常希望将这些氧化不完全的石墨转化为 GO。首先，这可以最大限度地利用原材料。其次，实现 100% 的转化将消除在随后纯化中分离出未氧化的石墨的需要。

虽然可以通过添加预氧化步骤来尝试完全氧化，但实际上完全氧化很难达到[27]。也可以通过将反应时间增加到几小时或通过依次加入大量过量的 $KMnO_4$ 的方法来提高氧化程度。但是从工业角度来看，这些方法都不是特别理想，因为它们需要增加试剂，使用更大的设备（以实现更长的反应时间）或者添加更多的操作步骤。

然而，一种可能有效的方法是改变石墨颗粒的尺寸。Chen 等人的研究[49]表明，在改进的 Hummers 法中使用尺寸小于 20μm 的鳞片石墨可以使石墨在 30min 内完全氧化。他们表明该反应是传质限制的，并且对于较大的薄片（例如 100μm），30min 不足以使氧化剂完全渗透石墨。

在另一种方法中，通过改变氧化反应器内的混合状态来改善传质。Park 等人[54]设计了一个带有旋转内筒的反应器，使用该反应器可以实现 Couette – Taylor 流型（见图 13.5）。他们使用 50μm 的片状石墨，发现增加的湍流混合可以使石墨完全氧化，并在 30min 内生成高度氧化的 GO。

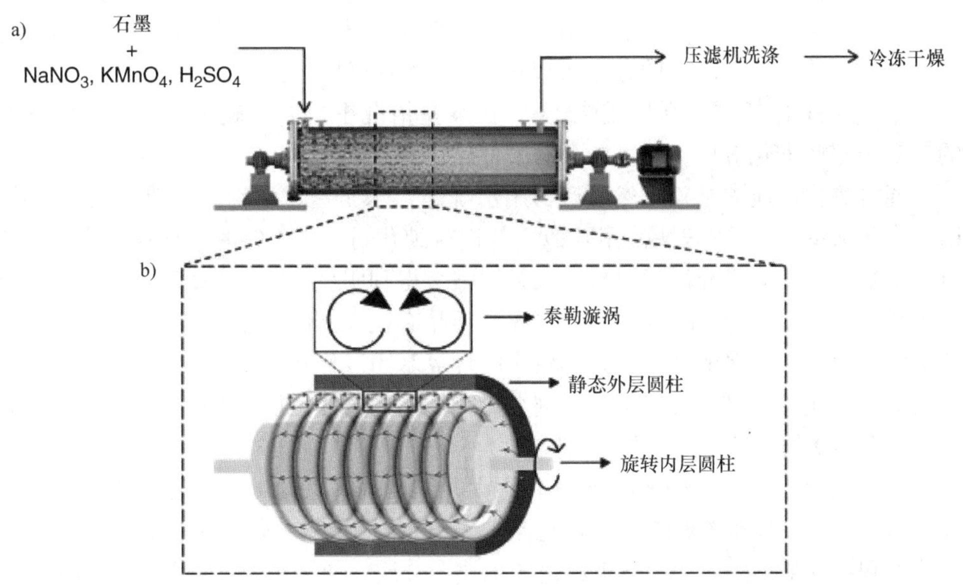

图 13.5　石墨片在 Couette – Taylor 流动反应器中氧化反应的图解。a）Couette – Taylor 流动反应器系统的示意图。b）Couette – Taylor 反应器涡流结构概念图

13.4.2.4　产品质量调控

反应条件也对 GO 的质量有一定影响[1]。例如，使用的氧化剂剂量和反应时间会影响氧化程度和剥离的层数[1,55]。在许多情况下，大规模 Hummers 工艺的反应条件可能会被修改和优化来得到所需的产品。

但是使用这种方法得到的某些形式的 GO 又使大规模生产出现一些问题。例如 Eigler 等人[56]用更原始的、完好的结构描述 GO。他们发现传统 Hummers 法的反应条件会在 GO 晶格中引入空穴缺陷。出现这些缺陷是因为石墨烯中的碳以二氧化碳的形式被除去。这可以将晶格中的碳排列从六边形改变成五边形或其他形式，并出现无法修复的缺陷。Eigler 等人通过使用更长的氧化时间（16h 而不是 30min）以及更低的温度（低于 10℃）来减少这种二氧化碳的形成。但是考虑到增加的反应时间、增加的氧化剂成本和冷却工艺，又会成为经济成本上的挑战。GO[40]的其他改进形式也会遇到类似的困难，这些形式依赖较温和的反应条件和较长的反应时间。尽管在 GO 质量和生产成本之间可能存在一些折中，但这种低缺陷可处理 GO 的目标应用通常在高端应用领域（例如透明导电电极）。因此，如果其性能真正满足行业要求，生产成本的增加仍然可以接受（与 CVD 生产成本相比）。

13.4.3 处理及提纯

在氧化过程结束时，反应容器中将存在许多杂质，包括一系列离子（即 K^+、H^+、Mn^{2+} 和 $SO_4{}^{2-}$）和未氧化的石墨。纯化对于确保最终产品的稳定性和安全性非常重要。事实上，许多下游应用对杂质水平的容忍度很低。例如，虽然 GO 通常是化学惰性的，但钾离子的存在可以增加产品的可燃性。在还原反应过程中，GO 会在空气和钾的存在下剧烈燃烧[57]。在某些情况下，去除硫污染将是至关重要的。对于某些催化应用，硫可能会污染催化位点[52]。

通常氧化反应先被猝灭然后产物用水洗涤，水是这里讨论的主要后处理介质。Dimiev 等人的研究[58]表明使用其他溶剂进行纯化可能对 GO 的结构和化学组成有重要影响。使用有机介质如甲醇或三氟乙酸会得到明显不同的 GO 产品（称为“原始氧化石墨”），与使用水提纯产生的 GO 产品有很大不同。原始氧化石墨具有较高的硫酸盐含量、较多的空位缺陷和较多的环氧基团。作者提出，水可能介导石墨烯表面上官能团的重排。鉴于配制溶剂会影响产品本身的性质，有必要对使用有机溶剂生产的 GO 的化学和工艺进行研究。

由于氧化反应后处理的溶液量非常大，同时对 GO 的纯度及化学性质要求很高，所以纯化工程通常被认为是 GO 工业生产的主要挑战。以下几个部分的后处理/纯化过程可能对 GO 的大规模生产带来挑战：分层，离子去除，未氧化石墨的去除和干燥。

13.4.3.1 剥离及分层

GO 大规模生产的潜在挑战是确定氧化石墨剥离为 GO 的最佳条件。在氧化反应之后，粗产品通常将是氧化石墨（即 GO 的多层堆叠）。为了使氧化石墨分层为单层或几层 GO，实验室程序通常包括搅拌[59]、离心[40]或超声处理步骤[28,60]。这些步骤通常需要很长时间甚至是一整夜。Zhou 和 Liu[59]证明，经过一夜的机械搅拌，并改进 Hummers 反应后，可以剥离得到非常大的 GO 片（高达 200μm）。他们认为剧烈的超声处理可能会破坏GO片。

因此，在开始大规模生产GO之前，有必要充分了解分层方法对产品质量的影响。长时间的剥离处理对于该过程是昂贵而且低效的，因此氧化石墨剥离工艺应该得到优化。

13.4.3.2　离子去除

为了除去存在于反应溶液中的大量离子，通常使用过滤、离心或透析的方法清洗GO。透析可能需要几周时间，需要经常更换透析介质，会限制大规模GO生产[52]。

相比之下过滤可以在更短的时间内完成。GO过滤和洗涤有多种方法。通常先使用盐酸将金属离子洗掉，然后用水彻底冲洗。为了达到此目的，可以在GO纯化中使用死端过滤和错流过滤。在死端过滤中，流体直接流向过滤器；而在错流过滤中，溶液以平行于过滤器的方向流动。在两种过滤装置中，滤饼侧的较高压力会迫使溶液/滤液通过过滤器。

压滤机是用于完成死端过滤的常用设备，并已用于GO纯化[53,54]。在此设置中，首先将GO浆料泵入压滤机内的腔室中。然后将盐酸或水泵入室中，当室壁被压在一起时，液体通过布/膜从过滤器壁处被挤出。

GO过滤中存在的一个问题是容易在水性介质中凝胶化。这可能会使某些类型的过滤（例如重力和真空辅助过滤）变得非常复杂，因为滤饼会阻塞溶剂的流动。克服这个问题的一个方法是在盐酸洗涤后用丙酮代替水，因为氧化石墨不会在丙酮中凝胶化[12,57]。

Tölle等人提出了使用第二种方案错流过滤[52]。在这种方法中，首先使用死端过滤用盐酸洗涤氧化石墨浆料。在随后的水洗中，使用错流过滤。石墨氧化物通过圆柱形膜单元连续泵送（见图13.6）。废水通过压力梯度从过滤单元的中心向外推出。通过过滤单元的GO流不断移动，最终离开过滤器孔，从而减少孔堵塞并最大限度地减少污垢。之后新鲜的洗涤水添加到系统中以弥补丢失的废水。通过横流式过滤器泵送溶液，直到废水中的杂质达到可接受的水平。

13.4.3.3　未氧化石墨的去除

根据石墨的种类和反应条件，一些原始石墨在反应后可能未被氧化。这提出了进一步的分离挑战。这个问题可以通过选择工艺参数来使石墨被完全氧化[49,54]。如果这达不到，可以使用各种分离技术来除去未氧化的石墨。在实验室中，经常使用离心来根据密度将GO与未氧化石墨分离。虽然有大量不同连续离心机的类型和设计[61]，但高速离心机往往容量有限，成本高昂。

另一种策略需要一个沉淀池，其中密度更高的未氧化石墨片将最终沉降到池底。沉降速率将主要取决于GO浆料/溶液的黏度和未氧化石墨的尺寸。值得注意的是，如果溶液的pH值太低或盐浓度太高，则产物GO将沉淀出来并沉降。因此，去除未氧化石墨的理想阶段可能是在离子/盐纯化阶段之后。

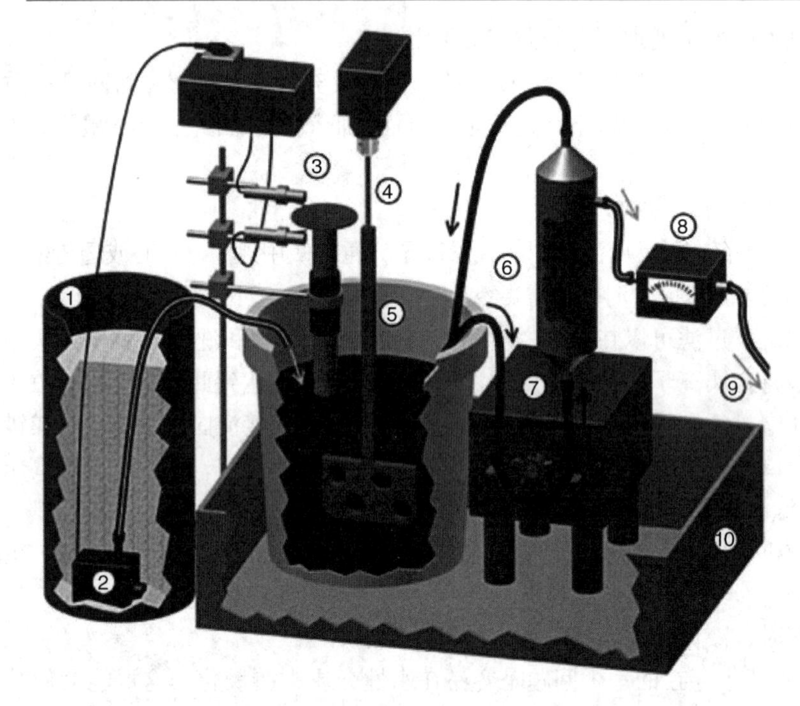

图 13.6　一个 GO 净化装置，通过自动错流过滤实现 GO 净化：①洗涤水存储器，②洗涤水供给泵，③灌装水位控制器和给水泵控制器，④具有混合孔隙的叶片搅拌器，⑤含有 GO 分散体的容器，⑥中空纤维错流过滤膜滤芯，⑦用于 GO 循环的蠕动泵，⑧用于监测废水的离子含量的在线离子电导率测量，⑨废水流，⑩设备外壳

13.4.3.4　干燥

如果要以固体形式存储，则产品需要干燥以除去 GO 中的大部分液体。通常，GO 被冷冻干燥以形成干粉。然而，真空冷冻干燥在工业上是很昂贵的[61]。Peng 等人[44]的研究指出，市售冷冻干燥 GO 很难分散，限制了其下游应用。冷冻干燥过程可能导致 GO 片部分重新堆积，产生在再分散过程中难以破碎的聚集体。喷雾干燥似乎可以避免这个问题[44]。可以使用工业中经济的喷雾干燥器。然而，对于这种应用，需要特殊的抽吸设备来将 GO 滤饼送入喷雾干燥器的雾化器[61]。

13.4.3.5　废液处理

在纯化过程中，废水含有 K^+、H^+、Mn^{2+} 和 SO_4^{2-} 等离子，如果在氧化过程中使用 $NaNO_3$，则还会含有 Na^+ 和 NO_3^- 离子。高盐浓度和酸度意味着废水不能被排放到环境中或不经过处理就回收利用。

通常情况下，离子废水流使用化学沉淀来处理[62]。在该方法中，添加与溶液中存在的离子形成不溶性化合物的抗衡离子。然后过滤或分离不溶性沉淀。例如，为了去除硫酸根离子（SO_4^{2-}），可以将消石灰［$Ca(OH)_2$］添加到溶液中。钙离子与硫酸根离子结合，导致形成不溶性的硫酸钙（$CaSO_4$）。类似地，在中性 pH 值条件下，可以加入碳酸钠以将锰离子沉淀为碳酸锰（$MnCO_3$）。在这种情况下，需要仔细设计沉降流程，尽量减少机操作和添加化学品。

还应注意过度增加 pH 值的问题。通过在 10 的 pH 值下加入过量的碱（例如来自 KOH 的 OH^- 离子）[48] 可以使 Mn^{2+} 沉淀，形成不溶的四氧化锰（Mn_3O_4）。但是，四氧化锰粉尘具有高度神经毒性和致癌性。一般建议除非可以找到合适的下游用途，否则流程中尽量避免产生这种化合物[63,64]。

工艺设计师应该探索不同的符合一般废物管理原则[65] 的废料回收和再利用途径。例如，回收和倒卖沉淀化合物可以减少垃圾填埋成本并提供少量利润。

鉴于存在分离多组分盐混合物的问题，另一种策略是中和溶液，然后蒸发。蒸发废水得到 $MnSO_4$、KOH 和其他盐类的结晶，然后再循环或处理。GO 的净化需要大量的水，许多国家淡水受到限制，安装合适的废水回收系统无疑是 GO 生产工厂建设的主要考虑因素之一。

13.4.4　存储、处理及质量控制

在 GO 的存储、处理和质量控制方面可能存在明显的挑战。GO 在某些情况下是有危险性的，并且产品在环境条件下可能不稳定，这增加了对良好质量控制的需求。

13.4.4.1　存储及处理

虽然纯化的 GO 不易燃，但在盐污染物（特别是钾）存在下，其变得高度可燃[12]。即使没有污染，GO 也可以被热还原，在某些情况下会导致爆炸。当在惰性气体下缓慢加热至约 140℃时，GO 会爆炸[66]。在空气中，加热到 300℃左右时，GO 会发生爆炸[12]。鉴于这种爆炸风险，GO 需要被视为具有潜在危险的材料。

维持 GO 的化学稳定性也面临挑战。虽然最初认为 GO 在反应和后处理后是稳定的，但最近发现干燥的 GO 在环境条件下仅仅是亚稳定的，并且实际上在存储过程中会发生化学变化。Kim 等人[67] 表明多层 GO 在室温下自发还原，在大约 35 天后达到准平衡状态。随着时间的推移，环氧基团的数量减少，羟基数量增加，总的氧碳（O/C）比下降（见图 13.7）。此外，Chua 和 Pumera [68] 发现在 30 周内可观察到多层和单层 GO 降解。单层 GO 的降解是由于暴露于空气中，而多层 GO 的降解则是由于曝光。例如，暴露在空气中的 GO 在 30 周时看到 O/C 比从 0.46 下降到 0.40，同样伴随着环氧基团数量的减少。当单层 GO 样品保持在氮气下时未观察到这种降解。

在溶液中，即使在加热到 40℃（但不存在氢氧化钠）时，GO 在短时间内仍然是稳定的[69]。但是，没有研究表明溶液中 GO 具有长期稳定性。GO 的后氧化化学重排被认为是水介导的[7,58]。因此可以预期，在水中存储会影响产品的稳定性。

缺乏稳定性对工业生产有明显的影响。GO 化学组成的变化会影响其在下游应用中的性能。因此，未来的工作需要充分理解降解的机制和过程。这将允许 GO 生产者制定规范以确保产品的一致性。合适的质量控制措施，例如常规产品测试，将成为构成该规范的一部分。

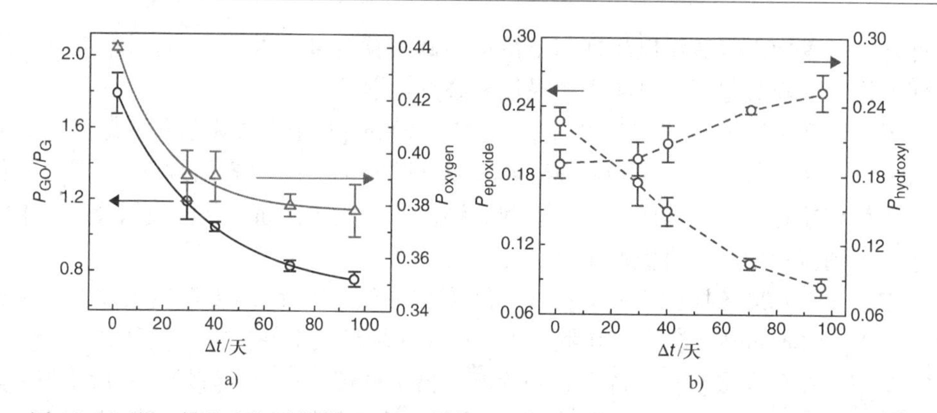

图 13.7 从 X 射线光电子能谱（XPS）数据推导的 GO 膜超过 100 天的化学变化。实验值和统计误差条由图中符号显示。a）P_{GO}代表羟基/环氧键合碳作为样品中所有碳的比例，而 P_G代表 C－C 键合碳的比例。因此，P_{GO}/P_G（黑色圆圈）是样品中氧结合碳的量度。P_{oxygen}（红色三角形）是 O/C 比，由 O 1s/C 1s 强度比估算，通过 Scofield 相对灵敏度系数 2.93 进行校正。b）环氧化物（$P_{epoxide}$；紫色圆圈）和羟基（$P_{hydroxyl}$；蓝色圆圈）相对于 GO 中 C 的比例

13.4.4.2 质量控制评估

与其他所有化学工艺一样，确保工艺流程顺利进行并确保成品具有可接受的质量非常重要。理想情况下，可以通过在线监测来让工厂操作员在问题出现时快速识别和排除故障，从而最大限度地减少产品损失[61,70]。简单的在线分析可能包括测量各种反应器中的 pH 值或测量废水流的电导率（异常低的电导率可能表明废水流中的离子含量较低，这表明纯化可能存在问题）。此外，可以在反应堆上安装舷窗，以便对反应过程流进行目视检查。当氧化反应用过氧化氢猝灭时，反应混合物变成黄色，表明材料已被氧化；运营商可能会定期检查这种颜色变化。

在产品发出之前，最终产品还需要在现场或独立的分析实验室进行检查。有许多用于表征 GO 的分析技术，可用于评估产品质量[7,71]（关于这些方法的详细讨论，请参阅第 3 章）。傅里叶变换红外谱（FTIR）是一种快速测量方法，可用于检测 GO 分子中的官能团，从而确定样品的质量。X 射线光电子能谱（XPS）可以指示氧化程度，紫外－可见光谱也是如此。拉曼谱可以进一步确认特性并指出缺陷的程度。轻敲模式原子力显微镜（AFM）可用于确定样品的厚度，从而确定堆叠层的数量。原子力显微镜，以及其他形式的显微镜，如隧道电子显微镜（TEM）和扫描电子显微镜（SEM），可用于评估 GO 片的整体形态和横向尺寸。这些分析技术可以根据质量要求和成本/经济因素来选择。

13.5 现有成就及未来发展方向

在聚合物科学领域，可以以各种分子量和区域特异性与不同的侧链/端基生产单一类型的聚合物（例如聚乙烯）以适应各种应用。这得益于高分子化学可用于

精确聚合，并以自下而上的方式将特殊单体定制为所需的聚合物材料。但是通过湿法化学的可聚合“石墨烯单体”难以实现，并且预计这种合成石墨烯的尺寸将受到限制，如在溶剂热生长的情况下所见[72]。GO 的优点在于它基本上是一种功能性二维大分子，在水和许多其他溶剂中具有良好的分散性，因此可视为 RGO 和石墨烯纳米复合材料的高度可加工的中间体。氧化路线的实用性在于它可以生产一系列不同类型的单层 GO，从纳米级横向尺寸和多孔类型到具有不可修复孔缺陷和可控含氧官能团的复杂大直径 GO 片。

鉴于自然界中存在丰富的石墨资源，自上而下的石墨氧化和剥离方法无疑是生产石墨烯产品最有前途的方法之一。它是唯一大规模湿法化学制备方法，能够以高产量生产单层 GO 和 RGO。与其他方法相比，其他方法通常产生少量层状石墨烯或石墨烯纳米片的混合物。传统上，工业规模 GO 生产所面临的挑战与强腐蚀性酸和爆炸性氧化剂有关，但这些危害可以通过现代工业化学工艺来克服。目前正在解决 GO 氧化度和其他关键性能的控制问题，并取得了令人满意的结果。与净化和废物处理相关的问题在实验室中并不明显，但在工业上则是主要问题。此外，保质期、包装和运输途径等细节必须进行优化以适应目标行业的需求。

事实上，鉴于 GO 的市场尚未形成，生产商需要在确定 GO 的生产和供应方式方面发挥积极的作用。在许多潜在的产品类型中，GO 以粉末或薄膜的干燥形式，或分散在水溶液或有机溶液中提供，或作为中间产品如石墨烯/聚合物分散体提供。随着 GO 的各种市场领域的发展，GO 产品行业标准的制定将进一步推动这种新材料的应用[3]。然而，一些石墨烯生产商仍然在保密的情况下运作，没有提供他们产品的细节，更不用说他们的生产过程。这是有碍于发展的做法，因为终端用户行业很难将这些产品可靠地整合到现有应用中，或者对未来的产品进行改进。因此，对用于 GO 产品的材料表征技术和质量控制存在迫切需求。

GO 的工业规模生产面临着多重挑战，这也可被视为创新和成长的必经之路。如果通过等待“杀手级应用”来推动 GO 的生产，生产商依靠特定等级的石墨生产小范围的产品，将受限于高度细化的市场。另一方面，新的 GO 生产商可以寻求多功能性并为其产品定义市场。有可能将石墨作为基础原材料和大量新材料的前体，类似于从原油获得的各种产品。在这种情况下，生产商有责任整理各种低成本石墨原料，并增产来适应更广泛行业的更多样化产品。同样，废水管理和污染副产品的问题可能会带来回收和再利用的机会。废物产品的成本和环境影响最小化将成为 GO 生产商的一个重要创新领域。可以预期的是，不久之后石墨烯技术的进步（例如过滤、脱盐等）可以被用来解决其自身的一些挑战。

参考文献

[1] Wan, X.; Huang, Y.; Chen, Y., Focusing on energy and optoelectronic applications: a journey for graphene and graphene oxide at large scale. *Acc. Chem. Res.* **2012**, *45* (4), 598–607.
[2] Zhong, Y.L.; Tian, Z.; Simon, G.P.; Li, D., Scalable production of graphene via wet chemistry: progress and challenges. *Mater. Today* **2015**, *18* (2), 73–78.
[3] Zurutuza, A.; Marinelli, C., Challenges and opportunities in graphene commercialization. *Nature Nanotechnol.* **2014**, *9* (10), 730–734.

[4] Ren, W.; Cheng, H.-M., The global growth of graphene. *Nature Nanotechnol.* **2014**, *9* (10), 726–730.
[5] Ferrari, A.C.; Bonaccorso, F.; Fal'ko, V.; *et al.*, Science and technology roadmap for graphene, related two-dimensional crystals, and hybrid systems. *Nanoscale* **2015**, *7* (11), 4598–4810.
[6] Kim, J.; Cote, L.J.; Huang, J., Two dimensional soft material: new faces of graphene oxide. *Acc. Chem. Res.* **2012**, *45* (8), 1356–1364.
[7] Dreyer, D.R.; Todd, A.D.; Bielawski, C.W., Harnessing the chemistry of graphene oxide. *Chem. Soc. Rev.* **2014**, *43* (15), 5288–5301.
[8] Eigler, S.; Enzelberger-Heim, M.; Grimm, S.; *et al.*, Wet chemical synthesis of graphene. *Adv. Mater.* **2013**, *25* (26), 3583–3587.
[9] Gambhir, S.; Jalili, R.; Officer, D.L.; Wallace, G.G., Chemically converted graphene: scalable chemistries to enable processing and fabrication. *NPG Asia Mater.* **2015**, *7*, e186.
[10] Zhu, Y.; James, D.K.; Tour, J.M., New routes to graphene, graphene oxide and their related applications. *Adv. Mater.* **2012**, *24* (36), 4924–4955.
[11] Eigler, S.; Hirsch, A., Chemistry with graphene and graphene oxide – challenges for synthetic chemists. *Angew. Chem. Int. Ed.* **2014**, *53* (30), 7720–7738.
[12] Krishnan, D.; Kim, F.; Luo, J.; *et al.*, Energetic graphene oxide: challenges and opportunities. *Nano Today* **2012**, *7* (2), 137–152.
[13] Galande, C.; Gao, W.; Mathkar, A.; *et al.*, Science and engineering of graphene oxide. *Part. Part. Syst. Charact.* **2014**, *31* (6), 619–638.
[14] Novoselov, K.S.; Geim, A.K.; Morozov, S.; *et al.*, Electric field effect in atomically thin carbon films. *Science* **2004**, *306* (5696), 666–669.
[15] Novoselov, K.; Jiang, D.; Schedin, F.; *et al.*, Two-dimensional atomic crystals. *Proc. Natl. Acad. Sci. USA* **2005**, *102* (30), 10451–10453.
[16] Novoselov, K.; Geim, A.K.; Morozov, S.; *et al.*, Two-dimensional gas of massless Dirac fermions in graphene. *Nature* **2005**, *438* (7065), 197–200.
[17] Greil, P., Perspectives of nano-carbon based engineering materials. *Adv. Eng. Mater.* **2015**, *17* (2), 124–137.
[18] Stankovich, S.; Dikin, D.A.; Dommett, G.H.B.; *et al.*, Graphene-based composite materials. *Nature* **2006**, *442* (7100), 282–286.
[19] Huang, L.; Huang, Y.; Liang, J.; *et al.*, Graphene-based conducting inks for direct inkjet printing of flexible conductive patterns and their applications in electric circuits and chemical sensors. *Nano Res.* **2011**, *4* (7), 675–684.
[20] Pumera, M., Graphene-based nanomaterials for energy storage. *Energy Environ. Sci.* **2011**, *4* (3), 668–674.
[21] Acik, M.; Lee, G.; Mattevi, C.; *et al.*, Unusual infrared-absorption mechanism in thermally reduced graphene oxide. *Nature Mater.* **2010**, *9* (10), 840–845.
[22] Brodie, B.C., On the atomic weight of graphite. *Phil. Trans. R. Soc. Lond.* **1859**, *149*, 249–259.
[23] Staudenmaier, L., Verfahren zur Darstellung der Graphitsäure. *Ber. Dtsch. Chem. Ges.* **1898**, *31* (2), 1481–1487.
[24] Charpy, G., Sur la formation de l'oxyde graphitique et la définition du graphite. *C. R. Hebd. Séances Acad. Sci.* **1909**, *148*, 920–923.
[25] Hummers, W.S.; Offeman, R.E., Preparation of graphitic oxide. *J. Am. Chem. Soc.* **1958**, *80* (6), 1339.
[26] Dreyer, D.R.; Park, S.; Bielawski, C.W.; Ruoff, R.S., The chemistry of graphene oxide. *Chem. Soc. Rev.* **2010**, *39* (1), 228–240.
[27] Kovtyukhova, N.I.; Ollivier, P.J.; Martin, B.R.; *et al.*, Layer-by-layer assembly of ultrathin composite films from micron-sized graphite oxide sheets and polycations. *Chem. Mater.* **1999**, *11* (3), 771–778.
[28] Wu, Z.-S.; Ren, W.; Gao, L.; *et al.*, Synthesis of high-quality graphene with a pre-determined number of layers. *Carbon* **2009**, *47* (2), 493–499.
[29] Wissler, M., Graphite and carbon powders for electrochemical applications. *J. Power Sources* **2006**, *156* (2), 142–150.
[30] Industrial Minerals, *Graphite: Market brief.* See http://www.indmin.com/Graphite.html#/MarketBrief (accessed 13 May 2016).

[31] Technology Metals Research, *TMR Advanced Graphite Projects index*. See http://www.techmetalsresearch.com/metrics-indices/tmr-advanced-graphite-projects-index/ (accessed 13 May 2016).
[32] Moores, S., *Flake graphite: Supply, demand, prices – GMP securities*. GMP Securities Workshop, London, 10 June 2014. See http://www.slideshare.net/sdmoores/flake-graphite-supply-demand-prices-gmp-securities (accessed 13 May 2016).
[33] Industrial Minerals, *Pricing database, graphite*. See http://www.indmin.com/PricingDatabase.html (accessed 24 June 2015).
[34] Moores, S., *Has China reached peak graphite?* Mining.com. See http://www.mining.com/web/has-china-reached-peak-graphite/ (accessed 13 May 2016).
[35] Hu, X.; Yu, Y.; Zhou, J.; Song, L., Effect of graphite precursor on oxidation degree, hydrophilicity and microstructure of graphene oxide. *Nano* **2014**, *9* (3), 1450037.
[36] Asbury Carbons, *Amorphous graphite*. See http://asbury.com/technical-presentations-papers/materials-in-depth/amorphous-graphite/ (accessed 13 May 2016).
[37] Sun, L.; Fugetsu, B., Mass production of graphene oxide from expanded graphite. *Mater. Lett.* **2013**, *109*, 207–210.
[38] Hantel, M.M.; Kaspar, T.; Nesper, R.; *et al.*, Partially reduced graphite oxide for supercapacitor electrodes: effect of graphene layer spacing and huge specific capacitance. *Electrochem. Commun.* **2011**, *13* (1), 90–92.
[39] Burress, J.W.; Gadipelli, S.; Ford, J.; *et al.*, Graphene oxide framework materials: theoretical predictions and experimental results. *Angew. Chem. Int. Ed.* **2010**, *49* (47), 8902–8904.
[40] Marcano, D.C.; Kosynkin, D.V.; Berlin, J.M.; *et al.*, Improved synthesis of graphene oxide. *ACS Nano* **2010**, *4* (8), 4806–4814.
[41] Muller, T.L., Sulfuric acid and sulfur trioxide. In *Kirk–Othmer Encyclopedia of Chemical Technology*. John Wiley & Sons, Inc., New York, **2000**.
[42] Tonyan, D., US sulphuric acid import prices up. *ICIS Chemical Business* **2015**, 13 April (3534), 32.
[43] U.S. International Trade Commission, *Potassium permanganate from China*. Investigation no. 731-TA-125 (Third Review), Publ. 4183. U.S. International Trade Commission, Washington, DC, 2010.
[44] Peng, L.; Xu, Z.; Liu, Z.; *et al.*, An iron-based green approach to 1-h production of single-layer graphene oxide. *Nature Commun.* **2015**, *6*, 5716.
[45] International Trade Administration, *Potassium permanganate from the People's Republic of China: Preliminary results of antidumping duty administrative review; 2013*. Department of Commerce, US Government, Washington, DC, **2015**.
[46] Wojtoniszak, M.; Mijowska, E., Controlled oxidation of graphite to graphene oxide with novel oxidants in a bulk scale. *J. Nanopart. Res.* **2012**, *14* (11), 1248.
[47] Coons, R., New production process slashes potassium ferrate price. *Chem. Week* **2010**, *172* (8), 33.
[48] Chen, J.; Yao, B.; Li, C.; Shi, G., An improved Hummers method for eco-friendly synthesis of graphene oxide. *Carbon* **2013**, *64*, 225–229.
[49] Chen, J.; Li, Y.; Huang, L.; *et al.*, High-yield preparation of graphene oxide from small graphite flakes via an improved Hummers method with a simple purification process. *Carbon* **2015**, *81*, 826–834.
[50] Pisarczyk, K., Manganese compounds. In *Kirk–Othmer Encyclopedia of Chemical Technology*. John Wiley & Sons, Inc., New York, **2000**.
[51] Simon, A.; Dronskowski, R.; Krebs, B.; Hettich, B., The crystal structure of Mn_2O_7. *Angew. Chem. Int. Ed.* **1987**, *26* (2), 139–140.
[52] Tölle, F.J.; Gamp, K.; Mülhaupt, R., Scale-up and purification of graphite oxide as intermediate for functionalized graphene. *Carbon* **2014**, *75*, 432–442.
[53] Lee, S.; Eom, S.H.; Chung, J.S.; Hur, S.H., Large-scale production of high-quality reduced graphene oxide. *Chem. Eng. J.* **2013**, *233*, 297–304.
[54] Park, W.K.; Kim, H.; Kim, T.; *et al.*, Facile synthesis of graphene oxide in a Couette–Taylor flow reactor. *Carbon* **2015**, *83*, 217–223.
[55] Zhang, L.; Li, X.; Huang, Y.; *et al.*, Controlled synthesis of few-layered graphene sheets on a large scale using chemical exfoliation. *Carbon* **2010**, *48* (8), 2367–2371.

[56] Eigler, S.; Enzelberger-Heim, M.; Grimm, S.; *et al.*, Wet chemical synthesis of graphene. *Adv. Mater.* **2013**, *25* (26), 3583–3587.
[57] Kim, F.; Luo, J.; Cruz-Silva, R.; *et al.*, Self-propagating domino-like reactions in oxidized graphite. *Adv. Funct. Mater.* **2010**, *20* (17), 2867–2873.
[58] Dimiev, A.; Kosynkin, D.V.; Alemany, L.B.; *et al.*, Pristine graphite oxide. *J. Am. Chem. Soc.* **2012**, *134* (5), 2815–2822.
[59] Zhou, X.; Liu, Z., A scalable, solution-phase processing route to graphene oxide and graphene ultralarge sheets. *Chem. Commun.* **2010**, *46* (15), 2611–2613.
[60] Stankovich, S.; Dikin, D.A.; Piner, R.D.; *et al.*, Synthesis of graphene-based nanosheets via chemical reduction of exfoliated graphite oxide. *Carbon* **2007**, *45* (7), 1558–1565.
[61] Green, D.W.; Perry, R.H., *Perry's Chemical Engineers' Handbook*, 8th edn. McGraw-Hill, New York, **2007**.
[62] Guyer, H.H., *Industrial Processes and Waste Stream Management*. John Wiley & Sons, Inc., New York, **1998**.
[63] Hathaway, G.J., Proctor, N.H., *Proctor and Hughes' Chemical Hazards of the Workplace*, 5th edn. Wiley-Interscience, Hoboken, NJ, **2004**.
[64] Vincoli, J.W., *Risk Management for Hazardous Chemicals*. CRC Press, Boca Raton, FL, **1996**.
[65] European Commission, *Directive 2008/98/EC on waste (Waste Framework Directive)*. See http://ec.europa.eu/environment/waste/framework/ (accessed 13 May 2016).
[66] Qiu, Y.; Guo, F.; Hurt, R.; Külaots, I., Explosive thermal reduction of graphene oxide-based materials: mechanism and safety implications. *Carbon* **2014**, *72*, 215–223.
[67] Kim, S.; Zhou, S.; Hu, Y.; *et al.*, Room-temperature metastability of multilayer graphene oxide films. *Nature Mater.* **2012**, *11* (6), 544–549.
[68] Chua, C.K.; Pumera, M., Light and atmosphere affect the quasi-equilibrium states of graphite oxide and graphene oxide powders. *Small* **2015**, *11* (11), 1266–1272.
[69] Eigler, S.; Grimm, S.; Hof, F.; Hirsch, A., Graphene oxide: a stable carbon framework for functionalization. *J. Mater. Chem. A* **2013**, *1* (38), 11559–11562.
[70] Sinnott, R.K., *Coulson & Richardson's Chemical Engineering*, vol. 6, *Chemical Engineering Design*, 2nd edn. Pergamon Press, Oxford, **1993**.
[71] Soldano, C.; Mahmood, A.; Dujardin, E., Production, properties and potential of graphene. *Carbon* **2010**, *48* (8), 2127–2150.
[72] Qu, D.; Zheng, M.; Zhang, L. G.; *et al.*, Formation mechanism and optimization of highly luminescent n-doped graphene quantum dots. *Sci. Rep.* **2014**, *4*, 5294.

术　　语

graphene oxide (GO)	氧化石墨烯（GO）
epoxide	环氧化合物
tertiary alcohol	叔醇
ketone	酮
carboxylic group	羧基
lactol	内半缩醛
carbonyl	羰基
phenol	苯酚
quinone	醌
gem – diol	偕二醇
geminal diol	偕二醇
vic – diol	邻二醇
vicinal diol	邻二醇
formation mechanism	形成机理
reaction mechanism	反应机理
production	产物
Brodie method	Brodie 方法
Staudenmaier method	Staudenmaier 方法
Hummers method	Hummers 方法
Charpy – Hummers approach	Charpy – Hummers 方法
Kovtyukhova modification	Kovtyukhova 修饰
Marcano modification	Marcano 修饰
chemical properties	化学性质
nucleophilic attack	亲核攻击
intercalation compounds of graphite	石墨插层化合物
stage – 1 GIC	阶段 1 GIC
chemical structure	化学结构
Thiele model	Thiele 模型
Hofmann model	Hofmann 模型
Nakajima model	Nakajima 模型
Ruess model	Ruess 模型

Clauss model	Clauss 模型
Scholz – Boehm model	Scholz – Boehm 模型
Lerf – Klinowski model	Lerf – Klinowski 模型
Szabó – Dékány model	Szabó – Dékány 模型
birefringence	双折射
polarized light	偏振光
dynamic shear	动态剪切
steady shear	稳定剪切
storage moduli	存储模量
loss moduli	损失模量
Boltzmann's constant	玻尔兹曼常数
Brownian diffusion coefficient	布朗扩散系数
Bingham model	Bingham 模型
Herschel – Bulkley model	Herschel – Bulkley 模型
Ostwald – de Waele model	Ostwald – de Waele 模型
linear viscoelastic region	线性黏弹性区域
dynamic frequency sweep	动态频率扫描
viscosity	黏性
Kerr coefficient	Kerr 系数
Kerr effect	Kerr 效应
shear thinning	剪切致稀
dynamic structural model	动态结构模型
thermal decomposition	热分解
thermogravimetric analysis	热重量分析
decarboxylation	去碳酸基
oxo – functionalized graphene	含氧功能化石墨烯
density of defects	缺陷密度
poly (diallyldimethylammonium chloride)	聚二烯丙基二甲基氯化铵
ethyl disulfide	乙二硫乙烷
N – isopropylacrylamide	*N* – 异丙基丙烯酰胺
sigmatrope rearrangement	移位重排
"click" reaction	点击化学反应
esterification	酯化
nascent hydrogen	初生态氢
edge functional groups	边缘官能团
covalent functionalization	共价修饰

amide	酰胺
deconvolution	反卷积
physisorption	物理吸附
pyrazole	吡唑
reduction	还原反应
point defects	点缺陷
reducing agent	还原剂
electrochemical reduction	电化学还原
hydrazine	肼
hydrazone	腙
sodium borohydride	硼氢化钠
hydrogen iodide	碘化氢
electrical conductivity	电导率
elemental analysis	元素分析
dimethyl sulfoxide	二甲亚砜
GO – polymer composite	GO 高分子复合材料
mechanical properties	力学性能
mixture law	混合定律
efficiency coefficient	效率系数
volume fraction	体积分数
filler	填充物
matrix	基底
continuum model	连续模型
Young's modulus	杨氏模量
modulus	模量
reinforcement	增强
confinement	限制
stress transfer	应力传递
misalignment	位错
agglomeration	凝聚体
interface	界面
thermoplastic polymers	热塑性高分子
thermoset polymers	热固性高分子
nacre	珍珠母
percolation	渗流
scaling law	相似法则

percolation threshold	渗流阈值
aspect ratio	宽高比
anisotropy	各向异性
segregated network	分隔网
immiscible polymers	不相容聚合物
polymer blend	共混聚合物
thermal conductivity	导热系数
Dimiev – Tour model	Dimiev – Tour 模型
structural model	结构模型
nuclear magnetic resonance (NMR)	核磁共振 (NMR)
infrared spectroscopy (IR)	红外谱 (IR)
Fourier – transform infrared spectroscopy (FTIR)	傅里叶变换红外谱 (FTIR)
X – ray photoelectron spectroscopy (XPS)	X 射线光电子能谱仪 (XPS)
Raman spectroscopy	拉曼谱仪
microscopy	显微镜
scanning electron microscopy (SEM)	扫描电子显微镜 (SEM)
atomic force microscopy (AFM)	原子力显微镜 (AFM)
transmission electron microscopy (TEM)	透射电子显微镜 (TEM)
high – resolution transmission electron microscopy (HRTEM)	高分辨率透射电子显微镜 (HRTEM)
inflection point	拐点
acidity	酸性
cation exchange capacity	阳离子交换能力
titration	滴定
reverse titration	反向滴定
intercalation compound of graphite oxide	氧化石墨插层化合物
deflagration	爆燃过程
colloid	胶体
diazomethane	重氮甲烷
functionalization	功能化
electrophilic reactions	亲电子反应
nucleophilic addition reactions	亲核加成反应
graphene	石墨烯
X – ray diffraction (XRD)	X 射线衍射 (XRD)
transition form	过渡形式

domain	域
Onsager theory	Onsager 理论
anisotropic	各向异性的
isotropic	各向同性的
lyotropic	易溶的
nematic phase	向列相
contact resistance	接触电阻
lithography	平版印刷术
sheet resistance	薄层电阻
graphene oxide nanoribbons	氧化石墨烯纳米带
deoxygenation	脱氧作用
thermal reduction	热还原
decomposition	分解
redox reaction	氧化还原反应
degradation	退化
disproportionation	歧化作用
carbon dioxide	二氧化碳
carbon monoxide	一氧化碳
oxidation state	氧化态
annealing	退火
molecular dynamics（MD）simulations	分子动力学模拟
thermally processed graphene oxide（tpGO）	热处理氧化石墨烯（tpGO）
Langmuir – Blodgett technique	Langmuir – Blodgett 技术
diazonium chemistry	重氮化学
diazonium salts	重氮盐
aryl cation	芳基阳离子
azido – hydroxyl graphene	叠氮基羟基石墨烯
density functional theory（DFT）	密度泛函理论（DFT）
semiconductor	半导体
bandgap	能带
transistor device	晶体管器件
Schottky contact model	肖特基接触模型
cathode	阴极
anode	阳极
electrolyte	电解质
separator	分离器

solid – electrolyte interface（SEI）	固体电解质界面膜（SEI）
irreversible capacity loss（ICL）	不可逆容量损失（ICL）
gravimetric capacity	质量容量
volumetric capacity	体积容量
specific capacity	比容量
surface area	表面积
cycling rate	循环速率
energy density	能量密度
power density	功率密度
electrochemical impedance spectroscopy（EIS）	电化学交流阻抗谱（EIS）
polymer – graphite composites	高分子 – 石墨复合材料
interfacial interaction	界面相互作用
exfoliation	剥离
carbon nanotubes	碳纳米管
N – methylpyrrolidone	甲基吡咯烷酮
Kapitza resistance（R_K）	卡皮查热阻（RK）
interfacial resistance	界面阻力
graphite nanoplatelets（GNPs）	石墨纳米片（GNP）
barrier properties	阻隔性能
diffusion coefficient	扩散系数
self – assembling	自组装
catalysis	催化
benzyl alcohol	苯甲醇
benzaldehyde	苯甲醛
benzoic acid	分甲酸
unsaturated hydrocarbons	不饱和烃
Wacker – Tsuji oxidation	Wacker – Tsuji 氧化反应
oxidative dehydrogenation	氧化脱氢反应
Claisen – Schmidt condensation	Claisen – Schmidt 缩合
condensation reaction	缩合反应
oxidative coupling	氧化偶联
superoxide radicals	超氧阴离子自由基
fuel cell	燃料电池
oxygen reduction reaction	氧还原反应
Friedel – Crafts reaction	Friedel – Crafts 反应
photolysis	光分解

photo – oxidation	光氧化
GO hybrid materials	氧化石墨烯杂化材料
palladium nanoparticles	钯纳米颗粒
nucleotides	核苷酸
detector	探测器
antibody	抗体
biocatalyst	生物催化
commercialization	商业化